数据分析与模拟丛书

Nicholas J. Gotelli　　Aaron M. Ellison　　著

马占山　李文迪　译

A Primer of Ecological Statistics (Second Edition)

生态统计学导论（第二版）

中国教育出版传媒集团

高等教育出版社·北京

图字：01-2022-0373 号

Copyright ©2013 by Sinauer Associates, Inc.

A Primer of Ecological Statistics (Second Edition) was originally published in English in 2013. This translation is published by arrangement with Oxford University Press. Higher Education Press Limited Company is solely responsible for this translation from the original work and Oxford University Press shall have no liability for any errors, omissions or inaccuracies or ambiguities in such translation or for any losses caused by reliance thereon.

本书的英文原版 *A Primer of Ecological Statistics (Second Edition)* 于 2013 年出版。该翻译版由牛津大学出版社授权出版。高等教育出版社有限公司全权负责原始作品的翻译，并且牛津大学出版社对翻译的任何错误、遗漏、不准确、歧义或由于依赖翻译而造成的任何损失概不负责。

内容简介

本书内容涵盖四大部分：概率论和数理统计的基础知识、实验设计的基本原理和技术、生态学中常用的统计学方法、生态统计中的独特方法。书中穿插了大量的生态学研究实例，并通过丰富有趣的脚注为读者拓展了统计理论的发展史、名人名家轶事乃至哲学思辨等背景知识，大大增加了可读性。本书可作为高等院校生物统计、生态统计、生物信息等专业高年级本科生和研究生的教学用书，对统计学、数学、生物学、生态学、农学、林学等领域的科研工作者来说，也是一本优秀的案头参考书。

图书在版编目（CIP）数据

生态统计学导论：第二版 / （美）尼古拉斯·高特力 (Nicholas J. Gotelli)，（美）亚伦·艾力森 (Aaron M. Ellison) 著；马占山，李文迪译 . -- 北京：高等教育出版社，2024.5 （数据分析与模拟丛书）

书名原文：A Primer of Ecological Statistics (Second Edition)

ISBN 978-7-04-060298-2

Ⅰ.①生… Ⅱ.①尼… ②亚… ③马…④李… Ⅲ.①生态学 - 统计学 Ⅳ.① Q14-05

中国国家版本馆 CIP 数据核字（2023）第 055198 号

SHENGTAI TONGJIXUE DAOLUN

| 策划编辑 | 柳丽丽 | 责任编辑 | 柳丽丽 | 封面设计 | 张 楠 | 版式设计 | 李彩丽 |
| 责任绘图 | 于 博 | 责任校对 | 刘丽娴 | 责任印制 | 刘思涵 | | |

出版发行	高等教育出版社	咨询电话	400-810-0598
社　　址	北京市西城区德外大街4号	网　　址	http://www.hep.edu.cn
邮政编码	100120		http://www.hep.com.cn
印　　刷	高教社（天津）印务有限公司	网上订购	http://www.hepmall.com.cn
开　　本	787mm×1092mm　1/16		http://www.hepmall.com
印　　张	31		http://www.hepmall.cn
字　　数	660 千字	版　　次	2024 年 5 月第 1 版
彩　　插	2	印　　次	2024 年 5 月第 1 次印刷
购书热线	010-58581118	定　　价	99.00 元

本书如有缺页、倒页、脱页等质量问题，请到所购图书销售部门联系调换

版权所有　侵权必究

物 料 号　60298-00

序

　　随着信息革命的推进, 我们已迎来大数据时代, 而统计学则是其公认的大数据基础科学/技术之一。同时, 生物学特别是微观生物学也已步入了以大数据科学和技术为支撑的组学时代。在此背景下, 我很荣幸向国内读者推荐一本统计学著作——《生态统计学导论》(第二版), 该书由美国佛蒙特大学 Nicholas Gotelli 教授和哈佛大学 Aaron Ellison 教授两位国际知名学者合著, 并由中国科学院马占山研究员和李文迪博士共同翻译。虽然书名强调生态统计学, 但该书同样适用于生物统计、环境、医学统计等相关领域的读者。

　　Aaron Ellison 教授和 Nicholas Gotelli 教授均为美国生态学会会士 (Fellow of ESA)。Ellison 教授曾担任美国生态学会旗舰期刊《生态学专论》(*Ecological Monographs*) 主编长达七年, 目前仍为英国皇家生态学会期刊《生态与进化方法》(*Methods in Ecology and Evolution*) 的高级执行编辑。Gotelli 教授是全球生态学领域排名前 1% 的高被引学者, 并在 1993 年入选 (德国) 福布莱特研究员 (Fulbright Fellow)。

　　两位学者长期以来一直保持着密切的合作, 他们最新的专著《跨尺度生态学模型》(*Scaling in Ecology with A Model System*) (2021, 普林斯顿大学出版社) 被赞誉为 "一项在生态学理论与实践中关于 '尺度' 与 '跨尺度研究' 的开创性方法"。《生态统计学导论》(第二版) 和他们最新的《跨尺度生态学模型》一样, 都是各自领域颇值一读的好书。

　　我特此推荐《生态统计学导论》(第二版) 作为生态学、生物学、医学、农学、林学和环境科学领域的本科生、研究生和学者的生物 (生态) 统计学的教材或科研参考书。高等教育出版社将该书作为优秀国外教材推介给国内读者, 译者高质量的翻译值得称道!

中国科学院院士　张亚平

中文版序言

　　非常荣幸有机会为《生态统计学导论》(第二版) 的中文版作序。本书原著的第一版大约出版于二十年前，当时我们两位 (原著作者) 曾给佛蒙特大学 (University of Vermont)、芒特霍利奥克学院 (Mount Holyoke College) 和哈佛大学 (Harvard University)的高年级本科生和低年级研究生教授生物统计学课程。十年后，当第二版发行时，生态学已进入了大数据时代，一些新的统计方法也被引入了生态学研究。因此，在第二版中，我们增加了一些新的统计方法，同时保留了所有生态学家、生物学家以及其他诸多相关领域 (如进化生物学、生理学、分子生物学和医学等) 的学者都应熟悉的基本统计思想和技术。这些核心内容不仅可以支撑基础理论研究，同时也可以为制定应对当今环境的快速变化、干预管理生态系统的措施等实际应用问题提供统计学方法。

　　本书对于统计方法的讲解，并未要求读者已经精通微积分，而是将教授重点放在了如何采用开源软件 (例如 R 和 Python) 实现和应用这些方法。但同时，我们也将基于微积分的推导内容补充在了大量的脚注当中，以便读者更加严密准确地理解这些方法。需要指出的是，虽然统计方法可以通过数学这门 "通用" 语言进行读写和交流，但要对其进行深入解释和详细描述，母语才是最佳选择。

　　为此，我们非常感激本书的译者——我们的朋友和同事马占山及其博士生李文迪。马占山是中国科学院昆明动物研究所的教授。他是一位杰出的学者，其研究领域跨越计算机科学、生物信息学、理论生态学、进化生物学、复杂网络，以及它们在生物医学中的应用。他领导合作开发了一系列被广泛使用的生物信息学软件，例如三代测序基因组装 (DBG2OLC 和 SPARC)、二代测序基因组装 (SparseAssembler)，以及利用超大基因组数据和并行算法构建进化树 (HPTree) 和预测/识别细胞穿透蛋白 (CPPred-RF) 的软件。

　　马占山教授还是哈佛大学久负盛名的 Charles Bullard 奖的获得者，该奖面向全球，每年仅颁发给 5 ~ 7 名资深科学家。文迪是一位出类拔萃的博士生，其研究聚焦人类菌群相关疾病的医学生态学。作为一名学生，她已经在 *FEMS Microbiology Ecology*、*Advanced Science*、*Microbial Ecology* 等重要期刊上发表了十余篇论文。医学生态学是理论生态、计算生物、人类菌群 (宏基因)、医学微生物等学科交叉形成的新兴领域，马占山和李文迪以及他们领导的计算生物与医学生态学实验室做出了诸多受到学界广泛认可的开拓性工作。

翻译的初衷始于 2016 年前后, 当时 Ellison (著者之一) 正以中国科学院国际访问学者身份访问昆明。在翻译本书的过程中, 我们两位也扩展了与马占山实验室的合作, 并共同发表了多篇关于生物多样性、复杂网络科学和疾病诊断方面的论文。原著中有不少语言措辞精细乃至 "偏僻", 两位译者应该是付出了大量心血以确保中文版内容精准, 且保留了原著风格。

亲爱的读者, 我们希望这本导论性质的读本能够对您的工作有所帮助, 增进您在中国国内以及国际间更广泛的合作, 正如它增强了我们与中国及世界各地同事的交流与合作一样。

最后, 我们特别感谢中国科学院副院长张亚平院士拨冗为本书作序!

Nicholas Gotelli   Aaron Ellison

2021 年 9 月

第二版前言

　　第二版的价值就在于我们新增的第四部分内容——"估计"。第四部分包含两个章节: "生物多样性的度量" (第 13 章) 及 "种群的检测及其大小的估计" (第 14 章)。这两章介绍了目前正被广泛使用的测量和方法, 解决了群落生态学和人口统计学领域的核心问题。我们所介绍的方法中有些是最近十年才发展起来的, 并且大多仍保持着迅猛的发展势头。

　　现如今, 生态学正经历着从假设检验向参数估计的转变, 从 "估计" 这个标题便可窥见一二。虽然第 3 章也总结了度量位置和散度的方法, 但第一版以及大多数生态学著作的侧重点仍是假设检验 (第 4 章)。新增的两章更关注估计本身的过程, 当然估计出的生物多样性和种群大小也可以用于传统的统计检验。为何要将生物多样性和种群大小视为潜在或未知的 "状态变量" 呢? 因为我们不可能为了测量这些数值而标记整条小溪中的鳟鱼或是找出所有潜伏在沼泽地里的蚂蚁物种。相反, 我们只需少量的多样性样本或有限地收集已标记的动物, 并用这些样本来估计潜在状态变量的 "真实" 值。将这两章结合在一起的原因, 一方面在于它们关注的对象都是估计, 另一方面在于它们基于共同的基本理论框架: 第 14 章中介绍了为标记重捕研究所开发的方法, 这些方法衍生出了第 13 章中所讨论的物种丰富度渐近估计的方法。我们希望这两章所描述的方法可以为生态学领域的研究提供一些新的统计工具, 从而对前十二章介绍的经典主题做一个补充。

　　第 13 章从一个貌似非常简单的问题开始: 一个群落中有多少物种? 问题的核心在于大自然是广阔无垠的, 我们手中的多样性样本却少得可怜, 并且还总是存在稀有和未知的物种。此外, 由于统计的物种数量很大程度上受到我们所收集的个体数量和样本数量的影响, 因此必须对数据进行标准化才能进行有意义的比较。本章介绍了可有效标准化生物多样性比较的内插 (稀疏) 和外推 (物种丰富度渐近估计) 两种方法。我们还推荐了一组多样性指数——Hill 数, 尽管它们也会受到抽样效应的影响, 但却具有非常有用的统计学特性。我们感谢 Anne Chao、Rob Colwell 和 Lou Jost, 感谢他们一直以来的合作, 感谢他们的深刻见解和对内容扩展的来信, 以及他们对生物多样性估计的重要贡献。

　　在第 14 章中, 我们深入探讨了不完全检测的问题, 解决了两个主要问题。在给定一个物种确实存在于某地的前提下, 如何估计检测到该物种的概率? 以及, 存在于某地的一个物种它的种群有多大? 因为我们能看到和计数的个体是有限的, 所以在估计其种群大小之前, 必须先估计单个物种被发现的概率。对占有率和种群大小的估计可用于管理稀有物种和被开发物种的定量模型中。而且, 就像物种丰富度估计可以在我们的样本基础上进行外推一样, 通过占有率模型和标记–重捕研究的估计我们可以外推并预测这些种群将会发生什么, 比如, 栖息地碎片化、渔获压力增加或气候变化等。在此, 感谢 Elizabeth Crone、Dave Orwig、Evan Preisser 和 Rui Zhang 允许我们在本章中使用他们尚未发表的数据, 并与我们探讨了他们的分析。感谢 Bob Dorazio 和 Andy Royle 和我们探讨了这些模型; 他们和 Evan Cooch 一起开发了目前用于占有率建模和标记–重捕分析最先进的开源软件。

在第二版中, 我们也更正了过去八年里读者指出的小错误。我们特别感谢 Victor Lemes Landeiro 及他的同事 Fabricio Beggiato Baccaro、Helder Mateus Viana Espirito Santo、Miriam Plaza Pinto 和 Murilo Sversut Dias 将整本书翻译为葡萄牙语。在本书网站 (见哈佛大学森林研究中心网站, 下同) 的勘误区可找到他们每个人的具体贡献, 以及其他所有向我们提供评论和指出错误的人员信息。虽然我们已经纠正了第一版中发现的所有错误, 重新编写了书中所涉及的所有代码, 并发布在本书网站的数据与代码区, 但无疑仍有漏网之鱼 (另一个检测概率问题); 所以如果您发现任何问题, 请与我们联系。

我们用 R 语言 (r-project.org) 重新编程和运算了在本书网站 "Data and Code" 部分列出的所有代码。R 已成为统计分析的标准软件, 大多数生态学家和统计学家的日常分析工作已离不开这种编程语言。我们所提供的 R 脚本可以实现书中的一些图和分析, 但这些脚本中只有非常有限的注解, 如果读者朋友们想进一步了解如何用 R 进行生态建模和作图, 想必可以找到其他大量优秀的资源。

最后, 我们还要感谢 Andy Sinauer、Azelie Aquadro、Joan Gemme、Chris Small、Randy Burgess 及 Sinauer Asscoiates 出版社的全体员工, 感谢他们的精心编辑使我们的稿件变成了这样一本引人入胜的书。

第一版前言

　　这怎么又是一本统计书呢? 统计领域最不缺的就是教科书吧,关于生物统计、概率论、实验设计、方差分析的书籍已经将这个领域塞得满满当当了。然而即便如此,我们仍然没能找到一本既包含常规概率论内容,如统计推断和假设检验等,又涉及生态学常见设计和分析的书籍; 要知道这两个方面对于生态学家和环境学家而言是必不可少的。

　　在俄克拉荷马大学、佛蒙特大学、曼荷莲学院和哈佛大学,我们给本科生和研究生教了几十年的统计学,这几十年的经验都凝聚在此书当中。与此同时,也希望通过这本书传达我们对一些问题的个人观点,包括在生态学和统计学的交叉领域中哪些内容是重要的? 这些重要的内容通过怎样的方式传授才最有效? 至少对于我们而言,在大学学习生态学时,都希望手中能有这样一本书。

　　"导论"一般会用简明扼要的语言向读者传达浅显易懂且可靠的信息和建议。如若统计学也能如此简洁该有多好! 但这门学科实在太庞杂了,而且更新速度还极快,生态学家几乎每个月都能找到新的方法和软件工具。所以,尽管这本书的篇幅长到令我们自己都震惊,但其中所涉及的内容都是经提炼后我们认为对于生态学领域而言最为重要的统计学知识。书中不仅包括统计学经典内容,还探讨了最新的方法和技术。我们希望书中的内容既适用于初学者,也能帮助到有经验的研究者。每个人对统计方法的选择和使用就像对音乐和美术的喜好一样具有非常鲜明的个人风格和偏好。因此,书中所展示的分析和设计类型是我们自己比较偏好的,读者朋友们还应根据情况选择适合自己的统计工具。

如何使用这本书

　　不同于很多生物学或生态学领域的统计 (即 "生物计量学") 书籍,本书既不是一本 "食谱",也不是一套与某个可能已经过时的软件捆绑在一起的习题册。虽然书中有方程和推导,但没有详细的数学证明,所以它也不能算是一本正统的统计学书籍。而本书的真正特色在于有针对性地汇集了统计中对生态学和环境科学尤为重要的基础知识和前沿话题。这本书可以作为传统统计书籍的补充,也可单独作为统计初学者的教科书。有些环境科学领域的研究人员几乎天天都要与统计打交道,但却未曾受过正规的统计学训练,抑或是周围没有可以随时提供有效帮助的统计顾问,我们也希望这本书能够在这些研究人员的书架 (或地板) 上找到一席之地。

在书中, 我们大量使用了脚注。这些脚注不但大大扩展了我们的材料, 而且也使得我们有机会探讨一些更为复杂的问题, 对这些问题的探讨如果放在正文部分可能会严重拖慢主要内容的进展。有些脚注是纯粹的历史, 有些是关于数学和统计方面的详细说明, 还有一些是对生态文献所探讨主题的简短随笔。在还是本科生时, 我们都不约而同地爱上了哈钦森 (Hutchinson) 的经典著作《种群生物学导论》(*An Introduction to Population Biology*) (耶鲁大学出版社 1977 年出版)。哈钦森对脚注的灵活运用, 以及对历史和哲学的频频探索, 成为我们写作风格的模板。

本书努力在简洁和全面之间找到一种平衡。为求全面, 许多主题会在不同的章节中反复出现, 尽管有时上下文会略有不同。而有些图片的注释和表格的标题会写得很长, 以便读者在不参考原文的情况下也能理解。因为第 12 章需要用到矩阵代数, 所以我们在附录中简要介绍了一下矩阵符号和运算的基本内容。最后我们还总结了一份统计和概率常用的专业术语表, 以便读者在阅读本书和相关期刊文献时进行查阅。

数学内容

我们在撰写本书时不会刻意回避对方程的使用, 即便如此, 与许多中级教材相比本书包含的数学内容还是很少的。同时我们也尽可能通过实证分析来阐述所有的方法。并且在绝大多数情况下, 我们都以自己的研究数据为例, 以便向读者更完整地展示如何从原始数据得到统计结果的全套过程。

照理每个章节应该都是相互独立的, 但本书会经常出现章节之间的交叉引用。第 9 章到第 12 章涵盖了许多生物统计学方面的传统主题, 是公式和方程最密集的几章。本书最前沿的一章当属介绍多元分析方法的第 12 章。在撰写这一章时, 我们绞尽脑汁试图用最通俗易懂的语言来解释多元分析方法, 但最终还是没能避免那一大堆矩阵代数和新兴词汇的出现。

覆盖的范围和主题

统计是一个不断扩展的领域, 为解答生态学问题, 相应的新方法更是层出不穷。但在本书中, 我们只涉及了我们认为的对任何统计分析而言都是基础和核心的内容。组建本书所围绕的核心是以设计为基础的统计 —— 用在经过设计的观察研究和实验研究中的统计。另一种则是以模型为基础的统计, 其中包括模型选择标准、似然分析、反演模拟等方法。

这两种统计方法有什么不同之处? 简而言之, 基于设计的分析主要解决的问题是 P(数据|模型): 即根据给定的模型评估数据的概率。对于基于设计的分析而言, 最重要的是明确底层模型。相反, 基于模型的统计则主要解决 P(模型|数据) 的问题, 即根据给

定的数据评估模型的概率。基于模型的方法通常适用于那些没有根据明确抽样策略收集而来的大型数据集。

本书中我们还将讨论贝叶斯方法, 这种方法在某种程度上介于上述两种方法之间。贝叶斯方法虽然处理的问题是 P(模型|数据), 但仍可用于经过设计的实验性研究和观察性研究的数据。

本书共分为三个部分。第一部分讨论了概率论和统计思维的基本原理。该部分引入了概率论的逻辑和表述用语 (第 1 章), 解释了生态学中常用的统计分布 (第 2 章), 并介绍了重要的位置和散度度量 (第 3 章)。第 4 章更多的是对假设检验的一种哲学性探索, 我们详细地解释了什么是 I 型和 II 型错误, 以及那些无处不在的 "$P < 0.05$" 到底是什么含义。第 5 章作为第一部分的结尾介绍了统计分析的三个主要范式 (频率分析、蒙特卡罗和贝叶斯), 并通过示范同一组数据集说明了它们的用途。

第二部分讨论了如何成功设计并实施观察研究和野外实验。这些章节给出的建议和信息主要用于收集野外数据之前。第 6 章讨论了一些实际的问题, 包括如何阐述研究的原因, 如何设定样本量, 以及如何应对独立性、重复、随机化、影响研究 (impact study) 和环境异质性的问题。第 7 章是一个实验设计的集锦。与本书中其他章相比, 本章几乎没有出现方程。这一章我们主要讨论了不同设计的优缺点, 而有关方程或方差分析 (ANOVA) 表的详细介绍放在本书的第三部分。第 8 章讨论了如何管理和管护收集到的数据。本章介绍的转换方法用于筛选数据录入时可能会出现的异常值和错误。本章还强调了创建元数据文档的重要性 —— 这种数据是一种伴随着原始数据长期归档存储的文档。

第三部分介绍了具体的分析, 并涵盖了大多统计学书籍最主要的核心内容。这些章节很细致地讨论了许多基础模型, 同时也尽可能地介绍了一些生态学家和环境学家认为有用的统计工具。第 9 章除了介绍基本线性回归模型外, 还探讨了一些更高级的主题, 例如非线性、分位数、稳健回归以及路径分析。第 10 章讨论了方差分析 (analysis of variance, ANOVA) 和协方差分析 (analysis of covariance, ANCOVA) 模型, 并强调了对于特定抽样设计或实验设计而言最合适的 ANOVA 模型。本章还介绍了如何使用事前对照, 并强调了用有效方法来绘制 ANOVA 结果可以帮助理解主效应项和交互项。第 11 章讨论了分类数据的分析, 重点介绍了单维和二维列联表的卡方分析, 以及多维列联表的对数线性模型。本章还介绍了离散和连续变量的拟合优度检验。第 12 章介绍了各种多元排序 (坐标化) 和分类的方法, 并在结尾处介绍了一种多元回归的多元模拟方法 (冗余分析)。

关于封面

封面是由生态学家 Elizabeth Farnsworth 原创的一幅静物画, 灵感源自 17 世纪的荷兰静物画。De Heem、Claesz 和 Kalf 等荷兰画家擅长描绘布局各异的景物和手工艺品, 这些作品不但展示了他们精湛的技艺, 往往还隐含着丰富的典喻和象征意义。

Elizabeth 的作品遵循了 Dürer 和 Escher 等生物插画家的悠久传统, 精准地描绘出了动植物的生动与美丽。在 Elizabeth 这幅画作的中心是一支钢笔和一张写着贝叶斯定理的卷曲的纸, 暗示贝叶斯定理这一 18 世纪的数学论述是概率论的核心。尽管现代贝叶斯方法的计算量很大, 但要理解贝叶斯定理仍然需要凝聚在纸笔间的思考。

经常出现在荷兰静物画中的乐器或许象征着音乐和数字那种毕达哥拉斯式的美。那么 Elizabeth 的画作配上 Aaron 的布祖基琴所构成的就是一首萦绕在本书字里行间的乐章, 交织着两人所创作出的旋律。

传统上, 静物画中的人类头骨是死亡的象征。Elizabeth 用一只脑珊瑚代替了头骨, 以纪念 Nick 早期关于亚热带柳珊瑚生态学的研究。同时, 珊瑚礁正在全球范围内大量消失, 濒临崩溃, 如此看来用脑珊瑚作为死亡的象征似乎也恰如其分。画作的最前方是一只切叶蚁叼着一块画着求和符号的碎纸片, 象征着使整个蚁群受益的工蚁群体。在中世纪早期的绘画中, 时常会不成比例地将蚂蚁画得比其他动物大, 由此可见蚂蚁在陆地生态系统中有着不容小觑的优势度和重要性。背景是一株小瓶子草, 这种我们在温室里栽培的食肉植物最初来自美国东南部。虽然小瓶子草极少被用于野外的实验操作, 但目前我们正在美国东北部研究该植物属下另一类更为常见的物种——紫瓶子草, 该项研究将有助于我们制定更为有效的策略来保护这一植物属下的所有物种。

这幅画中的最后一个元素是一只传统的意大利文艺复兴时期的小鸡水瓶。那是 2001 年的夏天, 我们正在阿迪朗达克山脉偏远的沼泽中调查猪笼草。每当漫长的一天结束时, 我们就会去佛蒙特州南部的一家意大利小餐馆稍稍放松一下。我们会点满满一升用这种小鸡瓶子盛着的基安蒂红葡萄酒。当夜晚接近尾声时, 我们承诺一定要写出这本书, 而这本被我们戏称为 "小鸡" 的书现在正式孵化了。

致谢

我们感谢以下各位同事在不同章节给出的详尽建议: Marti Anderson (11, 12), Jim Brunt (8), George Cobb (9, 10), Elizabeth Farnsworth ($1 \sim 5$), Brian Inouye (6, 7), Pedro Peres-Neto (11, 12), Catherine Potvin (9, 10), Robert Rockwell ($1 \sim 5$), Derek Roff (原始书评), David Skelly (原始书评), 以及 Steve Tilley ($1 \sim 5$)。感谢哈佛大学森林研究中心 (后简称 "哈佛森林") 和佛蒙特大学的实验室讨论小组对本书许多部分的内容作出的反馈。特别感谢 Henry Horn 在阅读了整部手稿后给出的全面评价。我们要感谢西诺尔联营公司的 Andy Sinauer、Chris Small、Carol Wigg、Bobbie Lewis 和 Susan McGlew, 特别感谢 The Format Group 的 Michele Ruschhaupt, 感谢他们将这沓写着粗糙文字的纸张转变为这样一本优雅的、令人赏心悦目的书。

感谢国家科学基金会支持我们对猪笼草、蚂蚁、零模型和红树林的研究, 这些都是书中反复出现的实例。感谢我们工作的机构——佛蒙特大学和哈佛森林, 为我们的写作提供的支持。

简明目录

第四部分　估　计

第二部分 实 验 设 计

第三部分 数据分析

第四部分 估 计

第一部分　概率和统计思维的基础

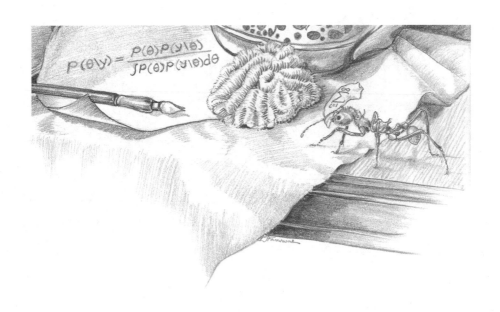

第 1 章　概率简介

　　本章我们将介绍概率和抽样中涉及的基本概念和定义。概率计算过程中的细节会影响所有统计显著性检验的结果，因此，加深对概率的了解将有助于我们更好地设计实验，更清楚地解释结果。

　　本章所介绍的概念是运用和理解统计学的基础，这些内容其实比后面一些详细的主题更重要。例如，在一篇科技文献中，读到"两个样本的均值因 $P(P$ 值$) = 0.003$ 而存在显著差异"是什么意思？或者"统计学中 I 类和 II 类错误有什么区别？"读者也许会吃惊地发现，一些拥有相当统计学经验的学者对这些问题的理解也存在偏差。本章旨在为读者学习统计学打下坚实基础，同时也希望读者学完本章后再阅读科技文献时，即使不太了解文中特定统计检验方法的细节，也能正确理解其统计学含义。

　　本章还将介绍所有科学都必不可少的过程——测量和量化。若不对过程进行量化，就没有统一术语解释测量的结果，那么也将无法开展科学研究。当然，"量化"本身并不能使某些东西成为科学，例如占星术和股票市场预测也使用了大量的数字，但并不能称之为科学。

　　对于生态学学生来说将面对一个概念上的挑战，即如何将"对自然的热爱"转化为"对自然规律的热爱"。例如，如何量化动植物丰度的分布规律？当我们漫步在树林中，可能会提出一系列的问题：怎样估计林中红蚁 (*Myrmica*, 一种常见的森林蚂蚁) 的群落密度才是最优的？是每平方米 1 个群落？还是每平方米 10 个群落？测量红蚁密度最佳的方法又是什么？树林中不同区域红蚁的密度是否有差异？什么样的机制或假设可以解释这种差异？以及我们通过怎样的实验和观察来证实或证伪这些假设？

　　当我们将自然"量化"后，就需要对收集来的数据进行总结、综合和解释。统计学是科学界的一门通用语言，不论是解释测量结果，还是检验和判别假设，都离不开统计学 (例如, Ellison and Dennis 2010)。概率则是统计学的基础，因此也是本书的出发点。

1.1　什么是概率

　　如果天气预报说下雨的可能性有 70%，我们都知道这意味着什么。该陈述量化了一个不确定事件的**概率 (probability)** 或可能的结果。存在不确定性是因为世上存在着**变化** (或**变异，variation**)，变异并不总是可预测的。变异对于生物系统而言非常重要，想要深入理解生态学、进化论和环境科学的基本概念，首先就需要认识自然界中的变异[1]。

　　虽然对概率我们都有大致的了解，但准确定义它却是另一回事。特别是当我们想要试图度量一个真实事件的概率时，这一问题便显得尤为重要。

1.2　概率的度量

1.2.1　单一事件的概率：食肉植物的捕食

　　食肉植物为我们探讨概率的定义提供了一个非常好的系统。紫瓶子草 (*Sarracenia purpurea*) 也叫北方猪笼草 (northern pitcher plant)，这种猪笼草有一个盛满雨水的捕虫笼，可以用来捕捉昆虫[2]。停留在这种猪笼草上的昆虫有些可能会掉进捕虫笼中淹死，猪笼草会从这些淹死后腐烂的猎物身上获取养分。尽管对于食肉生物的生命而言，这样的陷阱是一种了不起的进化适应，然而它们的捕食效率实在不敢恭维，因为大多数造访猪笼草的昆虫都逃脱了。

　　那么我们如何估计一只造访的昆虫被成功捕获的概率呢? 最直接的方法可能就是跟踪记录造访植物的昆虫数量和被植物捕获的昆虫数量。昆虫造访植物就是统计学家所谓的**事件** (event)。事件指的就是一个具有明确开始和结尾的简单过程。

　　对于昆虫造访植物这一简单事件而言，会有两种**结果** (outcome)：逃脱或被捕获。该结果可以用正整数来表示，例如用 1 表示被捕获, 2 表示逃脱。所以该事件是一个

Charles Darwin

[1]个体间性状的变化或变异是进化论中自然选择的关键要素之一。查尔斯·达尔文 (Charles Darwin, 1809 — 1882) 的伟大贡献之一便是强调了这种变化或变异的重要性，并且摆脱了类型学中 "物种概念" 的束缚。类型学中的物种是拥有明确定义、不可变界限的固定静态实体。

紫瓶子 (*Sarracenia purpurea*)

[2]食肉植物是我们最喜欢研究的生物之一。自 1875 年达尔文首次证明它们能够从昆虫中获取养分以来，就一直吸引着生物学家的目光。食肉植物具有很多使它成为模式生态系统的属性 (Ellison and Gotelli 2001; Ellison et al. 2003)。

典型的**离散结果** (discrete outcome) 事件, 该事件所有可能的结果组成的**集合** (set) 被称为**样本空间** (sample space)[3]。由离散结果组成的样本空间或集合被称为**离散集** (discrete set), 因为它们的结果是可数的[4]。

每一只造访植物的昆虫都被视为一次**试验** (trial)。统计学家通常称每次试验为一个单独的**重复** (replicate), 称一系列试验为一个**实验** (experiment)[5]。我们把一种结果的概率定义为该结果发生的次数除以试验的次数。如果一株植物, 在被造访 3000 次中捕获猎物 30 只, 则概率为

$$\frac{\text{被捕获昆虫数量}}{\text{造访植物的昆虫数量}}$$

或者写成 30/3000, 或 0.01。通常情况下, 我们如下计算一个结果发生的概率 P,

$$P = \frac{\text{结果数}}{\text{试验数}} \tag{1.1}$$

根据定义, 结果数永远不会多于试验数, 所以分子永远不会大于分母, 因此

$$0.0 \leqslant P \leqslant 1.0$$

即概率总在最小值 0.0 和最大值 1.0 之间。概率为 0.0 说明事件永远不会发生, 概率为 1.0 表示事件一定会发生。

---

[3] 即使在这个简单的例子中, 定义也是不完全的, 并不能涵盖所有可能性。例如, 一些飞虫可能会在植物上方盘旋, 但从不碰它, 一些爬行昆虫可能会探索植物的外表面, 但不会越过笼口进入笼内。这些可能性是否包含在我们用来确定被捕概率的观测样本空间中, 取决于我们想要达到的精确度。样本空间建立了我们可以从中得出结论的推断的范围。

G. F. L. P. Cantor

[4] 术语可数在数学中有着非常特殊的意义。如果一个集合中每个元素 (或结果) 都可以指派一个正整数, 那这个集合就是可数的。例如, 我们可以对集合 *Visit* 的元素进行赋值, 1 表示被捕获, 2 表示逃脱。整数集即使有无穷多个整数也是可数的。19 世纪末, 集合论创始人之一数学家 Georg Ferdinand Ludwig Philipp Cantor (1845—1918) 提出了基数 (cardinality) 的概念来描述这种可数性。如果两个集合存在一一对应关系, 则认为它们具有相同的基数。例如, 所有偶数的集合 $\{2, 4, 6, \cdots\}$ 中的元素都可以与所有整数集合中的一个元素相对应 (反之亦然)。基数与整数相同的集合被称为具有基数 0, 用 $\aleph_0$ 表示。Cantor 证明了有理数集 (能够用任意两个整数的商表示的数) 也有基数 $\aleph_0$, 但无理数的集合 (不能用任意两个整数的商表示的数, 如 $\sqrt{2}$) 是不可数的。无理数集合具有基数 1, 用 $\aleph_1$ 表示。Cantor 最著名的结果之一是: 小区间 $[0, 1]$ 内所有点的集合与 n 维空间内所有点的集合存在一一对应关系 (都具有基数 1)。这一结果发表于 1877 年, 在他给数学家尤利乌斯·威廉·理查德·戴德金 (Julius Wilhelm Richard Dedekind) 的信中写道: "我看到了, 但我不相信!" 有意思的是, 存在基数大于 1 的集合类型, 实际上也有无穷多的基数。更奇怪的是, 基数的集合 $\{\aleph_0, \aleph_1, \aleph_2, \cdots\}$ 本身就是一个可数的无限集 (其基数为 0)!

[5] 这里对实验 (experiment) 的统计定义没有传统定义那么严格, 传统定义中要求实验中至少要有一组受到人为操作的对象 (实验组) 和有可比性的对照组。然而, 许多生态学家使用 "自然实验" (natural experiment) 一词来指代那些具有多个重复的比较实验, 这些实验中没有人为的操作, 而感兴趣的数量存在天然的差别 (如有或没有捕食者的岛屿; 见第 6 章)。

　　然而, 这样估计概率也存在一定的问题。大多数人会说, 明天太阳升起的概率是确定无疑的 ($P = 1.0$)。没错, 如果我们每天早晨孜孜不倦地记录太阳的升起, 就会发现它一直是这样, 并且得出一个 1.0 的概率估计值。但我们的太阳是一颗普通的恒星, 一个当氢原子聚变成氦时释放能量的核反应堆。大约 100 亿年后, 所有的氢燃料被用完时, 这颗恒星就迎来了死亡。目前我们的太阳仍是一颗中年恒星, 所以你再坚持观察 50 亿年, 终会迎来它不再升起的那个清晨。从那个时间点开始观察, 你估计得到的日出概率就会变成 0.0。那么, 太阳每天升起的概率真的是 1.0 吗? 还是小于 1.0? 或者现在是 1.0, 但 50 亿年后是 0.0?

　　这个例子说明, 概率的估计或测量取决于如何定义样本空间。样本空间指的是我们用于比较的所有可能事件的集合。一般来说, 我们对日常生活中各种事件的概率都有直观的估计或猜测。然而, 要量化这些猜测, 我们必须做三件事: 确定样本空间、抽样和计数特定事件发生的频次。

1.2.2　通过抽样估计概率

　　在第一个实验中, 我们观察到造访植物的昆虫有 3000 只, 其中 30 只被捕获, 所以被捕获的概率为 0.01。那么这个数字合理吗? 我们的实验有可能是在对植物特别有利的一天 (或对昆虫不利的一天) 进行的; 有些日子, 可能没有捕获到猎物, 而有些日子, 则捕获了好几只。所以得到的概率值总是在变化的。如果能对一株植物日日夜夜不间断地观察一年, 期间不放过任何一只造访的昆虫, 我们就能准确地给出它们被捕获的真实概率。根据每次昆虫造访的结果, 再相应地更新我们对捕获概率的估计。但我们的生命实在太短暂了, 根本无法做到不间断地持续观察。那么在这种情况下, 我们如何才能估计出捕获概率呢?

　　我们可以通过对感兴趣的群体进行**抽样 (sample)** 来有效地估计事件的概率。例如, 在一年中每周固定的一天观察 1000 只造访植物的昆虫, 结果是一个样本数为 52 的集合, 每个样本都包含 1000 次试验及相应被捕获的昆虫数。表 1.1 列出了该数据集 52

表 1.1　每 1000 次造访食肉植物紫瓶子草的昆虫中被捕获数量的抽样数据

ID 编号	观测日期	被捕获的昆虫数
1	1998 年 6 月 1 日	10
2	1998 年 6 月 8 日	13
3	1998 年 6 月 15 日	12
⋮	⋮	⋮
52	1999 年 5 月 24 日	11

　　在这个假想的数据集中, 每一行代表一个样本采集的不同周。如果一整年每周进行一次抽样, 数据集将恰好有 52 行。第一列是由 1 到 52 连续整数表示的 ID 编号, 第二列是观测日期, 第三列是在观察到的 1000 只造访昆虫中被捕获的昆虫数。对于该数据集, 任何单个样本捕获的概率都可以估计为: 被捕获的昆虫数/1000。这 52 个捕获数可以用反映样本间变异情况的直方图来表示和总结 (见图 1.1)。

行中的前三行。可以看出不同时间的捕获概率不尽相同, 但差异并不大; 同时也可以看出昆虫在造访猪笼草时被捕获是非常罕见的事件。

在图 1.1 中, 我们用一种叫作**直方图 (histogram)** 的图简洁地总结了一年的抽样结果[6]。在这个特殊的柱状图中, 水平轴即 x **轴 (x-axis)** 表示有多少昆虫在造访植物时被捕获, 数字从 4 到 20 不等。因为在 52 个样本采集日中, 有的日子里只有 4 只昆虫被捕获, 有的日子里有 20 只昆虫被捕获, 还有的日子被捕获的数量介于两者之间。纵轴即 y **轴 (y-axis)** 表示频数: 含有特定结果的试验次数。例如, 一天中记录到被捕获昆虫数为 4 只的只有一次, 6 只的有两次, 9 只的有五次。估计捕获概率的一种方法是取所有样本的平均值, 也就是计算 52 次抽样中每 1000 只造访的昆虫中平均被捕获的数量。在这个例子里, 1000 只造访昆虫中平均有 10.3 只被捕获。因此, 被捕获的概率是 $10.3/1000 = 0.0103$, 略高于百分之一。我们称这个平均值为**概率的期望值 (expected value of the probability)**, 或者**期望 (expectation)**, 用 $E(P)$ 表示。类似于图 1.1 所示的分布常被用来描述概率实验的结果, 我们将在第 3 章进行更详细的介绍。

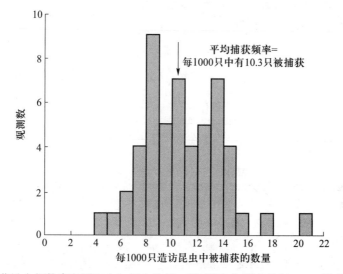

图 1.1 被捕获昆虫频数直方图。在一年中的每一周, 研究人员会观察 1000 只造访一株猪笼草的昆虫, 并统计其中有多少只被植物捕获 (见表 1.1)。52 次观察所收集的数据 (每周一次) 可以用直方图表示。观察到的捕获昆虫数从一周 4 只 (最左边的条形图) 到一周 20 只 (最右边的条形图) 不等; 52 次观察的平均值为每 1000 只造访的昆虫中有 10.3 只被捕获。

---

[6]虽然我们并没有真正进行这个实验, 但是这些数据是 Newell 和 Nastase 在 1998 年收集的。他们记录了昆虫访问猪笼草的过程, 在 3308 只造访的昆虫中有 27 只被捕获, 74 只命运未知。在本章的分析中, 我们使用电子表格自带的随机数生成器模拟数据。在模拟中, 我们将被捕获的"真实"概率设为 0.01, 样本大小设为 1000 只造访的昆虫, 样本数设为 52。所得结果数据可生成如图 1.1 所示的直方图。如果在计算机上进行相同的模拟实验, 应该能得到类似的结果, 但会存在一些差异, 这取决于计算机生成随机数的方式。我们将在第 3 章和第 5 章中更详细地讨论模拟实验。

1.3   概率定义中的问题

大多统计学教材都和我们一样, 简单定义概率为事件发生的 (预期) 频率。大多教材上给出的标准示例是, 抛一枚均匀硬币得到正面的概率为 0.50 (相当于 50% 的可能性)[7], 或者六面均匀的骰子每一面出现的概率为 1/6。但让我们来更仔细地思考一下这些例子, 我们为什么可以接受这些事件的概率就是这些数值呢?

接受它们是因为我们对掷硬币和掷骰子的方式有自己的看法。如果在桌面上, 让一枚均匀的硬币 "正面" 对着我们, 然后向前稍微倾斜硬币, 我们都明白得到正面的概率将不再是 0.50。0.50 的概率只适用于用力抛向空中的硬币[8]。即使这样, 也应该意识到 0.50 的概率实际上代表了基于最小数据量的估计。

如果我们在硬币表面、手部肌肉和房间墙壁上连接大量的高科技微型传感器。这些传感器可以检测并量化我们抛硬币时的力矩、室内温度和空气流速、硬币表面的微小不规则以及抛硬币时产生的微小涡流。如果这些数据都能瞬间存储进高速计算机, 我们就能建立描述硬币轨迹的复杂模型。根据这些信息能更准确地预测硬币是哪一面朝上。事实上, 如果有无穷无尽的数据供我们参考, 或许抛硬币的结果就不会存在不确定性[9]。毕竟这些用来估计某一事件发生概率的试验间本来就不是很相似, 每次试验都

---

[7]在众多欧元硬币中, 命运对其中一枚尤为不公平。2002 年由 12 个欧洲国家推出的欧元硬币, 背面是欧洲地图, 而正面则是各个国家独有的设计。波兰统计学家 Tomasz Gliszcynski 和 Waclaw Zawadowski 将比利时的欧元抛了 250 次 (实际上是旋转), 得到正面的概率是 56%(140/250)。他们将这一结果归因于 "正面" 的浮雕图像较重, 但雷丁大学统计学家 Howard Grubb 则指出, 在 250 次试验中, 56% 与 50% "没有显著差异"。谁是对的? (摘自 2002 年 1 月 2 日《新科学家》(*New Scientist*) 报道) 我们将在第 11 章再次提及这个例子。

[8]赌徒和玩纸牌的人试图用小心翼翼地掷或处理过的硬币和骰子来改变 0.50 模式, 从而得到想要的一面, 又给别人一种随机的感觉。赌场通过骰子的大力摇晃、轮盘的快速旋转、二十一点牌的频繁洗牌来确保随机性。赌场没必要作弊。计算出回报表是为了得到可观的利润, 并且赌场必须确保客户无法影响或预测每一场赌博的结果。

Werner Heisenberg

Erwin Schrödinger

[9]最后这个观点很有争议。它假设我们已经测量了所有正确的变量, 而且这些变量之间的相互作用简单到可以映射出所有可能情况或者用数学关系表示它们。大多数读者可能认为复杂模型比简单模型更准确, 但其实是存在不确定性的 (Lavine 2010)。如果不能测量其中包含的变量, 那么复杂模型对我们也没什么帮助; 而且监督我们抛硬币的技术也不太可能很快出现。最后, 还有一个更微妙的问题: 测量自然界事物的行为可能会在本质上改变我们试图研究的过程。假设我们想要量化阳光无法到达的深海海底附近鱼类物种的相对丰度, 可以用水下照相机拍摄鱼类, 然后统计每张照片中鱼的数量。但如果照相机的光线吸引了一些鱼类又驱逐了一些鱼类, 那么究竟得到了什么结果呢? 物理学中的海森堡测不准原理 (以德国物理学家 Werner Heisenberg (1901 — 1976) 的名字命名) 指出, 同时测量电子的位置和动量是不可能的, 对其中一个量的测量越精确, 对另一个量的测量就越不准确。如果观察本身从根本上改变了过程, 因果链就被打破了 (或者至少严重扭曲了)。这个概念是由欧文·薛定谔 (Erwin Schrödinger, 1887 — 1961) 提出的, 他把一只 (假设的) 猫和一瓶氰化物放在同一个量子盒里。在盒子里, 猫可以同时是活的和死的, 而一旦盒子被打开, 猫被观察到, 那它要么是活的, 要么是永远死了。

有自己独特的条件, 这些条件构成了一条特别的因果链将最终决定硬币是正面朝上还是反面朝上。如果能完全重复这些条件, 那事件的结果将是确定的, 根本不需要概率或统计![10]

回到猪笼草的例子。很明显, 我们对被捕获概率的估计在很大程度上取决于试验的细节。植物的大小、捕食昆虫的种类、植物是向阳还是背阴等都会影响被捕获的概率, 而且还可以根据造访中更细微的差异对这些情况进行更详尽的分类。所以, 概率的估计将取决于对所开展试验范围大小的限定。

总而言之, 当我们说一个事件是随机的、不确定的、概率性的或纯属偶然时, 实则指的是: 该事件的结果在某种程度上是由一系列复杂的过程所决定的, 其中我们无法或不愿衡量的过程被视为是由随机因素导致的, 而那些可以被测量、控制和建模的则是由确定性或刚性因素决定的。因此, 可以认为这些所谓的确定因素和随机因素共同决定了我们数据的模式, 只不过作为观察者, 我们强加了确定性和随机性间的区别。这也反映了我们对试验操作中因素所隐含的概念模型, 以及与这些因素相关的数据及测量的可用性[11]。

1.4 概率中的数学

本节我们将简要介绍概率计算中所涉及的数学操作。本节内容看似与您的研究毫无关系 (数据是否 "有意义"?), 但对正确解释统计结果却必不可少。

1.4.1 定义样本空间

在猪笼草捕获猎物的例子中, 我们将昆虫造访植物 (事件) 时被捕获 (结果) 的概率 P 定义为: 被捕获的昆虫数除以造访植物的昆虫数 (试验数)(公式 1.1)。接下来我们将详细介绍以下术语: 结果、事件、试验和概率。

首先, 我们需要定义可能事件的范围, 或者感兴趣的样本空间。在第一个例子中, 昆

---

[10] 许多科研工作者会欣然接受这种缺乏不确定性的观点。如果这个世界没有统计学, 我们的一些分子生物学同事会很高兴。当实验结果存在不确定性时, 他们往往认为这是由于实验技术不好, 只要消除测量误差和污染就会得到正确的可重复的数据。生态学家和野生生物学家通常对系统的变异更为乐观。这并不是因为生态系统天生比分子系统有更多干扰, 而是生态数据通常是在不同的空间和时间尺度上收集的, 因此可能比分子数据更易变。

[11] 如果拒绝接受任何自然随机性的概念, 我们很快就会进入神秘主义的哲学领域: "因果法则是什么呢?" 支配整个宇宙的规律, 从无形的、无法估计的原子到太阳, 无一例外; 这条定律是, 每一个因都会产生某种果, 一旦因开始起作用, 就没有任何可能延或阻止这种果的产生。这个法则在任何地方都是至高无上的, 这就是因果报应 (Law of Karma); 因果报应是因果之间的必然联系 (Arnould 1895)。

西方科学并没有发展到可以处理这种包罗万象的复杂性的程度。诚然, 对自然现象的许多科学解释是复杂的。然而, 要得到这些解释, 首先要避开所有的复杂性, 并提出一个**零假设 (null hypothesis, 也称原假设)**。零假设试图以尽可能简单的方式解释数据中的模式, 这通常意味着将数据的变化都归因于随机因素 (或测量误差)。如果这个简单的零假设能够被拒绝, 我们可以继续考虑更复杂的假设。关于零假设和假设检验的更多细节见第 4 章, 关于随机性的讨论参考 Beltrami(1999)。

虫造访植物会有两种结果, 逃脱 (*Capture*) 或被捕获 (*Escape*)。这两种可能的结果构成了样本空间 (或集合), 我们将其称为 *Visit*:

$$Visit = \{(Capture), (Escape)\}$$

大括号 {} 表示集合, 小括号 () 表示集合内的事件。括号内的对象是事件的结果。因为一次访问只有两种可能的结果, 如果被捕获的概率是 1/1000, 即 0.001, 那逃脱的概率则是 999/1000, 即 0.999。这个简单的例子可以推广到**概率第一公理 (First Axiom of Probability)**:

> **公理 1:** 单个样本空间内所有结果的概率之和 = 1.0。

我们可以把这个公理表示为

$$\sum_{i=1}^{n} P(A_i) = 1.0$$

即 "事件 A_i 所有结果的概率之和等于 1.0"。式中 "横着的 W" (其实是大写的希腊字母 sigma) 是一个求和符号, 是将后面元素相加的速记符号。下标 i 表示一个特定元素, 也就是要对 $i = 1, \cdots, n$ 的元素进行求和, 其中 n 表示元素的总个数。在一个定义准确的样本空间中, 事件的结果间是**互斥的** (被捕获或逃脱)、**穷尽的** (被捕获或逃避是唯一可能的结果)。如果事件不是互斥的、穷尽的, 那么样本空间中事件的概率之和将不等于 1.0。

在多数情况下, 一个事件可能的结果不止两种。例如, 在一项虚构的橙斑豉甲繁殖的研究中, 发现每只甲虫一生都恰好会繁殖两次, 每次产 2 ~ 4 只后代。一只橙斑豉甲一生的繁殖结果可以用 (a, b) 来描述, 其中 a 代表第一次繁殖的后代数, b 代表第二次繁殖的后代数。样本空间 *Fitness* 包括个体可能产生的所有繁殖结果:

$$Fitness = \{(2,2),(2,3),(2,4),(3,2),(3,3),(3,4),(4,2),(4,3),(4,4)\}$$

由于一次繁殖只可能有 2、3 或 4 个后代, 所以这 9 对整数是所有可能的结果。在没有任何其他信息的情况下, 我们简单地假设每种繁殖结果出现的概率都是相等的。用公式 1.1 中的概率定义 (结果数/试验数) 来确定这个值, 那在该集合中存在 9 种可能的结果 $P(2,2) = P(2,3) = \cdots = P(4,4) = 1/9$。另外, 这些概率遵循公理 1: 即所有结果的概率之和 = $1/9 + 1/9 + 1/9 + 1/9 + 1/9 + 1/9 + 1/9 + 1/9 + 1/9 = 1.0$。

1.4.2   复杂事件和共享事件的概率

一旦获得了简单事件的概率, 就可以用它来进一步衡量更为复杂的事件的概率。**复杂事件 (complex event)** 是样本空间中简单事件的组合。**共享事件 (shared event)** 指的是样本空间中同时发生的多个简单事件。复杂事件和共享事件的概率可以分解为简单事件概率的和或乘积。那什么时候加, 什么时候乘呢? 我们可以通过判断新事件是复杂事件还是共享事件来获取答案。一方面判断是否可以通过多个途径来实现该事件, 另一方面判断两个或多个简单事件是否同时发生。

如果新事件可以通过不同的途径发生, 那它就是一个复杂的事件, 用或语句 (*or statement*)表示为: 事件 A 或事件 B 或事件 C。复杂事件可以说是简单事件的**并集 (union)**, 复杂事件的概率则是简单事件的概率之和。

相反, 如果新事件需要多个简单事件同时发生, 那就是共享事件, 可以用与语句 (*and statement*)表示。共享事件可以说是简单事件的**交集 (intersection)**, 共享事件的概率则是简单事件概率的乘积。

复杂事件: 概率求和。 接下来我们将以一个甲虫的例子来介绍如何计算复杂事件的概率。假设我们想估计一只橙斑豉甲一生的繁殖量, 也就是统计它一生中生育的后代数。这个数字是两次繁殖后代数量的总和, 是一个在 4 到 8 之间的整数。那么一只橙斑豉甲生育 6 只后代的概率要如何估计? 首先, 请注意, 现在有三种途径可以让 "生育 6 只后代" (*6 offspring*) 这个事件发生:

$$6 \text{ } offspring = \{(2, 4), (3, 3), (4, 2)\}$$

并且该复杂事件本身就是一个集合。

我们可以用**维恩图 (Venn diagram)** 来表示这两个集合[12]。图 1.2 是集合 *Fitness* 和集合 *6 offspring* 的维恩图。如图所示, 集合 *6 offspring* 是较大的集合 *Fitness* 的一个**真子集 (proper subset)**, 即前者的所有元素都包含在后者中。用符号 $\subset$ 表示一个集合是另一个集合的子集, 即

$$6 \text{ } offspring \subset Fitness$$

集合 *Fitness* 包含有 9 种可能的结果, 其中 3 种为生育的后代总数为 6, 所以估计 "生育 6 只后代" 的概率是 $1/9 + 1/9 + 1/9 = 3/9$ (之前我们假设每种结果的可能性都是相等的)。这个结果在概率的第二公理中得到了推广:

公理 2: 复杂事件的概率等于组成这个事件的结果的概率之和。

[12] John Venn (1834 — 1923) 1857 年毕业于英国剑桥大学冈维尔与凯斯学院, 两年后被任命为牧师, 1862 年回到剑桥大学, 担任道德科学讲师, 同时还学习和教授逻辑与概率。他最著名的事迹就是以他名字命名的用来表示集合间交、并的维恩图。Venn 还因建造了一台保龄球机而广为人知。

John Venn

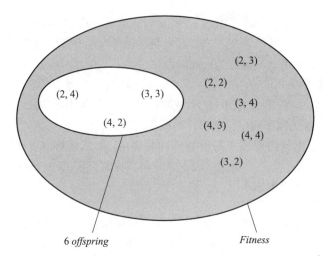

图 1.2　表示集合概念的维恩图。每对数字代表一只斑甲连续两次繁殖产下的后代数。我们假设这种甲虫每次繁殖恰好产下 2、3 或 4 只后代, 所以图中包含了所有可能的整数。维恩图中圈住某些元素的环代表集合。集合 *Fitness* 包含了连续两次繁殖所有可能的结果。集合 *Fitness* 内还有一个子集合 *6 offspring* 表示两次繁殖产下的后代总数为 6(即每一对整数的和为 6) 的情况。我们称集合 *6 offspring* 是集合 *Fitness* 的一个真子集, 因为前者的元素完全包含在后者中。

可以将复杂事件看作计算机程序中的一个或语句: 如果简单事件是 *A*、*B* 和 *C*, 那么复杂事件就是 (*A* 或 *B* 或 *C*), 因为这些结果中的任何一个都代表一个复杂事件。因此

$$P(A \text{ 或 } B \text{ 或 } C) = P(A) + P(B) + P(C) \tag{1.2}$$

再举一个简单的例子, 我们想估计从洗好的 52 张扑克牌中抽出一张扑克牌是 A(*ace*)的概率。已知这副牌中有 4 张 A, 抽到一张特定花色 A 的概率是 1/52。因此, 抽到 4张 A 中任意一张这个复杂事件的概率则为:

$$P(ace) = 1/52 + 1/52 + 1/52 + 1/52 = 4/52 = 1/13$$

共享事件: 概率求积。在橙斑斑甲的例子中, 我们计算了一只斑甲恰好生育 6 只后代的概率。这个复杂事件可能出现 {(2,4),(3,3),(4,2)} 中的任意一种组合, 我们可以通过简单概率的相加来确定这个复杂事件的概率。

现在让我们来计算一个共享事件的概率, 该事件由两个同时发生的简单事件构成。首先, 假设第二次繁殖的后代数与第一次繁殖的后代数无关。对于许多统计分析来说, 独立性是一个至关重要的假设, 当两个事件彼此独立时, 则表示一个事件的结果不受另一个事件结果的影响。如果两个事件彼此独立, 那这两个事件同时发生 (相当于一个共享事件发生) 的概率等于这两个事件概率的乘积:

$$P(A \cap B) = P(A) \times P(B)(如果 \ A \ 和 \ B \ 彼此独立) \qquad (1.3)$$

符号 $\cap$ 表示两个独立事件的交集——这两个事件同时发生。在繁殖后代数示例中,假设个体可以在第一次繁殖 2、3 或 4 只后代,且这些事件发生的概率均为 1/3。如果相同的规则适用于第二次繁殖,那得到 (2,4) 这样结果的概率等于 $1/3 \times 1/3 = 1/9$,与通过将每种后代数组合视为独立等概率事件得到的数值相同。

1.4.3 概率计算: 以马利筋和毛毛虫为例

接下来将介绍一个即包含复杂事件又包含共享事件的简单示例。想象一下,我们在一组蛇形岩外部发现了马利筋植物种群和食草毛毛虫。马利筋种群有两种,一种已经进化出次生代谢产物来对抗食草动物 (集合 R),另一种则没有。假设通过调查众多马利筋种群得到 $P(R) = 0.20$,即 20% 的马利筋种群对食草动物有抗性。剩下的 80% 为这个集合的补集,包含了该集合其他所有元素,可以简写成集合 $not \ R$。因此

$$P(R) = 0.20 \quad P(not \ R) = 1 - P(R) = 0.80$$

同样, 假设毛毛虫 (集合 C) 在一个区域中出现的概率为 0.70:

$$P(C) = 0.70 \quad P(not \ C) = 1 - P(C) = 0.30$$

接下来, 我们将详细介绍决定马利筋和毛毛虫间相互作用关系的生态规则, 然后用概率理论来确定在这些区域中找到毛毛虫、马利筋或两者的机会。规则很简单, 首先, 所有的马利筋和毛毛虫都可能分布在蛇形区域。其次, 马利筋种群在毛毛虫不存在的情况下可以生存下去, 但在有毛毛虫存在的情况下, 只有具有抗性的马利筋种群才能生存。和之前一样, 假设马利筋和毛毛虫最初彼此相互独立地在岩石上生存[13]。

我们需要考虑具有抗性和没有抗性马利筋在有、无毛毛虫两种情况中的不同组合。这是两个同时发生的事件, 因此我们需要把概率相乘来表示 4 个可能的共享事件 (表 1.2)。表 1.2 中有几个需要注意的事项。首先, 共享事件发生的概率总和 $(0.24 + 0.56 + 0.06 + 0.14) = 1.0$, 这四个共享事件构成了一个集合。其次, 将这些概率中的一些相加起来可以定义新的复杂事件, 并同时复原一些潜在的简单概率。比如, 发现抗虫马利筋种群的概率是多少? 这相当于在有毛毛虫的情况下找到存活下来的抗虫种群的概率 $(P = 0.14)$ 加上在没有毛毛虫的情况下找到抗虫种群存活下来的概率 $(P = 0.06)$。这二者之和 (0.20) 的确符合抗虫种群出现的概率 $[P(R) = 0.20]$。这两个事件的独立性确保我们可以用这种方式复原初始值。

---

[13]当违反独立性假设时, 会发生许多有趣的生物学现象。例如, 许多种成年蝴蝶和蛾类具有很强的选择性, 它们会寻找合适的寄主植物区域来产卵。因此, 毛毛虫的出现可能与寄主植物无关。在另一个实例中, 食草动物的存在增加了宿主抗性进化的选择压力。许多植物物种虽然具有所谓的刺激代谢产物防御, 但仅在食草动物出现时才开启。因此, 具有驱避性种群的出现也可能与食草动物的存在无关。在本章的后面, 我们将介绍一些将非独立概率结合到复杂事件计算中的方法。

表 1.2 共享事件发生的概率

共享事件	概率计算	结果	
		有无马利筋?	有无毛毛虫?
易感种群, 无毛毛虫	$[1-P(R)]\times[1-P(C)]=$ $(1.0-0.20)\times(1.0-0.70)=0.24$	有	无
易感种群, 有毛毛虫	$[1-P(R)]\times[P(C)]=$ $(1.0-0.20)\times(0.70)=0.56$	无	有
抗性种群, 无毛毛虫	$[P(R)]\times[1-P(C)]=$ $(0.20)\times(1.0-0.70)=0.06$	有	无
抗性种群, 有毛毛虫	$[P(R)]\times[P(C)]=$ $(0.20)\times(0.70)=0.14$	有	有

独立事件共同发生是一个共享事件, 其概率可以用单个事件概率的乘积表示。在这个假设的例子中, 对毛毛虫有抗性的马利筋出现的概率为 $P(R)$, 易感种群出现的概率为 $1-P(R)$。马利筋生存区域内有毛毛虫定殖的概率为 $P(C)$, 没有毛毛虫定殖的概率为 $1-P(C)$。最简单的事件是毛毛虫 (C) 和抗虫马利筋种群 (R) 共同存在。第一列列出了四个复杂的事件, 分别根据抗虫马利筋种群或不抗虫马利筋种群以及有无毛毛虫来定义。第二列是复杂事件的概率计算。第三和第四列表示生态结果。如果是不抗虫马利筋定殖区域内有毛毛虫, 那该种群会在该区域内消失, 这个事件发生的概率是 0.56, 即这个结果发生的可能性是 56%。最不可能的结果是抗虫马利筋种群定殖的区域内没有毛毛虫 ($P=0.06$)。还要注意, 这四个共享事件构成了一个真集合 (proper set), 因此它们的概率之和为 $1.0(0.24+0.56+0.06+0.14=1.0)$。

我们从这个例子中也得到了一些新的信息。不抗虫马利筋种群遇到毛毛虫后消失, 这个事件发生的概率为 0.56。该事件的补集 $(1-0.56)=0.44$, 指的是区域内马利筋种群一直存在的概率。马利筋一直存在的概率也可以表示为 $P=0.24+0.06+0.14=0.44$, 即将所有马利筋可以存活下来的组合的概率加在一起。因此, 尽管马利筋有抗性的概率仅为 0.20, 但仍有 44% 的抽样区域内存在马利筋种群, 因为并非所有易感种群存在的区域中都有毛毛虫。诚然, 只有当初始事件彼此独立时, 这些计算才是正确的。

1.4.4 复杂事件和共享事件: 集合的交、并、补运算法则

许多事件并不是彼此独立的, 我们需要考虑这种非独立的情况。回到豉甲的例子, 如果第二次繁殖的后代数与第一次有某种联系呢? 这可能是因为生物体用于繁殖后代的能量有限。这会改变我们对生育 6 只后代 (*6 offspring*) 的概率估计吗? 在回答这个问题之前, 我们需要在概率工具包中添加更多的工具。这些工具告诉我们如何组合事件或集合, 并计算组合事件的概率。

假设在样本空间内有两个可识别的事件, 每个事件由一组结果组成。在样本空间 *Fitness* 中, 我们可以将一个事件描述为一只豉甲第一次繁殖恰好产下两只后代, 记为 *First litter 2*, 写作 F。第二个事件是一只豉甲第二次繁殖恰好产下 4 只后代, 记为 *Second litter 4*, 写作 S:

$$Fitness=\{(2,2),(2,3),(2,4),(3,2),(3,3),(3,4),(4,2),(4,3),(4,4)\}$$
$$F=\{(2,2),(2,3),(2,4)\}$$

$$S = \{(2,4),(3,4),(4,4)\}$$

根据 F 和 S 可以得到两个新集合。第一个新的结果集合包含 F 或 S 中的所有结果,用符号 $F \cup S$ 表示,我们将这个新集合称为这两个集合的**并集 (union)**:

$$F \cup S = \{(2,2),(2,3),(2,4),(3,4),(4,4)\}$$

结果 $(2,4)$ 同时出现在 F 和 S 中,但在 $F \cup S$ 中只统计一次。还要注意 F 和 S 的并集中的元素比 F 或 S 多,因为这些集合被 "组合" 在一起以构成并集。

第二个新集合是 F 和 S 中共有的结果,用符号 $F \cap S$ 表示,并将这个新集合称为两个集合的**交集 (intersection)**:

$$F \cap S = \{(2,4)\}$$

集合 F 和 S 的交集中包含的元素少于 F 或 S 单独包含的元素,只包含两个集合共有的元素。图 1.3 中的维恩图展示了并集和交集的概念。

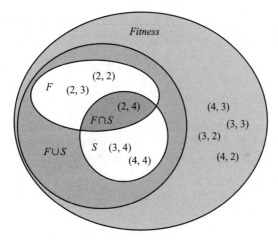

图 1.3 维恩图表示的并集和交集。每个环代表一组豉甲两次繁殖的结果,如图 1.2 所示。最大的环是样本空间 *Fitness*,包括豉甲所有可能的繁殖结果。小环 F 是第一次繁殖恰好产下 2 只后代的组合,小环 S 是第二次繁殖恰好产下 4 只后代的组合。重叠的区域表示 F 和 S 的交集 ($F \cap S$),仅包含两者共有的元素。包含 F 和 S 的环表示 F 和 S 的并集 ($F \cup S$),包含两个集合中的所有元素。F 和 S 的并集不会重复统计它们的共有元素 $(2,4)$。换句话说,两个集合的并集是两个集合中元素的总和减去重复的共有元素,即 $F \cup S = (F + S) - (F \cap S)$。

第三个集合 F^c,即 F 的补集,它是样本空间 (在本例中为 *Fitness*) 中不在集合 F 内的元素的集合:

$$F^c = \{(3,2),(3,3),(3,4),(4,2),(4,3),(4,4)\}$$

根据公理 1 和 2,可以得到

$$P(F) + P(F^c) = 1.0$$

换句话说, 因为 F 和 F^c 包括所有可能的结果 (根据定义, 它们包括整个集合), 则概率之和为 1.0。

最后介绍**空集** (empty set)。空集不包含任何元素, 用 $\{\varnothing\}$ 表示。为什么提到空集? 因为集合 F 和 F^c 没有共同元素, 所以这两个集合的交集中没有元素。如果没有空集, 将无法定义 $F \cap F^c$。具有空集使得集合在三个允许的运算 (并、交、补) 下仍是封闭的[14]。

计算组合事件的概率。公理 2 指出, 一个复杂事件的概率等于组成该事件结果的概率之和。计算 $F \cup S$ 的概率应该是一个简单的运算, 即 $P(F) + P(S)$。因为 F 和 S 都有 3 个结果, 每个结果的概率都是 1/9, 它们的和为 6/9。然而, $F \cup S$ 中只有 5 个元素, 所以概率应该是 5/9。为什么不符合公理? 图 1.3 显示, 这两组间具有相同的结果 (2,4)。对这两个集合并集的简单计算导致我们将这个共有元素计算了两次。所以在计算并集的概率时要避免重复计算[15]。因此, 任意 A 和 B 两个集合或事件并集的概率应该表示为

$$P(A \cup B) = P(A) + P(B) - P(A \cap B) \tag{1.4}$$

交集的概率是两个事件同时发生的概率。在图 1.3 所示的例子中, $F \cap S = \{(2,4)\}$ 的概率为 1/9, 即 F 与 S 的概率乘积 $(1/3 \times 1/3 = 1/9)$。所以, 6/9 减去 1/9 得到 $P(F \cup S)$ 的实际概率是 5/9。

如果 A 和 B 之间没有交集, 那么它们就是**互斥事件** (mutually exclusive event), 这意味着它们没有共有的结果。这两个互斥事件的交集 $(A \cap B)$ 是空集 $\{\varnothing\}$。因为空

---

[14] **封闭性** (closure) 是一种数学属性, 而不是一种心理状态。如果对象 G 中的元素 A 和 B 满足 $A \oplus B$ 是 G 的一个元素, 那么对象 G 的集合 (一个群组) 在运算 $\oplus$ (并、交、补) 中是封闭的。

[15] 确定事件是否被重复计算是一件棘手的事情。在群体遗传学中, 我们熟悉的哈迪－温伯格方程 (Hardy-Weinberg equation) 给出了随机交配群体中不同基因型出现的频率。哈迪－温伯格方程指出在等位基因系统中对于一个单基因, 群体每个基因型的频率 (RR, Rr 和 rr) 保持不变, p 是 R 等位基因出现的频率, q 是 r 等位基因出现的频率。基因型 R 和 r 形成一个封闭集合, $p + q = 1.0$。每个亲本在其配子中贡献一个等位基因, 后代的形成代表一个共享事件, 两个配子在受精时结合贡献的等位基因决定了后代的基因型。哈迪－温伯格方程预测了随机交配群体后代中不同基因型组合的概率 (或频率)

$$P(RR) = p^2$$
$$P(Rr) = 2pq$$
$$P(rr) = q^2$$

RR 基因型的产生需要两个配子都含有等位基因 R。因为群体中等位基因 R 的频率是 p, 这个复杂事件的概率是 $p \times p = p^2$。但是为什么杂合子基因型 (Rr) 的频率是 $2pq$ 而不是 pq? 这不是重复计算吗? 答案是否定的, 因为创造一个杂合个体有两种方法: 雄性的配子 R 与雌性的配子 r 相结合, 或者是雄性的配子 r 与雌性的配子 R 相结合。这是两个截然不同的事件, 尽管在这两种情况下所产生的合子具有相同的基因型 (Rr)。因此, 杂合子的形成是一个复杂事件, 其元素是两个共同的事件:

$$P(Rr) = P(\text{雄性 } R \text{ 和雌性 } r) \quad \text{或} \quad P(\text{雄性 } r \text{ 和雌性 } R)$$
$$P(Rr) = pq + pq = 2pq$$

集没有结果, 所以概率为 0, 我们可以简单地将两个互斥事件的概率相加, 得到它们并集的概率:

$$P(A \cup B) = P(A) + P(B) \quad (\text{如果 } A \cap B = \{\varnothing\}) \tag{1.5}$$

让我们回到之前的问题: 如果第二次繁殖产下的后代数取决于第一次产下的后代数, 估计橙斑跂甲产下 6 只后代的可能性。复杂事件 *6 offspring*, 包括三个结果 $(2,4)$, $(3,3)$ 和 $(4,2)$; 其概率是 $P(\text{6 offspring}) = 3/9 \ (1/3)$。第一次繁殖的后代数为 2 (集合 F) 的概率, $P(F) = 3/9 (1/3)$。如果第一次繁殖产下 2 只后代, 那么第二次产下 4 只后代的概率又是多少 (总共 6 只)? 似乎这个概率也应该是 1/3, 因为 F 中有 3 个结果, 其中只有 $(2,4)$ 的总后代数为 6。1/3 是正确答案。但为什么这个概率不等于 *Fitness* 中 $(2,4)$ 的概率 1/9 呢? 因为第一次繁殖的数量会影响总生殖数的概率。条件概率便是解决这个难题的。

1.4.5　条件概率

计算复杂事件的概率时, 如果已知该事件中某一结果的信息, 则需要相应地调整对其他结果概率的估计。我们将这些改进过的估计称为**条件概率 (conditional probability)**, 写作

$$P(A|B)$$

或给定事件或结果 B 时事件或结果 A 的概率。符号 $(|)$ 表示在事件或结果 B 已经发生的情况下 A 发生的概率。这个条件概率定义为

$$P(A|B) = \frac{P(A \cap B)}{P(B)} \tag{1.6}$$

如果结果 B 已经发生, 那么原始样本空间中不在 B 中的结果 (即 B^c) 都不会发生, 所以限制 A 中的结果也在样本空间 B 中发生。$P(A|B)$ 应该以某种方式与 $P(A \cap B)$ 相关, 并且我们定义 $P(A|B)$ 与该交集成一定比例。分母 $P(B)$ 相当于事件 B 发生后受到限制的样本空间。在跂甲的例子中, $P(F \cap S) = 1/9$, $P(F) = 1/3$, 而将前者除以后者就可得到 $P(S|F) = (1/9)/(1/3) = 1/3$。

根据公式 1.6 中条件概率的计算等式, 可得到计算交集概率的通用公式

$$P(A \cap B) = P(A|B) \times P(B) = P(B|A) \times P(A) \tag{1.7}$$

回忆在本章前面, 我们定义了两个独立事件交集的概率等于 $P(A) \times P(B)$, 这其实是利

用条件概率 $P(A|B)$ 来计算交集概率公式中的一个特例。简单地说，如果事件 A 和事件 B 相互独立，那么 $P(A|B) = P(A)$，则 $P(A|B) \times P(B) = P(A) \times P(B)$。同理，$P(A \cap B) = P(B|A) \times P(A)$。

1.5　贝叶斯定理

先前我们利用**频率学派范式 (frequentist paradigm)** 讨论了概率，这种范式基于一组无限大的试验结果的相对频率来估计概率。每当想要估计一种现象发生的概率时，我们会首先假设不知道某一事件发生的概率，然后根据大量的试验对这一概率进行重新估计。托马斯·贝叶斯 (Thomas Bayes) 提出的基于条件概率公式的**贝叶斯范式 (Bayesian paradigm)**[16] 则假设调查人员在试验开始前可能已经对事件发生的概率有了一定认识。这些**先验概率 (prior probability)** 可能基于以前的经验 (可能是频率学派在早期研究中估计的)、直觉或模型预测。然后，根据当前试验的数据对先验概率进行修改后得到**后验概率 (posterior probability)** (详见第 5 章)。然而，即使在贝叶斯范式中，对先验概率的定量估计最终也将来自试验和实验。

计算条件概率的贝叶斯公式或**贝叶斯定理 (Bayes' Theorem)** 可表示为

$$P(A|B) = \frac{P(B|A)P(A)}{P(B|A)P(A) + P(B|A^c)P(A^c)} \tag{1.8}$$

这个公式可以通过简单的代换得到。结合公式 1.6，可以将等式右侧的条件概率 $P(A|B)$ 表示为

$$P(A|B) = \frac{P(A \cap B)}{P(B)}$$

根据公式 1.7，该公式的分子可表示为 $P(B|A) \times P(A)$，即为贝叶斯定理公式 1.8 的分子。根据公理 1，该公式中分母 $P(B)$ 可以表示为 $P(B \cap A) + P(B \cap A^c)$。根据交集概率公式 (公式 1.7)，又可以表示为 $P(B|A) \times P(A) + P(B|A^c) \times P(A^c)$，即为贝叶斯定理公式 1.8 的分母。

[16] Thomas Bayes (1702—1761) 是英国伦敦南部唐桥井长老会的一名非国教牧师。他发表在 *Philosophical Transactions* 53: 370–418(1763) 上的 "Essay towards solving a problem in the doctrine of chances" 在他去世两年后才被广为人知。贝叶斯于 1742 年当选为伦敦皇家学会会员。尽管他在数学方面做出了巨大的贡献，但他一生从未发表过数学论文。

Thomas Bayes

虽然贝叶斯定理只是条件概率定义的一个简单扩展, 但它蕴涵的思想非常强大。如果已知事件 B 的概率取决于事件 A, 且知道 A 的补集 A^c, 那根据事件 B 就能确定事件或结果 A 的概率 (这就体现了为什么贝叶斯定理通常被称为逆概率定理)。我们将在第 5 章详细探讨贝叶斯定理及其在统计推理中的应用。

现在, 需要来强调一下 $P(A|B)$ 和 $P(B|A)$ 间的重要区别。虽然这两个条件概率看起来很相似, 但它们衡量的是完全不同的东西。让我们回到无抗性和有抗性马利筋与毛毛虫的例子。

首先考虑条件概率

$$P(C|R)$$

这个表达式表示在给定马利筋抗性种群 (R) 的情况下, 发现毛毛虫 (C) 的概率。为了估计 $P(C|R)$, 我们需要随机地调查马利筋种群样本, 并确定这些种群内有毛毛虫的频率。现在考虑条件概率

$$P(R|C)$$

与前面的表达式相比, $P(R|C)$ 表示具有抗性的马利筋种群 (R) 被毛毛虫 (C) 吃掉的概率。为了估计 $P(R|C)$, 我们需要随机调查一个毛毛虫样本, 并确定它们实际以抗性马利筋种群为食的频率。

这是两个完全不同的量, 它们的概率由不同的因素决定。第一个条件概率 $P(C|R)$ (在给定抗性马利筋的前提下毛毛虫出现的概率) 取决于马利筋的抗性对毛毛虫直接或间接的影响有多大。与其他可能导致毛毛虫出现的情况相比, 第二个条件概率 $P(R|C)$ (在给定有毛毛虫的前提下抗性马利筋种群存在的概率) 在某种程度上取决于在抗性植物上发现毛毛虫的偶然事件以及该地区还存在其他可能导致毛毛虫出现的情况 (例如, 生长着毛毛虫可以食用的其他植物物种或无抗性植物)。

最后, 注意条件概率与简单概率是不同的: $P(C)$ 指随机选择的个体是毛毛虫的概率, $P(R)$ 指随机选择的是对毛毛虫有抗性的马利筋种群的概率。第 5 章将介绍在不能直接测量的情况下如何使用贝叶斯定理计算条件概率。

1.6 总结

结果的概率就是结果发生的次数除以总试验的次数。如果已知或已估计简单概率, 则可以通过求和确定复杂事件 (事件 A 或事件 B) 的概率, 通过乘法确定共享事件 (事件 A 和事件 B) 的概率。概率的定义、概率的可加性公理以及集合的三种运算 (并、交、补) 构成了**概率计算 (probability calculus)** 的基础。

第 2 章　随机变量和概率分布

在第 1 章中我们探讨了概率的概念, 并明确了单个试验的结果是一个不确定事件。然而, 进行了多次试验后, 我们有可能在事件发生的频次分布中捕捉到一些规律 (如图 1.1)。本章将介绍一些可以得到这些频次分布的数学函数。

很多常见的统计检验常常会在假设中用到一些概率分布。例如, 方差分析 (ANOVA; 见第 10 章) 假设被测的随机样本需符合正态分布或钟形分布, 且不同组间分布的方差是相似的。若数据符合该假设, 就可以用 ANOVA 来检验组间均值的差异。同时, 概率分布可用来构建模型和做出预测。除此之外, 概率分布还可用于拟合真实的数据集, 且无须指定特定的机制模型。也正是因为概率分布适用于很多现实世界的真实数据, 才会如此备受青睐。

我们对概率论的首次尝试是估计单个结果的概率, 例如昆虫被猪笼草捕获或豉甲繁殖的概率。估计这些概率的数值用到了一些简单的定律或函数。更为正式的表述应为, 在感兴趣的样本空间中, 为随机试验的各个结果分配给定数值的数学定律或函数被称为**随机变量 (random variable)**。这个 "随机变量" 是一个数学意义上的术语, 而非口语意义上的随机事件。

随机变量有两种类型: **离散随机变量 (discrete random variable)** 和**连续随机变量 (continuous random variable)**。离散随机变量指具有有限或可数数值的变量 (如整数; 见第 1 章脚注 4), 例如, 是否存在一个给定物种 (取值 1 或 0), 或后代、叶子或腿的数量 (整数值)。连续随机变量指可以在区间内取任意数值的变量, 例如一只椋鸟的生物量、一只食草动物吃掉的树叶面积、水样中溶解氧的含量。因为测量工具的精度是有限的, 所以从某种意义上来讲, 我们在现实世界中测量到的所有连续变量的数值其实都是离散的[1]。当然, 连续变量的测量精度在理论上是没有限制的。在第 7 章中, 我们将介绍离散变量和连续变量之间的区别, 这是野外实验设计和抽样设计中需要考虑的关

[1] 了解测量中**精度 (precision)** 和**准确度 (accuracy)** 的区别非常重要。准确度是指测量值与真实值的接近程度。准确的测量值是**无偏的 (unbiased)**, 这意味着它们既不高于也不低于真实值。精度是指一系列测量值之间的一致性, 以及这些测量值的可区分程度。例如, 一个测量值可以精确到小数点后 3 位, 这意味着我们可以根据小数点后 3 位区分不同的测量值。准确度比精度更重要。使用精确到小数点后 1 位准确的天平要比精确到小数点后 5 位不准确的天平要好得多。如果仪器有缺陷或有偏差, 即使小数位数再多也不能使测量结果更接近真实值。

键因素。

2.1　离散随机变量

2.1.1　伯努利随机变量

最简单的实验只有两种结果, 例如, 生物体存在与否, 硬币落地时是正面还是反面, 戬甲是否在繁殖。描述这类实验结果的随机变量被称为**伯努利随机变量 (Bernoulli random variable)**, 而由一系列只有两种可能结果的独立试验所组成的实验就是一个**伯努利试验 (Bernoulli trial)**[2], 记作

$$X \sim \text{Bernoulli}(p) \tag{2.1}$$

来表示随机变量 X 是一个伯努利随机变量。符号 $\sim$ 读作 "服从", X 为试验中 "成功" (如出现、捕获、繁殖) 的次数, p 是得到一个 "成功" 结果的概率。伯努利试验最常见的例子是抛一枚均匀硬币 (可能不是比利时的欧元; 见第 2 章脚注 7 和第 11 章), 正面的概率 = 反面的概率 = 0.5。即使一个有很多种可能结果的变量, 只要能将它的结果归纳为两类, 我们也同样可以将这个变量定义为一个伯努利试验。例如, 一组戬甲的 10 个繁殖事件就可以被归纳为两类: "恰好产下 6 只后代" (成功) 和 "多于或少于 6 只后代" (失败), 这种情况下该事件就是一个单一伯努利试验。

2.1.2　伯努利试验的例子

接下来我们将以一个示例来介绍伯努利试验: 对马萨诸塞州所有城镇中稀有植物马里兰鹿草 (*Rhexia mariana*, meadow beauty) 的一次普查。有没有鹿草是一个伯努利随机变量 X, 它有两种结果: $X = 1$ (有鹿草) 或 $X = 0$ (没有鹿草)。马萨诸塞州有 349 个城镇, 所以我们的一个单一伯努利试验就是对所有城镇进行一次搜查来确定是否存在鹿草。由于鹿草是一种稀有植物, 故假设找到鹿草 (即 $X = 1$) 的概率较低: $P(X = 1) = p = 0.02$。因此, 如果我们对一个城镇进行调查, 找到鹿草的概率只有 2%

Jacob Bernoulli

[2]雅各布·伯努利 (Jacob Bernoulli, 1654—1705) 是一位著名的物理学家和数学家。他和他的兄弟 Johann 在微积分领域做出的贡献被认为仅次于牛顿, 尽管他们因彼此的工作不断争论。雅各布的主要数学成果 *Ars Conjectandi* (出版于 1713 年, 他去世后的第八年) 是关于概率的第一本专业教科书。其中第 2 章和第 3 章中的许多内容在当时都是首次被阐述和讨论的, 如排列组合的一般理论, 二项式定理的第一次证明, 以及大数定律。雅各布还为天文学和力学 (物理学) 做出了重大贡献。

$(p = 0.02)$。那在任意 10 个城镇中找到鹿草, 而剩下 339 个城镇中没找到鹿草的预期概率是多少?

因为在任意给定的城镇中找到鹿草的概率 $p = 0.02$, 根据概率第一公理 (见第 1 章) 可得鹿草不在任何一个城镇的概率 $= (1 - p) = 0.98$。根据定义, 伯努利试验中每个事件 (一个城镇中有鹿草) 都必须是独立的, 故我们假设在一个给定的城镇中是否有鹿草与其他城镇中有没有鹿草无关。那么一个城镇有鹿草的概率为 0.02, 另一个城镇中有鹿草的概率也是 0.02, 而在这两个特定城镇都发现鹿草的概率则是 $0.02 \times 0.02 = 0.0004$。进一步推广可得在 10 个指定城镇中都发现鹿草的概率为 $0.02^{10} = 1.024 \times 10^{-17}$ (或 0.00000000000000001024, 这是一个非常小的数字)。

然而, 这个计算并没有给出我们想要的答案。更准确地说, 我们想要的是恰好在 10 个城镇中发现且在剩下的 339 个城镇没有发现鹿草的概率。假设调查的第一个城镇没发现鹿草, 这个事件发生的概率为 $(1 - p) = 0.98$。第二个城镇发现鹿草的概率为 $p = 0.02$。由于有没有鹿草这个事件在城镇间是相互独立的, 随机选取两个城镇, 其中一个有鹿草和另一个没有鹿草的概率应该是 p 和 $(1 - p)$ 的乘积, 即等于 $0.02 \times 0.98 = 0.0196$。马萨诸塞州指定 10 个城镇发现鹿草的概率应为 10 个城镇发现鹿草的概率 (0.02^{10}) 乘以其余 339 个城镇没发现鹿草的概率 $(0.98^{339}) = 1.11 \times 10^{-20}$。这也是一个很小的数字。

但这还没有结束! 到目前为止, 我们的计算给出了恰好在 10 个特定城镇发现且其他城镇没发现鹿草的概率。但我们真正感兴趣的是马萨诸塞州任意 10 个城镇有鹿草的概率, 而不是 10 个特定城镇有鹿草的概率。根据概率第二公理 (见第 1 章), 我们可以通过添加每个途径的概率来计算由不同途径组成的复杂事件的发生概率。

那 349 个城镇中, 任意 10 个不同城镇的组合有多少种呢? 非常多! 事实上可能有 6.5×10^{18} 种不同的组合 (我们将在下一节解释为什么要这样计算)。因此, "任意" 10 个城镇有鹿草的概率等于: 在特定 10 个城镇中发现的概率 (0.02^{10}) 乘以其余 339 个城镇未发现的概率 (0.98^{339}), 再乘以 349 个城镇中任意 10 个城镇的组合数 (6.5×10^{18})。最终结果为 0.07, 即我们有 7% 的概率能准确找到 10 个有鹿草的城镇。虽然这也是一个很小的数字, 但至少比之前那两个数字要大。

2.1.3 多个伯努利试验 = 二项随机变量

因为重复 (replication) 是实验科学的核心特征之一, 所以我们很少进行单一伯努利试验。相反, 我们会设置重复, 即单个实验中包含多个独立的伯努利试验。在一个实验中, 我们将一个**二项随机变量 (binomial random variable)** X 定义为 n 个独立伯努利试验中成功结果的数量。二项随机变量记作

$$X \sim \text{Bin}(n, p) \tag{2.2}$$

表示在 n 个独立伯努利试验中得到 X 个成功结果的概率, 其中任意指定的事件得到成功

结果的概率为 p。当 $n =1$ 时, 二项随机变量 X 等同于伯努利随机变量。二项随机变量是生态环境研究中最常见的随机变量之一。二项随机变量包含 X 次成功结果的概率为

$$P(X) = \frac{n!}{X!(n-X)!} p^X (1-p)^{n-X} \tag{2.3}$$

其中 n 是试验次数, X 是成功的次数 ($X \leqslant n$), $n!$ 表示 n 的**阶乘 (factorial)**[3], 即

$$n \times (n-1) \times (n-2) \times \cdots \times (3) \times (2) \times (1)$$

方程 2.3 由三部分组成, 根据对鹿草问题的分析, 我们应该很熟悉其中两个组成部分。其中, p^X 是获得 X 次独立成功结果的概率, 且每次成功的概率为 p。$(1-p)^{(n-X)}$ 是得到 $(n-X)$ 次失败结果的概率, 每次失败的概率是 $(1-p)$。成功 (X) 和失败 $(n-X)$ 结果的总和为 n, 即伯努利试验的总数。正如我们在鹿草例子中所描述的, X 次成功 (概率为 p) 同时伴随着 $(n-X)$ 次失败 (概率为 $1-p$) 的概率应为这两个独立事件的乘积, $p^X(1-p)^{(n-X)}$。

为什么我们要用到

$$\frac{n!}{X!(n-X)!}$$

并且它从何而来? 它等价的表示方法为

$$\binom{n}{X}$$

(读作 "n 中选 X"), 被称为**二项式系数 (binomial coefficient)**。之所以需要二项式系数, 是因为大多数成功失败组合的获取方式都不止一种 (鹿草示例中 10 个城镇的组合)。例如, 在一组由两个伯努利试验组成的实验中取得一次成功的方式有两种: $(1,0)$ 或 $(0,1)$, 其概率等于只有一次成功的概率 $[= p(1-p)]$ 乘以可能出现的结果数 $(= 2)$。我们可以列出 X 次成功的所有可能的结果并计数, 当 n 增大时, X 也会增大; n 次试验有 2^n 种可能的结果。

通过二项式系数可以更为直接地得到出现 X 次成功的可能结果数。回到鹿草的例子, 假设我们有 349 个城镇 ($n = 349$), 以及在 10 个城镇找到这种植物 ($X = 10$), 但我们不知道具体是哪 10 个城镇。调查最初, 有 349 个城镇可能有鹿草存在。一旦在某个城镇中发现鹿草, 那就只剩下 348 个城镇可能存在鹿草。所以在一个城镇中发现鹿草的组合有 349 种, 在此基础上又在一个城镇发现鹿草的组合 348 种, 以此推广到在第 X 个城镇发现鹿草。那么在 349 个城镇中有 10 个城镇找到鹿草的方式总共有:

$$349 \times 348 \times 347 \times 346 \times 345 \times 344 \times 343 \times 342 \times 341 \times 340 = 2.35 \times 10^{25}$$

---

[3]阶乘运算只能应用于非负整数。根据定义, $0! = 1$。

所以, n 次试验中获得 X 次成功的方式总共有:

$$n \times (n-1) \times (n-2) \times \cdots \times (n-X+1)$$

这个式子看起来很像 $n!$ 的展开式, 但又缺失了 $n!$ 中 $(n-X+1)$ 中后面的项, 即

$$(n-X) \times (n-X-1) \times (n-X-2) \times \cdots \times 1$$

也就是 $(n-X)!$。所以, 如果用 $n!/(n-X)!$ 就能得到在 n 次试验中获得 X 次成功的方法总数。但这和上面描述的二项式系数又不太一样, 因为二项式系数还需要再除以 $X!$:

$$\frac{n!}{(n-X)!X!}$$

进一步除以 $X!$ 的原因是, 我们想消除由顺序导致的重复计数。比如, 先在 Barnstable 镇后在 Chatham 镇发现鹿草的结果与先在 Chatham 镇后在 Barnstable 镇发现鹿草的结果一样。对于某一特定结果, 出现结果相同只是排列顺序不同的情况正好有 $X!$ 种, 所以需要除以 $X!$。**排列 (permutation)** 的效用在第 5 章用于假设检验的蒙特卡罗方法中更加显著[4]。

2.1.4 二项分布

现在有一个可以轻松计算出二项随机变量概率的函数, 我们该怎么用它呢? 第 1 章我们介绍了直方图, 这种图可以简洁地总结出具有某一特定结果试验的数量。对于每个可能结果, 我们可以根据一系列伯努利试验绘制出一幅二项随机变量数量的直方图。这种根据二项随机变量绘制的直方图被称为一个**二项分布 (binomial distribution**, 公式 2.3)。

假设伯努利随机变量中成功的概率 = 失败的概率 = 0.5 (如抛一枚均匀的硬币)。将一枚均匀的硬币抛掷 25 次 $(n=25)$, 可能的结果构成样本空间正面朝上 = $\{0, 1, \cdots,$

---

[4]让我们再举一个例子来证明二项式系数的有用之处。对于以下五种海洋鱼类:

{(濑鱼)、(鲇鱼)、(虾虎鱼)、(鳗鱼)、(小热带鱼)}

有多少个唯一的组合? 如果都列出来, 我们能得到 10 种组合:

(濑鱼), (鲇鱼)
(濑鱼), (虾虎鱼)
(濑鱼), (鳗鱼)
(濑鱼), (小热带鱼)
(鲇鱼), (虾虎鱼)
(鲇鱼), (鳗鱼)
(鲇鱼), (小热带鱼)
(虾虎鱼), (鳗鱼)
(虾虎鱼), (小热带鱼)
(鳗鱼), (小热带鱼)

使用二项式系数, 当 $n=5$, $X=2$ 时, 我们将得到相同的数字:

$$\binom{5}{2} = \frac{5!}{3!2!} = \frac{120}{6 \times 2} = 10$$

24, 25}。每个结果 X_i 都是一个二项随机变量, 根据二项式公式可以计算出每个结果出现的概率, 因为根据该二项式公式能得到样本空间中每个结果的概率值, 所以称为**概率分布函数** (probability distribution function)。

利用二项随机变量的公式, 我们将 25 次寻找鹿草所有可能结果的概率列入表 2.1, 并根据表格绘制出直方图 (图 2.1)。直方图可以用两种不同的方式解释。首先, y 轴上的值可以理解为 25 次试验中获得给定随机变量 X 的概率 (如鹿草出现的次数), 其中出现鹿草的概率为 0.5。这种情况下, 我们将图 2.1 视为一个**概率分布** (probability distribution)。如果将表 2.1 中的值相加, 总和正好是 1.0 (存在四舍五入的误差), 因

表 2.1 $p = 0.5$ 基础上 25 次试验的二项概率

成功的次数 (X)	25 次试验中出现 X 的概率 $(P(X))$
0	0.00000003
1	0.00000075
2	0.00000894
3	0.00006855
4	0.00037700
5	0.00158340
6	0.00527799
7	0.01432598
8	0.03223345
9	0.06088540
10	0.09741664
11	0.13284087
12	0.15498102
13	0.15498102
14	0.13284087
15	0.09741664
16	0.06088540
17	0.03223345
18	0.01432598
19	0.00527799
20	0.00158340
21	0.00037700
22	0.00006855
23	0.00000894
24	0.00000075
25	0.00000003
	$\sum = 1.00000000$

第一列是 25 次试验所有可能出现的成功次数 (从 0 到 25)。第二列是根据公式 2.3 计算得到的对应切成功次数的概率。忽略四舍五入的误差, 这些概率的总和为 1.0, 即为概率曲线下的总面积。请注意, 一个 $p = 0.5$ 的二项分布是以分布期望 12.5 为中心完全对称的 (图 2.1)。

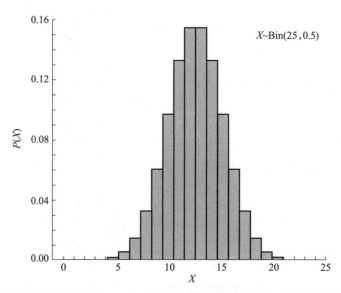

图 2.1 二项随机变量的概率分布。一个二项随机变量在一次试验中只有两种可能的结果 (是或不是)。变量 X 表示 25 次试验中成功的次数。变量 $P(X)$ 表示根据公式 2.3 计算得到对应成功次数的概率。因为成功的概率 $p = 0.5$，所以这个二项分布是对称的，分布的中点是 12.5，也就是 25 次试验的一半。二项分布由两个参数决定：n (试验次数)，p (成功的概率)。

为它们定义了整个样本空间 (根据概率第一公理)。其次，也可以将 y 轴上的值解释为，在大量试验基础上每个随机变量期望的相对频次，其中每个随机变量有 25 个重复。相对频次的定义与第 1 章给出的概率的形式定义相符合。它也是**频率学派 (frequentist)** 一词的基础，用来描述基于无数次试验事件的预期频率的统计信息。

图 2.1 是**对称的 (symmetric)** —— 分布的左右两侧互为镜像[5]。$p = (1 - p) = 0.50$ 是二项分布的一个特例。其他情况也是有可能发生的，例如，若硬币不均匀，则正面朝上的次数会超过 50%。以 $p = 0.80$ 的 25 次试验为例将得到不同形状的二项分布，如图 2.2 所示。图 2.2 的分布是不对称的，且向右平移了，与图 2.1 相比，成功次数较多的结果更有可能发生。由此可见，二项分布的确切形状不但取决于总试验数 n，同时也取决于成功概率 p，根据不同 n 和 p 的组合可以得到不同的二项分布[6]。

---

[5]如果你问大多数人，均匀硬币投掷 25 次，得到 12 次或 13 次正面朝上的概率是多少，他们都会说大约为 50%。然而，得到 12 次正面的实际概率只有 0.155 (表 2.1)，约为 15.5%，为什么这个数字如此之小？二项式公式给出了确切概率：0.155 是恰好得到 12 次正面的概率，不多不少。但我们通常更感兴趣极端值或**尾概率 (tail probability)**。尾概率指在 25 次试验中得到 12 次或更少正面的概率。尾概率的计算方法是将 0 到 12 次正面的每个结果的概率相加。这个和确实是 0.50，它对应于图 2.1 中二项分布左半部分的面积。

[6]在第 1 章中 (见脚注 7)，我们讨论了新欧元硬币的抛掷实验，$n = 250$ 次试验得到正面朝上的概率估计值 $p = 0.56$。根据这些参数用电子表格或统计软件得到二项分布，并将其与均匀硬币的二项分布进行比较 ($p = 0.50, n = 250$)。可以看到这两种概率分布确实不同，$p = 0.56$ 略微向右平移了。现在用 $n = 25$ 进行同样的尝试，如图 2.1 所示。由于样本量相对较小，所以几乎不能区分这两种分布。一般来说，两个分布的期望值越接近 (见第 3 章)，则需要更大的样本量来区分它们。

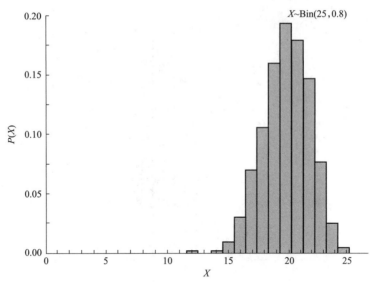

图 2.2　二项随机变量 $X \sim \mathrm{Bin}(25, 0.8)$ 的概率分布，即有 25 次试验，每次试验成功的概率为 $p = 0.8$。该图的布局和符号与图 2.1 相同。然而，这里结果为正的概率是 $p = 0.8$ (而不是 $p = 0.5$)，分布也不再对称。注意这个二项分布的期望是 $25 \times 0.8 = 20$，对应于直方图的顶点 (最高峰)。

2.1.5　泊松随机变量

二项分布适用于试验次数 (n) 固定且成功概率 (p) 不是太小的情况。然而，随着 n 增大，p 减小，这个公式很快就变得很麻烦，如稀有动植物的出现。此外，只有当我们能直接统计试验次数本身时，二项式才有用。然而在多数情况下，我们会对一个样本中发生的事件进行计数，而不会留意个体试验本身。例如，假设兰花 (一种开花植物) 的种子随机分布在一个区域，我们在固定大小的**样方 (quadrat)** 中统计种子的数量。这种情况下，每颗种子的出现都代表着一个离散试验的成功结果，但我们无从知晓多少次试验才能产生这种分布。一定时间内的样本也是相同的处理，例如统计一个喂食器在 30 分钟内被多少只鸟光顾。对于这样的分布，我们使用**泊松分布 (Poisson distribution)** 而不是二项分布。

一个**泊松随机变量 (Poisson random variable)**[7] X 指在固定区域或时间间隔内，

Siméon-Denis Poisson

[7]泊松随机变量是以 Siméon-Denis Poisson (1781 — 1840) 的名字命名的，他认为 "生活中只有两件美好的事: 做数学和教数学" (Boyer 1968)。他将数学应用于物理学 (在他 1811 年和 1833 年出版的两卷本著作《机械原理》(*Traité de Mécanique*) 中)，并提供了大数定律的早期推导 (见第 3 章)。他的概率论文 Recherches sur laprobabilité des jugements 发表于 1837 年。

引用过泊松分布的文学作品有很多，其中最著名的当属 Thomas Pynchon 的小说《万有引力之虹》(*Gravity's Rainbow*)(1972)。小说的主角之一，Roger Mexico，在第二次世界大战期间服务于一个研究加速投降的心理学计划 (The White Visitation in PISCES)。他在伦敦地图上绘制了炸弹的击中点，并用泊松分布对数据进行了拟合。《万有引力之虹》在 1974 年获得美国国家图书奖，这本书中引用了许多统计学、数学等学科的知识。参见 Simberloff (1978) 对 Pynchon 小说中熵和生物物理学的讨论。

一个样本中一个事件被记录到的发生次数。泊松随机变量用于一个事件很少发生的情况——也就是任意样本中最常出现的统计量是 0。泊松随机变量本身代表的是每个样本中事件发生的数量。此处依旧假设每个事件的发生是相互独立的。

表示泊松随机变量的是参数 λ, 因为泊松随机变量可以描述一定时间内罕见事件发生的频率, 所以该参数也被称为**率参数 (rate parameter)**。参数 λ 是事件在每个样本中 (或在每个时间间隔内) 出现次数的平均值。λ 参数可以根据收集到的数据进行估计, 也可以从先验知识中得到。泊松随机变量写作

$$X \sim \text{Poisson}(\lambda) \tag{2.4}$$

并且对于任意观测 x 的概率计算如下

$$P(x) = \frac{\lambda^x}{x!} e^{-\lambda} \tag{2.5}$$

其中 e 为常数, 是自然对数的底数 ($e \sim 2.71828$)。假设在 1 m^2 样方中发现兰花幼苗的平均数量为 0.75, 那么一个样方中有 4 株幼苗 (*4 seedlings*) 的概率是多少? 在这种情况下, $\lambda = 0.75, x = 4$。根据公式 2.5,

$$P(\textit{4 seedlings}) = \frac{0.75^4}{4!} e^{-0.75} = 0.0062$$

更可能出现的情况是样方中没有幼苗 (*0 seedlings*)

$$P(\textit{0 seedlings}) = \frac{0.75^0}{0!} e^{-0.75} = 0.4724$$

泊松分布与二项分布之间关系密切。对于二项随机变量 $X \sim \text{Bin}(n, p)$, 若成功的次数 X 对于样本量 (或试验次数) n 来说非常小, 我们可以通过泊松分布以及将 $P(X)$ 估计为 $\text{Possion}(\lambda)$ 来近似计算 X。二项分布取决于成功概率 p 和试验次数 n, 而泊松分布仅取决于每个样本的平均事件数, λ。

根据 λ 的值, 可以得到全部泊松分布族 (图 2.3)。当 λ 很小时, 分布呈 "反 J" 形, 每个样本中最可能发生的事件是成功 0 或 1 次, 而向右延伸的长尾则对应那些包含很多事件的罕见样本。随着 λ 的增加, 泊松分布的中心会向右移动从而变得越来越对称, 逐渐趋近于正态分布或二项分布。二项分布和泊松分布都是离散分布, 数值均为整数且最小值为 0。但二项式的取值范围在 0 和 n (试验次数) 之间。相比之下, 泊松分布的右尾没有边界, 可以延伸到无穷大, 但随着在单个样本中事件发生数的增大, 概率会迅速趋近于零。

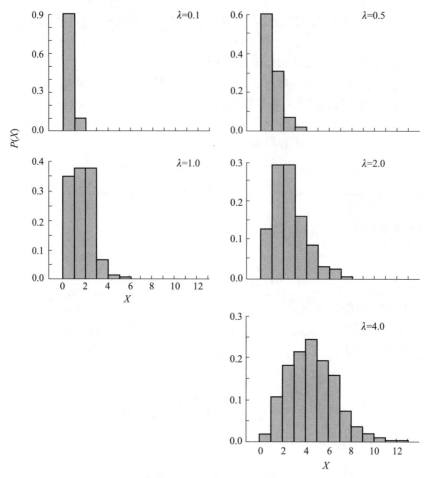

图 2.3　泊松分布族。每个直方图表示不同率参数 λ 对应的概率分布。X 表示成功的次数, $P(X)$ 是根据公式 2.5 计算得到的相应概率。与图 2.1 和图 2.2 中所示的二项分布不同, 泊松分布仅由单个参数 λ 决定, 该参数是独立事件的出现率 (或在某个指定时间间隔内的发生数)。λ 的增大会使泊松分布变得更加对称。当 λ 非常大时, 泊松分布与正态分布几乎没有区别。

2.1.6　泊松随机变量示例: 稀有植物的分布

此前介绍了泊松分布在马萨诸塞州稀有植物马里兰鹿草分布中的应用。该数据包括 1913 年至 2001 年马萨诸塞州 349 个城镇中鹿草的种群数 (Craine 2002)。虽然每个种群都可以被视作一个独立的伯努利试验, 每个城镇的数据作为一个抽样单位, 但我们只知道种群数, 却并不清楚植物的个体数。这 349 个抽样单位 (城镇) 中大多数 (344) 单位不论是哪一年一种鹿草都没有, 但有 1 个镇却有多达 5 种。平均种群数是 12/349, 即 0.03438 个种群/城镇, 来作为泊松分布的参数 λ。接下来, 用公式 2.5 计算每个城镇中出现给定种群数的概率。将这些概率乘以总样本数 ($n = 349$) 便可得到每个给定种群数 (从 0 到 5) 出现的预期频次, 并与观察到的实际城镇数进行比较 (表 2.2)。

表 2.2 马萨诸塞州稀有植物鹿草的期望和观测频次

鹿草种群的数量	泊松概率	泊松期望的频次	观测到的频次
0	0.96	337.2	344
1	0.33	11.6	3
2	5.7×10^{-4}	0.19	0
3	6.5×10^{-6}	2.3×10^{-3}	0
4	5.6×10^{-8}	1.9×10^{-5}	1
5	3.8×10^{-10}	1.4×10^{-7}	1
总数	1.0000	349	349

第一列是在几个特定城镇中发现的种群数。尽管该数字在理论上没有最大值，但最终观察到的值不大于 5，仅从 0 到 5。第二列是假设泊松分布的率参数 $\lambda = 0.03438$ 种群/城镇时，对应种群出现的泊松概率。第三列是预期的泊松频次，简单地说就是泊松概率乘以总样本数 349。最后一列是观察到的实际频次，即包含特定鹿草种群数的城镇数。观察到的频次与预期的泊松频次非常相近，这表明城镇中出现鹿草种群是一个独立的随机事件 (数据来自 Craine 2002)。

观察到的实际频次与泊松模型的预期结果非常接近；实际上两者间没有显著差异 (我们用卡方检验比较了这两个分布；见第 11 章)。拥有 5 个珍稀植物种群的城镇必然是重点保护和管理的对象——是它们的土壤特别好，还是它们拥有独特的植物栖息地？无论这些城镇出现鹿草的原因到底是什么，从结果可见鹿草分布数据完全符合泊松分布，所以这个种群出现与否完全是随机且独立的，同时也说明一个城镇出现 5 种鹿草可能仅仅是个偶然。因此，寻找具有相同物理条件的城镇也许并不是一个保护鹿草的良好管理策略。

2.1.7 离散随机变量的期望值

随机变量可以取许多不同的值，甚至可以通过确定典型值或平均值来表示整个分布。算术平均数可以度量一组数字的集中趋势，在第 3 章中我们将对此类可以根据数据计算得到的汇总统计量进行详细讨论。需要注意的是当我们处理概率分布时，简单的平均值会使人误解。例如，对于一个二项随机变量 X，它可以取 0 和 50，两个数对应的概率分别为 0.1 和 0.9。这两个值的算术平均数 $= (0+50)/2 = 25$，然而这个随机变量最可能出现的数值是 50，因为 50 出现的概率是 90%。为得到最有可能的平均值，我们会用概率对数值进行加权，再求平均值。这样，概率大的值比概率小的值在计算平均数时的分量更重。

理论上对于一个离散型随机变量 X，可以取值 $a_1, a_2, \cdots, a_n$，它们的概率分别为 $p_1, p_2, \cdots, p_n$。X 的**期望值 (expected value)** 用 $E(X)$ 表示，读作 "X 的**期望 (expectation)**"

$$E(X) = \sum_{i=1}^{n} a_i p_i = a_1 p_1 + a_2 p_2 + \cdots + a_n p_n \tag{2.6}$$

关于 $E(X)$ 有三点值得注意。首先，

$$\sum_{i=1}^{n} a_i p_i$$

可以是有限项，也可以是无限项，这取决于 X 可能的取值范围。其次，与算术平均数不同，求和不需要除以项数。因为概率是相对权重 (概率在 0 和 1 之间)，所以相当于已经做了除法。最后，除非所有 p_i 相等，否则这个和不等于算术平均值 (进一步讨论参见第 3 章)。对于我们引入的三个离散型随机变量——伯努利、二项和泊松——期望分别为 p, np 和 λ。

2.1.8　离散随机变量的方差

随机变量的期望描述了值的平均或集中趋势，但与所有均值一样，并不能反映这些值之间的散度或**变异 (variation)** 情况。就像平均每个家庭有 2.2 个孩子一样，期望不一定能准确描述个体数据。事实上，对于一些离散分布，如二项分布或泊松分布，不可能有随机变量等于期望。

例如，现有两个二项随机变量，一个变量中取值 −10 和 +10 的概率均为 0.5，另一个变量中取值 −1000 和 +1000 的概率也均为 0.5。那么它们具有相同的期望，都是 $E(X) = 0$，但在这两个分布中不可能生成取值为 0 的随机数。此外，第一个分布的观测值比第二个分布的观测值更接近期望。虽然期望准确地描述了分布的中点，但我们还需要某种方法来量化该中点周围值的分布。

随机变量的**方差 (variance)** 是对随机变量的实际值与预期值差异程度的度量，用 $\sigma^2(X)$ 表示。随机变量 X 的方差定义为

$$
\begin{aligned}
\sigma^2(X) &= E[X - E(X)]^2 \\
&= \sum_{i=1}^{n} p_i \left(a_i - \sum_{i=1}^{n} a_i p_i \right)^2
\end{aligned}
\tag{2.7}
$$

如式 2.6 所示，$E(X)$ 是 X 的期望，a_i 是变量 X 可能的不同取值，且每个出现的概率为 p_i。

在计算 $\sigma^2(X)$ 前，我们首先要计算 $E(X)$，再求出 $X - E(X)$ 差值的平方。这是度量每个 X 值与期望 $E(X)$ 间差异的基本量度[8]。因为随机变量有多个可能的 X 值 (如伯努利随机变量有两个可能的值，二项随机变量有 n 个可能的值，以及泊松随机变量有无限多个可能的值)，所以对每个可能的 X 都要重复求差以及求平方的过程。最后，我

---

[8]你可能想知道为什么在计算了 $X - E(X)$ 的差值后还要平方。如果只是求和而不平方这个差值，你会发现和总是 0，因为 $E(X)$ 是所有 X 值的中点。我们感兴趣的是差值的大小，而不是它的符号，所以可以用偏差的绝对值之和 $\sum |E - E(X)|$。绝对值的代数并不像平方项那样简单，并且平方本身也有更好的数学性质。差值的平方和 $\sum([X - E(X)]^2)$ 是方差分析的基础 (见第 10 章脚注 1)。

们借用公式 2.6 的思路来求这些平方偏差的期望: 每个平方偏差被其自身出现的概率
(p_i) 加权后, 再求和。

在上述示例中, 如果一个二项随机变量 Y 可取数值 -10 和 $+10$, 且每个 $P(Y) =$
0.5, 那 $\sigma^2(Y) = 0.5(-10 - 0)^2 + 0.5(10 - 0)^2 = 100$。类似地, 如果二项随机变量 Z
取的数值是 -1000 和 $+1000$, 则 $\sigma^2(Z) = 100\,000$。这个结果印证了我们的直觉, 即 Z
具有比 Y 更大的 "散度"。最后, 值得注意的是, 如果所有随机变量的数值都相同, 即
$X = E(X)$, 那么 $\sigma^2(X) = 0$, 也就是数据中不存在变异。

对于我们引入的三个离散型随机变量——伯努利、二项和泊松——方差分别为
$p(1 - p)$, $np(1 - p)$ 和 λ (表 2.3)。在描述一个随机变量或概率分布时, 期望和方差扮演
着最为重要的角色。在第 3 章中我们将介绍其他可以用来描述随机变量的指标, 现在让
我们来介绍一下连续变量。

表 2.3　三种离散随机分布

分布	概率值	$E(X)$	$\sigma^2(X)$	注释	生态示例
伯努利	$P(X) = p$	p	$p(1-p)$	用于二分结果	繁殖与否的问题
二项	$P(X) = \binom{n}{X} p^X (1-p)^{n-X}$	np	$np(1-p)$	用于 n 次独立试验的成功次数	物种的存在或缺失
泊松	$P(X) = \dfrac{\lambda^x}{x!} e^{-\lambda}$	λ	λ	用于独立稀有事件, 其中 λ 为在时间或空间内发生的事件的比率	稀有物种在某一景观 (landscape) 内的分布

概率方程决定了每个分布中出现特定 X 的概率。可以根据样本的均值或平均值来估计分布的期望 $E(X)$。方
差 $\sigma^2(X)$ 是对 $E(X)$ 与观测值间散度或偏差的度量。这些分布针对的是整数或计数形式的离散变量。

2.2　连续随机变量

许多生态和环境变量都不能用离散变量来描述。比如, 在适当的**区间 (interval)**
内, 鸟类翅膀的长度或鱼类组织中农药浓度可以取其中任何一个值, 且测量值的**精度
(precision)** 仅受测量仪器的限制。处理离散型随机变量时, 我们可以将总样本空间定
义为一组可能的离散结果。但当我们处理连续变量时, 我们无法确定所有可能的事件或
结果, 因为它们有无穷多个 (通常是不可数的: 见第 1 章脚注 4)。同时, 因为观测值可
以在给定的区间内取任意值, 所以很难定义取某一特定值的概率。我们将在描述第一类
连续型随机变量 (均匀随机变量) 时说明这些问题。

2.2.1　均匀随机变量

如何定义合适的样本空间? 又如何确定任意给定值的概率? 首先, 样本空间不再是
离散的, 而是连续的。在连续的样本空间中, 不再考虑离散的结果 (如 $X = 2$), 只考虑

在给定子区间内发生的事件 (如 $1.5 < X < 2.5$)。某个事件在子区间内发生的概率本身就可以被视为是一个事件, 之前的概率规则依然适用于此类事件。举一个例子: **单位闭区间 (closed unit interval)** 包含 0 到 1 之间的所有数字以及两个端点, 用 $[0, 1]$ 表示。在单位闭区间内, 假设事件 X 在 0 到 1/4 之间发生的概率 $= p_1$, 同样的事件发生在 1/2 到 3/4 之间的概率 $= p_2$。根据公理, 两个独立事件并集的概率等于这两个事件的概率之和 (见第 1 章), 那么 X 发生在这两个区间中任意一个区间内的概率 ($0 \sim 1/4$ 或 $1/2 \sim 3/4$) $= p_1 + p_2$。

其次, 第二个重要的规则是连续样本空间中事件 X 的所有概率之和必须为 1 (概率第一公理)。假设在单位闭区间内, 所有可能结果发生的概率都是相同的 (例如, 假设一个骰子有无穷多个面)。虽然掷这个有无限个面的骰子我们无法确定是否真能精准得到值为 0.1 的概率, 但我们可以将这个区间划分为 10 个 "等长" 的**半开区间 (half-open interval)** $\{[0, 1/10), [1/10, 2/10), \cdots, [9/10, 1]\}$, 然后计算任意一个骰子落在这些子区间内的概率。正如你猜测的那样, 骰子落在这十个子区间内任意一个区间的概率是 0.1, 那么这个集合内所有概率的和 $= 10 \times 0.1 = 1.0$。

图 2.4 阐明了原理。在这个例子中, 区间范围为 0 到 10 (在 x 轴上)。画一条截距为 0.1 的与 x 轴平行的直线 L。对于这个区间内任意子区间 U, 只要求出子区间所包围的矩形面积, 就可以求出单个骰子落在该子区间的概率。这个矩形的长等于子区间的大小, 高等于 0.1。如果把这个区间划分为 u 个等宽的子区间, 那所有子区间的面积之和就等于该区间的面积: 10(长) $\times$ 0.1(高) $= 1.0$。这个图还说明了连续样本空间中任意 "给定" 结果 a 的概率为 0, 因为只包含 a 的子区间是无限小的, 一个无限小的数除以一个较大的数等于 0。

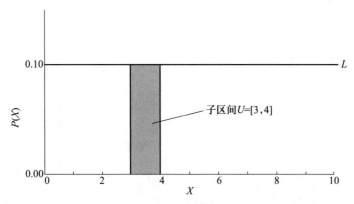

图 2.4　区间 $[0, 10]$ 内的均匀分布。在连续均匀分布中, 某一特定子区间内某一事件发生的概率取决于事件所在子区间的相对面积, 且无论子区间在分布界限内的何处概率都是一样的。如果分布在 0 到 10 之间, 那么一个事件发生在子区间 $[3, 4]$ 内的概率可以用子区间的相对面积表示, 即 0.10。大小相同的子区间, 如 $[1, 2]$ 或 $[4, 5]$, 概率是相同的。如果选择的子区间较大, 那么事件发生在该子区间内的概率按比例增大。例如, 事件发生在子区间 $[3, 5]$ 内的概率为 0.20 (因为涵盖了 10 个单位区间中的 2 个), 发生在子区间 $[2, 8]$ 内的概率为 0.60。

现在我们可以定义一个关于任意特定区间 I 的**均匀随机变量 (uniform random variable)** X。这个均匀随机变量 X 发生在子区间 U 内的概率等于 $U \times I$。根据图 2.4 所示的例子，我们用以下函数来描述这个均匀随机变量：

$$f(x) = \begin{cases} 1/10, & 0 \leqslant x \leqslant 10 \\ 0, & \text{其他} \end{cases}$$

函数 $f(x)$ 被称为该均匀分布的**概率密度函数 (probability density function, PDF)**。连续型随机变量的 PDF 可通过连续型随机变量 X 出现在区间 I 内的概率得到。X 出现在区间 I 内的概率等于 I 在 x 轴上与 $f(x)$ 在 y 轴上界定的区域面积。根据概率规则，PDF 描述的曲线下总面积 = 1。

我们也可以用函数 $F(y) = P(X < y)$ 来表示随机变量 X 的**累积分布函数 (cumulative distribution function, CDF)**。PDF 和 CDF 之间的关系如下：

> 如果 X 是概率密度函数 $f(x)$ 的一个随机变量，那么累积分布函数 $F(y) = P(X < Y)$ 等于区间 $x < y$ 内 $f(x)$ 下的面积。

CDF 代表**尾概率 (tail probability)**，即随机变量 X 小于或等于某个 y 值的概率，$[P(X) < y]$——这与第 4 章中讨论的 P 值是一样的。图 2.5 是单位闭区间内一个均匀随机变量的 PDF 和 CDF。

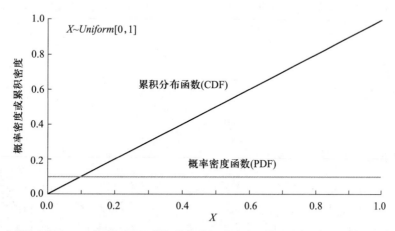

图 2.5 在单位闭区间 $[0,1]$ 内测量的均匀分布的概率密度函数和累积分布函数。概率密度函数 (PDF) 显示了任意 X 的概率 $P(X)$。在这个连续分布中，X 的确切概率在理论上为 0，因为测量单个点时，曲线下面积为零。当然，任何可测量子区间的曲线下面积都与曲线下总面积 (根据定义等于 1.0) 成一定的比例。在均匀分布中，一个事件在任何子区间内发生的概率都是相同的，无论这个子区间所在何处。同一分布的累积分布函数 (CDF) 则是以 0 为下界，1 为上界的子区间曲线下的累积面积。因为这是一个均匀分布，所以概率以线性方式累积。当达到区间末端 1.0 时，CDF = 1.0，因为曲线下的整个区域都已包含在内。

2.2.2 连续随机变量的期望

之前介绍了离散分布随机变量的期望。对于离散型随机变量,

$$E(X) = \sum_{i=1}^{n} a_i p_i$$

这个计算是有意义的, 因为 X 的每个 a_i 值都有一个与之相对的概率 p_i。求连续型随机变量期望的方法是一样的。但是对于连续分布, 如均匀分布, 任何特定观测值的概率都为 0, 我们只能采用事件在样本空间子区间内发生的概率。

我们将利用样本空间中非常小的子区间来求连续型随机变量的期望, 子区间用 Δx 表示。对于概率密度函数 $f(x)$, $f(x_i)$ 与 Δx 的乘积代表事件在子区间 Δx 内发生的概率, 即 $P(X = x_i) = f(x_i)\Delta x$。这个概率与离散情况下的 p_i 相同。如图 2.4 所示, $f(x)$ 与 Δx 的乘积相当于图中那个非常窄的矩形的面积。在离散情况下, 每个 x_i 与其相关概率 p_i 的乘积的和就是期望。在连续情况下, 对每个 x_i 与其相关概率 $f(x_i)\Delta x$ 的乘积进行求和, 也能得到这个连续型随机变量的期望。显然, 这个和的值取决于子区间 Δx 的大小。事实证明, 在概率密度函数 $f(x)$ 具有 "合理" 数学性质的情况下, 如果让 Δx 变得越来越小, 和式

$$\sum_{i=1}^{n} x_i f(x_i)\Delta x$$

将趋近于一个唯一的极限值。连续型随机变量的极限值用 $E(X)$ 表示[9]。对于均匀随机变量 X, $f(x)$ 在区间 $[a,b]$ 内, 其中 $a < b$, 则

$$E(X) = (b+a)/2$$

均匀随机变量的方差为

$$\sigma^2(X) = \frac{(b-a)^2}{12}$$

2.2.3 正态随机变量

也许读者们最熟悉的概率分布还是**正态或高斯概率分布 (normal or Gaussian probability distribution)** 的 "钟形曲线"。该分布是线性回归和方差分析的理论基础 (见第 9 章和第 10 章), 并且也适用于许多经验数据。接下来我们将以皿蛛科 (Linyphiidae) 为例介绍正态分布。蜘蛛胫节刺的长度可以用来区分皿蛛科下不同的属。一位研究蜘蛛的生物学家测量了 50 根这样的刺, 并得到了如图 2.6 所示的分布。这些测量值

---

[9]如果学过微积分, 那你肯定知道这种方法。对于连续型随机变量 X, $f(x)$ 在样本空间内是可微的,

$$E(X) = \int x f(x) dx$$

这个积分表示乘积 $x \times f(x)$ 的和, 其中 x 在极限下变得无穷小。

的直方图展示了正态分布的几个特征。

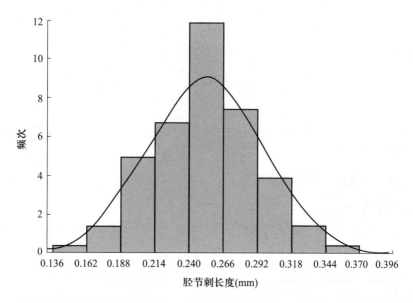

图 2.6 一组关于形态测量值的正态分布。这个直方图统计了 50 个样本中每种胫节刺长度出现的频次 (原始数据见表 3.1)。观测结果分散在区间为 0.026 mm 的 "柱" 中; 柱的高度代表频次 (落在该区间内的观测的数量)。叠加在直方图上是均值为 0.253, 标准差为 0.0039 的正态分布。虽然直方图不完全符合正态分布, 但仍然可以看出数据整体拟合得较好: 直方图有单一的中央峰, 近似对称的分布, 极大和极小测量值的频率在分布尾部稳定下降。

首先, 可以看到大多数观测值集中在中心位置, 即胫节刺的平均长度。直方图的长尾延伸到中心的左右两侧。在一个真正的正态分布中 (假设我们测量了无数只不幸的蜘蛛), 尾部将在两个方向上无限延伸, 并且离中心越远, 概率密度越小。当然在真实的数据集中, 因为数据量是有限的, 所以尾部不会无限延伸, 而且大多数测量变量都不能取负值。注意这个分布是近似对称的: 直方图的左右两边几乎是镜像分布。

如果将胫节刺的长度看作是一个随机变量 X, 我们可以用正态概率密度函数来近似得到这个分布。正态分布有两个参数, 分别是 μ 和 σ, 故 $f(x) = f(\mu, \sigma)$。这个函数的具体形式并不重要[10], 重要的是它具有 $E(X) = \mu$, $\sigma^2(X) = \sigma^2$ 的特性, 并且分布关于 μ

---

[10]正态分布的 PDF 是

$$f(x) = \frac{1}{\sigma\sqrt{2\pi}} e^{-\frac{1}{2}\left(\frac{X-\mu}{\sigma}\right)^2}$$

$\pi = 3.14159\cdots$, e 是自然对数的底数 ($2.71828\cdots$), μ 和 σ 是该分布的参数。从这个公式可以看出, X 距 μ 越远, 负指数 e 越大, 得到的 X 的概率越小。该分布的 CDF,

$$F(X) = \int_{-\infty}^{X} f(x)dx$$

无解析解。大多数统计学教科书都提供了查询表来帮助求正态分布的 CDF, 也可以使用标准软件包 (如 MatLab 或 R) 中的数值积分技术求近似解。

对称。$E(X)$ 是期望, 代表了数据的集中趋势; $\sigma^2(X)$ 是方差, 表示观测值在期望附近的分散程度。该分布中的随机变量 X 被称为**正态随机变量 (normal random variable)** 或**高斯随机变量 (Gaussian random variable)**[11], 表示为

$$X \sim N(\mu, \sigma) \tag{2.8}$$

通过指定不同的 μ 和 σ 可以得到不同的正态分布。其中 $\mu = 0, \sigma = 1$ 是最常用到的标准正态分布, 其**标准正态随机变量 (standard normal random variable)** 通常简写为 Z。$E(Z) = 0$, 且 $\sigma^2(Z) = 1$。

2.2.4　正态分布的性质

正态分布有三个重要的性质。首先, 正态分布具有可加性。如果正态随机变量 X 和 Y 相互独立, 那它们的和也是正态随机变量, 即 $E(X+Y) = E(X)+E(Y)$, $\sigma^2(X+Y) = \sigma^2(X) + \sigma^2(Y)$。

其次, 正态分布可平移和缩放。对于随机变量 X 和 Y, 设 $X \sim N(\mu, \sigma)$, 令 $Y = aX + b$, 其中 a 和 b 是常数。将 X 乘以常数 a 则为缩放变换, 因为 Y 是 X 缩放 a 个单位得到的, 所以 Y 作为 a 的函数也在变化。将常数 b 添加到 X 中为平移变换, 向 X 添加 b 相当于将随机变量沿 x 轴移动 (平移) b 个单位。平移和缩放变换的示例如图 2.7 所示。

如果 X 是一个正态随机变量, 对 X 进行缩放、平移或二者结合将得到一个新的随机变量 Y, Y 也是一个正态随机变量。同理, 新随机变量的期望和方差是与平移和缩放系数相关的简单函数。对于随机变量 $X \sim N(\mu, \sigma)$ 和 $Y = aX + b$, $E(Y) = a\mu + b$, $\sigma^2(Y) = a^2\sigma^2$。新随机变量 $E(Y)$ 的期望可以通过直接对 $E(X)$ 的平移和缩放得到。新随机变量的方差 $\sigma^2(Y)$ 只能通过缩放操作得到。可以看到, 如果通过添加一个常量来平移数据集中的所有元素, 方差不变, 因为数据的相对分布没有受到影响 (图 2.7)。但如果将这些数据乘以常数 a (比例变化), 方差将增加至 a^2, 因为每个元素到期望的相对距离是现在的 a 倍 (图 2.7), 因此在方差计算中这个值是平方的。

Karl Friedrich Gauss

[11]高斯分布是以历史上最重要的数学家之一 Karl Friedrich Gauss (1777—1855) 的名字命名的。被称为神童的他在 3 岁时就纠正了父亲工资计算中的一个算术错误。高斯还证明了代数基本定理 (Fundamental Theorem of Algebra, 每个多项式都有一个形为 $a + bi$ 的根, 其中 $i = \sqrt{-1}$); 算术基本定理 (Fundamental Theorem of Arithmetic, 每一个自然数都可以用质数的唯一乘积表示); 形式化数论 (formalized number theory); 并于 1801 年提出了用最小二乘拟合进行线性拟合的方法 (见第 9 章), 但他并没有将其发表, 而是 Legendre 于 10 年后才将这一方法公布于世。高斯发现, 用最小二乘拟合的直线, 其误差分布近似于我们现在所说的正态分布, 这比美国数学家 Abraham De Moivre (1667—1754) 在他的著作《机会论》(*The Doctrine of Chances*) 中提出的正态分布早了 100 年。因为高斯更为有名 (当时美国数学宛如一潭死水), 所以正态概率分布最初被称为高斯分布。尽管统计学家 Karl Pearson (1857—1936) 重新发现 De Moivre 的工作时称 De Moivre 发现的这种分布早于高斯的发现, 但直到 19 世纪末数学家 Poincaré (庞加莱) 才起了现在使用的名字 "正态分布"。

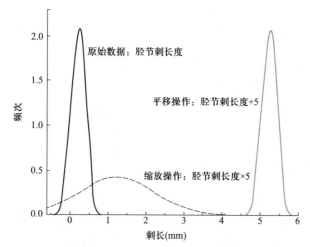

图 2.7 对正态分布的平移和缩放变换。正态分布有两个代数性质。第一个是平移: 如果将常数 b 添加到一组均值为 μ 的测量值中, 新分布的均值将变为 $\mu + b$, 但并不影响方差。黑色曲线是根据 200 只蜘蛛胫节刺长度的观测值拟合得到的正态分布 (见图 2.6)。灰色曲线表示将每个原始观测值加 5 后得到的平移后的正态分布。均值向右平移了 5 个单位, 方差不变。缩放结果对应黑色虚线, 每个观测值乘以常数 a 导致均值是原来的 a 倍, 方差变为 a^2 倍。这条曲线是将拟合成正态分布的数据乘以 5 后得到的。均值变为原来的 5 倍, 方差则是原来的 $5^2 = 25$ 倍。

正态分布的最后一个重要属性是特殊情况下的缩放和平移变换, 即当 $a = 1/\sigma$, $b = -1(\mu/\sigma)$ 时: 对于 $X \sim N(\mu, \sigma)$, $Y = (1/\sigma)X - \mu/\sigma = (X - \mu)/\sigma$, 则

$$E(Y) = 0 \quad 和 \quad \sigma^2(Y) = 1$$

经过上述变换可得到一个标准正态随机变量, 这也意味着任何正态随机变量都可以转化为标准正态随机变量。此外, 任何适用于标准正态随机变量的变换, 都能在对标准正态随机变量经过适当的缩放和平移后应用于任意正态随机变量。

2.2.5 其他连续型随机变量

生态学家和统计学家常用的连续型随机变量及相关概率分布还有很多, 其中较为重要的两个是对数正态随机变量和指数随机变量 (图 2.8)。**对数正态随机变量 (lognormal random variable)** X 是一个随机变量, 就像它的对数形式 $\ln(X)$ 一样, 也是一个正态随机变量。生物的许多关键生态特征, 例如体重等, 都是呈对数正态分布的[12]。

---

[12] 对数正态分布最常见的生态学案例是群落中物种相对丰度的分布。如果从一个群落中取大量的随机样本个体, 然后根据物种排序, 再绘制一个物种频次代表不同丰度等级的直方图, 取对数后的频次通常类似于正态分布 (Preston 1948)。该如何解释这种模式? 一方面, 许多非生物数据集 (如各国经济财富的分配, 或者一个繁忙的餐厅里酒杯的 "存活时间" 的分布) 也服从对数正态分布。因此, 该模式可能反映了指数增加的种群 (对数现象) 对许多独立因素的一般统计响应。另一方面, 可能是特定的生物学机制在起作用, 包括斑块动态 (patch dynamics, Ugland and Gray 1982) 或分层生态位划分 (hierarchical niche partitioning, Sugihara 1980)。对数正态分布的研究同样会因抽样问题而变得复杂。由于群落中稀有物种可能不存在于小样本中, 因此物种丰度分布的形状会随着抽样强度变化 (Wilson 1993)。此外, 即使在抽样结果较好的群落中, 频率直方图的尾部也可能不太符合真实的对数正态分布 (Preston 1981)。群落的大样本中混合的长期居住和短期暂留的物种可能会造成上述不符的情况 (Magurran and Henderson 2003)。

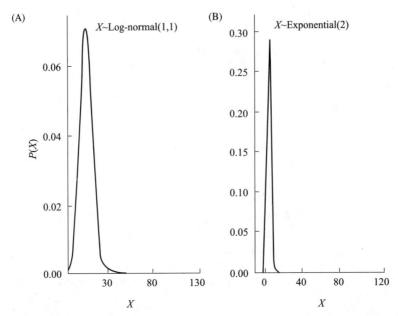

图 2.8   对数正态分布和指数分布适用于物种丰度、种子散布距离等特定类型的生态数据。图 (A) 中对数正态分布的两个参数平均值和方差均设为 1.0。图 (B) 中指数分布的参数 b 设为 2.0。对数正态分布和指数分布的方程见表 2.4。对数正态分布和指数分布都是不对称的，它们右侧的长尾使分布向右倾斜。

像正态分布一样，对数正态分布也有 μ 和 σ 两个参数。对数正态随机变量的期望为

$$E(X) = e^{\frac{2\mu + \sigma^2}{2}}$$

对数正态分布的方差为

$$\sigma^2(X) = [e^{\frac{\mu + \sigma^2}{2}}]^2 \times [e^{\sigma^2} - 1]$$

在对数尺度上绘图时，对数正态分布呈典型的钟形曲线。如果将这些数据通过 e^x 转换为原始值，得到的分布将会是倾斜的，其长尾向右延伸。偏度度量的进一步讨论参见第 3 章，数据转换的更多示例参见第 8 章。

指数随机变量与泊松随机变量相关。回想一下，泊松随机变量描述了罕见事件发生的数量，例如恒定时间区间内车辆进站的次数，或者固定区域中出现的人数。离散泊松随机变量间的 "间距" (如事件间的时间或距离) 可以看作是连续指数随机变量。指数随机变量 X 的概率分布函数中只有一个参数 β，并形如公式 $P(X) = \beta e^{-\beta X}$。指数随机变量的期望 $= 1/\beta$，方差 $= 1/\beta^2$。[13] 表 2.4 总结了这些常见的连续分布。

其他连续型随机变量及其概率分布函数在统计分析中也得到了广泛的应用，包括 t、卡方 (chi-square)、F、gamma、逆 gamma、beta。我们将在后面讨论它们，并将它

---

[13] 利用以下事实很容易在计算机上模拟出指数随机变量：如果 U 是单位闭区间 [0,1] 内的一个均匀随机变量，那么 $-\ln(U)/\beta$ 是一个以 β 为参数的指数随机变量。

表 2.4 四个连续随机分布

分布	概率值	$E(X)$	$\sigma^2(X)$	注释	生态示例
均匀	$P(a<X<b)=1.0$	$\dfrac{b+a}{2}$	$\dfrac{(b-a)^2}{12}$	用于间隔 $[a,b]$ 内等可能的结果	资源的均匀分布
正态	$\dfrac{1}{\sigma\sqrt{2\pi}}e^{-\frac{1}{2}\left(\frac{X-\mu}{\sigma}\right)^2}$	μ	σ^2	对于连续数据生成"钟形曲线"	蜘蛛胫节刺长度的分布或其他连续尺寸变量的分布
对数正态	$\dfrac{1}{\sigma X\sqrt{2\pi}}e^{-\frac{1}{2}\left(\frac{\ln(X)-\mu}{\sigma}\right)^2}$	$e^{\frac{2\mu+\sigma^2}{2}}$	$[e^{\frac{\mu+\sigma^2}{2}}]^2+[e^{\sigma^2}-1]$	右偏数据经对数转换后多服从正态分布	物种丰度等级的分布
指数	$P(X)=\beta e^{-\beta X}$	$1/\beta$	$1/\beta^2$	类似泊松的连续分布	种子扩散距离

概率值方程决定了每个分布取特定值 X 的概率。通常根据样本的均值或平均值估计分布的期望 $E(X)$。方差 $\sigma^2(X)$ 是对观测值与 $E(X)$ 间散度或偏差的量度。这些分布是在连续尺度上测量的变量,可以取任意实数值,尽管指数分布仅限于正值。

们与特定的分析技术结合。

2.3 中心极限定理

中心极限定理 (central limit theorem) 是概率论和统计分析的基石之一[14]。下面是对这个定理的简单描述: 设 S_n 为任意 n 个独立且有相同分布的随机变量 X_i 的和或平均值,

$$S_n = \sum_{i=1}^{n} X_i$$

每个 X_i 的期望 μ 和方差 σ^2 都相同。S_n 的期望为 $n\mu$, 方差为 $n\sigma^2$。通过每个观测值

Abraham De Moivre Pierre Laplace

[14] 中心极限定理最早的公式是由 Abraham De Moivre (见本章脚注 11) 和 Pierre Laplace (1749—1827) 提出的。1733 年, De Moivre 证明了他的伯努利随机变量的中心极限定理。Pierre Laplace 将 De Moivre 的结果推广到任意二元随机变量。Laplace 更广为人知的是他的《天体力学》(*Mécanique Céleste*), 他把牛顿的力学几何研究体系转化为一个基于微积分的体系。根据 Boyer 的《数学史》(1968), 拿破仑读了 *Mécanique Céleste* 之后, 他问 Laplace 为什么这部著作中没有提到上帝。据说 Laplace 回应说, 他不需要这种假设。后来拿破仑任命 Laplace 为内政部长, 但最终以"他用在事务管理中的精神无限小"(Boyer, 1968) 为由将他解职。俄罗斯数学家 Pafnuty Chebyshev (1821—1884) 证明了任意随机变量的中心极限定理, 但他的复杂证明在今天几乎不为人知。Chebyshev 的学生 Andrei Markov (1856—1922) 和 Alexander Lyapounov (1857—1918) 提出了现代的可证的中心极限定理。

减去期望再除以方差的平方根对 S_n 进行标准化, 得到

$$S_{std} = \frac{S_n - n\mu}{\sigma\sqrt{n}} = \frac{\sum\limits_{i=1}^{n} X_i - n\mu}{\sigma\sqrt{n}}$$

所得到的一系列 S_{std} 值是近似于标准正态分布的变量。

　　这是一个很有意义的结果。中心极限定理强调: 对于任意随机变量, 若其本身是一系列独立随机变量的和或平均值, 那么标准化后就会得到一个新的随机变量, 它与标准正态变量 "几乎相同"[15]。当我们将正态随机变量 (X) 转换为标准正态随机变量 (Z) 时, 已经用到了中性极限定理。一些统计工具要求样本观测必须来自正态分布的样本空间, 而中心极限定理使得这些工具可以被用来分析不符合正态分布要求的数据, 这便是中心极限定理的美妙之处。还需要注意的是样本量必须 "足够大"[16], 观测值本身必须是独立的且来自具有共同期望和方差的分布。我们将在第 9～12 章讨论生态学家和环境学家使用的不同统计方法时证明中心极限定理的重要性。

2.4　总结

　　尽管随机变量来自不同的测量, 但其分布都可以用期望和方差来表示。诸如伯努利、二项和泊松之类的离散分布适用于离散计数的数据, 而诸如均匀正态和指数之类的连续分布适用于以连续尺度测量的数据。无论基本分布是怎样的, 根据中心极限定理可知, 对独立大样本进行标准化后, 它们的和或平均值都将遵循正态分布。对于各种各样的数据, 包括生态学家和环境学家最常收集的数据, 中心极限定理支持使用假设正态分布的统计检验。

---

[15]中心极限定理对于任意标准化变量都有

$$Y_i = \frac{S_i - n\mu}{\sigma\sqrt{n}}$$

开区间 (a, b) 内标准正态概率分布下的面积等于

$$\lim_{i \to \infty} P(a < Y_i < b)$$

[16]对于实践生态学家 (和统计学家) 来说, 一个重要的问题是概率 $P(a < Y_i < b)$ 在标准正态概率分布下收敛到该区域的速度有多快。大多数生态学家 (和统计学家) 会说样本大小 i 至少应该是 10, 但是最近的研究表明, 在两者小数收敛到前两位之前, 样本量必须超过 10 000! 幸运的是, 大多数统计检验对于正态假设都相当可靠, 所以即使标准化的数据可能不会表现出完全正态分布, 但我们还可以运用中心极限定理。Hoffmann-Jørgensen(1994; 见第 5 章) 对中心极限定理进行了全面而专业的阐述。

第 3 章 汇总统计量: 位置和散度的度量

数据采集对科学研究至关重要, 但我们通常不会直接公开原始数据, 而是报告可以概括原始数据信息的**汇总统计量 (summary statistics)**。汇总统计量可分为两类: 度量**位置 (location)** 信息的 "位置统计量" 和度量**散度 (spread)** 程度的 "散度统计量"。如果我们将采集到的数据 (样本) 按从小到大的顺序排列, 位置统计量可以揭示样本中大部分数据在该序列中的位置, 这些统计量包括样本均值、中位数和众数。散度统计量描述数据的变化情况, 包括样本的标准差、方差和标准误。本章将介绍生物学中最常用的一些汇总统计量, 并用概率论中最重要的定理之一—— **大数定律 (law of large numbers)** 来揭示它们的统计意义。

首先来介绍一下统计学中用于标记随机变量和统计量 (或估计量) 的一些标准数学符号。Y 通常用来表示随机变量, 随机变量 Y 的第 i 个观测值为 $Y_i(i = 1, 2, \cdots, n)$, 其中 n 表示样本的大小。Y 的算术平均值记为 $\overline{Y}$。我们一般采用希腊字母来表示随机变量的分布参数 (或种群统计量), 例如用 μ 来表示随机变量分布的期望值, σ^2 表示期望的方差, σ 表示期望的标准差)。之所以称之为 "期望" 值, 是因为这些分布参数的值是未知的、需要通过统计实际观测数据来估计。相应地, 我们采用斜体拉丁 (英文) 字母表示种群统计量的实际估计值: 例如 $\overline{Y}$ 表示算术平均值, S^2 表示样本方差, S 表示样本标准差。

本章中所有计算实例均采用了表 3.1 所列数据, 这些数据是 50 只皿蛛胫节刺长度的模拟测量值。表 3.1 中数据按从小到大的升序排列。

表 3.1 50 只皿蛛胫节刺的测量值 (单位: mm)

0.155	0.207	0.219	0.228	0.241	0.249	0.263	0.276	0.292	0.307
0.184	0.208	0.219	0.228	0.243	0.250	0.268	0.277	0.292	0.308
0.199	0.212	0.221	0.229	0.247	0.251	0.270	0.280	0.296	0.328
0.202	0.212	0.223	0.235	0.247	0.253	0.274	0.286	0.301	0.329
0.206	0.215	0.226	0.238	0.248	0.258	0.275	0.289	0.306	0.368

我们采用此组模拟数据来讲解汇总统计量和概率分布。像表中这样的原始数据, 虽然它们是所有统计计算的基础, 但原始数据的量通常太大, 也很难直接理解, 所以原始数据极少公开。汇总统计量的使命便是简明地归纳和总结原始数据中所蕴含的规律, 从而避免一一枚举出原始数据。

3.1 位置的度量

3.1.1 算术平均值

概括总结一组数据的方法有很多, 其中我们最熟悉的当属观测数据的平均值或者**算术平均值 (arithmetic mean)**。算术平均值等于所有观测数据 (Y_i) 之和除以观测数据的总个数 (n), 记为 $\overline{Y}$:

$$\overline{Y} = \frac{\sum\limits_{i=1}^{n} Y_i}{n} \tag{3.1}$$

对于表 3.1 中的数据, $\overline{Y}$ 等于 0.253。公式 3.1 类似于第 2 章中计算离散随机变量期望值的公式 2.6, 但不完全等同公式 2.6:

$$E(Y) = \sum_{i=1}^{n} Y_i p_i$$

其中 $Y_i(i = 1, 2, \cdots, n)$ 是随机变量的取值, $p_i(i = 1, 2, \cdots, n)$ 是其概率值。对于连续变量, 若每一个 Y_i 只出现一次, $p_i = 1/n$, 这时公式 3.1 和公式 2.6 的计算结果相同。

例如表 3.1 中的 50 个观测数据组成了一个集合 (胫节刺长度集): 胫节刺长度 = {0.155, 0.184, $\cdots$, 0.329, 0.368}。如果胫节刺长度集中每个元素 (或事件) 是相互独立的, 则每个独立观测数据的概率 p_i 是 1/50。利用 2.6 式, 我们能够计算出胫节刺长度的期望值是

$$E(Y) = \sum_{i=1}^{n} Y_i p_i$$

其中, Y_i 指第 i 个元素, $p_i = 1/50$。求和后,

$$E(Y) = \sum_{i=1}^{n} Y_i \times \frac{1}{50}$$

等于 3.1 式, 这个公式可用于计算一个随机变量 Y 的 n 个观测数据的算术平均值:

$$\overline{Y} = \sum_{i=1}^{n} p_i Y_i = \sum_{i=1}^{n} Y_i \times \frac{1}{50} = \frac{1}{50} \sum_{i=1}^{n} Y_i$$

在上述计算胫节刺长度期望值 $\overline{Y}$ 的过程中, 我们使用了离散随机变量期望的计算方法 (公式 2.6)。然而, 表 3.1 中给出的观测值明显是连续的正态随机变量。众所周知, 正态随机变量的期望值通常是未知的, 记为 μ。那么, 胫节刺长度的平均值与未知的 μ 有关系吗?

如果样本的观测数据满足以下三个条件, 则其算术平均值就是 μ 的无偏估计量:

1. 观测都是随机挑选的个体。

2. 观测样本个体间都是相互独立的。

3. 观测来自的群体很大, 足以保证总体服从正态分布。

事实上, 样本的平均值 $\overline{Y}$ 可作为正态总体期望 μ 的近似值, 这是基于概率论的第二个基本定理——**大数定律 (law of large numbers)**[1]。

我们可以这样描述大数定律。假设我们从随机变量 Y 中抽取一个样本容量大小为 n 的无限集合。Y_1 表示 Y 的一个大小为 $n=1$ 的样本, 记为 $\{y_1\}$; Y_2 是 Y 的一个大小为 $n=2$ 的样本, 记为 $\{y_1, y_2\}$, 以此类推。随着样本大小 n 的增加, Y_i 的算术平均值 (公式 3.1) 会逐渐趋近或收敛至 Y 的期望值, $E(Y)$, 这就是大数定律。数学表达式如公式 3.2 所示,

$$\lim_{n \to \infty} \left(\frac{\sum_{i=1}^{n} y_i}{n} = \overline{Y}_n \right) = E(Y) \tag{3.2}$$

一般而言, 当 n 足够大时, Y_i 的平均值等于 $E(Y)$ (图 3.1)。

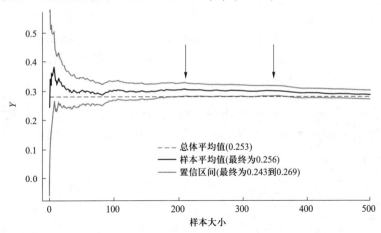

图 3.1 基于表 3.1 数据对大数定律的证明。总体平均值 (0.253) 由虚线表示。随递增样本大小 n 变化的样本平均值由中间的黑线表示。该图展示了大数定律: 随着样本大小增加, 样本平均值将逐渐接近总体真实的平均值。上、下灰线图示了样本平均值的 95% 置信区间。随着样本大小的增加, 置信区间的宽度减小。理论上 95% 置信区间应该包含总体真实的平均值。然而, 注意这里存在置信区间不包含总体真实平均值的情况 (两箭头之间)。上图曲线的绘制基于 Blume 和 Royall(2003) 使用的算法和 R 语言代码。

[1]大数定律的现代版本 (强大数定律) 由俄国数学家 Andrei Kolmogorov (1903 — 1987) 证明。他也从事马尔可夫过程的研究, 如在现代贝叶斯分析 (见第 5 章) 和流体力学中贝叶斯分析的应用。

Andrei Kolmogorov

回到皿蛛的例子, 对于一个皿蛛种群, 所有个体胫节刺的长度可被描述成一个期望为 μ 的正态随机变量。我们无法测量所有蜘蛛胫节刺的长度, 但可以测量其中的一个子集, 比如表 3.1 给出的 $n = 50$ 的测量数据。如果被测量的蜘蛛个体是随机选取的, 而且在测量过程中无测量误差, 那么每个观测值所对应的期望值应该也是相同的 (因为它们都来自同一个无限大的蜘蛛种群)。大数定律表明, 我们根据 50 个观测值所得的胫节刺平均长度近似等于整个种群的胫节刺长度的期望值。因此我们可以用观测数据的平均值来估计未知的期望值 μ。如图 3.1 所示, 随着数据量的增加, 对种群真实平均值的估计也更加可靠。

3.1.2   其他均值

算术平均值不是度量数据集位置信息唯一的统计量。在一些情况下, 算术平均值并不能给出最理想的答案。例如, 假设一个长耳鹿 (白尾野驴) 种群第 1 年以 10% 的比例增长, 第 2 年以 20% 的比例增长, 那么种群平均每年的增长率是多少[2]? 答案不是 15%!

我们可以通过计算一些数据看看这里面存在的问题。假设初始的种群数量为 1000。1 年后, 这个种群的大小 N_1 将会是 $1.10 \times 1000 = 1100$。第 2 年后, 种群的大小 N_2 将会是 $1.20 \times 1100 = 1320$。然而, 如果平均每年的增长率是 15%, 种群的大小 1 年后是 $1.15 \times 1000 = 1150$, 2 年后是 $1.15 \times 1150 = 1322.50$。这些数字是接近, 但不完全相同; 经过数年, 结果的偏差将变得很大。

几何平均值。在第 2 章中我们介绍了对数 – 正态分布: 若 Y 是符合对数 – 正态分布的一个随机变量, 则随机变量 $Z = \ln(Y)$ 是一个正态随机变量。若以公式 3.3 计算 Z 的算术平均值,

$$\overline{Z} = \frac{1}{n} \sum_{i=1}^{n} Z_i \tag{3.3}$$

那么在 Y 中, 这个值表示什么呢? 首先认识到如果 $Z = \ln(Y)$, 则 $Y = Z^e$, 其中 e 是自然对数的底数, 约等于 $2.71828 \cdots$。因此, 在 Y 中, $\overline{Z}$ 的值是 $e^{\overline{Z}}$。这个所谓的**向后变换均值 (back-transformed mean)** 叫作**几何平均值 (geometric mean)**, 记作 GM_Y。

计算几何平均值最简单的方法是取算术平均值的反对数:

---

[2]在这个分析中, 采用有限的增长率 λ 作为总体增长率的参数。λ 是每年作用在总体大小上的倍数, 如 $N_{t+1} = \lambda N_t$。因此, 若每年总体的增长率是 10%, $\lambda = 1.10$; 若每年总体的递减率是 5%, $\lambda = 0.95$。与总体增长率密切相关的度量值是瞬间增长率 r, 其单位是个体/(个体 × 时间)。在数学上, $\lambda = e^r$ 和 $r = \ln(\lambda)$。了解更多细节详见 Gotelli (2008)。

$$GM_Y = e^{\left[\frac{1}{n}\sum\limits_{i=1}^{n}\ln(Y_i)\right]} \tag{3.4}$$

对数运算有一个不错的性质: 一组数字的对数值之和等于它们乘积的对数值, $\ln(Y_1) + \ln(Y_2) + \cdots = \ln(Y_1Y_2\cdots Y_n)$。所以几何平均值的另外一种计算方法是观测数据之积再开 n 次方:

$$GM_Y = \sqrt[n]{Y_1Y_2\cdots Y_n} \tag{3.5}$$

就像一组数据之和可用以下符号表示:

$$\sum_{i=1}^{n} Y_i = Y_1 + Y_2 + \cdots + Y_n$$

一组数据的乘积也可用符号表示为:

$$\prod_{i=1}^{n} Y_i = Y_1 \times Y_2 \times \cdots \times Y_n$$

因此, 几何平均值的公式也可以写作:

$$GM_Y = \sqrt[n]{\prod_{i=1}^{n} Y_i}$$

让我们来看看种群增长率的几何平均值是否能比算术平均值更好地预测种群的平均增长率。首先, 如果我们把种群增长率作为乘数, 每年 10% 和 20% 的增长率就变成了 1.10 和 1.20, 这两个值的自然对数值是 $\ln(1.10) = 0.09531$ 和 $\ln(1.20) = 0.18232$。它们的算术平均值为 0.138815。几何平均值 $GM_Y = e^{0.138815} = 1.14891$, 其只比算术平均值 1.20 小了一点点。

现在我们可以利用几何平均增长率来计算这两年的种群增长率。种群数量在第 1 年内增长到 $(1.14891) \times (1000) = 1148.91$, 在第 2 年里增长到 $(1.14891) \times (1148.91) = 1319.99$。这个值与实际计算出的值 $[(1.10) \times (1000) \times (1.20)] = 1320$ 基本一致, 并且如果我们不四舍五入, 这个值将完美匹配实际值。值得注意的是虽然种群大小通常是一个整数变量 (0.91 只鹿仅被看作是理论值), 但我们常常将其作为连续变量。

为什么 GM_Y 能给我们正确答案? 原因是种群的增长是一个乘法累积过程,

$$\frac{N_2}{N_0} = \left(\frac{N_2}{N_1}\right) \times \left(\frac{N_1}{N_0}\right) \neq \left(\frac{N_2}{N_1}\right) + \left(\frac{N_1}{N_0}\right)$$

通过指数运算, 可以把数值的累乘转化为数值的累加, 即

$$\ln\left[\left(\frac{N_2}{N_1}\right) \times \left(\frac{N_1}{N_0}\right)\right] = \ln\left(\frac{N_2}{N_1}\right) + \ln\left(\frac{N_1}{N_0}\right)$$

调和平均值。第二种求平均值的计算方法是对观测值进行倒数变换 $(1/Y)$。一组观测值倒数的算术平均值的倒数被称为**调和平均值 (harmonic mean)**[3]:

$$H_Y = \frac{1}{\frac{1}{n}\sum\frac{1}{Y_i}} \tag{3.6}$$

对于表 3.1 中胫节刺的数据, $GM_Y = 0.249$, $H_Y = 0.249$。这两个平均值都比算术平均值 $GM_Y = e^{0.138815} = 1.14891$ 小; 一般来说, 这些平均值的大小顺序为 $\overline{Y} > GM_Y > H_Y$。然而, 如果所有的观测值都相等 $(Y_1 = Y_2 = Y_3 = \cdots = Y_n)$, 那么这三种平均值也是相同的 $\overline{Y} = GM_Y = H_Y$。

3.1.3　位置的其他度量: 中位数和众数

中位数和众数同样也是生态学家和环境学家用来概括总结数据非常常用的位置统计量。**中位数 (median)** 的定义为在一组有序观测数据中一半的数据比它大而另外一半比它小的数值。换句话说, 中位数将一个数据集分成个数相等的两部分。当观测数据个数是奇数时, 中位数即为中间的那个观测。因此, 如果考虑胫节刺长度数据的前 49 个, 则中位数是第 25 个观测 (0.248)。当观测数据个数为偶数时, 中位数定义为第 $(n/2)$ 和 $[(n/2)+1]$ 个观测的算术平均值。如果考虑表 3.1 中所有 50 个观测数据, 中位数是第 25 和 26 个观测的平均值, 即 0.2485。

另一方面, **众数 (mode)** 是样本中出现次数最多的观测值。由数据的直方图可以很容易地找到众数, 它就是直方图的峰值。胫节刺数据直方图 (图 3.2) 中标出了算术平均值、中位数和众数。

[3]调和平均值是用在保护生物学和遗传生物学中计算有效种群的大小, 所谓有效种群指的是完全随机配对的种群。如果有效种群规模很小 (< 50), 等位基因频率的随机变化引起基因的潜在漂移就变得十分重要。若种群大小一年与一年间存在显著变化, 调和平均值能给出有效种群的度量值。例如, 假设一个由 100 只海獭组成的稳定种群在某年遇到了一个严重的危机, 在那年种群数量降至 12 只, 但好在顺利度过了。于是, 种群大小为 100, 100, 12, 100, 100, 100, 100, 100, 100 和 100。该数据的算术平均值为 91.2, 但是调和平均值却为 57.6, 即为有效种群的规模, 其中基因漂移是非常重要的。调和平均值不仅小于算术平均值, 而且对于极端值很敏感。顺便说一下, 位于北美太平洋沿岸的海獭在十八和十九世纪被过度捕杀, 经历了一个严重的种群瓶颈期。虽然海獭种群在规模上恢复了, 但是它们仍然表现出较低的遗传多样性, 这是过去经历瓶颈期的一个映射 (Larson et al. 2002)。(照片由 Warren Worthington 提供)

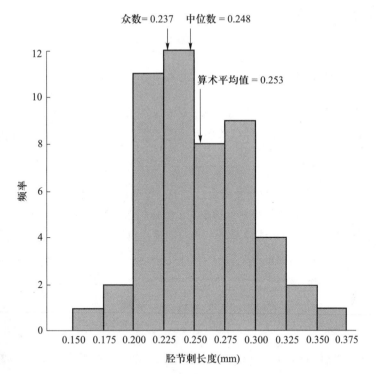

图 3.2 表 3.1 ($n = 50$) 胫节刺数据的直方图, 其中指出了算术平均值、中位数和众数。按照连续变量计算得到的平均值是数据的期望, 中位数是有序观测的中点。所有观测值的一半大于中位数, 一半小于中位数。众数指的是出现频率最高的观测。

3.1.4 如何选择合适的位置度量

为什么选择某个位置度量而不选择另外一个呢? 为什么算术平均值 (公式 3.1) 是最常用的位置统计量? 部分原因是大家对它很熟悉, 但更重要的理由是中心极限定理 (第 2 章) 证明了即使一般随机变量不服从正态或高斯分布, 随机变量的大样本算术平均值仍服从正态或高斯分布。这个性质使得基于算术平均值的假设更容易被检验。

几何平均值 (公式 3.4 和 3.5) 更适合描述乘法过程, 如人口增长率或物种丰度的等级 (在对它们进行对数变换前; 见第 2 章的对数–正态分布和第 8 章的数据转换)。调和平均值 (公式 3.6) 则经常出现在种群遗传学和保护生物学领域的计算中。

当观测数据的分布不是一个标准概率分布, 或者存在极端观测值时, 中位数或众数能较好地描述数据的位置。这是因为算术平均值、几何平均值以及调和平均值对极端 (大或小) 观测值很敏感, 然而中位数和众数侧重于分布的中间而忽略分布的散度和形状。在对称分布中, 例如正态分布, 算术平均值、中位数和众数都相等。但是在非对称分布中, 例如图 3.2 所示情况 (从一个潜在的正态分布中抽取相对较小的随机样本), 均值靠近分布的尾端, 众数位于分布最重的一部分, 中位数位于两者之间[4]。

3.2　散度的度量

平均值或其他位置统计量只能简单地反映数据的位置信息。然而, 自然界存在变异, 测量统计时也存在精度的局限, 所以我们有必要定量观测数据的散度或变异信息。

3.2.1　方差和标准差

我们在第 2 章中介绍了方差的概念。对于一个随机变量 Y, 方差 $\sigma^2(Y)$ 给出了观测值和期望值间的平均偏差, 即方差的定义: $E[Y - E(Y)]^2$, 其中 $E(Y)$ 是 Y 的期望值。与平均值一样, 种群的总体方差是一个未知量。我们可以通过我们的数据计算出种群均值 μ 的估计值 $\overline{Y}$, 同理也可以通过这些数据得到种群方差 σ^2 的估计值 s^2:

$$s^2 = \frac{1}{n}\sum(Y_i - \overline{Y})^2 \tag{3.7}$$

这个值也被称为**均方 (mean square)**。这个术语, 以及它的组成成分**平方和 (sum of squares)**:

$$SS_Y = \sum_{i=1}^{n}(Y_i - \overline{Y})^2 \tag{3.8}$$

会在第 9 章和第 10 章讲到回归分析和方差分析时再次被提及。正如随机变量标准差 σ 被定义为 (正的) 方差的算术平方根, 其估计值也可被定义为 $s = \sqrt{s^2}$。通过平方根的变换保证了标准差的单位和平均值的单位是一致的。

我们在之前就提到算术平均值 $\overline{Y}$ 是 μ 的一个无偏估计。采用无偏处理的意义在于从种群中不断重复 (无限次数) 抽样且计算每个样本 (无论样本大小) 的算术平均值, 这些算术平均值的平均值应该等于 μ。然而, 根据公式 3.7 对方差和标准差的估计并不是 σ^2 和 σ 的无偏估计。事实上, 公式 3.7 始终低估了种群的实际方差。

我们可以通过一个简单的思想试验来解释公式 3.7 中存在的偏差。假设从种群中抽取单个观测值 Y_1 并试图估计 μ 和 $\sigma^2(Y)$。μ 估计的是观测数据的平均值, 此时就是 Y_1 本身。如果采用公式 3.7 估计 $\sigma^2(Y)$, 此时的方差为 0.0, 这是因为单个观测数据等

---

[4]大家常常使用不同的位置度量方法来支持不同的观点。例如, 美国的平均家庭收入比一般典型家庭 (中位数) 的收入更高。这是因为收入是一个对数–正态分布, 平均值被曲线的右长尾加权, 曲线的右长尾代表超级富人。所以需要注意数据集的平均数、中位数或众数是否被报道出来了, 并且这些报道是否统计了散度或方差。

于平均值的估计! 问题是, 在样本大小为 1 的情况下, 我们可以用我们的数据估计出 μ, 却没有额外的信息来有效估计 $\sigma^2(Y)$。

现在我们引入**自由度 (degree of freedom)**的概念。自由度表示用来估计统计参数的数据集中独立信息片段的个数。在样本大小为 1 的数据集中, 我们没有足够多的独立观测来估计方差。

方差的无偏估计, 也就是**样本方差 (sample variance)**, 是由平方和除以 $(n-1)$ 而不是除以 n 计算得到的。因此, 方差的无偏估计是:

$$s^2 = \frac{1}{n-1}\sum(Y_i - \overline{Y})^2 \tag{3.9}$$

并且标准差的无偏估计, 即**样本标准差 (sample standard deviation)**[5], 是

$$s = \sqrt{\frac{1}{n-1}\sum(Y_i - \overline{Y})^2} \tag{3.10}$$

公式 3.9 和 3.10 在样本方差和标准差的计算中使用自由度进行了调整。这些方程也表明了至少需要两个观测数据来估计一个分布的方差。

表 3.1 中, 胫节刺数据的 $s^2 = 0.0017$ 和 $s = 0.0417$。

3.2.2 均值标准误

另一种生物学家和环境学家常用的散度统计量是**均值标准误 (standard error of the mean)**, 简记为 $s_{\overline{Y}}$, 等于样本标准差除以样本量的平方根:

$$s_{\overline{Y}} = \frac{s}{\sqrt{n}} \tag{3.11}$$

大数定律表明对一个无限大的观测数据, $\sum Y_i/n$ 近似于总体均值 μ, 其中 $Y_n = \{Y_i\}$ 是来自期望为 $E(Y)$ 的随机变量 Y 的样本, 其样本量为 n。同理, Y_n 的方差 $= \sigma^2/n$。因为标准差是方差的平方根, 所以 Y_n 的标准差即为

$$\sqrt{\frac{\sigma^2}{n}} = \frac{\sigma}{\sqrt{n}}$$

它和均值的标准误一样。因此, 均值的标准误是总体均值 μ 的标准差的估计值。

---

[5]标准差的无偏估计仅对较大样本量 $(n > 30)$ 的样本才是无偏的。对于样本量较小的样本, 公式 3.10 趋于低估总体的 σ 值 (Gurland and Tripathi 1971)。Rohlf 和 Sokal(1995) 提供了当 $n < 30$ 时 s 需要乘以修正系数的一个查找表。事实上, 许多生物学家不使用这些修正。只要比较的样本大小没有很大的不同, 忽略 s 的修正也没有多大的影响。

　　然而, 许多科学家分不清标准差 (缩写为 SD) 和均值的标准误 (缩写为 SE)[6]。因为均值的标准误常常小于样本标准差, 所以均值的标准误比标准差表现出的变异程度更小 (图 3.3)。然而, 用标准差 s 还是用均值标准误 $s_{\overline{Y}}$ 取决于你想让读者得出什么。如果你的结论是基于代替整个总体的单个样本得来的, 则采用均值标准误。另一方面, 如果结论仅限于手头的样本, 则最好采用样本标准差。对观测进行大范围的调查不但覆盖的空间尺度更大, 同时也包含大量的样本, 更能代表总体的性质, 所以通常采用 $s_{\overline{Y}}$; 而基于较少重复的小且可控的实验, 其代表性较差, 我们通常采用 s。

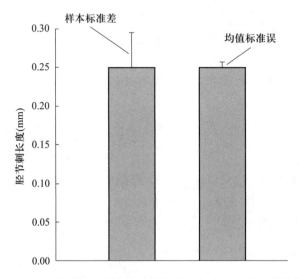

图 3.3　表 3.1 中 $(n = 50)$ 胫节刺长度算数平均值的柱状图, 以及表示样本标准差 (左) 及均值标准误 (右) 的误差线 (error bar)。标准差表示与均值比较, 个体存在的变异程度。标准误表示均值本身存在的变异程度。标准误等于标准差除以 $\sqrt{n}$, 所以它始终小于标准差。图例和图示应该提供样本量以及用误差线标清标准差或标准误。

　　我们提倡使用虽然代表性不高但能准确反映实际数据潜在变化的样本标准差 s。通常, 只要在你的文章、图或图例中提供数据的样本量, 读者就可以根据样本标准差计算出均值标准误, 反之亦然。

3.2.3　偏度、峰度和中心矩

　　标准差和方差其实是统计学家和物理学家称之为**中心矩 (central moment)** 的特殊情况。中心矩 (CM) 是所有观测值与其均值间存在偏差的 r 次方的平均值:

---

[6]大家可以注意到这里指的是均值标准误, 而不是简单的标准误。均值标准误等于平均值集合的标准差。简单地说, 此时可以计算方差集合的标准差或其他汇总统计量。虽然在生态和环境的出版物中其他标准误不常见, 但是有时你需要考虑其他的标准误。图 3.1 中, 中位数的标准误为 $1.2533 \times s_{\overline{Y}}$, 标准差的标准误为 $0.7071 \times s_{\overline{Y}}$。Sokal 和 Rohlf (1995) 提出了其他常见统计信息的标准误的公式。

$$CM = \frac{1}{n}\sum_{i=1}^{n}(Y_i - \overline{Y})^r \tag{3.12}$$

在公式 3.12 中, n 是观测的个数, Y_i 是每个观测的值, $\overline{Y}$ 是 n 个观测的算术平均值, r 是一个正整数。一阶中心矩 ($r=1$) 是每个观测值与样本均值 (算术平均值) 差的总和, 常常等于 0。二阶中心矩 ($r=2$) 是方差 (公式 3.5)。

三阶中心矩 ($r=3$) 除以标准差的立方 (s^3) 称为**偏度 (skewness)**, 记为 g_1:

$$g_1 = \frac{1}{ns^3}\sum_{i=1}^{n}(Y_i - \overline{Y})^3 \tag{3.13}$$

偏度描述了样本分布偏离正态对称分布的程度。正态分布的偏度 $g_1 = 0$。如果分布的 $g_1 > 0$, 则是**右偏态 (right-skewed)**: 右边的尾部相对于左边的尾部要长。与之相反, $g_1 < 0$ 的分布是**左偏态 (left-skewed)**: 右边的尾部相对于左边的尾部要短 (图 3.4)。

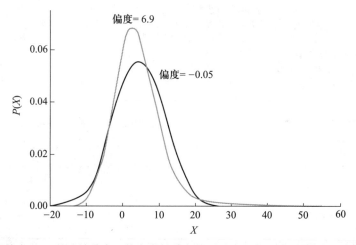

图 3.4 表示偏态 (g_1) 的连续分布。偏态度量分布的不对称程度, 这些不对称的分布有一个长右尾或长左尾。图中灰色曲线表示对数–正态分布, 该分布是正偏, 也就是在均值右边的样本数多于在左边的, 所以有个长右尾且偏度 = 6.9。黑色曲线代表一个有 1000 个观测值样本的正态随机变量, 该曲线的均值和标准差与对数–正态分布的相同。因为这些数据来自对称的正态分布, 则均值左右两侧观测数量相近, 其偏度基本接近 0。

峰度 (krutosis) 基于的是四阶中心矩 ($r=4$):

$$g_2 = \left[\frac{1}{ns^4}\sum_{i=1}^{n}(Y_i - \overline{Y})^4\right] - 3 \tag{3.14}$$

峰度度量了在一个分布中概率密度在尾部和中部间的分布程度。**低峰态 (platykurtic)** 分布的峰度 $g_2 < 0$; 该分布与正态分布相比, 在中部的概率质量较大, 而在尾部的概率质量较小。相反, **尖峰态 (leptokurtic)** 分布的峰度 $g_2 > 0$; 该分布在中部的概率质量较小而在尾部的概率较大 (图 3.5)。

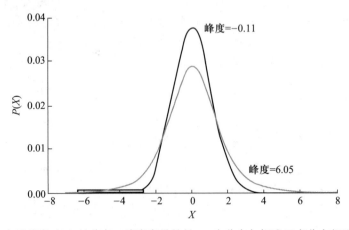

图 3.5　用来表示峰度 (g_2) 的分布。峰度度量的是: 一个分布与标准正态分布相比, 其厚尾或薄尾的程度。厚尾分布是尖峰态分布, 分布尾部面积相对较大, 中部面积相对较小。尖峰态分布有正的 g_2 值。薄尾分布是低峰态分布, 分布尾部面积相对较小, 中部面积相对较大。低峰态分布的 g_2 值为负。黑色曲线代表一个来自正态随机变量有 1000 个观测值的样本, 其均值 = 0, 标准差 = 1($X \sim N(0,1)$), 它的峰度接近 0。灰色曲线代表一个来自自由度为 3 的 t 分布的样本, 样本量为 1000。t 分布是尖峰态的, 其峰度为正值 (在这个例子中 $g_2 = 6.05$)。

　　偏度和峰度虽然在十九世纪八十年代中期之前的生态文献中常常见到, 但在现在的文献中却十分少见, 这是因为它们的统计性质不是很好——它们对异常值和分布均值的差异很敏感。Weiner 和 Solbrig 在 1984 年发表的研究中讨论了在生态学研究中采用偏度的问题。

3.2.4　分位数

　　另一种度量分布散度的统计量是**分位数 (quantile)**。大家都很熟悉在标准化测试中使用的一种分位数, **百分位数 (percentile)**。当一个测试成绩显示在第 90 百分位, 则表示有 90% 的成绩比该测试成绩小, 10% 的成绩比该测试成绩大。本章前面其实已经介绍了一个百分位数——中位数, 它是数据集第 50 百分位处的值。在描述统计数据时, 常见的是上、下**四分位数 (quartile,** 第 25 和第 75 百分位) 和上、下**十分位数 (decile,** 第 10 和第 90 百分位)。**箱线图 (box plot)** (图 3.6) 简要地展示了胫节刺数据的这些分位数值。和方差、标准差不一样, 分位数不依赖算术平均值和中位数。当分布不对称或者含有**异常值 (outlier)** 时 (极端数据点不体现抽样样本的分布特征; 见第 8 章), 分位数的箱线图比均值和方差更能准确地描述数据分布。

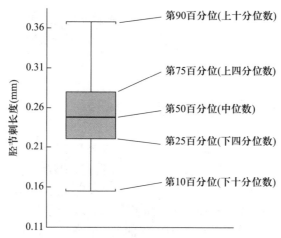

图 3.6 用来展示表 3.1 数据 ($n = 50$) 分位数的箱线图。其中粗线表示第 50 百分位 (中位数), 箱子内包含 50% 的数据, 即从第 25 百分位到第 75 百分位; 垂线从第 10 百分位延伸到第 90 百分位。

3.2.5 散度度量的使用

就其本身而言, 散度统计量并不能提供特别多的信息。它们主要用来比较不同总体或实验中采用不同处理方法的数据。例如, 方差分析 (第 10 章) 是使用样本的方差来检验不同实验处理间存在差异的假设。我们熟悉的 t 检验是使用样本标准差检验两个总体均值的差异。因为方差和标准差依赖样本均值, 所以不能直接比较不同种群或处理组间的方差。然而, 利用均值折算标准差, 我们可以计算出一个方差的独立测量, 也就是**变异系数 (coefficient of variation)**, 记为 CV。

CV 等于样本标准差除以平均值, 即 $s/\overline{Y}$, 它乘以 100 可得到一个百分比。胫节刺数据的变异系数为 16.5%。如果另一个蜘蛛种群胫节刺长度的变异系数为 25%, 则说明我们的蜘蛛种群比该种群的变异程度小。

一个与 CV 相关的指标是**离散系数 (coefficient of dispersion, CD)**, 等于样本方差除以平均值, 即 $s^2/\overline{Y}$。离散系数可以用于评估离散数据的个体在空间中是成群的还是超离散的, 它们是否像泊松分布预测的那样是随机分布的。那些违反个体独立性前提的生物种群将会导致观测到的经验分布与泊松预测的理论结果不一致。

例如, 一些海洋无脊椎动物呈现出聚集现象: 一旦一个幼鱼占据了一小块领地, 这块领地对后续的幼鱼来说就变得非常有吸引力, 就会成为幼鱼的聚集地 (Crisp 1979)。与泊松分布相比, 这种聚集 (成群) 分布会导致大量的样本出现的概率要么非常大要么等于 0。相反, 许多蚁群表现出很强的领地意识, 它们杀死或者驱逐其他蚂蚁从而在领地内建立群体 (Levings and Traniello 1981)。这种不合群的行为也使其分布偏离泊松分布, 种群是超离散的, 即其样本出现的频次很少为 0 或很高。

因为泊松随机变量的方差和均值都等于 λ, 泊松随机变量的离散系数 (CD) 为 $\lambda/\lambda = 1$。另一方面, 如果数据聚集 (或成群) 的, $CD > 1.0$; 如果数据超离散 (或者隔离) 的, $CD < 1.0$。然而, 因为这个结果不仅依赖于生物的聚集或离散程度, 还依赖于抽样单位的大小、数量和位置, 故用泊松分布分析空间分布模式变得复杂。Hurlbert (1990) 曾探讨过用泊松分布拟合空间数据的一些问题。

3.3　围绕汇总统计量的一些哲学问题

样本平均值、标准差和方差这些基本的汇总统计量是实际总体水平**参数 (param-eter)** μ, σ 和 σ^2 的估计值, 它们可直接从数据中得到。因为通常不可能完整地抽样整个总体, 只能通过样本的 $\overline{Y}, s$ 和 s^2 来估计总体的未知参数。在此过程中, 我们做了一个基本假设: 每个总体参数都存在真实的固定值。大数定律证明了如果从总体中进行无限次抽样, 那么由无限多样本计算得到的 $\overline{Y}$ 的平均值将会等于 μ。

大数定律是**参数 (parametric)**、**频率学派 (frequentist)** 或**渐近 (asymptotic)** 统计学的基础。假设测量变量可以被描述成一个随机变量或已定义、含固定参数的已知概率分布, 则称为参数统计。而频率学派或渐近统计学则假设如果可以重复无数次实验, 则出现频次最高的参数估计将会收敛到真实值。

但是, 如果这个基本假设 (即基础参数的值为真, 且为固定值) 是错误的呢? 例如, 如果样本采集持续了一个很长的时间周期, 蜘蛛胫节刺长度可能会因生长过程中表型可塑性甚至自然选择而发生变化。抑或是, 我们采样用了很短的时间, 但每只蜘蛛却来自不同的小生境, 每个小生境内蜘蛛胫节刺长度都有其唯一的期望和方差。在这样的情况下, 单估计蜘蛛种群胫节刺平均长度是否还具有实际意义呢? 贝叶斯统计首先假设总体水平参数 μ, σ 和 σ^2 都是随机变量。贝叶斯分析不但能给出参数的估计值, 还能反映这些参数的固有变异。

频率论与贝叶斯方法间存在不小的区别, 这也导致这么多年激烈的争论, 争论首先出现在统计学家之间, 最近则是在生物学家之间。在第 5 章中, 我们将会了解到参数为随机变量的贝叶斯估计常常需要复杂的计算机计算。相对的, 参数固定的频率估计则可通过本章概述的简单公式得出。由于贝叶斯估计运算的复杂性, 最初并不清楚频率论和贝叶斯分析的结果是否会一致。但随着电脑运算速度的提升, 复杂的贝叶斯分析得以实现。在特定条件下, 这两种分析的结果在数值上是相近的。因此, 要选择哪种分析模式, 还是应该多从哲学角度出发而不是单纯参考数值结果 (Ellison 2004)。然而, 贝叶斯分析和频率论对统计结果的解释可能是全然不同的, 这种差别的一个直接例子表现在对参数估计置信区间的构建和解释上。

3.4　置信区间

科学家们常常用样本标准差围绕均值构造一个**置信区间 (confidence interval)** (见图 3.1)。对一个正态分布的随机变量, 大约 67% 的观测落在均值 ±1 个单位标准差内, 大约 96% 落在均值 ±2 个单位标准差内[7]。我们可采用这种方法来创建一个 95% 的置信区间, 其对大样本是一个由 $(\overline{Y} - 1.96s_{\overline{Y}}, \overline{Y} + 1.96s_{\overline{Y}})$ 为界的区间。这个区间代表什么呢? 这意味着总体的实际均值 μ 落在置信区间内的概率为 0.95:

$$P(\overline{Y} - 1.96s_{\overline{Y}} \leqslant \mu \leqslant \overline{Y} + 1.96s_{\overline{Y}}) = 0.95 \tag{3.15}$$

由于我们的样本均值和样本标准差来自一次抽样的样本, 若我们重新抽样置信区间将会改变 (虽然如果抽样是随机和无偏的, 它的改变应该不太大)。因此, 表明总体的实际均值 μ 落在单个计算置信区间内的概率 = 0.95。由此扩展, 如果不断重复抽样 (保持样本大小是常数), 可想而知总体均值 μ 落在该置信区间外的次数所占比例大约为 5%。

解释置信区间是个棘手的问题。通常对置信区间的认识是 "总体的实际均值出现在区间内的概率是 95%"。但这种认识是不正确的! 置信区间要么包含 μ, 要么就不包含 μ, 不像薛定谔的量子猫 (见第 1 章脚注 9), μ 不可能同时出现在置信区间内和置信区间外。你可以这样描述: 有 95% 的情况, 固定值 μ 会出现在以这种方式计算出的区间内。因此, 如果进行 100 次抽样试验, 且构建 100 个这样的置信区间, 那么预计有 95 次包含 μ 而 5 次不包含 (图 3.1 给出了一个 95% 的置信区间不包含真实的总体均值 μ 的例子)。Blume 和 Royall (2003) 中提供了更多例子和更详尽的描述。

这些绕来绕去的解释并不能令人满意, 而且构建一个置信区间时, 它们也不能准确地给出读者想要的。直觉上, 读者会说自己有多大把握均值会出现在所构建的区间内 (如自己肯定有 95% 的可能性均值会落在这个区间内)。但是, 一个频率论的统计学家就不会这样论断。他们认为, 如果有一个固定的总体均值 μ, 那它要么在某个区间内, 要么在那个区间外, 并且方程 3.15 还给出了该置信区间内包括 μ 的概率。另一方面, 贝叶斯学派的统计学家又会扭转这一局面。因为置信区间是固定的 (样本数据确定), 贝叶斯统计学家可以计算出总体均值 (本身就是一个随机变量) 在置信区间内出现的概率。为了区别频率学派的置信区间, 贝叶斯推论的区间被称为**可信区间 (credibility interval)**。详细信息请参阅本书的第 5 章、Ellison (1996)、Ellison 和 Dennis (2010)。

3.4.1 广义置信区间

我们可以构建任何百分比的置信区间, 比如 90% 的置信区间、50% 的置信区间。一个 $n\%$ 的置信区间的通式为

$$P(\overline{Y} - t_{\alpha[n-1]}s_{\overline{Y}} \leqslant \mu \leqslant \overline{Y} + t_{\alpha[n-1]}s_{\overline{Y}}) = (1 - \alpha) \tag{3.16}$$

---

[7] 当阅读科技文献时, 我们可采用 "两倍标准差规则", 并养成快速粗略估算样本数据置信区间的习惯。例如, 假设文献中提到植物组织样本的平均氮含量为 3.4% ± 0.2, 那么样本标准差为 0.2。则两倍标准差为 0.4, 通过从均值中加减可得: 95% 的观测出现在 3.0% 和 3.8% 之间。读者可以使用相同的技巧来查看柱状图, 其中标准偏差被绘制为误差线。这是一个利用汇总统计来抽查被报道的组间统计差异的好方法。

其中, $t_{\alpha[n-1]}$ 是概率 $P = \alpha$ 时样本大小为 n 的 t **分布** (*t*-distribution) 的临界值。这
个概率描述了 t 分布曲线两侧尾部下面积占整个曲线下面积的百分比 (图 3.7)。对于标
准正态分布 ($n = \infty$ 的 t 分布), 曲线下 95% 的面积落在平均值的 ± 1.96 个单位标准偏
差内。因此, 剩余 5% 的面积 ($P = 0.05$) 落在大于 $+1.96$ 和小于 -1.96 的两个尾部上。

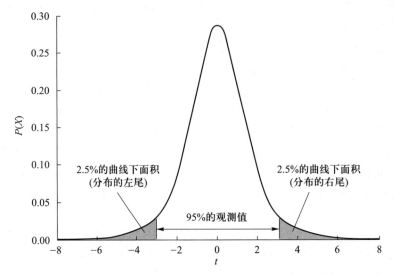

图 3.7   用 t 分布展示 95% 的观测, 或值 (均值 $= 0$) ± 1.96 个单位的标准差之间的概率密度。
分布两侧尾部分别包含 2.5% 的观测或分布的概率密度。它们的和为 5% 的观测, 且观测落入两
侧尾部的概率 $P = 0.05$。这个分布是图 3.5 中展示的 t 分布。

那么, 什么是 t 分布呢? 回顾第 2 章的知识: 一个正态随机变量经算术转换后本身
仍是一个正态随机变量。考虑一个样本均值集合 $\{\overline{Y}_k\}$, 该集合来自一个正态随机变量
总体的多个重复测量组, 且该正态总体的均值 μ 未知。样本均值的偏差 $\overline{Y}_k - \mu$ 仍然是
一个正态随机变量。同时, 随机变量 $(\overline{Y}_k - \mu)$ 除以未知的总体标准差 σ, $(\overline{Y}_k - \mu)/\sigma$ 是
一个标准正态随机变量 (均值为 0, 标准差为 1)。但是, 由于总体标准差 σ 是未知的, 所
以通常我们会用样本均值标准误估计值 $s_{\overline{Y}_k}$ 来代替。此时得到的 $(\overline{Y}_k - \mu)/S_{\overline{Y}_k}$ 即服
从 t 分布, 该分布类似于标准正态分布, 但不同于标准正态分布。t 分布是尖峰态的, 与
标准正态分布相比尾部更长更厚[8]。

---

[8]统计学家 W. S. Gossett 首次证明了该结论。当时他是以 "Student" 的笔名匿名发表的, 因为那时 Gossett
的工作单位吉尼斯啤酒厂不允许员工发表商业秘密。这个被 Gossett 命名为 t 分布的修正后的标准正态分布
也被称为 Student's distribution 或 Student's *t*-distribution。随着样本数量的增加, t 分布在形状上近似于
标准正态分布。t 分布的构建需要给定样本大小 n, 通常记为 $t[n]$。当 $n = \infty$, $t_{[\infty]} \sim N(0, 1)$。由于 n 较
小的 t 分布是尖峰态的 (如图 3.5), 由此构建的置信区间的宽度将会随着样本大小的增加而缩小。例如, 当
$n = 10$, 曲线下 95% 的面积落在 ± 2.228 之间。当 $n = 100$ 时, 曲线下 95% 的面积在 ± 1.990 之间。$n = 10$
时的置信区间比 $n = 100$ 时的置信区间宽 12%。

3.5 总结

汇总统计量描述了随机样本数据的期望值和变异性。位置统计量包括中位数、众数和几种平均值。如果样本是随机的或者相互独立的, 算术平均值则是正态分布期望值的无偏估计。在特殊情况下也会使用几何平均值和调和平均值。散度统计量包括方差、标准差、标准误和分位数, 它们描述了观测数据围绕期望值的变化。散度统计量也可以用于建立置信或可信区间。在频率论和贝叶斯统计中对这些区间的解释是不同的。

第 4 章　假设的构建和检验

　　假设是帮助我们理解观测结果或现象的一种潜在解释。假设一般可以表明一个目标机制或过程与观测结果间的因果关系。观测结果是我们在现实世界中所看到的或测量到的数据。进行科学研究的目的就是为了揭示这些观测结果的成因。实现该目的的一个策略就是收集数据：通过收集不同种类的观测数据，从而辨别出可能的成因。多数情况下我们对实验性研究和观察性研究所得到的数据会采用相同的统计处理，但有时则需要采用不用的处理，这主要取决于我们对研究所得**推断 (inference)**[1] 的自信程度。对于一个设计精良的实验所得出的推断，其可靠性通常是不会被质疑的；而那些设计粗糙或无法直接操纵变量的实验研究所得出的推断就不那么可信了。

　　在科学研究中，如果说观测结果是 "what"，那么假设就是 "how"。观测结果来自现实世界，但假设则不尽然。假设可能源自观测结果，可能来自现有的科学文献、理论模型的预测，抑或是我们的直觉和推理。但并非所有关于因果关系的描述都可以作为有效的科学假设。科学假设必须是可检验的。换言之，一些额外的观测结果或实验结果可能会使我们对正在研究的假设进行修改、拒绝甚至舍弃[2]。形而上学的假设，包括全能上帝的活动，都不属于科学假设，因为这些假设的基础是信仰，任何观测结果都无法让一个信徒去拒绝这些假设[3]。

　　一个好的科学假设除了经得起检验外，一般还能生成新的预测。这些预测可以通过

---

[1] 在逻辑学中，推断是根据前提推导出的结论。换言之，我们基于自己的数据得出了隐藏在数据中的结论。所以得出怎样的结论取决于我们和数据本身。因为下结论的是我们自己，下结论所依据的是数据。

[2] 一个科学假设指的是一种特殊的机制或因果关系。相对来说，科学理论定义的范围更广，也更综合。在前期，一个科学理论的所有要素并非都是清晰的，这也导致无法在一开始就提出明确的假设。例如，达尔文的自然选择理论需要一种遗传机制，这种遗传机制不但能使性状代代相传，也能使个体间存在差异。达尔文没有对遗传给出解释，他在 1859 年发表的《物种起源》中也讨论了这一理论缺陷。事实上，达尔文并不知道在 1856 年格雷戈·孟德尔 (Gregor Mendel) 已经从豌豆遗传实验中发现了这种机制。更具讽刺意味的是，达尔文的祖父伊拉姆斯·达尔文 (Erasmus Darwin) 早在两代人之前就在《动物法则》或《有机生命的法则》(1794—1796) 中发表了有关遗传的工作。只不过伊拉姆斯·达尔文用的实验室对象是金鱼草，孟德尔用的是豌豆罢了。豌豆的花色遗传比金鱼草简单，所以孟德尔捕捉到了基因的本质，而伊拉姆斯·达尔文则失败了。

[3] 尽管许多哲学家试图弥合科学与宗教间的鸿沟，但却始终无法逾越理性与信仰间的断崖。对于二者的矛盾，早期的基督哲学家 Tertullian (公元 155—222) 宣称 *"Credo quai absurdum est"* ("正因为荒谬，所以我才相信")。在 Tertullian 看来，上帝之子的死因为存在矛盾所以才是可信的；接着他的复活因为是不可能的所以才是必然的 (Reese 1980)。

收集额外的观测结果被验证。同一组观测结果可能有多个假设。一个优秀的科学假设可以生成一系列预测, 这些预测不但是其他假设无法解释的, 且能够引导我们快速收集到关键数据, 从而证明其他假设都是备择假设。

4.1　科学方法

"科学方法" 是一种基于观测结果和预测来确定假设的方法。目前大多教科书只提供了一种科学方法, 但在实际的科研工作中常常会用到多种科学方法。

4.1.1　演绎与归纳

演绎 (deduction) 与归纳 (induction) 是两种非常重要的科学推理方法, 它们都是依据数据或模型进行推论。演绎遵循从一般情况到特殊情况的推断过程, 如下是一个典型的演绎示例:

1. 在哈佛森林中所有蚂蚁都属于红蚂蚁属 (*Myrmica*)。
2. 在哈佛森林中采集了这些特殊的蚂蚁。
3. 这些特殊的蚂蚁属于红蚂蚁属。

语句 1 和语句 2 被称为大前提和小前提, 而语句 3 是结论。这三句话就是一个**三段论 (syllogism)** 式的推断, 这是一种由亚里士多德 (Aristotle) 提出的重要逻辑结构。可以看出这种推断遵循从一般情况 (哈佛森林中的所有蚂蚁) 到特殊情况 (抽取样本是特殊的蚂蚁) 的顺序。

相反, 归纳的推断顺序是从特殊情况到一般情况[4]:

1. 这 25 只蚂蚁属于红蚂蚁属。
2. 这 25 只蚂蚁采自哈佛森林。
3. 在哈佛森林中所有蚂蚁都属于红蚂蚁属。

一些哲学家将演绎定义为确定性推断, 将归纳定义为可能性推断。这些定义无疑与我们哈佛森林蚂蚁的例子相吻合。在第一组 (演绎) 语句中, 如果前两个假设是正确的, 那么结论在逻辑上是正确的。但在第二组 (归纳) 语句中, 尽管结论很有可能是正确的, 但也有可能是错误的, 而结论的可信度会随着样本量的增加而增大, 这种情况与统计推

Sir Francis Bacon

[4]弗兰西斯·培根 (Francis Bacon) 爵士 (1561 — 1626) 是归纳法的捍卫者, 是伊丽莎白执掌英国时期法律、哲学和政治方面的重要人物。他是议会的杰出成员, 并在 1603 年被封为爵士。在质疑莎士比亚作品作者的学者中 (所谓的反斯特拉福德派), 一些人认为培根是莎士比亚戏剧的真正作者, 但证据不是那么令人信服。培根最重要的科学著作是《新工具论》(1620), 在该著作中他强烈要求将归纳和经验主义作为认识世界的方式。这是一个在哲学上与过去决裂的标志, 过去的 "自然哲学" 探索过度依赖演绎和出版权威 (特别是亚里士多德的作品)。培根的归纳法为伽利略与牛顿在理性时代的重大科学突破铺平了道路。在他生命的尽头, 培根的政治命运急转直下; 1621 年, 他被判犯受贿罪而被免职。培根对经验主义的贡献最终搞垮了他。为了检验冷冻能减慢肉腐烂这一假设, 在 1626 年一个寒冷的冬季, 培根冒着可以夺去生命的寒冷, 在室外给一只鸡填雪。几天后他就去世了, 享年 65 岁。

论类似。统计学本质上就是一个归纳过程: 我们试图基于特定有限的样本得到一个一般性的结论。

归纳和演绎在各种科学推理模式中都有应用, 但它们的侧重点不同。即使在归纳法中, 我们也可以用演绎法从所得到的一般性假设中推导出具体预测, 并重复这一过程。

任何科学研究都始于我们试图解释一组观测的结果。归纳法会依据这组观测数据或结果提出一个假设来解释它。培根 (Bacon) 自身也强调这种利用数据而不是依靠传统智慧或依据权威哲学理论提出假设的重要性。一旦提出了假设, 就可以进一步通过演绎从中得出预测。然后, 通过收集其他的观测数据对这个预测进行检验。如果新的观测与预测相匹配, 那么我们的假设就得到了证据支持。如果不匹配, 那么就要基于初始观测和新的观测对假设进行修正。假设 — 预测 — 观测, 这个循环是周而复始的。经过每次循环, 被修正的假设应该会更接近真实情况 (图 4.1)[5]。

归纳法有两个优势。(1) 它强调数据与理论间的紧密联系; (2) 基于已有知识, 它可精准地建立和修正假设。归纳法是验证性的方法, 期间我们要寻找支持假设的数据, 并修正假设使其符合所积累的数据[6]。

归纳法也有弱点, 其中最 "致命" 的弱点是归纳法从开始就只考虑一种假设, 而只有在遇到其他数据和观测时才会考虑其他的假设。如果我们一开始选择了一个错误的假设, 那么找到正确答案可能会花费很长的时间, 甚至永远找不到。另外, 归纳法会鼓励我们去探究那些备受关注的假设。我们可能会在这些假设上投入毕生的精力, 但到头来才发现这些假设是不完全正确甚至是错误的 (Loehle 1987)。最后, 至少培根认为, 归纳法是完全从经验的观测结果中得出理论的方法。然而, 许多重要的理论观点是来自理论建模, 抽象推理, 甚至是普通直觉。在所有科学中, 重要的假设往往出现在那些需要被检验的关键数据之前[7]。

---

[5] 生态学家与环境学家在使用统计软件中非线性 (曲线) 函数拟合数据时依赖的就是归纳法 (见第 9 章)。这种软件不仅要求方程要适合, 还需为未知参数指定一组初始值。由于算法是局部估计 (即求解的是局部最大或最小值), 因此这些初始值需要与真实值接近。如果初始值与函数的真实值相差甚远, 曲线的拟合路径可能无法收敛到一个解, 或者收敛到一个非平凡解。根据实测数据绘制拟合曲线, 可以很好地确认由估计参数得到的曲线与原始数据的拟合偏离程度。

[6] 群落生态学家罗伯特·麦克阿瑟 (Robert H. MacArthur, 1930—1972) 曾经写道: "一群立志将生态学变成科学的研究人员用一些生态学数据作为例子来检验所提出的理论, 随后又花费大量时间修补理论以解释尽可能多的数据" (MacArthur 1962)。这句话描述了早期群落生态学理论工作的特征。后来, 理论生态学发展为一门独立的学科, 并有一些有趣的研究方向在没有任何相关数据或真实世界的情况下兴起, 生态学家们对于这样庞大的纯理论研究对科学有利还是有害持有不同的意见 (Pielou 1981; Caswell 1988)。

Robert H. MacArthur

[7] 例如, 1931 年, 奥地利物理学家 Wolfgang Pauli (1900—1958) 假设了中微子 (一种电中性粒子, 质量可以忽略不计) 的存在, 以解释放射性衰变过程不遵守能量守恒的现象。直到 1956 年, 中微子的存在才被经验所证实。

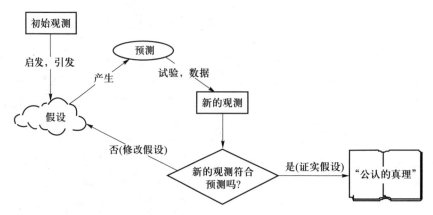

图 4.1　归纳法。重复假设—预测—观测的循环, 假设的确认被认为是过程的终点。比较归纳法与假设–演绎法 (见图 4.4), 其中提出了很多可行的假设, 并且重点放在证伪上而不是验证上。

4.1.2　现代归纳法: 贝叶斯推断

零假设 (null hypothesis) 是科学研究的起点。它试图用最简单的数据方式来解释观测结果, 这就意味着它往往将最初的变异归因于数据的随机误差或测量误差。如果零假设被拒绝, 我们就可以选择更复杂的假设[8]。因为归纳法是从隐含假设的数据开始的, 那么我们如何确定一个恰当的零假设呢? 贝叶斯推断是现代归纳法的代表, 它的准则可以通过下面的示例来呈现。

叶片光合作用对日照增强的响应是一个很好的研究问题。想象这样一个实验: 我们种植了 15 棵红树幼苗, 每棵都暴露在不同光照强度下 [光照强度用光合光子通量密度 (photosynthetic photon flux density, PPFD) 来表示, 即每秒钟每平方米叶组织暴露于光下获得的光子 (μmol)], 并且测量每棵幼苗的光合作用反应速率 [即每秒钟每平方米叶组织产生的二氧化碳 (μmol)]。记录下这两组数据后, 我们绘制出了数据的散点图, x 轴表示光照强度 (预测变量), y 轴表示光合速率 (响应变量), 图中每个点代表一片叶子。

当我们不知道光照强度和光合速率之间存在怎样的关系时, 最简单的零假设是: 这两个变量间没有任何关系 (图 4.2)。如果对这个零假设绘制一条合适的线, 那么这条线的斜率为 0。通过搜集数据, 我们发现光照强度与光合速率间存在着其他关系, 那么根据归纳法, 我们就可以利用这些数据来修改我们的假设。

[8] 相对于复杂的假设, 简单假设在科学界有着悠久的历史。威廉·奥卡姆 (William Ockham) 爵士 (1290 — 1349) 的奥卡姆节俭原则为: "如无必要, 勿增实体"。奥卡姆认为不必要的复杂假设是徒劳的, 是对上帝的侮辱。简约的原则有时被称为奥卡姆剃刀, 剃刀剪掉不必要的复杂性。奥卡姆过着有趣的生活。他在牛津受过教育, 是方济各会 (Franciscan) 的一员。他被指控在硕士论文中写了一些异端邪说。这一指控最终被取消, 但是当教皇约翰二十二世对方济各会的贫穷教义提出挑战时, 奥卡姆被逐出教会, 逃到了巴伐利亚。奥卡姆死于 1349 年, 很可能是黑死病的受害者。

Sir William Ockham

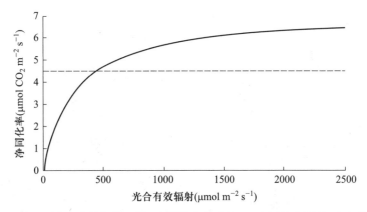

图 4.2 光照强度 (用光合有效辐射测量) 和植物光合速率 (以净同化率测量) 之间关系的两个零假设。最简单的零假设是这两个变量之间没有联系 (虚线)。这个零假设是假设–演绎方法的起点,假设不知道变量之间的关系,是标准线性回归模型的基础 (见第 9 章)。相反,实线代表了贝叶斯方法,即利用先验知识来建立一个熟悉的零假设。在这种情况下,"先验知识"是植物生理学和光合作用,我们期望随着光照强度的增加,光合速率将迅速上升,但随后达到渐近或饱和水平。这种关系可以用米氏方程 $[Y = kX/(D + X)]$ 来描述,该方程包括渐近光合速率 (k) 与半饱和常数 (D) 两个参数,半饱和常数控制曲线的陡度。贝叶斯方法可以将这些先验知识合并到分析中去。

但我们真的有必要将零假设建立在自己一无所知的基础上吗? 哪怕动用一点点的植物生理学知识,我们就可以建立一个更贴近实际的初始假设。具体来说,我们希望一些植物可以达到最大光合速率。除此之外,因为例如水或营养物质等其他因素的限制,光强的增加不会增加额外的光合产物。即使这些因素都供应充足,且生长环境最佳,但由于光合作用过程中生化过程和电子转移速率固有的局限性,光合速率终究会到达平衡状态。(事实上,如果持续增加光照强度,过度的光照会损坏植物组织并降低光合作用。但在我们的例子中,我们将光照强度限制在这些植物能承受的范围内。)

因此,我们所得到的零假设是: 光合速率与光照强度应该是非线性关系,并且随着光照强度逐渐增加光合速率逼近一条渐近线 (图 4.2)。这种更为实际的零假设可以用真实数据进行检测 (图 4.3)。确定零假设实际是确定我们想要研究什么。如果我们只是想建立光照强度和光合速率间存在的非随机关系,那么用简单的零假设 (线性方程) 就可以了。但如果想比较不同物种的饱和度曲线,或检测定量渐近线或半饱和常数的理论模型,则需要信息量更大的零假设 (**米氏方程,Michaelis-Menten equation**)。

图 4.2 和图 4.3 展示了现代归纳学家或贝叶斯统计学家是如何确定一个假设的。贝叶斯方法是利用先验知识或信息去生成和测试假设。在这个例子中,先验知识是从植物生理学和期望的光照饱和曲线的形状中得来的。然而,先验知识也可以基于已发表的有关光照饱和曲线的文献 (Bjorkman 1981; Lambers et al. 1998)。如果其他研究已估计了经验参数,那么我们可以依此量化光照饱和曲线阈值和渐近值的先验估计。因此,这些估计可以被用来进一步具体化初始假设,使得渐近值与我们的实验数据相互吻合。

以这样的方式使用先验知识与培根的归纳法观点是不同的,这些方法基于的都是自身经验。在归纳世界中,如果你以前从没有研究过植物,那么也不可能有关于光照与光

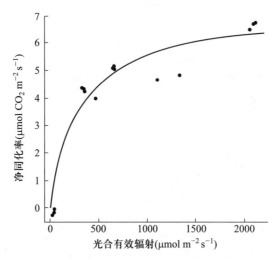

图 4.3　光照强度与光合速率的关系图。数据是通过测量伯利兹中 15 个幼红树树叶的净同化率和光合有效辐射得到的 (Farnsworth and Ellison 1996b)。米氏方程的形式 $[Y = kX/(D + X)]$ 与实验数据很好地拟合。参数估计值: 标准误差为 ± 1 时, $k = 7.3 \pm 0.58$, $D = 313 \pm 86.6$。

合速率关系的直接证据, 所以有可能会从一个如图 4.2 中水平线所示的零假设开始。这实际上是假设–演绎方法的出发点, 我们将在下一节介绍这个方法。

　　归纳法严格的培根式解释基于的是对贝叶斯方法的理论批判: 利用先验知识去建立初始模型是任意的和主观的, 并且可能会偏向调查者先入为主的观念。因此, 一些人认为假设–演绎方法更客观、更科学。然而, 贝叶斯派反对这个说法, 他们认为假设–演绎派利用统计上的零假设与曲线拟合本身就是带有主观色彩的。这些方法看上去客观, 但似乎只是因为他们熟悉才无批判地接受。对于这些哲学问题的进一步讨论, 可参见 Ellison (1996, 2004), Dennis (1996) 与 Taper 和 Lele (2004)。

4.1.3　假设–演绎法

　　假设–演绎法 (hypothetico-deductive method) (图 4.4) 是基于牛顿 (Isaac Newton) 等一些 17 世纪科学家的工作发展而来的, 并由科学哲学家卡尔·波普尔 (Karl Popper) 推广开来[9]。与归纳法一样, 假设–演绎法也是从我们试图解释的初始观测开始。然而, 与其给定一个假设去执行, 不如像假设–演绎方法一样, 提出多个可行的假设。所有的这些假设都解释了最初的观测, 但是每个假设又可以提出额外的独特的预测,

---

[9] 卡尔·波普尔 (Karl Popper, 1902—1994) 是奥地利哲学家, 他倡导了假设–演绎方法和可证伪性, 将其视为科学的基石。在《科学发现的逻辑》(1935) 中, 波普尔认为与可验证性相比, 可证伪性是检验真理更可靠的标准。在《开放社会及其敌人》(1945)中, 波普尔捍卫了民主, 批判了归纳暗含集权主义, 以及柏拉图和卡尔·马克思的政治理论。

Karl Popper

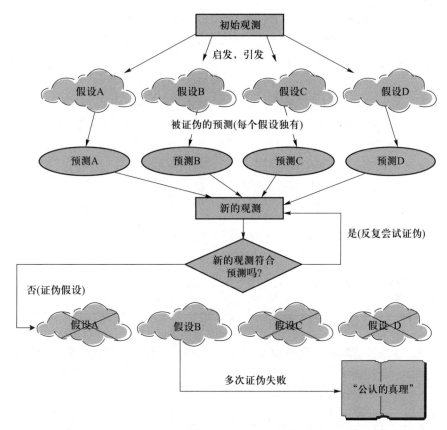

图 4.4 假设–演绎法。提出了多种有效的假设, 并对它们的预测进行了检验, 目的是对不正确的假设进行证伪。正确的假设是经得起反复试验的且没有被证伪的假设。

这些预测可以通过进一步的实验或观测结果进行测试。这些测试的目的不是为了确认假设, 而是为了证伪。证伪去除了一些假设, 这些列表筛选出了数量较少的一些候选假设。预测与新观测数据之间的循环不断被重复。假设–演绎方法从不证实一个假设; 被公认的科学解释是成功地经受住了反复证伪之后的假设。

假设–演绎方法有两个优点: (1) 它从一开始就考虑多重可行性假设; (2) 并强调它们之间主要的预测差异。与归纳法不同, 假设不需要根据数据来建立, 它的建立可以是独立的, 也可以与数据收集并行。可以产生简单、可检验的假设是证伪的关键。因此, 会首先考虑这个简单的解释, 然后才考虑更复杂的机制[10]。

---

[10] **逻辑树 (logic tree)** 是假设–演绎法著名的变体, 是化学中常用的方法。逻辑树是一个二分决策树, 树的每一个分支取决于试验结果。树的末端分支尖端代表了被测试的不同假设。逻辑树也可在常见的二分分类关键词中找到, 用于识别未知植物或动物: "如果动物有 3 对行走的腿, 去对 X, 如果它有 4 对或更多, 去对 Y"。有时对于复杂的生态假设来说逻辑树是不实用的, 因为可能会分出很多分支点, 并且它们不可能都是二分的。然而, 试着把你的想法和实验放在这样一个全面的框架中则是一个很好的练习。Platt (1964) 拥护这种方法, 并指出它在分子生物学上取得的惊人成果; DNA 双螺旋结构的发现是一个经典的假设–演绎实例 (Watson and Crick 1953)。

　　假设-演绎法的缺点在于并非每次都能获得多重假设, 特别是研究的初期。即使得到了多重假设, 这个方法可能仍然不可行, 除非在这些可供选择的假设中有正确的假设。相反的, 归纳法可能以一个错误的假设开始, 但通过数据的积累和对初始假设的反复修改, 从而最终得到了正确的假设。另一个区别是: 为了获得更准确的假设, 归纳法是用大量数据与单个假设进行比较, 而假设-演绎法则把一个数据集用于多个假设。最终, 无论是归纳法还是假设-演绎法强调的都是一个正确的假设, 这也导致很难评估多个因素共同作用的情况。这对于归纳法来说不是什么问题, 因为多种解释可以合并到更复杂的假设中。

　　这两种科学方法没有哪个是绝对正确的, 一些科学哲学家甚至认为它们都没有真实地再现科学运行的情景[11]。然而, 与科学哲学的抽象世界相反, 假设-演绎和归纳法确实描述了现实世界中的许多科学。我们在这些模型上花费时间的原因是为了了解它们与假设统计检验之间的关系。

4.2　检验统计假设

4.2.1　统计假设与科学假设

　　用统计学去检验假设只是科学方法中的一小部分, 但它却消耗了我们大量的时间和杂志版面。我们使用统计学来描述我们的数据模式, 然后再利用统计检验来确定是支持还是否定一个假设所做出的预测。在我们利用统计检验之前需要建立假设、阐明它们的预测、设计和执行有效的实验, 并收集、整理和总结数据。需要强调的是接受或拒绝一个**统计假设 (statistical hypothesis)** 与接受或拒绝一个**科学假设 (scientific hypothesis)** 是完全不同的。统计上的零假设 (null hypothesis) 通常是 "没有模式", 比如两个群体间无差别, 又或是两个连续变量间无关联。相反, **备择假设 (alternative hypothesis)** 是存在模式的。换言之, 不同群体之间存在测量值的差异, 或者说两个连续变量之间有一个明确的关系。你一定会问这样的统计模式与你正在检验的科学假设间存在怎样的联系。

Thomas Kuhn

[11] 如果不提波普尔的哲学克星托马斯·库恩 (Thomas Kuhn, 1922—1966), 任何关于波普尔及其假设-演绎法的讨论都将是不完整的。在《科学革命的结构》(1962) 中, 库恩对整个假设检验的框架提出了质疑, 并认为它无法代表科学的运作方式。库恩认为科学是在主要**范式 (paradigm)** 或研究框架的背景下进行的, 每一代科学家都含蓄地采用了这些范式的领域。科学家的 "解题" 活动构成了 "普通科学", 在其中经验上的反常现象与现有的范式保持一致。然而, 没有任何一种范式可以涵盖所有观测结果, 并随着异常现象的积累, 该范式会变得难以处理。最终它崩溃了, 一场科学革命, 一个全新的范式取代了现有的框架。哲学家伊姆雷·拉卡托斯 (Imre Lakatos, 1922—1974) 的立场在某种程度上介于波普尔和库恩之间, 他认为科学研究项目 (scientific research programs, SRPs) 由一系列核心原则组成, 这些核心原则产生了一系列围绕在其周围的假设, 这些假设可以做出更具体的预测。这些假设的预测可以用科学的方法来检验, 但却无法直接得到核心 (Lakatos 1978)。库恩、波普尔、拉卡托斯和其他哲学科学家之间的交流可以详见 Lakatos 和 Musgrave (1970), 在 Horn (1986) 中有关于这些问题的进一步讨论。

举个例子, 假定你正在考虑一个假设: 冲刷岩石海岸的海浪通过消灭具有竞争优势的无脊椎动物从而创造出空白空间。开放空间可以被竞争从属的物种占领, 否则它们将被淘汰。这个假设预测海洋无脊椎动物的物种多样性会以一定方式随着干扰水平变化而变化 (Sousa 1979)。当收集了岩石表面受干扰和不受干扰物种的数据后, 通过适当的统计检验, 可能发现这两个群体在丰度上无差别。在这种情况下, 你无法拒绝统计上的零假设, 并且数据模式也不支持其中一个干扰假设的预测。然而, 值得注意的是, 缺乏证据不等于没有证据; 未能拒绝零假设不等于就要接受零假设 (尽管它经常被这样处理)。

再来看第二个例子, 当然其中的统计模型也是相同的, 但得到的科学结论不一样。将理想的自由分布设为一个假设, 它预测有机体可以在栖息地之间自由移动, 并且能够调节自身的密度, 以便在不同栖息地有相同的平均适合度 (Fretwall and Lucas 1970)。这个假设中一个可检验的预测是: 即使种群密度不同, 在不同栖息地有机体的适合度也是相同的。假设你要利用森林和野外栖息地鸟类的种群增长率 (鸟类适合度的一个重要组成部分) 来检验这个预测 (Gill et al. 2001)。像在第一个例子中, 你无法拒绝统计上的零假设, 以至于没有证据证明不同栖息地的种群增长率不相同。但在第二个例子中, 未能拒绝统计上的零假设实际上却支持了理想自由分布的预测。

当然, 我们还可以用其他观测和检验评估干扰假设或理想自由分布假设。这里的关键是: 科学和统计的假设是不同的实体。在任何研究中, 你必须决定是支持还是拒绝统计零假设, 这就需要提供正面或反面的科学假设的证据。这个决定也会深刻地影响你对实验的设计或观测采样的计划。统计零假设和科学假设的区别是非常重要的, 因此我们将在后面的章节进行详细论述。

4.2.2　统计学显著性与 P 值

为证明所收集数据中被观测模式的重要性, 报告统计结果是必不可少的一步。在报告统计结果时, 一个典型的语句是: "对照组和处理组之间的差异是显著的 ($P = 0.01$)"。那 "$P = 0.01$" 确切来说是什么含义呢? 以及它与第 1、2 章中介绍的概率的概念有什么联系呢?

示例: 一个需要比较均值的假设。环境科学中常见这样的问题: 人类活动是否会增加动物的压力。在脊椎动物中, 压力可以用血液或粪便中糖皮质激素 (glucocorticoid hormones, GC) 的水平来衡量。例如, 没有接触过雪地摩托车的狼 GC 含量为 872 ng/g, 而接触过雪地摩托车的狼 GC 高达 1468 ng/g (Creel et al. 2002)。现在, 我们如何才能判定狼 GC 水平的差异是因为受到雪地摩托车刺激所导致的[12]?

---

[12]许多人试图通过简单比较的方法来回答这个问题。然而, 我们不能评估平均值之间的差异, 除非我们已知处理组中个体存在的差异。例如, 如果在没有接触过雪地摩托车的一些个体 GC 水平低至 200 ng/g, 而其他个体的 GC 水平高达 1544 ng/g (记住, 平均值是 872 ng/g), 则正文两组间约 600 ng/g 的差异可能就不意味着什么了。另一方面, 如果没接触过雪地摩托车组中大多数个体的 GC 水平在 850 ～ 950 ng/g, 则 600 ng/g 的差异就是有实际意义的。正如我们在第 3 章中所讨论的, 我们不仅需要知道均值的差异, 而且还需要知道它们的方差——个体与它所在组均值间的差值。如果不了解这种差异, 我们就不能说两组均值间的差异是否有意义。

在这里我们可以进行常规的统计检验, 检验可以非常简单 (比如熟悉的 t-检验), 也可以相当复杂 (比如在方差分析中对交互项的检验)。但是, 所有的这些统计检验都会生成一个**检验统计量 (test statistic)**, 也就是检验的数值结果, 以及一个与检验统计相关的**概率值** (或 P 值)。

统计零假设。在我们定义一个统计检验的概率之前, 首先需要定义统计零假设, 或 H_0。在科学研究中我们更喜欢简单直白的解释, 那么如何用最简单的方法来解释两组间的差异呢? 在前述例子中, 最简单的解释是, 这些差异是由随机因素造成的, 与雪地摩托车无关; 即如果将狼分成两组, 两组个体都没接触过雪地摩托车, 但两组的均值间仍可能存在差异。换言之, 以相同的过程在一个更大的种群里采样, 随机两组样本的均值仍可能不同。

造成糖皮质激素在个体间存在差异的因素有很多, 而这些因素是该雪地摩托车实验所无法控制和研究的。包括测量误差在内的所有这些因素导致了随机变异。我们想知道是否有证据可以证明, 观测到的 GC 水平差异大于个体间的随机变异。因此, 一个典型的零假设是 "组间差异并不比随机变异导致的差异大"。之所以被称为**统计零假设 (statistical null hypothesis)** 是因为该假设就是假设一种特定的机制或压力 (除随机变化之外的某种力) 不起作用。

备择假设。一旦我们陈述了统计上的零假设, 我们也就定义了一个或多个相对于零假设的**备择假设 (alternative hypothesis)**。在狼的例子中, 自然的备择假设是: 在两组中观测到的 GC 水平平均值差异很大, 不能用个体之间的随机变异来解释。值得注意的是, 备择假设并不是: 雪地摩托车的出现是 GC 水平提高的原因! 相反, 备择假设仅仅关注数据中存在的模式。研究者可以从模式推断机制, 但是推断是一个独立的步骤。在零假设为真的情况下, 统计检验仅仅揭示了模式是可能的还是不可能的。我们将因果机制分配到这些统计模式的能力取决于我们的实验设计和测量的质量。

例如, 假设接触过雪地摩托车的狼群随后也可能遭遇人类和猎狗的追捕, 而没接触过雪地摩托车的狼群也包括那些来自偏远无人区的狼。统计学分析可能揭示了两组狼不论是否接触过雪地摩托车 GC 都存在显著差异。然而, 即使我们可以拒绝统计上的零假设 (即模式是由个体间随机变量造成的), 但也不能贸然得出两组均值差异是由雪地车造成的这样的结论。在这种情况下, 要避免处理效应与其他可能导致压力水平改变的因素 (如猎狗接触) 相混淆。正如我们将在第 6 章和第 7 章所要讨论的, 好的实验设计的一个重要目标是避免这样的混乱。

如果我们的实验设计和执行是正确的, 那么我们就有把握推断出两个均值的差异是由接触雪地摩托车造成的。然而, 即便在这里我们所做的只是测量两组狼个体的 GC 水平, 我们也无法确定其精确的生理机制。如果我们想了解其中潜在的机制, 就需要关于荷尔蒙生理学、血液化学等方面更详尽的信息[13]。统计学帮助我们建立令人信服的模式, 并从这些模式中得出关于因果关系的推论或结论。

在大多检验中, 备择假设是没有明确陈述的, 因为通常有不止一个可以解释数据模式的备择假设。相反, 我们认为备择假设 "不是 H_0"。在一个维恩图中, 数据的所有结果可以被划分为 "H_0" 或 "不是 H_0"。

P 值。在许多统计分析中, 我们会问是否可以拒绝个体间随机变化的零假设。P 值是做出这一判读的参照指标。如果零假设为真, 则 P 值衡量的是观测到的或更极端的差异出现的概率。根据第 1 章中介绍的条件概率可用符号表示为, P 值 $= P$ (数据$|H_0$)。

假设 P 值相对较小 (接近 0.0)。那么如果零假设为真, 观测到差异的概率很小或基本不可能。在我们的狼群与雪地摩托车的例子中, 小 P 值意味着, 如果只有个体间随机因素起作用而不受雪地摩托车的影响, 那么基本不可能观测到接触过和没有接触过雪地摩托车的两组狼之间存在约 600 ng/g 的 GC 差异 (即零假设基本不能为真)。因此, 在给定零假设的情况下, 当 P 值很小, 也就是零假设中的结果基本不可能出现, 所以我们要拒绝零假设。因为, 在我们的研究中只有一种备择假设, 我们的结论是雪地摩托车 (或和它们相关的因素) 可能是导致处理组和对照组间存在差异的原因[14]。

---

[13] 即使生理机制得以阐明, 但在分子或遗传水平上的机制仍不清楚。每当我们提出一种机制时, 总会有一些在我们的解释中没有被完全描述出来的较底层的过程, 而且这些过程还必须被当作一个 "黑匣子" 来对待。然而, 并不是所有的上层过程都可以简化到底层机制从而得到成功的解释。

[14] 接受一个基于零假设检验机制的备择假设是 "肯定结果" 谬误的一个例子 (Barker 1989)。形式上, P 值 $= P(\text{data}|H_0)$。如果零假设为真, 它将导致 (或者用逻辑学术语, 蕴涵 imply) 一组特定的观测结果 (数据)。我们可以将其正式地写作 $H_0 \Rightarrow$ 零数据 (null data), 这里箭头读作 "蕴涵", 即若 H_0 为真, 则零数据为真。如果你的数据与基于 H_0 预期的不同, 那么小 P 值就表明 $H_0 \nRightarrow$ "你的数据" (your data), 这里交叉箭头读作 "不蕴涵"。因为你仅建立了一个备择假设, H_a, 那么进一步可以断言 $H_a = \neg H_0$ (其中符号 $\neg$ 代表 "非"), 则数据的可能性是: 那些基于 H_0 的数据和那些不可能基于 H_0 的数据 ("$\neg$null data" = "your data")。因此, 你可以断言以下逻辑过程:

    1. 给定: $H_0 \Rightarrow$ null data
    2. 观测: $\neg$null data
    3. 结论: $\neg$null data $\Rightarrow \neg H_0$
    4. 因此: $\neg H_0(= H_a) \Rightarrow \neg$null data

但是实际上, 你所能得出的结论是第 3 条: $\neg$null data $\Rightarrow \neg H_0$ (也就是所谓的第 1 条的反面)。在第 3 条中, 备择假设 (H_a) 是结果, 你不能仅仅通过观测它的 "预测" (3 中的 $\neg$null data) 来断言它的真实性; 许多其他可能的原因也可以产生你的结果 ($\neg$null data)。当且仅当对零假设只有一个可能的备择假设时, 你才能断言结果 (断言 H_a 为真)。在最简单的情况下, H_0 断言 "无效果" 而 H_a 断言 "有效果", 从第 3 条到第 4 条是讲得通的。但从生物学上讲, 人们通常更感兴趣的是知道实际意义是什么, 而不是简单地表明存在 "某种现象"。

考虑本章前面蚂蚁的示例。假设 H_0 为 "哈佛森林中所有 25 种蚂蚁均为红蚂蚁属", 而 H_a 为 "森林中有 10 种不属于红蚂蚁属"。如果再森林里收集到一只弓背蚁的样本, 你可以得出这样的结论: 数据表明零假设是错误的 (观测到森林中有一只弓背蚁 $\Rightarrow \neg H_0$)。但是你不能对备择假设下任何结论。你可以支持一个不那么严格的备择假设, $H_a = $ 这个森林中并不是所有的蚂蚁都为红蚂蚁属, 但肯定这个备择假设说并不能告诉你任何关于森林里蚂蚁的实际分布情况, 或存在的物种和属的身份。

这不仅仅是一个逻辑问题。P 值不是在给定数据前提下观测到零假设的概率 $[P(H_0|\text{data})]$, 也不是给定数据前提下备择假设为假的概率 $[1 - P(H_a|\text{data})]$。事实上, 这个 P 值是给定零假设的前提下, 得到观测数据的概率: $P(\text{data}|H_0)$。现实就是这么不幸, 现实就是 $P(\text{data}|H_0) \neq P(H_0|\text{data}) \neq 1 - P(H_a|\text{data})$, 想要一步登天是不可能的。然而, 我们确实可以借助贝叶斯定理 (见第 1 章) 和贝叶斯方法 (见第 5 章) 直接得到 $P(H_0|\text{data})$ 或 $P(H_a|\text{data})$。

另一方面, 假设计算得到的 P 值足够大 (接近 1.0)。那么在零假设成立的情况下, 观测到的差异很可能已经发生了。在本例中, 一个较大的 P 值意味着, 即使雪地摩托车对狼没有任何影响, 且个体间只有随机变化, 则接触过和没接触过雪地摩托车的两组狼之间也可能存在 600 ng/g 的 GC 差异。也就是说, 对于一个较大的 P 值, 观测到的结果很可能是零假设所预测的, 所以我们没有足够的证据拒绝它。我们的结论是: 两组间的 GC 水平差异可能是由于个体间随机因素造成的。

请记住, 当计算一个统计 P 值时, 我们是从零假设的角度来观测结果数据的。如果在我们数据中, 零假设视角下的模式很可能发生 (大 P 值), 则我们就没有理由拒绝零假设而去支持更复杂的解释。另一方面, 如果零假设下的模式不可能发生 (小 P 值), 那么拒绝零假设就变得更简单直接, 并能得出结论: 除了个体间的随机变异外, 还有其他因素也对结果有影响。

什么决定 P 值? 有三件事决定了计算出的 P 值: 样本中观测的数量 (n), 样本均值的差异 $(\overline{Y}_i - \overline{Y}_j)$, 以及个体之间的差异程度 (s^2)。在一个样本中观测数量越多, P 值越低, 因为我们拥有的数据越多, 我们就越有可能估计出实际总体的平均值, 以及检测出它们之间存在的实际差异 (见第 3 章中的大数定律)。我们测量的两组变量差异越大, P 值就越小。因此, 在其他条件相同的情况下, 对照组和处理组间平均 GC 水平相差 10 ng/g 时所计算出的 P 值将比只有 2 ng/g 差别时计算出的小。最终, 如果处理组内个体间的差异越小, 则 P 值越小。个体之间的差异越小, 就越容易发现群体之间的差异。在极端的情况下, 如果在接触过雪地摩托车的狼群内所有个体的 GC 水平相同, 且未接触过的狼群内所有个体的 GC 水平也相同, 那么两组均值的任何差异, 不论多小, 都会有一个低 P 值。

什么时候 P 值才算足够小? 在我们的例子中, 得到的 P 值 $= 0.01$, 也就是接触过和没接触过雪地摩托车的两组狼 GC 水平存在差异的概率。因此, 如果零假设为真, 且数据中个体间只有随机变异, 那么在两组间找到 600 ng/g 的 GC 差异的概率只有 1/100。也就是说, 如果零假设为真, 我们进行这个实验 100 次, 每次使用不同的个体, 只有在一个实验中, 我们期望看到的差异比我们实际观测到的一样大或更大。因此, 零假设似乎不可能是正确的, 所以我们拒绝它。如果我们的实验设计得当, 我们就有把握得出这样的结论: 接触过雪地摩托车会导致狼的 GC 水平上升, 尽管我们无法详细说明雪地摩托车是如何导致这种现象的。另一方面, 如果计算出的统计概率为 $P = 0.88$, 那么在 100 个实验中有 88 个实验所发现的现象就可以作为我们所期望的结果, 这些现象是由个体间的随机因素导致的。在零假设下, 我们所观测到的结果并不奇怪, 所以也就没有理由拒绝它。

但是, 我们在做出拒绝或不拒绝零假设的决定时, 应该怎样选择精确的临界点呢? 在这个临界值以下, 我们就拒绝零假设, 而在这个临界值之上, 我们就不应该拒绝它。基于几十年的习惯、传统, 以及编辑和期刊审稿人的严格把控, 我们常将决定拒绝与否的临界值设为 0.05。换言之，如果统计概率 $P \leqslant 0.05$, 则拒绝零假设, 若 $P > 0.05$, 则不拒绝零假设。当我们报告某个特定结果有意义时, 也就意味着我们的 $P \leqslant 0.05$, 所以拒绝了零假设[15]。

稍加思考, 你就会相信 0.05 的临界值是相对较低的。如果你在日常生活中使用了这条规则, 除非天气预报说至少有 95% 的概率降雨, 否则你永远不会带伞。当然, 如果这样你比你的朋友和邻居更容易被淋湿。另一方面, 如果你的朋友和邻居看到你拿着你的小伞, 那么他们会坚信今天要下雨了。

换言之, 把拒绝零假设的标准临界值设为 0.05 其实是非常保守的。我们需要强有力的证据才能拒绝统计零假设。一些研究人员不喜欢使用任意的临界值, 并通常将临界值设得低至 0.05。毕竟, 当预报有 90% 的概率会下雨时, 我们大多数人都会带把伞, 那么我们为什么不能在拒绝零假设的标准上稍微放松一点呢? 或许我们应该把临界值设为 0.10, 抑或我们应该对不同类型的数据和问题设置不同的临界值。

将临界值设为 0.05 的观点认为: 科学标准必须设置高, 这样才能使研究人员更有信心地在他人工作的基础上开展研究。如果拒绝零假设的标准更宽, 那么错误拒绝了一个正确零假设的风险也就更大 (下面将详细地介绍 I 类错误)。如果我们打算在他人数据和结果的基础上建立假设和科学理论, 这样的错误将会减缓科学的进步。通过使用一个低的临界值, 我们会对数据中强大的模式更有信心。但是, 即使临界值设置得很低, 也无法挽救一个失败的实验设计或研究。在这种情况下, 即使拒绝了零假设, 数据的模式反映出的将是取样或操作中存在的不足, 而不是试图解释的潜在生物学差异。

支持较低临界值, 也许是我们人类在心理上更倾向于识别和看到数据中的模式, 即使它们并不存在。我们脊椎动物的感觉系统喜欢将数据和观测组建成 "有用的" 模式, 从而产生一种内在的偏见 —— 倾向于拒绝零假设, 并找出确实存在随机性的模式 (Sale 1984)[16]。较低的临界值是防止这种本能行为的保障。较低的临界值也可作为科学论文发表率的门槛, 因为它降低了不重要的结果被报道或发表的可能性[17]。但需要强调的是, 没有任何法规要求临界值必须为 0.05 时才能宣布结果显著。在多数情况下, 报道准确的 P 值, 让读者自己决定结果的重要性, 可能更有用。然而, 实际情况是, 审稿人和编辑通常会建议你别去讨论那些不受 $P \leqslant 0.05$ 结果支持的机制。

---

[15] 当科学家们讨论在工作中取得的具有 "显著性" (significant) 的结果时, 他们实则是在讨论统计零假设被正确拒绝的信心有多大。但公众已经将 "显著性" 等同于 "重要性"。这种区别造成了无休止的混乱, 这也是为什么科学家很难在大众媒体上清楚表达他们观点的原因之一。

[16] 让我们来看一个非常有意思的事情。请一位朋友在一张纸上任意位置画 25 个点。如果把这些点的分布与计算机生成的真正随机点相比较, 你会发现朋友画的这些点明显是非随机的。人们倾向于在纸上间隔均匀的画点, 而真正随机的模式其中其实会有很明显的 "团块" 和 "空洞"。所以, 考虑到这种随处可见却不可避免的模式倾向, 我们应该使用低临界值来确保没有自欺欺人。

[17] 众所周知, 期刊倾向拒绝发表那些没有显著结论的论文 (Murtaugh 2002a), 同时也导致作者不愿费心去发表这些论文, 但这不是件好事。在假设–演绎法中, 科学通过排除备择假设而得以发展进步, 而这种进步往往出现在我们无法拒绝一个零假设的情况中。然而, 这种方法要求作者明确说明和检验通过比较多个备择假设而得出的唯一预测。基于 H_0 与非 H_0 的统计检验通常不考虑这种特异性。

比较统计假设与科学假设。使用 P 值最大的困难在于未能将统计学上的零假设与科学假设区分开。请记住科学假设提出的是一个正式的解释数据模式的机制。在本例中，我们的科学假设是雪地摩托车给狼造成压力，我们提出通过测量 GC 水平来监测压力水平。当动物受到压力时，生理学上复杂的变化会导致 GC 产量的变化，从而导致较高水平的 GC。与科学假设相反，统计零假设只是关于数据模式的陈述，以及这些模式是由偶然或随机因素导致的可能性，这些随机的因素与我们正在研究的因素无关。

在决定是否拒绝统计零假设时，我们使用了概率的方法；将这一过程看作是在数据中建立模式的一种方法。接下来，我们根据这些数据中的统计模式对科学假设的有效性进行了总结。这种推断的强度很大程度上取决于实验和取样设计的细节。一个精心设计且可重复的实验包括合适的控制，并且其中的个体被随机分配到明确的处理组中；只有这样的实验才能使我们确信我们的推论，也有信心评估我们正在考虑的科学假设。然而，在一项没有操作任何变量且只是简单地测量了群体间差异的抽样研究中，即使我们拒绝了统计零假设，也很难对潜在的科学假设做出可靠的推断[18]。

我们认为更普遍的问题不存在于所选择的特定临界值上，而存在于多数情况下我们是否应该利用假设–检验框架。当然，对于许多问题来说，统计假设检验确实是一种判断数据中是否存在某种模式的非常有效的方法。但在多数研究中，真正的问题可能并不是假设检验，而是**参数估计 (parameter estimation)**。例如，在压力示例中，更重要的是确定狼群接触过雪地摩托车后 GC 水平的范围，而不是仅仅考虑接触了雪地摩托车后 GC 水平显著提高了这一现象。我们还应该在参数估计中建立置信度或可信度水平。

4.2.3   统计检验中的误差

统计学涉及许多精准的计算，但仍不能忽视这样一个事实，即统计是一门充满不确定性的科学。我们正在努力通过有限的、不完整的数据对那些只能部分理解的潜在机制做出推断。在现实中，统计零假设要么是正确的，要么是错误的；如果我们有完整的信息，就能知道它是否是正确的，当然也就不需要什么统计数据。否则，我们只能借助我们的数据和统计推断方法来判断是否拒绝统计零假设。每当我们检验一个统计零假设时，就会出现一个关于可能结果的 2×2 表格 (表 4.1)。

理想情况下，我们希望最终得到的结果出现在表 4.1 的左上角或右下角。换句话说，当数据中只有随机变化时，我们希望不要拒绝统计上的零假设 (左上单元格)，而当还有其他变化因素存在时，就希望拒绝零假设 (右下单元格)。然而，我们也可能出现在另外两个单元中的某一个，它俩对应着统计决策中可能出现的两种错误。

---

[18]与雪地摩托车和狼的例子不同，假设我们随机选择了 10 只老狼和 10 只幼狼，并测量了它们的 GC 水平。我们对自己的推断能像在雪地摩托车实验中的一样有信心吗？为什么有或为什么没有呢？在实验中，我们对不同组的个体进行了不同的处理 (让狼接触和不接触雪地摩托车)。在样本调查中，我们只测量组间的差异，但不直接操纵或改变这些组的条件 (老狼和幼狼)。如果我们的信心程度有区别的话，那么人为操纵实验和抽样调查之间到底有什么区别？

第 I 类错误。如果我们错误地拒绝了一个正确的零假设 (表 4.1 中右上角的单元格), 那么我们也就做出了一个错误的结论: 除了随机因素外, 还有其他因素在影响我们的数据。这是第 I 类错误, 按照惯例, 犯第 I 类错误的概率通常记为 α。当我们在计算一个统计 P 值时, 实则是在估计 α。所以, 更确切地说, P 值的定义是: 犯第 I 类错误的概率, 也就是错误拒绝一个正确零假设的概率[19]。这个定义进一步支持只有在 P 值非常小的情况下, 才可以断言统计的显著性。如果我们要拒绝 H_0, P 值越小, 我们就越有信心不会犯第 I 类错误。在糖皮质激素的例子中, 通过拒绝零假设而产生第 I 类错误的风险是 1%。如前所述, 科学出版物中使用的标准是: 拒绝零假设时所犯 I 类错误的风险最高为 5%。在环境影响评估中, 第 I 类错误是一种 "假阳性", 例如, 报告了一种污染物对人类健康的影响, 但实际上这种影响并不存在。

表 4.1　统计检验的四种结果

	接受 H_0	拒绝 H_0
H_0 真	正确	第 I 类错误 (α)
H_0 假	第 II 类错误 (β)	正确

　　零假设不是真的就是假的, 但是在现实世界中, 我们必须使用抽样和有限的数据来决定是否接受零假设。每当我们做出统计决策时, 都会产生四种结果。当我们接受了一个正确的零假设 (左上角) 或拒绝了一个错误的零假设 (右下角) 时, 就会做出正确的决策。另外两种则代表决策中所犯的错误。如果我们拒绝了一个正确的零假设, 我们就犯了第 I 类错误 (右上角)。参数检验的目的是控制犯第 I 类错误的概率。我们保留了一个错误的零假设, 即我们犯了第 II 类错误 (左下角), 而犯第 II 类错误的概率为 β。

第 II 类错误与统计功效。表 4.1 中左下角的单元格表示第 II 类错误。在这种情况下, 研究者没能拒绝掉一个错误的零假设。换句话说, 在被比较的群体之间存在系统差异, 但研究者却没有拒绝零假设, 从而得出了错误的结论, 认为在观测结果中只存在随机变化。按照惯例, 犯第 II 类错误的概率记为 β。在环境评估中, 第 II 类错误可能是 "假阴性" 的, 例如, 一种污染物会对人类健康造成某种影响, 但这种影响没被检测出来[20]。

　　与犯第 II 类错误相关的一个概念是统计检验的**功效 (power)**, 记作 $1 - \beta$; 同时也等于当零假设为假时, 正确拒绝零假设的概率。我们希望自己的统计检验具有良好的功效, 这样在面对数据时, 我们就有机会从数据中发现有意义的模式。

---

[19]我们采用了标准的统计处理方法, 将计算出的 P 值与第 I 类错误的概率 α 等同起来。然而, Fisher 的证据性 P 值并不完全等同于 Neyman 和 Pearson 的 α。这种区分是一个重要的哲学问题, 还是仅仅只是一个简单的语义上的差异? 统计学家对此有分歧。Hubbard 和 Bayarri (2003) 认为这种不兼容性很重要, 他们的论文被其他统计学家的讨论、评论和反驳所淹没。请继续关注!

[20]第 I 类错误与第 II 类错误之间的关系为讨论环境决策的先验原则提供了依据。例如, 从历史上看, 监管机构一直认为, 新的化学产品在被证明是有害之前是无害的。我们需要非常有力的证据来驳斥 "对健康和幸福没有影响" 的零假设。化学产品和其他潜在污染物的制造商热衷于将犯第 I 类错误的可能性降到最低。相反, 为大众服务的环境组织则更愿意将制造商犯第 II 类错误的可能性降到最低。这些组织认为, 一种化学产品在被证明为无害之前应该是有害的。如果这意味着他们能够更加确信, 制造商没有错误地接受零假设, 那么他们愿意接受犯第 I 类错误的较大概率。根据这样的推理, 在工业生产的质量控制中, 第 I 类错误和第 II 类错误通常也被称为生产者错误和消费者错误 (Sokal and Rohlf, 1995)。

　　第 I 类错误与第 II 类错误是什么关系? 理想情况下, 我们希望在统计推断中同时最小化第 I 类错误与第 II 类错误。然而, 旨在减少犯第 I 类错误概率的策略势必会增加犯第 II 类错误的风险, 反之亦然。例如, 假设将拒绝零假设的条件设为 $P < 0.01$ (比传统的标准 $P < 0.05$ 更严格)。这样, 尽管犯第 I 类错误的概率现在小得多, 但却导致当我们需要拒绝零假设时却没有拒绝的错误概率变得很大 (即犯第 II 类错误的概率变大)。虽然第 I 类错误与第 II 类错误呈反相关, 但它们之间并没有简单的数学关系, 因为犯第 II 类错误的概率在一定程度上取决于: 备择假设是什么, 我们希望检验出的效果有多大 (图 4.5), 样本大小, 以及我们的实验设计或取样计划。

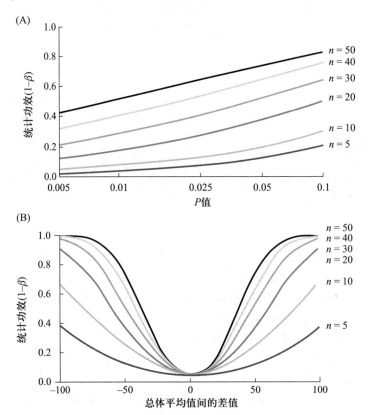

图 4.5　随样本量变化, 统计功效、P 值以及观测效应大小间的关系。(A) P 值是错误拒绝一个正确零假设的概率, 而统计功效是正确拒绝一个错误零假设的概率。一般的结果是, 用于拒绝零假设的 P 值越低, 正确检测处理效果的统计功效就越低。在给定的 P 值下, 样本量越大, 统计功效越大。(B) 处理的可见效果越小 (即处理组和对照组之间的差异越小), 为了能检测出处理的效果, 样本量在提高统计功效的过程中所起的作用越重要[21]。

---

[21]我们可以将这些图应用到狼群糖皮质激素水平的例子中。原始资料 (Creel et al. 2002) 显示, 未与雪地摩托车接触过的狼的 GC 标准差是 73.1, 而接触过雪地摩托车的狼群的 GC 标准差是 114.2。图 4.5(A) 显示, 如果实验组间有 50 ng/g 的差异且每组样本量 $n = 50$, 那么当 $P = 0.01$ 时, 实验者只有 51% 的机会正确接受备择假设。而图 4.5(B) 显示, 随着样本数量的改变, 统计功效会急剧增加。在设计良好的实际研究中 (Creel et al. 2002), 未接触过组的样本量 $n = 193$, 接触过组的样本量 $n = 178$, 两个狼群平均值的差异为 598 ng/g, 统计检验的实际功效在 $P = 0.01$ 时接近 1.0。

统计决策为什么要基于第 I 类错误？ 与犯第 I 类错误的概率相比, 我们通常不计算或不报道犯第 II 类错误的概率, 而且在许多科学论文中, 甚至不讨论犯第 II 类错误的概率。为什么呢? 首先, 除非完全确定了备择假设, 否则我们通常无法计算出犯第 II 类错误的概率。换句话说, 如果我们想确定错误接受零假设的风险, 那么备择假设就必须进一步充实到不仅仅是 "非 H_0"。相反的, 计算犯第 I 类错误的概率就不需要这种说明, 而只需要满足正态性和独立性的一些假设 (见第 9 章和第 10 章)。

从哲学角度来讲, 一些作者认为, 第 I 类错误在科学上比第 II 类错误更严重 (Shrader-Frechette and McCoy 1992)。第 I 类错误是一种虚假性错误: 我们错误地拒绝了一个零假设, 并提出了一个更复杂的机制。其他人可能跟随我们的工作, 并试图在这个错误机制的基础上建立他们自己的研究。相反, 第 II 类错误是一个忽略性错误: 尽管我们还没有显著拒绝零假设, 但其他拥有更好实验或更多数据的研究者在未来可能能够实现, 并且科学将从那个起点开始进步。然而, 许多应用问题中, 如环境监测或疾病诊断, 第 II 类错误可能会因为疾病或不利的环境影响没有被及时发现而导致更严重的后果。

4.3 参数估计与预测

前面介绍的所有假设检验的方法, 包括归纳法 (及其现代衍生的贝叶斯推断), 假设–演绎法, 以及统计假设检验, 都需要从多个假设中选择一个解释性 "答案"。但在生态学和环境科学中多数情况是: 许多机制同时作用下才生成所观测到的模式; 这种情况下, 强调单一解释的假设–检验框架可能并不适合。与其尝试检测多个假设, 不如估计每种假设对一个特定模式的相对贡献, 这样可能更有价值。图 4.6 展示了这个方法, 我们通过估计每种因素对观测到的效果所作的贡献大小来划分每个假设对观测到的模式的影响。

在这种情况下, 与其问某个特定因素是否有影响 (即它是否与 0.0 有显著的不同), 不如问如何估计表示这个因素影响效果大小的**参数 (parameter)**[22]? 例如, 图 4.3 显示, 红树幼苗叶片的光合速率符合米氏方程。这个方程是一个简单的模型, 它描述了一个平稳上升到渐近线的变量。米氏方程在生物学中出现的频率很高, 从酶动力学 (Real 1977) 到无脊椎动物觅食利用率 (Holling 1959), 都能找到它的身影。

米氏方程具体形式如下,

$$Y = \frac{kX}{X + D}$$

其中 k 和 D 是模型的两个拟合参数, X 和 Y 分别是自变量和因变量。在本例中, k 表示曲线的渐近线, 即最大同化率; 自变量 X 为光照强度, 因变量 Y 为净同化率。基于图 4.3 中的数据, 最大同化率 k 的参数估计值是 6.1 μmol CO_2 m^{-2} s^{-1}, 这与我们肉眼在

---

[22]第 9、13 和 14 章将介绍一些用于曲线拟合和根据数据估计参数的策略。详细讨论参见 Hilborn 和 Mangel (1997)。Clark 等 (2003) 中描述了曲线拟合的贝叶斯策略。

假设检验

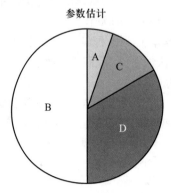

参数估计

图 4.6　假设检验与参数估计的比较。参数估计便于调节多种机制, 并估计不同因素的相对重要性。参数估计可能通过构建置信或可信区间 (见第 3 章) 来估计一个影响的强度。方差分析中与参数估计相关的方面是: 将数据的总变异分解成模型中不同因素所能解释的比例 (见第 10 章)。两种方法都量化了不同因素的相对重要性, 而假设检验则强调是与否的二元决策, 即一个因素是否具有可测量的效果。

图上对渐近线的位置估计是一致的。

　　米氏方程的第二个参数是 D, 即半饱和常数。这个参数给出了当 Y 变量为渐近量一半时 X 变量的值。D 越小, 曲线收敛到渐近线的速度就越快。基于图 4.3 中的数据, 光合有效辐射 D 的参数估计值是 250 μmol CO_2 m^{-2} s^{-1}。

　　我们也可以测量这些参数估计的不确定性, 通过估计标准误差来构建置信或可信度区间 (见第 3 章)。估计得到的标准误差为 $k = 0.49$, $D = 71.3$。统计假设检验和参数估计是相互联系的, 因为如果不确定性的置信区间包括 0.0, 我们通常不能拒绝零假设 (即对其中一种机制没影响)。对于图 4.3 中的参数 k 和 D, 我们的零假设是它们与 0.0 没差别, 接着所得的 P 值分别为 0.0001 和 0.004。因此, 我们可以相当有把握地说, 这些参数大于 0.0。但在评估和构建模型中, 与只检测参数是否与 0.0 有差异相比, 参数的数值所包含的信息量更多。在以后的章节里, 我们将介绍其他研究的示例, 这些示例中模型的参数是根据数据估计而来。

4.4　总结

　　科学离不开归纳法和假设–演绎法。这两种方法比较了观测数据与假设得到的预测数据。归纳法, 包括现代贝叶斯分析, 会对一个单一假设进行反复验证和修改, 目的是为了确认或评估一个特定假设的可能性。相反, 假设–演绎法要求同时陈述多个假设,并通过观测结果对它们进行检测, 其目的是为了排除或证伪除一个备择假设之外的其他假设。统计学可用来客观地检验假设, 同时也可以用于归纳法和假设-演绎法。

几乎所有的统计检验都会计算和报道概率。与统计检验相关的概率使我们能够推断出正在研究的现象及其背后的机制。在假设为真的情况下, 使用假设-演绎法对统计假设进行检验, 可获得与观测到的结果相同或比观测到的结果更极端的概率估计值。这个 P 值同样也是错误拒绝一个正确零假设 (即犯 I 类统计错误) 时的概率。根据惯例和传统, 0.05 是科学中判断结果显著性的阈值。计算出的 P 值取决于观测的数量、组间平均值的差异, 以及每个组内个体间的差异。当不正确的零假设被错误地接受时, 就会犯第 II 类统计错误。这类错误可能和第 I 类错误一样严重, 但是犯第 II 类错误的概率在科学出版物中很少被报道。使用归纳法或贝叶斯方法对统计假设进行检验, 可根据观测数据对假设或假设的概率进行估计。因为它们是验证性的方法, 所以不会给出犯 I 类或 II 类错误的概率, 而是会给出某一特定假设正确的概率或可能性。

不管使用怎样的方法, 所有的科学过程其实都由 3 个步骤组成: 阐明可验证的假设, 收集数据来检验假设做出的预测, 并将结果与潜在的因果关系联系起来。

第 5 章　三大统计分析框架

本章我们将介绍三大主要的统计分析框架: **蒙特卡罗分析** (Monte Carlo analysis), **参数分析** (parametric analysis) 和**贝叶斯分析** (Bayesian analysis)。蒙特卡罗分析对数据潜在分布的假设要求最少, 它以观测数据是随机分布作为推断基础。参数分析则假设数据取自一个已知形式的潜在分布 (如第 2 章所述), 然后根据数据估计该分布的参数。参数分析根据观测到的事件频率估计概率, 并以这些概率作为推断的基础。因此, 参数分析是一种频率学派的推断。贝叶斯分析同样假设数据来自一种已知形式的潜在分布, 并根据数据和先验信息估计参数, 再为这些参数分配概率。这些概率就是贝叶斯推断的基础。大多数标准统计学教材一般只介绍参数分析的内容, 但其他两种方法也是十分重要的, 而且在一开始的学习中, 蒙特卡罗分析实际上更容易被理解。接下来我们将通过同一个样本问题来介绍这些方法。

5.1　样本问题

假设我们正在比较田野和森林两个栖息地中觅食蚂蚁的巢穴密度。在这个问题中, 我们无须关心想要检验的科学假设, 只需按照步骤收集和分析数据来确定这两个栖息地蚁巢密度是否存在差异。

首先, 我们利用重复抽样的方法来估计每个栖息地蚁巢的平均密度。在每个栖息地中我们随机选取一个 $1 m^2$ 的地块作为样方, 仔细统计样方内出现的所有蚁巢。对每个栖息地重复上述过程数次。随机抽样对所有类型的统计分析都非常重要。在没有使用复杂方法 (如分层抽样) 的情况下, 确保随机化是我们从群落中获得代表性样本的唯一保障 (见第 6 章)。

抽样的空间尺度决定了推断的范围。严格来说, 该抽样设计只能用于探讨这个特定地点森林和田野蚁巢密度的差异。若想扩大推断的范围, 使结论更具普遍性, 则可以选择多去几个不同的田野和森林, 在其中各设一个样方。

表 5.1 中记录了采集到的样本数据, 每行代表一个特定观测的所有信息, 每列代表观察或测量到的不同变量。在本例中, 最初的方案是对 6 个田野样方和 6 个森林样方进行采样, 但由于田野样方采样比预期的耗时, 所以仅采集了 4 个田野样方的数据。因此

表 5.1   用于说明蒙特卡罗分析、参数分析和贝叶斯分析的样本数据集*

ID 号	栖息地	每个样方的蚁巢数
1	森林	9
2	森林	6
3	森林	4
4	森林	6
5	森林	7
6	森林	10
7	田野	12
8	田野	9
9	田野	12
10	田野	10

*每一行都是一个独立的观测。第一列是 ID 号, 第二列是抽样的栖息地, 第三列记录了蚁巢数。

上表仅有 10 行, 6 行为森林样方数据, 4 行为田野样方数据。表 5.1 有三列, 第一列是分配给每个样方的编号, 第二列是每个样方的栖息地类型, 第三列是样方内的蚁巢数[1]。

根据第 3 章中的步骤, 我们计算了样本的均值和标准差 (表 5.2)。图 5.1 为传统的反映均值和标准差的柱状图, 图 5.2 是能够提供更多数据信息的箱线图 (对箱线图的介绍详见第 3 章)。

表 5.2   表 5.1 中样本数据的汇总统计量

栖息地	N	均值	标准差
森林	6	7.00	2.19
田野	4	10.75	1.50

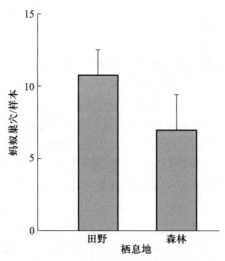

图 5.1   表 5.1 中样本数据的标准柱状图。柱高代表样本的均值, 垂线表示高于均值的标准差。蒙特卡罗分析、参数分析和贝叶斯分析都可以用于评估各组间均值的差异。

---

[1] 许多统计教材会将这些数据分为两列, 一列代表森林, 一列代表田野。但我们在这里展示的是使用统计软件进行数据分析时最常用的布局。

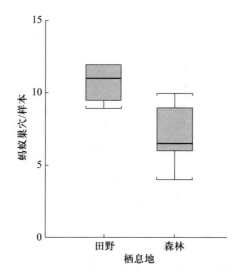

图 5.2 表 5.1 数据的箱线图。在箱线图中, 箱中的中心线代表数据的中位数, 箱体包含了 50% 的数据。箱的上底是数据的第 75 百分位数 (上四分位数), 箱的下底是数据的第 25 百分位数 (下四分位数)。垂线延伸到上下十分位 (第 90 百分位和第 10 百分位)。田野样本的数据太少, 所以第 75 百分位数和第 90 百分位数没有差别。当数据具有不对称分布或异常值时, 箱线图能比图 5.1 这样的标准柱状图提供更多的信息。

尽管田野和森林的数据中存在相同的数字, 但二者仍存在一些差异: 森林样本中平均每个样方有 7.00 个蚁巢, 田野样本中平均每个样方有 10.75 个蚁巢。另一方面, 因为样本量很少 (森林 6 个, 田野 4 个), 所以这些差异可能是偶然或随机因素造成的。这就需要我们利用统计检验来进一步确定这些差异是否显著。

5.2　蒙特卡罗分析

蒙特卡罗分析 (Monte Carlo analysis) 涉及一些方法, 这些方法中数据都是随机的或重组的, 所以观测被重新随机分配到不同的处理组中。这种随机化[2]也给出了所考虑的零假设: 数据中的模式与观测被随机分配到不同组时所预期的模式间没有差异。以下是蒙特卡罗分析的四个步骤:

1. 确定一个检验统计量或指数来描述数据中的模式。
2. 构建零假设预期的检验统计量的分布。

---

[2]一些统计学家将蒙特卡罗法与**随机化检验 (randomization test)** 区分开来, 前者是从已知或特定的统计分布中抽取样本, 后者对现有数据进行重组但不对该数据的潜在分布做出假设。本书中, 我们使用蒙特卡罗法来表示随机化检验。另一组方法包括**自助法 (bootstrap)**, 这些方法通过对数据集进行重复的有放回的二次抽样来估计统计量。还有一组方法包括**刀切法 (jackknife)**, 这些方法通过系统地删除每个观察, 然后重新计算统计量, 来估计数据集的变异性 (参见图 9.8 和第 12 章中的 "判别分析" 一节)。当然, 蒙特卡罗是里维埃拉著名的赌场胜地, 当地公民不用交税, 也禁止进入赌场。

3. 选择单尾或双尾检验。

4. 将观测的检验统计量与模拟值的分布进行比较, 并估计相应的 P 值作为尾概率 (如第 3 章中所述)。

5.2.1 第一步: 确定检验统计量

在本次分析中, 将使用森林和田野样本均值的绝对差值作为模式的量度, 即 DIF:

$$\text{DIF}_{\text{obs}} = |10.75 - 7.00| = 3.75$$

下标 "obs" 表明该 DIF 值是根据观测数据计算所得。零假设是: DIF_{obs} 等于 3.75, 等于随机抽样所预期的值。备择假设则是: DIF_{obs} 大于 3.75, 大于随机抽样所预期的值。

5.2.2 第二步: 建立零假设分布

接下来, 估计在零假设成立时 DIF 的值。为此, 我们用计算机 (或一副扑克牌) 将田野和森林的标签随机重新分配到不同数据集中。在随机数据集中, 仍有 4 个田野样本和 6 个森林样本, 但标签 (田野或森林) 已被随机分配 (表 5.3)。注意在随机重组的数据集中, 许多的观测被分配到与原始数据相同的组中。这种情况时常出现在样本量较小的数据集中。随后, 计算这个随机数据集的样本统计量 (表 5.4)。这个随机数据集的 $\text{DIF}_{\text{sim}} = |7.75 - 9.00| = 1.25$。下标 "sim" 表示这个 DIF 值是根据随机或模拟数据计算所得。

第一个模拟数据集中, 两组均值的差异 ($\text{DIF}_{\text{sim}} = 1.25$) 小于在实际数据中观察到的差异 ($\text{DIF}_{\text{obs}} = 3.75$)。这表明, 森林和田野样本实际均值的差值可能比基于随机重组的零假设所预期的差值要大。

表 5.3 蒙特卡罗随机化表 5.1 中栖息地标签*

栖息地	每个样方的蚁巢数
田野	9
田野	6
森林	4
森林	6
田野	7
森林	10
森林	12
田野	9
森林	12
森林	10

*在蒙特卡罗分析中, 表 5.1 中的样本标签被随机重组。重组后, 记录两组的均值差异, 即 DIF。多次重复此过程后生成一个 DIF 值的分布 (见图 5.3)。

表 5.4　表 5.3 中随机化数据的汇总统计量*

栖息地	N	均值	标准差
森林	6	9.00	3.286
田野	4	7.75	1.500

*在蒙特卡罗分析中, 这些值表示对标签进行一次重组后所得模拟数据的均值和标准差。两个均值差异的绝对值 (DIF = |7.75 − 9.00| = 1.25) 是一个检验统计量。

　　然而, 通过重组样本标签可以产生许多不同的随机组合[3]。这些组合中有的 $\mathrm{DIF_{sim}}$ 值较大, 而有的 $\mathrm{DIF_{sim}}$ 值较小。多次重复重组 (通常是 1000 次, 甚至更多), 然后可以用直方图 (图 5.3) 和汇总统计表 (表 5.5) 展现模拟的 DIF 值的分布。

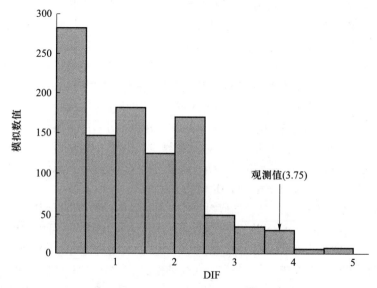

图 5.3　基于表 5.1 中数据的蒙特卡罗分析。对于每次随机化, 数据标签 (森林, 田野) 被随机重新分组。然后, 计算重组后的两组间均值的绝对差值 (DIF)。这个直方图给出了 1000 次随机化得到的 DIF 值的分布。箭头表示实际数据观测到的 DIF 值所处位置 (3.75)。观测的 DIF 位于分布的右尾部, 值为 3.75, 大于或等于除 36 个模拟值外的所有值。因此, 在样本随机分配重组的零假设下, 发现这个观测值 (或其他更极端的值) 的尾概率为 36/1000 = 0.036。

表 5.5　图 5.3 中 1000 个 DIF 模拟值的汇总统计量

变量	N	均值	标准差
$\mathrm{DIF_{sim}}$	1000	1.46	2.07

　　在蒙特卡罗分析中, 每一个值都是通过对表 5.1 中的数据标签进行重组得到的, 通过计算两组均值间的差值得到 DIF 统计量。P 值的计算并不要求 DIF 服从正态分布, 而是直接由观测到的 DIF 统计量在直方图中的位置所决定 (见表 5.6)。

---

[3] 10 个样本, 其中 6 个被分为一组和另外 4 个被分为一组, 通过重组标签可以创建

$$\binom{10}{4} = 210$$

种组合 (见第 2 章)。但因为一些样本的蚁巢数相同, 故 DIF 可能的唯一值的数量会少一些。

模拟数据集的平均 DIF 仅为 1.46, 而原始数据的观测值为 3.75。本可以用标准差 2.07 构建一个置信区间 (见第 3 章), 但这样做并不合适, 因为模拟值的分布有一个长右尾 (图 5.3) 且不服从正态分布。我们可以从蒙特卡罗分析中推导出一个近似 95% 的置信区间, 该区间的上界和下界分别为 DIF 模拟值的上 2.5 和下 2.5 百分位数 (Efron 1982)。

5.2.3 第三步: 确定使用单尾检验还是双尾检验

该步骤将决定是用**单尾检验 (one-tail test)** 还是**双尾检验 (two-tail test)**。"尾部" 是指概率密度函数下极左或极右的区域 (见图 3.7)。$P = 0.05$ (或任何其他概率水平) 时, 正是这些分布的尾部决定了统计检验的界限。单尾检验就是只用分布的一个尾来估计 P 值, 而双尾检验则是用分布的两个尾来估计 P 值。在单尾检验中, 曲线下 5% 的面积都位于该分布的一个尾部。在双尾检验中, 分布的每条尾巴将分别覆盖曲线下面积的 2.5%。因此, 与单尾检验相比, 双尾检验需要更多极端值才能达到统计显著性。

然而, 在决定是使用单尾检验还是双尾检验时, 界限并不是最重要的问题。其最重要的决定因素是响应变量的性质和被检验假设对精确性的要求。在本例中, 响应变量是森林和田野样本均值的绝对差值 DIF。对于 DIF 变量, 单尾检验最适用于异常大的 DIF 值。为什么不用双尾检验呢? 与零假设相比, DIF_{sim} 分布的下尾代表异常小的 DIF 值。换句话说, 双尾检验也可以检验: 森林和田野均值的相似性是否比预期随机组间的相似性更高。这种对极端相似性的检验并不能提供生物学信息, 所以注意力多限于分布的上尾。上尾代表了与零分布相比 DIF 异常大的情况。

如果我们想用双尾检验, 又该如何对分析进行修改呢? 我们可以用田野和森林样本的平均差值 (DIF*) 来代替 DIF 的绝对值。与 DIF 不同, DIF* 既可以取正, 也可以取负。如果田野平均值大于森林平均值, 则 DIF* 为正, 反之则为负。与前面的流程一样, 随机重组数据, 并构建 DIF^*_{sim} 的分布。在这种情况下, 双尾检验将检测出田野均值与森林均值相比异常大的情况 (DIF* 为正), 以及田野均值与森林均值相比异常小的情况 (DIF* 为负)。

无论是使用蒙特卡罗分析、参数分析还是贝叶斯分析, 都应该仔细研究你所用的响应变量。如何解释响应变量相对于零假设而言的异常大或异常小的值? 这个问题的答案将帮助你判断是使用单尾检验更合适还是双尾检验更合适。

5.2.4 第四步: 计算尾概率

最后一个步骤是给定零假设为真 $[P(data|H_0)]$ 的前提下, 估计得到 DIF_{obs} 或一个更极端值的概率。为此, 我们要检验一系列 DIF_{sim} 值 (如图 5.3 中的直方图所示), 并分别统计 1000 次随机化中 DIF_{obs} 值大于、等于或小于 DIF_{sim} 的次数。

在 1000 次随机化中, 有 29 次 $DIF_{sim} = DIF_{obs}$, 所以在零假设下得到 DIF_{obs} 概率为 $29/1000 = 0.029$ (表 5.6)。但当我们进行统计检验时, 我们通常对这个**确切概率 (exact probability)** 并不感兴趣, 反而对**尾概率 (tail probability)** 更感兴趣。也就是说, 我们想知道在零假设成立的情况下, 随机得到的观测值大于或等于真实值的概率。在 1000 次随机化中, 有 7 次 $\text{DIF}_{\text{sim}} > \text{DIF}_{\text{obs}}$, 故而, $\text{DIF}_{\text{obs}} \geqslant 3.75$ 的概率为 $(7 + 29)/1000 = 0.036$。这个尾概率等于得到观测值的频率 $(29/1000)$ 加上得到更极端值的频率 $(7/1000)$。

表 5.6 蒙特卡罗分析中尾概率的计算

不等式	N
$\text{DIF}_{\text{sim}} > \text{DIF}_{\text{obs}}$	7
$\text{DIF}_{\text{sim}} = \text{DIF}_{\text{obs}}$	29
$\text{DIF}_{\text{sim}} < \text{DIF}_{\text{obs}}$	964

比较 DIF_{obs} (原始数据中两组均值的绝对差值) 与 DIF_{sim} (随机化重组后两组均值的绝对差值)。N 为在 1000 次模拟中, 不等式成立的次数。因为 $\text{DIF}_{\text{sim}} \geqslant \text{DIF}_{\text{obs}}$ 在 1000 次中出现了 $7 + 29 = 36$ 次, 故在零假设下出现 DIF_{obs} 的尾概率为 $36/1000 = 0.036$。

遵循我们在第 4 章中讨论介绍的 P 值计算步骤和对其的解释, 可得: 由于尾概率为 0.036, 在零假设成立的情况下, 不太可能出现这样的数据。

5.2.5 蒙特卡罗法的假设

蒙特卡罗法基于三个假设:
1. 收集到的数据代表随机的、独立的样本。
2. 检验统计量描述了感兴趣的模式。
3. 随机化为这个问题创建了一个适当的零分布。

假设 1 和 2 适用于所有的统计分析。假设 1 是最关键也是最难证实的, 我们将在第 6 章中讨论。在这个案例中, 假设 3 很容易满足。抽样结构和被检验的零假设也都非常简单。然而, 对于更复杂的问题, 找到合适的随机化方法就不那么容易了, 并且构建零分布的方法也不止这一种 (Gotelli and Graves 1996)。

5.2.6 蒙特卡罗法的优缺点

蒙特卡罗法在概念上的主要优势在于其基本假设和零假设的结构非常清晰和明确。相比之下, 或许因为分析方法很类似, 传统的参数分析往往掩盖了这些特性。蒙特卡罗法相对于参数分析的另一个优点就是, 不需要假设数据来自指定的概率分布 (如正态分布)。最后, 蒙特卡罗法模拟允许你根据特定的问题和数据集定制统计检验, 而无须套用那些不适合问题的方法或不符合样本设计的假说。

蒙特卡罗法最大的缺点是它是计算密集型的方法, 而且不包括在大多数传统的统计软件包中 (参见 Gotelli and Entsminger 2003)。随着计算机性能逐渐强大, 计算方法上的限制已不成问题, 就算非常复杂的统计分析也能利用蒙特卡罗法进行模拟。然而, 即便如此, 在被广泛应用之前, 蒙特卡罗法也只能为懂程序设计语言并能自己编程的人所用[4]。

蒙特卡罗分析的第二个缺点其实是心理上的。一些科学家对其心存不安,因为用不同的分析策略分析相同的数据集所得结果会略有不同。例如,我们对表 5.1 的蚂蚁数据重复分析 10 次,得到的 P 值范围在 $0.030 \sim 0.046$。这也就是为什么大多数调查者更喜欢参数分析的原因所在,因为用参数分析每次重复所得的 P 值都是相同的,感觉更具有客观性。

最后一个不足是,与参数分析相比,蒙特卡罗分析的推断范围存在一些限制。参数分析假设数据来自一个特定的分布,所以能推断出抽样数据所采自的始源种群。严格来讲,蒙特卡罗分析 (或至少是那些基于简单随机化的检验) 所能推断的范围仅限于所收集的特定数据。然而,如果样本具有始源种群的代表性,也可以谨慎地做出推广。

5.3　参数分析

参数分析 (parametric analysis) 其实代表的是绝大多数的统计检验,它的理论建立在所分析的数据来自特定分布的假设基础上。大多数生态学家和环境科学家所熟悉的统计检验都指定了正态分布作为假设。接着,就是估计分布的参数 (如种群均值 μ 和方差 σ^2),并根据所得参数计算零假设成立时的尾概率。围绕着正态分布简化的假设,参数分析已经构建起一个庞大的统计框架。标准的统计学教材中 80% 到 90% 的内容都属于这一框架。在这里,我们使用一种常用的参数法 —— **方差分析 (analysis of variance, ANOVA)** 来检验样本组间均值的差异[5]。参数分析主要有三个步骤:

---

[4]你能做的最重要的事情之一就是花时间学习一门真正的编程语言。尽管有些人精通电子表格中的宏编程,但是宏命令只适用于最基本的计算; 对于更复杂的情况,编写宏命令所需的步骤既复杂又容易出错, 相比之下, 编写几行计算机代码实则更简单。现在有很多可选择的计算机语言。我们更喜欢使用 R 语言,这是一款开源软件,包括许多内置的数学和统计函数。然而,学习编程就像学习一门外语一样,需要时间和练习,而且没有立竿见影的效果。遗憾的是,我们的学术文化并不鼓励学习编程技巧 (或英文以外的语言)。但如果能克服陡峭的学习曲线,科学回报是巨大的。最好的开始方法不是去上课,而是下载好软件,通过手册中的范例学习,并尝试编写一个你感兴趣的问题。Hilborn 和 Mangel 的《生态探索》(*The Ecological Detective*, 1997)包含了一系列优秀的生态练习,有助于你提高任何语言的编程技能。Bolker (2000) 提供了大量使用 R 语言进行似然分析和随机模拟模型的工作案例。编程不仅能让你摆脱软件包的束缚,还能提高你的分析能力,让你对生态和统计模型有新的认识。一旦你成功编程了一个模型或一组统计数据,你将对其有更深的理解!

Sir Ronald Fisher

[5]现代参数统计理论的框架在很大程度上是由著名的 Ronald Fisher 爵士 (1890 — 1962) 建立的, F 比就是以他的名字命名的 (尽管 Fisher 本人认为这个比值还需要进一步研究和完善)。Fisher 曾是剑桥大学遗传学的顶级教授 (1943 — 1957),对群体遗传和进化理论做出了重要贡献。在统计学方面,他将方差分析 (ANOVA) 用于分析农业系统中的作物产量,解决了这些系统很难或无法重复处理的问题。今天,生态学家在设计实验时也面临着许多同样的限制,这就是为什么 Fisher 的方法仍然如此有用。他的著作 *The Design of Experiments* (1935) 至今仍是一本有趣且值得一读的经典。但讽刺的是,Fisher 在用自己的方法时,即使实验设计已极为精良,但他仍会惴惴不安,而今天,许多生态学家却用该方法临时观察他们那些粗制滥造的自然实验,还感觉良好 (见第 4 章和第 6 章)。

1. 确定检验统计量。
2. 确定零假设分布。
3. 计算尾概率。

5.3.1 第一步: 确定检验统计量

参数方差分析假设数据服从正态分布或高斯分布。可以根据样本数据 (见表 5.1) 用公式 3.1 和 3.9 估计这些曲线的均值和方差。图 5.4 展示了参数方差分析中使用的分布。原始数据位于 x 轴, 每一种颜色代表一个不同的栖息地。

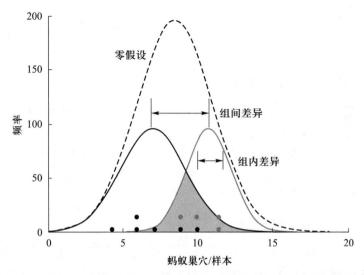

图 5.4 基于表 5.1 样本数据的正态分布。表 5.1 中的数据用符号表示 (黑色圆点和曲线代表森林样本; 灰色圆点和曲线代表田野样本), 表明了每个样方中的蚁巢数。零假设是所有数据都来自同一个种群, 其正态分布用虚线表示。备择假设是每个栖息地都有自己独特的均值 (和方差), 用两个较小的正态分布表示。两个分布的阴影重叠越小, 零假设为真的可能性就越小。组间和组内方差可用于计算 F 比和检验零假设。

首先让我们考虑零假设: 两组数据均来自同一个潜在正态分布, 通过数据的均值及方差可估计出该分布 (图 5.4 中的虚线曲线; 均值 = 8.5, 标准差 = 2.54)。备择假设则是: 样本来自两个不同的种群, 一个来自森林, 一个来自田野, 每个种群都有各自特有的正态分布特征。虽然我们假设两组的方差相同 (或相似), 但均值不同。我们根据表 5.2 中的汇总统计量在图 5.4 中又绘制了两条曲线。

我们应该如何检验零假设? 在给定零假设成立的前提下, 若代表森林和田野数据的两条曲线越接近, 则虚线曲线越能代表所收集到的数据。相反地, 两条曲线离得越远, 数据来自具有相同均值和方差的单个种群的可能性就越小。两个分布的重叠区域 (图 5.4 的阴影部分) 应该可以用作分布接近程度的度量。

Fisher 将这种重叠量化为两个变量的比值。第一个变量是组间的变化量, 即两组均值的方差 (或标准差)。第二个变量是组内的变化量, 即各组内观测围绕其均值的方差。**Fisher 的 F 比 (Fisher's F-ratio)** 可以理解为这两个变量的比值:

$$F = (组间方差 + 组内方差)/组内方差 \tag{5.1}$$

在第 10 章, 我们将详细介绍如何具体计算 F 比的分子与分母。现在只简单强调这个比值衡量了数据中组间和组内变化这两个变量的相对大小。在本例中, 计算出的 F = $33.72/3.84 = 8.78$。

在 ANOVA 中, F 比是一个检验统计量, 这个数字描述了被比较的不同组均值间的差异模式。

5.3.2　第二步: 确定零假设分布

零假设是指所有的数据都来自相同的种群, 因此, 各组均值间的差异不会大于偶然预期。如果这个零假设为真, 那组间的差异就会很小, 我们期望得到的 F 比等于 1.0。如果组间均值的差异大于组内均值的差异 (较大的组间差异), 则 F 比将相应的大于 1.0[6]。在这个例子中, 观察到的 F 比为 8.78, 几乎是预期值 1.0 的 10 倍, 这个结果似乎不太可能出现在零假设为真的情况下。

5.3.3　第三步: 计算尾概率

P 值是对 F 比在零假设成立的情况下大于或等于 8.78 的概率的估计。图 5.5 为 F 比的理论分布, 位于分布极右侧尾部的观测的 F 比为 8.78。那该尾概率 (或 P 值) 是多少呢?

这个 P 值为: F 比分布 (F 分布) 中, 大于或等于观测的 F 比的概率密度 (或曲线下面积)。对于该数据, 得到一个大于或等于 8.78 的 F 比的概率 (指定两个组, 且总样本量 $N = 10$) 等于 0.018。由于 P 值小于 0.05, 我们认为如此大的 F 比不可能是由随机因素导致的, 因此, 我们拒绝抽样数据来自同一个种群的零假设。

5.3.4　参数法的假设

对于所有参数分析, 有两个假设:
1. 收集到的数据中样本随机且独立。
2. 数据抽样来自一个特定的分布。

正如我们在蒙特卡罗分析中指出的, 随机的、独立的抽样 (假设 1) 在任何分析中都是最重要的。第 2 个假设通常情况下都是满足的, 因为正态 (钟形) 分布普遍存在, 并且在现

---

[6]在蒙特卡罗分析中, 理论上有可能得到一个比偶然预期小的 F 比。这种情况下, 各组的均值异常相似, 如果零假设成立, 则差异小于预期。虽然在 Schluter (1990) 中, 异常小的 F 比可用作物种间体型匹配和群落趋同的指标, 但在生态学文献中这种情况并不多见。

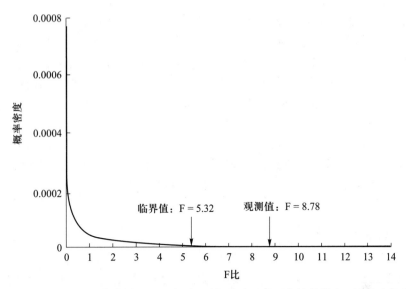

图 5.5 F 比的理论分布。观察到的 F 比越大，零假设成立的可能性就越小。该分布的临界值为 5.32；曲线下超过这个点的面积约为曲线下面积的 5%。观察到的 F 比为 8.78，大于临界值，因此，$P(蚂蚁数据 \mid 零假设) \leqslant 0.05$。事实上，由于观察到的 F 比右侧曲线下的面积占曲线下总面积的 1.8%，则 $P(蚂蚁数据 \mid H_0) = 0.018$。将此结果与蒙特卡罗分析得到的 0.036 的 P 值进行比较（见图 5.3）。

实世界中也频繁出现。

具体的参数检验通常包含一些附加的假设。例如，方差分析还要求每组的方差相等（见第 10 章）。如果样本量很大，稍稍违背这个假设也不影响结果。但如果样本量很小（如本示例），那这个假设就变得非常重要。

5.3.5 参数法的优缺点

参数法的优点在于它使用了一个基于已知概率分布的强大框架。我们在这里展示的分析非常简单，但适用于复杂实验和抽样设计的参数检验有很多（见第 7 章）。

尽管参数分析与统计零假设检验密切相关，但它可能并不如为特定问题或数据量身定制的蒙特卡罗模型那样强大。与贝叶斯分析相比，参数分析几乎不考虑先验信息或来自其他实验的结果。接下来，在简要介绍非参数统计之后，就进入我们下一个主题——贝叶斯分析。

5.3.6 非参数分析：蒙特卡罗分析的一个特例

非参数统计分析的对象为排序数据。在蚂蚁的例子中，我们将观测值从小到大进行排序，然后根据这些秩的和、分布或其他综合度量值来计算统计量。非参数检验并不需要假设一个特定的参数分布（因此得名），但仍需要独立的随机抽样（所有统计分析都是如此）。非参数检验实质上是对排序数据的蒙特卡罗分析，通过对秩的随机化检验得到非参数统计表给出的 P 值。以上我们已描述了这种检验的一般理论和程序。

虽然一些生态学家和环境科学家常使用非参数分析, 但是我们不推荐的原因有三个。首先, 数据排序后会浪费原始观察中的一些信息。对原始数据的蒙特卡罗分析能提供更丰富的信息, 而且往往更加强大。当然, 对数据的排序也为非参数分析带来了一点优势, 排序数据受测量误差的影响更小。然而, 如果最初的观测结果易出错到只有用排序才能变得可靠, 那最好还是通过更精准的测量方法重新进行实验。其次, 放宽参数分布的假设 (如正态性) 并不是一个很大的优势, 因为通常情况下, 即使违反这一假设对参数分析也没什么影响 (这要归功于中心极限定理)。再次, 非参数方法只能用于极其简单的实验设计, 很难将协变量或区组结构结合起来。我们发现, 参数、蒙特卡罗或贝叶斯的方法几乎可以满足所有生态和环境数据统计分析的需求。

5.4   贝叶斯分析

贝叶斯分析 (Bayesian analysis) 是数据分析的第三大框架。科学家常常认为他们的方法是 "客观的", 因为他们把每一次实验都当作一张白板, 通过基于随机变化的简单统计零假设体现出对因果的无知。在之前的例子中, 我们的零假设是森林的蚁巢密度和田野的蚁巢密度相等, 或者在森林和田野中对蚁巢密度不存在一致的影响。虽然之前可能没有人研究过森林和田野的蚁巢, 但我们阅读过蚂蚁生物学文献, 知道该零假设是极不可能出现的, 因此也促使我们进行了这项研究。所以为什么不用现有的数据来构建我们的假设呢? 如果我们唯一的目的就是用假设–演绎法证伪零假设, 并且如果之前的所有数据显示森林和田野的蚁巢密度存在差异, 那我们也极有可能证实零假设不成立。因此, 也不需要浪费时间或精力再做这项研究了。

贝叶斯学派认为, 我们可以通过指定观测的差异 (例如, 前几节介绍的 DIF 或 F比) 来更进一步, 并接着用我们的数据扩展其他研究者早期的发现。贝叶斯分析可帮助我们实现上述设想, 并且还可以量化观测差异的概率。这也是贝叶斯方法和频率论方法间最重要的差异。

以下是贝叶斯推断的六个步骤:

1. 确定假设。
2. 将参数指定为随机变量。
3. 确定先验概率分布。
4. 计算似然。
5. 计算后验概率分布。
6. 解释结果。

5.4.1   第一步: 确定假设

贝叶斯分析的主要目的是在给定收集数据的前提下确定假设的概率: $P(H|\text{data})$。这个假设需要非常具体, 也需要量化。在蚁巢密度的参数分析中, 我们感兴趣的假设 (即

备择假设) 是: 样本来自具有不同均值但方差相同的两个种群, 一个来自森林, 一个来自田野。我们并未直接检验这个假设, 而是检验了零假设: 如果样本来自同一个种群, 方差 F 比的观测值不会大于随机预期。最后我们发现观测的方差 F 比大得令人难以置信 ($P = 0.018$), 故拒绝了零假设。

关于方差 F 比的值, 我们可以找到更精确的零假设和备择假设作为它的假设。指定这些假设前, 我们需要知道图 5.5 中的 F 分布的临界值。换句话说, 方差 F 比需要多大才能使 $P \leqslant 0.05$ 呢?

对于两组 (森林和田野) 蚂蚁的 10 次观测, F 分布的临界值 (曲线下面积等于 5% 总面积时的值) 等于 5.32 (见图 5.5)。因此任何观察到的大于或等于 5.32 的 F 比都是拒绝零假设的依据。还记得吗, 一般情况下零假设概率的假设–演绎语句记为 $P(\text{data}|H_0)$。在蚁巢例子中, 观测数据的方差 F 比等于 8.78。若零假设成立, 那观测数据的 F 比就只是 F 分布 (图 5.5) 中的一个随机样本。因此我们追问, $P(F_{\text{obs}} = 8.78|F_{\text{theoretical}})$ 是多少?

与之相对, 贝叶斯分析的流程正好与概率命题的思路相反: 在给定收集数据的前提下假设成立的概率是多少 [$P(\text{假设}|\text{数据})$]? 蚁巢数据可以表示为 F = 8.78。如何从 F 分布的角度来表示假设? 零假设是: 蚂蚁抽样自同一个种群。这种情况下, F 比的期望值较小 (F < 临界值 5.32)。备择假设是: 蚂蚁抽样自两个种群, 这时 F 比较大 (F = 5.32)。因此, 用贝叶斯分析计算备择假设的概率为 $P(F \geqslant 5.32|F_{\text{obs}} = 8.78)$。根据概率第一公理, $P(F < 5.32|F_{\text{obs}}) = 1 - P(F \geqslant 5.32|F_{\text{obs}})$。

改进后的贝叶斯定理 (第 1 章有介绍) 允许我们直接计算 P (假设|数据):

$$P(\text{假设}|\text{数据}) = [P(\text{假设})P(\text{数据}|\text{假设})]/P(\text{数据}) \qquad (5.2)$$

在公式 5.2 中, 公式左侧的 P(假设|数据) 被称为**后验概率分布 (posterior probability distribution)**, 简称后验, 也就是感兴趣的量。方程右侧是一个分数。分子中的 P(假设) 项被称为**先验概率分布 (prior probability distribution)**, 简称先验, 是实验前我们感兴趣的假设的概率。分子中的 P(数据|假设) 项被称作数据的**似然 (likelihood)**, 反映了在给定假设前提下观测数据的概率[7]。分母 P(数据) 是一个标准化的常数, 反映

---

[7]Fisher 提出了似然的概念, 以回应他对贝叶斯逆概率方法的不安:

"现在出现的情况是, 以概率的数学概念来表达我们在做出这种推断时有无自信并不恰当, 而数学上的量化, 似乎很适合用来度量我们对不同可能总体的偏好顺序, 但它实际上并不遵循概率定律。为了将其与概率区分开来, 我使用了'似然'来表示这个量。" (Fisher 1925, 第 10 页)

似然记作 L(假设|数据), 与在给定感兴趣假设的条件下观测数据的概率成正比 (但不等于): L(假设|数据) $= cP$(观测数据|假设)。这样, 似然就不同于频率论中的 P 值, 因为 P 值表示, 在给定统计零假设下, 数据无穷多个可能样本的概率 (Edwards 1992)。似然在信息理论方法的统计推断中被广泛使用 (如 Hilborn and Mangel, 1997; Burnham and Anderson, 2010), 它是贝叶斯推断的核心。然而, 似然并不遵循概率公理。因为概率语言用一种更一致的方式表达了我们对特定结果的信心, 所以在我们看来, 不同假设的概率陈述 (范围在 0 到 1 之间) 比似然 (范围不在 0 到 1 之间) 更容易被解释。

了在给定所有可能假设的前提下数据的概率[8]。因为它只是一个标准化的常数 (并且我们后验概率的范围定为 $[0,1]$)，所以

$$P(假设|数据) \propto P(假设)P(数据|假设)$$

(其中 "$\propto$" 表示 "与 …… 成比例")，同时我们可以将注意力集中在分子上。

回到蚂蚁和它们的方差 F 比，我们在意的是 $P(\mathrm{F} \geqslant 5.32|\mathrm{F}_{\mathrm{obs}} = 8.78)$。根据观测数据的方差 F 比和 $\mathrm{F} \geqslant 5.32$ 的临界值 (假设) 的关系，我们可以确定假设并对其定量。该假设比前两节探讨的假设更为精准，即田野和森林中的蚁巢密度存在差异。

5.4.2　第二步: 将参数指定为随机变量

频率学派分析和贝叶斯分析的第二大本质不同点在于, 在频率学派分析中参数 (如实际种群的均值 $\mu_{森林}$ 和 $\mu_{田野}$, 以及标准差 σ^2, 或 F 比) 是固定的。换句话说，我们假设森林和田野中 (或者至少在我们抽样的森林和田野中) 蚁巢密度有一个真实的值，然后再根据我们的数据估计参数。相反，贝叶斯分析将这些参数视作随机变量，并且这些随机变量有它们自己的相关参数 (如均值，方差)。例如，田野的蚂蚁种群巢穴的均值不是一个固定值 $\mu_{田野}$，而是一个有自己均值和方差的正态随机变量: $\mu_{田野} \sim N(\lambda_{田野}, \sigma^2)$。需要注意的是, 表示蚁群的随机变量不一定是正态的。每个表示种群参数的随机变量都应该反映生物实际, 而不应该为了统计或数学上的便利。但在本例子中, 将蚁巢密度描述为正态随机变量是合理的: $\mu_{田野} \sim N(\lambda_{田野}, \sigma^2)$, $\mu_{森林} \sim N(\lambda_{森林}, \sigma^2)$。

5.4.3　第三步: 确定先验概率分布

因为我们的参数是随机变量, 所以它们有相关的概率分布。我们未知种群的均值本身 ($\mu_{田野}, \mu_{森林}$) 就来源于均值未知、方差未知的正态分布。为了完成贝叶斯定理要求的计算, 我们需要为参数指定先验概率分布——也就是说, 进行实验之前, 这些随机变量的概率分布是什么呢[9]?

对于先验概率分布我们有两个基本的选项。第一, 可以基于对文献中数据的梳理和分析, 以及与专家的交谈, 对森林和田野的蚁巢密度做出合理的预测。否则, 就应选择一个无信息先验概率分布, 其中对蚁巢密度最初的估计为: 均值等于零且方差非常大。(在本例中, 我们将种群方差设为 $100\,000$。) 使用一个无信息先验概率分布相当于没有先验

---

[8]分母的计算如下所示,

$$\int_i P(H_i)P(\mathrm{data}|H_i)dH$$

[9]给出先验是划分频率学派与贝叶斯学派的根本所在。对一个频率学派学者来说, 给出一个先验反映的是一部分研究者的主观判断, 是不科学的。贝叶斯学派则认为, 给出一个先验会使研究中所有隐藏的假设都变得清晰可见, 因此这是一种更诚实、更客观的科学研究方法。这个争论已经持续了几个世纪 (见 Effron 1986, Berger and Berry 1988 的综述), 这也是导致贝叶斯学派在统计界被边缘化的原因之一。然而, 现代计算技术的出现使贝叶斯学派能够更好地应对先验信息不足的情况, 比如我们本例示范的先验。结果表明, 尽管二者对结果的最终解释不尽相同, 但在先验信息不足的情况下, 贝叶斯分析与频率分析的结果非常相近。这也促使了近年来贝叶斯统计学派的复兴, 那些好用的贝叶斯计算软件现在也得以推广 (Kéry 2010)。

信息, 均值可以以大致相同的概率取任意值[10]。当然, 如果你有更多的信息, 还是应该将先验更具体化。图 5.6 展示了无信息的先验和一个 (假设的) 信息较多的先验。

同样, $\mu_{田野}$ 和 $\mu_{森林}$ 的标准差 σ 也有先验概率分布。贝叶斯推断通常指定方差的分布为逆伽马分布[11]; 与均值的先验一样, 在这里我们对方差也指定了一个无信息的先

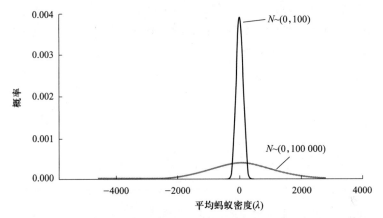

图 5.6 贝叶斯分析的先验概率分布。贝叶斯分析需要为感兴趣的统计参数指定先验概率分布。在对表 5.1 中的数据进行分析时, 参数为平均密度, λ。我们从一个简单的无信息先验概率分布开始, 即用均值为 0, 标准差为 100 000 的正态分布来描述平均蚁巢密度 (灰线曲线)。由于标准差很大, 所以分布在一个大范围内的值几乎是均匀的; 在 -1500 到 $+1500$ 之间, 概率基本上是恒定的 (~ 0.0002), 这作为无信息先验是非常合适的。黑色曲线表示更精确的先验概率分布。因为标准差小得多 (100), 在较大的取值范围内, 概率不再是常数, 而是在极端值处急剧下降。

---

[10] 你可能会问, 为什么不选所有值概率都相等的均匀分布。其原因是均匀分布不适合做先验。因为均匀分布的积分无法定义, 也就不能用它来计算贝叶斯定理的后验分布。无信息先验 $N(0, 100000)$ 虽然在很大范围内看来几乎是均匀的, 但它仍然是可以积分的。关于不恰当先验和无信息先验的进一步讨论可以参见 Carlin 和 Louis (2000)。

[11] 之所以精度选用伽马分布以及方差选用逆伽马分布有两个原因。首先, 精度 (或方差) 只能取正值。任何只有正值的概率密度函数都可以用于精度或方差的先验。对于连续型随机变量, 这种分布包括仅取正值的均匀分布和伽马分布。伽马分布在一定程度上比均匀分布更灵活, 能更好地与先验知识结合。

其次, 在高速计算出现之前, 大多数贝叶斯分析都是通过共轭分析实现的。共轭分析可以给出与后验概率分布具有相同形式的先验概率分布。这个好用的数学性质可以帮助给出贝叶斯定理中涉及的复杂积分的解析解。对于正态分布的数据, 指定均值参数的共轭先验是一个正态分布, 而指定精度 (方差的倒数) 参数的共轭先验是一个伽马分布。对于泊松分布的数据, 定义了泊松分布均值 (或速率) 参数的共轭先验为伽马分布。进一步讨论详见 Gelman 等 (1995)。

伽马分布是一种双参数分布, 写作 $\Gamma(a, b)$, 其中 a 是形状参数, b 是尺度参数。伽马分布的概率密度函数为

$$P(X) = \frac{b^a}{\Gamma(a)} X^{(a-1)} e^{-bX}, \ X > 0$$

其中 $\Gamma(a)$ 是伽马函数, 当 n 为正整数时, $\Gamma(n) = (n-1)!$。更一般地, 对实数 z, 伽马函数可以定义为

$$\Gamma(z) = \int_0^1 \left[\ln \frac{1}{t} \right]^{z-1} dt$$

伽马分布的数学期望为 $E(X) = a/b$, 方差 $= a/b^2$。统计学家常用的两种分布是伽马分布的特殊情况。自由度为 ν 的 χ^2 分布等于 $\Gamma(\nu/2, 0.5)$。第 2 章介绍过的参数为 β 的指数分布等于 $\Gamma(1, \beta)$。

最后, 如果随机变量 $1/X \sim \Gamma(a, b)$, 则称 X 服从逆伽马 (IG) 分布。为了得到正态随机变量方差的无信息先验, 我们取 a 和 b 同时趋近于 0 时 IG 分布的极限。这就是我们用 $a = b = 0.001$ 作为伽马分布的先验参数来描述估计精度的原因。

验, 并将其象征性地记作 $\sigma^2 \sim \mathrm{IG}(1000, 1000)$ (读作 "方差服从参数为 1000 和 1000 的
逆伽马分布")。同时还计算了我们对方差估计的精度, 精度用 τ 来表示, 且 $\tau = 1/\sigma^2$。
在这里, τ 是一个伽马随机变量 (逆伽马的倒数是伽马), 我们可将其象征性地写为 $\tau \sim$
$\Gamma(0.001, 0.001)$ (读作 "τ 服从参数为 0.001 和 0.001 的伽马分布")。该分布的形式如图
5.7 所示。我们对精度的应用会有一定的直觉; 因为随着信息变多, 对可变性的估计就会
随之减少, 估计的精度也就相应提高。所以, 精度的值较高也就等于我们估计的参数的
方差较低。

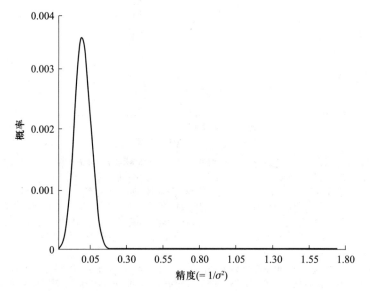

图 5.7   无信息先验概率分布的精度 (= 1/方差)。贝叶斯推断不仅需要指定一个变量均值的先
验分布 (见图 5.6), 还需要指定一个关于精度 (= 1/方差) 的先验分布。贝叶斯推断通常为方差指
定一个逆伽马分布。与均值的分布一样, 方差使用无信息先验。在这种情况下, 方差服从参数为
1000 和 1000 的逆伽马分布: $\sigma^2 \sim \mathrm{IG}(1000, 1000)$。因为方差很大, 所以精度很低。

　　现在我们已经有了先验概率分布。森林和田野中未知的蚂蚁种群的均值分别为两
个正态随机变量 $\mu_{田野}$ 和 $\mu_{森林}$, 且这两个正态随机变量的期望为 $\lambda_{田野}$ 和 $\lambda_{森林}$, 未知 (但
相等) 的方差为 σ^2。这些期望均值 λ 本身又是期望值为 0、方差为 100 000 的正态随
机变量。种群精度 τ 是群体方差 σ^2 的倒数, 是参数为 $(0.001, 0.001)$ 的伽马随机变量:

$$\mu_i \sim N(\lambda_i, \sigma^2)$$
$$\lambda_i \sim N(0, 100\,000)$$
$$\tau = 1/\alpha^2 \sim \Gamma(0.001, 0.001)$$

通过这些方程便可以确定公式 5.2 分子中的 P(假设)。如果我们有真实的先验概率信
息, 比如其他森林和田野的蚁巢密度, 我们就能用这些信息更为精确地指定 λ 的期望均
值和方差。

5.4.4 第四步: 计算似然

贝叶斯定理 (见公式 5.2) 分子中的另一个量是似然 (likelihood), P(观测数据|假设)。在给定假设的条件下, 似然是一个与观测数据的概率成正比的分布[12]。在先验概率分布中, 每个参数 λ_i 和参数 τ 都有各自的似然函数。换句话说, 不同 λ_i 的似然函数是正态随机变量, 且其均值等于各自观测的均值 (见表 5.2, 森林中平均每个样方有 7 个蚁巢, 田野中平均每个样方有 10.75 个蚁巢)。方差等于样本方差 (森林 4.79, 田野 2.25)。参数 τ 的似然函数是一个伽马随机变量。最后, 由公式 5.1 可得, 方差 F 比是期望 (或最大似然估计) 为 8.78 的 F 随机变量[13]。

5.4.5 第五步: 计算后验概率分布

为了计算后验概率分布 P(假设|数据), 我们应用公式 5.2, 将先验乘以似然, 然后除以校准化常数 (或边际似然)。尽管这个乘法对于正态分布这样的性质优良的分布来说简单直接, 但却可以用于迭代估计任何先验分布的后验分布 (Carlin and Louis, 2000; Kéry 2010)。

与参数分析或蒙特卡罗分析的结果相比, 贝叶斯分析的结果是一个概率分布, 而不是一个单一的 P 值。因此, 在本例中, 我们将 $P(\text{F} \geqslant 5.32|\text{F}_{obs})$ 表示为有期望均值和方差的随机变量。对于表 5.1 中的数据, 我们计算出了所有参数的后验估计: $\lambda_{田野}$, $\lambda_{森林}$, $\sigma^2 (= 1/\tau)$ (表 5.7)。介于我们使用的是无信息先验, 所以贝叶斯分析和参数分析估计出的参数值是相似的, 但并不完全相同。

表 5.7 表 5.1 中数据均值和标准方差的参数化与贝叶斯估计

分析	估计值			
	$\lambda_{森林}$	$\lambda_{田野}$	$\sigma_{森林}$	$\sigma_{田野}$
参数分析	7.00	10.75	2.19	1.50
贝叶斯 (无信息先验)	6.97	10.74	0.91	1.13
贝叶斯 (信息先验)	7.00	10.74	1.01	1.02

贝叶斯分析的标准差估计值略小一些, 因为贝叶斯分析包含了先验概率分布的信息。贝叶斯分析可能会给出不同的结果, 这取决于先验分布的形状和样本量。

---

[12] 似然函数和概率分布有一个关键的区别。给定一个假设的条件下数据的概率, P(数据|H), 是给定一个特定假设的条件下任意一组随机数据的概率, 这个特定假设通常是统计零假设。相关的概率密度函数 (见第 2 章) 符合概率第一公理——所有概率之和等于 1。与之相反, 似然只基于一个数据集 (观测的样本), 但可以针对多个不同的假设或参数进行计算。虽然它只是一个函数, 结果只是一个分布, 但分布不是一个概率分布, 且所有似然的和也不一定等于 1。

[13] 最大似然是最大化似然函数中参数的值。为了得到这个值, 对似然求导, 将其设为 0, 然后求解参数值。对于特定概率密度函数的参数, 频率参数估计通常等于最大似然估计。Fisher 认为, 在他的信仰推断系统中, 极大似然估计给出了备择假设 (或零假设) 的真实概率。Fisher 的这个主张基于他定义的一个统计公理, 即给定观测数据 Y, 似然函数 $L(H|Y)$ 包含了假设 H 的所有相关信息。最大似然法和贝叶斯方法的进一步应用详见第 14 章。Berger 和 Wolpert (1984), Edwards (1992) 以及 Bolker (2008) 进一步讨论了似然法。

假设的 F 分布的期望为 5.32, 如图 5.8 所示。为了计算 $P(\mathrm{F} \geqslant 5.32|\mathrm{F}_{\mathrm{obs}})$, 我们用蒙特卡罗算法模拟了 20 000 个方差 F 比。这些方差 F 比的平均值或期望为 9.77; 这个数字略大于频率学方法 (最大似然) 的估计值 8.78, 这是由于我们的样本量太小 ($N = 10$) 导致的。由于均值的范围较大: SD = 7.495, 故我们估计的精度相对较低 (0.017)。

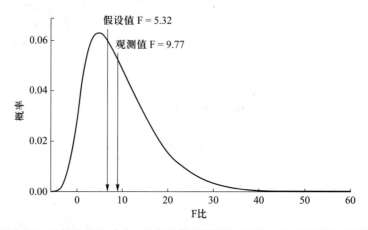

图 5.8 期望为 5.32 的假设的 F 分布。给定蚁巢密度数据 (见表 5.1) 的情况下, 我们感兴趣的是 F $\geqslant 5.32$ (标准方差 F 比检验中 $P < 0.05$ 的临界值) 的概率。这与传统的零假设相反, 传统零假设问的是: 给定零假设, 得到数据的概率有多大? 在贝叶斯分析中, 基于表 5.1 中的数据, F $\geqslant 5.32$ 的后验概率是 F = 5.32 右下方曲线下面积占总面积的比例, 等于 0.673。换句话说, 即 P(假设田野和森林中蚁巢的平均密度不同 | 表 5.1 中的观测数据) = 0.673。方差 F 比最有可能的后验值为 9.77。这个值右下方曲线面积比例是 0.413。参数分析指出, 根据方差 F 比指定的零分布, 不太可能得到观察到的数据, $[P(\mathrm{data}|H_0) = 0.018]$; 而贝叶斯分析却指出, 在给定数据的情况下, 观察到的方差 F 比大于等于 9.77 的概率并不是不可能的, $[P(\mathrm{F} \geqslant 5.32|\mathrm{data}) = 0.673]$。

5.4.6   第六步: 解释结果

现在重新回到我们最初的问题: 给定表 5.1 中蚁巢密度的数据, 方差 F $\geqslant 5.32$ 的概率是多少? 换句话说, 这两个栖息地的平均蚁巢密度有多大可能性真的存在不同? 其实这个问题的答案就是: 图 5.8 中大于或等于 5.32 的值曲线下面积的百分比。答案是 67.3%。这似乎不像前一节参数分析中得到 0.018(1.8%) 的 P 值那样有说服力。在参数分析中 $P = 0.018$ 对应的观测值为 8.78; 事实上, 在图 5.8 中, 值 $\geqslant 8.78$ 的百分比为 46.5。换言之, 贝叶斯分析 (见图 5.8) 表明, 给定方差 F 比的贝叶斯估计值 F = 9.77, 两个栖息地中蚁巢密度确实存在差异的概率 $P = 0.67$, $[P(\mathrm{F} \geqslant 5.32|\mathrm{F}_{\mathrm{obs}}) = 0.67]$。相反, 参数分析 (见图 5.5) 表明, 给定两个栖息地中蚁巢密度相同的零假设, 参数方差 F 比的估计值为 F = 8.78 (或更大值) 的概率为 $P = 0.018$, $[P(\mathrm{F}_{\mathrm{obs}}|H_0) = 0.018]$。

贝叶斯分析时, 如果使用不同的先验分布, 而不是方差较大、均值为零的先验, 将会得到不同的答案。例如, 如果森林的先验均值为 15, 田野的先验均值为 7, 组间方差为 10, 组内方差为 0.001, 则会得到 $P(\mathrm{F} \geqslant 5.32|\mathrm{data}) = 0.57$。无论如何, 后验概率取决于

分析中所使用的先验 (见表 5.7)。

最后, 我们可以根据观察到的方差 F 比估计 95% 的贝叶斯**可信区间 (credibility interval)**。与蒙特卡罗算法一样, 95% 的贝叶斯可信区间为方差 F 比模拟值 2.5% 和 97.5% 百分位数。这两个值分别为 0.28 和 28.39。由此, 我们有 95% 的把握确定此次实验的方差 F 比在区间 [0.28, 28.39] 内。值得注意的是, 由于 F 比值的估计精度较低所以区间范围较大, 这也反映出分析的样本量较小。关于可信区间的解释, 你可以与第 3 章中对置信区间的解释进行比较。

5.4.7 贝叶斯分析的假设

除了所有统计方法都要求的标准假设外 (随机、独立的观测), 贝叶斯分析最关键的假设是: 估计的参数是已知分布的随机变量。在我们的分析中, 也同样提出了少许先验信息 (无信息先验) 作为假设, 与先验相比, 似然函数对后验概率分布的最终计算结果影响更大。这应该很直观。另一方面, 倘若我们有许多的先验信息, 那先验概率分布 (如图 5.6 黑色曲线所示) 的方差也将较小, 似然函数也不会大幅改变后验概率分布的方差。倘若我们有很多先验信息, 并对它们充满信心, 那实验中也就学不到太多东西。一个设计精良的实验其方差的后验估计应该比方差的先验估计小。

先验和似然对森林中蚁巢平均密度概率后验估计的相对贡献如图 5.9 所示。在该图中, 先验在数据的范围内较为平缓 (即无信息先验), 似然是基于观测数据的分布 (见表 5.1), 后验是二者的乘积。值得注意的是, 因为我们有一些先验的信息, 所以后验的方差小于似然的方差。然而, 因为在数据范围内所有先验的值几乎相等, 所以似然的期望

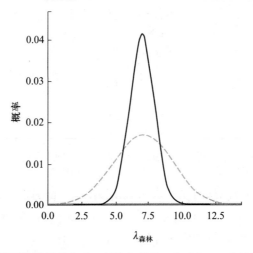

图 5.9 森林样方中蚁巢平均数量的先验、似然和后验。在对表 5.1 中的数据进行贝叶斯分析时, 我们使用了一个均值为 0、方差为 100 000 的无信息先验分布。在 $\lambda_{森林}$ 取值范围内, 该正态分布生成的先验概率值 (灰色实线) 基本均匀。似然 (灰色虚线) 表示基于观测数据的概率 (见表 5.1), 后验概率 (黑色实线) 是二者的乘积。请注意, 后验分布比似然更精确, 因为它考虑了先验包含的 (有限) 信息。

(7.0) 和后验的期望 (6.97) 非常接近。

完成该实验后, 我们得到了每个参数的新信息, 这些信息可用于后续实验分析。如果要重复实验, 则可以将图 5.9 中的后验作为其他森林中蚁巢平均密度的先验。要做到这一点, 表 5.7 中的 λ_i 和 σ_i 可作为新先验概率分布中 λ_i 和 σ_i 的估计值。

5.4.8   贝叶斯分析的优缺点

相对于频率框架下的参数分析和蒙特卡罗法, 贝叶斯分析有很多优势。贝叶斯分析允许明确纳入先验信息, 而且一个实验的结果 (后验) 可用于 (作为先验) 指导后续的实验。对贝叶斯分析结果的解释也非常简洁明了, 且得到的推断取决于观测数据和先验信息。

贝叶斯分析法的弊端在于对计算的挑战 (Albert 2007; Clark 2007; Kery 2007) 以及基于数据设定假设的要求 [即, P(假设|数据)]。贝叶斯分析最严重的不足是缺乏潜在的客观性, 因为使用不同的先验会得到不同的结果。不同的研究者如果从不同的先入为主或先验的信息出发, 可能会从相同的数据集中得到不同的结果。使用无信息先验能解决这个问题, 但也增加了计算的复杂性。

5.5   总结

统计分析的三大框架是蒙特卡罗分析、参数分析和贝叶斯分析。这三种方法都假设数据是随机独立抽样得到的。在蒙特卡罗分析中, 数据被随机化或重组, 个体被随机重新分配到不同组内。计算这些随机数据集的检验统计量, 多次重复重组以生成模拟值的分布。再根据分布估计所观察到的检验统计量的尾概率。蒙特卡罗分析的优势是对数据的分布不做任何假设, 使零假设更为清晰明确, 还可以根据个别的数据集和假设进行调整。弊端是它并不是一个通用的解决方案, 通常需要计算机编程才能实现。

在参数分析中, 假定数据来自已知的基本分布。将基于随机变化的零假设的理论分布与观察到的统计量检验相比较。参数分析的优势是为经典零假设的统计检验提供了一个统一的框架。参数分析对于大多数生态学家和环境科学家来说非常熟悉, 且广泛应用于统计软件中。参数分析的弊端是检验没有指定备择假设的概率, 但备择假设通常比零假设更有意义。

贝叶斯分析认为参数是随机变量, 没有固定的值。即使现代贝叶斯分析常依赖于无信息先验, 但它也能直接利用先验信息。贝叶斯分析的结果被表示为概率分布, 其解释符合我们的直观认知。然而, 贝叶斯分析需要复杂的计算, 而且常常需要研究者自己编程。

第二部分　实　验　设　计

第 6 章　设计成功的野外研究

对数据的正确分析离不开恰当的抽样设计和实验布局。如果在研究设计或数据收集方面存在严重的错误或问题, 事后将很难弥补。而设计得当、执行无误的研究所得到的数据甚至可以用多种方法进行分析, 以回答不同的问题。在本章中, 我们将讨论在设计生态研究时普遍需要考虑的问题。这些问题请读者在开始收集数据前务必反复思考琢磨。

6.1　研究的要点

虽然这个问题看似滑稽且答案不言而喻, 但仍有很多研究在没有明确回答这个问题之前就开始了。接下来我们将通过一些具体的问题形式给出答案。

6.1.1　变量 Y 是否在空间或时间上存在差异?

这是调查数据中最常见的问题, 也是许多生态学研究的出发点。标准的统计方法, 如方差分析 (ANOVA) 和回归非常适合回答这个问题。此外, 对这个问题而言, 传统的检验和拒绝一个简单零假设 (见第 4 章) 会产生一种 "是或否" 的对立回答。如果不了解数据在时空中的变化规律, 讨论其机制就会非常困难。比如想要了解影响生物多样性的因素之前, 至少需要知道物种丰富度在空间尺度的分布情况。与一个成功的实验研究一样, 一个成功的生态调查研究同样需要在设计和执行中投入大量的时间和精力。有时调查研究可以实现所有的研究目标; 但有时调查研究只是一项研究的第一步。一旦知晓数据中所存在的空间和时间尺度上的变化规律, 就可以通过实验或收集额外数据来探究其背后的机制。

6.1.2　因子 X 对变量 Y 的影响

这个问题可以直接通过一个人为操作 (实验性) 实验得到答案。在野外或实验室实验中, 研究人员会建立不同水平的因子 X, 同时测量变量 Y 的响应。如果实验设计和统计分析得当, 我们就可以用得到的 P 值来检验零假设 (因子 X 对 Y 无效)。若结果具有统计学意义则表明因子 X 会影响变量 Y, 同时也表明因子 X 的 "信号" 很强, 强到足以超越其他自然变异引起的 "噪声" [1]。利用因子 X 中存在的自然变异, 我们可以用相同的方法对某些自然观察实验进行分析。但由于我们很难控制其中的混杂变量, 所以通常得到的推论较弱。在本章后面我们将更详细地讨论自然观察实验。

6.1.3　变量 Y 的测量值是否与假设 H 的预测一致?

这个问题代表了一种存在于理论和数据之间的经典冲突 (Hilborn and Mangel 1997)。第 4 章中, 我们讨论了两种解决这种冲突的策略: 归纳法, 递归地修改单个假设使其与不断积累的数据相契合; 假设–演绎法, 如果假设不能预测数据, 就会被证伪并丢弃。无论是实验性研究的数据还是观察性研究的数据都可以用来检验观测结果是否与机械性假说的预测值保持一致。然而, 生态学家并非总能直白地阐明这个问题。原因在于: (1) 许多生态假设无法得到简单的、可证伪的预测值; (2) 即使一个假设得到了预测值, 它们也很少是唯一的。因此, 仅依靠变量 Y 的数据可能无法准确地检验假设 H。

6.1.4　基于变量 Y 的测量值, 模型 Z 中参数 θ 的最优估计是什么?

统计学模型和数学模型是生态学和环境科学中非常有力的工具。它们能帮助我们预测种群和群落随时间是如何变化的, 或它们对环境条件的改变会做出怎样的反应 (Sjögren-Gulve and Ebenhard 2000)。模型还可以帮助我们理解不同生态机制间如何同时相互作用以控制种群和群落结构 (Caswell 1988)。参数估计是预测模型构建所必需的, 也是贝叶斯分析非常重要的特性 (见第 5 章)。野外测量的变量 Y 与我们模型中的参数 θ 之间很少有简单的一一对应关系。所以, 取而代之的是, 我们不得不从自己的数据中提取和估计这些参数。然而, 在生态学实验和野外调查中一些最常用的传统设计, 如方差分析 (见第 10 章), 在模型参数的估计方面却用处不大。在第 7 章中, 我们将讨论其他一些用于参数估计的有效设计。

6.2　人为操作实验

在**人为操作实验 (manipulative experiment)** 或实验性实验中, 研究人员首先改变预测变量 (或因子) 的水平, 然后测量一个或多个感兴趣的变量对这些变化的响应, 最后用这些结果来检验因果的假设。例如, 如果想检验加勒比小岛上蜥蜴捕食控制蜘蛛密度这一假设, 我们可以在一系列围场中改变蜥蜴的密度, 并测量蜘蛛的密度 (Spiller and Schoener 1988)。最后将这些数据绘制成图, 图中 x 轴 (自变量) 是蜥蜴密度, y 轴 (因变量) 是蜘蛛密度 (图 6.1)。

我们的零假设是这两个变量之间没有关系 (图 6.1A)。也就是说, 蜘蛛的密度在特

---

[1]尽管实验性实验可以得到有力的推论, 但它们可能无法揭示明确的机制。许多生态学实验都是简单的 "黑盒子" 实验, 测量了因变量 Y 对因子 X 变化的响应, 但并未阐明引起这种响应的底层机制。要理解这种机制可能需要额外的观察或实验来解决我们更为关注的过程方面的问题。

定的围场中有高有低, 但与围场中蜥蜴的密度无关。或许我们会观察到蜘蛛和蜥蜴的密度呈负相关: 蜥蜴密度最高的围场中蜘蛛最少, 反之亦然 (图 6.1B)。然后对这种模式进行统计分析, 如回归 (见第 9 章), 以判断证据是否足以拒绝蜥蜴和蜘蛛密度之间无关的零假设。根据这些数据估计出的回归模型, 其参数可以量化关系强度。

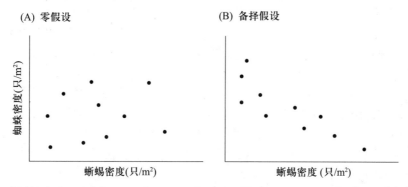

图 6.1 实验性实验和自然野外实验中蜥蜴密度与蜘蛛密度的关系。每个点代表已测量蜘蛛密度和蜥蜴密度的样方或地块。(A) 零假设是蜥蜴密度对蜘蛛密度没有影响。(B) 备择假设是蜥蜴捕食控制蜘蛛密度, 导致这两个变量存在负相关关系。

尽管野外实验很受欢迎也很强大, 但仍存在一些局限性。首先, 在大空间尺度上进行实验极具挑战性; 超过 80% 的野外实验是在小于 1 m^2 的样方上进行的 (Kareiva and Anderson 1988; Wiens 1989)。很多重复性实验也无法在大空间尺度上正常进行 (Carpenter 1989)。即使恰当地进行了重复实验, 小空间尺度的实验结果也无法代表大空间内的模式和过程 (Englund and Cooper 2003)。

其次, 野外实验通常仅限于那些体积相对较小、寿命较短的且容易被人为操控的生物。虽然我们总是希望将实验结果推广到其他系统, 但蜥蜴和蜘蛛间的相互作用明显不太可能告诉我们狮子和角马间的相互作用。再者, 在操作性实验中很难有且只有一次改变一个变量。例如, 笼子可以排除其他的捕食者和猎物, 并带来庇荫处。如果不小心将笼子中的蜘蛛密度与没有关在笼子里的 "对照" 相比较, 那蜥蜴捕食的影响就会与其他处理导致的物理差异相**混淆 (confounded)**。我们将在本章后面讨论混杂变量的解决方案。

最后, 许多标准的实验设计对于实际的野外实验来说都是不实用的。例如, 假设一组蜘蛛里面有八个物种, 我们很感兴趣这些物种间的竞争关系。在这样的实验中, 一种独特的物种组合就是一个处理。虽然每个处理的物种数从 1 到 8 不等, 但组合数是唯一的, 即 $2^8 - 1 = 255$。如果我们想要对每种处理设置 10 个重复 (参见本章后面讨论的 "10 数规则"), 就需要 2550 个样方。由于空间、时间或劳动力的限制, 这可能无法实现。由于所有这些潜在的局限性, 群落生态学中的许多重要问题往往无法通过野外实验来解决。

6.3 自然观察实验

自然观察实验 (natural experiment) (Cody 1974) 根本不是真正意义上的实验。相反, 它是一项观察性研究, 只是利用了感兴趣的变量中存在的自然变化。例如, 与其直接人为干预蜥蜴密度 (一项困难、昂贵又耗时的工作), 不如对一系列蜥蜴存在密度自然变化的地块 (或岛屿) 进行调查 (Schoener 1991)。理想情况下, 这些地块仅在蜥蜴的密度上有所不同, 而其他方面都是相同的。然后我们就可以分析蜘蛛密度和蜥蜴密度之间的关系, 如图 6.1 所示。

自然观察实验和人为操作实验表面上生成相同类型的数据, 而且常常用相同类型的统计方法进行分析, 但在对自然观察实验和人为操作实验的解释上往往存在重大差异。在人为操作实验中, 如果我们已经建立了有效的对照并且在重复中保持相同的环境条件, 那响应变量 (如蜘蛛密度) 中任何一致的差异都可以直接归因于人为操作因素 (如蜥蜴密度) 的差异。

但我们对自然观察实验的结果解释就没有同样的信心。因为在自然观察实验中, 我们不知道因果的方向, 也没有办法控制其他变量, 而这些变量在重复之间肯定有所不同。对于蜥蜴–蜘蛛的例子, 至少有四个假设可以解释蜥蜴和蜘蛛密度之间的负相关:

1. 蜥蜴可以控制蜘蛛的密度。这是原始野外实验中感兴趣的备择假设。

2. 蜘蛛可以直接或间接控制蜥蜴的密度。假设大型狩猎蜘蛛捕食小蜥蜴, 或者蜘蛛也被以蜥蜴为食的鸟类捕食。在这两种情况下, 增加蜘蛛密度可能会降低蜥蜴的密度, 即使蜥蜴确实以蜘蛛为食。

3. 蜘蛛和蜥蜴的密度都受无法测量的环境因子的控制。假设在潮湿地块上蜘蛛密度最高, 而在干旱地块上蜥蜴密度最高。即使蜥蜴对蜘蛛几乎没有影响, 也会出现图 6.1B 中的模式: 潮湿地块上蜘蛛较多, 蜥蜴较少, 而干旱地块上蜥蜴较多, 蜘蛛较少。

4. 环境因子可以控制蜥蜴和蜘蛛之间相互作用的强度。在干旱地块上蜥蜴可能是高效的蜘蛛捕食者, 但在潮湿地块捕食效率却很低。在这种情况下, 蜘蛛的密度将取决于蜥蜴的密度和地块中的水分含量 (Spiller and Schoener 1995)。

这只是四种可能导致蜥蜴密度和蜘蛛密度间存在负相关关系的最简单的情况 (图 6.2)。如果在这些关系图中加上双向箭头 (蜥蜴和蜘蛛会相互影响彼此的密度), 那又会出现一系列更复杂的假设用于解释它们间的关系 (见图 6.1)。

当然, 这些并不意味着自然观察实验毫无希望。在很多情况下, 我们可以收集更多的数据来区分这些假设。假如我们怀疑水分等环境变量很重要, 可以将调查限制在一组水分含量近似的地块中, 或者 (更好的方法是) 在一系列水分含量存在梯度的地块中测量蜥蜴密度、蜘蛛密度和水分含量。当然, 在野外实验中混杂变量和替代机制依然存在问题。但是, 如果研究人员能够在适当的时空尺度进行实验, 设置合适的对照, 保证充足的重复, 并使用随机化来定位重复、分配处理, 那混杂变量和替代机制带来的影响就会被减少。

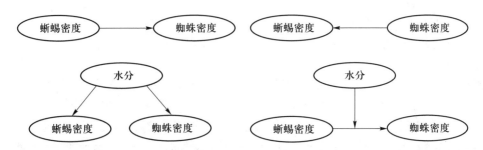

图 6.2 考虑蜥蜴密度和蜘蛛密度间相关性的机械性假设 (见图 6.1)。因果关系可能是从捕食者到猎物 (左上) 或猎物到捕食者 (右上)。更复杂的模型包括其他生物或非生物变量的影响。例如，蜘蛛和蜥蜴间可能没有相互作用，但两者的密度都由第三个变量控制，如水分 (左下)。或者，水分可能通过改变蜥蜴和蜘蛛的相互作用而产生间接影响 (右下)。

    总的来说，人为操作实验让我们对因果关系的推断更有信心，但仅限于空间尺度较小、时间尺度较短的框架。而自然观察实验几乎可以在任意的空间尺度 (从小样方到整个大陆) 和时间尺度 (每周的野外测量，到年度的，到化石地层的) 内进行。当然，梳理自然观察实验中的因果关系相对更具挑战性[2]。

6.4 "快照式" 实验和 "轨迹式" 实验

    自然观察实验的两个变体是 **"快照式" 实验 (snapshot experiment)** 和 **"轨迹式" 实验 (trajectory experiment)** (Diamond 1986)。"快照式" 实验是在空间上的重复，而 "轨迹式" 实验则是在时间上的重复。对于图 6.1 中的数据，假设我们在一天内调查了 10 个不同的地块，这是一个 "快照式" 实验，重复是空间上的；每次的观察代表同一时间调查的不同地块。另一方面，假设我们在 10 年间的不同时刻访问同一个地块，这是一个 "轨迹式" 实验，重复是时间上的；每次的观察代表同一地块调查的不同年份。

    "快照式" 实验的优点在于它速度快，并且相比于时间 "轨迹式" 实验在时间上的重复，空间上的重复在统计上彼此更加独立。大部分生态数据集都是 "快照式" 实验，因为大多数研究的项目资助以及论文研究年限基本都是 3 到 5 年[3]。事实上，许多关于时间变化的研究实际上也是 "快照式" 实验，因为空间变化被当作时间变化的替代变量。例如，植物群落的持续变化可以通过对年代序列的抽样来研究，所谓年代序列是指：沿着

---

[2]在某些情况下，人为操作实验和自然观察实验的区别并不明确。人类活动产生了许多意想不到的大规模实验，包括富营养化、习惯改变、全球气候变化以及物种的引入和清除。富有想象力的生态学家可以利用这些改变来设计研究，而且这些研究结果通常具有较强的说服力。Knapp 等在 2001 年通过比较天然无鱼湖泊、放养鱼类的湖泊和曾经放养过鱼类的湖泊中的无脊椎动物群落，研究了鳟鱼的引入对内华达山脉湖泊的影响。许多类似的比较都记录了人类活动带来的影响。然而，随着人类的影响越来越广泛，找到可被视为不受控制的地点就变得越来越难。

[3]长期生态学研究 (Long Term Ecological Research, LTER) 开展的一系列研究是短期生态实验的特例。美国国家科学基金会 (National Science Foundation, NSF) 在 20 世纪 80 年代和 90 年代为这些研究提供了资金，专门用于数十年到几个世纪的生态研究。

一个起源时间不同的空间梯度, 所得的一系列观测、地点或生境 (如 Law et al. 2003)。

"轨迹式" 实验的优势在于它揭示了生态系统如何随时间变化。很多生态环境模型可准确描述这些变化, 同时 "轨迹式" 实验可有效地对模型的预测结果与野外数据加以比较。此外, 许多用于环保和环境预测的模型可对未来进行预测, 对于这些模型来说, 时间 "轨迹式" 实验是最可靠的数据来源。生态学中许多非常有价值的数据集都是利用统一、标准化方法采集到的长时间序列数据。但是, 局限于单个地点的 "轨迹式" 实验在空间上是无法重复的, 因为不知道在那个地点描述的时间轨迹是否与在其他地点发现的一样。一个给定地点, 每个时间轨迹本质上只有 1 个样本[4]。

6.4.1   时间依赖性问题

"轨迹式" 实验中一个较难解决的问题是, 沿时间序列收集的数据是潜在非独立的。假设你在一年内连续每月对一个样方内的红杉树进行直径测量, 但红杉的生长速率非常缓慢, 因此相邻两个月的测量结果可能几乎相同。所以, 对于大多数林业从业人员而言, 所得到的数据其实只有一个数据点 (一个年平均直径) 而非 12 个独立的数据点。此外, 还有一种情况, 每月对生长迅速的淡水浮游生物群落的测量在统计学上可以被看作是相互独立的。当然, 样本间的时间间隔越长, 它们作为重复的独立性就越不容置疑。

但即使用了正确的调查间隔, 如何建立时间变化模型仍是一个微妙的问题。

假设我们正在尝试模拟沙漠一年生植物种群大小的变化, 若有连续 100 年的年度群落调查数据, 就可以得到一个非常好的时间轨迹结果。我们也可以拟合一个关于时间序列的标准线性回归模型 (见第 9 章)。

$$N_t = \beta_0 + \beta_1 t + \varepsilon \tag{6.1}$$

在这个公式中, 种群大小 (N_t) 是一个关于过去时间量 (t) 的线性函数, 系数 β_0 和 β_1 是该直线的截距和斜率。若 $\beta_1 < 0$, 群落大小 N 随时间减小; 若 $\beta_1 > 0$, 则 N 随时间增加。ε 是一个正态分布的**白噪声 (white noise)**[5] 误差项, 它合并了测量误差和种群大小中的随机变量。第 9 章将更详细地解释这个模型, 我们现在仅把它当作一种简单的方法用来探究种群大小如何随着时间的推移以线性方式变化。

然而, 该模型没有考虑种群大小会随着出生和死亡而变化, 出生和死亡会影响当前

---

[4] "快照式" 实验和 "轨迹式" 实验的设计同样也出现在人为操作实验中。特别是, 一些设计是在人为操作前和操作后进行的一系列测量。操作前的测量值作为 "对照" 用于与操作或干预后得到的测量值进行比较。这种 BACI (Before-After, Control-Impact) 设计在环境影响分析研究和空间重复受限研究中起着举足轻重的作用。更多有关 BACI 的信息, 请参阅本章后面的 "大尺度研究和环境影响" 部分及第 7 章。

[5] 白噪声是一种误差分布, 误差间是独立的、互不相关的。作为白光的类比被称为白噪声, 白光是短波和长波的混合物。相比之下, 红噪声主要受低频扰动的支配, 就像红光由低频光波所主导一样。大多数与时间序列相关的种群大小表现出红噪声谱 (Pimm and Redfearn 1988), 因此当在更大的时间尺度上进行分析时, 种群大小的方差会增加。参数回归模型需要正态分布的误差项, 因此白噪声分布构成了大多数随机生态模型的基础。然而, 完整的有色噪声分布谱 ($1/f$ 噪声) 可能更适合多数生态和进化数据集 (Halley 1996)。

种群的大小。**时间序列模型 (time-series model)** 将种群增长描述为

$$N_{t+1} = \beta_0 + \beta_1 N_t + \varepsilon \tag{6.2}$$

在该模型中,下一时间步长的种群大小 (N_{t+1}) 不仅取决于已经过去的时间量 t, 还取决于最后一个时间步长 (N_t) 的种群大小。常数 β_1 是乘数项,决定群落是指数增加 ($\beta_1 > 1.0$) 还是减小 ($\beta_1 < 1.0$)。和之前一样,ε 是白噪声误差项。

线性模型 (公式 6.1) 描述了 N 随时间简单的线性 (或加性) 增长,而时间序列或**自回归 (autoregressive)** 模型 (公式 6.2) 描述了 N 随时间的指数增长,因为因子 β_1 是乘数,平均每个时间步长中种群大小增长的百分比是恒定的。两个模型间最重要的差异在于,时间序列模型中种群大小的观测值和预测值间的差异,即**偏差 (deviation)**,是彼此相关的。因此,往往会出现连续增长后又连续下降的趋势或周期。这是因为增长轨迹具有"记忆"——每个连续观测 (N_{t+1}) 直接取决于前一个观测 (公式 6.2 中的 N_t 项)。相反,线性模型没有"记忆",其增长只是关于时间 (和 ε) 而不是 N_t 的函数。因此,正负偏差以纯粹随机的方式相互依赖 (图 6.3)。偏差相互关联是"轨迹式"研究中数据的典型特征,它违背了大多数常规统计分析的假设[6]。现在开发的分析和计算密集型方法可

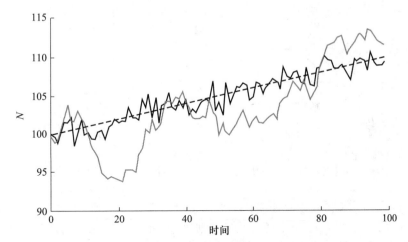

图 6.3 存在和不存在自相关的确定性及随机性时间序列示例。每个种群的初始个体数为 100。没有误差的线性模型 (虚线) 显示了种群数据持续上升的趋势。黑色实线表示有随机白噪声误差项的线性模型,模型中增加了时间上不相关的变异。灰色实线代表自相关模型,模型用当前时刻 (t) 的种群大小加上随机噪声来表示下一时刻 ($t + 1$) 的种群大小。尽管该模型中的误差项仍是一个简单的随机变量,但得到的时间序列表明存在自相关性——有种群增长的情况,也有种群减少的情况。对于线性模型和随机白噪声模型,公式均为 $N_t = a + bt + \varepsilon$,其中 $a = 100$, $b = 0.10$。对于自相关模型,$N_{t+1} = a + bN_t + \varepsilon$, $a = 0.0$, $b = 1.0015$。两个模型中的误差项 ε 是服从正态分布的随机变量: $\varepsilon \sim N(0, 1)$。

---

[6]实际上,空间自相关带来了同样的问题 (Leqendre and Legendre 1998; Lichstein et al. 2003)。然而,空间自相关分析的工具或多或少地独立于时间序列分析,可能是因为我们将时间视为严格的一维变量,而将空间视为二维或三维变量。

同时用于随时间变化的样本数据和实验数据 (Ives et al. 2003; Turchin 2003)。

这并不意味着我们不能将时间序列数据纳入常规统计分析。在第 7 章和第 10 章中，将讨论分析时间序列数据的其他方法。这些方法要求在收集数据后进行非常仔细的抽样设计和数据处理。在这方面，时间序列或轨迹数据与任何其他数据一样。

6.5　压力实验对比脉冲实验

在实验性研究中，我们还区分了**压力实验 (press experiment)** 和**脉冲实验 (pulse experiment)** (Bender et al. 1984)。在压力实验中，随时间推移，处理所改变的条件会一直保持并且在必要时重新施加，以确保实验操作强度的恒定。因此，可能需要重新给植物施肥，若样方内的动物死亡或消失需要重新放置新的动物。相反，在脉冲实验中，仅在研究开始时施加一次实验处理。处理不会被重新施加，但从操作状态 "恢复" 后可以再次重复处理 (图 6.4A)。

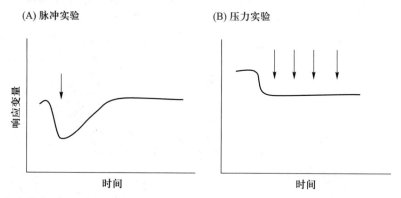

图 6.4　生态脉冲和压力实验。箭头表示施加处理，线条表示响应变量的时间轨迹。脉冲实验 (A) 测量对单一处理的响应 (恢复能力)，而压力实验 (B) 测量恒定条件下的响应 (抵抗能力)。

压力和脉冲实验测量了对处理的两种不同反应。压力实验 (图 6.4B) 测量了系统对实验处理的抵抗能力 (抗性)：即在压力实验创建的恒定环境中系统抵抗变化的程度。在压力实验中，抗性低的系统会呈现出较大的响应，而抗性高的系统其对照组和实验组间差异很小。

脉冲实验测量了系统在施加实验处理后的恢复能力 (弹性)：即系统从单次干扰中恢复原状的程度。弹性高的系统会迅速恢复到初始控制条件；而弹性低的系统则需要很长时间才能恢复，即单次处理后，对照组和实验组的图将在很长一段时间内存在差异。

压力和脉冲实验的区别不在于施加的处理数量，而在于处理过程中随着时间的推移改变的条件是否得到了保持。在实验过程中，如果环境条件在单次干扰后保持不变，那么该设计本质上是一个压力实验。压力和脉冲实验的另一个区别是压力实验测量了系统在恒定条件下的响应，而脉冲实验则记录了在不断变化的环境中的瞬时响应。

6.6 重复

6.6.1 需要多少重复?

这是生态学家和环境学家向统计学家提出的最常见的问题之一。正确的回答是, 答案取决于数据中的方差和**效应量 (effect size)** —— 你希望检测到的被比较组间的均值差异。然而, 这两个量可能难以估计, 尽管我们总是在考虑多大的效应量是合理的。

为了估算方差, 许多统计学家会建议进行预实验。然而预实验通常是不可行的, 因为会受到野外条件和资金的限制。但这并不影响我们从已发表的研究和与同事的讨论中估计出合理的方差和效应量范围。然后根据由不同的重复、方差和效应量组合产生的值 (如图 4.5) 来确定其统计功效 (见第 4 章)。但仍然需要先回答以下问题。

6.6.2 能负担得起多少重复?

收集实验或调查数据需要时间、人力和金钱, 所以需要精确地确定可以负担的总样本量。如果正在进行昂贵的组织或样品分析, 成本可能是限制因素之一。然而, 在许多研究中, 时间和劳动力比金钱更有限。对于在大型空间尺度上进行的地理调查来说尤其如此, 你 (以及你的野外工作人员, 如果你有的话) 可能会花与收集野外数据同样多的时间去调查样地。理想情况下, 应同时测量所有重复, 得到一个完美的单时间点实验。因为收集数据所花费的时间越多, 从第一个样本到最后一个样本间改变的条件就越多。在实验性研究中, 如果没有一次性收集所有数据, 那么对于重复而言, 从实施处理开始到结束所花费的时间就不再相同。

显然, 研究的空间尺度越大, 在合理的时间范围内收集所有数据就越困难。尽管如此, 由于推断的范围与分析的空间尺度有关, 所以回报可能会更大: 基于仅在一个地点采集的样本得到的结论在其他地点可能是无效的。所以开发不切实际的抽样设计是没有意义的, 而是要从头到尾仔细地规划项目以确保它是可行的[7]。只有当你知道你所能收集到的重复或观测总数时, 才能运用 10 数规则来设计你的实验。

6.6.3 10 数规则

10 数规则 (The Rule of 10) 是指每个类别或处理水平应该收集至少 10 个重复观测。比如, 在一个检测不同植物物种光合速率的实验中, 假设已经确定共收集 50 个观测。对于一个好的单因素方差分析的设计而言, 参与光合速率比较的物种不应超过 5 个, 每个物种随机选择 10 个样本, 得到 10 个观测值。

---

[7]使用秒表仔细统计完成单次重复测量所需的时间可能是一种很有用的方法。就像电影《儿女一箩筐》 (*Cheaper by the Dozen*)(Gilbreth and Carey, 1949) 中饰演的效率专家爸爸一样, 我们更信赖这些数字。通过这些数据, 我们可以准确估计一小时内可以进行多少次重复, 以及完成种群调查所需的总时间。同样的原则适用于样本处理, 以及在实验室中进行的测量、将数据输入到计算机及数据长期存储和管理 (见第 8 章)。在规划生态学研究时, 需要计算所有活动所花费时间。

　　10 数规则并不基于什么实验设计或统计分析的理论原则, 而是我们从已成功和尚未成功的设计中得到的宝贵经验。当然, 我们自己也常常打破规则, 分析每个处理组少于 10 个观测的数据集。一些具有多个处理组合, 但每个处理只有四或五个重复的平衡设计也可能很强大。但一些单因素设计仅具有少量处理水平, 若方差很大, 则需要每种处理超过 10 个重复。

　　无论如何, 10 数规则是一个坚实的起点。但是在实际实验中, 即使为每种处理水平设置了 10 个观测, 可能也无法得到想要的数据。尽管付出了最大的努力, 但数据可能会因各种原因而丢失, 包括设备故障、天气灾害、样地损失、人为干扰或错误、数据转移不当以及环境变化等。但 10 数规则至少让你有机会收集到可以揭示潜在模式、具有统计功效的数据[8]。在第 7 章中, 我们将讨论有效的抽样设计和策略, 从而使数据中得到的信息量最大化。

6.6.4　大尺度研究和环境影响

　　10 数规则对于研究单元 (样方、叶子等) 大小可控的小尺度实验性研究是有用的。但它不适用于大尺度的生态系统实验, 例如关于整个湖泊的操作, 因为重复可能不可行或太昂贵。"10 数规则" 也不适用于受多个环境因素影响的研究, 这些研究需要在单个地点评估一个影响。这种情况下, 最好的策略是使用 **BACI 设计 (Before-After, Control-Impact design)**。在一些 BACI 设计中, 重复是通过时间实现的: 反复调查影响产生前后对照和实验位点。缺乏空间重复不但限制了对受影响位点本身的推断 (这可能是研究的重点), 还要求影响不会与其他可能导致同类影响的因素混淆。虽然简单 BACI 设计由于缺乏空间重复而带来争议 (Underwood 1994; Murtaugh 2002b), 但在许多情况下它们是最佳的设计选择 (Stewart-Oaten and Bonce 2001), 特别对于有明确时间序列的建模 (Carpenter et al. 1989)。我们将在第 7 章和第 10 章介绍 BACI 及其替代方案。

6.7　保证独立性

　　大多数统计分析假设重复之间是相互独立的。**独立性 (independence)** 是指在两个重复中收集的观察互不影响。非独立性在实验环境中是最容易理解的。假设你正在研究作为传粉者的蜂鸟对花朵产蜜量的响应, 并为此设置了两个相邻的 $5\,\mathrm{m} \times 5\,\mathrm{m}$ 的样地。一个样地是对照组; 相邻的样地是去掉所有花的花蜜的实验组。然后统计蜂鸟对两个样地中花朵的访问次数。对照组的统计结果为平均 10 次/小时, 相比之下, 实验组只有 5 次/小时。

---

[8]另一个有用的规则是 5 数规则。如果要估计响应的曲率或非线性, 则至少需要预测变量的 5 个水平。正如我们将在第 7 章中讨论的, 更好的解决方案是使用回归设计, 其中预测变量是连续的, 而不是具有固定数量水平的类别。

在收集数据时, 你会注意到鸟类一旦到达实验组, 就会立即离开, 然后去访问相邻的对照组 (图 6.5A)。显然, 这两组观察结果并不是相互独立的。如果对照组和实验组的样地在空间上的距离较远, 结果可能会有所不同, 对照组的平均值可能只有 7 次/小时而不是 10 次/小时 (图 6.5B)。当两个样地彼此相邻时, 非独立性会放大它们之间的差异, 可能导致 P 值低得离谱以及犯 I 类错误 (错误地拒绝正确的零假设; 见第 4 章)。在其他情况下, 非独立性可能会缩小各种处理间的显著差异, 从而导致 II 类错误 (错误地接受不正确的零假设)。总之非独立性会使 P 值和检验力扩大或缩小到未知程度。

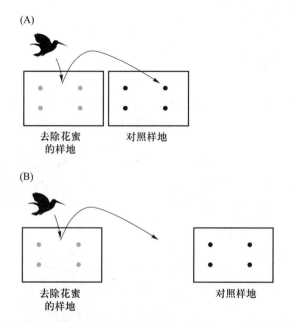

图 6.5 生态学研究中独立性问题的实验说明: 蜂鸟在对照样地和去除所有花朵花蜜的实验样地中寻找花蜜。(A) 非独立情况下, 去除花蜜样地的实验组和未去除的对照组样地彼此相邻, 进入实验组样地的蜂鸟立即离开并去相邻的对照组样地中觅食。因此, 在两个组中收集到的数据不是相互独立的: 一种处理中的响应影响另一种处理中的响应。(B) 如果改变布局使两个样地相隔较远, 离开实验组样地的蜂鸟不一定会进入对照组样地。这两个样地是独立的, 在一个样地中收集的数据不受另一个样地的存在的影响。虽然很容易说明非独立性的潜在问题, 但实际上很难事先确定能够确保统计独立性的空间和时间尺度。

防止不独立的最佳措施是, 确保处理组内和组间的重复之间有足够的空间或时间间隔, 以确保它们不会相互影响。然而, 不论是实验研究还是观察研究, 这个距离或间隔应该是多少却鲜为人知。所以需要我们尽可能多地运用常识和生物学知识, 试着从有机体的角度来观察世界, 思考样本的分隔距离。如果可行, 预实验也建议保持适当的间隔以确保独立性。

可能有人会问为什么不最大化样本间的距离或时间间隔呢? 首先, 如前所述, 随着样本间距离的增加, 数据的收集成本会增加。其次, 由于生境内或生境间的差异 (异质性), 将样本移动到很远的地方可能会引入新的变异源。我们希望重复组尽可能接近, 以确保采集的样本是相对同质或处于一致条件下的; 同时又要相隔尽可能远, 以确保得到的观察是相互独立的。

尽管独立性问题至关重要, 但科学论文几乎从未明确讨论过它。在论文的 "方法" 部分, 你可能会读到一句话, "我们随机测量了 100 株生长在阳光充足条件下的幼苗, 每株被测量的幼苗距离它最近的幼苗至少 50 cm。" 这里作者的意思是, "我们不知道确保独立性所需的距离是多远, 但对于被研究的幼苗来说, 50 cm 似乎是一个相当大的距离。如果距离大于 50 cm, 就无法在阳光充足的情况下收集所有数据, 因为一些幼苗会在阴暗处, 这显然会影响我们的结果。"

6.8 避免混淆因子

当各种因子相互混淆, 相互干扰时所带来的影响很难被消除。回到蜂鸟的例子。假设我们谨慎地将对照组样地和实验组样地分开, 但无意中将实验组设置在阳光明媚的山坡上, 而对照组设置在凉爽的山谷中 (图 6.6)。蜂鸟在实验组的觅食频率较低 (7 次/小时), 并且两个样地现在相距甚远, 不存在独立性问题。然而, 由于蜂鸟不喜欢凉爽的山谷, 所以在这样的样地觅食的频率也很低 (6 次/小时)。处理方法与温度差异的混淆, 使我们无法区分觅食偏好与温度偏好的影响。这时, 这两种影响很大程度上会相互抵消, 导致两个地块的觅食频率相当, 尽管原因各不相同。

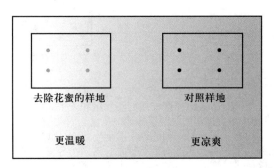

去除花蜜的样地   对照样地

更温暖   更凉爽

图 6.6 有干扰因素的实验设计。如图 6.5 所示, 该研究设置了对照组和去除花蜜的实验组样地, 以评估蜂鸟的觅食反应。在这个实验中, 尽管样地相距足够远, 确保了独立性, 但它们位于不同的温度梯度。因此, 处理效果与温度环境的差异相混淆。最终比较的是, 去除了花蜜的温暖处理样地和未去除花蜜的凉爽对照样地的数据。

这个例子似乎有些刻意, 因为已知蜂鸟的温度偏好, 我们就不会设置这样的实验。问题是, 即使在明显同质的环境中, 也可能存在对实验结果产生较大影响的无法测量的或未知的变量。如果是自然观察实验, 还会被环境中存在的**混淆因子 (confounding factor)** 影响。在这项对蜂鸟觅食的观察研究中, 我们可能无法找到仅在花蜜水平上有差异但在温度和已知影响觅食行为的其他因子上没有差异的样地。

6.9 重复和随机化

混淆因子和非独立性的双重影响似乎会威胁到我们所有的统计结论, 甚至使我们的实验研究受到质疑。将**重复 (replication)** 和**随机化 (randomization)** 加入实验设计在很大程度上能抵消混淆因子和非独立性带来的问题。重复是指在同一处理或对照组中设置多个实验位点或观测。随机化是指处理的随机分配或样本的随机选择[9]。

再回到蜂鸟的例子。如果遵循随机化和重复的原则, 我们将设置多个重复的实验组和对照组样地 (理想情况下, 每组至少 10 个)。研究区域中每个样地的位置都是随机的, 每个样地的处理 (去除或不去除花蜜) 也是随机的 (图 6.7)[10]。

随机化和重复如何减少混淆因子带来的问题? 无论是温暖的山坡, 凉爽的山谷, 还是介于二者间的样方, 都将有多个对照组样地和去除花蜜的实验组样地。温度因子不再

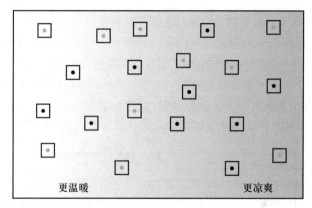

图 6.7 合理的重复和随机实验设计。如图 6.6 所示, 每个方块代表一个重复对照组 (黑点) 或去除花蜜的实验组 (灰点)。这些方块之间有足够的距离以保证独立, 且随机地处于不同的温度梯度。两种处理条件各有 10 个重复。该图的空间尺度大于图 6.6。

---

[9] 许多样本声称是随机的其实是**随意的 (haphazard)**。真正的随机抽样意味着使用随机数生成器 (如抛硬币, 掷骰子, 或用可靠的计算机算法生成随机数) 来决定使用哪个重复。相反, 在随意抽样中, 生态学家遵循一套通用的标准 [例如, 成熟树木的胸径大于 3 cm(dbh = 1.3 m)], 并选择样本区域内间隔均匀或方便的地点或生物。在某些情况下随意抽样是必要的, 因为随机抽样对于许多种类的生物都是无效的, 特别是其分布在空间上是碎片化的。所以一旦确定了一系列生物或地点, 就应该使用随机化的方法来对不同的处理组进行取样或设置重复。

[10] 随机化需要一些时间, 所以在去野外前要提前做好准备。通过计算机电子表格可以轻松生成随机数并模拟随机抽样。当需要在野外生成随机数时, 硬币和骰子 (尤其是 10 面游戏骰子) 是很有用的。一个聪明的技巧是使用一组硬币作为二进制随机数生成器。例如, 假设你希望将重复随机分配进 8 种不同的处理中。此时抛出 3 个硬币, 将正面 (heads) 和反面 (tails) 的图案转换为二进制数 (即基数为 2)。第一个硬币表示 1s, 第二个硬币表示 2s, 第三个硬币表示 4s, 依此类推, 那扔 3 个硬币会得到一个 0 到 7 之间的随机整数。如果你扔的三个硬币是正面, 反面, 正面 (HTH), 则 1s 处有一个 1, 在 2s 处有一个 0, 在 4s 处有一个 1, 结果就是 $1 + 0 + 4 = 5$。投掷结果为反面, 正面, 反面 (THT) 则是 $0 + 2 + 0 = 2$。三个反面是 $0(0 + 0 + 0)$, 三个正面是 $7(1 + 2 + 4)$。扔 4 个硬币会得到 16 个整数, 扔 5 个硬币会得到 32 个整数。

更简单的方法是将数字秒表带到野外。让秒表运行几秒钟然后停表, 这个过程中不要看表。以 1/100 s 为单位度量时间的最后一位数可以作为 0 到 9 之间的一个随机均匀数字。对 100 个这样的随机数字的统计分析通过了所有关于随机性和均匀性的标准诊断测试 (B. Inouye, 个人通信)。

与处理相混淆, 因为处理涉及所有温度水平。此外这个设计还可以独立于花蜜水平来检测温度作为协变量对蜂鸟觅食行为的影响 (见第 7 章和第 10 章)。确实, 不论是对照组的重复还是处理组的重复, 蜂鸟访问温暖山坡的次数仍然较多。温度会增加数据的变化, 但不会使结果产生偏差, 因为对照组和实验组分布在温暖和凉爽区域的样地数量大致相等。当然, 如果事先知道温度是觅食行为的重要决定因素, 我们可能不会这样设计实验。随机化可以在研究区域内最小化处理中未知的或未测量的变量所带来的混淆。

随机化和重复如何减小样本间不独立性问题并不太明显。毕竟, 如果样地太靠近, 无论重复量或随机化程度如何, 觅食访问都不会是独立的。在条件允许的情况下, 我们应运用常识和生物学知识在样地或样本间设置最小距离或取样间隔以避免干扰。但在我们无法确定所有可能的混淆因子时, 随机设置一个超过最小距离的样地也能确保样地间距是可变的。一些样地间距比较近, 一些则间距较远。因此, 干扰效果在一些样地中表现很明显, 在一些样地中很弱, 而在另一些样地中则不存在。这种变量效应可能相互抵消, 并减小结果因不独立性而始终存在偏差的概率。

最后, 请注意, 随机化和重复只有同时使用时才有效。如果不设置重复, 只是简单地将对照组和实验组设置至山坡或山谷, 实验仍然是混乱的 (见图 6.6)。同样, 如果设置了重复, 但将 10 个对照组设置在山谷, 10 个实验组设置在山坡, 实验也是混淆的 (图6.8)。只有使用多个样地且随机分配处理时, 温度的混杂效应才会从实验中消除 (见图6.7)。事实上, 可以说任何未经重复的实验总是会与一个或多个环境因子相混淆[11]。

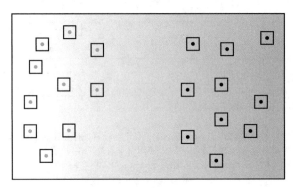

图 6.8 重复但混乱的设计。如图 6.5 ∼ 图 6.7 所示, 该实验设置了对照组和去除花蜜的实验组来评估蜂鸟的觅食反应。每个方块代表重复的对照组 (黑点) 或去除花蜜的实验组 (灰点)。如果处理有重复的但重复不是随机分配的, 那这个实验的处理仍会与潜在的环境温度梯度相混淆。防止非独立性 (见图 6.5) 和混淆 (见图 6.6 和图 6.8) 的唯一有效措施是将重复和随机化与足够的重复间隔相结合 (见图 6.7)。

---

[11]尽管在野外实验中很容易识别出混淆因子, 但在实验室和温室实验中混淆因子带来的问题可能并不明显。例如在高温和低温的两个环境测试箱中饲养昆虫幼虫其实是一个混乱的设计, 因为所有的高温幼虫都在一个箱内, 所有的低温幼虫都在另一个箱内。如果在不同的环境测试箱内存在除温度之外的环境因素差异, 那它们的影响就会与温度混淆。正确的解决方案是将每个幼虫放在独立的箱中, 从而确保每个重复真正独立, 温度也不会与其他因素混淆。但这种设计太昂贵也太浪费空间了。也许可以说环境测试箱和温室确实只在温度上不同, 其他因素没有不同, 但这是一个需要明确检验的假设。在许多情况下, 环境测试箱中的环境在箱内和箱与箱之间都存在很大的异质性。Potvin (2001) 讨论了如何衡量这种变化, 然后用它来设计更好的实验室实验。

尽管随机化的概念非常简单直接, 但它必须应用于实验设计的多个阶段。首先, 随机化仅适用于具有明确定义且最初是非随机的样本空间。样本空间不仅仅简单地意味着进行重复取样的物理区域 (尽管这是样本空间的一个重要方面), 而是指一系列具有类似但并不完全相同的条件的元素。

一个样本空间可能包括生殖成熟的美洲鲑个体, 火灾造成的轻微间隙, 10 ~ 20 年前废弃的旧田地, 或 5 ~ 10 m 深被漂白的珊瑚头。一旦明确定义了样本空间, 就应随机选择符合条件的样地、个体或重复样本。正如第 1 章中所提到的, 研究的空间和时间边界不仅决定了要做的抽样工作, 还决定了研究结论的推断范围。

一旦随机选择了样方或样本, 对其进行的处理也应该是随机的, 以确保不同处理不会在空间上出现聚集或与环境变量相混淆[12]。样本的收集和处理也要符合随机时序。这样, 即使实验期间环境条件发生变化, 结果也不会混淆。例如, 你在野外工作时被猛烈的雷暴天气中断, 而此时你已经调查完了所有对照组但还没有开始调查实验组。这种情况下, 暴风雨带来的影响将会与你随后的操作相混淆, 因为实验组的调查都是在暴风雨后进行的。这些附加条件也同样适用于需要在不同情况下进行的非实验性研究。需要注意的是, 以这种方式进行严格的随机调查效率会很低, 因为你通常不会连续访问相邻的地点。所以可能需要在严格的随机化和抽样效率的限制之间寻找平衡。

所有的统计分析方法 —— 无论是参数方法, 蒙特卡罗方法还是贝叶斯方法 (见第 5 章), 都建立在时空尺度恰当的随机抽样的假设基础上。因此我们应该养成在工作中尽可能使用随机化的习惯。

6.10 设计有效的野外实验和抽样研究

以下是在设计野外实验和抽样研究中需要解决的问题。虽然一些问题似乎是针对人为操作实验的, 但也与一些自然观察实验有关, 在这些实验中, "对照组" 可能是由缺乏特定物种或非生物条件的样方组成的。

6.10.1 样方是否足够大到可以确保结果的真实性?

试图控制动物密度的野外实验必然会限制动物的活动。如果圈地太小, 动物的运动、觅食和交配行为可能是不符合实际的, 得到的结果也无法解释, 甚至毫无意义 (Mac-Nally 2000a)。所以在最合适的范围内, 使用对于你所研究的生物来说最大的样方或圈地。同样的考虑也适用于抽样研究: 样方要足够大并在适当的空间尺度下进行抽样来解决你的问题。

---

[12] 如果样本量太小, 即使是随机分配也会导致处理的空间聚集。一种解决方案是按重复顺序 (···123123···) 进行处理, 确保没有聚集。但如果处理间存在任何非独立性, 这种设计可能会放大其效果, 因为处理 2 始终会在处理 1 和处理 3 之间的空间上发生。更好的解决方案是重复随机化, 然后对布局进行统计检验, 以确保不存在聚集。Hurlbert (1984) 对未能正确重复和随机化的生态学实验可能产生的众多危害进行了深入的讨论。

6.10.2   什么是研究的粒度和广度?

虽然空间尺度对于实验或抽样研究非常重要, 但最重要的是空间尺度的两个组成要素: 粒度和广度。**粒度 (grain)** 是指最小研究单元的大小, 通常是单个重复或样方的大小。**广度 (extent)** 是指研究中所有抽样单元所涵盖或圈定的面积。粒度和广度可大可小 (图 6.9), 粒度和广度的组合也不是唯一的。然而, 对于粒度小和广度大的生态学研究, 例如要确定一个森林样地中甲虫陷阱的捕获数, 有时可能因为范围过于有限, 而无法得出广泛的结论。粒度大但广度小的研究, 例如在一个山谷中对整个湖泊进行实验操作, 可能会提供非常有用的信息。我们的首选是粒度小但广度中等或较大的研究, 如在新英格兰 (Gotelli and Ellison 2002a, b)、北美东部 (Gotelli and Arnett 2000) 或加勒比地区的红树林小岛 (Farnsworth and Ellison, 1996a) 上设置小样方 (5 m × 5 m) 进行蚂蚁和植物调查。小粒度使实验操作和观察可在与生物体相关的尺度上进行, 而大广度可扩大结果的推论范围。在确定粒度和广度时, 需要同时考虑要解决的问题和抽样的限制。

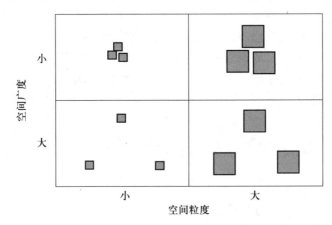

图 6.9　生态学研究中空间的粒度和广度。每个方块代表一个样方。空间粒度代表抽样单元的大小, 用小方块或大方块表示。空间广度代表包含所有重复涉及的研究区域, 由密集分布或间隔较大的方块表示。

6.10.3   处理的范围或调查的种类是否涵盖所有可能的环境条件?

许多野外实验将其操作描述为 "包括或涵盖在野外遇到的各种条件"。但是, 如果你正试图模拟气候改变或环境变化, 则可能还需要涵盖那些通常在野外遇不到的条件。

6.10.4   如何设立对照组才能保证结果只反映感兴趣因子引起的变异?

一次操作有且只改变一个因素是很难的。用笼子把植物围起来以排除食草动物的影响, 但同时也改变了遮阴和水分的状况。如果简单地将这些植物与未经处理的对照进行比较, 那食草动物的影响会与遮阴及湿度差异的影响相混淆。实验设计中最常见的错误是建立一系列不做任何处理的样方作为对照。通常, 为了正确地控制变量, 会另加一个包含一些小改动的附加对照组。在上述示例中, 开放式的笼子允许食草动物进入植物样方, 但会有笼子遮阴的影响。基于这三种处理 (无操作, 笼子控制, 排除食草动物) 的简单设计, 可以进行如下比较:

1. 无操作与笼子控制。该比较揭示了笼子的遮阴和物理变化对植物生长和响应的影响程度。

2. 笼子控制与排除食草动物。该比较揭示了食草动物对植物生长的改变程度。对照组和排除食草动物的样方都有笼子的遮阴效果, 因此它们之间的任何差异都可以归因于食草动物的影响。

3. 无操作与排除食草动物。该比较测量了食草动物和遮阴对植物生长的综合影响。由于该实验仅用于测量食草动物的影响, 所以这种特殊的比较会混淆处理和笼子的影响。

在第 10 章中, 我们将解释如何使用方差分析来衡量这些比较。

6.10.5 除了预期的处理外, 对组内所有重复的实验操作是否一致?

同样, 适当的对照通常需要的不仅仅是不受任何人为操作的影响。如果必须把植物复位后进行处理, 那也应该把对照组的植物复位 (Salisbury 1963; Jaffe 1980)。在一项对昆虫幼虫进行交互转移的实验中, 活的动物可以被连夜快递带到遥远的地方, 并在新的野外种群中存活。恰当的对照是在种群中重新建立一组动物。这些动物还必须接受 "持续光照 (UPS) 处理" 并通过信件系统发送, 以确保它们与转移到远处的动物受到同样的压力。如果不能确保在实验中对所有生物进行相同操作, 那处理将会因操作效果的差异而混淆 (Cahill et al. 2000)。

6.10.6 是否测量了每个重复中适当的协变量?

协变量 (covariate) 是连续变量 (见第 7 章), 该变量可能对响应变量产生潜在影响, 但不一定受研究人员控制或操作。例子中的协变量包括不同样方中温度、遮阴、pH 或食草动物密度的差异。一些统计方法, 如协方差分析 (见第 10 章), 可用于量化协变量的影响。

然而, 就算你有工具和时间, 也要抑制自己想去测量一个样方中所有可能的协变量的欲望。如果不这样, 那你将很快得到一个变量比重复多很多的数据, 这将会导致分析中出现许多其他的问题 (Burnham and Anderson 2010)。最好提前选择生物学上最相关的协变量, 只测量那些协变量, 并安排充分的重复。虽然对协变量的测量是有用的, 但它不能代替随机化和重复。

6.11   总结

生态学实验的合理设计首先需要明确所要研究的问题。人为操作实验和观察性实验都可以回答生态学问题, 每种类型的实验都有各自的优缺点。研究人员应该考虑使用压力实验和脉冲实验是否合适, 以及重复是在空间 ("快照式" 实验) 中, 还是在时间 ("轨迹式" 实验) 中, 抑或是两者兼有。非独立性和混淆因子可能会影响实验性研究和观察性研究数据的统计分析。随机化、重复以及对生物生态学和自然历史的了解都是避免非独立性和混淆因子的护盾。如果可能的话, 每种处理至少设置 10 个观测。野外实验通常需要精心设计对照来解释处理的影响和其他非预期的改变。测量适当的环境协变量虽然不能代替随机化和重复, 但可用于解释实验中那些不受控制的变化。

第 7 章　实验设计和抽样设计

在实验性研究中, 我们需要确定一套切实可行的生物操作, 并选取恰当的实验对照。在观察性研究中, 我们要决定所需测量的变量, 这些变量必须要能够解答我们所提出的问题。这些决定和选择是非常重要的, 我们也在第 6 章中对它们进行了详细的探讨。本章我们将进一步探讨生态学和环境学中实验和抽样研究的具体设计。实验性研究或观察性研究的设计需着重考虑两个问题: 重复在空间上是如何排布的, 以及如何在时间尺度上对重复进行取样。实验设计的好坏与三个方面的细节密切相关: 重复、随机和独立 (见第 6 章)。一些特定的设计可能对分析和解释野外数据非常有帮助, 而另一些则可能会增加分析的难度。但石头里抽不出血, 再精妙的统计分析也无法挽救一个糟糕的设计。

本章首先将提出一个根据自变量和因变量的类型对设计进行分类的简单框架。然后介绍每个类别中一些有用的设计。我们将讨论每种设计及其能够解决的问题类型, 并用一个简单的数据集加以说明, 最后介绍一下该设计的优缺点。至于如何用这些设计来分析数据请详见第 9 章到第 12 章的内容。

目前关于实验和抽样设计的文献有很多 (如 Cochran and Cox 1957; Winer 1991; Underwood 1997; Quinn and Keough 2002), 本章只选择性地介绍一部分。主要介绍一些在生态学和环境学中切实有效并且在野外研究中被成功验证的设计。

7.1　分类变量和连续变量

我们首先要区分**分类变量 (categorical variable)** 和**连续变量 (continuous variable)**。分类变量是可以被划分为两个或两个以上独特类别的变量, 生态学中的分类变量例如包括性别 (男性/女性)、营养级 (生产者/食草动物/食肉动物)、生境类型 (遮阴处/向阳处) 等。连续变量是在连续数值尺度上被测量且取值范围为任意实数或整数的变量, 例如个体大小、物种丰富度、生境覆盖率、种群密度等。

许多统计学教科书对分类变量进行了进一步的区分: 若所分类别是无序的, 则是无序分类变量; 若所分变量是基于数字排序的, 则为有序分类变量。比如, 阳光射到森林地面的光照量可用分数 (0、1、2、3、4) 来表示, 是一种有序变量: 0 表示 0 ~ 5% 的光照量; 1 表示 6% ~ 25% 的光照量; 2 表示 26% ~ 50% 的光照量; 3 表示 51% ~ 75% 的
光照量; 4 表示 76% ~ 100% 的光照量。一般情况下, 用于分析连续数据的方法也可用
于有序数据。在少数情况下, 用蒙特卡罗方法能更好地分析有序数据, 这些我们已经在
第 5 章中有所讨论。在本书中, 我们将有序和无序分类变量统称为分类变量。

　　分类变量和连续变量之间的区别有时并不明显; 很多情况仅取决于研究人员测量变
量的方式。例如, 像太阳/阴影这样的分类变量也可以用测光表在连续尺度上进行测量
并记录不同位置的光照强度从而变成连续变量。像盐度这样的连续变量也可以被分为
三个等级 (低、中和高), 从而被视作是分类变量。因为不同的设计对应的变量类型是不
同的, 所以以明确所测量的变量类型很重要。

　　第 2 章中, 我们区分了两种类型的随机变量: 离散型随机变量和连续型随机变量。
那第 2 章中介绍的离散型随机变量和连续型随机变量与本章介绍的分类变量和连续变
量的区别是什么呢? 离散型和连续型随机变量其实是数学函数, 用于生成与概率分布有
关的数值。而分类和连续变量则是用于描述野外数据或实验室数据的类型。连续变量
通常可以被建模为连续型随机变量, 而分类和有序变量通常被建模为离散随机变量。例
如, 分类变量性别可以被建模为二项随机变量; 数值型变量身高可以被建模为正态随机
变量; 有序变量射到森林地面的光照量可以被建模为二项分布、泊松分布或均匀分布的
随机变量。

7.2　因变量和自变量

　　确定了所用的变量类型后, 下一步就是确定**因变量 (dependent variable)** 和**自
变量 (independent variable)**。要确定因变量和自变量就意味着要对所进行的检验
做出因果假设。因变量是你正在测量并试图为其确定一个或多个原因的**响应变量 (re-
sponse variable)**; 自变量是所假设的会使响应变量产生变化的**预测变量 (predictor
variable)**。在关于两个变量的散点图中, 因变量或响应变量称为变量 Y, 通常标于纵坐
标 (垂直轴或 y 轴); 自变量或预测变量称为变量 X, 通常标于横坐标 (水平轴或 x 轴)[1]。

　　在实验研究中, 一般可以在人为操作或直接控制自变量水平的同时测量因变量的
响应。在观察性研究中, 则需要依靠自变量从一个重复到另一个重复的自然变化。不
论是在自然研究中还是在实验研究中, 预测变量的强度都是无法预知的。实际上, 我们
经常会检验这样的统计学零假设: 响应变量的变化与预测变量的变化无关, 并不大于偶
然预期或抽样误差。而备择假设则是, 偶然因素无法完全解释这种变化, 至少有一部分
变化可以归因于预测变量。此外, 你可能还会估计预测变量或因变量对响应变量的影响
大小。

---

[1]当然, 仅仅在 x 轴上绘制一个变量并不能保证它就是预测变量。特别是在自然观察实验中, 即使所测量的变
量间高度相关, 也可能很难确定它们间的因果关系 (见第 6 章)。

7.3 四类实验设计

通过对变量类型进行组合 (分类变量与连续变量, 因变量与自变量), 我们可以将实验设计分为四大类 (表 7.1)。当自变量是连续变量时, 则要么采用回归 (连续因变量) 设计, 要么采用逻辑回归 (分类因变量) 设计。当自变量是分类变量时, 则要么采用 ANOVA(连续因变量) 设计, 要么采用列联表 (分类因变量) 设计。当然并非所有设计都属于这四个类别。当存在两个独立变量, 且其中一个是分类变量, 另一个是连续变量 (协变量) 时, 则采用协方差分析 (ANCOVA)。我们将在第 10 章讨论 ANCOVA。表 7.1 列出的设计分类仅针对只有单个因变量的单变量数据。如果有一个与因变量相关的向量, 一般使用多元 ANOVA (MANOVA) 或第 12 章中描述的其他多变量方法。

表 7.1 实验和采样的四大设计类别

因变量	自变量	
	连续	分类
连续	回归	ANOVA
分类	逻辑回归	列联表

根据自变量和因变量是连续变量还是分类变量, 使用不同的设计。当因变量和自变量都是连续变量时, 使用回归设计。当因变量是分类变量且自变量是连续变量时, 则使用逻辑回归设计。我们将在第 9 章中介绍回归设计的分析。如果自变量是分类变量且因变量是连续变量, 则使用 ANOVA (ANOVA) 设计。我们将在第 10 章中介绍 ANOVA 设计的分析。最后, 如果因变量和自变量都是分类变量, 则使用列联表设计, 列联表数据的分析参见第 11 章。

7.3.1 回归设计

当在连续的数值尺度上测量自变量时 (如图 6.1), 则整体布局是一个**回归设计 (regression design)**。如果因变量是在一个连续尺度上测量的, 则使用线性或非线性回归模型来分析数据; 如果因变量是在一个有序尺度上测量的 (有序响应), 则使用逻辑回归模型来分析数据。我们将在第 9 章中介绍这三种类型的回归模型。

单因素回归 (single-factor regression)。回归设计简单且直观。收集一组数据, 数据内重复相互独立, 对于每个重复都测量其预测变量和响应变量。在观察性研究中, 由于两个变量都没有被人为干预, 所以抽样是由预测变量的自然变化水平决定的。例如, 假定你的假设是沙漠啮齿动物的密度受种子的可获得性控制 (Brown and Leiberman 1973)。选取 20 个独立的样方进行抽样, 每个样方内种子密度水平不同。测量每个样方中种子的密度和沙漠啮齿动物的密度 (图 7.1)。将数据录入到电子表格中, 行代表不同的样方, 列代表不同的响应变量或预测变量。同一行数据都是在同一个样方中测量得到的。

在实验研究中, 预测变量的水平被实验者直接操控, 需要测量的是响应变量。因为假设影响沙漠啮齿动物密度的原因是种子密度 (而不是其他原因), 则可以在实验中通

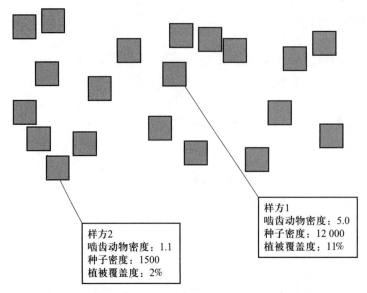

图 **7.1**　回归研究中重复项的空间排列。每个方块代表不同的 25 m² 样方。设置的样方均匀覆盖一系列种子密度 (见图 7.2 和图 7.3)。研究人员要测量每个样方中的啮齿动物密度 (响应变量),种子密度和植被覆盖度 (两个预测变量)。表格中的行代表样方,列代表在样方中测量的变量。

过增减种子数来控制种子密度。在实验和观察研究中,你的假设是预测变量是一个因变量: 预测变量 (种子密度) 的变化将引起响应变量 (啮齿动物密度) 的变化。这与检验两个变量之间的相关关系 (统计学中的协变) 的研究不同,因为相关性不需要明确两个变量之间的因果关系[2]。

除了数据要有充足的重复和独立性的要求 (见第 6 章) 外, 在设计回归研究时还应遵循两项原则:

―――――――――――

[2]抽样方案需要反映研究目的。如果只是为了描述种子密度和啮齿动物密度之间的关系, 那么可以选择一系列随机样方,利用**相关性 (correlation)** 来探究这两个变量之间的关系。然而, 如果假设是种子密度影响啮齿动物密度, 那就需要对一系列包含均匀种子密度范围的样方进行取样, 然后用回归来探究啮齿动物密度对种子密度的函数依赖关系。理想情况下, 取样样方应仅存在种子密度上的差异。另一个重要的区别是, 真正的回归分析假设自变量的值是准确已知且不受测量误差影响的。最后, 标准线性回归 (也称为 I 型回归) 仅最小化垂直 (y) 方向上的残余偏差, 而相关关系是最小化每个点与回归线的垂直 (x 和 y) 距离 (也称为 II 型回归)。相关关系和回归之间的区别很微妙, 而且常常被混淆, 因为一些统计量 (例如相关系数) 对两种分析来说是一样的。更多细节见第 9 章。

1. 确保抽取的预测变量范围足够大, 以覆盖响应变量全部范围的响应。如果预测变量抽样自一个样本量非常有限的样本, 即使预测变量与响应变量相关, 也可能只检验到微弱甚至没有统计学意义的关系 (图 7.2)。样本范围受限容易导致 II 类统计错误 (未能拒绝错误的零假设; 见第 4 章)。

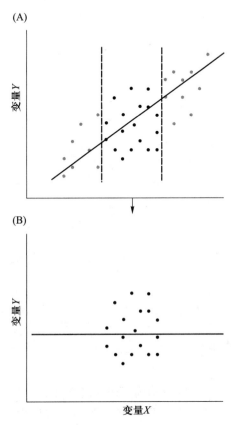

图 7.2 在变量 X 虚线截出的狭窄范围内进行不充分抽样会产生一个虚假的、不显著的回归斜率, 即 X 和 Y 存在很强的相关关系。每个点代表一个重复。灰色点表示未被收集测量用于分析的数据, 黑色点表示被收集测量的数据。(A) 预测变量全部数据范围。实线表示变量间的真实线性关系。(B) 回归线与样本数据的拟合结果。由于变量 X 的抽样范围很窄, 因此得到的变量 Y 的变化有限, 拟合回归的斜率几乎接近于零。对变量 X 的全部数据范围进行抽样能避免这种类型的错误。

2. 确保预测变量均匀覆盖样本范围。需要注意那些预测变量存在一两个异常值的数据集, 这些异常值与其他预测变量数值存在很大差异。这些异常点很可能主导回归的斜率, 从而产生一个不存在的显著关系 (图 7.3; 第 8 章将进一步讨论此类异常值)。有时可以通过对预测变量进行转换来校正有影响的异常点 (见第 8 章), 但仍然要强调统计分析无法挽救糟糕的抽样设计。

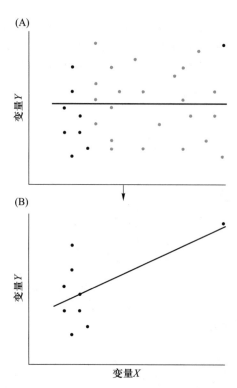

图 7.3　未能对变量的全部数据范围进行均匀抽样可能得到虚假的结果。如图 7.2 所示, 每个黑点代表一个被收集测量的观测; 灰点表示未收集到的 X, Y。(A) 实线表示变量间的真实线性关系。如果对变量 X 进行了均匀抽样, 就会呈现出这样的关系。(B) 仅与抽样数据 (即只有黑点) 相关的回归线。由于只测量了一个较大的 X 值, 所以这个点对拟合的回归直线影响很大。这种情况下, 拟合的回归线显示出两个变量间不正确的正相关关系。

　　多元回归 (multiple regression)。如果每个重复都测量了两个或多个连续预测变量及其响应变量, 就可以将单因素回归扩展到多元回归。回到沙漠啮齿动物的例子, 你怀疑除了种子密度外, 啮齿动物密度还受植被结构的影响, 因为在植被稀疏的样方中, 沙漠啮齿动物易受禽类捕食者的攻击 (Abramsky et al. 1997)。这种情况就需要在每个样方中进行三次测量: 啮齿动物的密度, 种子的密度和植被的覆盖度。啮齿动物密度仍然是响应变量, 种子密度和植被覆盖度是两个预测变量 (见图 7.1)。理想情况下, 不同预测变量间是相互独立的。与简单回归设计一样, 预测变量的不同值均匀地分布在所有可能的取值范围内。这在实验研究中很容易实现, 但在观察性研究中却很难做到。在观察性研究中, 预测变量间往往会相互关联。例如, 具有高植被密度的样方其种子密度可能也比较高。而植被密度高、种子密度低的样方 (反之亦然) 可能很少甚至没有。这种**共线性 (collinearity)** 让我们难以准确估计回归参数[3], 也很难梳理出响应变量中多少

---

[3] 事实上, 如果一个预测变量可以被描述为另一个预测变量的完美线性函数, 那甚至不可能用代数法求解回归系数。即使问题没有这么严重, 预测变量间的相关关系也会使测试和比较模型变得困难。参见 MacNally (2000b) 对保护生物学中相关变量和模型构建的讨论。

变化与每种预测变量切实相关。

如前所述，当我们在分析中加入的预测变量越多，重复就变得愈加重要。依据 10 数法则 (见第 6 章)，我们需要为研究中的每个预测变量设置至少 10 个重复。但在许多研究中，测量额外的预测变量要比设置额外的独立重复容易得多。我们要做的就是抵制住仅仅因为存在可能性就去测量所有变量的诱惑，而选择具有生物学意义且与所提出的假设或问题相关的变量。如果你认为模型选择算法 (如逐步多元回归) 能够可靠地从大数据集中识别出 "正确" 的预测变量集，那就大错特错了 (Burnham and Anderson 2010)。因为大数据集经常会受到**多重共线性 (multicollinearity)** 的影响: 许多预测变量会与其他预测变量相互关联 (Graham 2003)。

7.3.2 ANOVA 设计

如果预测变量是分类变量 (有序或无序)，且响应变量是连续变量，那所采用的设计被称为**方差分析 (analysis of variance, ANOVA)**。ANOVA 也指对这类型设计进行的统计分析 (见第 10 章)。

专业术语。ANOVA 中包含很多术语。**处理 (treatment)** 指所使用的不同预测变量的类别。在实验性研究中，处理代表不同的人为操作。在观察性研究中，处理代表用于比较的不同群体。研究中处理的个数等于所比较类别的个数。每种处理内部都有多个观测，每一个观测就是一次**重复 (replicate)**。标准的 ANOVA 设计中，每个重复都应在统计学和生物学上独立于处理内和处理间的其他重复。后面我们将讨论一些忽略了重复间独立性假设的 ANOVA 设计。

我们同样需要区分**单因素设计 (single-factor design)** 和**多因素设计 (multi-factor design)**。在单因素设计中，每种处理代表一个预测变量或**因素 (factor)** 的变化。代表某个特定处理的因素的值被称为**处理水平 (treatment level)**。例如，单因素 ANOVA 设计可用于比较 4 种不同氮水平下植物的生长响应，或 5 种不同植物对某一氮水平的生长响应。处理组可以是有序的 (如 4 种氮水平)，也可以是无序的 (如 5 种植物)。

在多因素设计中，处理则涉及两个 (或多个) 不同的因素，各因素用在不同的处理组合中，即对每个因素有不同的处理水平。在单因素设计中，每个因素的处理可以是有序的，也可以是无序的。比如想比较植物对 4 种氮水平 (因素 1) 和 4 种磷水平 (因素 2) 的响应，就需要双因素 ANOVA 设计。在这个设计中，有 $4 \times 4 = 16$ 个处理水平，每种处理水平代表一种氮水平和磷水平的组合。每种处理内部的所有重复都会用对应的营养成分组合进行处理 (图 7.4)。

虽然我们稍后还会继续这个话题，但在此有必要回答一下双因素设计的优点是什么。为什么不进行两个独立的实验? 例如，可以在单因素 ANOVA 设计中设置 4 个处理水平来测试磷的影响，然后再设置 4 个处理水平来测试氮的影响。在一个实验中使用 16 种磷–氮处理组合的双因素设计有什么好处?

氮处理(单因素设计)			
0.00 mg	0.10 mg	0.50 mg	1.00 mg
10	10	10	10

磷处理(单因素设计)			
0.00 mg	0.05 mg	0.10 mg	0.25 mg
10	10	10	10

(在一个双因素设计中模拟的氮处理和磷处理)		氮处理			
		0.00 mg	0.10 mg	0.50 mg	1.00 mg
磷处理	0.00 mg	10	10	10	10
	0.05 mg	10	10	10	10
	0.10 mg	10	10	10	10
	0.25 mg	10	10	10	10

图 7.4　单因素设计 (上面两个表格) 和双因素设计 (最下面的表格) 的处理组合。在所有设计中，每个单元格中的数字表示要建立的独立重复样方数。在两个单因素设计 (单向设计) 中，四种处理水平代表四个不同的氮或磷浓度 (mg/L)。每个单因素实验的总样本量为 40 个样方。在双因素设计中，$4 \times 4 = 16$ 个处理表示在重复样方中同时施加氮和磷的不同浓度组合。在这种完全交叉的双因素 ANOVA 设计中，每种处理组合有 10 个重复，总样本量为 160。有关交叉双因素设计的其他示例，请参见图 7.9 和图 7.10。

　　双因素设计的一个优点就是高效。进行一个即使有 16 种处理的实验也比进行两个分别有 4 种处理的实验更经济有效。一个更重要的优点是双因素设计能够检测主效应 (如氮和磷对植物生长的影响) 和交互效应 (如氮和磷的相互作用)。

　　主效应 (main effect) 是指一种处理每个水平的可加效应，即在其他所有处理所有水平下的均值。例如，氮的可加效应代表植物在每个氮水平的响应，即在所有磷水平下响应的平均值。相反地，磷的可加效应代表植物在每个磷水平的响应，即在所有氮水平下响应的平均值。

　　交互效应 (interaction effect) 代表对特定处理组合的响应，这些响应无法简单地通过主效应来预测。例如，在高氮–高磷处理中，植物的长势比高氮和高磷简单的可加效应所预测的长势更好。交互作用通常也是使用因子设计最重要的原因。强烈的交互作用是很多生态和进化变化的驱动力，而且往往比主效应更重要。第 10 章将对分析方法和交互项做更详尽的探讨。

　　单因素 ANOVA。单因素 ANOVA 是最简单但也是最强大的实验设计之一。在描述了基本的单因素设计后，我们还将介绍随机分块和嵌套 ANOVA 设计。严格地说，随机分块和嵌套 ANOVA 都是双因素设计，但第二个因素 (分块或子样本) 仅用于控制取样变化，并不是主要关注点。

单向 (单因素) 设计 (one-way layout) 用于比较两个或多个处理或组间的均值。假设你想确定海岸线潮间带藤壶的着生是否受到不同种类岩石基质的影响 (Caffey 1982)。首先可以从收集板岩 (slate)、花岗岩 (granite) 和水泥 (cement) 砖块开始。要求石块的尺寸和形状相同, 但材质不同。遵循 10 数规则 (见第 6 章), 每种材质设置 10 个重复 ($N = 30$)。所有石块放置在中潮间带 (mid-intertidal zone) 的一组空间坐标系上, 每个石块重复的位置由随机数发生器选定 (图 7.5)。

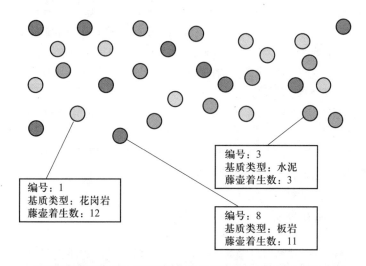

编号	基质类型	重复数	藤壶着生数
1	花岗岩	1	12
2	板岩	1	10
3	水泥	1	3
4	花岗岩	2	14
5	板岩	2	10
6	水泥	2	8
7	花岗岩	3	11
8	板岩	3	11
9	水泥	3	7
.	.	.	.
.	.	.	.
30	水泥	10	8

图 7.5 单因素设计示例。该实验旨在测试岩石基质类型对潮间带中藤壶着生的影响 (Caffey 1982)。每个圆圈代表一种独立的岩石基质。三种处理中每种处理都有 10 个被随意放置的重复, 三种处理的重复分别用三种深浅不一的灰色圆圈表示。在每个岩石表面中心 10 cm² 的范围内统计藤壶着生的数量。数据如上表所示, 其中每行都是一个独立的重复, 列是所有重复的编号 (1 ~ 30)、基质类型 (水泥、板岩或花岗岩), 每种处理的重复数 (1 ~ 10), 以及着生的藤壶数 (响应变量)。

放置 10 天后, 统计每个石块中心 10 cm × 10 cm 方形区域内新藤壶的数量。数据以电子表格形式显示, 每行是一个重复, 前几列包含与重复相关的标识信息, 最后一列是附着在区域内藤壶的数量。虽然研究内容不同, 但该项研究与第 5 章中蚂蚁密度研究使用的设计是一样的: 对于每种处理或取样组设置多个独立的重复观测。

单因素设计是最简单但最强大的实验设计之一, 它可以用于各处理内重复数量不同 (样本量不同) 的研究。单因素设计能检测处理间的差异, 还能检验更具体的假设, 比如哪些处理间的均值有差异, 哪些没差异 (参见第 10 章的 "均值比较")。

单因素设计的主要缺点在于它对环境异质性的包容性较低。每种处理中重复的完全随机化意味着对整个背景条件进行抽样, 这些条件都可能影响响应变量。从某个方面来说这是一件好事, 因为这意味着实验的结果可以推广到所有类似的环境中。但另一方面, 如果环境 "噪声" 要比处理的 "信号" 强得多, 那实验效果将会较差; 除非有很多重复, 否则后续分析可能无法发现处理间差异。其他设计, 包括随机分块和双向设计, 可以更好地包容环境可变性。

其次, 从更细致的角度来看, 单因素设计另一个缺点是将处理按照单个因素进行分组。如果处理代表完全不同的因素, 那就应该使用双因素设计来区分主效应和交互作用项。交互作用项尤其重要, 因为一个因素的影响往往取决于另一个因素的水平。例如, 在不同材质石块上附着的藤壶数量模式还可能取决于第二因素的水平 (如捕食者密度)。

随机分块设计。 一种结合环境异质性的有效方法就是改进单因素 ANOVA 并使用**随机分块设计 (randomized block design)。分块 (block)** 是指一个内部环境条件相对均匀的区域或时间段。在研究区域内分块的位置可以是随机的也可以是系统的, 但要确保分块内的环境条件比分块间的更相似。

一旦分块被建立, 重复仍会被随机分配到处理组中, 但此处的随机化有一个限制: 要求每种处理中的单个复重被遍布各个分块。因此, 在简单的随机分块设计中, 每个分块包含实验中所有处理的一个重复。每个分块内, 各处理的重复被随机放置。图 7.6 为使用随机分块设计的藤壶实验。因为每个设计有 10 个重复, 所以有 10 个分块 (如果在每个分块内重复, 则更少), 且每个分块内包含各处理的一个重复。数据表格的布局与单因素设计相同, 只是重复列现在被表示分块的列替换。

每个分块应足够小以确保分块内条件相对均匀。但是, 每个分块又必须足够大以容纳各处理的重复。此外, 分块内必须有空间使重复之间有足够的间隔以确保它们的独立性 (见图 6.5)。分块间也需要足够远以确保分块间重复的独立性。

如果环境条件中存在地理梯度, 那每个分块应包含一个小的梯度区间。例如, 山坡上存在很强的环境梯度, 则可以设计一个包含三个分块的实验, 保证在高、中、低海拔处都有一个分块 (图 7.7A)。但是, 建立同时跨越三个海拔梯度的分块是不合适的 (图 7.7B), 因为这样每个分块内包含的条件太不均匀。在其他一些情况下, 环境的变化可能呈斑块状, 所以分块的排列需要反映这种斑块性。例如, 如果在一个复合湿地中进行实验, 每个半隔离的沼泽就可以被视作一个分块。最后, 如果不知道环境异质性的空

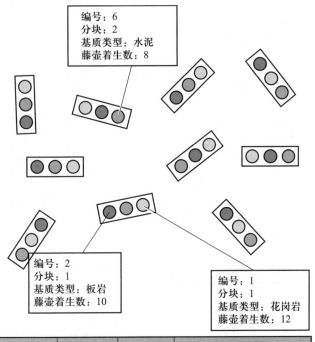

编号：6
分块：2
基质类型：水泥
藤壶着生数：8

编号：2
分块：1
基质类型：板岩
藤壶着生数：10

编号：1
分块：1
基质类型：花岗岩
藤壶着生数：12

编号	基质类型	分块	藤壶着生数
1	花岗岩	1	12
2	板岩	1	10
3	水泥	1	3
4	花岗岩	2	14
5	板岩	2	10
6	水泥	2	8
7	花岗岩	3	11
8	板岩	3	11
9	水泥	3	7
.	.	.	.
.	.	.	.
30	水泥	10	8

图 7.6 随机分块设计示例。有三种处理, 每种处理中 10 个重复, 由各处理中挑选出的一个重复物理组合成一个分块。分块和分块内处理重复的放置都是随机的。表格的布局与单因素设计相同 (图 7.5), 只是重复 (replicate) 列由与每个重复相关的分块 (block) 列代替。

间分布, 可以将分块随机排布在研究区域内[4]。

---

[4]随机分块设计允许分块包含一个空间维度中所有的环境梯度。但如果变化发生在两个维度上呢? 例如, 假设田地中存在南北向湿度梯度, 东西向捕食者密度梯度。这种情况下, 可以使用更复杂的随机分块设计, 如**拉丁方 (Latin square)** 分块设计。在拉丁方中, n 种处理被放置在一个 $n \times n$ 的方形区域中, 每种处理在每行和每列中只出现一次。Sir Ronald Fisher (参见第 5 章脚注 5) 在农业研究中率先提出了这类设计, 其中单个田地被分割, 并对分割出的子区域进行处理。生态学家并不经常使用这种设计, 因为野外实验中随机化和布局的限制导致这很难实现。

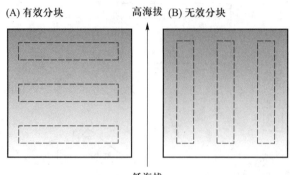

图 7.7　有效和无效的分块设计。(A) 三个朝向正确的分块, 每个分块包括山坡上的单一海拔或其他环境梯度。分块内的环境条件比分块间更相似。(B) 这些朝向不正确的分块跨越了所有海拔梯度。分块内和分块间的条件一样异构, 这类分块没有任何优势。

　　随机分块设计是一种高效、灵活的设计, 可以实现对环境异质性的简单控制, 包括控制环境梯度和斑块生境。正如我们在第 10 章中提到的, 当存在环境异质性时, 随机分块设计比完全随机化的单因素设计更有效, 因为后者可能需要更多的重复才能实现同样的统计功效。

　　随机分块设计也适用于当重复受到空间或时间限制的情况。假设正在实验室进行一个有 8 种处理的藻类生长实验, 希望每种处理有 10 个重复。但是实验室的条件一次只能进行 12 个重复。你会怎么做呢? 你应该以分块的形式进行实验, 每个分块包括各处理中的一个重复。每记录下一次的结果后, 就重新设置实验 (包括建立和随机布置处理的重复), 进行实验, 直到累计完成 10 个分块的实验。这种设计控制了实验室内随时间推移带来的不可避免的环境条件变化, 但处理间仍然有可比性。在其他情况下, 限制的可能不是空间, 而是生物体。例如, 在一项关于鱼交配行为的研究中, 可能要等性成熟的鱼到达一定数目之后才能建立并进行单个分块实验。在这两个例子中, 随机分块设计是在实验过程中防止背景条件发生变化的最佳保障。

　　最后, 随机分块设计也适用于**配对 (matched pairs)** 实验。每个分块由一对人为选定的背景特征最相似的生物体或样方组成。分块中的每个重复都接受一种指定的处理。在一项关于磨蚀对珊瑚生长影响的简单实验研究中, 将一对大小相近的珊瑚头看作一个分块。随机选择其中一个珊瑚头作为对照组, 另一个作为磨蚀处理组。以同样的方式选择和处理其他配对。即使每对个体来自不同的空间或时间, 但它们也比其他分块中的个体更相似, 因为它们是根据群体大小或其他特征进行匹配的。所以可以使用随机分块设计进行分析。当重复的响应可能有很高的异质性时, 配对方法是一种非常有效的解决方式。匹配个体控制的异质性, 更容易检测处理的效果。

　　随机分块设计也存在四个缺点。第一, 进行带分块的实验是有统计成本的。如果样本量较小, 分块效应较弱, 那随机分块设计就不如简单的单因素设计强大 (见第 10 章)。第二个缺点是, 如果分块太小, 可能会因为处理在物理条件上发生拥挤而造成非独立性。

正如我们在第 6 章中所讨论的, 随机化分块中处理的位置将有助于解决这个问题, 但并不能完全消除它。随机分块设计的第三个缺点是, 如果任何重复丢失, 除非可以间接估计缺失值否则该分块的数据将无法使用。

随机分块设计的第四个、也是最严重的缺点是, 它假定分块与处理间没有交互作用。分块设计考虑了响应变量中的附加差异, 并假设对处理的响应等级顺序不会随分块改变。回到藤壶的例子, 随机分块模型假设, 如果其中一个分块的着生量很高, 那该分块中所有观测对象的着生量都处在较高的水平。然而, 假设是处理效果在各个分块都保持一致, 那不管分块间的整体着生水平有着怎样差异, 不同处理 (花岗岩 > 板岩 > 水泥) 的藤壶着生量的等级顺序都会是一样的。但假设在某些分块中, 水泥石块的着生量最高, 而在其他分块中, 花岗岩石块的着生量最高。这种情况下, 随机分块设计就不能很好地反映主要的处理效应。出于这个原因, 一些作者 (Mead 1988; Underwood 1997) 认为, 除非在分块中有重复, 否则不应该使用简单的随机分块设计。一旦设置了重复, 设计就变成了双因素 ANOVA, 我们将在后面对此进行讨论。

分块内的重复确实会梳理出主效应、分块效应以及分块和处理之间的交互作用。重复还能解决分块中重复丢失或数据遗失的问题。然而, 在分块内设置重复通常对生态学家来说相当奢侈, 尤其是当分块化因素我们并不太感兴趣的时候。简单的随机分块设计 (没有重复) 至少能捕获环境变化的附加因素 (通常是最重要的因素), 这些附加因素在简单的单因素设计中会与纯误差项相混淆。

嵌套设计。嵌套设计 (nested design) 对每个重复都进行了二次抽样。我们仍用藤壶的例子来进行说明。假设决定对研究中 30 个石块每个石块进行 3 次测量 (图 7.8), 而不是只统计一个 $10 \text{ cm} \times 10 \text{ cm}$ 大小的重复的着生情况。虽然重复次数没有增加, 但统计的次数却从 30 次增加到 90 次。将这些数据录入电子表格中, 每行现在表示一个不同的子样本, 每列表示来自哪个重复和哪个处理。

这是我们介绍的第一个包含明显不相互独立的子样本的设计。为什么要设计这样的抽样方案呢? 主要是为了提高对每个重复响应的估计精度。根据大数定律 (见第 3 章), 使用的子样本越多, 就越能精确地估计每个重复的均值。精度的提高也应该能提高检验功效。

使用嵌套设计有三个优点。正如我们所指出的, 第一个优点是, 二次抽样设计提高了对每个重复估计的精度。第二, 嵌套设计允许检验两个假设: 其一, 处理间是否存在差异? 其二, 每种处理内, 各重复间是否存在差异? 第一个假设相当于一个使用 "子样本平均值" 作为单个重复观测的单因素设计。第二个假设相当于用子样本来检验处理内不同重复间差异的单因素设计[5]。第三, 嵌套设计可以被扩展成分层抽样设计。在一个单独的研究中, 可以将二次抽样嵌套在重复中, 重复嵌套在潮间带内, 潮间带嵌套在海岸线内,

---

[5] 你可以把第二个假设看作是一个低层次的单因素设计。假设仅使用花岗岩处理下的四个重复的数据, 并将每个重复视为不同的 "处理", 将每个子样本视为该处理的一个不同 "重复"。那这就是一个比较花岗岩处理的重复的单因素设计。

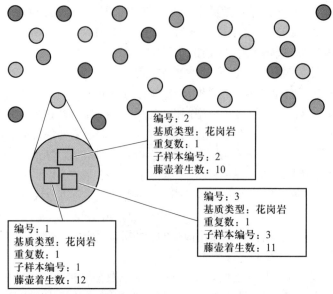

编号	基质类型	重复数	子样本编号	藤壶着生数
1	花岗岩	1	1	12
2	花岗岩	1	2	10
3	花岗岩	1	3	11
4	板岩	2	1	14
5	板岩	2	2	10
6	板岩	2	3	7
7	水泥	3	1	5
8	水泥	3	2	6
9	水泥	3	3	10
·		·	·	·
·		·	·	·
90	水泥	30	3	6

图 7.8 嵌套设计的示例。该研究与图 7.5 和图 7.6 所示相同。布局与图 7.5 中的单因素设计完全相同, 但是这里为每个独立的重复设置了 3 个子样本。表格中添加了一列来表示子样本编号, 样本总量从 30 增加到了 90。

海岸线嵌套在地区内, 甚至将地区嵌套在陆地内 (Caffey 1985)。之所以进行这样的抽样是因为, 数据的变化可以被划分为代表研究内每个层次的组成部分 (见第 10 章)。例如, 你可能会看到数据中 80% 的变化发生在海岸内潮间带水平, 但只有 2% 可以归因于一个地区内不同海岸线间的变化。这就意味着藤壶的密度在高潮间带和低潮间带之间有很大的差异, 但一条海岸线与另一条海岸线间变化不大。这些陈述有助于评估不同机制在生产模式中的相对重要性 (Petraitis 1998; 见图 4.6)。

嵌套设计存在潜在的危险性, 它们的分析经常会出错。ANOVA 中最严重也最常见的错误之一是调查者将每个子样本视为独立的重复, 并将嵌套设计按照单因素设计分析 (Hurlbert 1984)。子样本的非独立性人为地增加了样本的数量 (在我们的研究中从每个石块中抽取 3 个子样本使得样本量增加了 3 倍), 并严重地增加了犯 I 类统计错误的风险 (即错误地拒绝一个正确的零假设)。另一个不那么严重的问题: 如果每个组的样本容量不相等, 嵌套设计可能很难甚至不可能正确地进行分析。即使有相同数量的样本和子样本, 嵌套抽样在更复杂的布局中 (如双向设计或裂区设计) 也难以进行分析; 统计软件的简单默认设置通常也不合适。

嵌套设计最严重的缺陷在于, 它常常代表抽样工作出错的情况。正如我们将在第 10 章中介绍的, ANOVA 设计的强大之处更多取决于独立重复的数量, 而不是每个重复的测量精确度。与其在每个重复中进行二次抽样, 不如在抽样中下功夫去获取更独立的重复。仔细制定抽样方案 (例如, 只收集 "生长在完全阴凉且宽敞环境中的植物所结的未受损的果实") 比对重复进行二次抽样更能有效地提高估算精度。

话虽如此, 但如果二次抽样又快又便宜, 又何乐而不为呢。我们的建议是, 平均 (或集中) 这些子样本, 以便每个重复都有一个单独的观测, 然后将实验作为单因素设计。只要结果不是太不均衡, 取平均值也可以缓解二次抽样中样本大小不一的问题, 并提高误差对正态分布的拟合度。但是, 也存在将重复中的子样本进行平均后就没有足够重复来进行完整分析的可能性。这时就需要一个包含更多真正独立重复的设计。二次抽样不能解决重复不足的问题!

多因素设计: 双向 (双因素) 设计 (two-way layout)。 多因素设计将单向设计原则扩展到两个或多个处理因素。随机化、布局和抽样的问题与单因素、随机分块和嵌套设计中讨论的问题相同。事实上, 设计中唯一真正的区别在于将处理分配给两个或多个因素, 而不是单个因素。和之前一样, 这些因素既可以表示有序的处理也可以表示无序的处理。

再回到藤壶的例子, 假设除了了解岩石基质的影响, 你还想检验掠食性蜗牛对藤壶着生的影响。你可以设计第二个单因素实验, 其中有四种处理: 无操作, 笼内控制[6], 排除捕食者, 包含捕食者。然而, 想在一个实验而不是在两个分开的实验中同时检测两种

笼子和笼内控制对照

[6]在笼内控制实验中, 研究人员试图模拟笼子所产生的物理条件, 但仍然允许生物体自由地进出。例如, 笼内控制对照可能是由一个顶部为网状的笼子 (放置在一个样方上) 组成, 允许掠食性蜗牛从侧面进入。在排除捕食者的处理中, 所有的捕食者从网笼中移除; 在包含捕食者的处理中, 将捕食者放置在每个网笼中。附图是在委内瑞拉某河流内进行的鱼类排除实验中的笼子 (上图) 和笼内控制对照 (下图) (Flecker 1996)。

因素。若在一个实验中完成不仅能提高你在野外的效率, 而且捕食者对藤壶着生的影响可能也会因岩石基质的不同而不同。因此, 可以将不同的基质和不同的捕食同时设置为处理。

这是关于一个实验中同时测试两个或多个因素的**因子设计 (factorial design)** 示例。因子设计中的关键要素是处理是完全交叉或**正交的 (orthogonal)**: 第一个因素 (岩石基质) 各个处理水平的表示都必须伴随第二个因素 (捕食; 图 7.9) 的各个处理水平。因此, 与单因素岩石基质实验的 3 种处理或单因素捕食实验的 4 种处理不同, 双因素实验有 $3 \times 4 = 12$ 种不同的处理组合。请注意, 这两个单因素实验中任何一个都只能与另一个处理中的一个因素相组合。换句话说, 我们之前描述的基质实验是在无操作捕食处理下进行的, 而捕食实验将只在一种基质类型的岩石上进行。一旦确定了处理的组合, 实验在物理设置上就与有 12 种处理的单因素设计相同 (图 7.10)。

在双因素实验中, 所有交叉处理组合在设计中都必须得到体现。如果缺少某些处理组合, 最终的设计会很混乱。举个极端的例子, 假设我们只设置了花岗岩 – 排除捕食者的处理和板岩 – 包含捕食者的处理, 那捕食者效应和岩石基质效应会相互干扰。无论结

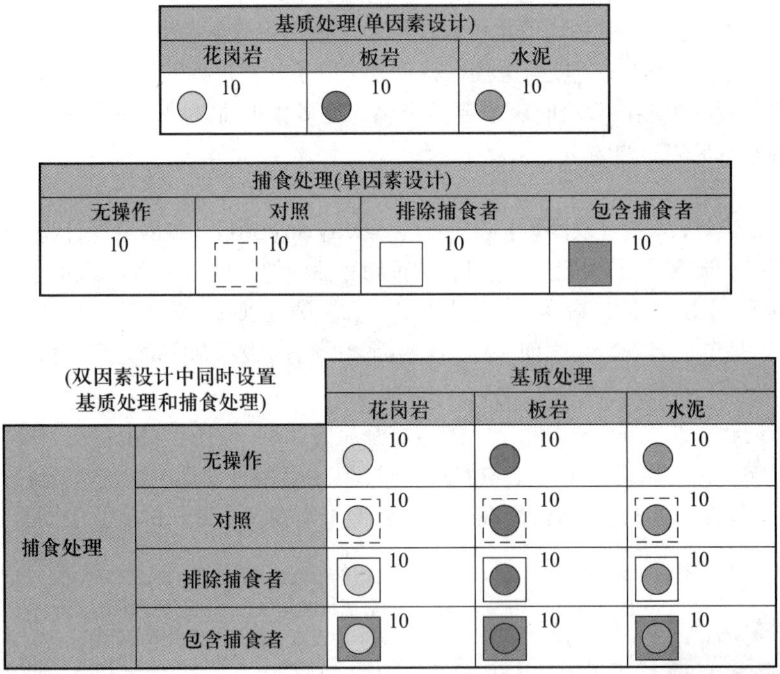

图 7.9　两个单因素设计和一个完全交叉的双因素设计。该实验旨在检测岩石基质类型 (花岗岩, 板岩或水泥) 和捕食 (无操作, 对照, 排除捕食者, 包含捕食者) 对岩石潮间带藤壶着生的影响。数字 10 表示每种处理中重复的数量。三种灰度的圆圈代表三种岩石处理, 方块代表四种捕食处理。上面的两个图为两个单因素设计, 只改变了两个因素中的一个。第三个图是双因素设计, 其中有 $4 \times 3 = 12$ 种岩石基质与捕食的不同组合。单元格中的符号表示所用的捕食和岩石基质处理的组合。

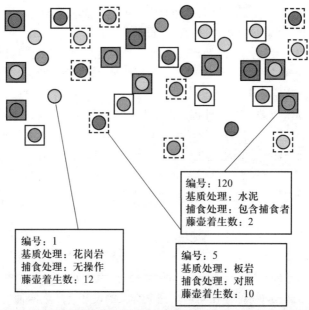

编号：120
基质处理：水泥
捕食处理：包含捕食者
藤壶着生数：2

编号：1
基质处理：花岗岩
捕食处理：无操作
藤壶着生数：12

编号：5
基质处理：板岩
捕食处理：对照
藤壶着生数：10

编号	基质处理	捕食处理	藤壶着生数
1	花岗岩	无操作	12
2	板岩	无操作	10
3	水泥	无操作	8
4	花岗岩	对照	14
5	板岩	对照	10
6	水泥	对照	8
7	花岗岩	排除捕食者	50
8	板岩	排除捕食者	68
9	水泥	排除捕食者	39
.	.	.	.
.	.	.	.
120	水泥	包含捕食者	2

图 7.10 双因素设计示例。处理符号如图 7.9 所示。表格中的列表示对每个重复应用的岩石基质处理和捕食处理。整个设计包括 $4 \times 3 \times 10 = 120$ 个重复, 该图只展示了 36 个重复 (每种处理组合 3 个)。

果在统计学上是否显著, 我们都无法分清这种情况到底是由捕食者的影响、岩石基质的作用还是它们的交互作用造成的。

这个例子反映了人为操作实验和观察性研究之间的重要区别。在观察性研究中, 我们会在一个样本范围内收集关于捕食者和猎物丰度变化的数据。但是捕食者往往只出现在某些特定的小生境或基质类型的岩石中, 因此捕食者的存在与否确实会与岩石基质的影响相混淆, 这让我们很难梳理出因果关系 (见第 6 章)。多因素野外实验的优势在于它们打破了这种自然的相关关系, 分别且集中地揭示了多种因素的影响。事实上, 一部分处理组合很可能是人为的, 如果在自然界中存在也可能非常少见。这就是实验的一个优势: 它揭示了每个因素对观测模式的独立贡献。

双因素设计的主要优点是能够梳理出两个因素之间的主效应和交互作用。我们将在第 10 章中讨论, 交互作用项代表响应的非附加组分。这种交互作用衡量了不同处理组合的累加、协同或拮抗作用的程度。

双因素设计的主要缺点在于处理组合的数量会变得很大以至于无法准备足够的重复。在藤壶捕食的例子中, 若每种处理组合有 10 个重复, 要 120 个重复才能满足要求。

与单因素设计一样, 简单的双因素设计不考虑空间异质性。这可以通过简单的随机分块设计来解决, 即每个分块包含所有 12 种处理组合中每种组合的一个重复。或者, 如果在每个分块内重复所有的处理, 就变成了一个三因素设计, 分块成了分析中的第三个因素。

双因素设计的最后一个局限是无法建立所有正交处理组合。对于许多常见的生态学实验而言, 全套的处理组合可能不可行或不符合逻辑。假设正在研究两种火蜥蜴间的竞争对火蜥蜴存活率的影响。你决定用双因素设计, 其中每个物种代表一个因素。对于每个因素有两种处理, 即物种存在与否。完全交叉的设计会产生四种处理 (表 7.2)。但在物种 A 和物种 B 都不存在的处理组合中, 能测量什么东西呢? 根据定义, 在这种处理组合中没有任何可测量的东西。所以只能设置其他三种处理 ([物种 A 存在, 物种 B 不存在], [物种 A 不存在, 物种 B 存在], [物种 A 存在, 物种 B 存在]), 然后进行单因素 ANOVA。若想用双因素设计, 我们只能更改响应变量。如果响应变量换成实验结束时每个样方中火蜥蜴猎物的剩余数量, 而不是火蜥蜴存活数, 那么我们就可以建立不存在火蜥蜴的处理组, 在完全交叉的双因素设计中测量猎物的丰度。当然, 这个实验现在提出的是一个完全不同的问题。

表 7.2　一个双因素设计中简单的物种增减的处理组合

物种 B	物种 A	
	不存在	存在
不存在	10	10
存在	10	10

表中的数字是每种处理组合的重复数。如果响应变量是物种本身的一些属性 (如存活率, 增长率), 那处理组合 [物种 A 不存在, 物种 B 不存在](方框内的) 在逻辑上是不可能的, 那只能用单因素设计分析三种处理组合 ([物种 A 存在, 物种 B 存在], [物种 A 存在, 物种 B 不存在], [物种 A 不存在, 物种 B 存在])。如果响应变量是可能会受到物种影响的环境属性 (如猎物丰度, pH), 那就能用到所有四个处理组合, 将其视为一个有两个正交因素 (物种 A 和物种 B) 且每个因素都有两种处理水平 (存在, 不存在) 的双因素 ANOVA 设计。

类似火蜥蜴示例这样的两个物种的竞争实验在生态和环境研究方面有着悠久的历史 (Goldberg and Scheiner 2001)。在两个物种竞争实验的设计和分析中有许多微妙的问题。这些实验试图区分焦点物种 (被测响应变量的物种), 关联物种 (密度受到人为干预的物种), 以及背景物种 (可能存在但未受到人为实验操作影响的物种)。

第一个问题是使用什么样的设计: **可加 (additive)**、**替代 (substitutive)** 或 **响应面 (response surface)** 设计 (图 7.11; Silvertown 1987)。在可加设计中, 焦点物种的密度保持恒定, 仅改变实验物种的密度。但这种设计混淆了密度和频次的影响。例如, 如果我们比较对照样方 (5 个物种 A, 0 个物种 B) 与实验样方 (5 个物种 A, 5 个物种 B), 就会将总密度 (10 个个体) 与存在竞争者这两个因素相混淆 (Underwood 1986; Bernardo et al. 1995)。另一方面, 一些作者认为, 当一个新物种进入一个群落并建立起一个种群时, 确实会观察到这样的密度变化, 因此调整总密度并不一定合适 (Schluter 1995)。

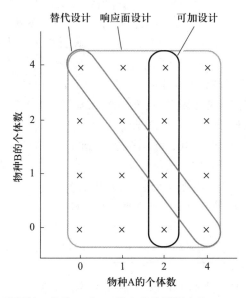

图 7.11　竞争实验的实验设计。物种 A 和 B 的丰度分别设定为 0、1、2 或 4 个个体。每个 "×" 表示一种处理组合。在可加设计中, 其中一个物种的丰度是固定的 (有 2 个个体的物种 A), 而竞争者的丰度是变化的 (0、1、2、4 个个体的物种 B)。在替代设计中, 两个竞争者的总丰度始终为 4 个个体, 但不同处理的物种组合不同 ([0, 4]; [1, 3]; [2, 2]; [3, 1]; [4, 0])。在响应面设计中, 建立了两个竞争者所有丰度的组合作为处理 (4 × 4 = 16 个处理)。响应面设计是首选, 因为它遵循良好双因素 ANOVA 原则: 处理水平完全正交 (用物种 B 的所有丰度水平表示物种 A 的所有丰度水平) (更多细节参见 Inouye 2001; 图片修改自 Goldberg and Scheiner 2001)。

　　在替代设计中, 生物体的总密度保持不变, 但两个竞争者的相对比例是变化的。这类设计衡量了种间和种内竞争的相对强度, 并不能衡量竞争的绝对强度, 同时假设不同密度水平下的响应具有可比性。

　　响应面设计是一种完全交叉的双因素设计, 既改变了竞争者的相对比例也改变了密度。这种设计可用于衡量种间和种内竞争作用的相对强度和绝对强度。与所有具有许多处理水平的双因素实验一样, 重复的数量可能是个问题。Inouye (2001) 对响应面设计和其他竞争研究方法进行了全面综述。

　　其他在竞争实验中需要解决的问题包括: 需要考虑多少密度水平才能准确估计出竞争效应; 如何解决一个处理重复中个体非独立性的问题; 是否对背景物种进行操控; 以

及基于一个物种的存在而建立起样方的去除实验, 如何去除其带来的遗留问题和空间异质性 (Goldberg and Scheiner 2001)。

裂区设计。裂区设计 (split-plot design) 是将随机分块设计扩展至两种实验处理。该术语源自农业研究, 裂区设计将单个样方分割成多个子样方, 每个子样方都进行不同的处理。就我们的目的而言, 一个裂区就相当于是一个包含不同处理重复的分块。

裂区设计与随机分块设计的区别在于, 在整个分块的水平上考虑第二个处理因素。最后一次回到藤壶的例子。我们还是要建立一个双因素设计, 检测捕食和岩石基质的影响。然而, 假设笼子建造起来既昂贵又耗时, 而且还怀疑环境中微生境的有些变化也在影响你的结果。在裂区设计中, 可以像随机分块设计中一样将三种岩石基质组合在一起。然而, 裂区设计允许在一个分块的所有三种基质重复上只罩一个笼子。在该设计中, 捕食处理被称为**主区因素 (whole-plot factor)**, 因为一个捕食处理被应用于整个分块。岩石基质处理被称为**副区因素 (subplot factor)**, 因为在一个分块内所有岩石基质处理都被应用了。裂区设计如图 7.12 所示。

仔细比较双因素设计 (图 7.10) 和裂区设计 (图 7.12), 它们之间存在细微差别。在双因素设计中, 处理被分开且独立地施加于每个重复; 而在裂区设计中, 其中一种处理应用于整个分块或样方, 另一种处理应用于分块内的重复。

裂区设计的主要优点是为施加两种处理而有效地利用了分块。与随机分块设计一样, 这是一种控制环境异质性的简单布局。它的工作量显然比在简单双因素设计中每个重复上施加处理要轻松得多。裂区设计消除了分块的可加效应, 也允许检测两个人为操作因素间的主效应和交互作用[7]。

与随机分块设计一样, 裂区设计无法检测分块之间的相互作用。但是, 裂区设计确实可以检测主区因素和副区因素的主要影响以及两者间的交互作用。与嵌套设计一样, 研究人员常常犯的一个错误是, 将裂区设计当作双因素 ANOVA 来进行分析, 从而增加了 I 类错误的犯错风险。

三个或多个因素设计。双因素设计可以扩展到三个甚至多个因素。假如正在研究淡水食物网中的营养级联 (Brett and Goldman 1997), 可以通过添加或去除顶级食肉动物 (捕食者) 和食草动物, 来检测对生产者水平的影响。这种简单的三因素设计会生成 $2^3 = 8$ 种处理组合, 包括一种既没有食肉动物 (捕食者), 也没有食草动物的组合

---

[7]虽然我们给出的示例涉及两个人为实验操作因素, 但当其中一个因素代表自然变异来源时, 裂区设计也是有效的。在之前的研究中, 我们研究了猪笼草 (紫瓶子草, *Sarracenia purpurea*) 由装满雨水的叶子 (捕虫笼) 所构成的水生食物网组织。一个新捕虫笼大约每 20 天开一次, 装满雨水后, 很快就会形成一个与无脊椎动物及微生物相关的食物网。

在我们的一项实验中, 我们通过添加或去除每一株猪笼草捕虫笼中的水分来人为控制干扰的影响 (Gotelli and Ellison 2006; 见第 9.15)。对一株猪笼草所有捕虫笼都进行水分处理。接下来, 我们记录了第一个、第二个和第三个捕虫笼的食物网结构。这些数据被当作裂区设计来分析。主区因素为水量处理 (5 个水平), 副区因素为捕虫笼的年龄 (3 个水平)。该植物拥有的这种天然屏障使得对一株植物所有捕虫笼进行水量处理是有效且可行的。

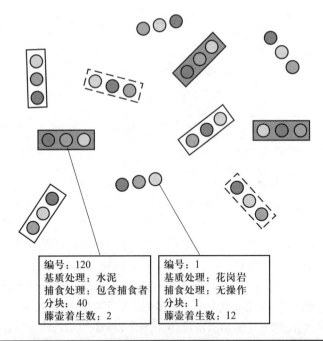

编号：120
基质处理：水泥
捕食处理：包含捕食者
分块：40
藤壶着生数：2

编号：1
基质处理：花岗岩
捕食处理：无操作
分块：1
藤壶着生数：12

编号	基质处理	捕食处理	分块	藤壶着生数
1	花岗岩	无操作	1	12
2	板岩	无操作	1	10
3	水泥	无操作	1	8
4	花岗岩	对照	2	14
5	板岩	对照	2	10
6	水泥	对照	2	8
7	花岗岩	排除捕食者	3	50
8	板岩	排除捕食者	3	68
9	水泥	排除捕食者	3	39
.	.	.	.	.
.	.	.	.	.
120	水泥	包含捕食者	40	2

图 7.12   裂区设计示例。处理方式如图 7.9 所示。一个分块包括三种岩石基质处理 (副区因素)。一个捕食处理 (主区因素) 应用于整个分块。表中的列表示每个重复的基质处理, 捕食处理和分块标识。每种捕食处理仅列出了一个分块。裂区设计类似于随机分块设计 (见图 7.6), 但在本例中, 第二个处理因子应用于整个分块 (= 样方)。

(表 7.3)。如上所述, 如果在双因素随机分块内进行重复, 那分块就变成了分析中的第三个因素。然而, 在生态学研究中很少使用三因素 (以及多因素) 设计。因为处理组合太多使这些设计只在逻辑上可行。如果发现自己的设计过于庞大复杂, 那就应该考虑将它分解成多个较小的实验, 每个实验涉及想检测的关键假设。

表 7.3   关于食物网增添和删减实验的三因素设计中所有的处理组合

	无食肉动物		有食肉动物	
	无食草动物	有食草动物	无食草动物	有食草动物
有生产者	10	10	10	10
无生产者	10	10	10	10

本实验中, 三个营养级代表三个实验因素 (食肉动物, 食草动物, 生产者), 每个因素有两个水平 (有, 无)。每个单元格内是每种处理组合的重复数。如果响应变量是食物网本身的某些属性, 那在逻辑上不可能出现所有营养水平都不存在的处理组合 (方框中的)。

结合时间可变性: 重复测量设计。到目前为止, 我们描述的所有设计都是在实验结束时的统一时刻测量每个重复的响应变量。若在不同时间从一个重复中收集了多个观测就涉及**重复测量设计 (repeated measures design)**。可以将重复测量设计看作是一种裂区设计, 其中分块是单个重复, 副区是时间。重复测量设计最早应用在医学和心理学领域, 对个体受试者进行重复观察。因此, 在重复测量术语中, **受试间因素 (between-subjects factor)** 对应于主区因素, **受试内因素 (within-subjects factor)** 对应于不同时间。由于重复测量设计中, 单个个体的多个观测间彼此不独立, 所以分析需谨慎。

比如, 假设我们使用简单的单因素设计进行图 7.5 中所示的藤壶研究。但我们不是一次测量了所有重复, 而是对每个重复新着生的藤壶数量进行了连续 4 周的观察。现在, 不是 3 次处理 ×10 次重复 = 30 次观测, 而是 3 次处理 ×10 次重复 ×4 周 = 120 次观察 (表 7.4)。如果只使用四次调查中某一次调查的数据, 那分析则与单因素设计相同。

表 7.4   用于简单重复测量分析的电子表格

ID 号	处理组	重复数	藤壶着生			
			第 1 周	第 2 周	第 3 周	第 4 周
1	花岗岩	1	12	15	17	17
2	板岩	1	10	6	19	32
3	水泥	1	3	2	0	2
4	花岗岩	2	14	14	5	11
5	板岩	2	10	11	13	15
6	水泥	2	8	9	4	4
7	花岗岩	3	11	13	22	29
8	板岩	3	11	17	28	15
9	水泥	3	7	7	7	6
⋮	⋮	⋮	⋮	⋮	⋮	⋮
30	水泥	10	8	0	0	3

本实验旨在检测岩石基质类型对岩石潮间带中藤壶着生的影响 (见图 7.5)。表格的每一行代表独立的重复。前三列表示 ID 号 (1 ~ 30), 处理组 (水泥, 板岩或花岗岩) 和重复数 (每种处理 1 ~ 10 个重复)。后四列给出了连续四周内, 每周记录的在特定岩石基质上的藤壶着生的数量。不同时间观测间不是相互独立的, 因为它们是每周对同一个重复进行的统计。

重复测量设计有三个优点: 首先是效率。数据是在不同的时间被记录的, 但不必每次都对处理组合设置单独的重复。其次, 重复测量设计允许每个重复做自己的分块或对照。当重复代表个体 (植物、动物或人) 时, 这就有效地控制了大小、年龄和个体历史的变化, 而这些变化往往会对响应变量产生强烈的影响。最后, 重复测量设计允许我们检测时间与处理的交互作用。由于许多原因, 我们认为不同处理间的差异可能会随时间而变化。在压力实验中 (见第 6 章), 处理可能存在的累积效应或许会在实验开始一段时间后才表现出来。相比之下, 在脉冲实验中, 我们希望看到单次脉冲处理后, 随着时间的推移, 处理间的差异逐渐减小。这些复杂的效应只有在时间和处理的交互作用中才能明显地表现出来, 如果只测了单个时间点的响应变量, 可能无法检测到这些效应。

随机分块和重复测量设计都对受试内因素提出了特殊的**球形 (circularity/sphericity)** 假设。球形 (在 ANOVA 中) 表示子样方中任何两种处理水平间差异的方差都是相同的。对于随机分块设计而言, 球形表示分块中任意一对处理间差异的方差都是相同的。如果处理的样方足够大且样方间有适当间隔, 这通常是一个合理的假设。重复测量设计, 球形表示任何一对时间点的观测间差异的方差都是相同的。重复测量设计一般很难满足这种球形假设; 多数情况下, 两个相邻时间点观测间差异的方差可能比两个相隔较远的时间点观测间差异的方差要小得多。这是因为在同一受试上所测的时间序列很可能具有时序 "记忆", 也就是当前观测值是近期观测值的函数。这个相关观测的前提是时间序列分析的基础 (见第 6 章)。

重复测量分析的主要缺点是无法满足球形假设。如果重复的测量是连续相关的, 那F 检验犯 I 类错误的概率就会增大, 会错误地拒绝本来是正确的零假设。若想满足球形假设, 最佳的策略是采用间隔均匀的采样时间, 同时了解生物体的自然历史以选择合适的抽样间隔。

有什么方法可以代替重复测量分析且不依赖于球形假设? 一种方法是设置足够的重复, 以便在每个时间段对不同的集合进行调查。在这种设计中, 时间可以被视为双因素 ANOVA 中的一个简单因素。如果抽样方法具有破坏性 (例如收集鱼类的胃内容物, 杀死并保存无脊椎动物样本, 或采集植物), 这是可以将时间纳入设计的唯一策略。

第二种策略是使用重复测量布局, 但在设计响应变量时要更有创意。将相关的重复测量分解为单个响应变量, 然后使用简单的单因素 ANOVA。如果想检测不同处理间时间趋势是否不同 (受试间因素), 可以用重复测量数据拟合回归直线 (线性或时间序列模型), 并用直线的斜率作为响应变量。计算研究中每个个体的斜率值, 然后将每个个体作为一个独立的观察, 用简单的单因素分析比较这些个体的斜率。在不同的处理中, 显著的处理效果会在个体间呈现出不同的时间轨迹; 这个检测与标准重复测量分析中时间和处理间交互作用的检测非常相似。

尽管这些复合变量都来自一个个体相互关联的观测, 但在个体间它们是相互独立的。此外, 中心极限定理 (见第 2 章) 告诉我们, 即使原本变量本身并不遵循正态分布, 但这些值的平均值遵循近似正态分布。由于大多数重复测量数据不符合球形假设, 建议在对这些数据进行分析时一定要仔细。我们倾向于将时间数据缩成一个在观测间真正独立的变量, 然后用更简便的单因素设计进行分析。

环境随时间的影响: BACI 设计。有一种特殊类型的重复测量设计是在处理前后都要进行测量。比如, 假设你想测量阿特拉津 (一种类激素化合物) 对青蛙体重的影响 (Allran and Karasov 2001)。在简单的单因素设计中, 你可以将青蛙随机分配到对照组和使用阿特拉津的实验组, 然后在实验结束时测量青蛙的体重。而另一种更灵敏的设计则是, 建立对照组和实验组, 在处理前一个或多个时间段测量青蛙的体重, 在施加处理之后, 再多次测量对照组和实验组青蛙的体重。

这类设计也被用于评估环境影响的观察性研究。在影响评估中, 要在影响发生前后进行测量。典型评估案例可能是, 评估一个海洋无脊椎动物群落对核电站运行的潜在反应, 因为核电站运行时会排放大量的热废水 (Schroeter et al. 1993)。核电站开始运行之前, 在会受到影响的地区抽取一个或多个样本, 并估算感兴趣物种 (如蜗牛、海星、海胆) 的丰度。这项研究中的重复可以是空间上的、时间上的, 抑或是时空上的。空间重复需要对热水预计排放区域内部及外部几个不同的样方进行采样[8]。时间重复则需要在运行前对热水预计排放区的一个位点进行数次采样。理想的情况是, 在预排放前对多个位点进行数次采样。

一旦热水开始排放, 就重复执行采样方案。在这种评估设计中, 必须至少有一个对照或参照位点, 在排放前后也同时进行采样。如果观察到受影响位点而非对照位点的物种丰度下降, 那你还可以检测这种下降是否显著。此外, 无脊椎动物丰度的减少可能与热水排放无关。在这种情况下, 你会发现对照和受影响地点的物种丰度都比较低。

这种重复测量设计被称为 **BACI (Before-After, Control-Impact) 设计**。不仅有对照和处理样方的空间重复, 还有处理前后测量的时间重复 (图 7.13)。

理想情况下, 对于评估环境干扰以及监测干扰前后轨迹的研究来说, BACI 是一种非常强大的设计。空间上的重复可以将结果推广至其他可能受到类似干扰的地点。而时间上的重复可以监测响应和恢复的时间轨迹。这种设计对脉冲实验和压力实验都适用。

然而遗憾的是, 在环境影响研究中这种理想的 BACI 设计很难实现。很多时候, 只有一个地点会受到影响, 而且该地点通常不是随机选择的 (Stewart-Oaten and Bence 2001; Murtaugh 2002b)。这种情况下, 受影响区域内的空间重复不再独立, 因为我们只研究了单个位点的单个影响 (Underwood 1994)。如果影响代表一次环境事故, 如石油泄漏事件, 那不论是参考位点还是受影响位点, 我们都没办法得到事故发生前的数据。

在大规模的人为操作实验中, 对随机化和处理分配的潜在控制要容易得多, 但即便如此, 可能也很少有空间重复。这些研究大多依赖的是实验操控前后进行的更为密集的时间重复。自 1983 年以来, Brezonik 等 (1986) 在小石城湖 (Little Rock Lake) 中进行长期的酸化实验, 这个湖是一个位于威斯康星州北部的小型贫营养渗流湖。该湖被不透

---

[8]这种布局的一个关键假设是研究人员提前知道影响的空间范围。如果没有这些信息, 一些 "对照" 样方可能会设置在 "处理" 区域内, 那将导致热废水排放的影响被低估。

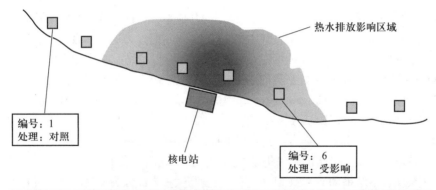

编号	处理	排放前采样				排放后采样			
		第1周	第2周	第3周	第4周	第5周	第6周	第7周	第8周
1	对照	106	108	108	120	122	123	130	190
2	对照	104	88	84	104	106	119	135	120
3	受影响	99	97	102	192	150	140	145	150
4	受影响	120	122	98	120	137	135	155	165
5	受影响	88	90	92	94	0	7	75	77
6	受影响	100	120	129	82	2	3	66	130
7	对照	66	70	70	99	45	55	55	109
8	对照	130	209	220	250	100	90	88	140

图 7.13　BACI 设计中重复空间布局的示例。每个方块代表海岸线上的一个样方, 该样方可能受到核电站排放的热水的影响。在热水流出区 (阴影区域) 和相邻的对照区域 (无阴影区域) 内建立永久性样方。在工厂开始排出热水之前, 每周对所有样方进行采样, 持续 4 周, 排放之后也采样 4 周。表格中的每一行代表不同的重复。前两列为重复的 ID 号和对应处理组 (对照组或受影响组)。剩下的列是 8 次采样日期中每次收集到的无脊椎动物的丰度数据 (4 次在排放前采样, 4 次在排放后采样)。

水的乙烯帘划分为处理水域和对照水域。从 1983 年 8 月到 1985 年 4 月, 在这两个水域收集了基线 (预处理) 数据。然后用硫酸逐步酸化处理水域, 使其达到三个 pH 水平 (5.6、5.1、4.7)。这些 pH 水平在一个压力实验中每两年维持一次。

由于只有一个处理水域和一个对照水域, 所以不能用传统的 ANOVA 方法来分析这些数据[9]。常规的分析策略有两种。一种是**随机干预分析 (randomized intervention analysis, RIA)**, 这是一种蒙特卡罗方法 (见第 5 章): 从时间序列中计算出的检验统计量将会与在处理间隔间随机化或重排序时间序列数据所生成的值的分布进行比较 (Carpenter et al. 1989)。RIA 不受限于正态假设, 但仍易受到数据中时间相关性的影响 (Stewart-Oaten et al. 1992)。

第二种策略是用时间序列分析将数据拟合到简单的模型中。**自回归移动平均 (autoregressive integrated moving average, ARIMA)** 模型用几个参数来描述了动

---

[9]当然, 如果假设样本是独立的重复, 就可以使用常规的 ANOVA。但是, 将数据硬套进不合适的模型结构中是不明智的。本章的主题之一就是为你实验和调查选择简单的设计, 该设计的假设能够满足你受限制的数据。

态数据中的相关关系结构 (见第 6 章)。模型的其他参数估计了进行实验干预后逐步发生的变化，接着可以用零假设对这些参数进行检验 (零假设为这些参数与 0 没有差异)。ARIMA 模型可单独用于拟合对照和人为操控的时间序列数据，或者拟合每个时间步长处理与对照数据比值的衍生数据集 (Rasmussen et al. 1993)。贝叶斯方法也可用于分析 BACI 设计得到的数据 (Carpenter et al. 1996; Rao and Tirtotjondro 1996; Reckhow 1996; Varis and Kuikka 1997; Fox 2001)。

RIA、ARIMA 和贝叶斯方法是检测时间序列数据中处理效果的强大工具。但是，如果不设置重复，推广分析的结果仍是个问题。其他湖泊会发生什么？其他年份呢？包括，小规模实验的结果 (Frost et al. 1988)，或者与大量未经人为操控的对照位点的快照比较结果 (Frost et al. 1988; Underwood, 1994) 等在内的这些其他信息或许可以帮助扩大 BACI 研究的推论范围。

7.3.3　ANOVA 的替代设计：实验回归

目前，实验设计方面的文献几乎被 ANOVA 主导，现代生态科学的 "眼中" 仿佛只有方差分析表。确实，ANOVA 设计在很多方面既方便又强大，但却往往不是最好的选择。ANOVA 的盛行几乎限制了研究人员的智商，使他们忽视了其他更有效的实验设计 (Wemer 1998)。

我们建议，只有当回归设计更适用的情况下才采用 ANOVA 设计。在许多 ANOVA 设计中，只检测一个连续预测变量中的几个值，以至连续变量变成了分类变量并被强行塞入一个 ANOVA 设计中。具体的实例包括用不同处理水平来代表营养浓度、温度或资源丰富度。

相反，实验回归设计 (图 7.14) 用到了连续自变量的多个水平，然后用回归将数据拟合成直线、曲线或曲面。在这种设计中一个棘手的问题 (同样的问题也存在于 ANOVA 中) 是为预测变量选择合适的水平。在所需范围内，对预测值的统一选择应确保高统计功效且能拟合出合理的回归线。然而，如果响应预计是乘性的而不是线性的 (例如，浓度每增加 1 倍，增长就会减少 10%)，那预测值最好设在间隔均匀的对数尺度上。在这个设计中，会收集到更多低浓度数据，在低浓度下响应变量的变化可能也是最剧烈的。

回归设计的主要优势之一是效率。假设你正在研究陆地植物和昆虫群落对氮 (N) 的响应，但受可用空间或劳动力限制总样本量最多只能有 50 个样方。如果遵循 10 数定律，那 ANOVA 设计迫使你仅能选择 5 种不同的施肥水平，每种重复 10 次。虽然对于某些研究目的来说这种设计已经足够了，但它可能不能准确地反映出导致群落结构急剧变化的 N 临界阈值水平。相比之下，回归设计则允许设置 50 种不同的 N 水平，每种水平一个样方。通过这种设计，可以非常准确地描述出群落结构随着 N 水平增加而发生的变化；用图展示出来后有助于找到阈值点和非线性效应 (见第 9 章)。当然，每种处理水平甚至设置最小的重复也是可以的，但是如果受总样本量的限制就不可行了。

对于双因素 ANOVA 而言，实验回归更有效，更强大。如果想把氮 (N) 和磷 (P) 作为独立的因素来处理，每种处理都保证 10 个重复，那最多有 2 种 N 水平和 2 种 P 水

(一个双因素ANOVA设计中模拟的氮处理和磷处理)		氮处理	
		0.00 mg	0.50 mg
磷处理	0.00 mg	12	12
	0.05 mg	12	12

(双因素实验回归设计)		氮处理						
		0.00 mg	0.05 mg	0.10 mg	0.20 mg	0.40 mg	0.80 mg	1.00 mg
磷处理	0.00 mg	1	1	1	1	1	1	1
	0.01 mg	1	1	1	1	1	1	1
	0.05 mg	1	1	1	1	1	1	1
	0.10 mg	1	1	1	1	1	1	1
	0.20 mg	1	1	1	1	1	1	1
	0.40 mg	1	1	1	1	1	1	1
	0.50 mg	1	1	1	1	1	1	1

图 7.14 双因素 ANOVA 设计 (上表) 和实验回归设计 (下表) 的处理组合。这些实验检测了氮 (N) 和磷 (P) 对植物生长或其他响应变量的可加效应及交互作用。表中每个单元格为重复样方数。如果最大重复数不超过 50, 且每种处理至少有 10 个重复, 那双因素 ANOVA 中, N 和 P 各自只能选取 2 种处理水平 (每种有 12 个重复)。相比之下, 实验回归允许 N 和 P 各有 7 种处理水平, $7 \times 7 = 49$ 个样方中每个样方对应一种特定浓度的 N 和 P 组合。

平。因为其中一种水平必须是对照样方 (如没有施肥), 所以这个实验不会提供太多关于改变 N 和 P 水平对系统影响的信息。如果结果具有统计学意义, 那只能说明群落对特定水平的 N 和 P 做出了响应, 这可能在实验开始前你就已经从文献中了解到了。如果结果没有统计学意义, 那很可能是因为 N 和 P 的浓度太低不足以产生响应。

相比之下, 实验回归设计则是一个具有 7 种 N 水平和 7 种 P 水平的完全交叉设计, 每种水平对应一个对照 (无 N 或 P)。$7 \times 7 = 49$ 个重复样方各自施加特定浓度的 N 和 P, 其中还有一个既不加 N 也不加 P (见图 7.14)。这是一个响应面设计 (Inouye 2001), 响应变量将通过多元回归建模。基于每种营养元素的七个水平, 这种设计能更有效地检测营养元素的可加效应和交互效应, 还可以揭示非线性响应。如果 N 和 P 的影响较弱, 回归模型将比双因素 ANOVA 更有可能揭示显著的影响[10]。

效率并不是实验回归设计的唯一优势。通过在连续尺度上自然地表示预测变量, 实验回归设计可以更容易地检测非线性、阈值或渐近响应。而这些是 ANOVA 设计无法实现的, 因为 ANOVA 设计有限的处理水平不足以提供类似的信息。如果关系与直线

---

[10] 在该实验中使用双因素 ANOVA 设计还有一个更深层次的、通常不被重视的潜在问题。如果处理水平代表许多可能已被用到的其他水平的一小部分, 那么该设计被称为**随机效应 (random effect)** ANOVA 模型。除非使用的特定处理水平有什么特殊之处, 否则当连续变量被强行当作分类变量塞进 ANOVA 时, 随机效应模型始终是最合适的选择。在随机效应模型中, 检验处理效应的 F 检验其分母是交互作用均方, 而不是标准**固定效应 (fixed effect)** ANOVA 模型中使用的误差均方。如果处理水平不多, 那无论处理有多少重复, 交互作用项相关的自由度都不会很高。因此, 这种方法远不如典型的固定效应 ANOVA 强大。有关 ANOVA 模型、随机效应 ANOVA 模型以及 F 检验的更多详细信息请参见第 10 章。

相去甚远, 也有许多统计方法可以拟合非线性响应 (见第 9 章)。

使用实验回归设计的最后一个优势是, 将结果与理论预测和生态模型相结合带来的潜在好处。ANOVA 可以估计分类变量中处理组或特定水平均值和方差, 但这些估计很少有人感兴趣或应用于生态模型中。相比之下, 回归分析给出的斜率和截距参数的估计值可以衡量响应 Y 随预测 $X (dY/dX)$ 的变化。这些导数正是测试许多用简单微分方程表示的生态模型所必需的。

若构建独特的预测变量水平非常昂贵或耗时, 那实验回归方法就不太可行了。在这种预测变量只有少数几个水平的情况下, 最好采用 ANOVA 设计。实验回归明显的缺点是它似乎没有重复! 在图 7.14 中, 每种处理水平只有一个重复, 这似乎挑战了之前的重复原则 (见第 6 章)。即使每种处理都不设置重复, 回归线的最小二乘解仍然可以估计出回归参数及其方差 (见第 9 章)。回归分析中, 回归线可以给出预测 X 给定值对应的响应 Y 的期望值的无偏估计, 对方差的估计可用于构建关于该期望的置信区间。这比 ANOVA 模型的结果更具有实际意义, 因为它可以估计这些零星处理水平的均值和置信区间。

一个貌似更为严重的问题是, 回归设计中对照可能没有重复。在我们双因素的示例里, 只有一个样方不添加氮和磷。这是否是一个严重的问题要取决于实验设计的细节。若所有重复除被施加的处理外其余部分完全一致, 那实验仍然是有效的, 甚至结果能准确估计预测变量不同水平对响应变量的相对影响。如果想要估计绝对的处理效应, 则需要补充额外的重复对照样方, 来解释说明其他任意处理的效果或对一般实验条件的其他响应。这些问题与 ANOVA 设计中遇到的问题没有什么不同。

从过去来看, 回归主要用于非实验性数据的分析, 即使大多数抽样研究并不太可能满足其假设。基于回归设计的实验研究不仅满足分析的假设, 而且通常比 ANOVA 设计更合适、更强大。我们鼓励 "跳出 ANOVA 的限制框架来思考", 并在人为操控连续预测变量时多多考虑回归设计。

7.3.4 列联表设计

当预测变量和响应变量都是分类变量时, 就需要使用最后一类实验设计 —— **列联表设计 (tabular design)**。这类设计中的测量值都是计数数据, 最简单的变量形式是独立试验中的二分 (或二项式, 见第 2 章) 响应。例如, 在对蟑螂行为的测试中, 可以将一只蟑螂放在一个有黑白两种颜色的活动区中, 然后记录蟑螂大部分的时间在哪一侧。为确保独立性, 每只重复组的蟑螂都单独进行测试。

更典型的是, 记录两个或多个分类预测变量的二分响应。在蟑螂研究中, 一半的蟑螂可能通过实验感染了一种已知会改变寄主行为的寄生虫 (Moore 1984)。现在我们想知道蟑螂的响应在感染个体和未感染个体间是否有所不同 (Moore 2001; Poulin 2000)。这种方法可以通过增加额外的处理扩展成一个三因素设计, 并探索感染和未感染个体间的差异是否会受到脊椎动物捕食的影响。

我们预测未感染的个体可能更偏向在黑色区域活动, 这样在视觉上对捕食者来说就不那么显眼。在有捕食者的情况下, 未感染个体可能更倾向于在黑色区域活动, 而感染个体可能更多的是在白色区域活动。或者说寄生虫可能改变宿主的行为, 但这些改变可能与捕食者的存在与否无关。另一种可能性是宿主的行为可能对捕食者的存在非常敏感, 但不一定受寄生虫感染的影响。**列联表分析** (contingency table analysis, 见第 11 章) 将用相同的数据集来检验这些假设。

在一些列联表设计中, 研究人员会确定每类预测变量中的个体总数, 并根据其响应对这些个体进行分类。每个类别的总数称为**边缘总和** (marginal total), 因为它代表了数据表中列或行的总和。在一项观察性研究中, 研究人员可能只确定一个或两个边缘总和, 或者只确定独立观察的总和。在列联表设计中, 总和等于所有列或行边缘总和之和。

例如, 假设你正在探究四种安乐蜥属 (*Anolis*) 物种与三种微生境类型 (地面, 树干, 树枝; Butler and Losos 2002) 的联系。表 7.5 是针对该研究数据的双因素设计。表中每行代表不同的蜥蜴物种, 每列代表不同的生境类型。单元格中是特定生境中特定蜥蜴物种的数量。边缘行总和表示每种蜥蜴被观测到的总数, 是对三种栖息地类型的总和。边缘列总和表示每种栖息地观测到蜥蜴的总数, 是对四个物种的总和。表中右下角的总和 ($N = 81$) 表示在所有生境中观察到的所有蜥蜴物种的总数。

表 7.5 在三种不同的微生境中对四种蜥蜴的数量进行统计

		栖息地			物种总数
		地面	树干	树枝	
	物种 A	9	0	15	*24*
蜥蜴物种	物种 B	9	0	12	*21*
	物种 C	9	5	0	*14*
	物种 D	9	10	3	*22*
栖息地总数		*36*	*15*	*30*	*81*

斜体加粗的数值代表该双因素表的边缘总和。总样本大小为 81 个观测。在这些数据中, 响应变量 (物种) 和预测变量 (微生境类型) 都是分类变量。

有许多方法可以收集到这些数据, 具体取决于抽样是基于微生境的边缘总和、蜥蜴的边缘总和还是整个样本的总数。

在围绕微生境建立的抽样方案中, 研究人员可能花了 10 个小时对每个微生境取样, 并记录在每个生境中遇到的不同蜥蜴物种的数量。在树干生境中, 研究人员共发现了 15 只蜥蜴: 5 只物种 C, 10 只物种 D; 未发现物种 A 和物种 B。在地面生境中, 研究人员总共发现了 36 只蜥蜴: 4 种蜥蜴分别发现 9 只。

在围绕蜥蜴物种建立的抽样方案中, 研究人员通过随机搜寻特定种类的蜥蜴个体, 然后记录它们出现在哪个微生境中, 相当于为每个物种投入了相同的精力。因此, 在搜寻时发现了 21 只物种 B: 9 只在地面, 12 只在树枝。另一种抽样方式是同时固定行和列的总数。尽管这种设计在生态学研究中并不常见, 但它可以用来对采样值的分布进行

精准的统计检验 (费希尔精确检验, Fisher's exact test; 见第 11 章)。最后, 抽样可能仅仅基于观测总数。很可能是研究人员随机抽取了 81 只蜥蜴, 并记录了每只蜥蜴的物种身份和出现的微生境。

理想情况下, 对于每个类别来说抽样所依据的边缘总和应该是相同的, 就像我们在建立 ANOVA 设计时试图做到有相同的样本量一样。但分析列联表数据不需要相同的样本量。尽管如此, 测试仍然要求对观测进行随机抽样, 而且保证重复间是相互独立的。在某些情况下, 这些可能很难实现。例如, 如果蜥蜴倾向于群居或集体行动, 那就不能简单地统计随机遇到的个体, 因为很可能发现整个群体都出现在同一个微生境中。在这个例子中, 我们还假设所有蜥蜴在所有生境中对观察者来说都一样得显眼。如果某些物种在某些生境中比其他物种更为明显, 那么相对频率反映出的将是抽样偏差而不是物种与微生境的关联。

分类数据的抽样设计。与回归和 ANOVA 设计的大量文献相比, 在生态背景下, 关于分类数据抽样设计的文献相对较少。如果观测费用昂贵或耗时, 则应尽力确保每次观测的独立性, 以便用简单的双因素或多因素设计进行分析。不幸的是, 许多已发表的分类数据分析都是基于非独立的观测, 其中一些是在不同的时间或不同的地点收集的。许多行为学研究分析的都是同一个体的多次观测, 这些数据显然是不独立的 (Kramer and Schmidhammer 1992)。如果列联表数据不是独立的, 对于来自同一样本空间的随机样本, 则应在分析中明确地将时间或空间类别作为因素。

7.3.5　替代列联表的设计: 比例设计

如果观测个体价格低廉且可以大量收集, 就有一种替代列联表设计的方案。其中一种分类变量可用比例 (想要结果的数量/观测数量) 来表示, 比例是一种连续变量。这种连续变量就可以使用上述任意方法进行回归或 ANOVA 分析。

用**比例设计 (proportional design)** 代替列联表设计有两个优势所在。首先, 可以使用 ANOVA 和回归设计的标准设置, 包括分块设计。其次, 比例设计可以用来分析并非严格独立的频次数据。例如, 假设为了节省蟑螂实验的时间, 同时将 10 只个体放在实验区域内。这种情况下, 若将 10 只个体视为独立的重复是不合理的。同样的道理, 对于 ANOVA 来说, 同一个笼子中的子样本也不是独立重复的。然而, 这轮实验的数据可以作为单个重复来处理, 我们可以计算黑色区域内的个体所占比例。通过多轮实验, 就可以检验组间比例差异的假设 (例如, 寄生与未寄生)。然而这种设计仍然存在问题, 因为针对单只蟑螂的实验区的选择可能与针对一组蟑螂的选择不同。尽管如此, 这种设计至少避免了将区域内的个体视为独立重复的问题, 当然在这种设计中个体也确实不是重复。

虽然比例和概率一样都是连续变量, 但取值在 0 到 1.0 之间。通常为了满足正态假设, 对比例数据进行平方根反正弦转换是必不可少的 (见第 8 章)。比例分析第二个非常重要的考虑因素是, 每个重复至少要进行 10 次实验, 这样才能确保样本量尽可能平衡。

基于每个重复有 10 只个体, 可能得到的响应变量的值为 $\{0.0, 0.1, 0.2, 0.3, 0.4, 0.5, 0.6,$ $0.7, 0.8, 0.9, 1.0\}$。但若每个重复只用了 3 只个体, 相同的处理下响应变量的可能值只有 $\{0.0, 0.33, 0.66, 1.0\}$。这些小的样本量将大大增加测量的方差, 而且使用任何数据转换都不能缓解这个问题。

比例分析最后一个问题出现在有三个或更多分类变量的情况中。基于二分响应, 比例可以全面地描述数据特征。但若有两个以上的类别, 比例只能根据其中一个类别进行定义。例如, 如果实验区域内包括垂直和水平两个方向的黑白表面, 那就需要测量四个分类的比例。因此, 可能只能基于水平黑色表面的个体比例进行分析。或者, 该比例可以被定义为两个或两个以上类别的和, 例如任何颜色的垂直表面的个体比例。

7.4 总结

自变量和因变量可以是分类变量, 也可以是连续变量, 基于这种分类, 可以将大多数设计分为四类。方差分析 (ANOVA) 设计用于自变量为分类变量、因变量为连续变量的实验。有效的 ANOVA 设计包括单、双因素 ANOVA、随机分块和裂区设计。我们不建议使用嵌套 ANOVA, 因为重复中涉及非独立的子样本。重复测量设计可用于随时间推移在单个重复内收集多个重复观测的研究。然而, 这些数据往往是自相关的, 因此可能不符合分析的假设。在这种情况下, 应该将时间数据合并为单个独立测量, 或者采用时间序列分析。

如果自变量是连续的, 则使用回归设计。回归设计既适用于实验研究, 也适用于抽样研究, 尽管它主要用于后者。当自变量只能用很少的几个水平代表时, 我们主张多用实验回归来代替 ANOVA。在设计一个合理的回归实验时, 对预测值的范围进行适当的抽样是很重要的。多元回归设计包括两个或多个预测变量, 但如果预测变量间存在强相关性 (共线性), 分析就会出现问题。

如果自变量和因变量都是分类的, 则采用列联表设计。列联表设计强调重复计数间是真正独立的。如果计数不是独立的, 那就应该将它们合并起来, 使响应变量变成单个比例。实验设计类似于回归或 ANOVA。

我们倾向于简单的实验和抽样设计, 并强调从彼此独立的重复中收集数据的重要性。良好的重复和均衡的样本大小将提高分析的功效和可靠性。要记住就算用最复杂的分析也无法挽救一个设计非常糟糕的研究所得到的结果。

第 8 章　管理和管护数据

数据是科学研究的原始资料。然而，与我们在数据收集、分析和发表上投入的时间精力相比，我们在数据组织、管理和管护① 上投入的还是太少了。这是一件令人遗憾的事; 因为使用原始数据本身来检验新的假设, 远比从已发表的研究中重建原始数据容易得多。研究结果可以被重复是科学研究的基本要求。只有正确地组织记录数据，并确保它们可以被安全地存储和调用，才能使原始数据在日后被其他研究人员重建和分析。此外, 法律规定, 由公共基金 (例如联邦或州的拨款和合同) 支持的项目所收集的数据必须对大众公开。数据共享在法律上具有强制性, 因为严格来讲, 数据的拥有者是资助机构而不是研究者。大多数资助机构都会在数据公开前留给研究者足够的时间 (通常为一年或一年以上) 发表他们的研究结果[1]。然而，《信息自由法》(5 U.S.C. §552) 允许任何美国人在任何时间要求研究者提供公共资助的数据。基于上述原因, 我们希望读者们可以在数据管理上投入更多的时间和精力。

8.1　第一步: 管理原始数据

在实验性研究中, 我们通常会用纸质的实验记录本来记录观测结果。相比之下, 在生态和环境研究中, 对数据的记录形式则更为多样。例如, 观测结果可以被记录在笔记本上, 写在塑料潜水板或防水纸上, 抑或是录入录音机中; 仪器的数字可以直接输出到数据记录器、计算机或掌上电脑中; 当然还包括氧化银底片或数字卫星图像。因此, 在研究中, 我们的首要任务是将多元化来源的数据迅速转换成一种可以被组织、检查、分

---

① Data curation 目前尚无明确的中文译法。该词有通过数据管理、保护和推广以提高数据利用价值之意。现有的译法包括 "数据管护" "数据策管" "数据审编" "数据管理" "数据理用" "数据典藏" 等。本书在此将其翻译为 "数据管护"。——译者注

[1] 这项政策是资助机构与科学界之间不成文的君子协定的一部分。该协定之所以有效, 是因为迄今为止, 科学界已表明愿意无偿及时地提供数据。与受到市场驱动、公众监督较严的领域 (例如生物技术领域、分子遗传学领域) 相比, 生态学和环境学领域提供数据的速度相对较慢。同样, 生态学界和环境学界在数据存取规定和元数据构建标准方面也落后于其他领域。可以说, 正因为生态学家缺乏 GenBank (基因库) 导致生态学和环境科学发展的缓慢。但生态数据的异质性比基因序列更高, 因此, 很难设计一个单一的数据结构来加快数据的快速共享。

析和共享的通用格式。

8.1.1　电子表格

在第 5 章中, 我们已经介绍了如何在**电子表格 (spreadsheet)** 中组织数据。电子表格是一个电子页面[2], 每一行代表一个观测值 (研究单元诸如叶片、羽毛、生物体或岛屿), 每一列代表一个测量或观测变量。电子表格的每个**单元格 (cell)** 或行列组合中的内容是测量或观测变量 (列) 的研究单元 (行) 的值[3]。在生态学和环境学领域的研究中, 所有类型的数据都可以存储在电子表格中, 大多数实验的设计 (见第 7 章) 也可以用电子表格格式表示。

野外数据应在收集后尽快录入电子表格。在研究中, 应尽可能地在收集数据当天将现场记录或工具中的数据转移到电子表格中。为什么要及时转录数据? 第一, 及时转录数据可以快速帮助我们确定是否由于研究人员的疏忽或仪器故障而错过了必要的观察或实验单元。如果有必要回去收集额外的观测值, 必须尽快完成, 否则新数据将不具备可比性。第二, 数据表中除了记录的数字之外, 通常还应包含旁注和观察结果。这些旁注对数据管理来说非常重要, 但却寿命极短且很快就会变得晦涩难懂 (甚至无法辨识)。第三, 将数据录入电子表格后, 就拥有了两个副本; 以备其中一个被放错地方或找不到导致有价值的结果丢失。第四, 快速组织数据可加速分析和发表; 而毫无组织的原始数据只会拖慢进度。

数据录入电子表格后应尽快校对。但校对通常不能捕捉到数据中的所有误差, 所以一旦将数据组织起来并形成文档后, 有必要再次对数据进行检查 (在本章的后面会讨论)。

8.1.2　元数据

在将数据录入电子表格的同时, 还应该开始构建必须与数据一起存储的**元数据 (metadata)**。元数据是 "关于数据的数据", 描述了数据集的关键属性。应与数据集一起存储的最小元数据[4] 包括:

---

[2] 尽管商业电子表格软件可以方便地组织和管理数据, 但不适用于保存数据的电子副本。相反, 存档的数据应以任何机器都可以读取的 ASCII (美国信息交换标准代码) 文本文件的形式存储, 这样也就无须求助于 50 年后可能不存在的商业软件包。

[3] 我们仅使用二维 (行, 列) 电子表格 [这是一种**平面文件 (flat file)**] 进行说明和工作。无论数据是以二维还是三维格式存储的, 电子工作簿中的页面都必须以文本文件导出, 以便使用统计软件进行分析。虽然电子表格软件经常包含统计程序和随机数生成器, 但我们不建议使用这些程序来分析科学数据。电子表格可以生成简单的汇总统计量, 但其随机数生成器和统计算法对于更复杂的分析来说可能并不可靠 (Knüsel 1998; McCullough and Wilson 1999)。

[4] Michener 等 (1997, 2000) 描述了元数据的三个 "层次"。Ⅰ级元数据包括对数据集和数据结构的基本描述。Ⅱ级元数据不仅包括数据集及其结构描述, 还包括研究来源和位置信息, 数据的版本信息以及如何访问数据的说明。最后, Ⅲ级元数据是可查证和可发布的。Ⅲ级元数据包括所有的Ⅱ级元数据, 以及关于数据是如何获取的描述, 文档的质量保证和质量控制 (quality assurance and quality control, QA/QC), 用于处理数据的所有软件的完整描述, 数据存档的清晰描述, 与数据相关的一系列出版物以及数据集的使用记录。

- 数据收集者的姓名和联系信息
- 数据收集地点的地理信息
- 收集数据的研究的名称
- 数据收集的支持来源
- 数据文件结构的描述, 包括:
  - 数据收集方法的简要描述
  - 实验单元的类型
  - 每个变量的测量或观察的单位
  - 数据文件中使用的所有缩写的说明
  - 明确描述列和行中的数据以及所用的分隔符 (如制表符、空格、逗号或硬回车等)[5]。

另一种在实验室科学中更为常见的方法是在收集数据前先创建元数据。方法的布局和撰写需投入大量思考理出清晰的思路, 包括分区设计、预期观测数、样本空间和数据文件的组织。这种先验元数据构造也便于最终报告或研究出版物方法部分的撰写。我们还鼓励绘制空白的图表来说明拟检验的变量间的关系。

元数据非常重要, 无论你选择在进行研究之前还是之后编写。尽管组织元数据很耗时, 而且它们包含的信息有时看起来不言而喻, 但是我们保证你会发现它们是无价的。你可能会认为自己永远不会忘记 Nemo 沼泽是收集濒危兰花数据的地方, 甚至还能回忆起开车前往那里的所有小路。但时间会日复一日年复一年地侵蚀这些记忆, 并且你也会转向新的项目和研究。

我们都有为了找到需要的文件名而浏览计算机文件名列表 (NEMO, NEMO03, NEMO03NEW) 的经历。即使我们能找到所需的数据文件, 可能也要费一番功夫。若没有元数据, 就无法回忆起文件首行中缩写和首字母缩略词组成的字符串的含义。重建数据集是令人沮丧的, 效率低下且耗时, 还会妨碍进一步的数据分析。无正式文件的数据集对你和其他任何人几乎毫无用处。缺乏元数据的数据无法存储在公众可访问的数据档案中, 除了在出版物或报告中描述的汇总统计量外, 毫无价值可言。

8.2 第二步: 存储和管护数据

8.2.1 存储: 临时存储和存档存储

一旦整理并记录了数据, 数据集 (包括数据和元数据) 就应存储到一个永久媒介上。最持久的也是唯一被用作真正档案存储的介质是无酸纸。较好的做法是使用激光打印

---

[5]生态学家和环境学家正在为元数据制定标准。其中包括用于空间组织数据 (例如来自地理信息系统的数据, 即 GIS 数据) 的数字地理空间元数据的内容标准 (FGDC 1998); 土壤生态和环境数据的标准描述符 (Boone et al. 1999); 描述植被类型的数据的分类和信息标准 (FGDC 1997)。其中许多已纳入 2002 年底开发的生态元数据语言 (Ecological Metadata Language, EML) 中, 现已成为记录生态数据的业内标准。

机将原始数据电子表格及其元数据的副本打印到无酸纸上[6]。此副本应存储在安全的地方。原始数据集的电子存储也是个好主意，但你不能指望电子储存期限超过 5 年甚至 10 年[7]。因此，电子存储应主要用作存储工作副本。如果想将电子副本保存几年以上，就必须定期将数据集复制到较新的电子媒介上。必须要清楚地认识到，数据存储在空间 (存储数据的地方)、时间 (维护和在媒体间传输数据所花费的时间)、金钱 (因为时间和空间就是金钱) 方面都有实际成本。

8.2.2 管护数据

大多数生态和环境数据是研究人员使用拨款和合约获得的资金收集到的。一般来说，这些数据在技术上归资助机构所有，必须在合理的短时间内提供给他人。因此，无论如何存储它们，你的数据集都必须保持公开状态，不仅可以自己使用，也可供更广泛的科学界和其他感兴趣的个人和团体使用。像博物馆和标本室的动植物收藏一样，必须对数据集进行管护，以便其他人可以访问。项目或研究团队产生的多个数据集可以组织成电子数据目录，通过因特网就能远程访问和检索这些目录。

在我们编写这本入门书的第一版近十年后，生态和环境数据的管理标准仍在制定中。大多数数据目录是连接到万维网[8] 的服务器上进行维护的，通过广泛使用的搜索引擎就能找到。与数据存储一样，数据管护也很昂贵；据统计，数据管理和管护有时会占到研究项目总费用的 10% (Michener and Haddad 1992)。遗憾的是，授权机构要求公开数

---

[6]古董点阵式打印机 (和打字机) 的墨水比喷墨打印机的墨水寿命长，但激光打印机的静电吸墨的寿命比这两种打印机都要长。真正的卢德派 (Luddites) 都更喜欢 Higgins Aeterna 印度墨水 (向 Henry Horn 致敬)。

计算机穿孔卡片

[7]很少有读者还记得任何尺寸 (8 英寸，5-1/4 英寸，3-1/2 英寸) 的软盘，更不用说纸带、穿孔卡片 (如图所示) 或磁带了。当我们编写第一版时，CD-ROM 正迅速被 DVD-ROM 取代。在此期间，我们已经转向 TB 块、RAID 阵列和似乎无处不在的 "云"。尽管大多数磁体媒介的实际寿命在十年至数十年，而大多数光介质的实际寿命大约为数十年到几个世纪 (在潮湿的热带地区只有数年时间，因为真菌会吃掉材料叠层间的胶并腐蚀掉圆盘)，但资本主义市场以大约 5 年的周期更换它们。因此，尽管货架上仍摆着可读的 5-1/4 英寸软盘和磁带，上面有 20 世纪 80 年代和 90 年代的数据，但现在几乎不可能找到更不用说购买磁盘驱动器来读取它们。即使能找到一个，当前计算机的操作系统也不会将其识别为可用的硬件。加利福尼亚山景城的计算机历史博物馆是陈旧设备和软件的一个很好资源。

[8]许多研究者认为将数据发布到万维网或 "云" 中是一种永久存档数据的方式。这并不现实。首先，这只是将职责从你转移至计算机系统管理员 (或其他信息技术专业人员)。通过将电子归档副本放在网络上，你可能就认为系统管理员会定期备份并进行维护。每次升级服务器时，都必须将数据从旧服务器复制到新服务器。大多数实验室或部门都没有自己的系统管理员，计算中心在存档和维护网络页面及数据文件方面的利益不一定与各个研究人员的利益相同。其次，服务器硬盘会经常发生故障 (并且经常有大故障)。最后，网络既不是永久性的，也不是稳定的。GOPHER 和 LYNX 已经消失了，FTP 几乎全部被 HTTP 取代，而 HTML (Web 的原始语言) 正在被 (不完全兼容的) XML 逐步取代。万维网功能的变化以及所存储文件的访问方式的改变都发生在 10 年之内。从 19 世纪手写的笔记本中恢复数据往往比从 20 世纪 90 年代数字 "存档" 的网站中恢复数据要容易得多! 事实上，我们在 2006 年从 1997 年的磁带中恢复第 12 章中用于说明聚类分析和冗余分析的数据花费了 2000 多美元!

据, 却不愿为数据管理和管护提供全部资助。研究人员自己也很少在资助计划中作出相关预算。当预算不可避免地被压缩时, 数据管理和管护成本往往是最先被削减的一项。

8.3 第三步: 检查数据

在开始分析数据集之前, 必须仔细检查其离群值和误差。

8.3.1 离群值的重要性

在记录中偏离大部分数据范围的测量值或观察值被视为是**离群值 (outlier)** (图 8.1)。尽管没有定义离群值的 "超出范围" 的标准水平, 但通常将超出分布上下十分位数 (第 90 百分位, 第 10 百分位) 的值视为潜在的离群值, 小于第 5 百分位或大于第 95 百分位的可能就算是极端值了。许多统计包会在箱线图中突出显示这些值 (如图 8.1 中的星号和字母所示), 以提示仔细检查它们。一些软件包甚至是可交互的, 允许你在电子表格中定位这些值, 下一节将对此进行介绍。

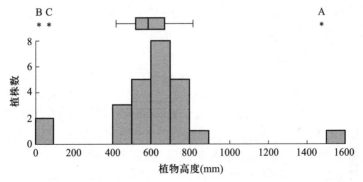

图 8.1 猪笼草 (眼镜蛇瓶子草, *Darlingtonia californica*) 样本的植物高度测量值的直方图和箱线图 (样品大小 $N = 25$; 数据来自下文表 8.1)。直方图显示了间隔大小为 100 mm 的植物的频次。直方图上方是相同数据的箱线图。箱中的垂线表示分布的中位数。箱中包含了 50% 的数据, 左右两条线涵盖了 90% 的数据。A、B、C 表示三个极端数据点, 与后文表 8.1 中标记的行相对应。基本直方图和箱线图使你可以快速识别出数据中的极端值。

识别离群值非常重要, 因为它们会对统计检验产生巨大影响。离群值和极端值会增加数据的方差。膨胀的方差会降低检验功效, 增加犯 II 类错误 (接受错误的零假设; 见第 4 章) 的风险。因此, 一些研究人员在进行分析之前会删除离群值和极端值。但这是不恰当的! 只有两种情况下才可以心安理得地丢弃数据: (1) 数据有误 (例如野外笔记本中的记录误差); 或 (2) 数据不再代表原始样本空间中的有效观测 (如某个沙丘地块已被地面交通工具破坏)。仅仅因为 "凌乱" 就删除观测结果, 这是对结果的洗清或篡改, 甚至可以将其视为科学欺诈。

　　离群值不仅仅是噪声。离群值也可以反映真实的生物学过程, 仔细思考其含义可能会产生新的想法和假设[9]。此外, 某些数据点仅会因为被迫服从正态分布而显得异常。来自非正态分布 (例如对数正态或指数分布) 的数据通常看起来是极端的, 但这些数据在适当变换后就会变得正常 (见下文)。

8.3.2　误差

　　误差 (error) 指不代表原始测量值或观测值的记录值。某些 (但不是全部) 误差也是离群值, 但并非数据中的所有离群值都是误差。将误差引入数据集的方式一般有两种: 收集数据时的误差或誊写数据时的误差。收集中的误差是由于仪器损坏或校准不当, 或在现场录入中出错造成的。收集中的误差一般很难被发现。如果你或助手正在记录数据并写下一个错误的值, 这个误差很难被纠正[10]。除非在数据记录过程中及时发现并更正, 否则该误差可能永远不会被发现, 从而导致数据的变化。

　　由损坏或未校准的仪器引起的误差更易于检测 (一旦确定仪器已损坏或在重新校准后就会发现之前的误差)。遗憾的是, 仪器误差会导致大量数据的丢失。依赖自动数据收集的实验应通过其他程序来检查和维护设备, 以最大限度地减少数据丢失。可以收集存在设备故障的数据的替换值, 但前提是要在收集数据后不久就能检测出故障。存在潜在的设备故障也是为什么应该及时将原始数据抄录至电子表格并评估其准确性的另一个原因。

　　抄录中的误差主要是由于将错误的值录入电子表格中导致的。当这些误差显示为异常值时, 可以对照原始野外数据表进行检查。可能最常见的抄录错误是放错小数点, 使其改变了一个数量级。当抄录误差未显示为异常值时, 除非非常仔细地对电子表格进行校对, 否则可能无法发现它们。当数据以电子方式直接从仪器传输到电子表格时, 就不易出现抄录误差。但可能会发生传输误差, 并可能导致 "移码" 误差, 即其中一个值放在错误的位置会导致后续所有的值都错位。大多数仪器都有内置的软件来检查传输误

---

[9]生物学家习惯性地考虑均值和平均数, 并使用统计学来检验数据集中趋势的模式, 但有趣的是生态学和进化经常发生在分布的统计尾部。确实, 有一整套的统计学专门用于研究和分析极端值 (Gaines and Denny 1993), 这些极端值可能对生态系统产生长期影响 (如 Foster et al. 1998)。例如, 缘起于一个奠基事件的隔离种群 [isolated population, 外围隔离群 (peripheral isolate); Mayr 1963] 在其遗传组成上可能有显著的差异, 因此可以将它们视为相对于原始种群的统计离群值。如果受到新的选择压力, 这些外围隔离群可能会与其亲本种群产生生殖隔离, 形成新物种 (Schluter 1996)。系统发育重建表明外围隔离群可以产生新的物种 (如 Green et al. 2002), 但对该理论的实验测试不支持奠基者效应和外围隔离群的物种形成模型 (Mooers et al. 1999)。

[10]为了最大限度地减少现场收集误差, 我们经常和现场助手进行应答对话:

　　数据收集者:"这是植物 107。它有 4 片叶片, 没有叶状柄, 没有花。"
　　数据记录者:"明白, 107 有 4 片叶片, 没有叶状柄和花。"
　　数据收集者:"108 在哪里?"
　　数据记录者:"去年死掉了。109 应该在你左边 10 米左右。去年它有 7 片叶和一朵夭折的花。109 之后, 该样方中应该只剩下一株植物了。"

将观察结果相互重复并仔细跟踪重复有助于最大限度地减少收集误差。这种 "数据交流" 也使我们在长时间的野外调查中保持警惕和专注。

差并实时报告给用户。在仔细检查电子表格中是否有误差前, 请不要将自动数据收集设备的原始数据文件删除。

8.3.3 缺失值

一个相关但同样重要的问题是如何处理**缺失值** (missing data)。在电子表格和元数据中要非常小心, 以区分测量值为 0 的值和缺失值 (没有记录观察值的重复项)。电子表格中的缺失值应使用自己的名称 (如 "缺失" 的缩写 "NA"), 而不是留作空白单元格。请注意, 某些软件包会将空白单元格视为 0 (或在空白中插入 0), 这将破坏后续的分析。

8.3.4 检测离群值和误差

有三种技术对于检测数据集中的离群值和误差特别有用: 计算列统计量, 检查各列值的范围和精度, 图形化探索性数据分析。Edwards 在 2000 年发表的文章中讨论了其他更复杂的方法。我们以离群值检测为例, 对眼镜蛇瓶子草 (又名眼镜蛇百合或加利福尼亚猪笼草)[11]的捕虫笼高度进行了测量。收集的数据记录在表 8.1 中, 作为对该物种生长、异速生长和光合作用研究的一部分 (Ellison and Farnsworth 2005)。在仅有 25 个观测的示例中, 只要扫描数字列就能发现离群值。但是, 大多数生态数据集会有更多的观测, 因此很难在数据文件中找到不寻常的值。

列统计量。 电子表格中简单列统计量的计算是识别数据集中异常大或异常小的值的直接方法。位置和分布的度量 (如列均值, 中位数, 标准差和方差) 可快速概述该列的值的分布。列的最小值和最大值可能表示可疑的大值或小值。大多数电子表格软件包都有计算这些值的函数。如果将这些函数作为电子表格的最后六行输入 (表 8.1), 则可以将它们用作对数据的第一次检查。如果找到一个极端值并确定这是一个误差值, 那么当替换成正确的数字时, 电子表格将自动更新计算结果。

检查各列值的范围和精度。 检查数据的另一种方法是使用电子表格函数来确保给定列中的值在合理范围内或反映了测量的精度, 例如, 加利福尼亚猪笼草的高度很少超过 900 mm, 任何高于该值的测量值都是可疑的。我们可以仔细查看数据集是否有非常大的值, 但是对于有数百或数千个观测的真实数据集, 手动检查效率低下且不准确。大多数电子表格都有可用于数值检查的逻辑函数, 而且可以自动执行此过程。因此, 可以

[11]眼镜蛇瓶子草 (*Darlingtonia californica*) 是瓶子草科中的一种食肉植物, 只生长于俄勒冈州的锡斯基尤山脉和加利福尼亚的内华达山脉蜿蜒的沼泽中。其瓶状叶通常高度为 800 mm, 但偶尔也会有超过 1 m 的。这些植物主要以蚂蚁、苍蝇和黄蜂为食。

Darlingtonia californica

表 8.1　生态数据集中眼镜蛇瓶子草的典型极端值示例

	植物 #	高度 (mm)	口径 (mm)	笼径 (mm)
	1	744	34.3	18.6
	2	700	34.4	20.9
	3	714	28.9	19.7
	4	667	32.4	19.5
	5	600	29.1	17.5
	6	777	33.4	21.1
	7	640	34.5	18.6
	8	440	29.4	18.4
	9	715	39.5	19.7
	10	573	33.0	15.8
A	**11**	**1500**	**33.8**	**19.1**
	12	650	36.3	20.2
	13	480	27.0	18.1
	14	545	30.3	17.3
	15	845	37.3	19.3
	16	560	42.1	14.6
	17	450	31.2	20.6
	18	600	34.6	17.1
	19	607	33.5	14.8
	20	675	31.4	16.3
	21	550	29.4	17.6
B	**22**	**5.1**	**0.3**	**0.1**
	23	534	30.2	16.5
	24	655	35.8	15.7
C	**25**	**65.5**	**3.52**	**1.77**
均值		611.7	30.6	16.8
中位数		607	33.0	18.1
标准差		265.1	9.3	5.1
方差		70271	86.8	26.1
最小值		5.1	0.3	0.1
最大值		1500	42.1	21.1

　　数据是单株猪笼草的形态学测量。记录在 Days Gulch 采样的 25 株植物的捕虫笼高度、笼口直径 (口径) 和笼身直径 (笼径)。有极端值的行用阴影显示, 分别表示为 A、B、C, 并在图 8.1 中用星号标出。每个变量的汇总统计量位于表的底部。识别并评估数据集中的极端值至关重要。此类值极大地增大了方差估计值, 而且确定这些观察值是代表测量误差、非典型测量值还是样本简单的自然变异是非常重要的。数据来自 Ellison 和 Farnsworth (2005)。

使用以下语句:

> If(要检查的值)>(最大值), 则记为 "1"; 否则记为 "0"

以快速检查是否有超出上限 (或下限) 的高度值。

可以使用相同的方法来检查值的精度。用以毫米 (mm) 为单位的卷尺测量高度, 并按照惯例将测量值记录到最近的整数毫米。因此, 电子表格中没有比 1 mm 更精确的值了 (即输入的数值没有小数)。检查此内容的逻辑语句为:

> If(要检查的值在小数点后有 0 以外的其他值), 则记为 "1"; 否则记为 "0"

可以想象有许多类似的检查列值的方法, 而且大多数方法都可以通过电子表格中的逻辑函数实现自动化。

对表 8.1 中数据的范围进行检查后, 发现植株 11 记录的高度 (1500 mm) 很可疑, 因为该观测值超过了 900 mm 阈值。此外, 错误记录了植株 22 (5.1 mm) 和植株 25 (65.5 mm) 的高度, 因为其十进制值大于我们的卷尺精度。这使得我们需要重新检查现场数据表, 甚至可能返回野外再次测量植物。

图形探索性数据分析。科学图片 (图形) 是用于总结研究结果最强大的工具之一 (Tufte 1986, 1990; Cleveland 1985, 1993)。此外, 它们还可以用于检测离群值和误差, 并阐明数据中未预料到的模式。在正式数据分析之前使用图被称为**图形探索性数据分析 (graphical exploratory data analysis)** 或图形 EDA, 或简称为 EDA (参考 Tukey 1977; Ellison 2001)。这里, 我们将重点介绍 EDA 在检测离群值和极端值方面的应用。利用 EDA 来寻找数据中的新模式或意外模式 (即 "数据挖掘" 或 "数据捕捞") 正逐渐自成一派 (Smith and Ebrahim 2002)[12]。

有 3 种用于检测离群值和极端值必不可少的统计图类型: **箱线图 (box plot)**、**茎叶图 (stem-and-leaf plot)**、**散点图 (scatterplot)**。前两个图适用于单变量数据 (绘制单个变量的分布), 散点图适用于二元或多元数据 (绘制两个或多个变量之间的关系)。本书中已经介绍了许多单变量数据的例子: 蜘蛛胫节刺长的 50 个观测 (见图 2.6 和表 3.1), 马萨诸塞州城镇有无鹿草 (见第 2 章) 以及橙斑豉甲终生的繁殖数 (见第 1 章) 都是对单个变量的观测值集合。我们使用表 8.1 的第一列数据 —— 捕虫笼高度来举例说明 EDA 的离群值检测和单变量图。

表 8.1 中的汇总统计量表明数据可能存在一些问题。与均值相比, 方差很大, 最小值和最大值都显得极端。箱线图 (图 8.1 的顶部) 显示两个点异常小, 一个点异常大。我

---

[12]反对数据捕捞的统计理由是, 如果从一个大型的复杂数据集中创建足够多的图表, 我们肯定会发现一些具有统计意义的关系。数据捕捞破坏了我们对 P 值的计算, 增加了错误拒绝零假设 (I 类错误) 的风险。哲学上对 EDA 的反对观点是, 如何绘制和分析数据应该是你预先了然于心的。正如我们在第 6 章和第 7 章中所强调的, 提前进行设计和分析与有重点地研究问题是密切相关。另一方面, EDA 对于检测离群值和误差至关重要。不可否认的是, 你可以通过随意绘制数据来发现有趣的模式。你可以随时返回野外, 通过适当的实验设计来检验这些模式。好的统计数据包有助于 EDA, 因为可以快速方便地构造和查看图形。

们可以在茎叶图 (图 8.2) 中更详细地识别这些离群值, 茎叶图是直方图的变形 (见第 1 章; Tukey 1977)。茎叶图清楚地表明, 这两个异常小的值比均值或中位数小一个数量级 (即大约 10 倍), 而那个异常大的值则是均值或中位数的 2 倍以上。

```
    0   06
    1
    2
    3
    4   458
H   5   34567
M   6   00145577
H   7   01148
    8   4
    9
   10
   11
   12
   13
   14
   15   0
```

图 8.2   茎叶图。数据为 25 株眼镜蛇瓶子草的高度 (单位: mm) 的测量值 (见表 8.1)。在该图中, 左边第一列数字 "茎" 代表 "百" 位, 右边的 "叶" 代表每个记录值的 "十" 位。例如, 第一行显示的观测值为 00x 和 06x, 表示有一个观测值小于 10 (表 8.1 植株 22 的观测值 5.1), 另一个观测值在 60 到 70 之间 (植株 25 的值 65.5)。第五行为 44x, 45x 和 48x, 对应于值 440 (植株 8), 450 (植株 17), 以及 480 (植株 13)。最后一行为 150x, 对应于值 1500 (植株 11)。表 8.1 第 1 列中的所有观察值都包含在此图中。中位数 (607) 位于第 7 行, 标签为 M。下四分位数 (545), 也称为**折叶点 (hinge)**, 位于第 6 行, 标签为 H。上四分位或折叶点 (700) 位于第 8 行, 也标记为 H。像直方图和箱线图一样, 茎叶图是用于可视化数据和检测极端数据点的诊断工具。

这些值有多不寻常? 某些眼镜蛇瓶子草属植物的高度可能超过 1 m, 但也能找到非常小的猪笼草。也许这三个观察结果只是反映了眼镜蛇瓶子草大小的内在变异。没有其他信息, 就没有理由认为这些值有误或不属于我们的样本空间, 在进行进一步的统计分析之前从数据集中将其删除是不合适的。

不过, 我们还有其他信息。表 8.1 是从相同的捕虫笼中得到的另外两个测量结果: 捕虫笼的笼身直径 (笼径) 和笼口直径 (口径)。我们希望所有这些变量都是相互关联的, 既是由于先前对眼镜蛇瓶子草属植物的研究 (Franck 1976), 也是因为植物 (和动物) 各部位的生长往往是相关的 (Niklas 1994)[13]。一种快速探索这些变量如何彼此共变的方法是绘制它们之间所有可能的成对关系 (图 8.3)。

---

[13]想象这样一个图, x 轴为捕虫笼高度的对数, y 轴是捕虫笼笼径的对数。这种异速生长图揭示了生物形状可能随其大小变化的方式。假设小型眼镜蛇瓶子草是大型眼镜蛇瓶子草的迷你版。在这种情况下, 捕虫笼笼径的增加与捕虫笼高度的增加是同步的, 直线的斜率 $\beta_1 = 1$ (见第 9 章)。生长是等距的, 小植物看起来像大植物的微缩模型。另一方面, 假设小猪笼草的笼径相对地 (不是绝对地) 大于大猪笼草的笼径。随着植物大小的增长, 与猪笼草的高度相比, 笼径的增长相对缓慢。这将是一种负异速生长的情况, 表现为斜率值 $\beta_1 < 1$。最后, 如果存在正异速生长, 则笼径随着猪笼草高度的增加而更快地增加 ($\beta_1 > 1$)。Frank (1976) 对这些模式进行了阐述。一个更熟悉的例子是人类婴儿, 其头部开始相对较大, 但生长缓慢, 并表现出负异速生长。其他身体部位, 如手指和脚趾, 则呈现正向异速生长, 并生长相对较快。

异速生长 (正或负) 是一种自然规律。很少有生物是按比例生长的, 幼体看起来是成体的微型复制品。生物体在生长过程中会改变形状, 部分原因是对代谢和物质吸收的基本生理限制。想象一下 (简化来看) 生物体的形状是一个边长为 L 的立方体。问题是, 随着生物体尺寸的增加, 体积以长度 (L) 的立方函数 (L^3) 增加, 但表面面积以平方函数 (L^2) 增加。生物体的代谢需求与体积 (L^3) 成正比, 但是物质 (氧气、营养物质、废物) 的转移与表面面积 (L^2) 成正比。因此, 在小型生物体中能够很好地进行物质运输功能的结构在大型生物体中将无法完成工作。当我们比较不同体型的物种时, 这一点尤为明显。例如, 微小微生物的细胞膜通过简单的扩散就能很好地传递氧气, 但小鼠或人类都需要有带血管的肺, 循环系统和专门的转运分子 (血红蛋白) 才能完成相同的任务。在种内和种间, 形状、大小和形态的模式通常反映出增加表面积以满足体积增长的生理需求的必要性。参见 Gould (1977) 对异速生长的进化意义的扩展讨论。

图 8.3 中的**散点图矩阵 (scatterplot matrix)** 提供了更多信息, 可用于确定我们的异常值是否为离群值。图 8.3 顶部的两个散点图表明表 8.1 (点 A; 植株 11) 的相对于捕虫笼口径与笼径来说其高度异常大。但是, 口径与笼径的对比图表明, 植株 11 这两个测量值都不是异常的。总的来说, 这些结果表明野外记录的高度或数据从野外数据表录入计算机电子表格时出现了错误。

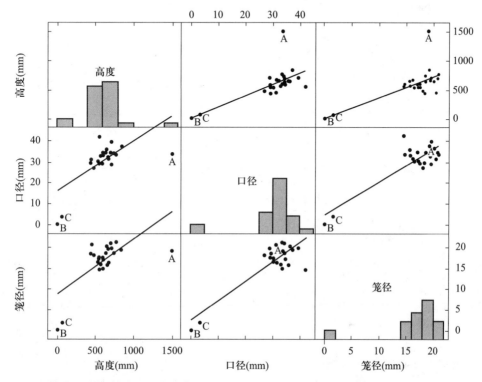

图 8.3 说明 25 株眼镜蛇瓶子草的高度、口径和笼径间的关系的散点图矩阵 (见表 8.1)。图 8.1 和表 8.1 中标出的极端值也在此处标出。图中的对角线面板是这三个形态变量中每个变量的直方图。在非角线面板中, 散点图说明了对角线中指示的两个变量之间的关系; 对角线上方的散点图是对角线下方的散点图的镜像。例如, 左下方的散点图说明了捕虫笼高度 (x 轴) 与笼径 (y 轴) 之间的关系, 而右上角散点图说明了笼径 (x 轴) 和捕虫笼高度 (y 轴) 之间的关系。每个散点图中的直线是两个变量之间的最佳拟合线性回归 (更多关于线性回归的讨论参见第 9 章)。

相比之下, 除了矮小之外, 矮的植物在其他方面都很寻常。它们不仅矮小, 其笼径和口径也很小。如果从数据集中删除植株 11 (异常高的植物) (图 8.4), 相对于其余种群, 矮的植物的所有三个变量之间的关系都很寻常, 基于数据本身也没有理由怀疑这些植物的值输入错误。话虽如此, 这两株植物确实很小 (真的能测量出 5 mm 高的植物吗?), 我们应该重新检查数据表, 甚至需要返回野外重新测量这些植物。

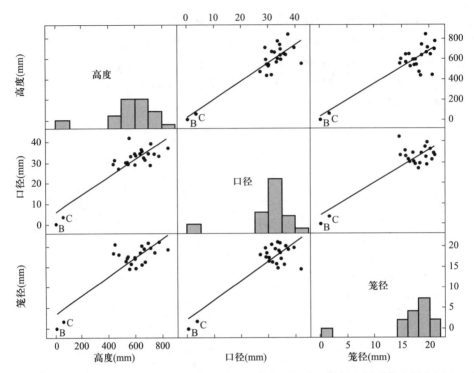

图 8.4　说明猪笼草的高度、口径和笼径间关系的散点图矩阵。数据和图形的布局与图 8.3 相同。但排除了离群值点 A (见表 8.1), 从而改变了其中的一些关系。由于点 A 对于猪笼草高度 (高度为 1500 mm) 而言是一个较大的离群值, 因此该变量的范围 (左侧栏的 x 轴) 现在仅为 0 到 800 mm, 而图 8.3 为 0 到 1500 mm。基于包含或排除单个极端数据值而看到相关性和统计显著性发生变化的情况并不少见。

8.3.5　创建审计踪迹

检查数据集的离群值和误差的过程是通用**质量保证 (quality assurance)** 和**质量控制 (quality control)** 过程 (简称 **QA/QC**) 的一种特殊情况。与电子表格或数据集上的其他操作一样, 用于离群值和误差检测的方法应记录在元数据的 QA/QC 部分。如果需要从电子表格中删除数据值, 则应在元数据中包含对删除值的描述, 并创建一个包含已更正数据的新电子表格。该电子表格也应存储在永久性媒介上, 并在数据目录中给出唯一的标识符。

为数据进行 QA/QC 和修改数据文件的过程导致了**审计踪迹 (audit trail)** 的创建。审计踪迹是一系列文件及其相关文档, 这些文档使其他用户可以重建最终分析数据集的过程。对于任何研究, 审计踪迹都是元数据的必要部分。在准备环境影响报告或其他法律诉讼中使用的文件时, 审计踪迹可能是支持案件的法律证据的一部分[14]。

---

[14]科学史学家通过仔细研究无意中做的审计踪迹 (在连续的手写手稿和不同版本的专著上潦草的旁注), 重建了科学理论的发展。文字处理程序和电子表格的使用几乎消除了旁注和黄色便笺簿, 但允许创建和维护正式的审计踪迹。使用你的数据的其他用户和未来的科学史学家将会受益于你对数据审计踪迹的维护。

8.4 最后一步: 变换数据

科学论文中经常能看到, 数据是 "在分析之前变换的"。在变换后, 数据奇迹般地 "符合" 正在使用的统计检验的假设, 分析迅速被推进。关于数据变换, 通常很少提到其他内容, 你可能就会有疑问, 为什么要变换数据?

首先, 什么是变换? 简单地将变换表示为一个数学函数, 该函数适用于给定变量的所有观测值:

$$Y^* = f(Y) \tag{8.1}$$

Y 是原始变量, Y^* 是变换后的变量, f 是应用于数据的数学函数。大多数变换都是相当简单的代数函数, 满足是**连续单调函数 (continuous monotonic function)** 的要求[15]。因为它们是单调的, 所以变换不会改变数据的等级顺序, 但会改变数据点的相对间距, 因此会影响概率分布的方差和形状 (见第 2 章)。

在分析前变换数据有两个合理的理由。首先, 变换可能是有用的 (尽管不是绝对必要的), 因为变换后数据中的模式比原始数据中的模式更容易理解和交流。其次, 可能必须要进行变换才能使分析有效, 这是在科学论文中最常使用并在生物统计学教科书中讨论的 "符合假设" 的原因。

8.4.1 将数据变换作为认知工具

若想将曲线变换成直线时, 变换通常能派上用场。线性关系在概念上更容易理解, 一般也具有更好的统计特性 (见第 9 章)。当两个变量通过乘法或指数函数相互关联时, 对数变换是最有用的数据变换之一 (见脚注 13)。一个经典的生态示例是物种–面积关系: 物种数与岛屿或样本面积之间的关系 (Preston 1962; MacArthur and Wilson 1967)。如果度量一个岛屿上的物种数并将其与岛屿面积作图, 数据通常遵循简单的**幂函数 (power function)**:

$$S = cA^z \tag{8.2}$$

其中 S 为物种数, A 为岛屿面积, c 和 z 为拟合数据的常数。例如, 记录的加拉帕戈斯群岛每个岛屿的植物物种数 (Preston 1962) 似乎遵循一种幂关系 (表 8.2)。首先要注意的是, 岛屿面积范围跨越至少三个数量级, 从小于 1 km^2 到接近 6000 km^2。同样, 物种丰富度跨越两个数量级, 从 7 种到 325 种。

---

[15]如果函数 $f(X)$ 是连续函数, 那对于随机变量 X 的任意两个值 x_i 和 x_j, 若二者相差很小 ($|x_i - x_j| < \delta$), 则 $|f(x_i) - f(x_j)| < \varepsilon$, 也是非常小的数字。如果函数 $f(X)$ 是单调函数, 那对于随机变量 X 的任意两个值 x_i 和 x_j, 若 $x_i < x_j$, 则 $f(x_i) < f(x_j)$。连续单调函数具有这两个性质。

表 8.2 加拉帕戈斯群岛 17 个岛屿的物种丰富度

岛屿	岛屿面积 (km²)	物种数	Log$_{10}$ (岛屿面积)	Log$_{10}$ (物种数)
Albemarle (Isabela)	5824.9	325	3.765	2.512
Charles (Floreana)	165.8	319	2.219	2.504
Chatham (San Cristóbal)	505.1	306	2.703	2.486
James (Santiago)	525.8	224	2.721	2.350
Indefatigable (Santa Cruz)	1007.5	193	3.003	2.286
Abingdon (Pinta)	51.8	119	1.714	2.076
Duncan (Pinzón)	18.4	103	1.265	2.013
Narborough (Fernandina)	634.6	80	2.802	1.903
Hood (Española)	46.6	79	1.669	1.898
Seymour	2.6	52	0.413	1.716
Barringon (Santa Fé)	19.4	48	1.288	1.681
Gardner	0.5	48	−0.286	1.681
Bindloe (Marchena)	116.6	47	2.066	1.672
Jervis (Rábida)	4.8	42	0.685	1.623
Tower (Genovesa)	11.4	22	1.057	1.342
Wenman (Wolf)	4.7	14	0.669	1.146
Culpepper (Darwin)	2.3	7	0.368	0.845
均值	526.0	119.3	1.654	1.867
标准差	1396.9	110.7	1.113	0.481
均值的标准误	338.8	26.8	0.270	0.012

面积 (最初以平方英里为单位) 已转换为平方千米, 保留了 Preston (1962) 的岛屿名称, 并在括号中给出了现代岛屿名称。最后两列是面积和物种丰富度的对数。对数等数学变换被用于更好地满足参数分析的假设 (正态性、线性和常数方差), 也被用作诊断工具, 以帮助识别离群值和极端数据点。由于响应变量 (物种丰富度) 和预测变量 (岛屿面积) 都是在连续尺度上测量的, 因此采用回归模型进行分析 (见表 7.1)。

如果绘制原始数据——物种数 S 与面积 A 的函数关系 (图 8.5), 就会看到大多数数据点都聚集在图的左侧 (因为大多数岛屿都很小)。作为分析的第一步, 可以尝试将这种关系拟合成一条直线:

$$S = \beta_0 + \beta_1 A \tag{8.3}$$

此处, β_0 表示直线的截距, β_1 表示直线的斜率 (见第 9 章)。但该直线对数据的拟合不是很好。特别要注意的是, 回归线的斜率似乎由数据集中最大的岛 Albemarle 的数据主导。在第 7 章中我们对这个问题提出了明确的警告, 即异常数据点主导了回归线的

拟合 (见图 7.3)。该数据拟合出的直线并没有很好地反映物种丰富度与岛屿面积之间的关系。

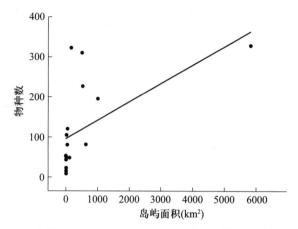

图 8.5 根据表 8.2 的原始数据 (第 2 列和第 3 列), 绘制植物物种丰富度与加拉帕戈斯群岛面积的函数图。直线为最佳拟合线性回归直线 (见第 9 章)。尽管任何一对连续变量都可以用线性回归来拟合, 但对这些数据的线性拟合并不理想: 在面积较小的岛屿有太多的负离群值, 直线的斜率由数据集中最大的岛 Albemarle 主导。多数情况下, 对变量 X, 变量 Y 或两者进行数学变换将提高线性回归的拟合度。

如果物种丰富度和岛屿面积呈指数关系 (见方程 8.2), 则可以对等式两边进行对数变换:

$$\log(S) = \log(cA^z) \tag{8.4}$$
$$\log(S) = \log(c) + z\log(A) \tag{8.5}$$

上述变换利用了对数的两个属性。首先, 两个数乘积的对数等于二者的对数之和:

$$\log(ab) = \log(a) + \log(b) \tag{8.6}$$

其次, 一个数的幂的对数等于该数的幂数乘以其对数:

$$\log(a^b) = b\log(a) \tag{8.7}$$

重写方程 8.4, 用星号 ($\star$) 表示对数变换后的值:

$$S^\star = c^\star + zA^\star \tag{8.8}$$

因此, 我们将指数方程式 8.2 变换成了线性方程式 8.8。当绘制数据的对数图时, 物种
丰富度与岛屿面积之间的关系变得更加清晰了 (图 8.6), 而且方程 8.2 和 8.8 中的 z 值
等于图 8.6 中直线的斜率 (0.331); 这意味着每当 A^* (岛屿面积的对数) 增加一个单位
(即使用 $\log_{10}$ 变换表 8.2 中的变量时, 会增加 10 倍, $10^1 = 10$), 物种丰富度就会增加
0.331 个单位 (即 $10^{0.331}$ 等于 2.14, 约为 2 倍)。因此可以说, 对于加拉帕戈斯群岛, 岛
屿面积增加 10 倍的结果是物种数量增加 1 倍[16]。

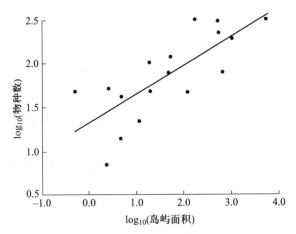

图 8.6 植物物种丰富度的对数与加拉帕戈斯群岛面积对数 (表 8.2 的最后两列) 的关系图。这
条线是最佳拟合线性回归线 (见第 9 章)。与图 8.5 中的线性图相比, 该回归对数据的拟合效果更
好: 数据集中最大的岛不再像一个离群值, 而且拟合的线性度得到了提高。

　　其他变换可用于将非线性关系变换为线性关系。如立方根变换 ($\sqrt[3]{Y}$) 适用于与异
速生长相关的身体大小或长度的线性度量相关的质量或体积 (Y^3) 的度量 (Y 的信息参
见脚注 13)。在检验两个质量或体积 (Y^3) 测量值间关系的研究中, 如脑质量与身体质
量 (体重) 的比较, 变量 X 和 Y 均做了对数变换。对数变换减少了数据中可能跨越几
个数量级的变化。(有关脑–身体质量关系的详细说明参见 Allison and Cicchetti 1976

---

[16]物种–面积关系的历史说明了**物化 (具体化, reification)** 的危险: 将抽象概念转换为客观存在的东西。幂
函数 ($S = cA^z$) 为物种–面积关系的几个重要理论模型奠定了基础 (Preston 1962; MacArthur and Wilson
1967; Harte et al. 1999)。它也被用于主张尽可能扩大自然保护区, 以容纳尽可能多的物种。这引发了一个长
期的争论, 即一个大保护区保护的物种多, 还是几个小的保护区保护的物种更多 (Willis 1984; Simberloff and
Abele 1984)。但是, Lomolino 和 Weiser (2001) 最近提出, 物种–面积关系具有渐近线, 在这种情况下, 幂函
数是不合适的。但是, 这个提议本身在理论和经验基础上都受到了挑战 (Williamson et al. 2001)。换句话说,
没有共识认为幂函数总是构成物种–面积关系的基础 (Tjørve 2003, 2009; Martin and Goldenfeld 2006)。
　　幂函数之所以受欢迎, 是因为它似乎能够很好地拟合许多物种–面积数据集。然而, 对 100 种已发表的物
种–面积关系进行详细的统计分析发现 (Connor and McCoy, 1979), 幂函数模型仅在一半数据集中为最佳拟
合模型。尽管岛屿面积通常是物种数量的最强预测指标, 但面积通常仅占物种丰富度变化的一半 (Boecklen
and Gotelli 1984)。因此, 物种–面积关系在保护规划中的价值是有限的, 因为物种丰富度预测存在很大的不
确定性。此外, 物种–面积关系只能用于预测现有物种数量, 而大多数保护管理策略与常驻物种的身份有关。
提到这些的寓意是, 数据总是能够拟合为一个数学函数, 但必须使用统计工具来评估拟合是否合理。即使数
据的拟合是可接受的, 但这个结果本身很难成为对科学假设的强检验, 因为通常会有替代数学模型也同样能
拟合数据。

以及 Edwards 2000。)

8.4.2 根据统计需要进行数据变换

所有统计检验均要求数据符合一定的数学假设。如要使用方差分析进行分析的数据 (见第 7 章和第 10 章) 必须满足两个假设:

1. 数据必须是**同方差的 (homoscedastic)**, 也就是说, 所有处理组的残差必须近似相等。

2. 每组的**残差 (residual)** 或离均值的偏差必须是正态随机变量。

类似地, 使用回归或相关分析的数据 (见第 9 章) 也应具有与自变量不相关的正态分布残差。

数学变换可使数据满足这些假设。事实证明, 常见的数据变换通常能同时解决这两个假设。换句话说, 使方差相等的变换 (假设 1) 通常会标准化残差 (假设 2)。

生态和环境数据通常使用五种变换: 对数变换、平方根变换、角 (或反正弦) 变换、倒数变换和 Box-Cox 变换。

对数变换。对数变换 (logarithmic/log transformation) 将每个观测值替换为该值对数[17]:

$$Y^* = \log(Y) \tag{8.9}$$

对数变换 (最常见的是使用自然对数或以 e 为底的对数)[18] 常使均值和方差呈正相关的

John Napier

[17]对数是苏格兰人 John Napier (1550—1617) 发明的。在他 1614 年出版的史诗巨著《奇妙的对数表的描述》(*Mirifici logarithmorum canonis descriptio*) 中, 阐述了对数的使用原理 (摘自 1616 年的英文翻译版):

"我敬爱的数学学子们, 瞧瞧乘法、除法、平方和立方的提取吧, 在实践中没有比它们更麻烦、更令人困扰的运算了。它们不但费时费力, 而且极容易出现错误。因此, 我开始思考, 用现有的哪种方法可以消除这些阻碍。"

如方程 8.4 ~ 8.8 所示, 对数的使用使乘法和除法可以通过简单的加法和减法来实现。在线性标度上为乘法的一系列数字在对数标度上是加法 (见第 3 章脚注 2)。

[18]对数可以用在许多 "底数" 上, Napier 没有在他的书中指定特定的底数。通常, 对于值 a 和底数 b, 可以写作

$$\log_b a = X$$

这意味着 $b^X = a$。在表 8.2 的物种–面积关系示例中使用了 "以 10 为底" 的对数; 对于表 8.2 中的第一行, $\log_{10}(5825) = 3.765$, 因为 $10^{3.765} = 5825$ (考虑舍入误差)。一个 $\log_{10}$ 单位的变化是 10 的幂或一个数量级。生态学文献中使用的其他对数底数是 2 [Preston (1962) 的倍频程, 用于以 2 的次方增加的数据], e 是自然对数的底数, 约为 $2.71828\cdots$。e 是一个超越数, Leonhard Euler (1707—1783) 证明了它的值等于

$$\lim_{n \to \infty} \left(1 + \frac{1}{n}\right)^n$$

$\log_e$ 最早被数学家 Nicolaus Mercator (1620—1687) 称为 "自然对数", 不要将他与地图制作者 Gerardus Mercator (1512—1594) 混淆。现在通常写作 ln 而不是 $\log_e$。

数据的方差相等。正相关意味着平均值较大的组的方差也较大 (在方差分析中), 或者残差的大小与自变量的大小相关 (在回归中)。正偏态 (右偏态) 的单变量数据通常有几个较大的离群值。通过对数变换, 这些离群值通常会被纳入分布的主流, 使分布变得更加对称。均值和方差呈正相关的数据集也有正偏态残差的离群值。对数变换通常同时解决这两个问题。

请注意, 0 的对数是没有意义的: 以 b 为底的任何数字, 都没有 $a^b = 0$。解决该问题的一种方法是在每个观测值取对数之前将其加 1 (因为 $\log(1) = 0$, 与底数 b 无关)。但如果数据集 (尤其是一个处理组) 包含许多零, 这种解决方案将是无用或不适当的[19]。

平方根变换。平方根变换 (square-root transformation) 将每个观测值替换为该值的平方根:

$$Y^* = \sqrt{Y} \tag{8.10}$$

这种变换最常用于计数数据, 如每株马利筋的毛毛虫数或每座城镇的鹿草数。第 2 章中的结果表明这些数据通常遵循泊松分布, 而且泊松随机变量的均值和方差相等 (都等于泊松分布参数 λ)。因此, 对于泊松随机变量, 均值和方差的变化相同。取泊松随机变量的平方根可得到一个独立于均值的方差。因为 0 的平方根等于 0, 所以平方根变换不会变换等于 0 的数据值。因此, 要完成变换, 应在取其平方根前添加某个小的数字。Sokal 和 Rohlf (1995) 建议在每个值上增加 1/2(0.5), 而 Anscombe (1948) 建议增加 3/8(0.325)。

反正弦或反正弦–平方根变换。反正弦 (arcsine)、反正弦–平方根 (arcsine-square root) 或角变换 (angular transformation) 将每个观测值替换为该值的平方根的反正弦:

$$Y^* = \text{arcsine}\sqrt{Y} \tag{8.11}$$

该变换主要用于比例 (和百分比), 这些比例为二项随机变量。在第 3 章中, 二项分布的均值等于 np, 其方差等于 $np(1 - p)$, 其中 p 是成功的概率, n 是试验次数。因此, 方差是均值的直接函数 (方差等于 $(1 - p)$ 乘以均值)。反正弦变换 (就是正弦函数的逆函

---

[19] 在取对数前添加一个常数可能会导致估计种群变异性时出现问题 (McArdle et al. 1990)。对于大多数参数统计而言, 这并不是一个严重的问题。但是, 如何处理数据中的零还存在一些微妙的哲学问题。通过向数据中添加一个常数, 就意味着零代表一个测量误差。假定真值是一个很小的数, 但碰巧你测量其重复得到的值为 0。如果该值是一个真正的零, 那最重要的变化源可能是所测量的量的存在与否。在这种情况下, 使用两个类别的离散变量来描述过程会更合适。数据集中零的个数越多 (集中在一个处理组中的个数越多), 则零越有可能代表一个定性的不同条件, 而不是一个小的正测量值。在种群时间序列中, 一个真正的零代表的是一个种群的灭绝, 而不是不准确的测量值。

数) 消除了这种依赖性。由于正弦函数仅产生介于 -1 和 $+1$ 之间的值, 所以反正弦函数只能用于值在 -1 和 $+1$ 之间的数据: $-1 \leqslant Y_i \leqslant +1$。因此, 这种变换只适用于表示成比例的数据 (如 p, 在二项试验中成功的比例或概率)。关于反正弦变换有两点需要注意。第一, 如果数据是百分比 (范围为 0 到 100), 则必须先将其变换为比例 (范围为 0 到 1.0)。第二, 在大多数软件包中, 反正弦函数以弧度为单位给出变换后的数据, 而不是以角度为单位。

倒数变换。 倒数变换 (**reciprocal transformation**) 将每个观测值替换为该值的倒数:

$$Y^* = 1/Y \tag{8.12}$$

它最常用于比率数据, 例如每个雌性的后代数。比率数据在作为分母中变量的函数绘制时常常出现双曲线。例如, 如果 y 轴是每个雌性的后代数, x 轴是种群中雌性的数量, 得到的曲线可能类似于双曲线, 一开始是急剧下降, 然后随着 X 的增大而逐渐减小。这些数据通常具有以下形式

$$aXY = 1$$

(其中 X 是雌性的数量, Y 是每个雌性的后代数), 可以将其重写为双曲线

$$1/Y = aX$$

将 Y 变换为倒数 $1/Y$ 会得到一个新的关系

$$Y^* = 1/(1/Y) = aX$$

这更适合于线性回归。

Box-Cox 变换。 对数、平方根、倒数和其他变换可减小数据的方差和偏差, 变换后的数据近似正态分布。**Box-Cox 变换** (**Box-Cox transformation**) 或广义幂变换实际是一系列变换, 用方程表示为

$$\begin{aligned} Y^* &= (Y^\lambda - 1)/\lambda \quad &(\text{for } \lambda \neq 0) \\ Y^* &= \log_e(Y) \quad &(\text{for } \lambda = 0) \end{aligned} \tag{8.13}$$

其中 λ 是使**对数似然函数** (**log-likelihood function**) 最大化的数:

$$L = -\frac{\nu}{2}\log_e(s_T^2) + (\lambda - 1)\frac{\nu}{n}\sum_{i=1}^{n}\log_e Y \tag{8.14}$$

其中 ν 是自由度, n 是样本大小, 而 s_T^2 是 Y 的变换值方差 (Box and Cox 1964)。将方程 8.14 最大时得出的 λ 值代入方程 8.13 中, 以实现变换后的数据与正态分布的最接近拟合。必须使用计算机软件迭代求解方程 8.14 (尝试不同的 λ 值直到 L 最大化)。

某些 λ 值与之前已经描述过的变换相对应。当 $\lambda = 1$ 时, 方程 8.13 得到的结果是一种线性变换 (移位运算; 见图 2.7); 当 $\lambda = 1/2$ 时, 结果是平方根变换; 当 $\lambda = 0$ 时, 结果是自然对数变换; 而当 $\lambda = -1$ 时, 结果是倒数变换。在遇到方程 8.14 最大化的问题之前, 应尝试使用简单的算术变换对数据进行转换。如果数据是右偏的, 尝试使用来自一系列 $1/\sqrt{Y}, \sqrt{Y}, \ln(Y), 1/Y$ 中更熟悉的变换。如果数据是左偏的, 尝试使用 Y^2, Y^3 等 (Sokal and Rohlf 1995)。

8.4.3　报告结果: 是否进行变换?

我们可以用变换后的数据进行分析, 但报告结果的时候应用回原始单位。例如, 分析时我们可以将表 8.2 中的物种–面积数据进行对数变换, 但在描述岛屿大小或物种丰富度时, 需要报告其原始单位, 即**逆变换 (back-transformed)** 后的值。因此, 平均岛屿大小为

$$\text{antilog}(\overline{\log A}) = \text{antilog}(1.654) = 45.110 \text{ km}^2$$

注意, 这与变换前岛屿面积的算术平均值 (526 km^2) 有很大的不同。同样, 平均物种丰富度为

$$\text{antilog}(\overline{\log S}) = 10^{1.867} = 73.6 \text{ species}$$

这也与变换前物种丰富度的算术平均值 119.3 不同。

如果想用类似的方式构建置信区间 (见第 3 章), 可先求得变换后数据平均值标准误的置信界限, 再对其取逆对数。这通常会产生不对称的置信区间。对于表 8.2 中的岛屿面积数据, $\log(A)$ 的标准误为 0.270。当 $n = 17$ 时, t 分布的必要值, $t_{0.025[16]} = 2.119$。因此, 95% 置信区间的下限 (使用方程 3.16) $= 1.654 - 2.119 \times 0.270 = 1.082$。同样, 95% 置信区间的上限 $= 1.654 + 2.119 \times 0.270 = 2.226$。在对数尺度上, 这两个值在平均值 1.654 附近形成一个对称的区间, 但是当发生逆变换时, 这个区间将不再对称。1.082 的反对数 $= 10^{1.082} = 12.08$, 而 2.226 的反对数 $= 10^{2.226} = 168.27$; 区间 $[12.08, 168.27]$ 在逆变换后的均值 45.11 处不对称。

8.4.4　审计踪迹回顾

数据变换的过程也应添加到审计踪迹中。与数据的 QA/QC 一样, 用于数据变换的方法也应记录在元数据中。应创建一个包含变换后的数据的新电子表格, 而不是在原始表格中录入变换后的值。该电子表格还应存储在永久性媒介上, 并在数据目录中指定一个唯一标识符, 然后添加到查询索引中。

8.5 总结: 数据管理流程图

数据集的组织、管理和整理是科学过程的重要组成部分, 必须在开始分析数据前完成。数据管理流程图 (图 8.7) 总结了整个过程。

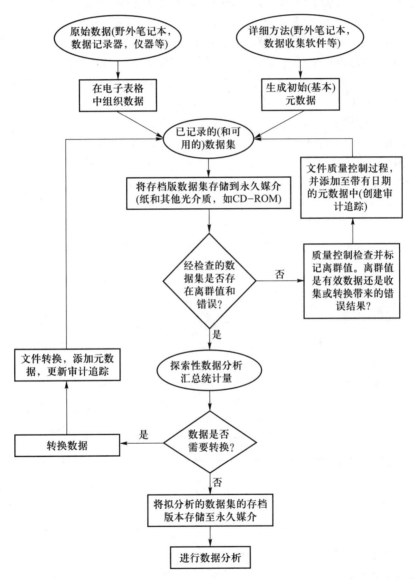

图 8.7 数据管理流程图。该图概述了管理、管护和存储数据的步骤。所有这些步骤都应在正式的数据分析开始前进行。元数据的文档记录对于确保数据集在不久的将来仍可访问和可用尤其重要。

　　井井有条的数据集是对更广泛的科学界的持久贡献, 其广泛共享增强了协作性, 并加快了科学进步的步伐。数据的免费和公开是许多资助机构和科学期刊的要求。根据美国《信息自由法》的规定, 任何人在任何时候都可以要求使用由美国各组织和机构提供的公共资金收集到的数据。应该预算足够的资金以进行必要和充分的数据管理。

　　数据应在收集后迅速组织和计算机化, 并记录下重建数据收集所必需的足够的元数据, 并存档在永久媒介上。应该仔细检查数据集是否存在收集和抄录错误, 以及是否仍然是有离群但是有效的数据。因误差和离群值检测过程对原始 ("未经处理的") 数据所做的任何更改或修改, 都应完整记录在元数据中; 更改后的文件不应替换原始数据文件。而是要存储为新文件 (修改后的数据文件)。还应使用审计踪迹来跟踪数据集及其相关元数据的后续版本。

　　在正式的统计分析和假设检验前, 应进行图形的探索性数据分析和基本汇总统计量的计算 (如位置和分布的度量)。仔细检查初步的图和表可以指示在进一步分析之前是否需要变换数据, 数据变换也应记录在元数据中。一旦准备好分析数据集的最终版本, 也应将其与完整的元数据和审计踪迹一起存储在永久媒介中。

第三部分　数　据　分　析

第 9 章　回归分析

回归分析可用来描述连续变量间的相关关系。对回归分析最基本的应用就是描述预测变量 (位于 x 轴) 与响应变量 (位于 y 轴) 间的线性相关关系。本章主要介绍如何用最小二乘法拟合数据的回归线，以及怎样检验拟合模型参数的假设。我们将着重强调回归模型的假设，介绍用来评估数据对模型拟合程度的诊断检验，以及怎样利用模型进行预测。同时还将介绍一些相对高级的主题：逻辑回归、多元回归、非线性回归、稳健回归、分位数回归和路径分析。最后会讨论如何选择模型的问题：如何选择一个合适的预测变量子集，以及如何比较不同模型对相同数据集的相对拟合优度。

9.1　定义直线及其两个参数

因为线性回归是回归分析的核心，所以接下来我们将从线性回归开始介绍。在第 6 章中我们注意到，回归模型始于一个关于因果关系的假设：因变量 X 的值直接或间接地改变了变量 Y[1]。在某些情况下，因果关系的方向很明确，如假设岛屿面积会控制植物物种数 (见第 8 章)，而不能反过来假设。在其他情况下，因果关系的方向可能并未如此明显，例如，是捕食者的数量控制了猎物的丰度，还是猎物的丰度决定了捕食者的数量 (见第 4 章)？

一旦确定了因果关系的方向，下一步就是用数学函数来描述这种关系：

$$Y = f(X) \tag{9.1}$$

即利用函数 f 确定每个变量 X 的值 (输入) 对应的变量 Y 的值 (输出)。有很多有趣且复杂的函数可以描述两个变量间的关系，最简单的函数即 Y 是关于 X 的线性函数：

$$Y = \beta_0 + \beta_1 X \tag{9.2}$$

---

[1] 许多统计著作强调**相关性** (correlation) 与**回归** (regression) 的区别，相关关系中两个变量只是相互关联，而回归中的两个变量有直接的因果关系。尽管针对这两种情况开发了不同的统计学方法，但我们认为这种区别在很大程度上是任意的，而且常常只是语义上的。毕竟研究人员不会想要寻找变量之间的相关关系，除非他们相信或怀疑存在某种潜在的因果关系。本章中，我们讨论的统计学方法在某些情况下是将相关性和回归分开处理的。所有这些方法都可用于估计和检验两个或多个连续变量间的关联。

用文字来描述这个函数就是: "将变量 X 的值乘以 β_1, 再加上 β_0, 结果就是变量 Y 的值。" 这个方程用图像表示就是一条直线。这个模型中有两个参数: β_0 和 β_1, 分别是直线的**截距 (intercept)** 和**斜率 (slope)** (图 9.1)。截距 β_0 是当 $X = 0$ 时的函数值。截距的测量单位与变量 Y 相同。斜率 β_1 度量了当变量 X 改变一个单位量时变量 Y 的改变量。因此斜率是比率, 用 $\Delta Y/\Delta X$ 来度量 (读作: "Y 的改变量除以 X 的改变量")。如果斜率和截距是已知的, 对于任意 X 都可以用方程 9.2 来预测 Y 的值。相应地, 也可以用方程 9.2 确定生成特殊 Y 值的 X 值。

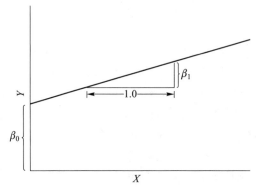

图 9.1   变量 X 和 Y 之间的线性关系。用方程 $Y = \beta_0 + \beta_1 X$ 来描述直线, 其中 β_0 是截距, β_1 是直线的斜率。截距 β_0 是当 $X = 0$ 时根据回归方程得到的预测值。直线的斜率 β_1 是变量 X 每增加一个单位, 变量 Y 的增加量 ($\Delta Y/\Delta X$)。如果 X 值是已知的, Y 的预测值则可以由 X 乘以斜率 (β_1) 再加上截距 (β_0) 算出。

当然, 不是说自然界必须服从线性方程; 许多生态关系本身就是非线性的。线性模型是数据拟合函数中最简单的出发点。此外, 即使复杂的非线性函数在变量 X 的有限范围内也可能近似线性 (图 9.2)。如果将我们的结论限制在变量 X 的这个取值范围内, 线性模型可以是函数的有效近似。

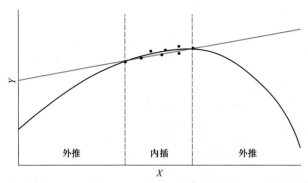

图 9.2   在变量 X 的有限区间内线性模型可以近似非线性函数。在这个范围内虽然线性模型 (直线) 不能描述 Y 和 X (曲线) 之间的真实函数关系, 但通过内插可以得到不错的精度。随着预测距离收集的数据范围越来越远, 外推将变得越来越不准确。线性回归的一个非常重要的假设是, X 和 Y 之间的关系 (或这些变量的变换) 是线性的。

9.2 线性模型拟合

首先, 将方程 9.2 改写成与我们所收集数据相匹配的形式。回归分析的数据由一系列成对的观测数据组成。每对观测值包括一个 X 值 (X_i) 和一个对应的 Y 值 (Y_i), 二者均是对同一个重复的测量。下标 i 表示重复。如果我们的数据中有 n 个重复, 那么下标 i 可以取从 1 到 n 的任意整数。我们将要拟合的模型是

$$Y_i = \beta_0 + \beta_1 X_i + \varepsilon_i \tag{9.3}$$

方程 9.3 的线性方程中, 两个参数 β_0 和 β_1 是未知的。但是这里还有第三个未知量 ε_i, 表示误差项。β_0 和 β_1 是常数, 而 ε_i 是一个正态随机变量。该分布的期望 (或均值) 为 0, 方差等于 σ^2, 可能是已知的也可能是未知的。如果所有数据点都完美落在一条直线上, 那么 σ^2 的值为 0。连接这些点, 同时测量这条直线的截距与斜率并不是一件难事[2]。然而, 大多生态数据集呈现出的变异远比这种情况大得多——单个变量很少能解释数据中大部分的变化, 数据点通常会落在一条模糊的条带上, 而不是一条清晰的线上。σ^2 越大, 回归线的噪声或误差就越大。

在第 8 章中, 我们为描述加拉帕戈斯群岛的岛屿面积 (变量 X) 与植物物种数 (变量 Y) 之间的关系引入了线性回归 (见图 8.6)。图 8.6 中的每个点包含岛屿面积与其相应的植物物种数的成对观测值 (见表 8.2)。正如我们在第 8 章中所解释的, 为了均质化方差并线性化曲线, 我们对变量 X(面积) 和变量 Y(物种丰富度) 做了对数变换。稍后我们将在未变换状态下再次用到该数据。

图 8.6 清晰地显示了 $\log_{10}$(面积) 与 $\log_{10}$(物种数) 之间的关系, 但是这些点没有落在一条完美的直线上。那回归线应该放在什么位置呢? 直观来看, 回归线应该通过由点 $(\overline{X}, \overline{Y})$ 定义的数据云的中心。对岛屿数据, 中心对应于点 $(1.654, 1.867)$ (注意, 这些是对数变换后的值)。

现在可以通过中心点旋转直线, 直到到达 "最适合" 的位置。但是如何定义最佳拟合呢? 首先将**平方残差 (squared residual)** d_i^2 定义为观测值 Y_i 与由回归方程预测所得的 Y 值 $\hat{Y}_i$ 的差的平方。用小插入符号 (或 "帽") 来区别观测值 Y_i 与由回归方程预测所得的 $\hat{Y}_i$, 平方残差的计算如下

$$d_i^2 = (Y_i - \hat{Y}_i)^2 \tag{9.4}$$

对残差取平方是因为我们只对观测值与预测值的差异大小感兴趣, 对符号不感兴趣 (见第 2 章脚注 8)。对于任意特定观测值 Y_i, 回归直线通过这个点, 这样得到的残差就

---

[2] 当然, 如果只有两个观测值, 那每次都能完美地拟合出一条直线! 但拥有更多的数据时并不能保证直线是一个有意义的模型。在本章中我们将会看到, 无论拟合的模型是否有效, 一条直线都可以适用于任何一组数据, 并用于预测。对于大型数据集, 我们有诊断工具来评估数据的拟合度, 并且可以给模型的预测指派置信区间。

会最小化 ($d_i = 0$)。但是回归直线必须将所有数据点拟合在一起, 因此我们将定义所有残差的总和, 也称作**残差平方和 (residual sum of squares)**, 写作 RSS, 方程为

$$RSS = \sum_{i=1}^{n} (Y_i - \widehat{Y}_i)^2 \tag{9.5}$$

"最优拟合" 回归直线是最小化残差平方和的直线[3]。通过最小化 RSS, 就能确保回归曲线得到的 Y_i 值与回归模型所预测的 $\widehat{Y}_i$ 值的平均差异最小 (图 9.3)[4]。

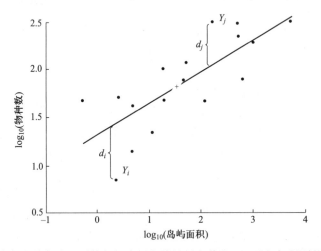

图 9.3 残差平方和是将每个观测值与拟合回归线的平方偏差 (d_i's) 相加得到的。最小二乘参数估计确保拟合的回归曲线最小化残差平方和。标记 + 表示数据的中点 ($\overline{X}, \overline{Y}$)。该回归曲线描述了岛屿面积的对数与加拉帕戈斯群岛植物物种数的对数间的关系; 数据来自表 8.2, 回归方程为 $\log_{10}$(物种数) $= 1.320 + \log_{10}$(岛屿面积) $\times 0.331$; $r^2 = 0.584$。

Francis Galton

[3]Francis Galton (1822 — 1911), 英国探险家, 人类学家, 查尔斯·达尔文的表兄, 也是一位统计学家, 因他对优生学的兴趣和他关于智力是遗传的且几乎不受环境因素影响的论断而被人们铭记。他关于智力、种族和遗传方面的著作提倡人类的限制性生育。Galton 于 1909 年受封爵士。

Galton 在他 1886 年的文章 *Regression towards mediocrity in hereditary structure* 中, 用最小二乘线性回归模型分析了成年子女及其父母的身高。虽然 Galton 的数据经常被用于说明线性回归和向均值回归, 但后来对原始数据的重新分析显示它们不是线性的 (Wachsmuth et al. 2003)。

Galton 还发明了一种叫梅花形 (quincunx) 的装置, 这是一个有玻璃面的盒子, 里面有一排针, 顶部有一个漏斗。相同大小和质量的铅球从漏斗中落下后被针引导至一定数量的隔间中。投下足够多的铅球, 就能得到一条正态 (高斯) 曲线。Galton 用这个装置获得的经验数据表明, 正态曲线可以表示为其他正态曲线的混合。

[4]在本章中, 我们给出的方程, 如方程 9.5, 可以用于计算统计中的平方和与其他量。但我们不建议使用这种形式的方程进行计算。因为这些方程非常容易产生小的舍入误差, 这些误差最后会累积在一个大的和中 (Press et al. 1986)。矩阵乘法是获得统计解的一种可靠方法; 事实上, 它也是解决诸如多元线性回归等更复杂问题的唯一方法。学习这些方程是很重要的, 这样就能理解统计的作用原理了, 使用电子表格来 "手动" 尝试几个简单的例子是个好主意。但为了分析和发表, 你应该使用一个专门的统计软件包来完成繁重的数值工作。

我们可以用"肉眼"拟合通过点 $(\overline{X}, \overline{Y})$ 的回归线, 然后进行修正, 直到得到能实现 RSS 值最小化的斜率和截距。幸运的是, 有更简单的方法来估计使 RSS 最小的 β_0 和 β_1。但我们需要先介绍方差与协方差。

9.3 方差与协方差

在第 3 章中, 我们介绍了变量的平方和 SS_Y,

$$SS_Y = \sum_{i=1}^{n}(Y_i - \overline{Y})^2 \tag{9.6}$$

度量了每个观测值与观测平均值的平方偏差。将这个和除以 $(n-1)$ 就得到了熟悉的单变量的样本方差 (variance):

$$s_Y^2 = \frac{1}{n-1}\sum_{i=1}^{n}(Y_i - \overline{Y})^2 \tag{9.7}$$

去掉方程 9.6 中的指数, 展开平方项得到

$$SS_Y = \sum_{i=1}^{n}(Y_i - \overline{Y})(Y_i - \overline{Y}) \tag{9.8}$$

现在考虑两个变量 X 和 Y 的情况。我们定义了**叉积和 (sum of cross products, SS_{XY})** 来代替一个变量的平方和, 即

$$SS_{XY} = \sum_{i=1}^{n}(X_i - \overline{X})(Y_i - \overline{Y}) \tag{9.9}$$

并且**样本协方差 (sample covariance, s_{XY})** 为

$$s_{XY} = \frac{1}{n-1}\sum_{i=1}^{n}(X_i - \overline{X})(Y_i - \overline{Y}) \tag{9.10}$$

正如我们在第 3 章中看到的, 样本方差总是一个非负数。这是因为每个观测值与其均值之差的平方 $(Y_i - \overline{Y})^2$ 总是大于 0 的, 所以所有这些差的平方和也一定是大于 0

的。但这对于样本协方差来说不一定成立。假定一个相对大的 X 值与一个相对小的 Y 值是一对。对于大于 $\overline{X}$ 的 X_i 来说方程 9.9 或 9.10 的第一项是正的, 但是对于比 $\overline{Y}$ 小的 Y_i 来说第二项 (以及二者的乘积) 是负的。同样的, 相对较小的 X_i(小于 $\overline{X}$) 与相对大的 Y_i(大于 $\overline{Y}$) 也可能是一对。如果有很多对这样的数据, 那样本协方差将是一个负数。

另一方面, 如果大的 X 值与大的 Y 值是一对, 则方程 9.9 和 9.10 中的求和项都是正数, 而且会得到一个大的协方差项。最后, 假设 X 和 Y 互不相关, 较大或较小的 X 值也可能与较大或较小的 Y 值对应, 这将产生一个不同的且带有正负号的协方差项集合, 这些项的和可能接近于 0。

对于加拉帕戈斯群岛的植物数据, $SS_{XY} = 6.558$, $s_{XY} = 0.410$。除去邓肯岛 (-0.057) 和秉德路岛 (-0.080) 的数据, 这个协方差项的所有元素都是正数。直观来看, 协方差的度量似乎应该与回归线的斜率是相关的, 因为它描述了变量 X 的变化与变量 Y 的变化关系 (正或负)[5]。

9.4 最小二乘参数估计

定义了协方差, 就可以估计使得剩余平方和最小的回归参数:

$$\widehat{\beta_1} = \frac{s_{XY}}{s_X^2} = \frac{SS_{XY}}{SS_X} \tag{9.11}$$

其中 X 的平方和为

$$SS_X = \sum_{i=1}^{n} (X_i - \overline{X})^2$$

用符号 $\widehat{\beta_1}$ 表示估计的斜率, 用于区别参数的真值 β_1。需要记住的是 β_1 仅在概率统计框架下具有真值; 在贝叶斯分析中, 参数本身被看成是一个分布的随机抽样 (见第

[5]协方差是一个表示一对变量间关系的数字。假设有一个由 n 个变量组成的集合。对于每一个特别的变量对 (X_i, Y_j), 可以计算协方差项 s_{ij}。准确地说有 $n(n-1)/2$ 个这样的唯一变量对, 可以用第 2 章中的二项式系数来确定 (见第 2 章的脚注 4)。这些协方差项可以分配在一个 $n \times n$ 的**方差–协方差矩阵 (variance-covariance matrix)** 中, 其中所有的变量用矩阵的行和列表示。矩阵的第 i 行, 第 j 列就是 s_{ij}。这个矩阵的对角元素是每个变量的方差 $s_{ij} = s_i^2$。对角线上方和下方的矩阵元素是彼此的镜像, 因为对于任意一对变量 X_i 与 Y_j, 方程 9.10 都有 $s_{ij} = s_{ji}$。这个方差–协方差矩阵是用于得到许多统计问题最小二乘解的关键装置 (另见第 12 章和附录)。

方差–协方差矩阵也用于群落生态学 (community ecology) 中。假设每个变量分别表示群落中一个物种的丰度。丰度的协方差应该反映这对物种之间发生的各种相互作用 (捕食与竞争为负, 互利共生为正, 弱或中性的相互作用为 0)。**群落矩阵 (community matrix)** (Levins 1968) 和其他两两相互作用系数的度量可以根据丰度的方差–协方差矩阵计算得到, 并用来预测整个**集群 (assemblage)** 的动态和稳定性 (Laska and Wootton 1998)。

5 章)。在本章后面我们将讨论回归模型的贝叶斯参数估计。

方程 9.11 给出了回归模型斜率与 X 和 Y 的协方差之间的关系。事实上，斜率是 X 和 Y 的协方差按 X 的方差进行缩放。由于分母 $(n-1)$ 在计算 s_{XY} 和 s_X^2 时是相同的，则 $\widehat{\beta}_1$ 可以表示为叉积和 SS_{XY} 与 X 的平方和 SS_X 的比值。对于加拉帕戈斯群岛的植物数据，$s_{XY} = 0.410$，$s_X^2 = 1.240$，故 $\widehat{\beta}_1 = 0.410/1.240 = 0.331$。斜率总是以单位 $\Delta Y/\Delta X$ 表示，在这种情况下为 $\log_{10}$(物种数) 的变化除以 $\log_{10}$(岛屿面积) 的变化。

为了得到方程的截距 $\widehat{\beta}_0$，我们可以利用回归线经过点 $(\overline{X}, \overline{Y})$ 这一事实。结合估计的 $\widehat{\beta}_1$，得到

$$\widehat{\beta}_0 = \overline{Y} - \widehat{\beta}_1 \overline{X} \tag{9.12}$$

对于加拉帕戈斯群岛的植物数据，$\widehat{\beta}_0 = 1.867 - (0.331)(1.654) = 1.319$。

截距的单位与变量 Y 的单位是相同的，在这种情况下是 $\log_{10}$(物种数)。截距就是当变量 X 为 0 时响应变量的估计值。对于岛屿数据，$X = 0$ 对应的面积为 $1\ \mathrm{km}^2$ (注意 $\log_{10}(10) = 0.0$)，估计约有 $10^{1.319} = 20.844$ 个物种。

还剩最后一个参数要估计。回归模型的方程 9.3 中不仅包括截距 $\widehat{\beta}_0$ 与斜率 $\widehat{\beta}_1$，还有一个误差项 ε_i。误差项服从均值为 0，方差为 σ^2 的正态分布。但怎么估计 σ^2 呢？首先注意，如果 σ^2 相对较大，观测值应该关于回归线广泛散布。随机变量为正时，数据 Y_i 位于回归向上方；为负时，数据 Y_i 位于回归线下方。σ^2 越小，数据越紧密地聚集在拟合的回归线的附近。最后，若 $\sigma^2 = 0$，则没有一点分散，数据将全部落在回归线上。

这种描述听起来非常类似于对残差平方和 RSS 的解释，RSS 度量了每个观测值与其拟合值之间的平方偏差 (见方程 9.5)。在简单的汇总统计中 (见第 3 章)，变量的样本方差度量了每个观测值与均值之间的平均偏差 (见方程 3.9)。类似地，我们对回归误差的方差估计是每个观测值与其拟合值之间的平均偏差：

$$\begin{aligned}
\widehat{\sigma}^2 &= \frac{RSS}{n-2} = \frac{\sum_{i=1}^{n}(Y_i - \widehat{Y}_i)^2}{n-2} \\
&= \frac{\sum_{i=1}^{n}[Y_i - (\widehat{\beta}_0 + \widehat{\beta}_1 X_i)]^2}{n-2}
\end{aligned} \tag{9.13}$$

展开式提示了 RSS 和 $\widehat{Y}_i$ 的计算。在这之前，我们知道 $\widehat{\beta}_0$ 和 $\widehat{\beta}_1$ 是拟合的回归参数，$\widehat{Y}_i$ 是回归方程预测的值。方程 9.13 的平方根 $\widehat{\sigma}$ 通常被称为**回归标准误差 (standard error of regression)**。注意估计方差的分母是 $(n-2)$，而之前在计算样本方差时用的

分母是 $(n-1)$ (见方程 3.9)。这里用 $(n-2)$ 的原因是分母是自由度, 要估计其方差的独立信息的数量 (见第 3 章)。在这个例子中, 我们用了 2 个自由度来估计回归直线的截距和斜率。对于加拉帕戈斯群岛的植物数据, $\hat{\sigma} = 0.320$。

9.5   方差分量与决定系数

参数分析的一个基本技术就是将平方和分割成不同的分量或来源。我们将在本节中介绍这种思想, 并在第 10 章中再次讨论。从原始数据开始, 考虑用变量 Y 的平方和 SS_Y 来表示要分割的总变量。

这种变异的一个组成部分是纯误差或随机误差。这种变异无法归因于任何特定的来源, 除了从正态分布中随机抽样。方程 9.3 中的变化来源是 ε_i, 我们已经看到了如何通过计算残差平方和 (RSS) 来估计残差的变异。Y_i 中的剩余变异不是随机的, 而是系统的。Y_i 的一些值较大, 是因为它们与较大的 X_i 相关。这种变异的来源是回归关系 $Y_i = \beta_0 + \beta_1 X_i$。通过相减, 可以得出属于回归模型 (SS_{reg}) 的变异的剩余分量为

$$SS_{reg} = SS_Y - RSS \tag{9.14}$$

整理方程 9.14, 可以将数据中的总变化量表示为回归分量 SS_{reg} 和剩余分量 RSS 的和, 即

$$SS_Y = SS_{reg} + RSS \tag{9.15}$$

对于加拉帕戈斯群岛的植物数据, $SS_Y = 3.708$, $RSS = 1.540$。因此, $SS_{reg} = 3.708 - 1.540 = 2.168$。

我们可以想象两种极端情况。假设所有数据点均落在回归线上, 那任意 Y_i 值都可以通过已知的 X_i 值精确预测。在这种情况下, $RSS = 0$, $SS_Y = SS_{reg}$。换句话说, 数据中的所有变异都可归因于回归, 而且没有随机误差分量。

另一种极端情况是, 假设变量 X 对变量 Y 没有任何影响。如果 X 对 Y 没有影响, 那么 $\beta_1 = 0$, 而且直线没有斜率,

$$Y_i = \beta_0 + \varepsilon_i \tag{9.16}$$

记住 ε_i 是一个均值为 0, 方差为 σ^2 的随机变量。通过平移 (见第 2 章) 可得

$$Y \sim N(\beta_0, \sigma) \tag{9.17}$$

方程 9.17 表示, "Y 是一个均值 (或期望) 为 β_0, 标准差为 σ 的正态随机变量"。如果回归对 Y_i 的变异没有任何贡献, 则斜率为 0, Y_i 的变化都来自一个均值等于截距 β_0, 方差为 σ^2 的正态分布。这种情况下, $SS_Y = RSS$, 因此 $SS_{reg} = 0.0$。

落在 $SS_{reg} = 0$ 和 $RSS = 0$ 这两种极端情况之间是大多数数据集的现实情况, 这反映了随机变异和系统变异。一个自然的指数描述了回归与残差变异之间的相对重要性, 就是我们熟知的 r^2, 即**决定系数** (coefficient of determination):

$$r^2 = \frac{SS_{reg}}{SS_Y} = \frac{SS_{reg}}{SS_{reg} + RSS} \tag{9.18}$$

决定系数告诉了我们, 通过简单的线性回归, 变量 Y 的变异可以归因于变量 X 变异的比例。这个比例变化范围为 0.0 到 1.0。这个值越大, 误差方差越小, 数据与拟合回归直线越匹配。对于加拉帕戈斯群岛的植物数据, $r^2 = 0.585$, 介于无关联和完美拟合之间。如果将 r^2 的值转换至 0 到 100 的尺度上, 它通常可以描述为 Y 的变异可以用 X 的回归来 "解释" 的百分比。然而, 需要记住的是变量 X 与变量 Y 间的因果关系是研究者提出的假设 (见方程 9.1)。不论决定系数多大, 都不能通过它来确定两个变量之间的因果关系。

一个相关的统计量是**积矩相关系数** (product-moment correlation coefficient), 用 r 表示。你可能猜到了, r 恰好是 r^2 的平方根。然而, r 的符号 (正或负) 是由回归斜率的符号决定的; 若 $\beta_1 < 0$, 则积矩相关系数为负, 若 $\beta_1 > 0$, 则为正。同理, r 可以通过下面的方程计算

$$r = \frac{SS_{XY}}{\sqrt{(SS_X)(SS_Y)}} = \frac{s_{XY}}{s_X s_Y} \tag{9.19}$$

正负号取决于分子的叉积和项[6]。

9.6　回归的假设检验

到目前为止, 我们已经学习了如何将直线与连续的 X 和 Y 数据进行拟合, 以及如何利用最小二乘准则估计拟合的回归直线的斜率、截距和方差。下一步就是检验拟合的回归线的假设。记住, 最小二乘的计算只给出了参数真值 $(\beta_0, \beta_1, \sigma^2)$ 的估计

---

[6] 整理方程 9.19 揭示了 r 与 β_1 间的紧密联系, 回归线的斜率为:

$$\beta_1 = r\left(\frac{s_Y}{s_X}\right)$$

因此, 回归直线的斜率即为 Y 和 X 的相对标准差的 "重新缩放" 的相关系数。

值 $(\widehat{\beta}_0, \widehat{\beta}_1, \widehat{\sigma})$。由于这些估计值是不确定的, 因此我们需要检验这些参数估计是否与零有显著差异。

具体来说, 因果关系的基本假设体现在斜率参数中。在建立回归模型时, 我们假设 X 是因, Y 是果 (其他可能性见图 6.2)。β_1 的大小衡量了 Y 对 X 的变化的响应强度。零假设是 β_1 为 0。如果不能拒绝这个零假设, 这里就没有令人信服的证据证明 X 和 Y 之间存在函数关系。根据模型构建零假设和备择假设,

$$Y_i = \beta_0 + \varepsilon_i \quad \text{(零假设)} \tag{9.20}$$

$$Y_i = \beta_0 + \beta_1 X_i + \varepsilon_i \quad \text{(备择假设)} \tag{9.21}$$

9.6.1　方差分析表的剖析

检验零假设前可以先将数据组织成**方差分析** (**analysis of variance**, ANOVA) 表。方差分析表自然地与方差分析相关联 (见第 10 章), 平方和的划分在方差分析、回归分析和许多其他广义线性模型中也很常见 (McCullagh and Nelder 1989)。表 9.1 展示了一个完整的方差分析表及其所有分量和方程。表 9.2 是相同方差分析表计算的加拉帕戈斯群岛的植物数据, 表 9.2 中的缩写在科学出版物中很常见。

方差分析表有许多列, 汇总了平方和的划分。第一列通常为变化的分量或来源。在回归模型中, 只有两种来源: 回归 (regression) 和误差 (error)。我们还增加了第三种来源, 总和 (total), 提醒你总平方和等于回归与误差平方和的和。总平方和的行, 在发表的方差分析表中通常被省略了。简单的回归模型只有 2 种变化源, 但更复杂的模型可能会有多个变化源。

表 9.1　单因素线性回归的完整方差分析表

来源	自由度 (df)	平方和 (SS)	均方 (MS)	期望均方	F 比	P 值
回归	1	$SS_{reg} = \sum_{i=1}^{n}(\widehat{Y}_i - \overline{Y})^2$	$\dfrac{SS_{reg}}{1}$	$\sigma^2 + \beta_1^2 \sum_{i=1}^{n} X_i^2$	$\dfrac{SS_{reg}/1}{RSS/(n-2)}$	自由度为 1, $n-2$ 的 F 分布的尾部
残差	$n-2$	$RSS = \sum_{i=1}^{n}(Y_i - \widehat{Y}_i)^2$	$\dfrac{RSS}{n-2}$	σ^2		
总和	$n-1$	$SS_Y = \sum_{i=1}^{n}(Y_i - \overline{Y})^2$	$\dfrac{SS_Y}{n-1}$	σ_Y^2		

　　第一列是数据的变异来源。第二列是每个相关分量的自由度 (df)。对于简单的线性回归, 回归相关的自由度为 1, 残差 (residual) 相关的自由度为 $(n-2)$。总自由度为 $(n-1)$, 因为自由度 1 通常被用于估计数据的均值。单因素回归模型将总变化分成由回归解释的分量和剩余 ("未解释的") 残差。用 Y 的观测值 Y_i, Y 的均值 $\overline{Y}$, 以及 Y 的线性回归模型预测值 $\widehat{Y}_i$ 计算平方和。用期望的均方构造 F 比来检验零假设, 与变异相关的斜率项 β_1 等于 0.0。检验所用的 P 值来自标准的 F 比表, 其中分子自由度为 1, 分母的自由度为 $(n-2)$。这些基本要素 (来源、自由度、平方和、均方、期望均方、F 比、P 值) 在回归分析和方差分析的所有方差分析表中都是通用的 (见第 10 章)。

表 9.2 加拉帕戈斯植物物种 – 面积数据回归分析的方差分析表的发表形式

来源	df	SS	MS	F 比	P
回归	1	2.168	2.168	21.048	0.000329
残差	15	1.540	0.103		

原始数据来自表 8.2; 表 9.1 列出了计算公式。总平方和和自由度很少包含在发表的方差分析表中。在许多出版物中, 这些结果被更简洁地表述为 "对数物种丰富度与对数面积呈极显著的线性回归关系 (模型 $F_{1,15} = 21.048$, $p < 0.001$)。因此, 最佳拟合方程是 $\log_{10}$(物种丰富度) $= 1.867 + 0.331 \times \log$(岛屿面积); $r^2 = 0.585$"。已发表的回归统计量应包含决定系数 (r^2)、斜率 (0.331) 和截距 (1.867) 的最小二乘估计。

第二列是自由度, 通常简写为 df。如前所述, 自由度取决于可用于估计特定平方和的独立信息量。如果样本大小为 n, 相关的回归模型自由度则为 1 (具体来说是斜率), 残差的自由度为 $(n-2)$。总自由度为 $(1 + n - 2) = (n-1)$。自由度为 $(n-1)$ 是因为一个自由度用于估计总均值 $\overline{Y}$。

第三列是与特定变异来源相关的平方和 (SS)。扩展的表 9.1 给出了用到的方程, 但在已发表的表格中 (如表 9.2), 仅给出平方和。

第四列是均方 (MS), 等于平方和除以其对应的自由度。这种除法类似于用 SS_Y 除以 $(n-1)$ 来计算简单的方差。

第五列是期望均方。这一列不出现在已发表的方差分析表中, 但它非常有价值, 因为它准确地给出了每个不同的均方的估计值。在方差分析中, 正是这些期望被用于制定假设检验。

第六列是计算出的 F 比。F 比是两个不同的均方值之比。

最后一列是对应于特定 F 比的尾概率值。具体来说, 是在零假设为真的情况下得到观察到的 F 比 (或更大 F 比) 的概率。对于简单的线性回归模型, 零假设就是 $\beta_1 = 0$, 意味着变量 X 和变量 Y 之间没有函数关系。概率值取决于 F 比的大小和分子、分母均方的自由度。概率值可以从统计表中查到, 但是它们通常作为统计包标准回归输出的一部分输出。

为了理解 F 比是如何构建的, 我们需要检查期望均方值。回归均方的期望值是回归误差方差与度量回归斜率效应的项的和:

$$E(MS_{reg}) = \sigma^2 + \beta_1^2 \sum_{i=1}^{n} X_i^2 \tag{9.22}$$

相反地, 残差均方的期望值就是简单的回归误差方差:

$$E(MS_{resid}) = \sigma^2 \tag{9.23}$$

现在我们可以理解 F 比构建背后的逻辑了。回归检验的 F 比中分子是回归均方, 分母是残差均方。如果真实的回归斜率为 0, 则方程 9.22 中第二项 (F 比的分子) 为 0。因此, 方程 9.22 (F 比的分子) 和方程 9.23 (F 比的分母) 相等。换句话说, 如果回归斜率 β_1 等于 0, 那 F 比的期望值则为 1.0。在总误差方差一定的情况下, 回归斜率越陡, F 比越大。同样, 斜率一定时, 误差方差越小, F 比越大。这也很直观, 因为误差方差越小, 数据在拟合的回归线附近越密集。

对 P 值的解释遵循第 4 章中阐述的思路。F 比越大 (在样本大小和模型一定时), P 值越小。如果零假设为真, P 值越小, 就越不可能得到观测的 F 比。当 P 值小于标准的 0.05 时, 我们拒绝零假设, 并且推断回归模型比偶然因素解释了更多的变异。对于加拉帕戈斯群岛的植物数据, F 比为 21.048。F 比的分子比分母的 21 倍还要大, 因此回归得到的方差远大于剩余方差, 对应的 P 值等于 0.0003。

9.6.2　其他检验与置信区间

不出所料, 回归模型的所有假设检验和置信区间都取决于回归方差 $\hat{\sigma}^2$。由此, 我们能计算其他方差和显著性检验。例如, 截距估计量的方差

$$\hat{\sigma}^2_{\hat{\beta}_0} = \hat{\sigma}^2 \left(\frac{1}{n} + \frac{\overline{X}^2}{SS_X} \right) \tag{9.24}$$

也可以用这个方差来构建 F 比, 并检验 $\beta_0 = 0.0$ 的零假设。

注意回归线的截距与当模型斜率为 0 时的截距 (方程 9.16) 略有不同:

$$Y_i = \beta_0 + \varepsilon_i$$

如果模型的斜率为 0, 则截距的估计值就是 Y_i 的平均值:

$$E(\beta_0) = \overline{Y}$$

然而, 对有斜率项的回归模型来说, 截距就是当 $X_i = 0$ 时的拟合值, 即

$$E(\beta_0) = \widehat{Y}_i | (X_i = 0)$$

截距简单的 95% 置信区间可以计算为

$$\widehat{\beta}_0 - t_{(\alpha, n-2)} \hat{\sigma}_{\hat{\beta}_0} \leqslant \beta_0 \leqslant \widehat{\beta}_0 + t_{(\alpha, n-2)} \hat{\sigma}_{\hat{\beta}_0} \tag{9.25}$$

其中 α 为 (双尾) 概率水平 (对于 95% 置信区间, $\alpha = 0.025$), n 为样本大小, t 是在给定 α 和 n 的情况下由 t 分布表所得的值, $\hat{\sigma}_{\hat{\beta}_0}$ 是方程 9.24 的平方根。

类似地, 斜率估计量的方差为

$$\hat{\sigma}^2_{\hat{\beta}_1} = \frac{\hat{\sigma}^2}{SS_X} \tag{9.26}$$

斜率对应的置信区间为

$$\widehat{\beta}_1 - t_{(\alpha,n-2)}\widehat{\sigma}_{\widehat{\beta}_1} \leqslant \beta_1 \leqslant \widehat{\beta}_1 + t_{(\alpha,n-2)}\widehat{\sigma}_{\widehat{\beta}_1} \tag{9.27}$$

对于加拉帕戈斯群岛的植物数据, 截距 β_0 的 95% 的置信区间为 $(1.017, 1.623)$, 斜率的 95% 的置信区间为 $(0.177, 0.484)$ (需要注意这些都是取 $\log_{10}$ 的对数值)。由于这些置信区间都不包括 0.0, 所以对应的 F 检验会导致我们拒绝零假设, 其中 β_0 和 β_1 都为 0。如果 β_1 等于 0, 回归线是水平的, 因变量 $[\log_{10}(物种数)]$ 不会随着自变量 $[\log_{10}(岛屿面积)]$ 的变化而系统地增加。如果 β_0 等于 0, 当自变量为 0 时因变量的取值为 0。

虽然在这种情况下零假设被拒绝, 但是观测数据并没有完美地落在直线上, 所以与变量 X 任意特定值相关联的都存在不确定性。如果你对岛屿面积 (X) 相同的不同岛屿进行重复采样, 那它们在记录的物种数 (对数变换之后) 上一定有变化[7]。拟合值 $\widehat{Y}$ 的方差为

$$\widehat{\sigma}^2_{(\widehat{Y}|X)} = \widehat{\sigma}^2\left(\frac{1}{n} + \frac{(X_i - \overline{X})^2}{SS_X}\right) \tag{9.28}$$

95% 置信区间为

$$\widehat{Y} - t_{(\alpha,n-2)}\widehat{\sigma}_{(\widehat{Y}|X)} \leqslant \widehat{Y} \leqslant \widehat{Y} + t_{(\alpha,n-2)}\widehat{\sigma}_{(\widehat{Y}|X)} \tag{9.29}$$

这个置信区间并没有形成一个将回归线包括在内的平行带 (图 9.4)。更准确地说, 离 $\overline{X}$ 越远, 置信区间就越宽, 这是因为方程 9.28 的分子中有 $(X_i - \overline{X})^2$ 项。这种扩大的置信区间给人的感觉很直观。离点 (数据) 云的中心越近, 我们就越有信心从 X 的重复样本估计出 Y。事实上, 如果选择 $\overline{X}$ 作为拟合值, 拟合值的标准偏差等价于平均拟合值的标准误 (见第 3 章):

$$\widehat{\sigma}_{(\widehat{Y}|X)} = \widehat{\sigma}/\sqrt{n}$$

[7] 遗憾的是, 随机抽样的统计框架和我们数据的性质不匹配。毕竟, 进化出独特动植物群的只有一个加拉帕戈斯群岛, 再没有与之相同的其他岛屿。将这些岛屿视作是一个来自更大样本空间的样本似乎是存疑的, 因为它们本身没有明确的定义——它是火山岛? 热带太平洋岛屿? 孤立的海岛? 我们可以将这些数据视作来自加拉帕戈斯群岛的样本, 只是样本几乎不是随机的, 因为它包含了群岛的所有大岛。还可以从另外几个岛屿上收集数据, 但这些岛屿要小得多, 动植物种类很少。有些岛屿甚至小到空无一物, 而这些 0 数据 (不能简单地取对数) 对物种–面积关系的形状有重要的影响 (Williams 1996)。对于所有岛屿的拟合回归线不一定与大岛和小岛的集合拟合的回归线相同。这些问题并不是物种–面积数据特有的。在任何抽样研究中, 我们必须面对这样一个事实, 即如果没有明确定义样本空间, 收集的重复可能既不是随机的, 也不是相互独立的, 即使我们使用的统计学依赖于这些假设。

在这里方差最小化是因为拟合值上下都有观测数据。然而，当远离 $\overline{X}$ 时，邻近的数据就更少了，预测也就更不可靠了。

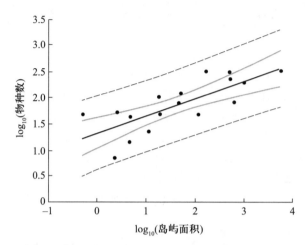

图 9.4　加拉帕戈斯群岛的植物物种数量与岛屿面积关系的对数 – 对数回归模型 (见表 8.2)，其中黑色实线为回归线，灰色实线为 95% 置信区间，虚线为 95% 预测区间。置信区间描述的是所收集数据中包含的不确定性，而预测区间评估的是未收集到的或未被包括在计算内的数据。需要注意的是，当我们收集的数据远离平均岛屿面积时，置信区间会变宽。置信区间越宽则代表预测的值与所收集到的数据差异越大，因此对 X 变量的预测也就越不准确。此外，还需要注意，这些区间是取对数后得到的。若要将单位换成物种数，则需要将对数转换为 e^Y，且转换后的预测值置信区间会非常宽且非常不均匀。

　　内插 (interpolation) 和**外推 (extrapolation)** 之间有一个区别。内插估计的是所收集的数据范围内的新值，而外推意味着在数据范围之外估计新值 (见图 9.2)。方程 9.29 保证了内插得到的拟合值的置信区间总是小于外推得到的置信区间。

　　最后，假设我们在群岛中发现了一个新岛屿，或对一个没有包括在最初调查中的岛屿进行了采样。这个新观测值被记为

$$(\widetilde{X}, \widetilde{Y})$$

我们将用拟合的回归线来构建新值的**预测区间 (prediction interval)**，这与构建拟合值的置信区间略有不同。置信区间中包含对基于可用数据的估计的不确定性，而预测区间中包含对基于新数据的估计的不确定性。单个拟合值的预测方差为

$$\sigma^2_{(\widetilde{Y}|\widetilde{X})} = \hat{\sigma}^2 \left(1 + \frac{1}{n} + \frac{(\widetilde{X} - \overline{X})^2}{SS_X}\right) \tag{9.30}$$

对应的预测区间为

$$\tilde{Y} - t_{(\alpha, n-2)} \widehat{\sigma}_{(\tilde{Y}|\tilde{X})} \leqslant \hat{Y} \leqslant \tilde{Y} + t_{(\alpha, n-2)} \widehat{\sigma}_{(\tilde{Y}|\tilde{X})} \qquad (9.31)$$

这个方差 (方程 9.30) 大于拟合值 (方程 9.28) 的方差。方程 9.30 包含了与新观测值相关的误差以及早期数据中回归参数估计值的不确定性带来的可变性[8]。

到目前为止我们可能会觉得从回归线做出点预测是非常容易的 (也是很有诱惑力的)。然而, 对于大多数类型的生态数据而言, 预测的不确定性通常很大因此常无法使用。例如, 如果仅基于加拉帕戈斯群岛上物种–面积关系包含的信息, 我们想要建立一个 10 km^2 的自然保护区, 那回归线的点预测是 45 个物种。但这片森林的 95% 预测区间为 9 到 299 个物种。如果将面积扩大 10 倍至 100 km^2, 点预测的物种有 96 个, 范围在 19 到 485 个物种之间 (两个范围均基于从方程 9.31 得到的逆变换预测区间)[9]。这些宽泛的预测区间不仅是物种–面积数据的典型特征, 也是大多数生态数据的典型特征。

9.7 回归的假设

我们建立的线性回归模型基于以下四个假设:

1. **线性模型正确描述了 X 和 Y 之间的函数关系**。这是基本的假设。即使整个关系是非线性的, 但线性模型在变量 X 的有限取值范围内仍然是合适的 (见图 9.2)。如果违反了线性假设, σ^2 的估计就会放大, 因为它包含了随机误差和固定误差; 后者表示真实函数和与数据拟合的线性函数之间的差异。而且, 如果真实关系是非线性的, 那从模型中得出的预测就会产生误导, 特别是当外推进行到超出数据范围时。

2. **变量 X 的测量没有误差**。这个假设允许我们将误差分量完全分离为与响应变量 Y 相关的随机变化。如果在变量 X 中存在误差, 对斜率和截距的估计就会存在偏差。通过假设变量 X 没有误差, 我们就能使用最小二乘估计, 它最小化了每个观测值与其预测值的垂直距离 (图 9.3 中的 d_i's)。由于变量 X 和 Y 都有误差, 一种策略是最小化每个观测值与回归线间的垂直距离。这种所谓的模型 II 回归广泛应用于主成分和其他多变量分析法 (见第 12 章)。由于最小二乘解已被证明是有效的且应用广泛, 这个假设通常被悄然忽略[10]。

---

[8]最后的改进是方程 9.31 只适用于单个预测。如果进行多次预测, 则必须调整 α 值以创建一个更广泛的**同时预测区间 (simultaneous prediction interval)**。**逆预测区间 (inverse prediction interval)** 的公式同样也存在, 在逆预测区间中, 一个 Y 值可以得到一个 X 的取值范围 (见 Weisberg 1980)。

[9]准确地讲, 逆变换的点估计是分布的中位数, 而不是均值。然而, 因为分位数 (百分点) 的变换是在变换后的尺度上进行的, 所以逆变换的置信区间是无偏的。

[10]虽然很少被提及, 但我们在方差分析中对分类变量 X 做了一个类似的无误差假设 (见第 10 章)。在方差分析中, 我们必须假设个体被正确地分配到组中 (比如物种鉴定没有错误), 并且组内的所有个体都接受了相同的处理 (如在 "低 pH" 处理中所有重复的 pH 水平精确相同)。

　　3. **对任意给定的 X 值, 所有抽样的 Y 相互独立, 含有正态分布误差**。正态性假设允许我们使用参数化理论来建立基于 F 比的置信区间和假设检验。当然, 对所有样本数据来说独立性都是非常关键的假设 (见第 6 章), 即使在观察性研究中它经常被违背到未知的程度。如果你怀疑 Y_i 值会影响你收集的下一个观测值 Y_{i+1}, 时间序列分析可以去除与误差变化相关的分量。第 6 章简单介绍了时间序列分析。

　　4. **方差沿回归线不变**。这个假设允许我们用常数 σ^2 来表示回归线的方差。如果方差取决于 X, 那就需要一个方差函数或者一整个方差族, 每一个都基于一个特定的 X 值。在回归中, 非常数方差是一个常见的问题, 这可以通过诊断样方来识别 (见下一节), 有时可以通过对原始变量 X 或 Y 进行变换来修正 (见第 8 章)。然而, 并不能保证变换会使关系线性化并产生常数方差。这时应当使用其他方法 (如本章后面介绍的非线性回归) 或广义线性模型 (McCullagh and Nelder 1989)。

如果满足以上四个假设, 那最小二乘法就提供了所有模型参数的**无偏估计量 (unbiased estimator)**。它们是无偏的, 因为, 平均而言, 来自相同总体的重复样本将使得斜率和截距的估计值与总体潜在的真实斜率和截距是相同的。

9.8　回归的诊断检验

　　现在, 我们已经了解了如何获得线性回归参数的最小二乘估计值, 以及如何检验这些参数的假设检验并建立适当的置信区间。但是, 无论线性模型是否合适, 回归线都可以强制通过任何一组 $\{X, Y\}$。本节中我们将提供一些诊断工具来确定估计的回归直线与数据的拟合程度。这些诊断还可以间接地帮助你评估数据满足模型假设的程度。

　　诊断分析中最重要的工具是残差集 $\{d_i\}$, 表示观测值 Y_i 与回归模型 (方程 9.4) 预测的 $\hat{Y}_i$ 之间的差异。残差被用于估计回归方差, 它们也提供了模型与数据拟合效果的重要信息。

9.8.1　残差图

　　或许回归模型的诊断分析中最重要的一个图是残差 d_i 与拟合值 $\hat{Y}_i$ 的图。如果线性模型与数据拟合得很好, 那这个**残差图 (residual plot)** 应该呈现出一些分散的点, 这些点近似服从正态分布并且与拟合值完全无关 (图 9.5A)。在第 11 章中, 我们将介绍 Kolmogorov-Smirnov 检验, 它可用于正式地比较残差与正态分布 (见图 11.4)。

　　残差图可以发现两类问题。第一类, 如果残差本身与拟合值相关, 这意味着 X, Y 的关系并不是真正线性的。对于较大的变量 X, 模型会系统地高估或低估 $\hat{Y}_i$ (图 9.5B)。这种情况是可能发生的, 例如, 直线被强迫穿过那些实际上表示渐近、对数或其他非线性关系的数据。如果残差先高于拟合值而后低于拟合值, 然后又再次高于拟合值, 那数据可能是二次方的而不是线性关系 (图 9.5C)。第二类, 如果残差与拟合值在绘图时图

中的点呈现出增大或减小的漏斗状时, 那么代表方差是**异方差的** (heteroscedastic):
随着拟合值增大或减小 (图 9.5D)。在第 8 章中我们讨论过通过适当的数据变换可以解
决部分或全部这类问题。残差图也能突出离群值, 与大多数其他数据相比, 这些数据的
落点与回归预测间有更大的落差[11]。

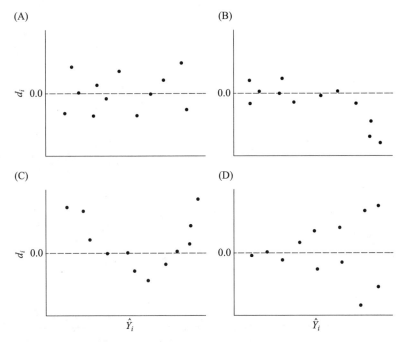

图 9.5　线性回归中残差 d_i 与拟合值 $\hat{Y}_i$ 诊断图的假设模式。(A) 误差服从正态分布的线性模型
的残差期望分布。(B) 非线性拟合的残差; 这里模型系统地高估了 X 增加时的实际 Y 值。数学
变换 (如对数、平方根或倒数) 可能产生更线性的关系。(C) 二次或多项式关系的残差。在这种情
况下, 对于非常小和非常大的变量 X 值, 会产生大的正的残差。对变量 X 进行多项式变换 (X^2
或 X 的更高次幂) 会得到线性拟合。(D) 具有异方差的残差 (方差增加)。在这种情况下, 残差既
不始终为正也不始终为负, 说明模型的拟合是线性的。然而, 残差的平均大小是随着 X 增大而增
大的 (异方差), 这表明测量误差可能与变量 X 的大小成正比。对数或平方根变换可以纠正这个
问题。变换不是回归分析的万能解药, 也并不总是能产生线性关系。

　　为了看到变换的影响, 对比图 9.6A 和 9.6B, 它们是加拉帕戈斯群岛数据在对数变
换前后的残差图。未变换时有太多的负的残差, 而且聚集在非常小的值附近 (图 9.6A)。
变换后正残差和负残差几乎是均匀分布的, 且与 $\hat{Y}_i$ 无关 (图 9.6B)。

---

[11]**标准化残差** (**standardized residual**, 也称学生化残差, studentized residual) 也是由许多统计软件包计算
的。考虑每个点到数据中心的距离, 对标准化残差进行缩放。如果残差未标准化, 回归结果将会显示出距离
$\overline{X}$ 较远的数据点拟合得较好, 而靠近数据中心的点拟合似乎没那么好。标准化残差也可以用来检验特定观
测值是否为统计上显著的离群值。其他残差距离的度量包括库克距离 (Cook's distance) 和杠杆值 (leverage
value), 详细请参见 Sokal 和 Rohlf (1995)。

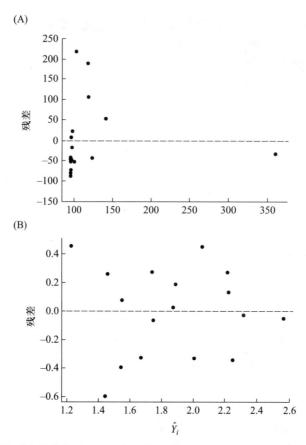

图 9.6　加拉帕戈斯群岛植物物种–面积关系的残差图 (见表 8.2)。在残差图中, x 轴是回归方程得到的预测值 $\hat{Y}_i$, y 轴是残差, 即观测值和拟合值之间的差异。在与回归模型预测值相匹配的数据集中, 残差图应该是以 0 为中心的点的正态分布云 (见图 9.5A)。(A) 未变换数据的回归残差图 (见图 8.5)。在小的拟合值处有太多负的残差, 残差的分布也非正态的。(B) 在对 x 轴和 y 轴都进行对数变换后对相同数据进行回归的残差图 (见图 8.6 和图 9.3)。这种变换大大改善了残差的分布, 使残差不再系统地在大或小的拟合值处偏离。第 11 章介绍 Kolmogorov-Smirnov 检验, 可用于检验偏离正态分布的残差 (见图 11.4)。

9.8.2　其他诊断图

　　残差不仅可以对拟合值作图, 还可以对其他可能测量的变量作图, 目的是为了看看误差中是否隐藏着任何可以归因于系统来源的变化。例如, 我们用图 9.6B 的残差和每个岛屿生境多样性绘制残差图。如果残差与生境多样性呈正相关, 那在单位面积上物种数较多的岛屿, 其生境多样性通常较高。事实上, 这个额外的系统变异来源可以包含在更复杂的多元回归模型中, 在这种模型中需要为两个或多个预测变量拟合系数。与假设模型具有线性效应和线性相互作用相比, 根据其他预测变量绘制残差通常是一种更简单、更可靠的探索性策略。

根据时间或数据收集的顺序绘制残差也可能提供有用的信息。这种图可能反映数据收集期间测量条件的改变, 如研究昆虫行为的一天中不断升高的温度, 或电量逐渐衰减的 pH 计, 这些都可能使后续的测量产生误差。这些图再次提醒我们, 在收集数据时, 如果不使用随机化, 可能会出现令人诧异的问题。如果在早上收集一种昆虫的所有行为测量值, 或者事先测量所有对照样方的 pH, 那可能已经将一个意想不到的混淆来源引入了数据中。

9.8.3 影响函数

残差图很好地揭示了非线性、异方差和离群值, 然而, 有影响力的数据点可能更加危险。这些数据可能不会表现为离群值, 但是它们确实对斜率和截距的估计有极大的影响。在最糟的情况中, 远离典型数据点云的、有影响力的数据点通常可以凭借一己之力明显改变回归直线, 主导斜率估计 (见图 7.3)。

找到这类点的最佳方法是绘制一个影响函数。这个概念很简单, 本质上是一种统计刀切法 (jackknife; 见第 5 章的脚注 2, 也可参见第 12 章)。将数据集中 n 个重复中的第一个从分析中删除。重新计算斜率、截距和概率值。然后放回第一个数据点, 再去除第二个数据点, 再次计算回归统计量, 放回数据, 然后遍历整个数据列表。如果有 n 个原始数据点, 那最终会得到 n 个不同的回归分析, 每一个都基于 $(n-1)$ 个点。现在估计每个分析的斜率和截距, 并将它们一起绘制在同一个散点图中 (图 9.7)。在同一个图中, 从完整的数据集中画出斜率和截距估计值。截距与斜率估计值的关系图本身的斜率总是为负, 因为随着回归线的倾斜, 斜率增大而截距减小。r^2 值的直方图或每个回归模型相关的尾部概率也可以提供信息。

影响函数说明了: 排除单个数据后估计的回归参数的变化程度。理想情况下, 被刀切的参数估计值应该聚集在根据整个数据集得到的估计值周围。点的聚集表明斜率和截距值是稳定的, 并且不会随着单个数据点的删除 (或添加) 而发生很大变化。另一方面, 如果其中一个点离点群很远, 那么斜率和截距受单个数据点的影响很大, 我们应该仔细考虑我们从这一分析中得出的结论。类似地, 当检查概率值的直方图时, 我们想看到所有的观测值都很好地聚集在为整个数据集估计的 P 值附近。虽然我们期望有一些变异, 但如果其中一个被刀切的样本的 P 值与其他所有的 P 值差异很大, 我们会特别麻烦。在这种情况下, 拒绝或接受零假设取决于单个观测值, 这是特别危险的。

对于加拉帕戈斯群岛的数据, 影响函数强调了应用一种恰当的数据变换的重要性。对于未进行变换的数据, 数据集中最大的岛屿将主导 β_1 的估计。如果删除这个点, 斜率将从 0.035 增加到 0.114 (图 9.7A)。相反地, 变换后数据的影响函数表现出更多的一致性, 虽然删除单个数据后 $\hat{\beta}_1$ 的取值范围仍然是从 0.286 到 0.390 (图 9.7B)。对于这两个数据集, 在任何刀切分析中, 概率值都是稳定的而且不会超过 $P = 0.023$。

并不只有回归才以这种方式使用刀切法, 任何统计分析都可以在系统地删除每个数

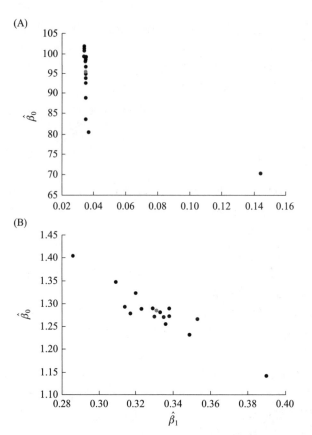

图 9.7 加拉帕戈斯群岛植物数据的物种-面积线性回归的影响函数。在影响函数图中, 每个点表示在删除数据集中的单个观测值后重新计算的斜率 ($\hat{\beta}_1$) 和截距 ($\hat{\beta}_0$)。灰点是整个数据集的斜率和截距估计值。(A) 在未变换数据的回归模型中, 大岛屿 Albemarle 的观测值对斜率和截距有很大影响 (见图 8.5), 在图的右下角产生了极值点。(B) 基于对数转换数据拟合出的回归线的影响函数。经过对数变换后, 影响函数中的点云更加均匀。虽然斜率和截距会随着每个观测值的删除而改变, 但没有一个数据点会对斜率和截距的计算产生极端影响。在这个数据集中, 对数变换不仅改善了数据的线性拟合, 而且稳定了斜率和截距的估计值, 使其不再受一两个有影响的数据点控制。

据的情况下进行重复。这可能有点耗时[12], 但这是一种评估结论稳定性和有效性的优秀方式。

9.9   蒙特卡罗与贝叶斯分析

最小二乘估计和假设检验是经典频率参数分析的典型代表, 因为它们假设 (部分) 回归模型中的误差项是一个正态随机变量; 需要估计参数的真值和拟合值; P 值是基于

---

[12]事实上, 有一些聪明的矩阵解可以得到刀切值, 尽管这些方法尚未在大多数计算机软件包实现。对于小数据集, 影响函数是最重要的, 可以通过大多数统计软件中的案例选择选项来快速分析。

无穷大样本的概率分布得到的。正如我们在第 5 章中强调的一样, 蒙特卡罗法和贝叶斯法在哲学上或实现上 (或两者兼有) 是不同的, 但它们也可以用在回归分析中。

9.9.1　应用蒙特卡罗方法的线性回归

对于蒙特卡罗法 (monte carlo method), 我们仍使用所有模型参数的最小二乘估计。然而, 在蒙特卡罗分析中, 我们放宽了正态分布误差项的假设, 使显著性检验不再基于与 F 比的比较。取而代之的是对数据进行随机化和重采样, 并直接模拟参数来估计其分布。

对于线性回归分析来说, 什么才是恰当的随机化方法? 我们可以简单重组观测的 Y_i 值, 并将其随机地与其中一个 X_i 值进行配对。对于这种随机化数据集, 可以用前一节描述的方法计算斜率、截距、r^2 或任何其他回归统计量。随机化方法有效地打破了变量 X 和变量 Y 之间的任何协同变化, 相当于变量 X (这里指岛屿面积) 对变量 Y (这里指物种丰富度) 没有任何影响的零假设。直观地说, 随机化数据集的期望的斜率和 r^2 值应该近似为 0, 尽管有些值可能会发生偶然变化。对加拉帕戈斯群岛的数据, 5000 次重组后的数据生成了一系列均值为 -0.002 (非常接近于 0), 范围在 -0.321 到 0.337 之间的斜率值集 (图 9.8)。然而, 有一个模拟值 (0.337) 超过了观察到的斜率值 (0.331)。因此, 尾概率估计值为 $1/5000 = 0.0002$。通过比较, 参数分析给出了基本相同的结果,

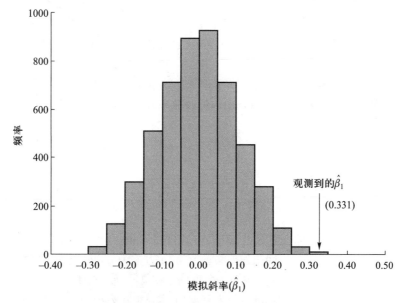

图 9.8　加拉帕戈斯群岛植物物种的双对数变换物种 – 面积关系蒙特卡罗分析的斜率值 (见表 8.2; 另见图 8.6 和图 9.3)。直方图中的每个观测值代表一个模拟数据集的最小二乘斜率, 其中观测的 X 和 Y 值被随机重组。直方图显示了 5000 个这样的随机数据集的分布。从原始数据中观测的斜率在直方图上绘制了一个箭头。观测的斜率值 0.331 仅小于 5000 个模拟值中的 1 个。因此, 在零假设下得出这个极端结果的估计尾概率为 $P = 1/5000 = 0.0002$。这个概率估计与根据这些数据的标准回归检验的 F 比计算出的概率一致 ($P = 0.0003$; 见表 9.2)。

$F_{1,15} = 21.118$ 的 P 值等于 0.0003 (见表 9.2)。

蒙特卡罗分析中一个有趣的结果是, 截距、斜率和 r^2 检验的 P 值都是相同的。当然, 这些变量的参数估计值和拟合的分布都是不同的, 但为什么它们的尾概率都是一样的呢? 原因在于 β_0、β_1 和 r^2 不是代数相互独立的; 随机化后的值也反映了它们间的相互依赖性。因此, 当这些拟合值与基于相同随机数据集的分布相比较时, 就得到了相同的尾概率。这种现象不会发生在参数分析中, 因为 P 值不是由重组的观测数据决定的。

9.9.2　应用贝叶斯方法的线性回归

贝叶斯分析 (Bayesian analysis) 的起始假设为: 回归方程的参数不具有真实的待估值, 而是随机变量 (见第 5 章)。因此, 回归参数的估计值 (截距、斜率和误差项) 被当成概率分布, 而不是点值。为了进行任意贝叶斯分析, 包括贝叶斯回归, 我们需要这些分布形状的一个最初的预期。这些最初的预期被称为先验概率分布, 它们来自已有的研究或者对研究系统的理解。在缺少前期研究的情况下, 可以使用第 5 章的无信息先验概率分布。然而, 对于加拉帕戈斯群岛数据, 我们可以利用曾经研究的岛屿面积与物种丰富度关系, 早期 Preston (1962) 就已对加拉帕戈斯群岛数据进行分析。

对于这个例子, 我们将使用 Preston 于 1962 年发表的生态学文献中为其他物种 – 面积关系总结的数据进行贝叶斯回归分析。他总结了已有研究的信息 (在 Preston 1962 的表 8 中) 发现, 物种 – 面积关系的平均斜率 (在双对数图中) 为 0.278, 标准差为 0.036。Preston (1962) 没有发表他对截距的估计, 但我们根据他发表的数据进行了计算: 平均截距为 0.854, 标准差为 0.091。最后需要估计回归误差 ε 的方差, 我们根据他的数据计算得到的值 0.234。

有了这些先验信息, 我们用贝叶斯定理来计算每个参数的新分布 (**后验概率分布, posterior probability distribution**)。后验概率分布考虑了先前的信息加上加拉帕戈斯群岛的数据。分析的结果为

$$\widehat{\beta}_0 \sim N(1.863, 0.157)$$

$$\widehat{\beta}_1 \sim N(0.328, 0.145)$$

$$\widehat{\sigma}^2 = 0.420$$

即截距是均值为 1.863、标准差为 0.157 的正态随机变量。斜率是均值为 0.328、标准差为 0.145 的正态随机变量。回归误差是均值为 0, 方差为 0.420 的正态随机变量[13]。

如何解释这些结果呢? 首先要再次强调的是, 在贝叶斯分析中, 参数被视为随机变量, 没有固定的值。因此, 线性模型 (见方程 9.3) 需要重新表示为

---

[13]或者, 我们可以在没有任何先验信息的情况下进行分析, 如第 4 章所讨论的那样。这种更 "客观" 的贝叶斯分析使用了无信息先验概率分布的回归参数。分析使用无信息先验得到的结果为 $\widehat{\beta}_0 \sim N(1.886, 0.084)$, $\widehat{\beta}_1 \sim N(0.329, 0.077)$ 和 $\widehat{\sigma}^2 = 0.119$。比较这些结果和建立在先验概率分布基础上的结果发现二者间没有实质的差异, 说明好的数据压倒了主观的臆断。

$$Y_i \sim N(\beta_0 + \beta_1 X_i, \sigma^2) \tag{9.32}$$

即 "每个观测 Y_i 来自均值为 $\beta_0 + \beta_1 X_i$、方差为 σ^2 的正态分布。" 类似地, 斜率 β_0 和截距 β_0 本身也是正态随机变量, 其对应均值分别估计为 $\widehat{\beta}_0$ 和 $\widehat{\beta}_1$, 方差估计为 $\widehat{S}_0^2$ 和 $\widehat{S}_1^2$。

如何把这些估计应用到数据中呢? 首先, 回归线的斜率为 0.328 (β_1 的期望值), 截距为 1.863。斜率与图 9.4 所示的最小二乘回归线 (其斜率为 0.331) 略微不同。截距远大于最小二乘拟合值, 表明在这个回归中数量较多的小岛屿比少数大岛屿的贡献更大。

其次, 我们可以得出一个 95% 置信区间。计算过程与方程 9.25 和 9.27 基本相同, 但贝叶斯可信区间的解释是: 在 95% 的情况中均值会落在可信区间内。这与 95% 置信区间的解释不同, 它表明 95% 的置信区间包含了真值。

再次, 如果想要预测给定大小的岛屿 (X_i) 的物种丰富度, 为找到预测物种数, 首先产生一个值, 其斜率 β_1 服从均值 = 0.328、标准差 = 0.145 的正态分布, 然后再将这个值乘以 X_i。接下来, 产生另一个值, 其截距 β_0 服从均值 = 1.863、标准差 = 0.157 的正态分布。最后, 通过添加一个服从均值 = 0、σ^2 = 0.420 的正态分布的误差项来为此次预测增加 "噪声"。

最后, 提一下假设检验。目前我们还没有办法通过贝叶斯分析计算 P 值。没有 P 值是因为没有检验关于 "在给定假设的条件下我们的数据有多不可能 (就像频率学派对 $P(数据|H_0)$ 的估计) 或我们期望得到这些结果的频率有多高 (就像蒙特卡罗分析)" 的假设。事实上, 我们是在估计参数值。参数分析和蒙特卡罗分析也估计参数值, 但主要的目标通常是确定估计值是否显著有别于 0。频率分析也可以利用先验信息, 通常它仍然处于二元 (是/否) 假设检验的背景下。例如, 如果有物种–面积关系的斜率 $\beta_1 = 0.26$ 的先验信息, 而且加拉帕戈斯群岛数据表明 $\beta_1 = 0.33$, 那就可以检验加拉帕戈斯群岛的数据是否与以前发表的数据有 "显著差异"。如果答案是 "是", 你能得出什么结论呢? 如果答案是 "否" 呢? 贝叶斯分析假设你有意使用所有的数据来估计物种–面积关系的斜率和截距。

9.10　其他类型的回归分析

我们建立的基本回归模型仅仅涉及了连续预测变量和响应变量分析的皮毛。接下来我们将对其他类型的回归分析进行一个非常简短的概述。关于这些单独的主题都有完整的书籍, 所以我们只进行简要介绍。尽管如此, 在简单线性回归中描述的许多相同的假设、限制和问题对这些方法同样适用。

9.10.1　稳健回归

线性回归模型通过最小化残差平方和 (RSS) 来估计斜率、截距和方差 (见方程 9.5)。如果误差服从正态分布, 那这个残差平方和将提供模型参数的无偏估计。最小二乘估计对离群值很敏感, 因为它们赋予大的残差较大的权重。例如, 残差 2 对 RSS 的贡献为 $2^2 = 4$, 而残差 3 对 RSS 的贡献为 $3^2 = 9$。对大残差施加惩罚是合适的, 因为如果误差来自正态分布, 那这些大值将相当地少。

　　然而, 当真实的离群值存在时——异常数据点 (包含错误数据) 不是从同一分布抽样而来——它们会严重放大方差的估计。第 8 章介绍了识别和处理数据中离群值的几种方法。但是另一个策略是应用残差函数拟合模型而不是最小二乘法, 这种方法对离群值的存在不那么敏感。**稳健回归 (robust regression)** 是用不同的数学函数来量化残差变化。例如, 我们可以使用每个残差的绝对值, 而不是它的平方:

$$residual = \sum_{i=1}^{n} |(Y_i - \widehat{Y}_i)| = \sum_{i=1}^{n} |d_i| \qquad (9.33)$$

与 RSS 一样, 如果每个偏差 (d_i) 很大, 残差就很大。然而, 非常大的偏差不会得到如最小二乘一样严重的惩罚, 因为它们的值不是平方的。如果你相信数据来自一个与正态分布相比尾部相对较厚的分布 (尖峰, 见第 3 章), 那么这种加权是合理的。还可以用其他度量来赋予大的偏差或多或少的权重。

　　但是一旦放弃了 RSS, 就不能再用简单的方程来获得回归参数的估计值。而是需要使用计算机迭代来寻找使残差最小化的参数组合 (见第 4 章脚注 5)。

　　为了说明稳健回归, 图 9.9 给出了有额外异常点的加拉帕戈斯群岛数据。这个新数据集的标准线性回归的斜率为 0.233, 比图 9.4 中真实的斜率 0.331 低了 30%。两种不同的稳健回归技术被应用于如图 9.9 所示的数据: 使用**最小截断二乘 (least-trimmed**

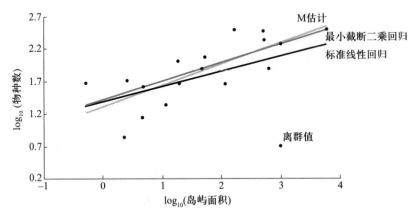

图 9.9　人为增加了异常点的加拉帕戈斯群岛植物的物种–面积关系的三种回归 (见表 8.2 及图 8.6 和图 9.3)。标准线性回归 (LS) 对离群值较为敏感。原始斜率估计值是 0.331, 而新斜率仅为 0.233, 被离群值拉低了。最小截断二乘 (LTS) 回归截掉了 10% 的极端数据 (5% 来自顶部, 5% 来自底部)。LTS 回归的斜率为 0.283, 更接近原始的 0.331, 尽管截距估计值被放大到 1.432。M估计根据残差的大小对回归进行加权, 使较大的离群值对斜率和截距的贡献更小。M 估计恢复了斜率 (0.331) 和截距 (1.319) 的 "正确" 估计值, 尽管估计的方差大约是不包括离群值的线性回归的两倍。这些稳健回归方法对于将回归方程拟合到包含离群值的高变异性数据非常有用。

squares) 的回归 (Davies 1993) 和使用 **M 估计 (M-estimator)** 的回归 (Huber 1981)。与标准线性回归一样，这些稳健回归方法假设变量 X 的测量没有误差。

最小截断二乘回归通过消除部分极端观测值来最小化残差平方和 (见方程 9.5)。对于 10% 截断——去除残差平方和最大的 10%——图 9.9 中所示数据的物种–面积关系的预测斜率值为 0.283，比基本线性回归改进了 17%。最小截断二乘回归的截距为 1.432，略高于实际截距。

M 估计最小化残差:

$$residual = \sum_{i=1}^{n} \rho \left(\frac{Y_i - X_i b}{s} \right) + n \log s \qquad (9.34)$$

其中，X_i 和 Y_i 分别为预测变量和响应变量，$\rho = -\log f$，其中 f 为按权重 s 缩放后的残差 ε 的概率密度函数，$[f(\varepsilon/s)]/s$，b 是斜率 β_1 的估计值。当 s 一定时，最小化方程 9.34 的 b 值，是回归直线斜率 β_1 的稳健 M 估计。M 估计通过残差对数据点进行有效加权，使得残差较大的数据点对斜率估计的贡献较小。

当然，必须提供 s 的估计值来解这个方程。Venables 和 Ripley (2002) 提出可以通过解下面的方程来估计 s

$$\sum_{i=1}^{n} \psi \left(\frac{Y_i - X_i b}{s} \right)^2 = n \qquad (9.35)$$

其中，ψ 是在方程 9.34 中用到的 ρ 的导数。幸运的是，这些计算都可以在 S-Plus 或 R 语言之类的软件中轻松处理，软件都有内置的稳健回归程序 (Venables and Ripley 2002)。

M 估计稳健回归得到了正确的斜率值 0.331，但估计的方差等于 0.25，几乎是截掉离群值后所得方差估计值 (0.07) 的 3 倍还要多。截距同样正确，为 1.319，但其方差几乎是原来的 2 倍 (分别是 0.71 和 0.43)。整体的回归误差方差的估计值为 0.125，仅比原始数据的简单线性回归的估计值大 30% 多一点。

一个合理的折中策略是使用普通最小二乘法来检验关于斜率和截距统计意义的假设。当数据中有离群值时，这样的检验相对比较保守，因为离群值会放大方差估计值。而稳健回归则可以用于建立预测区间。唯一需要注意的是，如果误差是从一个具有较大方差的正态分布得出的，稳健回归将会低估方差，而且如果根据稳健回归模型进行预测，你也许会偶尔得到一些令人惊讶的结果。

9.10.2 分位数回归

简单线性回归的拟合线会穿过点云的中心，适用于描述变量 X 和 Y 之间直接的因果关系。如果变量 X 作为一个限制因子，那它将对变量 Y 的上限施加限制。因此，变量 X 可以控制 Y 的最大值，但是对 Y 的最小值没有影响。结果将是一个三角形的图。

图 9.10 描绘了密苏里州 43 个 0.2 ha 的样方的年橡树果生物量与 "橡树果适宜性指数" 之间的关系 (Schroeder and Vangilder 1997)。数据表明低适应性指数限制了年橡树果生物量, 但是在高适应性指数下, 橡树果生物量的高低还取决于其他限制因子。

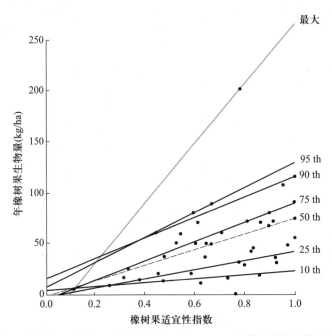

图 9.10　分位数回归说明。变量 X 是密苏里州 43 个 0.2 ha 的橡树林样方特征度量的橡树果适宜性指数。变量 Y 是样方的年橡树果生物量。实线是分位数回归的斜率, 虚线是中位数回归。分位数回归适用于有限制因子将响应变量设置了上限的情况。

　　分位数回归 (quantile regression) 最小化拟合回归线带来的偏差, 但最小化函数是不对称的, 正负偏差的加权不同:

$$residual = \sum_{i=1}^{n} |Y_i - \widehat{Y}_i| h \tag{9.36}$$

就像在稳健回归中一样, (残差) 函数使偏差的绝对值最小化, 因此它对离群值不那么敏感。关键特征是乘数 h。h 的值就是正在被估计的分位数。如果绝对值内偏差的符号为正, 则乘以 h。如果偏差为负, 则乘以 $(1.0 - h)$。这种不对称的最小化拟合的回归线会在较大 h 时穿过数据的较高区域, 并在较小 h 时穿过数据的较低区域。如果 $h = 0.50$, 回归线将通过数据云的中心, 等价于使用方程 9.5 的稳健回归。

　　分位数回归的结果是一系列回归线, 表征了数据集的上下边界 (图 9.10)。如果变量 X 是影响变量 Y 的唯一因素, 那这些分位数回归直线将彼此大致平行。但如果其他变量也起作用, 那上分位数的回归斜率将比标准回归线要更陡。这种模式会显示出上边界或者一个起作用的限制因子 (Cade and Noon 2003)。

分位数回归也需要注意一些问题。首先, 选择使用哪个分位数是相当随意的。此外, 分位数越极端, 样本量越小, 这就限制了检验功效。同时, 分位数回归将被离群值主导, 即使相对于最小二乘解, 方程 9.36 最小化了离群值的影响。事实上, 分位数回归, 正如它的定义所示, 是一条穿过极端数据点的回归直线, 所以你需要确保这些极端值不仅仅代表错误。

最后, 分位数回归可能不是必要的, 除非假设真的是一个上限或限制因子。分位数回归通常与数据的 "三角形" 图一起使用。但这些数据三角可能只是反映了异方差——变量 X 的值越大, 方差越大。数据变换和残差的仔细分析可能会说明标准线性回归是更恰当的。与二元生态数据相关的其他回归方法可参见 Thompson 等 (1996), Garvey 等 (1998), Scharf 等 (1998) 和 Cade 等 (1999)。

9.10.3 逻辑回归

逻辑回归 (logistic regression) 是一种特殊形式的回归, 其变量 Y 是分类的, 而不是连续的。最简单的情况是二分变量 Y。例如, 对随机选择的 42 片眼镜蛇瓶子草 (*Darlingtonia californica*) 叶片进行定时调查, 眼镜蛇瓶子草是一种以昆虫为猎物的猪笼草 (见第 8 章脚注 11)。我们记录了 42 片叶片中的 10 片曾被黄蜂造访 (图 9.11)。我们可以用逻辑回归来检验被造访的概率与叶片高度相关的假设[14]。

你可能会试图强行让回归直线穿过这些数据, 但即使这些数据是完全有序的, 它们之间的关系也不是线性的。相反, 最佳拟合曲线是 S 形逻辑曲线, 曲线从某个最小值上升至最大值的渐近线。这种曲线可以用包含参数 β_0 和 β_1 的函数来描述:

$$p = \frac{e^{\beta_0 + \beta_1 X}}{1 + e^{\beta_0 + \beta_1 X}} \tag{9.37}$$

参数 β_0 是一种截距, 因为当 $X = 0$ 时它决定了成功的概率 $p(Y_i = 1)$。如果 $\beta_0 = 0$, 那么 $p = 0.5$。参数 β_1 与斜率参数是相似的, 因为它决定了曲线上升到最大值 $p = 1.0$ 时有多陡峭。β_0 和 β_1 一起决定了在变量 X 的什么范围内会出现 (概率的) 最多增加, 也决定了概率值从 0.0 上升至 1.0 的速度。

使用方程 9.37 的原因是, 用一点代数知识就可以将其变换成如下形式:

$$\ln\left(\frac{p}{1-p}\right) = \beta_0 + \beta_1 X \tag{9.38}$$

变量 Y 的这种变换称为**分对数变换 (logit transformation)**, 将 S 形逻辑曲线转换成

---

[14] 当然, 我们可以用一个更简单的 t 检验或方差分析 (见第 10 章) 来比较已被访问的植物和未被访问的植物的高度。但对这些数据的方差分析巧妙地颠倒了因果关系: 假设为植物高度影响了造访概率, 这就是正在进行的逻辑回归检验。方差分析框架表明, 分类变量**造访**在一定程度上引起了连续型响应变量叶片高度的变化。

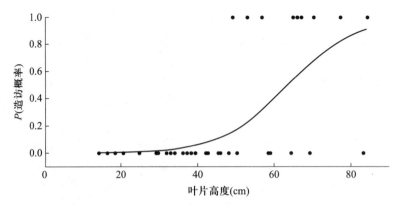

图 9.11   猪笼草 (眼镜蛇瓶子草) 的叶片高度与黄蜂造访概率的关系。每个点都代表了南俄勒冈州锡斯基尤山脉 (Ellison and Gotelli, 未发表的数据) 一个种群中的不同植物。X 轴是叶片高度，是连续型预测变量。Y 轴是黄蜂的造访概率。虽然这是一个连续型随机变量，但实际数据是离散的，因为，一株植物要么被访问 (1) 要么未被访问 (0)。逻辑回归根据这些数据拟合出一条 S 形 (= 逻辑) 曲线。在此处使用逻辑回归是因为响应变量是离散的，所以 X 和 Y 的关系有上、下渐近线。该模型使用分对数变换 (方程 9.38) 进行拟合。最佳拟合参数 (利用极大似然法通过迭代拟合) 为 $\widehat{\beta}_0 = -7.293$ 和 $\widehat{\beta}_1 = 0.115$。零假设 $\beta_1 = 0$ 检验 P 值为 0.002, 表明黄蜂造访的概率随着叶片高度的增加而增大。

一条直线。虽然这种变换对变量 X 来说确实是线性的，但我们不能将它直接应用到我们的数据中。对于不同大小的植物，如果数据仅包含 0 和 1, 则无法求解方程 9.38, 因为对于 $p = 1$ 或 $p = 0$, $\ln[p/(1-p)]$ 没有定义。但是，即使这些数据是基于对相同大小的植物的多次观测所得的 p 估计值，应用最小二乘估计仍是不恰当的，因为误差项服从二项分布而不是正态分布。

此时应该使用**极大似然法 (maximum likelihood approach)**。极大似然解给出了参数的估计，使得数据集中的观测值最有可能 (见第 5 章的脚注 13)。极大似然解包含了回归误差方差的估计，可以用来检验关于参数值的零假设，并像标准回归一样建立置信区间。

对于眼镜蛇瓶子草的数据来说，极大似然的参数估计值为 $\widehat{\beta}_0 = -7.293$ 和 $\widehat{\beta}_1 = 0.115$。检验 $\beta_1 = 0$ 的零假设，得到的 P 值为 0.002, 表明黄蜂造访的概率随着叶片高度的增加而增大。

9.10.4   非线性回归

虽然最小二乘法描述了变量间的线性关系，但它也适用于非线性函数。例如，双对数变换将变量 X 和 Y 的幂函数 $(Y = aX^b)$ 变换成了 $\log(X)$ 和 $\log(Y)$ 之间的线性关系: $\log(Y) = \log(a) + b \times \log(X)$。但并不是所有的函数都可以这样变换。例如，许多非线性函数被提出用来描述捕食者的函数响应——捕食者摄食率的变化与猎物密度的函数。如果捕食者随机捕食一种会随时间而耗尽的猎物资源，那么被吃掉的数量 N_e 和初始数量 N_0 间的关系是:

$$N_e = N_0(1 - e^{a(T_h N_e - T)}) \tag{9.39}$$

在这个方程中, 需要估计三个参数: a, 攻击率; T_h, 处理每只猎物的时间; T, 总的猎物处理时间。变量 Y 是被吃掉的数量 N_e, 而变量 X 是提供的猎物的初始数量 N_0。

由于没有将方程 9.39 进行线性化的代数变换, 因此不能使用回归的最小二乘法。只能采用**非线性回归 (non-linear regression)** 来拟合未变换函数中的模型参数。与逻辑回归 (一种特定类型的非线性回归) 一样, 迭代法可用于生成最小化最小二乘偏差的参数, 并允许假设检验和置信区间。

即使变换后能生成一个线性模型, 最小二乘分析也假定对变换后的数据来说误差项服从正态分布。但如果原始函数的误差项服从正态分布, 那变换将不再保留正态性。在这种情形下, 非线性回归也是必要的。Trexler 和 Travis (1993) 以及 Julinano (2001) 详细介绍了如何使用非线性回归进行生态分析。

9.10.5 多元回归

只有一个预测变量 X 的线性回归模型可以很容易地推广到两个或多个预测变量, 甚至单个预测变量的高阶多项式。例如, 假设我们怀疑物种丰富度在岛屿大小为中等时达到峰值, 这也许是扰动频率或强度的渐变造成的。我们可以拟合一个包含岛屿面积平方项的二次多项式:

$$Y_i = \beta_0 + \beta_1 X_i + \beta_2 X_i^2 + \varepsilon_i \tag{9.40}$$

该方程描述了物种丰富度在岛屿大小为中等时达到峰值的函数[15]。方程 9.40 是**多元回归 (multiple regression)** 的一个例子, 因为现在实际上有两个预测变量, X 和 X^2, 二者共同导致了变量 Y 的变化。但这仍然可以看作是一个线性回归模型 (尽管是一个多元回归), 因为方程 9.40 中的参数 β_i 是使用线性方程可解的。如果将数据建模为一个简单的线性函数, 我们将忽略多项式项, 而且来自 X^2 的变异的系统分量将错误地与误差项合并:

$$\varepsilon_i' = \beta_2 X_i^2 + \varepsilon_i \tag{9.41}$$

常见的多元回归是对每个重复测量两个或更多不同的预测变量。例如, 在一项关于新英格兰沼泽和森林中蚂蚁物种丰富度 (即蚂蚁物种数, S) 变化的研究中 (Gotelli and Ellison 2002a, b), 我们测量了每个研究位点的纬度和海拔, 并将这两个变量都引入到一

---

[15]求方程 9.40 的导数并令其为 0, 即可求出峰值。因此, 最大物种丰富度将出现在 $X = \beta_1/\beta_2$。虽然这个方程为 Y 与 X 的图生成了一条非线性曲线, 但是这个模型仍是一个形式为 $\sum \beta_i X_i$ 的线性和, 其中 X_i 是测量的预测变量 (本身可能是一个变换变量), β_i 是拟合的回归参数。

个多元回归方程中:

$$\log_{10}(\text{蚂蚁物种数}) = 4.879 - 0.089 \times (\text{纬度}) - 0.001 \times (\text{海拔}) \tag{9.42}$$

斜率参数均为负, 因为物种丰富度随着海拔和纬度的升高而下降。该模型中的参数被称为**偏回归参数 (partial regression parameter)**, 因为模型中其他变量的残差平方和在统计上已经被考虑了进去。例如, 纬度的参数可以通过先基于海拔对物种丰富度进行回归, 再基于纬度对残差进行回归得到。反之, 海拔的参数可以通过对丰富度–纬度回归的残差进行回归得到。

由于这些偏回归参数是基于残差变化而没有考虑其他变量, 所以它们通常不等价于简单回归模型中估计的参数。例如, 如果仅在纬度上回归物种丰富度, 结果为

$$\log_{10}(\text{蚂蚁物种数}) = 5.447 - 0.105 \times (\text{纬度}) \tag{9.43}$$

而如果仅在海拔上回归物种丰富度, 则

$$\log_{10}(\text{蚂蚁物种数}) = 1.087 - 0.001 \times (\text{海拔}) \tag{9.44}$$

除海拔项外, 所有参数都与简单线性回归 (方程 9.43 和 9.44) 和多元回归 (方程 9.42) 的不同。

在单个预测变量的线性回归中, 可以在二维空间将函数绘制成一条线 (图 9.12)。有两个预测变量时, 可以在三维空间坐标系中将多元回归方程绘制成一个平面 (图 9.13)。空间的 "地面 (平面)" 表示两个预测变量的两个轴, 垂直维度表示响应变量。每个重复由三个测量值组成 (变量 Y, 变量 X_1, 变量 X_2), 因此可以将数据绘制为三维空间中的点云。最小二乘解经点云通过平面。平面被定位, 使得平面上的所有点的垂直偏差平方和最小。

附录中给出了多元回归矩阵解的描述, 其输出类似于简单线性回归: 最小二乘参数估计值、总计 r^2、用于检验整个模型显著性的 F 比、误差方差、置信区间和每个系数的假设检验。对于离群值和有影响的点的残差分析和检验可以像简单线性回归那样进行。贝叶斯法和蒙特卡罗法也可以用于多元回归模型。

然而, 在评估多元回归模型时产生了一个新的问题, 这个问题在简单线性回归中不存在: 预测变量之间可能存在相关性, 称为**多重共线性 (multicollinearity)** (Graham 2003)。理想情况下, 预测变量间是相互**正交的 (orthogonal)**: 一个预测变量的所有值与另一个预测变量的所有值任意组合。在第 7 章讨论双向 (双因素) 实验设计时, 我们强调了确保所有可能的处理组合在一个完全交叉设计中都得到呈现的重要性。

同样的原则也适用于多元回归: 理想情况下, 预测变量间不应该相互关联。预测变量间的相关性使得很难区分每个变量对响应变量的独有贡献。从数学上讲, 如果预测变量间存在复杂的多重共线性, 那最小二乘估计也会变得不稳定, 难以计算。只要有可能,

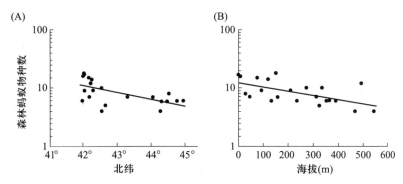

图 9.12　森林蚂蚁物种密度与 (A) 纬度和 (B) 海拔的关系。每个点 $(n = 22)$ 是新英格兰地区 (佛蒙特州、马萨诸塞州和康涅狄格州) 一块 $64 \ m^2$ 的森林中记录的蚂蚁物种数。每个变量的最小二乘回归线如图所示。注意 y 轴是对数变换的。对于纬度回归，方程为 $\log_{10}($蚂蚁物种数$) = 5.447 - 0.105 \times ($纬度$)$; $r^2 = 0.334$。对于海拔回归，方程为 $\log_{10}($蚂蚁物种数$) = 1.087 - 0.001 \times ($海拔$)$; $r^2 = 0.353$。斜率为负表明蚂蚁物种丰富度随纬度和海拔的增高而减小 (数据和抽样详见 Gotelli and Ellison 2002a, b)。

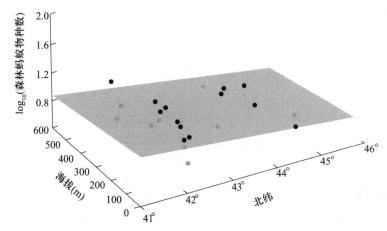

图 9.13　多元回归数据的三维表示。最小二乘解是一个通过数据云的平面。每个点 $(n = 22)$ 是新英格兰地区 (佛蒙特州、马萨诸塞州和康涅狄格州) 一块 $64 \ m^2$ 的森林中记录的蚂蚁物种数。变量 X 是样方纬度 (第一个预测变量), 变量 Y 是样方海拔 (第二个预测变量), 变量 Z 是蚂蚁物种数的对数值 (响应变量)。拟合的多元回归方程为: $\log_{10}($蚂蚁物种数$) = 4.879 - 0.089 \times ($纬度$) - 0.001 \times ($海拔$)$; $r^2 = 0.583$。注意, r^2 值是对数据和模型拟合度的度量, 多元回归模型 r^2 的值大于基于每个预测变量本身的简单回归模型 (见图 9.12)。仅有一个预测变量的线性回归的解是一条直线, 而具有两个预测变量的多元回归的解是一个平面, 如三维图所示。残差计算的是每个数据到预测平面的垂直距离 (数据和抽样详见 Gotelli and Ellison 2002a, b)。

在设计研究时就要避免预测变量间的相关性。然而, 在观察性研究中, 可能无法避免预测变量的共变, 这样就不得不接受一定程度的多重共线性。深思熟虑的残差分析和诊断是处理预测变量间协同变化的一种策略。另一种策略是用主成分或判别分析等多元方法将一系列相互关联的预测变量在数学上组合成较少数量的正交变量 (见第 12 章)。

　　多重共线性在蚂蚁研究中是个问题吗? 算不上。蚂蚁物种丰富度的两个预测变量——海拔和纬度之间的相关性很小 (图 9.14)。

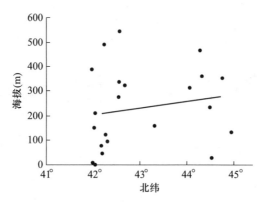

图 9.14 预测变量间缺乏共线性强化了多元回归分析。每个点代表 22 个测量了蚂蚁物种丰富度的森林样方之一的纬度和海拔 (见图 9.12)。尽管在多元回归模型中纬度和海拔可以同时作为预测变量 (见图 9.13)，但如果预测变量间存在很强的相关性 (共线性)，模型的拟合可能会受到影响。在这种情况下，预测变量纬度和海拔之间的相关关系非常弱 ($r^2 = 0.032$; $F_{1,20} = 0.66$; $P = 0.426$)。在使用多元回归时，检验预测变量间的相关性总是一个好办法 (数据和抽样详见 Gotelli and Ellison 2002a, b)。

9.10.6 路径分析

到目前为止，我们讨论过的所有回归模型 (线性回归、稳健回归、分位数回归、非线性回归和多元回归) 都是从指定单个响应变量和一个或多个可以解释响应变化的预测变量开始的。但在现实中，许多生态过程模型并不会将变量组织成单个响应变量和多个预测变量。相反，被测量的变量可能以因果关系同时相互作用。我们应该试着解释一系列连续变量协变的整体模式，而不是把变异孤立在单个变量中。

这就是**路径分析 (path analysis)** 的目标。在路径分析中，用户必须指定一个路径图来说明变量间假设的关系。变量间通过单箭头或双箭头相互连接。若变量间没有直接相互作用就不用箭头连接。这种路径图代表了变量在系统中相互作用机制的假设[16]。它同时也代表了关于这些变量的方差–协方差矩阵结构的统计假设 (见本章脚注 5)。然后，可以估计图中各个路径的偏回归参数，并推导评估模型整体的拟合优度统计信息。

例如，路径分析可用于检验不同的无脊椎动物物种群落结构的模型，这些无脊椎动物都出现在猪笼草的叶子中 (Gotelli and Ellison 2006)。数据是生活在猪笼草叶片中的全部群落的重复调查 (叶片数 $n = 118$)。重复是指被调查的单片叶片，连续变量是指每个无脊椎动物物种的平均丰度 (abundance)。

[16] 路径分析最早是由种群遗传学家 Sewall Wright (1889 — 1988) 提出的，用于分析遗传共变和性状遗传模式。路径分析长期以来一直被用于社会科学，直到最近才受到生态学家们的欢迎。它与多元回归分析有一些相同的优点和缺点。对生态学和进化中的路径分析的讨论详见 Kingsolver 和 Schemske (1991)、Mitchell (1992)、Patraitis 等 (1992) 以及 Shipley 等 (1997)。

Sewall Wright

解释群落结构的一个模型是被动定殖模型 (passive colonization model) (图 9.15A)。在这个模型中, 每个物种的丰度很大程度上取决于猪笼草叶片的容积和叶片中可利用的食物资源 (蚂蚁猎物)。这个模型不包括任何常驻物种间显式的相互作用, 尽管它们共享相同的食物资源。另一个解释群落结构的模型是食物网模型 (food web model), 在食物

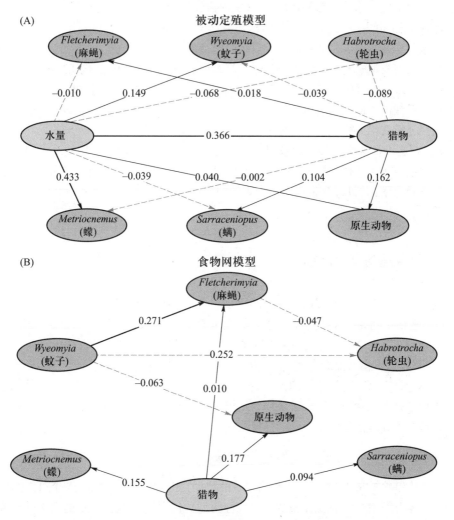

图 9.15　瓶子草属寄居动物被动定殖模型和食物网模型的路径分析。每个椭圆代表一个可以在北方猪笼草 (紫瓶子草) 的叶片中找到的不同的分类单元。被捕获的昆虫是这个复杂的食物网的基础, 其中包括几个营养层。基本数据包括在不同水位的叶片中测量到的生物丰度 (Gotelli and Ellison 2006)。在一次压力实验 (见第 6 章) 中, 在同一时节 (2000 年 5—8 月) 对野外的 50 株植物 (叶片数 $n = 118$) 进行处理。丰度数据拟合出了两种不同的路径模型, 分别代表了两种不同的群落组织模式。(A) 在被动定殖模型中, 每个分类单元的丰度取决于每片叶片的水量和叶片中的猎物水平, 但不同分类单元间没有相互作用。(B) 在食物网模型中, 丰度完全是由寄居动物间的营养相互作用决定的。箭头上的数字是标准化后的路径系数。正系数表明猎物丰度的增加会导致捕食者丰度的增加。负系数表明捕食者丰度的增加导致猎物丰度的减小。每个箭头的宽度与系数大小成正比。正系数为实线, 负系数为虚线。

网模型中, 不同物种间的营养相互作用对调节它们的丰度是很重要的 (图 9.15B)。猎物资源位于营养链的底部, 由螨、蠓、原生动物和麻蝇占据。尽管麻蝇是顶级捕食者, 但这个群落中的一些物种具有多重营养角色。

被动定殖模型和食物网模型代表了关于控制寄居动物丰度的两种先验假设。图 9.15 显示了与每个模型相关的**路径系数 (path coefficient)**。在被动定殖模型中, 最大的系数是叶片体积与蠓丰度之间、叶片体积与猎物丰度之间、猎物丰度与原生动物丰度之间的正系数。模型中大多数系数的置信区间包括 0。

在食物网模型中, 猎物和蠓、猎物与原生动物、蚊子丰度与麻蝇丰度之间存在较大的正系数。蚊子和其轮虫猎物之间存在很强的负系数。与被动定殖模型一样, 食物网模型中许多系数的置信区间也包括 0。

路径分析在很大程度上是一种用于建模的贝叶斯法, 可以在一个完整的贝叶斯框架中实现, 在这个框架中路径系数被视为随机变量 (Congdon 2002)。这就要求用户在带有因果关系箭头的路径图中指定一个先验假设。相比之下, 简单回归和多元回归在思想上更偏重频率学派: 针对数据提出一个简陋的线性模型, 并检验模型系数不异于 0 的简单零假设。

9.11　模型选择准则

路径分析和多元回归提出了一个问题 —— 目前还没有出现在我们审查的统计方法中: 在备选模型间如何作出选择。对于多元回归和路径分析, 任何一个模型的系数和统计显著性都可以计算出来。但是我们如何在不同的备选模型中进行选择呢? 对于多元回归, 可以使用许多可能的预测变量。例如, 在对森林蚂蚁的研究中, 我们还测量了可能影响蚂蚁物种丰富度的植被结构和冠层盖度。我们应该使用所有这些变量, 还是有某种方法可以选择预测变量的子集来最简约地解释响应变量的变异? 对于路径分析, 如何确定两个或多个先验模型中哪一个最符合数据?

9.11.1　多元回归的模型选择方法

对于有一个响应变量和 n 个预测变量的数据集, 可以创建 $(2^n - 1)$ 个可能的回归模型。范围从只有一个预测变量的简单线性模型到包含 n 个预测变量的完全饱和多元回归模型[17]。

---

[17]实际上有更多可能的模型和变量。例如, 如果有两个预测变量 X_1 和 X_2, 则可以创建一个复合变量 $X_1 X_2$。回归模型为

$$Y_i = \beta_0 + \beta_1 X_{1i} + \beta_2 X_{2i} + \beta_3 X_{1i} X_{2i} + \varepsilon_i$$

主效应 X_1 和 X_2 有系数, X_1 和 X_2 的交互项也有一个系数。X_1 和 X_2 的交互项类似于双因素方差分析中离散型变量间的相互作用 (见第 10 章)。正如我们之前所指出的, 统计软件可以接受任何你想要构建的模型; 你的责任是检查残差并考虑不同模型结构的生物学意义。

似乎最好的模型是 r^2 最大的模型, 它能解释数据中最多的变异。然而, 你会发现完全饱和的模型的 r^2 总是最高的。向回归模型中添加变量绝不会增加 RSS, 通常会降低 RSS, 尽管在向模型中添加某些变量时 RSS 降低的幅度很小。

为什么不使用饱和模型中斜率系数 (β_i) 与零存在统计学差异的变量呢? 这里的问题是, 系数及其统计意义取决于模型中包含的其他变量。仅包含显著回归系数的简化模型不一定就是最好的模型。事实上, 简化模型中的一些系数不再具有统计意义, 尤其是当变量间存在多重共线性时。

变量选择策略包括**向前选择** (forward selection), **向后消除** (backward elimination) 和**逐步法** (stepwise method)。在向前选择中, 一次增加一个变量, 在某个特定条件下停止。在向后消除模型中, 从完全饱和模型 (包含所有变量) 开始, 一次去除一个变量。逐步模型包括向前和向后两个步骤, 通过交换模型内和模型外的变量和评估准则的变化来进行比较。

通常使用两个标准来决定何时停止添加 (或去除) 变量。第一个标准是拟合模型 F 比的变化。F 比是比 r^2 或 RSS 更好的选择, 因为 F 比的变化既取决于 r^2 的减少, 也取决于模型中包含的参数数量。在向前选择中, 持续添加变量, 直到 F 比的增加量在一个指定的阈值之下。在向后消除中, 去除变量, 直到 F 比有一个大的下降。变量选择的第二个准则是**容忍度** (tolerance)。如果变量在一系列预测变量之间产生了太多的多重共线性, 则从模型中去除或不添加变量。通常, 软件算法创建的多元回归的候选变量是响应变量, 而模型中已经存在的其他变量是预测变量。这种情况下, $(1 - r^2)$ 就是容忍度。如果容忍度过低, 则新变量与现有的一系列预测变量相关性过大, 不被包含在方程中。

所有的计算机程序包都包含 F 比和容忍度的默认临界点, 它们都将在多元回归中生成一系列合理的预测变量。但这种方法有两个问题。第一个问题是, 在多元回归中, 变量选择方法不一定能找到预测变量的最佳子集, 这是没有理论依据的。第二个问题是, 这些选择方法是基于最优化准则的, 因此它们只会给你一个最佳模型。这些算法并不会提供 F 比和回归统计量可能非常相似的备选模型。这些备选模型包含不同的变量, 但在统计上与选出的最优拟合模型无法区分。

如果候选变量的数量不是太大 (小于 8), 一个好的策略是计算所有可能的回归模型, 然后根据 F 比或其他最小二乘准则来评估它们。通过这种方式, 你至少可以看出是否存在一系列相似的模型, 这些相似的模型在统计上可能是等价的。你可能还会在变量中发现一些模式 (可能是一两个变量总是出现在模型的最终集合中), 这些模式可以帮助你选择最终的子集。我们的观点是不能依赖自动化或计算机统计分析来筛选相关变量的集合, 也不能依赖它们去识别与数据相匹配的正确模型。已有的选择方法是合理的, 但也是武断的。

9.11.2 路径分析中的模型选择方法

路径分析迫使研究者提出具体的模型, 然后进行评估和比较。路径分析中 "最佳" 模型的选择假定 "正确" 的模型包含在你正在评估的备选模型中。如果提出的路径模型没有一个是正确的, 那你只是正在选择一个不正确的模型, 与其他备选的不正确的模型相比, 其拟合度相对较好。

在路径分析和多元回归中, 问题是要选择一个模型, 该模型不但有足够多的变量来合理地解释数据中的变异, 且能使残差平方和最小化, 同时变量的数量又不能太多, 太多会使方程拟合到数据中的随机噪声。**信息准则统计量 (information criterion statistics)** 平衡了平方和的减小与模型中参数的增加。这些方法惩罚了参数较多的模型, 即使这些模型有较小的平方和。例如, 多元回归中的信息准则指标是校正后的 r^2 (adjusted r^2):

$$r_{adj}^2 = 1 - \left(\frac{n-1}{n-p}\right)(1 - r^2) \tag{9.45}$$

其中 n 是样本大小, p 是模型中的参数个数 (对于具有斜率参数和截距参数的简单线性回归, $p = 2$)。像 r^2 一样, 这个数字随着被解释的剩余变异的增加而增大。但 r_{adj}^2 会随着模型参数的增加而减小。因此, r_{adj}^2 最大的模型不一定是参数最多的模型。事实上, 如果模型不但参数多且与数据拟合不好, r_{adj}^2 甚至会变为负数。

对于路径分析, **赤池信息量准则 (Akaike information criterion, AIC)**, 可以用下式进行计算

$$\text{AIC} = -2\log[L(\widehat{\theta}|\text{data})] + 2K \tag{9.46}$$

其中 $L(\widehat{\theta}|\text{data})$ 是给定数据的情况下被估计的模型参数的似然, 而 K 是模型中的参数个数。在路径分析中, 模型中的参数个数不是简单的路径图中箭头的个数。每个变量的方差也需要估计。

AIC 可以看作是对 "拟合劣度" 的度量, 因为这个数越大, 数据越不符合路径图所隐含的方差–协方差结构。例如, 针对寄居动物的随机定殖模型有 21 个参数, 交叉验证指数 (AIC 值) 为 0.702, 而食物网模型只有 15 个参数, 交叉验证指数为 0.466。

9.11.3　贝叶斯模型选择

贝叶斯分析可用于比较不同的假设或模型 (例如有和没有斜率项 β_1 的回归模型, 见方程 9.20 和 9.21)。目前已经开发了两种方法 (Kass and Raftery 1995; Congdon 2002)。第一种被称为**贝叶斯因子 (Bayes' factor)**, 它估计了一个假设或模型相对于另一个假设或模型的相对可能性。与完整的贝叶斯分析一样, 对于两个假设或模型, 有先验概率 $P(\text{H}_0)$ 和 $P(\text{H}_1)$。根据贝叶斯定理 (见第 1 章), 后验概率 $P(\text{H}_0|\text{data})$ 和 $P(\text{H}_1|\text{data})$ 与先验概率和似然值 $L(\text{data}|\text{H}_0)$ 和 $L(\text{data}|\text{H}_1)$ 的乘积成比例:

$$P(\text{H}_i|\text{data}) \propto L(\text{data}|\text{H}_i) \times P(\text{H}_i) \tag{9.47}$$

先验优势比 (prior odds ratio), 即一个假设相对于另一个假设的相对概率被定义为

$$P(\mathrm{H_0})/P(\mathrm{H_1}) \tag{9.48}$$

如果只有这两个选项, 那么 $P(\mathrm{H_0}) + P(\mathrm{H_1}) = 1$ (根据概率第一公理, 参见第 1 章)。方程 9.48 表示了在进行实验前, 一个假设与另一个假设间的相对可能性。在研究开始时, 我们期望每个假设或模型的先验概率大致相等 (否则, 何必浪费时间收集数据呢?), 同时方程 $9.48 \approx 1$。

收集到数据后, 计算后验概率。贝叶斯因子就是**后验优势比 (posterior odds ratio)**:

$$P(\mathrm{H_0}|\mathrm{data})/P(\mathrm{H_1}|\mathrm{data}) \tag{9.49}$$

如果方程 $9.49 \gg 1$, 那么相比 $\mathrm{H_1}$ 我们有理由更支持 $\mathrm{H_0}$; 但如果方程 $9.49 \ll 1$, 那么我们将支持 $\mathrm{H_1}$。将方程 9.47 和 9.48 结合起来求解后验优势比:

$$P(\mathrm{H_0}|\mathrm{data})/P(\mathrm{H_1}|\mathrm{data}) = [L(\mathrm{data}|\mathrm{H_0})/L(\mathrm{data}|\mathrm{H_1})] \times [P(\mathrm{H_0})/P(\mathrm{H_1})] \tag{9.50}$$

方程 9.50 表示后验优势比等于似然比乘以先验优势比。因为在一项无信息先验的实验 $[P(\mathrm{H_0}) = P(\mathrm{H_1}) = 0.5]$ 中先验优势比等于 1, 所以似然比 (也叫作贝叶斯因子) 可以用作后验优势比的一个估计[18]。

第二种用于模型比较的贝叶斯方法是在先验概率信息不足时近似估计贝叶斯因子。这种叫作**贝叶斯信息准则 (Bayesian information criterion, BIC)** 的方法可用于模型 (例如, 回归模型) 的选择。对于两个模型 $\mathrm{M_0}$ 和 $\mathrm{M_1}$, 令 $\lambda = L(\mathrm{data}|\mathrm{M_0})/L(\mathrm{data}|\mathrm{M_1})$, 每个模型有 p_1 和 p_2 个不同的参数 (如方程 9.20 有一个参数 β_0, 而方程 9.21 有两个参数, β_0 和 β_1)。BIC 的定义为

$$\mathrm{BIC} = 2\log_e \lambda - (p_1 - p_2)\log_e n \tag{9.51}$$

其中 n 是样本大小。最优模型是 BIC 最小的模型[19]。

---

[18]有先验信息时, 贝叶斯因子是最为有用的。由于大多数贝叶斯软件现在使用的是无信息先验, 与 (以往) 信息先验是标准时相比, 人们对贝叶斯因子的重视程度要低得多。有关贝叶斯因子的综述参见 Kass 和 Raftery (1995)。

[19]Link 和 Barker (2006) 认为 AIC 比 BIC 更倾向于选择更复杂的模型, 但是 BIC 的模型选择严重依赖于对参数的先验概率分布的选择。但这两种方法都侧重于选择总体最佳模型。也可以使用其他方法来确定模型中哪些变量是特别重要的 (如 Murray and Conner 2009; Doherty et al. 2012)。

　　总之, 简化变量集的选择在多元回归研究中是一种常见的手段, 但是准则的使用有些随意。当数据中存在多重共线性或样本容量太小时, 这些分析就会受到影响。一般来说, 每个自变量应该至少有 10 到 20 个观测值。许多回归研究实际上并没有为多元回归设置足够的重复, 而且存在这样一种危险, 即即使采用逐步法, 得到的模型也不是最优的或最简约的。

　　在这方面, 采用了 AIC 或 BIC 统计量的回归分析和路径分析是一个进步, 因为它们迫使研究者提出明确的模型结构。然而, 这类框架不总是可用的, 尤其是研究的早期阶段。Burnham 和 Anderson (2010) 对模型拟合和信息准则这类一般性主题进行了精彩的介绍。

9.12　总结

　　在对两个或多个连续变量的关系进行评估时, 回归是一个强大的统计工具。如果模型是真正线性的, 变量 X 的测量没有误差, 观测值是独立的样本, 误差项服从正态分布, 那参数的最小二乘解是合适且无偏的。残差分析是评价回归假设有效性的关键步骤。更高级的方法包括用于处理离群值的稳健回归, 处理非线性函数关系的逻辑回归和非线性回归, 以及处理多个预测变量和复杂先验模型结构的多元回归和路径分析。

第 10 章　方差分析

方差分析 (analysis of variance, ANOVA) 是 Fisher 对平方和进行分解的技术, 我们在上一章回归分析中也有所提及 (参见第 9 章)。一般来说, ANOVA 是指一类预测变量是分类变量而响应变量是连续变量的抽样或实验设计。例如包括单因素设计、随机分块 (或区组) 设计和裂区设计。我们在第 7 章中已经介绍了这些设计的物理布局、基本原理及优缺点。本章将着重介绍与每种设计相关的数据分析和假设检验。

首先, 我们将介绍平方和分解的机制。其次, 会概述 ANOVA 的假设。如果满足这些假设, 我们就可以用 Fisher 的 F 比 (方差 F 比) 来估计分解出的平方和的 P 值。对于第 7 章中的每一个设计, 我们都将介绍其基本模型和对应的方差分析表。接下来, 还将介绍如何用数据进行作图, 以便读者可以更清晰地理解双因素方差分析和协方差分析中的交互项。之后将解释如何在分析中合并随机因素和固定因素, 以及如何使用这些模型来分解数据集中的方差。最后, 还将介绍用于 ANOVA 比较均值之后的一些步骤 [事前对照 (priori contrast) 和事后比较 (posteriori comparison)], 并总结讨论了如何解释多个实验中的 P 值。

我们很容易忽略 ANOVA 的目标: 比较随机抽样组间的均值。第 5 章详细介绍了一个例子, 在这个例子中, 我们想要比较森林和田野栖息地的蚁巢密度。从某种程度上来说, 方差分析只是一种扩展的 t 检验, 因为二者都是用于比较两组样本间的均值。在学习本章之前, 建议先阅读第 7 章和第 9 章。虽然第 9 章讨论的是回归, 但也同时介绍了线性模型的概念、处理效应、平方和分解以及如何构建 ANOVA 表。实际上, 回归和方差分析都是广义线性模型的特例 (McCullagh and Nelder 1989)。虽然目前的统计软件已实现了 "傻瓜式" 操作, 但掌握这些基本知识仍十分重要, 因为通常情况下软件给出的默认设置对大多常见的实验设计是不适用的。

10.1　方差分析中的符号和标签

ANOVA 表最令人头痛的地方就是里面涉及的符号和标签。在分析中有很多变量需要追踪, 但这些变量在文献中却没有统一的符号。

在此我们将使用一套相对简单的符号系统。首先, 在本书中, 符号 Y 始终表示测量的响应变量; 符号 $\overline{Y}$ 表示数据的总均值。特定处理组的均值会注明下标, 如 $\overline{Y}_i$。没有横杠的带下标的变量表示特定的元素, 如 Y_{ij}。变量 μ 表示模型中变量的期望值, ε 表示残差项, 加下标通常表示不同的处理组。

　　大写字母 A、B、$C\cdots$ 表示模型中的不同因素。变量的不同水平由下标 i、j、$k\cdots$ 表示。例如, 用 A_i 表示因素 A 的水平 i, B_j 表示因素 B 的水平 j。因素的最大水平由该因素对应字母的小写表示。如 A_i 表示因素 A 的处理水平 i, 那么因素 A 水平 i 的范围在 1 到 a 之间。小写 n 表示的是用于估计组内平方和 (残差平方和) 的重复数, 即所需重复样本的最低数量。无论方差分量 (variation component) 是固定因素还是随机因素, 我们始终用符号 σ^2 表示标准差。我们会在正文或表格注释中明确说明模型中的每个因素是固定因素还是随机因素。

10.2　方差分析与平方和分解

　　在第 9 章中, 我们已经介绍过方差分析的建立基础是平方和分解。简而言之, 一组数据的总变异量可以用平方和来表示, 即每个观测值 Y_i 与数据总均值 $\overline{Y}$ 之差的平方的总和。这个总变异量可以被分解或划分为不同的分量。某些无法归因于任何特定原因的分量代表随机或错误变异; 它可能是由观测误差和其他未指明的原因造成的 (见第 1 章脚注 10 和 11)。其他分量代表实验处理对重复的影响或抽样类别之间的差异。一个统计分析的步骤通常涉及: 首先, 为不同处理可能对观测结果产生的影响指定一个基本模型; 接着, 分解模型中不同分量间的平方和; 最后, 用结果来检验针对特定效应强度的统计假设。

　　我们借单因素 ANOVA 设计检验早期融雪对高山植物生长的影响来介绍平方和分解 (例如, Price and Waser 1998; Dunne et al. 2003)。该实验可能有 3 种处理, 每种处理有 4 个重复 (共 $4 \times 3 = 12$ 个观测值)。其中, 4 个样方是未经处理的: 除调查期间发生的变化外, 不对样方进行任何处理。4 个样方用永久性太阳能加热线圈加热, 使样方内春雪融化的时间较往年提前。另有 4 个作为对照的样方: 装着加热线圈, 但从不启动。经过 3 年实验后, 测量每个样方中飞燕草 (*Delphinium nuttallianum*) 的花期长度。

　　完成本例所需的所有计算后, 结果如表 10.1 所示。虽然现在大多数方差分析计算都是由计算机完成的, 但是花时间用纸笔来算算这个例子是非常值得的, 这样可以更清楚地了解平方和是如何被分解的。

　　正如第 3 章和第 9 章中所描述的, 我们首先要计算数据的总平方和, 即每个观测值 (Y_i) 与总均值 ($\overline{Y}$) 的离差平方和。在单因素设计中, 有 $i = 1 \sim a$ 种处理, 每种处理有 $j = 1 \sim n$ 个重复, 共 $a \times n$ 个观测。在上述例子中, 有 $a = 3$ 种处理 (未被人为操控、对照和被人为操控), 每种处理有 $n = 4$ 个重复, 总样本量为 $a \times n = 3 \times 4 = 12$。因此, 我们可以写作

表 10.1　ANOVA 中的平方和分解

未被人为操控	对照	被人为操控
10	9	12
12	11	13
12	11	15
13	12	16
$\overline{Y}=11.75$	$\overline{Y}=10.75$	$\overline{Y}=14.00$

$\overline{Y}=12.17$

$\displaystyle\sum_{j=1}^{n}(Y_{1j}-\overline{Y}_1)^2=4.75$	$\displaystyle\sum_{j=1}^{n}(Y_{2j}-\overline{Y}_2)^2=4.75$	$\displaystyle\sum_{j=1}^{n}(Y_{3j}-\overline{Y}_3)^2=10.00$	$\displaystyle\sum_{i=1}^{a}\sum_{j=1}^{n}(Y_{ij}-\overline{Y}_i)^2=19.50=SS_{within\ groups}$
$\displaystyle\sum_{j=1}^{n}(\overline{Y}_1-\overline{Y})^2=0.68$	$\displaystyle\sum_{j=1}^{n}(\overline{Y}_2-\overline{Y})^2=8.08$	$\displaystyle\sum_{j=1}^{n}(\overline{Y}_3-\overline{Y})^2=13.40$	$\displaystyle\sum_{i=1}^{a}\sum_{j=1}^{n}(\overline{Y}_i-\overline{Y})^2=22.16=SS_{among\ groups}$
$\displaystyle\sum_{j=1}^{n}(Y_{1j}-\overline{Y})^2=5.43$	$\displaystyle\sum_{j=1}^{n}(Y_{2j}-\overline{Y})^2=12.83$	$\displaystyle\sum_{j=1}^{n}(Y_{3j}-\overline{Y})^2=23.40$	$\displaystyle\sum_{i=1}^{a}\sum_{j=1}^{n}(Y_{ij}-\overline{Y})^2=41.66=SS_{total}$

假设原始数据由 12 个高山草样方中飞燕草花期（以周为单位）观测组成。其中 4 个样方作为对照（设置加热元件，但未启动），4 个样方未经处理。有 $i=1\sim 3$ 个处理组，每组 $n=4$ 个重复。该表展示了基本的方差分析计算和平方和分解。第一大行计算出了 12 个重复的总体均值 $\overline{Y}$ (12.17)，以及每种处理的均值 $\overline{Y}_i$ (11.75、10.75、14.00)。第二行计算了每个观测与其组内均值的平方和 $(Y_{ij}-\overline{Y}_i)^2$ (4.75、4.75、10.00)，将它们相加得到组内平方和 (19.50)。第三行计算确定了 $n=4$ 的样本量与其各组均值与总体均值的平方差 $(\overline{Y}_i-\overline{Y})^2$ 的乘积 (0.68、8.08、13.40)，将它们相加得到组间平方和 (22.16)。因此，计算确定了每个观测值与总体均值的平方差 $(Y_{ij}-\overline{Y})^2$ (5.43、12.83、23.40) 和总平方和 (41.66)。总平方和 (41.66) 可加性地分解为组内分量 (19.50) 和组间分量 (22.16)。这是一个基本的代数性质，适用于任何一组数字。只有当样本满足 ANOVA 模型的特定设计时，使用这些数据进行统计检验才有意义。

$$SS_{total} = \sum_{i=1}^{a} \sum_{j=1}^{n} (Y_{ij} - \overline{Y})^2 \qquad (10.1)$$

如表 10.1 所示, 该数据的总平方和为 41.66。

　　总平方和反映了每个观测值与总均值的偏差。它可以被分解为两个不同来源的变异。第一个**变异分量 (component of variation)** 为**组间变异 (variation among groups)**。组间变异代表每个处理组的均值之间的差异。把每个处理组的均值当作一个单独的观测, 这个变异来源可以表示为

$$SS_{among\ groups} = \sum_{i=1}^{a} \sum_{j=1}^{n} (\overline{Y}_i - \overline{Y})^2 \qquad (10.2)$$

该方程包含两个求和过程, 一个求和过程遍及 a 个处理组, 另一个遍及每个处理组的 n_i 个观测。第一个求和过程很简单, 即先求每个处理组的均值, 然后求它与总均值的差值, 再将差值平方, 最后将 a 个处理组的平方后的差值相加。但是, 方程中 $(\overline{Y}_i - \overline{Y})^2$ 项没有 j 下标, 如何 "遍历 j 求和" 呢? 因为每种处理都有 n_i 个观测, 所以只需将第一层求和乘以常数 n_i 即可。因此, 方程 10.2 等价于

$$SS_{among\ groups} = \sum_{i=1}^{a} n_i (\overline{Y}_i - \overline{Y})^2{}'$$

本章讨论的设计都保证了样本量均衡, 即各处理组的 n_i 都相同 $(n_i = n)$, 所以上式可简化为

$$SS_{among\ groups} = n \sum_{i=1}^{a} (\overline{Y}_i - \overline{Y})^2$$

如表 10.1 所示, 三个处理组的平方和分别为 0.17、2.02 和 3.35。因为每种处理都有 4 个重复, 所以组间平方和等于 $4 \times (0.17 + 2.02 + 3.35) = 22.16$。在单因素 ANOVA 模型中, 所控制的因素代表我们假设造成处理组之间差异的过程。这些因素的影响由组间平方和表示 (公式 10.2)。

　　余下的分量就是**组内变异 (variation within groups)**。该变异不是计算每个观测值与总均值的偏差, 而是计算每个观测值与其所在处理组的均值的偏差, 并遍历所有处理组和重复进行求和:

$$SS_{within\ groups} = \sum_{i=1}^{a} \sum_{j=1}^{n} (Y_{ij} - \overline{Y}_i)^2 \qquad (10.3)$$

该示例数据的组内变异分量为 19.50。组内平方和通常被称为**残差平方和 (residual**

sum of squares)、**残差变异** (residual variation) 或**误差变异** (error variation)。在回归中我们称之为 "残差", 因为在模型中这些变异无法被受控或实验因素所解释。组内变异 (方程 10.3) 被描述为 "误差变异", 因为我们的统计模型按照正态分布随机抽样来整合这一分量。在更复杂的 ANOVA 模型中, 总平方和会被分解为更多的变异分量, 每个分量代表一个因素在模型中的贡献。但不论什么情况, 被剩下的总是残差平方和。

Fisher 的主要贡献之一是证明了变异分量是可加的:

$$SS_{total} = SS_{among\ groups} + SS_{within\ groups} \tag{10.4}$$

也就是说, 总平方和等于组间平方和加上组内平方和。对于表 10.1 中的数据

$$\sum_{i=1}^{a}\sum_{j=1}^{n}(Y_{ij}-\overline{Y})^2 = \sum_{i=1}^{a}\sum_{j=1}^{n}(\overline{Y}_i-\overline{Y})^2 + \sum_{i=1}^{a}\sum_{j=1}^{n}(Y_{ij}-\overline{Y}_i)^2 \tag{10.5}$$
$$41.66 \quad = \quad 22.16 \quad + \quad 19.50$$

这里强调, 平方和分解是一个纯代数性质: 这个结果适用于任何一组数字, 不管它们代表什么, 也不管它们是如何被收集的[1]。

---

[1] 平方和分解的证明如下。首先, 从总平方和开始:

$$SS_{total} = \sum_{i=1}^{a}\sum_{j=1}^{n}(Y_{ij}-\overline{Y})^2$$

然后加减 $\overline{Y}_i$, 这并不会改变总数:

$$SS_{total} = \sum_{i=1}^{a}\sum_{j=1}^{n}(Y_{ij}-\overline{Y}+\overline{Y}_i-\overline{Y}_i)^2$$

重新组合这些元素, 得到我们所熟悉的平方和的两个分量:

$$SS_{total} = \sum_{i=1}^{a}\sum_{j=1}^{n}[(Y_{ij}-\overline{Y}_i)+(\overline{Y}_i-\overline{Y})]^2$$

回顾二项式展开 (见第 2 章), $(a+b)^2 = a^2+2ab+b^2$:

$$SS_{total} = \sum_{i=1}^{a}\sum_{j=1}^{n}(Y_{ij}-\overline{Y}_i)^2 + 2\sum_{i=1}^{a}\sum_{j=1}^{n}(Y_{ij}-\overline{Y}_i)(\overline{Y}_i-\overline{Y}) + \sum_{i=1}^{a}\sum_{j=1}^{n}(\overline{Y}_i-\overline{Y})^2$$

这个展开式的第二项总是等于 0 (因为与均值的偏差之和等于 0; 见第 9 章), 真是令人愉悦。最后式中剩下的就是:

$$\sum_{i=1}^{a}\sum_{j=1}^{n}(Y_{ij}-\overline{Y})^2 = \sum_{i=1}^{a}\sum_{j=1}^{n}(\overline{Y}_i-\overline{Y})^2 + \sum_{i=1}^{a}\sum_{j=1}^{n}(Y_{ij}-\overline{Y}_i)^2$$
$$SS_{total} = SS_{among\ groups} + SS_{within\ groups}$$

看到方程 10.4 可以想到勾股定理 (见第 12 章脚注 5), 可以表示数据与均值之间的距离, 以及各均值间的距离。方程 10.4 保证组间 $SS_{among\ groups}$ 与组内 $SS_{within\ groups}$ 彼此正交。它们相互间不会有交集, 因此在统计上是相互独立的。这种独立性对于方差 F 比的有效解释来说是必要的, 也是用平方差来表示距离的另一个优点。

　　不过, 平方和分解似乎是一种衡量处理效应的自然思路。如果组间平方和大于组内平方和, 那处理之间的差异就很重要。另一方面, 如果组内平方和大于组间平方和, 则会得出组间差异较弱或不一致的结论。接下来将介绍如何在方差分析中量化这些概念。

10.3　方差分析的假设

　　在统计模型中使用平方和之前, 数据必须满足以下假设:

　　1. *样本是独立且同分布的*。与之前一样, 该假设是所有统计抽样模型的基础。假设数据代表了所定义的样本空间的一个随机样本, 且处理内和处理间的观测彼此独立 (见第 6 章)。对于本章中所有 ANOVA 表的描述, 我们都假设了最简单的情况, 即所有组的样本量 n 相等。对处理组样本量不相等时 ANOVA 方法的概述参见 Sokal and Rohlf (1995)。

　　2. *组间的方差是齐次的*。抽样组的均值可能彼此不同, 但前提是假定各组内的方差近似相等。因此, 各处理组对组内平方和的贡献大致相同。在线性回归中, 我们有个类似的假设, 即 X 变量不同水平的方差是齐次的 (见第 9 章)。正如在线性回归中一样, 数据转换常常可以使方差相等 (见第 8 章)。

　　3. *残差服从正态分布*。假设残差服从均值为零的正态分布。多亏有中心极限定理 (见第 2 章), 这个假设要求不是特别严格, 特别是当各处理的样本量较大且处理间样本量近似相等, 或者数据本身就是均值时。同样, 适当转换后的数据通常得到正态分布的残差项。

　　4. *样品被正确地分类*。在实验研究中, 假设所有接受特定处理的个体都得到了相同的处理 (如, 所有接受无寄生虫处理的鸟类都注射了相同剂量的抗生素)。对于观察性研究或自然实验, 假设分在一个类别中的所有个体实际上也都属于该类别 (如, 在一个环境影响研究中, 所有研究样方都被正确地分配进影响组或对照组)。违反这一假设的后果很严重, 甚至可能会影响对 P 值的估计。在回归研究中, 类似的假设是 X 变量中不存在测量误差 (见第 9 章脚注 10)。但回归设计中的测量误差可能不像 ANOVA 设计中的分类错误那样严重。认真进行高质量的研究是防止分类和测量误差的最佳保障。

　　5. *主效应是可加的*。在某些 ANOVA 设计中, 如随机分组或裂区设计, 并不是所有的处理因素都可以被完整地重复。在这种情况下, 有必要假设主效应是严格可加的, 而且不同因素间不存在交互作用。本章随后介绍这些设计时会更详细地讨论这个假设。数据转换也有助于确保可加性, 特别是对乘法因素进行了对数转换时 (见第 3 章)。

10.4 利用方差分析进行假设检验

如果满足 (或没有严重违反) ANOVA 的假设, 我们就可以基于与数据相符的潜在模型来检验假设。单因素 ANOVA 的模型为

$$Y_{ij} = \mu + A_i + \varepsilon_{ij} \tag{10.6}$$

在该模型中, Y_{ij} 是处理水平 i 的重复 j, μ 是真正的总均值 [$\overline{Y}$ 是 μ 的估计值], ε_{ij} 是误差项。虽然每个观测 Y_{ij} 都有自己独特的与之相关的误差 ε_{ij}, 但请记住所有的 ε_{ij} 都来自均值为零的正态分布。模型中最重要的项是 A_i, 它代表与处理 A 的水平 i 相关的可加线性分量。每个 i 处理水平都有一个不同的系数 A_i。如果 A_i 是一个正数, 那么处理水平 i 的期望就大于总平均值。如果 A_i 是负数, 处理水平 i 的期望则低于总平均值。因为 A_i 代表的是偏离均值的程度, 故根据定义它们的和等于零。ANOVA 可以估计 A_i 效应 (处理组的均值 − 总均值 = 对 A_i 的无偏估计), 并检验关于 A_i 的假设。

零假设是什么? 如果处理没有效应, 那所有处理水平的 A_i 均为 0。因此, 零假设是

$$Y_{ij} = \mu + \varepsilon_{ij} \tag{10.7}$$

如果零假设为真, 那么处理组间出现的任何变异 (总会有一些变异) 反映的都只是随机误差, 别的什么也没有。

ANOVA 表提供了对一个无处理效应的零假设的一般检验。表 10.2 给出了单因素设计 ANOVA 表的基本组成 (关于典型 ANOVA 表的详细信息及缩写参见第 9 章 "方差分析表的剖析")。我们先从计算均方开始, 其实它就是一个平方和除以与之对应的自由度 (见第 9 章)。单因素 ANOVA 中计算了两个均方。

第一个均方针对组间变异, 其自由度为 $(a-1)$, 其中 a 为处理的个数。第二个均方针对组内变异, 其自由度为 $a(n-1)$。这个很直观, 因为每个处理组的自由度为 $(n-1)$, 有 a 个处理组, 则组内均方的自由度为 $a(n-1)$。需要注意的是, 总自由度 = $(a-1) + a(n-1) = an-1$, 只比总样本量小 1。为什么自由度之和不等于总样本量 (an)? 因为有一个自由度是用于估计总体均值 (μ) 的。

鉴于组内均方估计误差方差 σ^2, 组间均方估计 $\sigma^2 + \sigma_A^2$: 误差方差 + 处理组引起的方差。因此, 这两个量的比值 (MS_{among}/MS_{within}) 是对处理效应的合理检验。与组内平方误差相比, 处理效应越大, F 比就会越大。如果没有处理效应 ($\sigma_A^2 = 0$, 零假设), 那么组间均方为 $\sigma^2 + 0 = \sigma^2$, 也就等于组内均方或误差方差 σ^2。在本例中, $MS_{among} = MS_{within}$, 它们的比值或 F 比为 1.0。尾概率取决于 F 比的大小和自由度。对于单因素 ANOVA, 分子的自由度为 $(a-1)$, 分母的自由度为 $a(n-1)$。

表 10.2　单因素设计的方差分析表

来源	自由度 (df)	平方和 (SS)	均方 (MS)	期望的均方	F 比	P 值
组间	$a-1$	$\sum_{i=1}^{a}\sum_{j=1}^{n}(\overline{Y}_i-\overline{Y})^2$	$\dfrac{SS_{among\ groups}}{a-1}$	$\sigma^2+n\sigma_A^2$	$\dfrac{MS_{among\ groups}}{MS_{within\ groups}}$	自由度为 $(a-1)$, $a(n-1)$ 的 F 分布的尾部
组内 (残差)	$a(n-1)$	$\sum_{i=1}^{a}\sum_{j=1}^{n}(Y_{ij}-\overline{Y}_i)^2$	$\dfrac{SS_{within\ groups}}{a(n-1)}$	σ^2		
总和	$an-1$	$\sum_{i=1}^{a}\sum_{j=1}^{n}(Y_{ij}-\overline{Y})^2$	$\dfrac{SS_{total}}{an-1}$	σ_Y^2		

　　这里有 a 个处理组, 每个处理组有 n 个重复。A_i 为处理组 i 的处理效应。分组因素可以是固定因素, 也可以是随机因素。在这个简单的设计中只有一个方差 F 比, 它检验了样本组间变异与 0 没有显著差异这一零假设。F 比的分子是组间均方, 分母是组内均方 (残差)。ANOVA 表中元素的进一步解释参见表 9.1。

　　对于表 10.1 中的数据, F 比为 5.11, 对应的 P 值为 0.033 (表 10.3)。该 P 值较小 (小于 0.05), 因此拒绝无处理效应的零假设。查看原始数据 (表 10.1) 后发现, 拒绝零假设似乎是恰当的: 处理组的花期比对照组或未处理组长。

表 10.3　表 10.1 中模拟数据的单因素 ANOVA 表

来源	自由度 (df)	平方和 (SS)	均方 (MS)	F 比	P 值
组间	2	22.16	11.08	5.11	0.033
组内 (残差)	9	19.5	2.17		
总和	11	41.66			

　　表 10.2 中的公式用于计算平方和、均方和方差 F 比。第一列表示变异的来源。第二列表示自由度, 由样本量和被比较的组数决定。第三列是平方和, 计算如表 10.1 所示。第四列是均方, 其计算是将每个平方和除以相应的自由度。下一列是 F 比, 根据恰当的均方值之比计算得到。对于简单的单因素 ANOVA, 只需构建唯一一个 F 比用于检验组间的变异; 计算公式为: (组间均方)/(组内均方)。P 值是根据自由度为 2 和 9 的 F 统计表确定的。P 值表明, 若零假设成立, 那获得这组数据 (或其他更极端的数据) 的概率只有 3.3%。因为这个 P 值小于 0.05 的标准 α 水平, 所以拒绝零假设, 并得出结论: 各组间差异可能大于偶然因素所能解释的范围。

10.5　构建 F 比

　　以下是构建方差 F 比以及用 ANOVA 检验假设的一般步骤:

　　1. 使用与抽样或实验设计相匹配的特定 ANOVA 模型的均方。第 7 章我们介绍了基本设计, 在本章中我们将给出相应设计的方差分析表。我们衷心希望读者能采纳我们在第 4 章和第 6 章中的建议, 在收集数据前就构思好合适的模型!

　　2. 找到期望的均方, 其中包括试图测量的特定效应, 并将其作为 F 比的分子。

　　3. 找到第二个期望均方, 它包括分子中除了要估算的单个效应项外其余所有统计项, 并将其作为 F 比的分母。

4. 分子除以分母得到 F 比。

5. 使用统计表或计算机的输出, 确定与 F 比及其对应自由度相关联的概率值 (P 值)。零假设始终是: 感兴趣的处理效应为零。如果零假设成立, 那么合理构建出的 F 比的期望将为 1.0。相反, 如果效应非常大, 那分子将比分母大得多, 则 F 比远大于 1.0^2。

6. 对于正在检验的其他因素, 请重复步骤 2 到 5。简单的单因素 ANOVA 仅生成一个 F 比, 复杂的模型允许检验多个因素。

大多数统计软件都能处理这些步骤。但需要花时间检查 F 比的值, 并按照正确的方式计算它们。就像之前解释过的, 许多统计软件包中的默认设置可能无法为特定模型生成正确的 F 比。所以一定要注意!

10.6　各类方差分析表

本节将简要介绍第 7 章中介绍过的其他 ANOVA 设计的方差分析表和假设检验。目前我们已经了解了回归 (见第 9 章), 在此也将介绍另一个新的设计, 协方差分析 (analysis of covariance, ANCOVA)。

10.6.1　随机分块

在随机分块 (randomized block) 设计中, 每个分块在物理或空间上包含研究中所有处理 (见图 7.6), 每种处理在每个分块中只有一个重复。所以, 共有 $i = 1 \sim a$ 种处理, $j = 1 \sim b$ 个分块, 因此总样本量为 $b \times a$ 个观测。要检验的模型为:

$$Y_{ij} = \mu + A_i + B_j + \varepsilon_{ij} \tag{10.8}$$

除了随机误差项 ε_{ij} 和处理效应 A_i 之外, 还有一个分块效应项 B_j: 某些分块中测量的值始终高于或低于其他分块, 高于或超出处理效应 A_i。注意分块和处理间没有交互作用。当然, 这种交互作用可能存在, 但无法估计它; 它隐藏在误差平方和与处理平方和之间。

随机分块设计的 ANOVA 表 (表 10.4) 包含处理均值间差异的平方和, 也包含分块间差异的平方和, 分块平方和的自由度为 $(b - 1)$。分块平方和的计算是, 先得到每个分块内所有处理的平均值, 然后测量分块间的变异。误差平方和现在的自由度为 $(a - 1)(b - 1)$。而对应的每种处理有 $n = b$ 个重复的单因素 ANOVA, 其自由度为 $(a - 1)(b)$。两者相差的 $(a - 1)$ 个自由度是用于估计分块效应的。

---

[2]F 比小于 1.0 在理论上也是可能的——这样的结果表明, 组间均值的差异实际上比随机预期的要小。非常小的 F 比可能反映了样本不是随机独立的。例如, 如果在多种处理组中不小心测量了相同的重复, 那么组间的平方和就被人为地缩小 (参见第 5 章脚注 6)。

表 10.4 用于随机分块设计的方差分析表

来源	自由度 (df)	平方和 (SS)	均方 (MS)	期望的均方	F 比	P 值
组间	$a-1$	$\displaystyle\sum_{i=1}^{a}\sum_{j=1}^{n}(\overline{Y}_i - \overline{Y})^2$	$\dfrac{SS_{among\ groups}}{a-1}$	$\sigma^2 + b\sigma_A^2$	$\dfrac{MS_{among\ groups}}{MS_{within\ groups}}$	自由度为 $(a-1)$, $(a-1)(b-1)$ 的 F 分布的尾部
分块	$b-1$	$\displaystyle\sum_{i=1}^{a}\sum_{j=1}^{b}(\overline{Y}_j - \overline{Y})^2$	$\dfrac{SS_{blocks}}{b-1}$	$\sigma^2 + a\sigma_B^2$	$\dfrac{MS_{blocks}}{MS_{within\ groups}}$	自由度为 $(b-1)$, $(a-1)(b-1)$ 的 F 分布的尾部
组内 (残差)	$(a-1)(b-1)$	$\displaystyle\sum_{i=1}^{a}\sum_{j=1}^{b}(Y_{ij} - \overline{Y}_i - \overline{Y}_j + \overline{Y})^2$	$\dfrac{SS_{within\ groups}}{(a-1)(b-1)}$	σ^2		
总和	$ab-1$	$\displaystyle\sum_{i=1}^{a}\sum_{j=1}^{b}(Y_{ij} - \overline{Y})^2$	$\dfrac{SS_{total}}{ab-1}$	σ_Y^2		

有 $i = 1 \sim a$ 种处理和 $j = 1 \sim b$ 个分块。每种处理在一个分块内只有一个复。处理效应是固定的，分块效应是随机的。涉及两个假设检验，一个检验处理间的差异，另一个检验分块间的差异。由于分块内没有用于随机分块设计的重复，故无法检验分块与处理间的交互作用，这也是该模型的一个重要限制。

随机分块设计可以检验两个零假设。第一个零假设是分块间没有差异。检验这一假设的 F 比 $= MS_{blocks}/MS_{within\ groups}$。对分块效应的检验通常不是主要目的; 使用分块设计的主要目的是希望分块之间存在差异, 并希望在比较处理时对这些差异进行校正。第二个零假设, 通常也是最关心的零假设是, 处理间不存在差异。用于检验该假设的 F 比 $= MS_{among\ groups}/MS_{within\ groups}$。然而, 如上所述, 在简单单因素 ANOVA 中, 组内均方的自由度小于误差均方。因为一些原本的误差自由度被用于估计分块效应。如果分块间的差异较大, 组间平方和减小的幅度也会很大, 并且即便自由度很小, 对处理效应的检验也会更加有效。但是, 如果分块间的差异很小, 组间平方和减小的幅度也将减小, 对处理效应的检验也就较弱。如果分块效应很弱, 我们就浪费了估计它们所需的自由度 $(a-1)$。

10.6.2 嵌套方差分析

在嵌套设计 (nested design) 中, 数据按层次被组织起来, 一类对象嵌套在另一类对象中 (见图 7.8)。我们熟悉的系统分类就是典型的嵌套设计, 其中种嵌套在属中, 属又嵌套在科里。识别嵌套设计的关键特征是, 子类群在更高级别的类群中没有重复。如红蚁属 (*Myrmica*)、盘腹蚁属 (*Aphaenogaster*) 和大头蚁属 (*Pheidole*) 只出现在切叶蚁亚科 (Myrmicinae) 中, 而不存在于臭蚁亚科 (Dolichoderinae) 或蚁亚科 (Formicinae) 中。同样, 蚁属 (*Formica*) 和弓背蚁属 (*Camponotus*) 也只存在于蚁亚科中。嵌套设计表面上可能类似于交叉或正交设计。但在真正的正交设计中, 一个因素的各个水平都会与另一个因素的各个水平进行配对。在第 7 章中, 我们的氮磷添加实验就是一个交叉设计, 在这个实验中, 每个氮水平都与一个磷水平配对。

了解这些设计的差异非常重要, 因为不同的设计对应不同类型的分析。在众多不同的嵌套设计中我们将用到其中最简单的一种, 也就是研究人员从单因素 ANOVA 的一个重复中提取两个或多个子样本。因此, 有 $i = 1 \sim a$ 种处理水平, 每种处理水平有 $j = 1 \sim b$ 个重复, 每个重复中有 $k = 1 \sim n$ 个子样本。总样本量 (对于平衡设计来说) 为 $a \times b \times n$。要检验的模型为

$$Y_{ijk} = \mu + A_i + B_{j(i)} + \varepsilon_{ijk} \tag{10.9}$$

A_i 是处理效应, $B_{j(i)}$ 是重复间的变异, 二者均嵌套在处理中。下标 $j(i)$ 表示重复 j 嵌套在处理水平 i 内。ε_{ijk} 是随机误差项, 表示与子样本 k、重复 j 和处理 i 相关的误差。与这三个层次的变异相对应的是 ANOVA 表中的三个均方: 处理间的变异、处理内重复间的变异以及误差变异。每个重复中子样本误差变异的计算如表 10.5 所示。

嵌套设计的 ANOVA 表最重要的特征是处理效应的 F 比。该 F 比的分母是处理内重复的均方, 而不是通常所用的误差均方。原因是子样本都嵌套在重复中, 所以子样本间彼此不独立。这个 $MS_{within\ groups}$ 适用于检验处理内重复间的差异, 但不适用于检

表 10.5　嵌套设计的方差分析表

来源	自由度 (df)	平方和 (SS)	均方 (MS)	期望的均方	F 比	P 值
组间	$a-1$	$\displaystyle\sum_{i=1}^{a}\sum_{j=1}^{b}\sum_{k=1}^{n}(\overline{Y}_i-\overline{Y})^2$	$\dfrac{SS_{among\ groups}}{a-1}$	$\sigma^2+bn\sigma_A^2+n\sigma_{B(A)}^2$	$\dfrac{MS_{among\ groups}}{MS_{among\ replicates(groups)}}$	自由度为 $(a-1)$, $a(b-1)$ 的 F 分布的尾部
组内的重复间	$a(b-1)$	$\displaystyle\sum_{i=1}^{a}\sum_{j=1}^{b}\sum_{k=1}^{n}(\overline{Y}_{j(i)}-\overline{Y}_i)^2$	$\dfrac{SS_{replicates(groups)}}{a(b-1)}$	$\sigma^2+n\sigma_{B(A)}^2$	$\dfrac{MS_{among\ replicates(groups)}}{MS_{subsamples}}$	自由度为 $a(b-1)$, $ab(n-1)$ 的 F 分布的尾部
重复内的子样本 (残差)	$ab(n-1)$	$\displaystyle\sum_{i=1}^{a}\sum_{j=1}^{b}\sum_{k=1}^{n}(Y_{ijk}-\overline{Y}_{j(i)})^2$	$\dfrac{SS_{subsamples}}{ab(n-1)}$	σ^2		
总和	$abn-1$	$\displaystyle\sum_{i=1}^{a}\sum_{j=1}^{b}\sum_{k=1}^{n}(Y_{ijk}-\overline{Y})^2$	$\dfrac{SS_{total}}{abn-1}$	σ_Y^2		

共有 $i=1\sim a$ 个处理组, 每个处理组中嵌套着 $j=1\sim b$ 个重复, 每个重复中嵌套着 $k=1\sim n$ 个子样本. 组间因素是固定的, 组内的重复被视为随机因素. 请注意, 处理效应应使用的是重复间的均方, 而不是残差均方. 残差均方 (子样本均方) 用作检验处理中重复间变异的分母. 嵌套设计分析中的常见错误是将子样本视为独立的 (其实它们不是), 并用残差均方作为 F 比的分母来检验处理效应.

验处理间的差异。正确计算处理效应时分母只有 $a(b-1)$ 个自由度,代表了重复间的独立变异。

用嵌套 ANOVA 检验处理间差异的结果在代数上与简单单因素 ANOVA 相同,其中首先要计算重复中子样本的平均值。这种单因素 ANOVA 的分母的自由度也为 $a(b-1)$,对应于真正独立的重复的数量。

相反,如果错误地使用 $MS_{within\,groups}$ 来检验嵌套设计中处理的效应,自由度就会变成 $ab(n-1)$。这个自由度很大,并且很可能导致错误地拒绝零假设 (Ⅰ类错误)。当你查看 ANOVA 表中的预期均方时,为 F 比选择正确分母的思路就会变得更加清晰[3]。

这里展示的是最简单的嵌套设计。其他可能的设计包括,混合嵌套的和交叉的因素,还有诸如裂区和重复测量设计也可以被解释为特殊形式的嵌套设计。我们还是建议避免使用有多个嵌套和交叉因素的复杂设计。在某些情况下,可能甚至无法为这些设计构建有效的 ANOVA 模型。如果数据采用复杂的嵌套设计,可以只分析非独立子样本的平均值,这样可以将设计折叠成更简单的模型。正如第 7 章中所讨论的,用子样本的均值虽然会减少观测的数量,但同时也保留了真正的自由度和独立的重复,而这些才是有效假设检验所必需的。

10.6.3 双因素方差分析

回到第 7 章双因素设计的例子: 对藤壶着生的研究,其中一个因素是岩石基质 (3 种水平: 水泥、板岩、花岗岩),第二个因素是捕食 (4 种水平: 未被人为操控、对照、排除捕食者、包含捕食者)。第一个因素有 $i=1\sim a$ 种水平,第二个因素有 $j=1\sim b$ 种水平,每种独特的处理组合 ij 有 $k=1\sim n$ 个重复。共有 $a\times b$ 种独特的处理组合,$a\times b\times n$ 个重复。在第 7 章的示例中,岩石基质水平为 $a=3$、捕食水平为 $b=4$,每种处理组合有 $n=10$ 个重复。共有 $a\times b=(3)(4)=12$ 种独特的处理组合,总样本量为 $a\times b\times n=(3)(4)(10)=120$ (见图 7.9)。

该分析中处理因素有三个均方,而不像单因素 ANOVA 中只有一个表示处理效应的均方。每个**主效应 (main effect)** 或处理都有一个平方和和均方: 一个是岩石基质因素的,自由度为 $(a-1)=2$,一个是捕食因素的,自由度为 $(b-1)=3$。像单因素 ANOVA 一样,这些平方和用于检验每个因素均值的差异。

---

[3]一些作者提议在某些情况下可以合并处理内方差。假设在一种处理中的重复间变异不显著。这种情况下,人们就会倾向于将变异合并起来,并将每个子样本视为真正独立的重复。这肯定会增加检验处理效应的效力,但如果重复间确实存在差异,这样则会增加犯Ⅰ类错误的概率。为降低错误接受重复间无变异零假设的概率 (Ⅱ类错误),合并决策的临界值通常会设得很高 (如 $\alpha=0.25$)。

但我们还是建议不合并。为合并决策选择一个 α 水平是合理的,但也是任意的 (Underwood 1997)。我们认为还是应该选择能够真正反映数据结构的嵌套 ANOVA。正如第 7 章所指出的,嵌套设计并没有为检测处理效应提供更多的帮助,而且在事后的分析中试图挤出额外的自由度似乎也是很危险的。如果在逻辑上可行,那更好的策略是在设计中减少或去除二次抽样,并增加真正独立重复的数量,以用于估计处理效应。同样,在数据收集前就应该解决这个问题。

　　然而, 一个微妙的区别在于, 在双因素方差分析 (two-way ANOVA) 中, 若想计算与主效应岩石基质相关的平方和需要遍历所有捕食水平求平均。类似地, 若想计算与主效应捕食相关的平方和需要遍历所有岩石基质水平求平均。相比之下, 单因素 ANOVA 设计中不存在第二个因素, 所以主效应只需对每种处理内的重复求平均[4]。

　　除了两个主效应的均方外, 双因素 ANOVA 还估计了第三个效应: 两个因素间的交互作用。**交互效应 (interaction effect)** 度量了处理组均值间的一部分差异, 这部分差异无法在两个主要效应可加性的基础上进行预测。通常我们选择多因素实验或抽样研究的关键原因也是, 它们可以帮助我们量化两种或多种处理间的交互效应。本章稍后将详细地介绍交互效应。现在, 我们只需关注交互效应的自由度为 $(a-1)(b-1)$。在藤壶示例中, 交互效应的自由度为 $(3-1)(4-1) = 6$。

　　下面这个模型中包括了两个主效应项和交互项:

$$Y_{ijk} = \mu + A_i + B_j + AB_{ij} + \varepsilon_{ijk} \tag{10.10}$$

　　按照构建 F 比的步骤, 每个对应的均方将用作分子, 而误差项始终用作分母 (表 10.6)。对于双因素设计, 作为分母的误差项其自由度为 $ab(n-1) = (4)(3)(9) = 108$。然而, 这种双因素 ANOVA 的标准步骤仅在两个因素是所谓的**固定效应 (fixed effect)** 时才有效。若这两个因素是**随机效应 (random effect)**, 那期望的均方就会改变, 我们就必须以不同的方式构建 F 比。下面我们将首先介绍固定因素的典型 ANOVA 表, 随后在本章讨论随机因素和固定因素的内容时再回到这个问题。

　　最后, 让我们来对比一下该数据的双因素设计 (两个因素分别有 4 种和 3 种处理水平) 与相应的单因素设计 (1 个因素有 12 种处理水平)。在单因素设计中, 误差项的自由度为 $a(n-1) = 12(10-1) = 108$。在双因素设计中, 误差项的自由度为 $ab(n-1) = (4)(3)(9) = 108$。因此, 对于同一组数据, 无论用单因素设计还是恰当的双因素设计, 自由度和均方的计算都是相同的。

　　仔细比较这两种模型中处理效应的自由度, 我们会发现, 在双因素设计中, 如果将两种主效应和交互效应的自由度相加可得: 2 (基质主效应) +3 (捕食主效应) +6 (捕食 × 基质交互效应) = 11。这与简单的单因素设计中 12 种处理水平的自由度相同。此外, 你还会发现这些项的平方和加起来也是一样的。双因素设计有效地将单因素 ANOVA 的自由度分解成可反映自身逻辑结构的分量。

---

[4]当然, 这第二个因素实际上仍然存在, 只是未被纳入设计中。单因素设计可以精准地在实验中将其他因素限制在一种水平。例如, 捕食实验的单因素设计可能仅在天然基质的岩石上进行。或者, 单因素设计可能不会明确地控制第二个因素。然而, 如果设计包括恰当的随机化和重复 (见第 6 章), 第二个因素将被简单地归入残差变异。例如, 岩石基质实验的单因素设计忽略了捕食因素, 但如果重复是彼此独立的, 且重复的位置是随机的, 那么捕食效应也就成为无法被解释的残差变异的一部分。

表 10.6 双因素设计的方差分析表

来源	自由度 (df)	平方和 (SS)	均方 (MS)	期望的均方	F 比	P 值
因子 A	$a-1$	$\sum\limits_{i=1}^{a}\sum\limits_{j=1}^{b}\sum\limits_{k=1}^{n}(\overline{Y}_i - \overline{Y})^2$	$\dfrac{SS_A}{a-1}$	$\sigma^2 + nb\sigma_A^2$	$\dfrac{MS_A}{MS_{within\ groups}}$	自由度为 $(a-1), ab(n-1)$ 的 F 分布的尾部
因子 B	$b-1$	$\sum\limits_{i=1}^{a}\sum\limits_{j=1}^{b}\sum\limits_{k=1}^{n}(\overline{Y}_j - \overline{Y})^2$	$\dfrac{SS_B}{b-1}$	$\sigma^2 + na\sigma_B^2$	$\dfrac{MS_B}{MS_{within\ groups}}$	自由度为 $(b-1), ab(n-1)$ 的 F 分布的尾部
交互作用 $(A \times B)$	$(a-1)(b-1)$	$\sum\limits_{i=1}^{a}\sum\limits_{j=1}^{b}\sum\limits_{k=1}^{n}(\overline{Y}_{ij} - \overline{Y}_i - \overline{Y}_j + \overline{Y})^2$	$\dfrac{SS_{AB}}{(a-1)(b-1)}$	$\sigma^2 + n\sigma_{AB}^2$	$\dfrac{MS_{AB}}{MS_{within\ groups}}$	自由度为 $(a-1)(b-1), ab(n-1)$ 的 F 分布的尾部
组内 (残差)	$ab(n-1)$	$\sum\limits_{i=1}^{a}\sum\limits_{j=1}^{b}\sum\limits_{k=1}^{n}(Y_{ijk} - \overline{Y}_{ij})^2$	$\dfrac{SS_{within\ groups}}{ab(n-1)}$	σ^2		
总和	$abn-1$	$\sum\limits_{i=1}^{a}\sum\limits_{j=1}^{b}\sum\limits_{k=1}^{n}(Y_{ijk} - \overline{Y})^2$	$\dfrac{SS_{total}}{abn-1}$	σ_Y^2		

因素 A 有 $i = 1 \sim a$ 个水平, 因素 B 有 $j = 1 \sim b$ 个水平, 每种独特的处理组合 ij 都有 n 个重复。由于因素 A 和 B 都是固定的, 因此主效应和交互效应的检验都要基于残差均方。该模型几乎是所有统计软件包的标准 "默认" 输出, 即使在许多设计中因素 A 或 B 可能不是固定的而是随机的。

10.6.4　三因素和多因素方差分析

从理论上讲, 双因素设计可以扩展到任意数量的因素。每个因素都有各自不同的处理水平, 所有处理都被完全交叉。每种处理的各个水平都与其他处理的各个水平一一配对使用, 构成了全部所有的组合。例如, 人为操控食草动物、食肉动物和杂食动物的三因素实验 (见表 7.3), 每个因素有存在与不存在两个水平。在三因素模型中包括总均值 (μ)、三个主效应 (A, B, C)、三个两两交互效应 (AB, AC, BC)、一个三因素交互效应 (ABC) 以及误差项 (ε), 该模型如下所示:

$$Y_{ijkl} = \mu + A_i + B_j + C_k + AB_{ij} + AC_{ik} + BC_{jk} + ABC_{ijk} + \varepsilon_{ijkl} \qquad (10.11)$$

食草动物、食肉动物和杂食动物三个主效应的自由度均为 ($a-1$) (本例中为 1)。两两交互项代表了每对营养级因素的非可加性效应, 每个自由度均为 ($a-1$)($b-1$) (本例中也为 1)。最后, 还有一个三因素交互项, 其自由度为 ($a-1$)($b-1$)($c-1$) (在本例中恰巧也等于 1)。如前所述 (使用固定效应模型), 所有主效应和交互项的检测都使用误差项的均方作为分母 (表 10.7)。

10.6.5　裂区方差分析

在裂区设计 (split-plot design) 中, 像随机分块设计一样, 第一种处理的所有水平在空间上被组合在一起。然后, 第二种处理的一种水平被应用于整个分块或样方 (见图 7.12)。在第 7 章藤壶例子中, 捕食因素是全区因素, 因为分块要么整个被笼子控制, 要么整个被人为操控。岩石基质是副区因素, 每个分块都包含所有岩石类型。裂区设计模型为

$$Y_{ijk} = \mu + A_i + B_{j(i)} + C_k + AC_{ik} + CB_{kj(i)}[+\varepsilon_{ijkl}] \qquad (10.12)$$

A_i 为全区因素效应, $B_{j(i)}$ 为不同的分块 (嵌套在因素 A 中), C_k 是副区因素效应, ε_{ijkl} 为误差项。为了保持完整性, 我们在括号中给出了这个误差项, 但其实在此模型中误差项无法被单独剥离出来, 因为分块内因素 C 没有重复 (每个分块内 C 的每个水平只有一个重复)。

裂区设计的假设检验采用了两个不同的误差项。首先, 检验全区处理 A 的效应, 使用分块 $B_{j(i)}$ 的均方作为 F 比的分母, 即误差项。这是因为对于全区处理而言, 每个分块相当于一个独立的重复。

其次, 检验副区处理 C 的效应, 用的误差项是 $C \times B$ 的交互项, 该误差项也用于检验 $A \times C$ 交互效应 (表 10.8)。与标准的双因素 ANOVA 一样, 该模型检验了主效应 A、C 及其交互效应 ($A \times C$)。但由于误差项 (ε_{ijkl}) 不能被完全分离出来, 裂区模型的假设是因素 C 和子区之间没有交互作用 ($CB_{kj(i)} = 0$; 见 Underwood 1997, 第 393$f\!f$ 页的充分讨论)。

表 10.7 三因素设计方差分析表

来源	自由度 (df)	平方和 (SS)	均方 (MS)	期望的均方	F 比	P 值
因子 A	$a-1$	$\sum_{i=1}^{a}\sum_{j=1}^{b}\sum_{k=1}^{c}\sum_{l=1}^{n}(\overline{Y}_i-\overline{Y})^2$	$\dfrac{SS_A}{a-1}$	$\sigma^2+bcn\sigma_A^2$	$\dfrac{MS_A}{MS_{within\,groups}}$	自由度为 $(a-1),ab(n-1)$ 的 F 分布的尾部
因子 B	$b-1$	$\sum_{i=1}^{a}\sum_{j=1}^{b}\sum_{k=1}^{c}\sum_{l=1}^{n}(\overline{Y}_j-\overline{Y})^2$	$\dfrac{SS_B}{b-1}$	$\sigma^2+acn\sigma_B^2$	$\dfrac{MS_B}{MS_{within\,groups}}$	自由度为 $(b-1),ab(n-1)$ 的 F 分布的尾部
因子 C	$c-1$	$\sum_{i=1}^{a}\sum_{j=1}^{b}\sum_{k=1}^{c}\sum_{l=1}^{n}(\overline{Y}_k-\overline{Y})^2$	$\dfrac{SS_C}{c-1}$	$\sigma^2+abn\sigma_C^2$	$\dfrac{MS_C}{MS_{within\,groups}}$	自由度为 $(c-1),abc(n-1)$ 的 F 分布的尾部
$A\times B$ 交互作用	$(a-1)(b-1)$	$\sum_{i=1}^{a}\sum_{j=1}^{b}\sum_{k=1}^{c}\sum_{l=1}^{n}(\overline{Y}_{ij}-\overline{Y}_i-\overline{Y}_j+\overline{Y})^2$	$\dfrac{SS_{AB}}{(a-1)(b-1)}$	$\sigma^2+cn\sigma_{AB}^2$	$\dfrac{MS_{AB}}{MS_{within\,groups}}$	自由度为 $(a-1)(b-1),abc(n-1)$ 的 F 分布的尾部
$A\times C$ 交互作用	$(a-1)(c-1)$	$\sum_{i=1}^{a}\sum_{j=1}^{b}\sum_{k=1}^{c}\sum_{l=1}^{n}(\overline{Y}_{ik}-\overline{Y}_i-\overline{Y}_k+\overline{Y})^2$	$\dfrac{SS_{AC}}{(a-1)(c-1)}$	$\sigma^2+bn\sigma_{AC}^2$	$\dfrac{MS_{AC}}{MS_{within\,groups}}$	自由度为 $(a-1)(c-1),abc(n-1)$ 的 F 分布的尾部
$B\times C$ 交互作用	$(b-1)(c-1)$	$\sum_{i=1}^{a}\sum_{j=1}^{b}\sum_{k=1}^{c}\sum_{l=1}^{n}(\overline{Y}_{jk}-\overline{Y}_j-\overline{Y}_k+\overline{Y})^2$	$\dfrac{SS_{BC}}{(b-1)(c-1)}$	$\sigma^2+an\sigma_{BC}^2$	$\dfrac{MS_{BC}}{MS_{within\,groups}}$	自由度为 $(b-1)(c-1),abc(n-1)$ 的 F 分布的尾部
$A\times B\times C$ 交互作用	$(a-1)(b-1)(c-1)$	$\sum_{i=1}^{a}\sum_{j=1}^{b}\sum_{k=1}^{c}\sum_{l=1}^{n}\left(\begin{array}{c}\overline{Y}_{ijk}-\overline{Y}_{ij}-\overline{Y}_{ik}-\overline{Y}_{jk}+\\ \overline{Y}_i+\overline{Y}_j+\overline{Y}_k-\overline{Y}\end{array}\right)^2$	$\dfrac{SS_{ABC}}{(a-1)(b-1)(c-1)}$	$\sigma^2+n\sigma_{ABC}^2$	$\dfrac{MS_{ABC}}{MS_{within\,groups}}$	自由度为 $(a-1)(b-1)(c-1),abc(n-1)$ 的 F 分布的尾部
组内 (残差)	$abc(n-1)$	$\sum_{i=1}^{a}\sum_{j=1}^{b}\sum_{k=1}^{c}\sum_{l=1}^{n}(Y_{ijkl}-\overline{Y}_{ijk})^2$	$\dfrac{SS_{within\,groups}}{abc(n-1)}$	σ^2		
总和	$abcn-1$	$\sum_{i=1}^{a}\sum_{j=1}^{b}\sum_{k=1}^{c}\sum_{l=1}^{n}(Y_{ijkl}-\overline{Y})^2$	$\dfrac{SS_{total}}{abcn-1}$	σ_Y^2		

因素 A 有 $i=1\sim a$ 个水平，因素 B 有 $j=1\sim b$ 个水平，因素 C 有 $k=1\sim c$ 个水平，每个水平、每个唯一的处理组合 ijk 有 n 个重复。因素 A、B 和 C 是固定的因素。该模型有三个主要效应 (A, B, C)，三个两两交互项 (AB, AC, BC) 和一个三因素交互项 (ABC)。由于因素 A、B、C 都是固定的，所以所有主要效应和交互效应的检验都要基于残差均方。为了分析这类设计，必须构建所有因素可能的处理组合，并为每个组合设置重复。

表 10.8　裂区设计方差分析表

来源	自由度 (df)	平方和 (SS)	均方 (MS)	期望的均方	F 比	P 值
因子 A (全区处理)	$a-1$	$\sum\limits_{i=1}^{a}\sum\limits_{j=1}^{b}\sum\limits_{k=1}^{c}(\bar{Y}_i-\bar{Y})^2$	$\dfrac{SS_A}{a-1}$	$\sigma^2+c\sigma_B^2+bc\sigma_A^2$	$\dfrac{MS_A}{MS_{B(A)}}$	自由度为 $(a-1),a(b-1)$ 的 F 分布的尾部
因子 B(A) (嵌套在 A 中)	$a(b-1)$	$\sum\limits_{i=1}^{a}\sum\limits_{j=1}^{b}\sum\limits_{k=1}^{c}(\bar{Y}_j-\bar{Y})^2$	$\dfrac{SS_B}{a(b-1)}$	$\sigma^2+c\sigma_B^2$		
因子 C (区块内处理)	$c-1$	$\sum\limits_{i=1}^{a}\sum\limits_{j=1}^{b}\sum\limits_{k=1}^{c}(\bar{Y}_k-\bar{Y})^2$	$\dfrac{SS_C}{c-1}$	$\sigma^2+\sigma_{BC}^2+ba\sigma_C^2$	$\dfrac{MS_C}{MS_{B(A)\times C}}$	自由度为 $(c-1),a(b-1)(c-1)$ 的 F 分布的尾部
$A\times C$ 交互作用	$(a-1)(c-1)$	$\sum\limits_{i=1}^{a}\sum\limits_{j=1}^{b}\sum\limits_{k=1}^{c}(\bar{Y}_{ik}-\bar{Y}_i-\bar{Y}_k+\bar{Y})^2$	$\dfrac{SS_{AC}}{(a-1)(c-1)}$	$\sigma^2+\sigma_{BC}^2+b\sigma_{AC}^2$	$\dfrac{MS_{AC}}{MS_{B(A)\times C}}$	自由度为 $(a-1)(c-1),a(b-1)(c-1)$ 的 F 分布的尾部
$B(A)\times C$ 交互作用	$a(b-1)(c-1)$	$\sum\limits_{i=1}^{a}\sum\limits_{j=1}^{b}\sum\limits_{k=1}^{c}(Y_{ijk}-\bar{Y}_{ik})^2$	$\dfrac{SS_{BC}}{a(b-1)(c-1)}$	$\sigma^2+\sigma_{BC}^2$		
总和	$abc-1$	$\sum\limits_{i=1}^{a}\sum\limits_{j=1}^{b}\sum\limits_{k=1}^{c}(Y_{ijk}-\bar{Y})^2$	$\dfrac{SS_{total}}{abc-1}$	σ_Y^2		

因素 A (主区因素) 有 $i=1\sim a$ 个水平, $j=1\sim b$ 个分块嵌套在因素 A 中, 因素 C (副区因素) 有 $k=1\sim c$ 个水平。因素 A 和 C 是固定的, 因素 B (分块) 是随机的。在这个设计中, 检验因素 A 效应的 F 比的分母是作为误差项的分块项 (嵌套在因素 A 中的因素 B), 因为分块可以看作因素 A 的独立重复。检验因素 C 效应和 $A\times C$ 交互效应的 F 比的分母均为 $B\times C$ 交互项。该模型的假设是分块和因素 A 间没有交互作用, 因为裂区设计无法估计这种和交互作用。

10.6.6 重复测量方差分析

重复测量设计是对单个个体或重复进行多次观测的设计。如果一个重复与下一个重复间存在很大的可变性, 这种设计就能很好地控制变异的来源。然而, 对单个个体或重复的多次观测在统计学上是相互不独立的, 所以分析中必须要反映出数据中的这种依赖结构。

重复测量分析包括两类设计。一类设计是, 所有实验处理都用于一个单一的重复, 只不过每种处理被施加的时间不同且施加处理的顺序也是随机的。例如, 一株植物被暴露在一系列不同浓度的 CO_2 中。在每个浓度下, 测量植物的光合速率 (如, Potvin et al. 1986)。此外, 该设计同样适用于多次调查重复但没有实验操控的情况。在这种情况下, 处理就是时间效应。

对于这两种变量, 模型均为

$$Y_{ij} = \mu + A_i + B_j + \varepsilon_{ij} \tag{10.13}$$

其中有 $i = 1 \sim a$ 个处理 (或时间点), 有 $j = 1 \sim n$ 个重复 (或个体)。通过比较方程 10.13 和 10.8 可以发现, 重复测量设计的模型 (及其对应的 ANOVA 表) 与随机分块设计的一模一样 (见表 10.4)。每个个体是其自身的分块, 并且误差的自由度也相应地被校正。与随机分块设计一样, 该分析假设重复 (个体) 与处理间没有交互作用, 只有个体对处理响应间简单、可加性的差异。此外, 处理必须按随机顺序实施, 处理实施间必须有足够时间间隔, 以确保响应的独立性。我们不得不假设从一个处理到下一个处理间没有遗留效应, 如养分积累、生境交替、生理适应, 或 (行为学研究中的) 惯性或学习性反应。另外, 还需要注意处理顺序与时间混淆的情况: 因为处理不是同时进行的, 个体在实验早期接受某些处理, 而在实验晚期接受其他处理。这也是为什么处理顺序必须要随机的另一个至关重要的原因。

第二类重复测量设计是采用不同的处理, 但每个重复 (或个体) 仅接受一种处理, 然后在不同的时间对其进行测量。可将该设计视为单因素方差分析的扩展: 我们并非对每个重复只进行单次观察, 而是施加处理后在不同时间对每个重复进行多次观测。该设计的模型为

$$Y_{ijk} = \mu + A_i + B_{j(i)} + C_k + AC_{ik} + CB_{kj(i)} \tag{10.14}$$

在该模型中, 有 $i = 1 \sim a$ 种处理, 有 $j = 1 \sim b$ 个重复 (或个体) 嵌套在处理中, 进行了 $c = 1 \sim k$ 次观测。比较方程 10.14 和方程 10.12 可以发现, 这个重复测量模型在结构上等价于裂区模型。在重复测量设计中, 每个重复 (或个体) 就相当于一个分块。全区因素是仅用于单因素设计的处理。副区因素是时间, 每个采样周期相当于不同的处理水平。

在重复测量设计术语中, 全区处理效应对应于主体间效应 (between-subjects effect), 副区处理效应对应于主体内效应 (within-subjects effect)。

与裂区设计一样, 我们不得不假设时间和重复间没有交互作用: 换句话说, 我们必须假设所有重复对于给定的处理而言, 其响应的时间趋势都是相同的。因为根据定义, 每个个体都是唯一的, 我们没有额外的抽样用于估计这个交互项。重复测量设计的最后一种变形是在处理前后均进行测量。这种情况可以使用 BACI 设计, 在对照和处理样方进行前后两次或多次测量 (见第 7 章)。

正如第 7 章中所提到的, 所有设计都需要满足统计学上的球形性假设, 即任何一对时间观测间的差异的方差都是相同的。时间序列数据很难满足该假设, 并且其他类型的分析可能更适合纳入时间变化[5]。与裂区分析一样, 读者必须避免用纯粹双因素设计来分析这些数据的错误。对单个重复进行的重复观测在统计上不是相互独立的, 因此, 用于检验处理效应正确的误差项或分母应是处理内重复间变异的均方。

10.6.7　协方差分析

现在读者应该已经知道如何用线性回归分析连续变量 (见第 9 章), 接下来我们将介绍一个混合了回归和 ANOVA 的新模型。**协方差分析 (analysis of covariance, ANCOVA)** 用于 ANOVA 设计, 其中每个重复还测量一个附加的连续变量 (**协变量, covariate**)。我们的假设是协变量也会使响应变量发生变异。如果协变量没有被测量, 那该变异来源将作为纯误差被归入残差项。在协方差分析中, 我们可以在统计学上将这部分变异从残差中去除。如果协变量有重要的效应, 那残差就会随之缩小很多, 相应也会增加检验处理间差异的效力。我们可以从这样一种思路来考虑, ANCOVA 就是针对响应变量对协变量回归中的残差所进行的方差分析。

回到第 7 章的藤壶示例, 已知藤壶在水平和垂直表面的定殖是不同的, 我们猜测每个重复放置角度的变化可能会影响数据中的模式。当然, 我们会试着将岩石放置在近似水平的方向, 但一个重复与另一个重复间必然会存在差异。因此, 对于每个重复, 我们会在 0 到 90 度的连续范围内测量其方向的角度[6]。角度这个连续变量将作为协变量用于分析。

该模型为

---

[5]以上讨论了重复测量数据的单变量分析。另一种策略是将重复测量数据分析视为多元方差分析 (MANOVA; 见第 12 章), 其中响应向量是每个重复的重复测量的集合。多元方差分析的假设与单变量分析不同, 它可能不那么强大, 而且需要更多的重复。参见 Gurevitch and Chester (1986) 和 Potvin et al. (1990) 的进一步讨论。

[6]在使用任何类型的角度数据时都要非常小心。这里描述的藤壶示例可以用传统的统计学方法来分析。但如果角度数据是在一个完整的环形尺度上测量的, 那就麻烦了。例如, 在一项关于蚂蚁觅食活动的研究中, 假设在 0 到 24 小时的时间范围内测量每天的觅食活动。如果活动在午夜达到高峰, 则可能会在 23 : 00 (= 11 : 00pm) 和 01 : 00 (= 1 : 00am) 记录两次觅食观测。但如果取这些数字的均值, 得到的时间将是正午 (12 : 00), 而不是午夜 (00 : 00)! 由于该测量的尺度是循环的, 而不是线性的, 所以不能用标准公式来计算均值和方差等基本统计量。这些循环性统计量需要一套完全不同的程序。参见 Fischer (1993) 关于生物学中循环性统计学的介绍。

$$Y_{ij} = \mu + A_i + \beta_i(X_{ij} - \overline{X}_i) + \varepsilon_{ij} \tag{10.15}$$

其中 A_i 是处理效应 ($i = 1 \sim a$ 种处理), X_{ij} 是观测 Y_{ij} 的协变量, $\overline{X}_i$ 是处理组 i 协变量的平均值, ε_{ij} 仍是误差项。请注意, 该模型包含处理效应项 A_i (像在 ANOVA 中一样) 和协变量效应的斜率项 β_i (像在回归中一样)。方程 10.15 代表了最复杂的情况。这意味着用每个处理组独特的回归线来描述处理组本身, 每条回归线都有不同的斜率和截距。

方程 10.15 还包含一些相对简单的模型。例如, 假设所有处理组都有一个共同的回归斜率。在这种情况下, 每个处理组都有相同的斜率项 (β_C), 而不是每个处理特有的斜率项 (β_i):

$$Y_{ij} = \mu + A_i + \beta_C(X_{ij} - \overline{X}_i) + \varepsilon_{ij} \tag{10.16}$$

如果协变量效应的斜率项与零没有差异, 则模型可简化为

$$Y_{ij} = \mu + A_i + \varepsilon_{ij}$$

就变成了一个单因素 ANOVA (见方程 10.6)。

反之, 如果没有处理效应, 且处理与协变量间不存在交互作用, 则模型简化为协变量的线性回归:

$$Y_{ij} = \mu + \beta_T(X_{ij} - \overline{X}) + \varepsilon_{ij} \tag{10.17}$$

这个模型的斜率项 (β_T) 可用于拟合所有数据, 且无须指定处理。

ANCOVA 通常首先检验 β_i 间的差异, 也就是检验处理组的斜率从整体上来看是否存在异质性。如果斜率是异质的, 则处理的效应也取决于协变量 (X 变量) 的值, 我们也将使用完整的模型进行分析 (见公式 10.15)。在极端情况下, 如果回归线相交, 值较小的协变量与值较大的协变量间, 每种处理的期望值顺序将会有所不同。这种 "相互作用" 类似于因子 ANOVA 中两个分类变量间的交互项: 因素 A 处理均值间的差异取决于因素 B 的水平 (反之亦然)。

如果斜率的异质性检验结果不显著, 则可以用共同的斜率 β_C 拟合所有处理 (方程 10.16), 同时可得到调整或校正后的均值。如果所有处理组都有相同的平均协变量值, 则**校正后的均值 (adjusted mean)** 就是处理组的期望值:

$$\overline{Y}_i = \mu + A_i + \beta_C\overline{X} \tag{10.18}$$

理想情况下, 在 ANCOVA 中, 不同处理组的协方差测量值将涵盖相同的范围, 而且均值间没有差异 (图 10.1A)。这样的 ANCOVA 是有意义的, 因为处理组的数据是在相同的协变量范围内进行比较的。如果使用适当的随机化方法来确定重复的空间位置和处理的分配, 将会得到我们所期望的协变量值的分布。但假设在藤壶实验中, 你无意中将水泥石块放置在海岸平坦的区域, 将花岗岩石块放置在陡峭的区域, 而将板岩石块放置在坡度介于前两者之间的区域 (图 10.1B)。这种情况下 ANCOVA 是不稳定的, 因为处理与协变量的差异混淆在一起了。在统计学上, 我们仍可以用同样的方法进行协方差分析, 但必须推断出每种处理的数据范围之外的回归曲线, 然后假定 (并希望) 同样的线性关系仍然成立。如果线性关系成立, ANCOVA 将划分出与协变量相关的方差。但这并不能纠正设计本身混乱这一事实。正如我们一直所强调的, 随机化是防止意外发生的最佳保障, 如图 10.1B 所示。

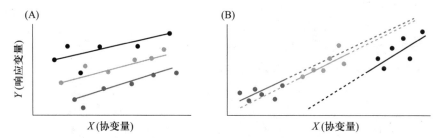

图 10.1   ANCOVA 的安全数据集与危险数据集。X 轴为协变量, Y 轴为响应变量。这三种颜色 (黑色、深灰、浅灰) 代表三个处理组。每个点都是一个独立的重复。(A) 在这种情况下, 每个处理组的协变量都是在同一范围内测量的。ANCOVA 比较是安全的, 因为回归关系不需要外推。(B) 在这种情况下, 三组协变量测量值范围互不重叠。设计基本上是混乱的, 因为深灰色处理只与值小的协变量相关, 而黑色处理只与值大的协变量相关。分析假设, 当将回归关系外推到数据的观察范围之外 (用虚线表示) 时, 回归关系仍为线性关系。这两种情况的统计分析是相同的, 但是对于 (B) 中的数据, 结论的可靠性则低得多。

10.7   方差分析中的随机因素与固定因素

到目前为止我们所介绍的检验是任何计算机程序包中都有的标准分析。但遗憾的是, 对于双因素和更复杂的设计, 这些分析可能是不正确的。

多因素设计中有一个非常重要的问题是, 一个因素到底是**固定因素 (fixed factor)** 还是**随机因素 (random factor)**。在对固定因素的分析中, 实验涉及的处理水平都是我们感兴趣的, 推论也仅限于这些特定的处理水平。而在随机因素的分析中, 特定的处理水平代表所有可能已建立的处理水平的一个随机样本, 推论不仅适用于所检验的特定处理水平, 也适用于未包含在设计中的其他处理水平。在**混合模型分析 (mixed model analysis)** 中, 既有固定因素, 也有随机因素。几乎所有统计软件包中 ANOVA 的默认选项都是针对固定因素 ANOVA 的。

为什么固定因素和随机因素的区别这么重要? 原因是随机因素和固定因素 ANOVA 的期望均方是不同的。这也导致用于检验随机因素和固定因素相关假设的 F 比发生改变。例如, 在双固定因素 ANOVA 中, 利用残差均方来检验主效应项和交互项 (见表 10.6)。但在随机效应模型中, 利用的不是残差均方, 而是交互项均方作为误差项和 F 比分母来检验主效应。这两项均方的值和自由度都是不同的, 这意味着你的显著性值会完全改变。在一个混合模型中, 因素 A 是固定的, 因素 B 是随机的。在这种情况下, 交互均方用于检验因素 A, 而残差均方用于检验因素 B。对于双因素 ANOVA, 表 10.9 和表 10.10 给出了随机效应模型和混合效应模型的期望均方和正确的 F 比。请注意, 固定效应、随机效应和混合效应 ANOVA 只适用于具有两个或多个因素的模型。无论处理因素是固定的还是随机的, 单因素方差分析的计算方法都是一样的。

正确计算随机效应 ANOVA 和混合效应 ANOVA 的 F 比是非常重要的, 但同样重要的是不同的模型对抽样策略的要求也是不同的。在固定效应模型中, 我们的目标是尽可能多地重复每种处理组合。重复越多, 残差均方拥有的自由度就越多, 研究的统计效力也就越高。但是对于随机效应或混合效应模型, 则应该使用不同的策略。我们应该尝试多建立几个处理水平, 而不是增加每种处理水平内的重复, 并且我们也无须过多地担心每种处理水平内重复的数量。处理水平的数量决定了交互均方的自由度, 并且这也是我们想要增加抽样的地方。最糟的情况是我们进行了一个双因素随机效应 ANOVA, 每个因素只有两种处理水平, 那无论使用多少重复, 交互项始终只有 1 个自由度 (见第 7 章脚注 10)!

我们应该对固定效应模型和随机效应模型的正确抽样有一定直观的感觉。如果推断的范围仅限于已建立的处理, 那增加重复的数量将提高固定效应模型的统计效力。但如果处理水平只是众多可能的处理水平的一个随机子集, 则应该尝试增加随机效应模型对处理水平的覆盖范围。如果 ANOVA 中的处理水平代表已转换为离散因素的连续变量, 那最好的策略可能是完全放弃 ANOVA 设计, 并将该问题替换为一个实验回归设计或响应面设计, 正如第 7 章中讨论的那样。

判断一个因素到底是固定的还是随机的有时并不容易。如果因素是一组随机选择的地点或时间, 那它一般会被视为是一个随机因素, 这也是随机分块和重复测量设计中分块的分析方法。如果因素代表一组定义明确的类别, 类别数量有限且代表的变异不是连续的, 如物种或性别, 那它一般会被视为是一个固定因素。

一种方法是考虑因素的 x/X 比值, 其中 x 是研究中该因素处理的水平数量, X 是可能的水平数量。如果这个比值接近 0, 那该因素可能就是一个随机因素, 而如果比值接近 1.0, 则可能是一个固定因素。

在 ANOVA 中, 自然界的许多连续变量若被分割成离散水平, 那就应该当作随机因素来分析, 例如营养浓度或种群密度等。但如果用到的处理水平具有特殊的意义, 那最好使用固定因素设计。例如, 在某种动物的种群密度研究中, 可能只有两种处理水平: 环境中该物种的密度和零密度。虽然有许多其他可能的水平, 但环境中该物种的密度可被视为是一种平衡状态, 而零密度或物种缺失则代表该物种入侵前的情况。此时, 固定因素设计可能更合适。

表 10.9　具有随机效应的双因素方差分析表

来源	自由度 (df)	平方和 (SS)	均方 (MS)	期望的均方	F 比	P 值
因子 A	$a-1$	$\sum_{i=1}^{a}\sum_{j=1}^{b}\sum_{k=1}^{n}(\overline{Y}_i-\overline{Y})^2$	$\dfrac{SS_A}{a-1}$	$\sigma^2+n\sigma_{AB}^2+nb\sigma_A^2$	$\dfrac{MS_A}{MS_{AB}}$	自由度为 $(a-1),\ (a-1)(b-1)$ 的 F 分布的尾部
因子 B	$b-1$	$\sum_{i=1}^{a}\sum_{j=1}^{b}\sum_{k=1}^{n}(\overline{Y}_j-\overline{Y})^2$	$\dfrac{SS_B}{b-1}$	$\sigma^2+n\sigma_{AB}^2+na\sigma_B^2$	$\dfrac{MS_B}{MS_{AB}}$	自由度为 $(b-1),\ (a-1)(b-1)$ 的 F 分布的尾部
交互作用 $(A\times B)$	$(a-1)(b-1)$	$\sum_{i=1}^{a}\sum_{j=1}^{b}\sum_{k=1}^{n}(\overline{Y}_{ij}-\overline{Y}_i-\overline{Y}_j+\overline{Y})^2$	$\dfrac{SS_{AB}}{(a-1)(b-1)}$	$\sigma^2+n\sigma_{AB}^2$	$\dfrac{MS_{AB}}{MS_{within\ groups}}$	自由度为 $(a-1)(b-1),\ ab(n-1)$ 的 F 分布的尾部
组内 (残差)	$ab(n-1)$	$\sum_{i=1}^{a}\sum_{j=1}^{b}\sum_{k=1}^{n}(Y_{ijk}-\overline{Y}_{ij})^2$	$\dfrac{SS_{within\ groups}}{ab(n-1)}$	σ^2		
总和	$abn-1$	$\sum_{i=1}^{a}\sum_{j=1}^{b}\sum_{k=1}^{n}(Y_{ijk}-\overline{Y})^2$	$\dfrac{SS_{total}}{abn-1}$	σ_Y^2		

因素 A 有 $i=1\sim a$ 个水平，因素 B 有 $j=1\sim b$ 个水平，每个独特的 ij 处理组合有 n 个重复。两种主效应的 F 比都用分母的交互均方进行检验，而标准 F 比的分母用的侧是残差均方（见表 10.6），其中两种处理均方均为固定因素。

表 10.10　双因素混合模型的方差分析表

来源	自由度 (df)	平方和 (SS)	均方 (MS)	期望的均方	F 比	P 值
因子 A	$a-1$	$\sum_{i=1}^{a}\sum_{j=1}^{b}\sum_{k=1}^{n}(\overline{Y}_i-\overline{Y})^2$	$\dfrac{SS_A}{a-1}$	$\sigma^2+n\sigma_{AB}^2+nb\sigma_A^2$	$\dfrac{MS_A}{MS_{AB}}$	自由度为 $(a-1)$, $(a-1)(b-1)$ 的 F 分布的尾部
因子 B	$b-1$	$\sum_{i=1}^{a}\sum_{j=1}^{b}\sum_{k=1}^{n}(\overline{Y}_j-\overline{Y})^2$	$\dfrac{SS_B}{b-1}$	$\sigma^2+na\sigma_B^2$	$\dfrac{MS_B}{MS_{within\,groups}}$	自由度为 $(b-1)$, $ab(n-1)$ 的 F 分布的尾部
交互作用 $(A\times B)$	$(a-1)(b-1)$	$\sum_{i=1}^{a}\sum_{j=1}^{b}\sum_{k=1}^{n}(\overline{Y}_{ij}-\overline{Y}_i-\overline{Y}_j+\overline{Y})^2$	$\dfrac{SS_{AB}}{(a-1)(b-1)}$	$\sigma^2+n\sigma_{AB}^2$	$\dfrac{MS_{AB}}{MS_{within\,groups}}$	自由度为 $(a-1)(b-1)$, $ab(n-1)$ 的 F 分布的尾部
组内 (残差)	$ab(n-1)$	$\sum_{i=1}^{a}\sum_{j=1}^{b}\sum_{k=1}^{n}(Y_{ijk}-\overline{Y}_{ij})^2$	$\dfrac{SS_{within\,groups}}{ab(n-1)}$	σ^2		
总和	$abn-1$	$\sum_{i=1}^{a}\sum_{j=1}^{b}\sum_{k=1}^{n}(Y_{ijk}-\overline{Y})^2$	$\dfrac{SS_{total}}{abn-1}$	σ_Y^2		

因素 A 是固定的, 因素 B 是随机的。因素 A 有 $i=1\sim a$ 个水平, 因素 B 有 $j=1\sim b$ 个水平, 每个独特的 ij 处理组合有 n 个重复。请注意, 因素 A 用交互均方作为 F 比的分母, 而因素 B 和交互效应 $(A\times B)$ 的 F 比用的则是残差均方作为分母。这两种效应的自由度也不同。

　　论文的方法部分应该清楚地说明哪些因素是固定的, 哪些因素是随机的, 然后给出合适的 ANOVA 设计。不要总是依赖默认的固定因素分析, 大多数统计软件也可以指定所需的误差项。表 10.9 和表 10.10 仅给出了双因素 ANOVA 模型的期望均方, 若想了解更复杂设计中混合和随机效应的期望均方可以参考其他 ANOVA 资料 (如 Winer et al. 1991)。然而, 在一些复杂的设计中, 混合效应模型可能无法构建有效的 F 比。这也就是为什么最好选用简单 ANOVA 设计, 避免在分析中使用包含多个因素的嵌套或重复测量设计的另一个原因。

10.8　分解方差

　　ANOVA 在生态学和环境科学中的应用很多都旨在检验关于主效应和交互效应的假设。但正如我们在第 4 章中所指出的, 假设检验只是分析数据的第一步。我们感兴趣的其实还有很多, 比如估计模型参数, 或确定数据中的变异有多少可归于某个特定来源 (见图 4.6)。这种分解变异的想法在回归分析中很常见 (见第 9 章), 其中决定系数 (r^2) 的值可能比零假设是否被拒绝更重要。

　　我们可以用类似的方法在 ANOVA 中对方差进行分解, 但这个过程在数学上不像在回归中那么简单。在过去, 研究人员会试图根据均方大小或计算出的 P 值来推断某一特定因素的相对重要性, 但这两种方法都是错误的。因为均方通常估计两个以上的方差分量, 所以它不能被单独使用。同时, P 值对研究所用的样本量很敏感。

　　正确的方法是, 先得到期望的均方, 再用代数方法对其进行转换以分离出感兴趣的方差分量。例如, 在单固定因素 ANOVA 中, 组内变异估计残差均方:

$$\sigma_e^2 = MS_{within\,groups} \tag{10.19}$$

组间均方估计残差均方加处理效应:

$$\sigma_e^2 + n\sigma_A^2 = MS_{among\,groups} \tag{10.20}$$

如果我们对方程 10.20 进行变换, 就可以分离出处理效应:

$$\sigma_A^2 = \frac{MS_{among\,groups} - MS_{within\,groups}}{n} \tag{10.21}$$

接着需要对其进一步改进。因为这是一个固定因素 ANOVA, 所以因素 A 的处理水平是有限的。因此, 估计了处理效应导致的方差 (严格来说不是一个真正的 "方差") 后, 必须经过 $(a-1)/a$ 的校正。这种校正解释了真实方差 (a) 与来自有限样本的方差 ($a-1$) 间存在的自由度差异。请注意, 随着处理组数的增加, 校正因素 $[(a-1)/a]$ 逐渐接近 1.0。这很直观, 因为一个具有大量有效处理水平的固定效应模型是一个随机效应模型。

这些固定效应经过该细微的调整后, 就能得到

$$\sigma_A^2 = \frac{(MS_{among\ groups} - MS_{within\ groups})(a-1)}{na} \tag{10.22}$$

一旦用这种方法分离出方差分量, 我们就能算出它们对总方差的贡献, 即**方差解释率 (proportion of explained variance, PEV)**:

$$PEV_A = \frac{\sigma_A^2}{\sigma_A^2 + \sigma_e^2} \tag{10.23}$$

以及

$$PEV_e = \frac{\sigma_e^2}{\sigma_A^2 + \sigma_e^2} \tag{10.24}$$

在代数上, 这种分解相当于计算线性回归中的 r^2 (见第 9 章)。

例如, 对于表 10.1 中的数据, 有 $a=3$ 个处理组, 每组有 $n=4$ 个重复, $MS_{among\ groups} = 11.085$, $MS_{within\ groups} = 2.167$。根据方程 10.21 和 10.22 可得, 处理效应的方差估计为 1.486, 残差的方差估计为 2.167。由方程 10.23 可得, $PEV_A = 41\% = 1.486/(1.486 + 2.167) = 0.407$。

双因素 ANOVA 对感兴趣项的分离也遵循同样的代数原则, 尽管计算稍微复杂了一些。当然, 双因素 ANOVA 的计算同样取决于模型是固定效应、随机效应还是混合效应 (表 10.11)。

即使计算正确, 该技术仍然存在一些重要的局限。也许最严重的概念问题是分解只适用于那些实际被测量且包含在模型中的因素。而那些未测因素的任何变异, 不论其何等重要, 都被偷偷塞入残差均方或已测的处理效应 (如果已测因素和未测因素之间存在交互作用)。

就算在单因素 ANOVA 中, 处理效应与残差 (或误差) 对变异的贡献不仅取决于所用到的处理组的数量, 还取决于所选择的特定水平 (Underwood and Petraitis 1993; Petraitis 1998)。同样, 在回归研究中, 连续预测变量所占的变异量也将取决于所选的 X 值的范围 (见图 7.2 和图 7.3)。

表 10.11　固定因素、随机因素及混合因素双因素方差分析模型的方差组成

方差组成	固定效应模型 (A 固定, B 固定)	随机效应模型 (A 随机, B 随机)	混合效应模型 (A 固定, B 随机)
A	$\dfrac{(MS_A - MS_{residual})(a-1)}{abn}$	$\dfrac{MS_A - MS_{A \times B}}{bn}$	$\dfrac{(MS_A - MS_{A \times B})(a-1)}{bna}$
B	$\dfrac{(MS_B - MS_{residual})(b-1)}{abn}$	$\dfrac{MS_B - MS_{A \times B}}{an}$	$\dfrac{MS_B - MS_{A \times B}}{an}$
$A \times B$	$\dfrac{(MS_{A \times B} - MS_{residual})(a-1)(b-1)}{abn}$	$\dfrac{MS_{A \times B} - MS_{residual}}{n}$	$\dfrac{MS_{A \times B} - MS_{residual}}{n}$
残差	$MS_{residual}$	$MS_{residual}$	$MS_{residual}$

a 是因素 A 处理水平的数量, b 是因素 B 处理水平的数量, n 是每种处理中重复的数量 (在样本平衡的设计中)。MS 表示 ANOVA 表中用到的特定均方值。由于固定效应、随机效应和混合效应三种 ANOVA 模型的期望均方不同, 所以这些模型对方差分量的估计也不同。一旦估计了方差分量, 就可以用它们来度量分析中每个因素所占变异的百分比。

该限制意味着, 即使存在可能性, 也很难比较不同研究中相对效应的强度[7]。然而, 同样的警告也适用于对 ANOVA 中 P 值的解释。只有当我们正确地计算出 P 值且对其作出合理解释时, 方差分解才能有效补充 ANOVA 的标准假设检验。

10.9　方差分析作图和交互项理解

至此, 你已经提出了科学问题 (见第 4 章), 设计并执行了实验 (见第 6 章和第 7 章), 收集并整理了数据 (见第 8 章), 还使用频率学派、蒙特卡罗 (统计模拟法) 或贝叶斯的方法对数据进行了方差分析 (见第 5 章)。

下一个关键步骤就是将分析结果绘制成图。如果不仔细研究数据图表, 就无法从统计学或生物学角度解释 ANOVA 的结果。文章中也不能只展示方差分析表, 也应该以图或表的形式给出一些必要的统计量 (如, 各组的均值和方差)。先前我们在第 8 章中介绍了探索性数据分析 (EDA), 该方法可查出数据中的异常值和错误值, 并且检查数据中的大致模式。本节中, 我们将给出一些发表用图, 这些图突出强调了均值和方差模式, 并可以帮助读者理解 ANOVA 统计检验结果的意义。

10.9.1　单因素方差分析作图

让我们来看一个简单的单因素设计: 三个处理组, 包括一组未经处理的样方 (U), 除进行调查或测量外不做任何形式的改变; 一组对照样方 (C), 并未施加感兴趣的处理, 但

---

[7]一种完全不同的评估研究效应的方法是 meta 分析 (Arnqvist and Wooster 1995)。在 meta 分析中, 每项研究都被视为是一个独立的重复, 用于一个更广泛的假设检验 (如, 水生食物网的营养级联强于陆生食物网的营养级联; Shurin et al. 2002)。Meta 分析根据已发表的研究, 通过比较对照组和处理组的平均值提取效应大小, 并通过估计的方差对其进行标准化。Meta 分析最近在生态学和进化论中越来越流行, 但也存在争议 (如 Whittaker (2010) 和 Strong 于 2010 年 9 月发表在 *Ecology* 杂志上的相关系列文章)。如何正确量化效应大小 (Osenberg et al. 1999) 和控制发表偏倚 (bias) (Jennions and Møller, 2002) 是当前 meta 分析面临的两个挑战。方法介绍请参见 Gurevitch 等 (2001)。

潜在地包含实施处理时带来的效应; 一组处理样方 (T), 实施感兴趣的处理, 当然也必须包括实施处理时带来的效应。

我们将这些数据绘制成简单的柱状图: 图中 y 轴表示按各自度量单位绘制的响应变量。x 轴上标注着每个处理组的组名 (本例有 3 组)。每组绘制一个简单的柱状图 (或箱线图; 见第 3 章和第 8 章)。柱状图的高度代表处理组的均值。在横线上方添加一条垂直线, 表示均值周围的标准差。理想情况下, 计算每组样本均值和标准差应基于至少 10 个观测值 (见第 6 章 "10 数规则")。对于更复杂的设计, 读者可以用阴影来表示数据中的重要子处理组。这些子处理组随后会与先验信息进行比较, 这部分内容将在本章后面进行讨论。

有了这个图, 我们就可以解释 ANOVA 的结果。如果组间差异的 F 比检验结果不显著, 则意味着没有证据可以证明: 不同群体均值间的差异比随机抽样误差导致的差异大 (图 10.2A)。需要注意的是, 我们的实验或设计满足了 ANOVA 的假设, 并且样本量

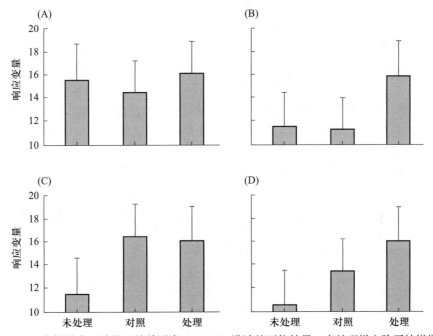

图 10.2 一个假设有三种处理的单因素 ANOVA 设计的可能结果。未处理样方除了抽样期间发生的影响外不做任何改变。对照样方不接受处理, 但可能接受一个伪处理以获得处理实施过程带来的效应。处理样方实施感兴趣的处理, 当然也包括处理实施的效应。每个柱的高度代表该组的平均响应, 垂线表示均值的 1 个标准差。(A) 处理效应的 ANOVA 检验结果不显著, 组间均值的差异可能是由纯误差导致的。(B–D) ANOVA 检验结果都是显著的, 但每种情况的解释不同。(B) 与对照组和未处理组相比, 处理组均值升高, 表明处理效应真实存在。(C) 与未处理组相比, 对照组和处理组均值均升高, 表明存在处理实施的效应, 但无明显处理效应。(D) 该图显示了存在处理实施效应的证据, 因为即使没有实施感兴趣的 (生物的) 处理, 对照组的均值也超过了未处理组的均值。但除了这种处理实施效应外, 处理效应同样也存在, 因为与对照组相比, 处理组的均值升高了。可以用事前对照或事后比较来确定哪些组与其他组明显不同。在此我们的观点是, ANOVA 的结果可能是相同的, 但对结果的解释要取决于处理组均值的特定模式。如果不仔细检查处理组的均值和方差模式, ANOVA 结果就无法得到有意义的解释。

充足, 从而有可靠的效力来检验处理效应 (见第 4 章)。如果组内方差较大且样本量较小, 即使尚未拒绝零假设, 样本均值也可能存在较大差异。这就是为什么要在样本均值上绘制出标准差, 并且要仔细考虑实验样本量的原因。

如果组间差异的 F 比检验结果是显著的呢? 在我们这个简单的单因素设计中有三种均值模式, 对这三种模式的解释截然不同。首先, 假设处理样方的均值高于 (或低于) 对照样方和未处理样方 (T > C = U; 图 10.2 B)。这一模式表明, 处理对响应变量有显著影响, 并且该影响不是由人为因素造成的。请注意, 若实验中没有设置对照样方 (这是错误的), 只比较了处理组和未处理组, 那对处理效应的推断将会是错误的。其次, 假设处理组和对照组的均值相似, 但都高于未处理组 (T = C > U; 图 10.2 C)。这一模式表明, 处理效应并不重要, 而且均值间的差异可能是处理实施的过程或其他人为因素造成的。最后, 假设三个均值存在差异, 处理组均值最高, 未处理组均值最低 (T > C > U; 图 10.2 D)。在这种情况下, 因为 C > U, 所以有证据表明处理实施的效应。然而, T > C 的事实意味着也存在处理效应, 而不仅仅是处理实施的效应。一旦用 ANOVA 建立了数据的模式并以图的形式输出之后, 下一步就是确定该模式是支持还是反驳正在评估的科学假设 (见第 4 章)。请始终不要忘记统计意义和生物意义的区别!

10.9.2　双因素方差分析作图

在绘制双因素方差分析的结果时, 也可以使用简单的柱状图, 但很难诠释得清晰直观, 而且柱状图不能很好地展示出主效应和交互效应。我们建议使用以下方案绘制双因素 ANOVA 中的均值:

1. 绘制一个图, 图中 y 轴代表连续响应变量, x 轴代表实验中第一个因素的不同水平。

2. 图中用不同形状或颜色的符号表示实验中第二个因素的各个水平。x 轴上每个水平名称标签对应的符号表示特定处理组合的均值。总共有 $a \times b$ 个符号, a 为第一个因素的水平数, b 为第二个因素的水平数。

3. 将每个因素水平名称标签上的符号对齐, 以建立所代表的处理组合。

4. 沿着第一个因素的所有水平, 用 (有颜色的) 线将所有符号连接起来。

5. 用误差线表示标准差, 若处理水平较高, 用垂直向上的线, 若处理水平较低, 用垂直向下的线。如果怕显得过于杂乱, 可以只保留部分数据的误差线。

图 10.3 为假想的双因素藤壶实验的图。x 轴代表捕食处理的四种水平 (未处理、对照、排除捕食者、包含捕食者)。三种颜色 (深灰、浅灰、黑色) 分别表示岩石基质处理的三种水平 (水泥、板岩和花岗岩)。在每种岩石基质上, 四种捕食处理的均值被用线连接起来。

我们应该再次考虑 ANOVA 的不同结果以及每种结果对应什么样的统计图。因为目前我们有三个假设检验, 其中两个与捕食和岩石基质主效应有关, 另一个与二者的交互效应有关, 所以这种情况下, 存在几种可能性。

没有显著的效应。和之前一样, 最简单的情况是两个主效应和交互项均无统计学意

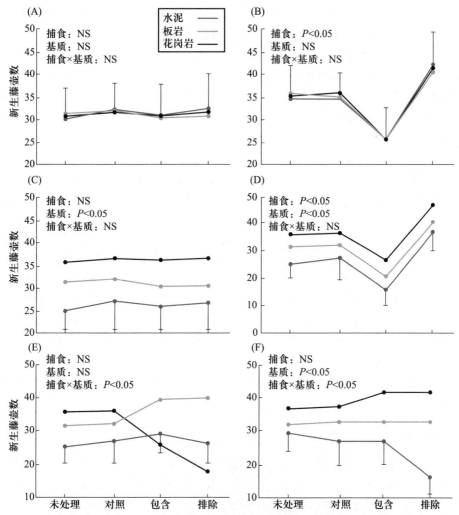

图 10.3 岩石基质和捕食处理对藤壶着生影响的假想实验的可能结果。每个符号表示不同处理组合的均值。x 轴标记表示捕食处理。垂线表示标准误或标准差 (必须在图例中指定)。每个小图代表与特定统计结果相关的模式。(A) 处理效应和交互效应均不显著,所有处理组合的均值在统计学上很难被区分。(B) 捕食效应显著,但岩石基质效应和交互效应不显著。在该图中,排除捕食者的处理水平均值最高,包含捕食者的处理水平均值最低,所有岩石基质的均值模式相似。(C) 岩石基质效应显著,但捕食者效应和交互效应不显著。捕食处理的均值没有差异,但无论捕食处理如何,花岗岩基质上的着生数始终最高,水泥基质上的着生数始终最低。(D) 捕食效应和岩石基质效应均显著,但交互效应不显著。均值取决于基质和捕食处理,但效应是严格可加性的,均值线在各基质和处理都是平行的。(E) 交互效应显著。处理的均值存在显著差异,但捕食或基质的简单加性效应已不复存在。基质均值的等级取决于捕食处理,捕食均值的等级也取决于基质处理。在这种情况下,主效应可能不显著,因为基质处理或捕食处理各水平均值间不一定存在显著差异。(F) 交互效应显著但较弱,这意味着捕食处理的效应取决于基质处理,反之亦然。除交互作用外,也可探讨岩石基质对着生的影响。无论采用何种捕食处理,花岗岩基质上的着生数始终最高,水泥基质上的着生数始终最低。交互效应具有统计学意义,但是均值线实际上并未交叉。

义。若样本量足够大, 绘制这种情况的统计图很容易出现混乱, 因为处理组的均值都非
常相似, 所以代表均值的点可能会相互紧密地重叠在一起 (图 10.3A)。

一个显著的主效应。接下来, 假设捕食的主效应是显著的, 但是岩石基质效应和交
互效应均不显著。因此, 在三种岩石基质处理水平上, 捕食处理的均值间存在显著差异。
相比之下, 在不同捕食处理水平上, 各岩石基质处理的均值相互间差异不大。图 10.3B
清楚地展示出, 捕食处理不同水平的均值形成不同的团簇, 而不同岩石基质的均值几乎
是相同的。

若假设岩石基质效应显著, 但捕食效应不显著, 则三种岩石基质处理的均值在四
种捕食处理上存在显著差异。然而, 捕食处理的均值间没有显著差异。代表岩石基质
的三条均值连接线将彼此分离, 但由于不受捕食处理的影响, 这些线基本是平坦的 (图
10.3C)。

两个显著的主效应。第三种可能是捕食效应和岩石基质效应均显著, 但交互效应不
显著。在这种情况下, 每种岩石基质的均值响应连接线依旧彼此分离, 但同时这些横穿
各个捕食处理的线也不再是平坦的。该图的一个关键特征是, 这些连接不同处理组的线
彼此平行。当这些折线相互平行时, 这两个因素的效应是严格可加的: 已知两种单独处
理的平均效应, 就可以预测特定处理组合的效应。处理效应的可加性和平行的处理响应
折线是判断 ANOVA 中两个主效应显著、交互效应不显著的依据 (图 10.3D)。

显著的交互效应。最后一种可能情况是交互项是显著的, 但两种主效应都不显著。
如果交互作用强烈, 剖面图的线可能会相互交叉 (图 10.3E)。如果交互作用较弱, 这些
线可能不会交叉, 尽管它们 (在统计学上) 不再平行 (图 10.3F)。

10.9.3   理解交互项

当交互项显著时, 设计中两个因素各处理组的均值虽然相互间存在显著差异, 但已
不存在简单的可加性的效应。取而代之的是, 第一个因素 (如捕食) 的效应将取决于第
二个因素 (如岩石基质类型) 的水平。因此, 岩石基质处理间的差异将取决于当前的捕
食处理水平。在对照和未处理样方中, 花岗岩基质上着生的藤壶数量最多; 而在包含和
排除捕食者的样方中, 板岩上着生的藤壶数量最多。同样, 也可以说捕食者处理的效应
取决于岩石基质的类型。在花岗岩上, 对照处理组的丰度最高; 在板岩上, 包含和排除捕
食者处理组的丰度最高。

对于用非平行关系来展现交互作用的统计图, 我们也可从代数角度对其进行解释。
由表 10.6 可知, 双因素 ANOVA 中交互项的平方和为

$$SS_{AB} = \sum_{i=1}^{a} \sum_{j=1}^{b} \sum_{k=1}^{n} (\overline{Y}_{ij} - \overline{Y}_i - \overline{Y}_j + \overline{Y})^2 \qquad (10.25)$$

同样的, 我们可以通过加减一项 $\overline{Y}$, 得到

$$SS_{AB} = \sum_{i=1}^{a} \sum_{j=1}^{b} \sum_{k=1}^{n} [(\overline{Y}_{ij} - \overline{Y}) - (\overline{Y}_i - \overline{Y}) - (\overline{Y}_j - \overline{Y})]^2 \qquad (10.26)$$

该扩展表达式的第一项 $(\overline{Y}_{ij} - \overline{Y})$ 表示各处理组均值与总均值的偏差。第二项 $(\overline{Y}_i - \overline{Y})$ 表示因素 A 的可加效应与总均值的偏差, 第三项 $(\overline{Y}_j - \overline{Y})$ 表示因素 B 的可加效应与总均值的偏差。如果因素 A 和 B 的可加效应共同占据了所有处理均值与总均值的偏差, 则交互效应为零。因此, 交互项度量的是, 处理均值与两个主要因素的严格可加效应间的差异程度。如果没有交互项, 只要已知岩石类型和捕食处理, 我们就能够完美预测这两种因素结合起来的效应。但是如果有很强的交互作用, 即使我们理解了独立因素的行为, 也无法预测它们综合起来的效应[8]。

我们很清楚为什么图 10.3E 中的交互项是显著的, 但为什么这种情况下主效应不显著呢? 原因是, 如果对每种捕食处理或每种岩石处理的均值求平均, 得到的均值是近似相等的, 而且就单独这个因素而言均值间不存在一致的差异。为此, 有时人们会说, 当交互项显著时, 对主效应就没什么好谈的。这种说法只适用于交互作用非常强的情况, 在图中反映出的是剖面折线彼此交叉。但在多数情况下, 即使交互项是显著的, 单个因素的效应也可能存在整体趋势。

例如图 10.3F, 可以肯定这种情况下双因素 ANOVA 的交互项是有统计学意义的。显著的交互作用意味着, 岩石处理均值间的差异取决于捕食处理。然而, 在这种情况下, 交互作用产生的主要原因是, 相对于其他所有处理而言, 水泥 × 排除捕食者这一处理组合的均值非常小。在所有的捕食处理中, 花岗岩 (黑色线) 上着生的藤壶数量最多, 水泥 (深灰线) 上着生的最少。在对照处理中, 岩石处理均值间的差异相对较小; 而在排除捕食者的处理中, 岩石处理均值间的差异相对较大。再次强调, 如果不参考数据中均值和方差的模式, 就无法对 ANOVA 的结果做出合理正确的解释。

最后请注意, 数据转换有时可能会消除重要的交互项。特别要注意的是, 线性尺度的乘法关系在对数尺度上是加法关系 (见第 3 章和第 8 章的讨论), 而且对数变换常常会消除一个重要的交互项。某些 ANOVA 设计不包括交互项, 所以必须在这些模型中假定效应是严格可加性的。

10.9.4   协方差分析作图

本节的最后让我们来看看 ANCOVA 的可能结果。ANCOVA 图中 x 轴应为连续协变量, y 轴代表 Y 变量。图中每个符号 (点) 代表一个独立的重复, 使用不同形状或颜色

---

[8]关于交互作用一个疾病方面的例子是: 酒精和镇静剂对人类血压的影响。假设酒精降低血压 20 个百分点, 镇静剂降低血压 15 个百分点。通过简单的叠加, 酒精和镇静剂的组合应该能降低血压 35 个百分点。但事实上酒精和镇静剂的交互作用可以降低血压 50 个百分点甚至更多, 而且往往是致命的。对这一结果的预测不能仅依据对单个因素的了解。交互作用在医学和环境科学中都是一个严重的问题。简单的实验研究可以量化单因素环境压力 (如 CO_2 浓度升高或温度升高) 的影响, 但这些因素间可能存在强烈的交互作用, 这些交互作用可能会造成意想不到的后果。

的符号来表示不同处理的重复。然后, 为每个处理组拟合一条线性回归线置于图中。为展示可能出现的结果, 我们将举一个例子, 该例中有一个协变量和三种要比较的处理水平。以下是可能出现的结果:

协变量、处理、交互项均不显著。在这种情况下, 三条回归线相互间没有区别, 且斜率与零没有显著差异。这种情况下, 各回归拟合的截距可有效估计出 Y 值的均值 (图 10.4A)。

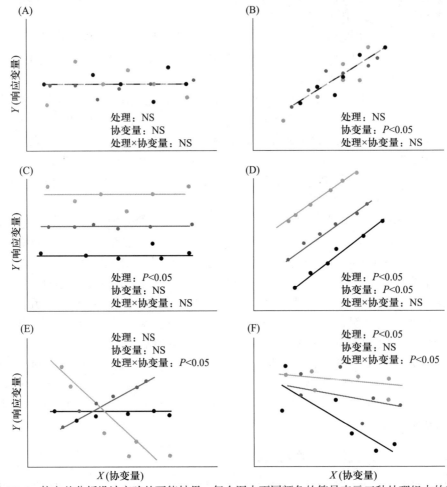

图 **10.4** 协方差分析设计实验的可能结果。每个图中不同颜色的符号表示三种处理组中的重复。每个图展示了一种用 ANCOVA 可能得到的实验结果。(A) 处理效应和协变量效应不显著。对数据最恰当的表示是一个带抽样误差的总均值。(B) 协变量效应显著, 处理效应不显著。对数据最恰当的表示是一条各处理间没有差异的回归线。(C) 处理效应显著, 无显著协变量效应。协变量项不显著 (回归斜率 = 0), 并且对数据最恰当的表示是类似单因素 ANOVA 的具有不同处理组均值的模型。(D) 处理和协变量效应均显著。对数据最恰当的表示是斜率相同但截距不同的回归模型。该模型用于计算校正均值, 该均值是对协变量总均值的估计。(E) 处理 × 协变量的交互效应显著, 在这种交互作用中, 处理均值的顺序会因协变量的值不同而发生改变。回归斜率存在异质性, 各处理组的斜率和截距均不同。(F) 处理 × 协变量交互效应及处理效应均显著, 其中处理组的顺序与协变量的值无关。

协变量显著, 处理和交互项不显著。在这种情况下, 三条回归线间没有区别, 但此时它们共同的斜率与零相比存在显著差异。结果表明, 协变量可以解释数据的变异, 但 (在统计上) 剔除协变量的影响后, 各处理的效应间没有差异 (图 10.4B)。

处理显著, 协变量和交互项不显著。在这种情况下, 回归线的斜率仍为零, 但现在三条回归线的截距不同, 说明处理效应显著。由于协变量并不能解释数据中大部分的变异, 因此其结果在性质上与没有测量协变量的单因素 ANOVA 的结果相同 (图 10.4C)。

处理和协变量显著, 交互项不显著。在这种情况下, 回归线具有相等的非零斜率, 且截距显著不同。协变量解释了数据中的一部分变异, 但剩余的变异仍然可归因于处理效应。这个结果相当于, 先对整个数据集拟合回归线, 然后对其残差使用单因素 ANOVA 来检验处理效应。得到该结果之后, 可以拟合出共同的回归斜率, 并用方程 10.18 估计校正后的处理均值 (图 10.4D)。

交互项显著。在这种情况下, 每种处理需要拟合各自单独的回归线, 因为各处理回归先得斜率和截距均互不相同 (图 10.4E, F)。当处理 × 协变量交互作用显著时, 可能无法讨论一般的处理效应, 因为处理间的差异可能取决于协变量的值。如果交互作用强烈且回归线交叉, 则处理均值的顺序在协变量高值和低值处是完全颠倒的 (图 10.4E)。如果处理效应强烈, 即使交互项显著, 对于不同的协变量值, 处理均值的顺序均可保持不变 (图 10.4F)。

10.10 均值比较

在上一节中, 我们强调过比较处理组均值对正确解释 ANOVA 结果的重要性。但我们如何判断哪些均值间存在差异呢? ANOVA 只检验了一个零假设, 即处理均值都来自统一分布。如果我们拒绝了该零假设, ANOVA 的结果也不会明确指出那些存在差异的特殊均值。

比较不同均值的方法一般有两种。一种是基于后验 ("事后") 的比较, 用一个检验比较每一对可能的处理均值, 以确定那些存在差异的均值。另一种是基于先验 ("事前") 的对照, 提前指定想要检验的特定均值组合。这些组合通常反映了我们在评估中感兴趣的特定假设。

虽然生态学家和环境科学家不常使用事前对照, 但我们对其青睐有加的原因主要有两个: 首先, 它们更具体, 通常比两两均值差异的广义检验更有力。其次, 使用事前对照可以迫使研究者清楚地思考哪些特定的处理差异才是值得关注的, 以及这些差异与正在探究的假设有何关系。

我们将通过一个简单的 ANOVA 设计来说明事前和事后方法。数据来自 Ellison 等人于 1996 年发表的文章, 他们研究了美洲红树 (*Rhizophora mangle*) 的根与浅海底栖生物海绵间的交互作用。红树是少数几种能在很高盐度的水中生长的维管植物; 在受保护的热带沼泽中, 它们在岸边形成了茂密的森林。红树的支柱根向下延伸到水底基质,并被各种各样的物种占据, 例如海绵、藤壶、藻类以及更小的无脊椎动物和微生物。动物群落显然受益于红树根提供的家园, 但植物会受到怎样的影响呢?

Ellison 等人在 1996 年发表的文章中, 想通过实验来确定两种常见的海绵物种是否对美洲红树根系的生长带来积极的影响。他们建立了四种处理, 每种处理有 $14 \sim 21$ 个重复[9]。处理如下: (1) 未经处理; (2) 在裸红树根部附着泡沫 (泡沫是一种 "假海绵" 对照, 模仿活海绵的水动力和其他物理效应, 但没有生物学效应[10]); (3) 移植 *Tedania ignis* (火海绵) 活体到裸红树根部; (4) 移植 *Haliclona implexiformis* (紫海绵) 活体到裸红树根部。通过随机选择裸红树根系建立了实验重复, 然后将处理随机分配给这些重复。响应变量为红树根系的生长状况, 测量单位为毫米/天。表 10.12 给出了对该数据的方差分析, 图 10.5 展示了均值间的模式。F 比的 P 值非常显著 ($F_{3,52} = 5.286$, $P = 0.003$), 处理效应占数据变异的 19% (由方程 10.23 可得)。下一步是去寻找存在差异的处理均值。

表 10.12　实验检验海绵对红树根系生长影响的方差分析表

来源	自由度 (df)	平方和 (SS)	均方 (MS)	F 比	P 值
处理	3	2.602	0.867	5.286	0.003
残差	52	8.551	0.164		
总计	55	11.153			

该分析共设置了四种处理 (未处理、泡沫处理和两种活海绵处理), 每种处理有 14 个重复; 总样本量 = $14 \times 4 = 56$。处理效应的 F 比非常显著, 说明四种处理的红树根系平均生长率存在显著差异。各处理根系生长的均值和标准差 (毫米/天) 见图 10.5(数据来自 Ellison et al. 1996)。

10.10.1　事后比较

使用 Tukey's HSD (Tukey's "honestly significant difference") 检验来比较红树生长实验中四种处理的均值。该方法是众多用于方差分析两两均值的事后检验方法的一种[11]。Tukey HSD 检验从统计学上控制了我们在同时进行多个比较这一事实。因此, 对于每个处理的单独检验的 P 值必须被下调, 以实现 $\alpha = 0.05$ 的错误率。下一节

---

[9]整个设计实际上是一个样本量不相等的随机分块, 但这里我们把它当成一个简单的单因素 ANOVA 来说明均值的比较。在简化示例中, 我们只分析每种处理中随机选择的 14 个重复, 因此该分析是完全平衡的。

[10]这种特殊的泡沫控制需要特别关注一下。在本书中, 我们已经讨论了处理效应的实验对照和只实施效应的虚假处理, 以及那些实验中我们想与有意义的生物效应分开的人工产物。在本例中, 泡沫对照的用途略有不同。该对照控制的变量是海绵体的物理 (如流体动力学) 效应, 这种效应会干扰水流, 进而可能影响红树根系的生长。因此, 泡沫对照并不是为了去控制任何实施操作带来的人为影响, 因为每种处理中的所有重复都是用相同的方法进行测量和实施处理的。取而代之的是, 该对照处理使我们能将活体海绵群体的影响 (分泌并吸收各种矿物质和有机化合物) 与附着的海绵状结构的影响 (海绵状结构没有生物学活性, 但会改变流体动力学) 区分开来。

[11]Day 和 Quinn(1989) 详细讨论了不同事后 (ANOVA 后) 检验及其优缺点。没有哪种选择是完全令人满意的。有些选择会导致有过多的 I 类或 II 类错误, 而另一些则对样本量不等或组间方差差异敏感。Tukey HSD 确实控制了多重比较, 尽管它可能有些保守, 存在犯 II 类错误 (当它为假时不拒绝 H_0) 的潜在风险。对不同选择的讨论参见 Quinn 和 Keough (2002)。

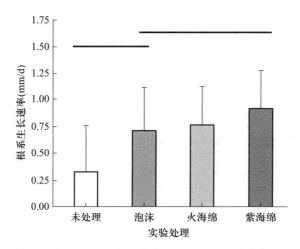

图 10.5 四种实验处理下红树根系的生长速率。设置了四种处理 (未处理、泡沫处理和两种活海绵处理), 每种处理有 14 个重复。柱状图的高度代表处理后的平均生长率, 垂直误差线代表均值附近的一个标准差。被水平线连接起来的处理组间经 Tukey HSD 检验显示无显著差异 (见表 10.13)(数据来自 Ellison et al. 1996, 对该数据的统计分析见表 10.12–表 10.15)。

将更详细地讨论如何在研究中处理多个 P 值的问题。第一步是计算 HSD:

$$\text{HSD} = q\sqrt{\left(\frac{1}{n_i} + \frac{1}{n_j}\right)MS_{residual}} \tag{10.27}$$

其中, q 是来自学生化极差分布统计表的值, n_i 和 n_j 为参与均值比较的处理组 i 和处理组 j 的重复数量, $MS_{residual}$ 为单因素 ANOVA 表中的残差均方。对于表 10.12 中的数据, $q = 3.42$ (取自一些统计表), n_i 和 n_j 均为 14, $MS_{residual} = 0.164$, 计算得到 HSD $= 0.523$。

因此, 四种处理中任何一对均值, 只要它们的红树根日平均生长量至少相差 0.523, 在 $P = 0.05$ 时这对均值就存在显著差异。表 10.13 给出了两两均值间差值的矩阵, 以及 Tukey 检验计算出的相应 P 值。

分析表明, 未处理的根系与有海绵附着的根系的生长量间存在显著差异。两种活海绵处理间或两种活海绵处理与泡沫处理间无显著差异。但泡沫处理的根系与未处理的根系间差异并不显著 $(P = 0.07)$。图 10.5 以图的形式展示了这些模式, 在图 10.5 中, 水平线将均值彼此间没有差异的处理组连在一起。

尽管这些成对的检验确实揭示了几对两两处理间存在显著差异, 但 Tukey HSD 检验以及其他事后检验有时会给出这样的结论: 没有一对均值彼此存在显著差异, 即使总体的 F 比引导你拒绝零假设! 这种不一致的结果可能会出现, 毕竟成对检验并不像总体 F 比本身那么强大。

表 10.13　在海绵对红树根系生长影响的实验研究中所有可能的处理间均值的差异

	未处理	泡沫	紫海绵	火海绵
未处理	0.000			
泡沫	0.383 (0.072)	0.000		
紫海绵	0.536 (0.031)	0.053 (0.986)	0.000	
火海绵	0.584 (0.002)	0.202 (0.557)	0.149 (0.766)	0.000

设置了 4 种处理 (未处理、泡沫处理、两种活海绵处理), 每种处理 14 个重复, 总样本量 $= 14 \times 4 = 56$。ANOVA 见表 10.12。该表说明了处理均值间的差异。每个单元格为两组处理间的根平均生长量 (毫米/天) 的差异。矩阵的对角线为每个处理与自身的比较, 因此差值全都为零。括号中的值是基于 Tukey HSD 检验得到的相关尾概率。该检验控制了 α 水平, 解释了事实上进行 6 次逐对检验。一对均值间的差异越大, P 值就越小。未处理与两种活海绵 (紫海绵、火海绵) 处理间存在显著差异。其他所有两两均值间的差异都不显著。未处理和泡沫处理的比较结果仅略高于 $P = 0.05$ 水平, 而泡沫处理与两种活海绵处理间均无显著差异。这些模式如图 10.5 所示 (数据来自 Ellison et al. 1996)。

10.10.2　事前对照

无论是在统计上还是逻辑上, 事前对照都比成对的事后检验要更为有力。其思想是建立**对照 (contrast)**, 或建立针对用于特定假设检验的一系列特定均值的特定比较。如果我们遵循一定的数学规则, 一组对照将会彼此间相互正交或彼此间相互独立, 并且事实上它们代表的是一种组间平方和的数学划分。

建立对照前先要为每个处理组分配一个整数 (正、负或 0)。这组整数系数就是要检验的对照。以下是建立对照的规则:

1. 特定对照的系数之和必须等于 0。

2. 同时求平均的几组均值应分配相同的系数。

3. 未包括在特定对照比较中的均值的系数为 0。

让我们在红树实验中试试这个规则。如果活海绵组织能促进根系生长, 那两种活海绵处理的平均生长应大于惰性泡沫处理的根系生长。

我们要对照的值为:

对照 I　　控制 (0)　　泡沫 (2)　　火海绵 (-1)　　紫海绵 (-1)

火海绵和紫海绵处理的系数相同, 均为 -1, 因为我们想比较这两种处理与泡沫处理的平均值。控制组的系数为 0, 因为我们正在检验的假设是活海绵对根系生长的影响, 而与该假设相关的只有活海绵与泡沫的比较。泡沫处理的系数为 2, 从而使之与两种活海绵处理的均值相平衡, 并且系数之和为 0。同样, 也可以指定系数为: 控制 (0)、泡沫 (6)、火海绵 (-3) 和紫海绵 (-3), 来实现相同的对照。

一旦建立了对照, 我们就用它来构造一个新的均方, 该均方有一个与之相关的自由度。可以将其看成一个加权的均方, 其中权重是反映假设的系数。每个对照的均方计算为

$$MS_{contrast} = \frac{n \left(\sum_{i=1}^{a} c_i \overline{Y}_i \right)^2}{\sum_{i=1}^{a} c_i^2} \tag{10.28}$$

括号中的项是各系数 (c_i) 与其相应的组均值 ($\overline{Y}_i$) 乘积之和。我们第一个对照 (泡沫与活海绵) 的均方为

$$MS_{foam\,vs\,living} = \frac{((0)(0.329) + (2)(0.712) + (-1)(0.765) + (-1)(0.914))^2 \times 14}{0^2 + 2^2 + (-1)^2 + (-1)^2}$$
$$= 0.151 \tag{10.29}$$

该均方的自由度为 1, 我们用误差均方来检验它。所得的 F 比为 $0.151/0.164 = 0.921$, P 值为 0.342 (表 10.14)。该对照表明, 被泡沫覆盖的红树根系的生长速率与被活海绵覆盖的根系的生长速率相当。这个结果是合理的, 因为这三种处理组的均值非常相似。

我们可以创建的潜在对照的数量是没有限制的。但我们希望我们的对照彼此正交, 这样所得的结果在逻辑上是独立的。正交的对照可确保 P 值不会过度膨胀或相互关联。为了创建正交对照, 必须遵循两个额外的规则:

4. 如果有 a 个处理组, 最多可以创建 $(a-1)$ 个正交对照 (尽管有许多这样的正交对照的可能集合)。

5. 所有成对的交叉乘积之和必须为零 (见书末附录)。换句话说, 如果 Q 和 R 的系数 c_{Qi} 和 c_{Ri} 的乘积之和等于零, 则 Q 和 R 的对照是独立的:

$$\sum_{i=1}^{a} c_{Qi} c_{Ri} = 0 \tag{10.30}$$

构建正交对照有点像玩填字游戏。一旦建立了第一个对照, 就会限制剩下那些对照的可能性。对于红树根数据, 在建立了第一个对照后, 我们还可以额外建立两个与其正交的对照。第二个对照为:

对照 II   控制 (3)   泡沫 (−1)   火海绵 (−1)   紫海绵 (−1)

该对照和为零: 因为它满足交叉乘积规则, 则它与第一个对照正交 (方程 10.30):

$$(0)(3) + (2)(-1) + (-1)(-1) + (-1)(-1) = 0 \tag{10.31}$$

第二个对照是将控制组与泡沫和两种活海绵处理组根系生长的平均值进行比较。该对照检验了根系生长增强是否与活海绵的特性或附着体本身的物理效应有关。该对照得到的 F 比很大 (14.000) 且非常显著 (表 10.14)。同样, 这个结果是合理的, 因为未处理组的根系的平均生长率 (0.329) 远低于泡沫处理 (0.712) 或两种活海绵中的任何一种处理 (0.765 和 0.914)。

让我们来创建最后一个正交对照:

对照 III   控制 (0)   泡沫 (0)   火海绵 (1)   紫海绵 (−1)

该对照的系数之和也为零, 因为交叉乘积之和为零, 该对照与前两个对照正交 (方程 10.30)。第三个对照检验了两种活海绵处理组平均生长速率间的差异, 但并没有探讨互利共生假说。该对照没有其他两个对照那么有意思, 但它是我们唯一可以创建的与前两个正交的对照。该对照的 F 比仅为 0.947, 对应的 P 值为 0.335 (表 10.14)。同样, 这一结果也是可以预测到的, 因为两种活海绵处理的根系平均生长率比较相近 (0.765 和 0.914)。

请注意, 这三个对照的平方和加起来等于总的处理平方和:

$$SS_{treatment} = SS_{contrastI} + SS_{contrastII} + SS_{contrastIII}$$
$$2.602 \quad = \quad 0.151 \quad + \quad 2.296 \quad + \quad 0.155$$

$$(10.32)$$

换言之, 现在我们已经将总的组间平方和分解为三个正交的独立对照。这与双因素 ANOVA 的思路类似, 总的处理平方和被分解为两个主效应和一个交互项。

这三种对照构成的正交对照并不是唯一的可能性, 也可以指定这组正交对照为:

对照 I   控制 (1)   泡沫 (1)   火海绵 (−1)   紫海绵 (−1)
对照 II   控制 (1)   泡沫 (−1)   火海绵 (0)   紫海绵 (0)
对照 III   控制 (0)   泡沫 (0)   火海绵 (1)   紫海绵 (−1)

对照 I 比较了活海绵附着的根系与两种无海绵附着的根系的平均生长率。对照 II 具体比较了控制组的根系和泡沫附着的根系的平均生长率。对照 III 比较了火海绵附着的根系和紫海绵附着的根系的平均生长率。这些结果 (表 10.15) 表明, 与未经处理的或泡沫附着的根系相比, 活海绵能显著促进根系生长。对照 II 显示, 与未经处理的根系相比, 泡沫促进了根系的生长, 这表明红树根系的生长是受附着海绵的流体动力学或其他物理特性的影响, 而不是受活海绵组织的影响。

这两组对照都是可行的, 尽管我们认为第一组对照能更直接地说明流体力学与活海绵对红树根的影响。其实至少还有两个非正交对照同样是有意义的:

控制 (0)   泡沫 (1)   火海绵 (−1)   紫海绵 (0)
控制 (0)   泡沫 (1)   火海绵 (0)   紫海绵 (−1)

这两个对照比较了每种活海绵处理组和泡沫处理组的根系平均生长率。这两种对照均不显著 (火海绵 $F_{1,52} = 0.12$, $P = 0.73$; 紫海绵 $F_{1,52} = 0.95$, $P = 0.33$), 这再次表明, 活海绵对红树根系生长的影响实际上与生物惰性泡沫的影响几乎相同。然而, 这两个对照并不彼此正交 (或与其他对照正交), 因为它们的交叉乘积之和不等于零。因此, 这两个对照得到的 P 值并不完全独立于前面两组对照的 P 值。

在本例中, 基于 Tukey HSD 检验的事后比较给出了一个有些模棱两可的结果, 因为两两配对无法干净利落地将平均值分隔开 (表 10.13)。相比之下, 事前对照给出的结构更清晰, 它明确拒绝了零假设, 并证实海绵效应可以归因于海绵群体的物理效应, 不一定归因于活体海绵的生物效应 (表 10.14 和表 10.15)。事前对照之所以更成功, 是因为它们比两两成对检验更具体、更有效。还要注意成对分析需要进行六次检验, 而事前对照只进行了三次特定的比较。

表 10.14 探究海绵对红树根系生长影响的方差分析的事前对照

来源	自由度 (df)	平方和 (SS)	均方 (MS)	F 比	P 值
处理	3	2.602	0.867	5.287	0.026
泡沫 vs. 活海绵	1	0.151	0.151	0.921	0.342
未处理 vs. 活海绵, 泡沫	1	2.296	2.296	14.000	<0.001
火海绵 vs. 紫海绵	1	0.155	0.155	0.947	0.335
残差	52	8.539	0.164		
总计	56	11.141			

处理方法见表 10.12 和表 10.13。对处理效应的简单单因素 ANOVA 检验 (表 10.12) 现已被分解为三个独立的对照, 每个对照的自由度为 1。每个对照都用残差均方进行检验。分析表明, 未处理组根系平均生长率与活海绵或泡沫处理组根系平均生长率间存在显著差异。附着泡沫的根系与附着活海绵的根系的平均生长率间无显著差异。两种不同的海绵 (火海绵和紫海绵) 的根系生长也无显著差异。请注意,3 个自由度和总处理效应的平方和现已被分解为 3 个可加的分量, 每个分量检验一个更具体的关于均值差异的先验假设 (数据来自 Ellison et al. 1996)。

表 10.15 探究海绵对红树根系生长影响的方差分析的另一组事前对照

来源	自由度 (df)	平方和 (SS)	均方 (MS)	F 比	P 值
处理	3	2.602	0.867	5.275	0.003
未处理, 泡沫 vs. 活海绵	1	1.425	1.425	8.687	0.005
未处理 vs. 泡沫	1	1.027	1.027	6.261	0.016
火海绵 vs. 紫海绵	1	0.155	0.155	0.947	0.335
残差	52	8.551	0.164		
总计	56	11.153			

处理方法见表 10.12 和表 10.13。对处理效应的简单单因素 ANOVA 检验 (表 10.12) 现已被分解为三个独立的对照, 每个对照的自由度为 1。每个对照都用残差均方进行检验。这些对照与表 10.14 略有不同。第一个对照表明, 活海绵处理的红树根系生长率高于泡沫处理和无海绵处理。第二个对照表明, 与未处理控制组相比, 泡沫处理也促进了根系的生长。两种海绵 (火海绵和紫海绵) 处理的根系生长率无显著差异。请注意,3 个自由度和总处理效应的平方和现已被分解为 3 个可加的分量, 每个分量检验一个更具体的关于均值差异的先验假设 (数据来自 Ellison et al. 1996)。

需要注意的一点是: 事前对照的确必须在事前建立 —— 也就是说, 必须要在你检查不同处理均值的模式之前进行! 如果将均值相似的处理组合起来建立对照, 那得到的 P 值完全是假的, 犯 I 类错误 (错误地拒绝正确的零假设) 的概率会大大增加。如果缺乏真实的事前对照, 只是想确定哪些均值有差异, 则应使用事后比较方法。

总而言之, 事前对照是一种强大但尚未被充分利用的工具, 你可以用它来比较与假设相关的特定均值集合。事前对照易于计算, 也可以被很轻松地用在双因素 ANOVA 以及更复杂的设计当中。事实上, 你甚至可以像在标准双因素 ANOVA 中那样用事前对照来分解主效应和交互项。我们的观点是, 与其使用那些名目繁多的事后比较, 不如采用经过深思熟虑后的事前对照。

10.11　Bonferroni 校正和多重比较中的问题

在我们讨论事前对照和事后比较时, 提到了多重比较的问题。事前对照和 Tukey HSD 检验都对统计比较的数量进行了内部控制。但当我们比较多重检验的结果时, 它们的这种控制就不可行了。

困难在于, 进行的统计检验越多, 其中的一个或多个检验就越有可能得到小于 0.05 的 P 值, 尽管这些模式反映的可能只是随机误差。例如, 如果进行了 20 次独立的统计检验, 且零假设在 20 次检验中均为成立的, 但你仍希望有 5% 的情况, 也就是在大约 $(5\%) \times 20 = 1$ 个统计检验中, 可以拒绝零假设。因此, 许多作者提倡当进行多重检验时应该调整 I 类错误的接受水平 (α)。

最直接的校正方法是 **Bonferroni 法** (Bonferroni method), 该方法首先是确定**实验整体的错误率** (experiment-wide error rate), 然后将其除以检验的数量, 得到每个单独的检验校正后的 α 水平 (α'):

$$\alpha' = \alpha/k \tag{10.33}$$

其中 α 是实验整体的错误率, k 是被比较的检验的数量, α' 是每个单独的检验校正后的 α 水平。因此, 当实验整体的错误率为 0.05 且有 20 次检验的情况下, 若 $P < \alpha'$ (根据方程 10.33 得到 $\alpha' = 0.05/20 = 0.0025$), 我们只会拒绝任意特定检验的零假设。

因为 **Bonferroni 校正** (Bonferroni correction) 过程没考虑过需要同时拒绝多个检验的情况, 所以该方法太过于保守。一种更好的校正方法是 **Dunn-Sidak 法** (Dunn-Sidak method), 该方法基于概率和组合数学的简单规则 (参见第 2 章), 正确计算了至少有一次拒绝零假设的概率。如果 α' 是校正后的 α 水平, 那么在 k 次检验中不犯 I 类错误的概率是:

$$P(\text{no Type I error}) = (1 - \alpha')^k \tag{10.34}$$

至少犯一次 I 类错误的概率, 也就是实验整体的错误率, 因此为

$$P(\text{at least one Type I error}) = \alpha = 1 - (1 - \alpha')^k \tag{10.35}$$

根据每个单独的检验校正后的 α 水平进行重新排列后得到

$$\alpha' = 1 - (1 - \alpha)^{\frac{1}{k}} \tag{10.36}$$

以 20 次独立检验为例, 实验整体的错误率为 0.05, 得到一个临界值 $\alpha' = 1 - (1 - 0.05)^{1/20} = 0.00256$, 略高于简单 Bonferroni 校正的 0.00250。

这类校正非常受期刊编辑和审稿人的欢迎, 经常出现在期刊文章中。但是, 我们并不赞成对 α 水平进行任何这样的调整, 并鼓励你不要使用它们, 除非被编辑强迫。

我们为什么会反对公认的标准呢? 以下是校正 α 会出现的问题。首先, 分析的假设是所有检验都是相互独立的, 这种情况是非常不常见的。如果检验不是独立的, 那过程就会变得过于保守, 这会导致犯 II 类错误的概率增加。其次, 这些分析是建立在所有零假设都为真的基础上, 这代表的也是一种极端情况。

但我们最重要的反对意见是: 校正 α 违背了常识。使用标准 α 拒绝或接受零假设的一个基本原理是, 相同的标准也被用于科学文献中的所有假设检验 (见第 4 章)。但如果每项研究都对 α 进行校正, 那这一标注突然就失去意义了。而且, 这些校正所依据的精确样本空间是什么: 是特定论文中的检验次数? 还是整个期刊中的检验次数? 抑或是研究者在整个职业生涯中进行的检验次数? 选择它们中的任何一个都有合理的理由。

在多重检验中, 校正 α 也有力地打击了研究者, 因为拒绝零假设的标准随着检验次数的增加而提高。然而, 区分不同科学假设的关键往往是某些特定检验被拒绝的模式[12]。而对 α 的校正让我们扔掉的也正是这个关键信息。

的确, 如果检验是真正独立的, 有人可能会争论说, α 的校正实际上应该朝另一个方向进行! 例如, 假设进行了三个独立实验来检验一个特定的假设, 并且在每一种情况下拒绝零假设的 α 水平都是 0.11。对于任何一个检验而言, 这都接近于 0.05。但如果使用 Bonferroni 法或 Dunn-Sidak 法, 我们甚至都无法接近必要的拒绝水平 ($\alpha = 0.0167$ 和 $\alpha = 0.0169$)。

但我们不应该怀疑吗? 毕竟, 如果零假设总是成立, 那么连续三次得到 $P = 0.11$ 的概率是多少? **Fisher 组合概率 (Fisher's combined probability)** 是一个用于评估一系列独立概率值的检验[13]。组合概率 (combined probability, CP) 检验统计量的计算为

$$CP = -2\sum_{i=1}^{k} \ln(p_i) \tag{10.37}$$

k 是独立检验的次数, $\ln(p_i)$ 是检验 i 的尾概率的自然对数。CP 统计量遵循自由度为 $2n$ 的卡方分布 (关于卡方分布的详细讨论请参阅第 11 章)。对于三次独立检验, 每次检

DIP 开关

[12]Rosenzweig 和 Abramsky (1997) 将对多项证据的评估称为 "DIP 开关检验 (DIP switch test)"。每次检验代表一个不同的 DIP 开关, 开关状态的集合模式提供了支持或反对某个特定假设的累积证据。DIP 开关, 或者更准确地说是双内联封装开关, 是一种用于早期个人电脑和家用电子产品的小型双位 (开或关) 开关。这张照片展示了 8 个 DIP 开关, 它们可以有 $2^8 = 256$ 种开和关的组合。DIP 开关取代了旧电路板上必须手动移动的跳线。自 20 世纪 90 年代末以来, 计算机中的 DIP 开关已基本被非易失性存储器所取代。即使计算机处于关机状态, 非易失性存储器也可以存储 DIP 开关物理配置中包含的信息。但 DIP 开关仍广泛应用于工业设备中。

[13]这些不同的观点也反映了 Fisher 的 P 值和 Neyman-Pearson 的 α 值的区别 (见第 4 章脚注 19)。

验的 P 值为 0.11, $CP = 13.24$, 自由度为 6。从卡方分布的列表值可以看出, 组合尾概率为 0.039, 我们认为它是具有统计学意义的。这很直观, 因为三组实验若真的来自一个随机分布不太可能产生三个小到 0.11 的 P 值。与 Bonferroni 和 Dunn-Sidak 过程相比, 如果检验不是真正独立的, Fisher 检验很容易犯 I 类错误。对于非独立检验, 更有可能错误地拒绝 H_0, 因为每次检验都被当作是对总体概率的一次独立评估, 而实际情况并非如此。

当然, 避免过度的统计检验是很重要的, 因为这些检验并不是彼此独立的。例如, 当你的数据确实适合只有一个 P 值的单因素 ANOVA 时, 就不应该使用一系列的 t 检验。出于同样的原因, 我们更倾向于正交的事前对照而不是事后比较, 后者涉及许多互不独立的成对检验。正如第 12 章将介绍的, 当响应变量都高度相关并测量自同一的重复时, 多元方差分析 (MANOVA) 往往优于一系列单变量检验。类似地, 主成分分析和判别函数通常有助于将一组相互关联的变量分解成较少数量的正交预测变量 (见第 12 章)。

但是, 一旦将分析减至合适数量的检验时, 我们宁愿使用原始的 P 值并用一些常识对其进行解释。在 20 次独立检验中, 若只出现了唯一一个显著的 P 值, 大多数审稿人和作者常常会对其持怀疑态度, 但若出现 6 或 7 个显著的结果则表明有趣的事情正在发生。我们希望读者可以说服期刊编辑和审稿人, 保持原始 P 值不变, 并将注意力集中在对它们的解释上, 而不是用 Bonferroni 校正来贬低你前期所有的努力。

10.12 总结

方差分析是一种基于平方和代数分解的强大统计工具。该方法假设: 样本是独立随机的, 方差是同质的, 误差服从正态分布, 无错误分类, 以及 (对于某些设计) 主效应具有可加性。如果满足这些假设, 则可以计算均方项的 F 比, 以检验不同处理的可加效应或交互效应。得到不同 F 比的概率可用于在统计学上检验无处理效应的零假设。ANOVA 均方也可用于将数据中的方差分解为不同的分量。不同的实验设计, 如随机分块、嵌套 ANOVA、多因素 ANOVA、裂区设计和重复测量 ANOVA, 都有各自独特的方差分析表, 构建 F 比所用的均方也不尽相同。协方差分析 (ANCOVA) 是一种特殊形式的 ANOVA, 是 ANOVA 与回归的结合。F 比的正确构建对处理是固定因素 (只有少数几种不同的处理水平) 还是随机因素 (处理水平是较大群体的随机子集) 非常敏感。重要的是要搞明白哪种 ANOVA 设计符合你的抽样或实验设计。由于许多 ANOVA 设计有相同的因素数量, 因此依赖统计软件包的默认设置很容易导致一个错误的分析。进行 ANOVA 后, 可以绘制与处理均值和方差相关的统计图, 以便揭示主效应和因素间交互作用的模式。事后检验可用于不同均值间的两两比较, 但相较而言, 事前对照是更有效的方法, 它不但可以检验假设还可将处理效应分解为不同的分量。Bonferroni 校正和其他方法通常用于校正多重检验的 P 值, 但在没有校正的情况下对 P 值进行解释可以得到更好的结论。

第 11 章　分类数据分析

很多生态和环境研究的响应变量都是分类变量。例如, 在一个采样区域中是否存在某种植物; 甲虫的颜色可能是红色、橙色甚至黑色; 正在觅食的老虎右转的次数可能多于左转的次数。同样, 预测变量也可能是分类变量。例如, 实验性研究或观察性研究中的处理组代表不同的类别, 如附着在红树根系上的海绵的种类 (见第 10 章) 或甲虫的种类。这些例子展示的都是**分类变量 (categorical variable)**。分类变量可以取的值被称为**水平 (level)**, 水平可以是有序的 (如微光、中光、强光), 也可以是无序的 (如甲虫、苍蝇、黄蜂)。

第 9 章中我们用逻辑回归分析了由连续预测变量和分类响应变量构成的数据集。第 10 章中用方差分析 (ANOVA) 探究了包含分类预测变量和连续响应变量的数据集。然而, 当遇到列联表设计 (见第 7 章), 即预测变量和响应变量都是分类变量的情况下, ANOVA 和回归分析都不再适用。

本章所关注数据的响应变量将有两水平或多水平 (如生物体的存在与否或动物的毛色)。此类研究中数据的数值代表每个类别观测结果的数目或 **频次 (frequency)**。当数据中有一个分类预测变量时, 可将数据整理为二维列联表的形式, 用卡方检验、*G* 检验 (*G-test*) 或费希尔精确检验 (**Fisher's exact text**) (针对 2×2 列联表的特殊情况) 来检验假设。当有多个预测变量时, 可将数据整理为多维列联表, 用对数线性模型或分类树进行分析。列联表的贝叶斯分析可给出二维列联表中每个单元格期望频次的概率估计, 以及对数线性模型和分类树中参数的概率估计。多元分类响应变量分析将在第 12 章进行讨论。

本章最后我们会探讨拟合优度检验, 看数据样本是否服从或等同或遵循一个已知的分布 (如二项分布、泊松分布、正态分布)。拟合优度检验 (包括卡方检验、*G* 检验和 **Kolmogorov-Smirnov 检验**) 可用于检验原始数据或转换数据的残差是否服从正态分布, 残差服从正态分布是许多参数检验的必要条件。

11.1　二维列联表

11.1.1　整理数据

分类数据常被整理为二维列联表 (two-way contingency table) 的形式, 其中行表示预测变量的水平, 列表示响应变量的水平, 每个单元格中为每个类别观测的数量或**频次**。这些都是列联表分析用到的基本数据[1]。列联表分析必须基于原始计数数据, 而不是数据的百分比、比例或相对频次。

接下来让我们用一个例子来展示二维列联表的检验。该例数据来自一项关于新英格兰 73 种珍稀植物种群状况相关因素的研究 (Farnsworth 2004)。数据记录了每个种群四个方面的状态: 种群是否在衰退; 是否受到法律保护; 是否有外来物种入侵; 以及五个定性光照水平 (从表示阴暗的 0 级到表示艳阳的 4 级)。表 11.1 展示了该数据集的前三行。表 11.2 以**列联表 (contingency table)** 的形式总结了该数据集中两个分类变量间的关联。

表 11.1   与新英格兰珍稀植物种群状况相关因素的数据集的前三行

物种	入侵物种存在?	种群在衰退?	法律保护?	光照水平
Aristolochia	否	否	否	2
Hydrastis	否	是	否	0
Liatris	是	是	否	4
...	...	...	...	...

　　这项研究中的每一个观测都是一个特定物种种群。对于每个种群, 表中记录了是否存在入侵物种, 种群是否在衰退, 种群是否受到法律保护, 以及下层植物的光照水平, 光照水平的等级从 0 (最低光照水平) 到 4(最高光照水平)。总样本量为 73 个物种 (数据来自 Farnsworth 2004)。

表 11.2   总结了受保护情况与种群状态关系的二维列联表

种群状态	受保护情况		行和
	未受保护	受保护	
衰退	$Y_{1,1} = 18$	$Y_{1,2} = 8$	$\sum_{j=1}^{m} Y_{1,j} = 26$
稳定或增长	$Y_{2,1} = 15$	$Y_{2,2} = 32$	$\sum_{j=1}^{m} Y_{2,j} = 47$
列和	$\sum_{i=1}^{n} Y_{i,1} = 33$	$\sum_{i=1}^{n} Y_{i,2} = 40$	$\sum_{i=1}^{n}\sum_{j=1}^{m} Y_{i,j} = 73$

　　表中每个单元格代表一个特定的受保护情况和种群状态的组合。这些数字表示在特定类别中观测到的种群数量。例如, 有 18 个未受保护的种群出现衰退, 32 个受保护的种群其个体数量稳定或增长。如果没有针对特定因素组合的观测, 某些列联表单元格内的值可能为 0。在任何二维列联表中, 单元格值的总和 (73) 等于行和之和 (26 + 47), 也等于列和之和 (33 + 40)。行和与列和有时被称为数据的边际总数 (数据来自 Farnsworth 2004)。

---

[1] 与列联表数据相关的术语有些不一致。从技术上讲, **频次 (frequency)** 是列联表单元格中观测的原始计数。**相对频次 (relative frequency)** 是单元格中观测数除以行、列或表格总和得到的**比例 (proportion)**。最后, **百分比 (percentage)** 是比例乘以 100, 故范围在 0 到 100 之间。然而, 许多研究中会用术语 "频次" 来表示 "相对频次", 或将 "百分比" 和 "比例" 相混淆。这些术语间的区别至关重要, 因为列联表中数据的统计检验必须基于原始计数 (即频次), 而不是相对频次或比例。

　　该列联表展示了珍稀植物种群的受保护情况与种群衰退间的关系。我们认为植物是否受到保护 (受保护情况) 可能会影响种群的状态, 所以在分析中, 我们将受保护情况作为预测变量, 种群状态作为响应变量。需要注意的是, 在设置列联表时, 行为预测值, 列为响应值, 当然反过来也可以, 因为统计检验给出的结果相同。但根据检验结果解释因果关系时确实需要区分预测变量和响应变量。

　　二维列联表有行和列。按照惯例, 用字母 i 表示行, 字母 j 表示列。i 的范围为 1 到 n, n 是行类别的数量 (表 11.2 中有两个)。j 的范围为 1 到 m, m 是列类别的数量 (表 11.2 中有两个)。每个单元格中的值 $Y_{i,j}$ 表示行和列代表的类别中观测的频次或数量。例如, 表 11.2 中左上角单元格 ($Y_{1,1}$) 中的值 18 表示 18 个被抽中的种群均出现衰退且未受到保护[2]。

　　从列联表中派生的其他三个量是**行和**、**列和**和**总和**。行和是各行观测的总和; 在表 11.2 中, 共有 26 个种群的数量正在衰退, 47 个种群的数量是稳定或增长的。列和是各列观测的总和; 在表 11.2 中, 有 33 个种群未受到保护, 40 个种群受到一定程度的法律保护。总和 (也等于总样本量) 可以通过三种方式计算: 行和之和 ($26 + 47 = 73$), 列和之和 ($33 + 40 = 73$), 或单元格频次之和 ($18 + 8 + 15 + 32 = 73$)。如果这三个和不相等, 请重新检查你的计算!

　　马赛克图 (mosaic plot) 是可视化列联表数据最便捷的方式 (Friendly 1994)。图 11.1 为表 11.2 中数据的马赛克图。在马赛克图中, 两个 "轴" 分别为两个变量——x 轴

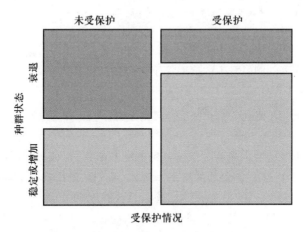

图 11.1　马赛克图。该图描绘了珍稀植物种群的状况与它们生长的土地是否受到保护之间的关系 (Farnsworth 2004)。"矩形" 表示单元格频次 (表 11.2), "矩形" 的大小与数据集中它们的相对频次呈正比。列的宽度与列和呈正比。比如, 因为 73 个种群中有 40 个受到保护, 所以受保护的列占据了图宽的 55% (即 40/73)。每个矩形的高度与单元格频次呈正比。因此, 40 个受保护的种群中有 32 个的数量是稳定的或正在增加的, 所以该矩形占据了右边一列的 80% (即 32/40)。

---

[2]遗憾的是, 不论是在电子表格中创建列联表, 还是用统计软件处理分类数据, 目前都没有一个标准的方法。一些软件包直接导入列联表, 另一些软件包根据数据集生成列联表 (每行代表一个单独的观察), 还有一些软件包可以处理任何格式的数据。如果你有一个喜欢的统计软件包, 并且知道自己要处理的是分类数据, 那请务必在开始分析数据前搞清楚软件的格式要求。

为受保护情况 (预测变量) 和 y 轴为种群状态 (响应变量)。"矩形" 的大小表示列联表每个单元格中观测值所占比例。因此, 矩形的面积与对应组合的相对频次呈正比。

11.1.2   变量是否独立？

指定零假设。列联表用于检验预测变量和响应变量彼此不相关这一零假设。在表 11.2 所示的示例中, 我们想知道种群是否受到保护与种群数量变化之间是否存在关联或关系。具体来说就是想知道, 与受到保护的种群相比, 未受保护的种群出现衰退的可能性是否更大。如果能够确立这种模式, 则表明保护对防止种群衰退具有可衡量的效应。为了检验这一科学假设, 必须先指定一个恰当的统计零假设。在这种情况下, 最简单的零假设是两个变量彼此独立, 而且观察到的关联程度并不比通过偶然或随机抽样预期的更强。第 2 章中对独立事件概率的讨论为我们提供了检验该零假设的框架。

计算期望。我们在零假设中假定表 11.2 中每个单元格中的值是相互独立的。那么如果种群的稳定性与它的受保护情况相独立, 这四个单元格的**期望值 (expected value)** 各是多少？以左上角的单元格为例, 它给出了正在衰退且未受到保护的种群的数目。在零假设给出的相互独立的条件下, 该类别种群的期望值是多少？期望值就是总观测数 (N) 乘以一个种群未受到保护且正在衰退的概率 (P):

$$\hat{Y}_{衰退, \ 未受保护} = N \times P(衰退 \cap 未受保护) \tag{11.1}$$

第 1 章中, 交集符号 $\cap$ 表示两个事件 A 和 B 同时发生。同样根据第 1 章 (见方程 1.3) 我们知道两个独立事件同时发生的概率等于它们各自概率的乘积:

$$P(衰退 \cap 未受保护) = P(衰退) \times P(未受保护) \tag{11.2}$$

因为除数据本身外我们没有关于这些种群的其他信息, 所以只能根据表 11.2 的边际总数来估计方程 11.2 右侧每项的概率。例如, 我们估计得到一个衰退种群的概率为总的衰退种群数目 (26 = 第一行的行和) 除以总种群数 (73), 即等于 0.356。类似地, 一个未受保护的种群的概率为第一列列和 (33 = 总的未受保护种群的数目) 除以总种群数 (73), 即等于 0.452。将这些值代入方程 11.1, 可得

$$\hat{Y}_{衰退, \ 未受保护} = 73 \times 0.356 \times 0.452 = 11.75 \tag{11.3}$$

因此, 如果受保护情况与衰退状态相互独立, 我们预计 73 个抽样得到的种群中大约有 12 个种群没有受到保护且呈衰退趋势。

对于 $i = 1 \sim n$ 行和 $j = 1 \sim m$ 列的二维列联表, 计算其单元格期望的常规方程为

$$\hat{Y}_{i,j} = \frac{\text{行和} \times \text{列和}}{\text{样本量}} = \frac{\sum\limits_{j=1}^{m} Y_{i,j} \times \sum\limits_{i=1}^{n} Y_{i,j}}{N} \tag{11.4}$$

将示例中每个单元格的值代入方程 11.4 (见表 11.2),可得每个单元格的期望值 (表 11.3)。因为这些概率是我们用数据生成的,所以期望值的行和、列和以及总和均与观测的相同。

表 11.3　表 11.2 中数据的期望值

种群状态	受保护情况		行和
	不受保护	受保护	
衰退	11.75	14.25	26
稳定或增长	21.25	25.75	47
列和	33	40	总和 = 73

根据表 11.2 的数据,这些期望总结了珍稀植物种群状况与它们所生长的土地是否受到保护之间的关系。期望值的计算基于受保护情况与种群状态无关这一零假设。如果这两个因素是独立的,那期望的单元格频次就等于行和与列和的乘积除以总和 (方程 11.4)。注意,期望值的行和、列和与原始数据相同 (表 11.2)(数据来自 Farnsworth 2004)。

11.1.3　检验假设: Pearson 卡方检验

我们的零假设是二维列联表中的变量是相互独立的,卡方检验 (Chi-square test) 是检验这一假设的标准方法。

检验统计量。检验统计量指的是 **Pearson 卡方统计量 (Pearson chi-square statistic)** (Pearson 1900)[3],它的计算公式为

$$X_{\text{Pearson}}^2 = \sum_{all\ cells} \frac{(\text{观测值} - \text{期望值})^2}{\text{期望值}} \tag{11.5}$$

换言之,对于每个单元格,我们用观测值减去期望值,对该差值平方后再除以期望值。最

Karl Pearson

[3] Karl Pearson (1857 — 1936) 是现代统计学的创始人之一。1879 年从剑桥大学毕业后,他来到伦敦大学学院,于 1911 年被评为优生学 Galton 教授。除了发展卡方检验外,他还提出 "标准差" 这一术语来描述 $\sqrt{\sigma^2}$,发明了相关系数 (r),在回归分析中取得了重大突破,并且还联合创办了杂志 *Biometrika*,该杂志出版与生物应用有关的统计文章。Pearson 对大样本统计 (渐近统计) 尤为感兴趣。他不同意 Fisher 关于大样本统计与小样本统计间相对重要性的观点。二者的分歧非常严重,以至于 Fisher 甚至拒绝了 Galton 国家优生学实验室 (Galton Laboratory for National Eugenics) 首席统计学家的工作邀请,因为该实验室是由 Pearson 管理运营的。

后将这些商相加。根据表 11.2 中的数据和表 11.3 中的期望值可得,

$$X^2_{\text{Pearson}} = \frac{(18-11.75)^2}{11.75} + \frac{(8-14.25)^2}{14.25} + \frac{(15-21.25)^2}{21.25} + \frac{(32-25.75)^2}{25.75}$$
$$= 3.32 + 2.74 + 1.84 + 1.52$$
$$= 9.42$$

可以直观地看出卡方统计量度量的是, 在独立零假设下, 观测频次与期望频次之间差异的程度。若每个单元格中观测频次都与期望频次完全匹配, 卡方值将等于 0。观测频次越偏离期望频次, 卡方值就越大。此外, 请注意, 卡方统计量是一个平方度量值, 因此, 重要的是偏差的大小, 而不是偏差的正负。从这个意义上讲, 卡方统计量与在线性回归中描述的残差平方和非常相似 (见第 9 章)。

Pearson 卡方统计量的期望分布是卡方 (χ^2) 分布[4]。与 F 分布 (见第 5 章和第 10 章) 和 t 分布 (见第 3 章) 一样, 卡方分布的形状随自由度的变化而变化。

自由度。表 11.2 的自由度是多少? 对于给定的样本量 (本例中是 73), 以及给定的两个行和 (26 和 47) 和两个列和 (33 和 40), 只要指定一个单元格的值, 其他所有单元格的值都将是固定的。因此, 这个 2×2 表的自由度为 1。

如果列联表的列数超过 2, 则每一行中除一个以外的所有单元格都是可变的 (一旦指定了除一个以外的所有单元格, 最后一个单元格将由行和决定)。类似地, 如果列联表的行数超过 2, 则每一列中除一个以外的所有单元格都是可变的。列联表的自由度一般用希腊字母 ν 表示, 等于

$$df = \nu = (行数 - 1) \times (列数 - 1) \tag{11.6}$$

这种计算自由度的方法与 ANOVA (见第 10 章) 和回归分析 (见第 9 章) 中的不同。其他这些分析中, 自由度在一定程度上取决于总样本量。但在列联表分析中, 自由度仅取决于表中类别的数量或单元格的数量。因此, 在表 11.2 中, 即使我们的数据有 730 个种群, 卡方检验的自由度仍为 1 而不是 73, 因为我们分析的仍然只是一个 2×2 表。但基于 730 个种群的统计检验肯定比基于 73 个种群的统计检验精确得多。如果将数据转换成比例或百分比, 这种精度上的提高将会丧失, 这是分类数据分析使用原始频次的原因之一。

---

[4] 卡方 (χ^2) 分布的概率密度函数值的范围为 0 到 $+\infty$。这个只评估 x 正值的概率密度函数为

$$f(x) = \frac{\left(\frac{1}{2}\right)^{\frac{\nu}{2}}}{\Gamma\left(\frac{\nu}{2}\right)} x^{\left(\frac{\nu}{2}-1\right)} e^{-\frac{1}{2}x}$$

其中 $\Gamma(x)$ 是 Gamma 函数 (见第 5 章脚注 11), ν 是自由度。事实上, 自由度为 ν 的 χ^2 分布与 $a = \nu/2$ 和 $b = 1/2$ 的 Gamma 分布相同。χ^2 分布只有一个参数 ν。它的期望 $= \nu$, 期望方差 $= 2\nu$。用于 ANOVA 的 F 分布 (见第 5 章和第 10 章) 也可以表示为两个 χ^2 分布的比值。

计算 P 值。与所有假设检验一样, 我们感兴趣的是在给定零假设 [P (数据 |H0)] 的情况下求出数据的概率, 其中零假设为两个变量是独立的。P 值是尾概率: 在给定零假设的情况下, 得到我们的数据或更极端数据的概率 (见第 4 章)。基于表 11.2 数据的 Pearson 卡方检验, 我们求出了关于自由度为 1 的 χ^2 分布 (根据方程 11.6) 并得到 X^2_{Pearson} 值等于或大于 9.42 的概率 (根据方程 11.5)。该值可通过表格进行查询 (Rohlf and Sokal 1995), 当然统计软件包通常也都会提供。得到该 X^2_{Pearson} 值的概率 = 0.0022。因为 0.0022 远低于标准临界值 (= 犯 I 类错误的概率) 0.05, 所以我们拒绝零假设, 即种群状态和受保护情况这两个变量是独立的假设。

正如在第 4 章中强调的, 我们通过 P 值来决定拒绝或接受零假设。下一步是查看数据的统计图, 并判断数据中的统计模式是支持还是反对科学假设。本例的科学假设是: 保护种群会增强种群的稳定性; 图 11.1 也确实展示了这种模式: 40 个受保护的种群中有 80% (= 32) 呈稳定或增长态势。相比之下, 33 个未受保护的种群中只有 45% (= 15) 是稳定或增长的。卡方概率检验表明这种差异不太可能是偶然发生的 ($P = 0.0022$), 并且从这一简单的分析我们可以得出结论: 受保护情况与种群稳定性有关。

卡方统计量是检验列联表中独立性最常见和最基本的检验。接下来我们将探索卡方检验的两种替代方法: G 检验和费希尔精确检验。

11.1.4 Pearson 卡方检验的替代方法: G 检验

与卡方检验一样, 独立性 G 检验 (G-test) 也是用于比较单元格观测频次与其期望频次。它要求比较观测值的分布与期望值的分布, 其中期望值的分布基于**多项式概率分布 (multinomial probability distribution)**[5]。

---

[5] 多项分布是二项分布的简单扩展 (见第 2 章方程 2.2 和 2.3), 适用于有两个以上取值的变量。对于可以取 j 值的随机变量 Y, $Y = \{Y_1, \cdots, Y_j\}$, 其概率为 p_j, 根据概率第一公理,

$$\sum_{i=1}^{j} p_i = 1$$

N 次试验后

$$\sum_{i=1}^{j} Y_i = N$$

多项分布定义为

$$P(Y_1, \cdots, Y_j) = N! \prod_{i=1}^{j} \frac{p_i^{Y_i}}{Y_i!}$$

将表 11.2 中的数据代入该方程, 观察到四个单元格频次 $Y_{1,1}$, $Y_{1,2}$, $Y_{2,1}$ 和 $Y_{2,2}$ (分别等于 18、8、15 和 32) 的概率为

$$\frac{N!}{Y_{1,1}! \times Y_{1,2}! \times Y_{2,1}! \times Y_{2,2}!} \times \left(\frac{Y_{1,1}}{N}\right)^{Y_{1,1}} \times \left(\frac{Y_{1,2}}{N}\right)^{Y_{1,2}} \times \left(\frac{Y_{2,1}}{N}\right)^{Y_{2,1}} \times \left(\frac{Y_{2,2}}{N}\right)^{Y_{2,2}} = 0.00202$$

将此结果与 G 检验的结果进行比较。

检验统计量。 检验统计量是观测频次的概率与期望频次的概率之比, 因此 G 检验通常被称为**似然比检验 (likelihood ratio test)**。计算该比值的方法有两种。第一种方法, 也是最直接的方法, 是利用基于方程 11.4 计算得到的期望值 (如表 11.3 所示):

$$G = 2 \times \sum_{all\ cells} \left[观测值 \times \ln\left(\frac{观测值}{期望值}\right) \right] \tag{11.7}$$

另一种方法是直接根据观测频次计算 G, 无须事先计算单元格的期望值:

$$G = 2 \times \left(\sum_{i=1}^{n}\sum_{j=1}^{m} [Y_{i,j}\ln(Y_{i,j})] - \sum_{i=1}^{n} \left[\left(\sum_{j=1}^{m} Y_j\right) \ln\left(\sum_{j=1}^{m} Y_j\right) \right] - \right.$$
$$\left. \sum_{j=1}^{m} \left[\left(\sum_{i=1}^{n} Y_i\right) \ln\left(\sum_{i=1}^{n} Y_i\right) \right] + \left[\left(\sum_{i=1}^{n}\sum_{j=1}^{m} Y_{i,j}\right) \ln\left(\sum_{i=1}^{n}\sum_{j=1}^{m} Y_{i,j}\right) \right] \right) \tag{11.8}$$

用语言描述就是, 方程 11.8 表示每个单元格频次与其自然对数的乘积之和, 减去行和与其自然对数的乘积之和, 再减去列和与其自然对数的乘积之和, 然后加上总和与其自然对数的乘积之和。最后, 将整个结果乘以 2。当有大量单元格且计算期望很麻烦时方程 11.8 就特别有用。方程 11.7 和 11.8 在代数上是等价的, 将表 11.2 中的数据代入两个方程得到的 G 值都等于 9.575。

自由度。 G 检验的自由度与 Pearson 卡方检验相同, 等于 (行数 -1) $\times$ (列数 -1) (见方程 11.6)。表 11.2 中的数据的自由度为 1。

计算 P 值。 与 Pearson 卡方统计量一样, G 统计量为自由度为 ν 的 χ^2 分布的随机变量。自由度为 1 的 $G = 9.575$ 的 P 值等于 0.00197 (在脚注 5 计算的舍入误差内)。

11.1.5   R×C 表的卡方检验和 G 检验

卡方检验和 G 检验并不局限于如表 11.2 那样的简单 2×2 表。它们可用于任何二维列联表, 无论每个变量有多少个水平或类别。这样的表通常被称为 R× C 表, 因为它们可以具有任意数量的行和列。表 11.4 给出了 Farnsworth (2004) 数据的另一个子集, 一个 2×5 的表, 探究种群状态 (两个水平) 与光照水平 (五个水平) 的关系。对于该数据, Pearson 的 X^2 统计量 $= 2.83$, 自由度为 $4 = [(5-1)$ 列 $\times (2-1)$ 行], P 值 $= 0.59$。这个值远大于 0.05, 所以我们不能拒绝两个变量是独立的这一零假设。类似地, G 统计量 $= 3.41$, 自由度为 4, P 值 $= 0.49$, 所以我们无法拒绝零假设。两项分析均表明, 某一地点的光照水平不会影响种群状态。虽然理论上频次数据适用于任何大小的 R × C 表, 但表中的类别越多, 要想保证检验的正确性, 需要的总样本量也就应越大。

表 11.4 用于检验种群状态和光照水平间独立性的观测值 (粗体) 和期望值 (括号内)

种群状态	光照水平					行和
	0	1	2	3	4	
衰退	**5** (3.2)	**0** (0.7)	**3** (3.6)	**12**(12.5)	**6** (6.0)	26
稳定或增长	**4** (5.8)	**2** (1.3)	**7** (6.4)	**11**(11.0)	**23**(22.5)	47
列和	9	2	10	35	17	总和 = 73

这个二维表基于 73 个被监测的植物种群 (见表 11.1) 展示了种群状态与光照水平间的关系。根据 5 个光照水平 (0 = 最低, 4 = 最高) 对地点进行分类。尽管表中有 10 个单元格, 但仍被看作是一个二维列联表, 因为只有两个因素 (光照水平和种群状态)。与更简单的二维表一样, 观测值的边际总数与总和等于期望值的边际总数和总和。在考虑光照水平与种群状态无关这一零假设下, 计算了期望值 (数据来自 Farnsworth 2004)。

小样本量和小期望值的校正。 当总样本量较大时 (Legendre 和 Legendre 于 1998 年发表的文章认为所谓 "大" 应该大于列联表中单元格数的 10 倍), Pearson 卡方统计量和 G 统计量的分布都近似于 χ^2 随机变量。然而, 当总样本量较小, 或小于单元格数的 5 倍时, 可能有许多观测值等于零或小于期望值。期望值是卡方统计量的分母, 所以过小的期望值是一个潜在的问题 (见方程 11.5)。因此, 如果单元格的期望值非常小, 但凡与观测值间有些许偏差, 总体卡方统计量也会大幅增加。当样本量很小时, 应使用 Williams (1976) 提出的方法对 G 统计量进行校正:

$$G_{\text{adjusted}} = G/q_{\min} \tag{11.9}$$

其中

$$q_{\min} = 1 + \frac{\left[N \sum_{i=1}^{n} \frac{1}{\sum_{j=1}^{m} Y_{i,j}} - 1 \right] \times \left[N \sum_{j=1}^{m} \frac{1}{\sum_{i=1}^{n} Y_{i,j}} - 1 \right]}{6\nu N} \tag{11.10}$$

在方程 11.10 中, m 是列数, n 是行数, N 是总样本量, ν 是自由度。$Y_{i,j}$ 仍表示列联表 (第 i 行, 第 j 列) 的观测频次。分子的第一项比总样本量与列和倒数之和的乘积小 1。分子的第二项比总样本量与行和倒数之和的乘积小 1。将表 11.4 中的数据代入方程 11.10, 可得

$$q_{\min} = 1 + \frac{\left[73 \times \left(\frac{1}{9} + \frac{1}{2} + \frac{1}{10} + \frac{1}{35} + \frac{1}{17} \right) - 1 \right] \times \left[73 \times \left(\frac{1}{26} + \frac{1}{47} \right) - 1 \right]}{6 \times 4 \times 73} = 1.109$$

校正后的 G 统计量 $= 3.41/1.109 = 3.075$, P 值为 0.55。请注意, 校正后的 G 统计量比

原始 G 统计量 ($P = 0.49$) 更保守 (得到的 P 值更大)。

标准统计资料 (如 Sokal and Rohlf 1995) 建议, 只要期望值小于 5, 就应该使用 G_{adjusted}, 一些统计软件包会在期望值较小时给出关于卡方或 G 检验有效性的警告信息。另一方面, Fienberg (1980) 在模拟研究中表明, 只要所有期望都大于 1, 就不需要校正。但实际上, 只有当样本量很小且 P 值接近 0.05 时, G_{adjusted} 与 G 的使用效果才会有差异。虽然有警告信息, 但大多数统计软件包并未将 G_{adjusted} 囊括在其选项菜单中, 尽管许多软件采用的是另外一种校正, 这种校正是对表中每个观测值加上或减去 0.5。这种校正被称为 Yates 连续性校正 (Yates' continuity correction, Sokal and Rohlf 1995), 也能得到较小的 G 或 X^2_{Pearson} 值, 与 G_{adjusted} 一样, 会使检验更加保守 (即一个不太可能拒绝零假设的检验)。

渐近检验和精确检验。Pearson 卡方检验和 G 检验属于**渐近检验** (asymptotic test) —— 也就是说, 当样本量无限大时, G 和 X^2_{Pearson} 的分布就无限接近于 χ^2 随机变量的分布。所以 P 值的计算其实基于的是一个近似值, 尽管是一个合理的近似值。然而, 只要使用一个关键的假设, 我们就可以计算一个 R × C 列联表的准确 P 值。该假设就是, 根据研究者的先验信息, 行和与列和是被固定的。

例如, 在表 11.2 中, 如果这项研究的目的是准确调查 26 个正在衰退的种群、47 个稳定或正在增长的种群、33 个未受保护的种群以及 40 个受到保护的种群, 那用**精确检验 (exact test)**就很合适。虽然在这个例子中不太可能做出这种假设, 但这样的实验并不难想象 —— 在实验中每个处理的个体数是固定的, 且应用于每个个体的处理强度也是固定的。更典型的是, 在抽样研究中, 研究者固定了行和或列和中的一个。因此, 我们可以选择调查 33 个未受保护和 40 个受到保护的种群, 但并不限制这些种群的状态。或者, 可以选择 26 个正在衰退的种群和 47 个稳定或正在增长的种群, 但并不考虑它们的受保护情况。

当行和与列和都被固定, 精确 P 值的计算在概念上会很简单, 但计算量其实很大。确切概率 (或 P 值) 是在给定行和与列和的情况下, 得到观测单元格频次和所有其他可能比期望值更极端的单元格频次的概率。对于一个 2×2 表, 该过程称为费希尔精确检验。和之前一样, 零假设是行变量和列变量是相互独立的。

首先, 我们计算出, 在行列和都固定的情况下, 构成 2×2 表的所有可能排列的数量 (见第 2 章), 该值为

$$\binom{N}{Y_{1,1}+Y_{1,2}}\binom{N}{Y_{1,1}+Y_{2,1}} = \frac{N!}{(Y_{1,1}+Y_{1,2})!(Y_{2,1}+Y_{2,2})!} \times \frac{N!}{(Y_{1,1}+Y_{2,1})!(Y_{1,2}+Y_{2,2})!} \tag{11.11}$$

其次, 根据多项分布 (见本章脚注 5) 计算出, 各单元格值为观测值的精确组合的数量:

$$\frac{N!}{Y_{1,1}! \times Y_{1,2}! \times Y_{2,1}! \times Y_{2,2}!} \tag{11.12}$$

将方程 11.12 除以方程 11.11 得到, 单元格值为观测值的精确组合的概率 (相当于计算成功次数除以试验次数):

$$P_{observed} = \frac{(Y_{1,1}+Y_{1,2})! \times (Y_{2,1}+Y_{2,2})! \times (Y_{1,1}+Y_{2,1})! \times (Y_{1,2}+Y_{2,2})!}{Y_{1,1}! \times Y_{1,2}! \times Y_{2,1}! \times Y_{2,2}! \times N!} \tag{11.13}$$

尾概率等于方程 11.13 加上所有更极端情况的概率。对于一个 2×2 表, 尾概率的计算方法是: 枚举出所有更极端的情况, 对每种情况应用方程 11.13, 最后对结果求和。请注意, 对于所有更极端的情况, 边际总数 (分子中的值) 和总和 (分母中的 N 值) 均保持不变; 在其他情况下, 发生变化的只有方程 11.13 分母中单个的 $Y_{i,j}$ 值。精确 P 值是方程 11.13 中所有迭代的总和; 对于表 11.2 中的数据, 精确 P 值 $= 0.0031$。表 11.4 所示的 2×5 列联表的精确 P 值 $= 0.60$。

11.1.6 选择哪个检验?

渐近 Pearson 卡方检验、渐近 G 检验和精确检验, 这三种可选的检验方法给出了不同的结果, 特别是面对样本量较小的情况。在选择检验时, 一种常见但容易被误导的方法是, 同时使用这三种检验, 并从中选择结果最佳也就是 P 值最小的那种检验方法。然而, 将抽样设计与被检验的假设相匹配才是选择检验更恰当的方式。

三种不同的设计可以生成相同的列联表, 而且每种设计都有一个相关的检验。首先, 我们的研究可以用总样本量 (在表 11.2 中为 73) 来定义, 而不需要对每个类别的种群 (或个体) 数量进行任何先验分配。这是在野外研究中最常见的假设: 选择总样本量, 然后顺其自然。Sokal 和 Rohlf (1995) 称其为模型 I 设计。

在模型 II 设计中, 可以提前固定行和或列和, 但不能同时将二者都固定。在 Farnsworth (2004) 的研究中, 受保护的种群数量事先被定为 40, 未受保护的种群数量则被定为 33(或许是因为监管机构提前做出了决策), 但实际上这些种群出现衰退的比例是可以自由变化的。

最后, 如果事先同时确定了行和与列和, 我们就得到了一个模型 III 设计。模型 II 和模型 III 设计在实验研究中更常见, 而模型 I 设计在观察研究中更常见。

G 检验是专门针对模型 I 设计 (总样本量被固定) 开发的, 但它也可用于模型 II 设计 (行和或列和被固定)。Pearson 卡方检验的开发并没有考虑任何特定的设计; 只要样本量够大, 就能得到与 G 检验几乎相同的结果。当模型 I 或模型 II 设计中的样本量较小时, 使用经 Williams 或 Yates 校正后的 G 检验是较为合适的。精确检验仅适用于模型 III 设计 (行和与列和均被固定)。

最后, 我们注意到蒙特卡罗或计算机模拟可以类推出这三种抽样设计中的任何一种。蒙特卡罗模拟不依赖统计分布来确定 P 值, 而是直接根据抽样来估计它们 (见第 5 章)。例如, 模型 I 设计的蒙特卡罗模拟将 73 个种群随机分配至表 11.2 中的四个单元格。但放入每个单元格的概率与单元格的期望值呈正比 (见方程 11.4)。这样, 模拟数据的边际总数一般来说与观测的边际总数是相同的。接下来计算每个模拟数据集的标准卡方统计量。创建了 1000 (或其他较大的数字) 个模拟值后, 可直接将观测的卡方值与模拟值的分布进行比较。对于表 11.2 中的数据, 在 1000 个模拟值中, 观测的卡方值大于其中 990 个。因此, 蒙特卡罗分析估计的尾概率为 0.010, 与 G 检验和卡方检验的结果在性质上是相似的, 虽然不完全相同。

11.2　多维列联表

大多数分类生态数据包含两个以上的变量 (见表 11.1), 因此我们经常要检验多个预测变量间的独立性。与在二维表中一样, 数据最好录入电子表格中 (见表 11.1), 但仍需将其整理成列联表 (表 11.5)。

表 11.5　73 个珍稀植物种群数据的完整分类

入侵物种 光照水平		无					有				
		0	1	2	3	4	0	1	2	3	4
种群状态	受保护										
衰退	否	2	0	2	2	0	1	0	0	7	4
	是	1	0	1	1	0	1	0	0	2	2
稳定或增长	否	0	0	1	1	4	1	1	2	2	3
	是	3	1	0	14	2	0	0	4	6	2

　　根据种群状况 (是衰退还是稳定或增长), 受保护情况 (是或否), 入侵物种 (有或无) 和光照水平 (5 个水平; 0 = 最低, 4 = 最高) 对群体进行分类。表中的每个单元表示在特定条件组合中发现的种群数。例如, 有 14 个受保护的种群在没有入侵物种且光照水平为 3 的地点保持稳定或增长态势。有 7 个未受保护的种群在有入侵物种且光照水平为 3 的地点呈衰退趋势。可以将这些数据作为一个四维列联表来分析。将种群状态视为响应变量, 光照水平、受保护情况和有无入侵物种视为潜在的预测变量 (数据来自 Farnsworth 2004)。

11.2.1　整理数据

一旦超过两个因素, 数据就应被整理为多维列联表 (multi-way contingency table), 多维列联表很难呈现在单个二维表中。所以展示多维分类数据的一种方法是使用多个二维表, 每个高维因素的每个水平都有一个。例如, 为了可视化 Farnsworth (2004) 中 5 个光照水平的数据, 我们可以构建 5 个二维表。每个二维表将显示每种光照水平下的受保护情况和种群状态的计数数目。最后, 如果想将入侵物种状态作为第四个因素考虑进去, 那不论是有入侵物种还是没有入侵物种都必须把整套二维表复制一遍。

四维列联表的另一种布局如表 11.5 所示。这种布局说明了种群状态、有无入侵物种、受保护情况和光照水平之间的联系。每个单元格记录了特定类别组合的种群数量。例如, 在光照水平为 3 且无入侵物种的地点记录到 14 个受保护且未衰退的种群。在光照水平为 3 且有入侵物种的地点记录到 7 个未受保护且正在衰退的种群。这个表比二维表更难解释, 但马赛克图 (图 11.2) 再次提供了一种方便快捷地可视化这类多维数据的方法。

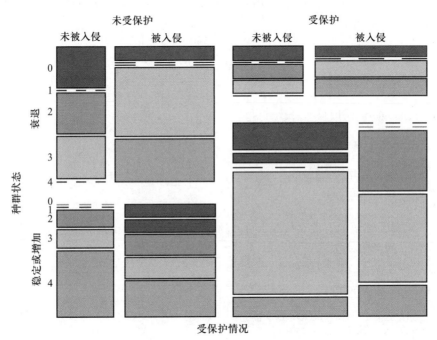

图 11.2 表 11.5 中四维频次数据的马赛克图。数据为 73 个珍稀植物种群, 根据受保护状态 (受保护与未受保护), 种群状态 (衰退还是稳定或增长), 入侵物种 (有或无) 和光照强度 (五个递增的水平) 对该数据进行分类。如图 11.1 所示, 矩形的大小对应相对单元格频次。主要类别是种群状态 (y 轴为衰退和稳定/增长) 和受保护状态 (x 轴为受保护情况), 这些较大的矩形与图 11.1 中显示的相对大小相同。然后将这些主要类别细分为有无入侵物种 (在 x 轴上, 分为无入侵物种和有入侵物种), 和在 y 轴上的五个光照水平。每个光照水平用不同的阴影表示 (黑色 = 0; 最深的蓝色 = 1; 中间的蓝色 = 2; 最浅的蓝色 = 3; 灰色 = 4)。频次为 0 的单元格用虚线表示; 如在 1 级或 4 级光照水平下、没有入侵物种、受到保护但呈衰退趋势的种群数为 0。数据来自 Farnsworth (2004)。(参见书末彩插)

由图可知, 表中包含的因素越多, 每个种群的特征就越具体越详细。需要权衡的是, 包含的因素越多, 观测总数会被分为更多的单元格, 这就导致每个单元格中的样本量越少。

变量是否独立?与对二维表的分析一样,我们想知道多维表中的变量是否相互关联。显然,多维数据相互关联的方式比二维数据多得多。在我们转向讨论恰当零假设的严格规范前,必须先了解如何计算多维列联表的期望值。

再次计算二维列联表的期望。通过对二维列联表期望值的计算方法进行扩展,我们可以计算多维列联表的期望值。请读者耐心阅读我们对这些计算的讲解,因为它们不仅提供了一种在二维表中检验假设的新方法,而且为在多维表中检验假设提供了坚实的基础。

对于一个有 $i = 1 \sim n$ 行, $j = 1 \sim m$ 列的二维表,我们用方程 11.4 计算每个单元格的期望值:

$$\widehat{Y}_{i,j} = \frac{\text{行和} \times \text{列和}}{\text{样本量}} = \frac{\sum_{j=1}^{m} Y_{i,j} \times \sum_{i=1}^{n} Y_{i,j}}{N}$$

对方程 11.4 两边同时取自然对数,可得

$$\ln(\widehat{Y}_{i,j}) = \ln\left(\sum_{j=1}^{m} Y_{i,j}\right) + \ln\left(\sum_{i=1}^{n} Y_{i,j}\right) - \ln(N) \tag{11.14}$$

因此,期望单元格值的自然对数等于行和的自然对数加上列和的自然对数再减去总和(即样本量)的自然对数。

如果将方程 11.14 改写为

$$\ln(\widehat{Y}_{i,j}) = [\theta] + [A]_{row} + [B]_{column} \tag{11.15}$$

就会让我们联想起在双因素 ANOVA 中模型的基本方程 (见第 10 章方程 10.10),

$$\widehat{Y}_{i,j} = \mu + A_i + B_j + AB_{ij}$$

虽然列联表方程中缺少交互项 (AB_{ij})。类比 ANOVA,方程 11.15 中的 $[\theta]$ 相当于预测值的总均值 (ANOVA 方程中的 μ), $[A]$ 和 $[B]$ 是由行变量和列变量带来的主效应 (ANOVA 方程中的 A_i 和 B_j)。

对于方程 11.15 中各项的计算如下。总均值 $[\theta]$ 是期望单元格频次的自然对数的均值:

$$[\theta] = \frac{1}{nm} \sum_{i=1}^{n} \sum_{j=1}^{m} \ln(\widehat{Y}_{i,j}) \tag{11.16}$$

对于每一行, 主效应 $[A]_{row}$ 等于期望行和对数的均值减去总均值:

$$[A]_{row} = \left[\frac{1}{m}\sum_{j=1}^{m}\ln(\widehat{Y}_{i,j})\right] - [\theta] \qquad (11.17)$$

对于每一列, 主效应 $[B]_{column}$ 等于期望列和对数的均值减去总均值:

$$[B]_{column} = \left[\frac{1}{n}\sum_{i=1}^{n}\ln(\widehat{Y}_{i,j})\right] - [\theta] \qquad (11.18)$$

注意, $[A]_{row}$ 和 $[B]_{column}$ 都是残差: 它们表示与总均值 $[\theta]$ 的偏差。因此, 如果我们对所有行的 $[A]$ 求和以及对所有列的 $[B]$ 求和, 那这些和应该等于 0:

$$\sum_{i=1}^{n}[A]_{row(i)} = \sum_{j=1}^{m}[B]_{column(j)} = 0 \qquad (11.19)$$

方程 11.15 不包含交互项 $[AB]$(相当于 ANOVA 方程中的 AB_{ij} 项)。为什么不包含呢? 在二维表中, 我们检验的零假设为: 两个变量是相互独立的, 并且交互项 $[AB] = 0$; 我们假设自变量间不存在交互作用。故而, 我们用方程 11.14 来计算每个单元格的期望值, 因为该方程符合无交互作用这一零假设。

11.2.2 多维表格

我们可以轻易地将方程 11.14~11.19 扩展至任何维度的列联表。为取代行列, 我们将列联表扩展至 d 维, 并用下标 $i, j, k, \cdots$ 表示各个维度。每个维度可以有任意数量的水平, 用下标 $n, m, p, q, \cdots$ 表示每个水平。对于表 11.5 中的四维数据, 我们必须计算四个维度 (i, j, k, l) 的期望值。应用方程 11.15 的符号, 我们使用模型

$$\ln(\widehat{Y}_{i,j,k,l}) = [\theta] + [A] + [B] + [C] + [D] + [AB] + [AC] + [AD] + [BC] +$$
$$[BD] + [CD] + [ABC] + [ABD] + [ACD] + [BCD] \qquad (11.20)$$

(为清晰起见省略了方括号中项的下标。) 该方程被称为**对数线性模型 (log-linear model)**, 因为期望频次的对数是预测变量的线性函数。当我们在第 9 章讨论逻辑回归时, 展示过另一个对数线性模型的例子。

你可能也注意到方程 11.20 中缺少完全交互项, $[ABCD]$。为什么会这样呢? 如果将这个交互项中加入方程 11.20, 期望值将与观测值完全相等, 那拟合将是完美的! 但当然我们感兴趣的不是一个完美拟合, 而是数据在多大程度上可以由一个参数尽可能少

的模型来拟合。因此, 我们可以用方程 11.20 来检验完全交互项 $[ABCD]$ 等于零这一假设, 用方程 11.20 计算期望值, 用方程 11.5 或方程 11.7 计算卡方或 G 统计量。遗憾的是, 求解方程 11.20 以得到期望值是相当困难的 (Fienberg 1970)。

通过软件 R, 我们计算出了表 11.5 的期望值、卡方统计量 (见方程 11.5) 及其相应 P 值, 并检验了四个变量是相互独立的这一假设。卡方统计量 = 53.32, 其自由度为 32, P 值为 0.01。因此, 我们拒绝零假设, 并得出结论: 这四个变量间并非相互独立。

然而, 这个总 P 值只告诉我们至少有两个变量不是独立的, 但它并没有告诉我们是哪些变量不独立。类似于, 在单因素 ANOVA 中得到一个小 P 值时, 我们知道处理组的均值总体上存在差异, 但不知道哪些特定均值存在差异, 哪些又是相似的。在 ANOVA 中, 我们用事前对照和事后比较来确定哪些均值存在差异 (见第 10 章)。在列联表分析中, 我们也有两种方法可用来确定哪些变量是独立的, 哪些变量是不独立的: **分层对数线性模型** (hierarchical log-linear modeling) 和**分类树** (classification tree)。

分层对数线性模型。方程 11.20 被用来检验四维交互项 $[ABCD] = 0$ 这一假设。更具体地说, 我们感兴趣的是确定哪些因素与种群状态 (种群是衰退还是稳定或增长) 相关。变量衰退是响应变量, 其他三个变量 (保护、入侵、光照) 是预测变量。该模型或初始假设等价于假设: 变量衰退的每个结果 (是或否) 都独立于保护、入侵或光照这三个预测变量。该模型看起来是这样的:

$$\ln \widehat{Y}_{i,j,k,l} = [\theta] + [A] + [B] + [C] + [D] + [AB] + [AC] + [BC] + [ABC] \quad (11.21)$$

其中 $[A]$ 是受保护的影响, $[B]$ 是由于入侵造成的影响, $[C]$ 是由光照带来的影响, $[D]$ 是衰退造成的影响。该模型包括三个预测变量的所有交互项, 但不包括与衰退 $[D]$ 相关的任何交互项。为什么呢? 因为零假设是衰退的值与预测变量无关——也就是说, 衰退与其他变量间不存在交互作用。

对于表 11.5 中的数据, 如方程 11.21 所示模型的卡方统计量的自由度为 19, P 值为 0.004。因此, 我们拒绝衰退与三个预测变量无关这一假设。我们现在必须检测包含有衰退相关交互项的模型。我们的策略是添加拟合数据所需的最少数量的交互项。我们寻求最简单的模型, 这个模型能够很好地拟合数据, 并且不会导致我们拒绝零假设。

让我们从添加一个表示衰退和保护交互作用 ($[AD]$) 的项开始:

$$\ln \widehat{Y}_{i,j,k,l} = [\theta] + [A] + [B] + [C] + [D] + [AB] + [AC] + [BC] + [ABC] + [AD]$$
$$(11.22)$$

该模型自由度为 18, 卡方统计量等于 29.6, 并且该模型有一个略微显著的 P 值 0.04。与方程 11.21 相比, 该模型是 "相对不显著的", 这也是我们感兴趣的 (与 "拟合" 数据的假设模型 "没有显著差异" 的模型)。

如何决定哪些交互项应该包含在模型中, 哪些应该排除呢? 这个问题与多元回归和路径分析中遇到的问题类似 (见第 9 章): 从更大的潜在预测变量集中选择一个重要变量的子集。诀窍是在一个模型中找到一个平衡点, 使这个模型能够很好地减小观测值与模型预测间的偏差, 但又不会包含太多的变量以至于被过度参数化。基于 Akaike 信息准则 (Akaike information criterion, AIC) 的统计资料其实提供了一种 "拟合劣度 (badness-of-fit)" 指数, 该指数考虑了残差偏差和模型参数的数量 (见第 9 章的 "模型选择标准")。

对于植物种群数据, 模型的拟合度确实在加入 [衰退× 保护] 交互项后有所提高。拟合度的提高反映在 AIC 从 81.81 降至 73.61。相比之下, 在模型中添加其他二维交互项, 如 [衰退× 光照] 或 [衰退× 入侵], 并未提高模型的拟合度。

最后, 我们考虑增加三维交互项。从 AIC 增加可见, 添加任何三维项 (除了方程 11.21 中的 [ABC] 项) 都会使模型拟合得更差。这些分析表明, 种群衰退是由于没有受到保护导致的, 与地点光照水平或有无入侵物种无关。

在这个分析中我们检测的模型是**分层的 (hierarchical)** —— 简单模型 (排除某些交互项的模型) 的项是复杂模型 (包括这些项的模型) 的嵌套子集。若考虑全部四个变量间所有可能的组合和交互, 可以拟合 74 个模型或假设! 所有这些模型都包括主效应, 但每个模型还包括主效应变量间一系列不同的交互项。我们感兴趣的假设是这些交互项是否等于零。这些模型是分层的, 因为如果存在更高阶的交互项 (如三维交互项), 那该模型也包括所有低阶 (如二维) 交互项。

对数线性模型的自由度。读者可能已经注意到, 对表 11.5 中数据拟合的不同模型具有不同的自由度。对于一个二维表, 自由度 = (行数 − 1) × (列数 − 1)。对于多维表, 自由度等于主效应的自由度和所有交互项的自由度之和。交互项自由度的计算方法与 ANOVA 完全相同 (见第 10 章)。如果因素 A 有 a 个分类水平, 因素 B 有 b 个分类水平, 那交互项 $A \times B$ 的自由度等于 $(a-1)(b-1)$。对于完整的模型 (除了四维交互 $ABCD$ 外的所有主效应和交互作用), 其自由度 ν 的计算如下:

$$
\begin{aligned}
\nu = nmpq - [1+ & \\
& (n-1) + (m-1) + (p-1) + (q-1) + \\
& (n-1)(m-1) + (n-1)(p-1) + (n-1)(q-1) + \\
& (m-1)(p-1) + (m-1)(q-1) + (p-1)(q-1) + \\
& (n-1)(m-1)(p-1) + (n-1)(m-1)(q-1) + \\
& (n-1)(p-1)(q-1) + (m-1)(p-1)(q-1)]
\end{aligned}
\tag{11.23}
$$

其中 n, m, p 和 q 分别是变量 A, B, C 和 D 的水平数。本例中, 因素 A, B 和 D 都有 2 个水平 (是或否), 而因素 C(光照) 有 5 个水平。仔细观察所有这些项, 应该能够识别出 4 个主效应的组成部分 (方程 11.23 的第二行), 6 个二维交互项 (方程 11.23 的第三和第四行), 以及 4 个三维交互项 (方程 11.23 的最后两行)。因此, 这个完整模型的自由度为 4。需要注意的是模型中包含的项越多, 用于评估数据与模型拟合程度的剩余自由度就越少。当我们检验一个分层模型时, 就失去了自由度, 因为检验的自由度实际上反映了当前模型中的自由度与层次中下一个模型自由度间的差异。

方程 11.21 是我们评估的第一个模型, 其自由度为

$$
\nu = nmpq - [1+
$$
$$
(n-1)+(m-1)+(p-1)+(q-1)+
$$
$$
(n-1)(m-1)+(n-1)(p-1)+(m-1)(p-1)+ \tag{11.24}
$$
$$
(n-1)(m-1)(p-1)]
$$

第二行的四个项是主效应项, 后面的三个项是两两交互项 (分别为 $[AB]$, $[AC]$ 和 $[BC]$), 最后一项是三维交互项 $[ABC]$。如前所述, 求解四个变量的方程 11.24 的自由度为 19。方程 11.22 所示的模型中加入了衰退× 保护交互项 ($[AD]$), 其自由度少了 $[(n-1)(q-1) = 1]$, 自由度为 18。你可能无法通过手工计算求解分层模型, 但至少应该能够求出自由度并理解和解释模型拟合统计的结果。

分类树。分类树 (classification tree)对于探索和建模列联表或分类变量间的依赖关系非常有用。虽然分类树在生态数据的统计分析中尚未得到广泛应用, 但多数生态学家和环境生物学家都对其中一种分类树非常熟悉 —— 分类检索 (the taxonomic key), 该分类树用于在物种水平识别生物体。

分类检索就是依据样本的形态特征 (如, 叶片与针叶) 做出一系列二元决策。检索中的这些分支通向越来越精细的区别 (如, 单叶与复叶) 直至不需要进一步的分支决策时, 我们就基本上识别出了正确的物种 (如红枫)。列联表数据也可以用同样的方式进行统计分析, 其中分类树代表反映分类变量划分的二分数据。这里我们只简单介绍一下这种方法; 其他生态学实例请参见文献 De'ath 和 Fabricius (2000), Cutler 等 (2007), De'ath (2007); 统计上的细节请参考文献 Breiman 等 (1984) 以及 Ripley (1996)。

分类树的构建就是通过将分类数据集分叉成越来越小的组, 每次分叉取决于一个单变量。每次分叉产生两组结果, 每组结果又基于某个变量再次进行分叉。在分类检索中, 分叉一直进行到每个 "小枝" 末端只剩下一个物种为止。在分类树中, 分叉一直进行到相对于分叉数而言模型的拟合度不再提升为止。

其中一个分支很少能够单独地描述一个组。相反, 分叉出的组, 与其他组相比, 有相对较高的概率出现在一个或多个类别 (一个特定变量的结果) 中。考虑到数据的不确定性, 当末端尽可能同质或一致时, 分叉结束。如果一个节点预测所有重复都在一个类别中, 那该节点是完全同质的 (或纯粹的), 其**不纯度值 (impurity value)** 为零。对于分类树而言, 不纯度是根据每个类别 (在 n 个类别中) 重复的比例 p 来确定的。

不纯度会随着预测能力下降而增加。不纯度也可以作为信息 (熵) 指数被计算, 该

指数就是生态学家所熟悉的香农指数 (Shannon index; 见第 13 章脚注 25):

$$\text{不纯度} = -\sum_{i=1}^{n} p_i \ln(p_i) \tag{11.25}$$

或者作为基尼指数 (Gini index)[6]:

$$\text{不纯度} = 1 - \sum_{i=1}^{n} p_i^2 \tag{11.26}$$

树的分叉是通过在每次分叉时最小化方程 11.25 或 11.26 来进行的。如 Legendre 和 Legendre (1998:230ff) 所述, 最小化这些指数大致相当于对每个类别变量 B 计算变量 A 的条件概率分布。对于这两个指数中的任何一个, 一个完全纯的样本 ($p = 1.0$, 所有重复分类在同一个组中) 生成的指数值为零。

我们再次用表 11.5 中的数据来说明此过程。与对数线性模型分析一样, 我们试图确定哪些因素能够最好地预测一个种群是否在衰退[7]。

数据集包含 73 个观测值: 26 个种群在衰退, 47 个种群保持稳定或增长。第一次分叉将数据分为两组, 一组 40 个种群, 另一组 33 个种群 (图 11.3)。该分叉基于的是受保护的状态。如前所述, 受保护的种群更可能保持稳定或增长趋势 (40 个种群中有 32 个), 而不是衰退趋势 (40 个种群中只有 8 个; 见图 11.1)。不必为这两组的观测总数与表 11.2 中的列和相匹配而感到惊讶。

剩下有 33 个观测 (未受保护的种群) 的组由 18 个正在衰退的种群和 15 个保持稳定或增长的种群组成——二者概率几乎相等。我们将这个组再次分成两组, 这次基于光照强度 (图 11.3)。在未受保护的种群中, 那些处于 0 级或 3 级光照强度下的种群更

Claude E. Shannon

[6]方程 11.25, 也称为 Shannon-Weaver 或 Shannon-Wiener 指数, 是以数学家和密码学家 Claude E. Shannon (1916 — 2001) 的名字命名的。香农指数 (Shannon index) 代表文本编码字符串中的不确定性或熵量。文本中的字母越多, 频次越均匀, 预测序列中的下一个字母就越难。Shannon 是贝尔实验室的一名研究员, 他为信息论做出了重要贡献。他将布尔代数和二进制算法应用于继电器开关的排列中, 为数字电路设计提供了逻辑基础。香农还撰写了一篇关于下棋的计算机程序设计的论文, 他运用信息论原理在拉斯维加斯赌场赢了 21 点纸牌游戏。1943 年, 香农遇到了志同道合的计算机科学家和密码学家阿兰·图灵 (Alan Turing, 见第 13 章脚注 21), 他们有许多共同的兴趣。

经济学家比生态学家更熟悉基尼指数 (Gini index), 但作为一种衡量多样性的指标, 它实际上有着更坚实的统计学基础。在修改后的形式中, 该指数等同于 Hurlbert (1971)、的种间相遇的概率 (probability of an interspecific encounter, PIE)。PIE 度量了从一个群落中随机选择的两个个体代表两个不同物种的概率。与香农指数不同, PIE 有直接的统计解释, 而且它对样本量相对不敏感 (Gotelli and Graves 1996)。有关基尼指数和 PIE 作为多样性度量的更多讨论, 请参见第 13 章的方程 13.15 和脚注 25。

[7]本例中分类树的构建是通过软件 R(版本 2.14.0) 中的 rpart 包实现的。生成分类树的计算细节可详见 Ripley (1996), Venables 和 Ripley (2002)。

可能保持稳定或增长趋势 (17 个种群中有 11 个), 而处于 1 级、2 级或 4 级光照强度下的种群更可能出现衰退 (16 个种群中有 12 个)。

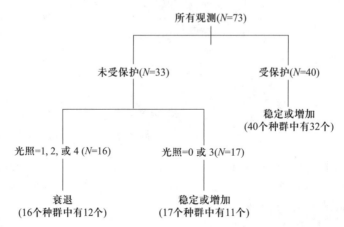

图 11.3 表 11.5 中珍稀植物种群数据的分类树。该分类树根据受保护情况、光照水平以及有无入侵物种来预测种群状态 (衰退 vs. 稳定/增长)。最佳拟合模型包括以受保护情况为主叉, 利用光照水平将未受保护的种群再成两组。请注意, 三个分支末端的最终样本量 (16 + 17 + 40) 等于整个数据集的总样本量 73 (表 11.5) (数据来自 Farnsworth 2004)。

进一步对这些组进行划分并没有使拟合度显著提升, 因此分类树的构建到此为止。注意该决策树的第一次分叉对应于在方程 11.22 中添加衰退× 保护交互项 ([AD])。第二次分叉对应于在模型中添加衰退 × 保护 × 光照交互项 [ACD]。相对于方程 11.22, 加入该三维交互项后确实提高了模型的拟合度 (有该项时 $P = 0.11$, 无该项时 $P = 0.04$)。但添加交互项的惩罚 (自由度从 18 降至 14) 是使 AIC 从 73.61 增加到 75.50。根据对数线性模型的选择 "规则", 该三维交互项没有被保留, 尽管它在分类树中确实是一个重要的分支。

不要被不同类型的统计分析结果间这些明显的不一致所困扰。因为对数线性模型和分类树基于不同的选择标准和不同的停止规则, 所以即使用相同的数据集分析, 也可能给出不同的答案。尽管在管理决策的背景下, 分析树可能比对数线性分析更容易解释, 但这两种分析都不是 "最佳的" 或 "正确的"。当预测变量是连续的定量变量时, 也可以使用分类树。这种树被称为**回归树 (regression tree)** (De'ath and Fabricus 2000)。

11.2.3 用于列联表的贝叶斯方法

生态学家通常将卡方检验和 G 检验称为非参数检验。而 ANOVA 和回归被认为是参数检验, 因为它们假设数据和残差是服从正态分布的 (见第 5 章)。由于卡方检验和 G 检验是根据数据本身得到期望值, 因此一些研究人员错误地认为检验不需要潜在的概率分布。事实并非如此。作为 G 检验基础的对数线性模型假定用泊松分布或多项分布来描述数据。该假设也使得我们可以用贝叶斯方法来分析列联表。

列联表的贝叶斯方法分为两大类。一类方法将期望频次估计为分布 (其众数或中位数等于期望值)。对于给定的单元格, 如果期望的可信区间包括观测值, 则认为相关的行和列是独立的 (Lindley 1964; Leonard 1975; Gelman et al. 1995)。

另一类方法估计分层对数线性模型中项的参数值 (有可信区间); 可信区间包含零的参数将从最终的模型中删除。在对数线性模型中选择贝叶斯方法使用与 AIC 类似的选择标准 (Madigan and Raftery 1994; Albert 1996, 1997; Gelman et al. 1995)。贝叶斯方法在分类树和回归树中的应用是当前统计研究的一个活跃领域 (Denison et al. 2002; Chipman et al. 2010), 但遗憾的是这些内容已经远远超出了本书的介绍范围。

11.3 拟合优度检验

本书中介绍的统计检验, 无论是参数检验还是贝叶斯检验, 前提都是假定样本或观测值的集合服从某种潜在的分布, 例如, 二项分布、泊松分布、正态分布、对数正态分布或指数分布 (见第 2 章), 并且分析能得到一组服从已知分布的残差, 通常是正态分布。我们用结构与卡方检验和 G 检验相似的**拟合优度检验 (goodness-of-fit test)** 来确定我们的观测数据是否符合假定的分布, 或者我们的残差是否符合正态 (或其他) 分布。拟合优度检验对于特定生态模型的检验也很重要。如果模型对不同类别数据的期望值做出了定量预测, 那我们就可以用拟合优度检验来查看数据与不同模型预测的匹配程度 (Hilborn and Mangel 1997)。

拟合优度检验的工作原理与本章前面介绍的独立性检验大致相同: 将单个变量的一组观测值与给定特定分布的期望值进行比较。技巧是相同的——使用方程 11.5 得到卡方检验的拟合优度, 或方程 11.7 得到 G 检验的拟合优度。这两个检验适用于离散分布和随机变量, 但不适用于连续分布, 如正态分布。对于连续分布, 我们将介绍一种不同的检验过程——Kolmogorov-Smirnov 检验, 来评估其拟合优度。

11.3.1 离散分布的拟合优度检验

举个简单的例子, 我们回到比利时欧元硬币公平性的争论 (见第 1 章脚注 7)。两名时间富裕的统计学家将比利时欧元硬币旋转了 250 次, 观察到 140 次正面和 110 次反面。比利时欧元是一枚均匀的硬币吗? 换句话说, 这些数据是否符合 $p = 0.50$ 的二项分布给出的正反面期望频次?

二项数据的卡方检验和 G 检验。一枚均匀的硬币得到正面的概率为 0.5, 因此正反面的期望频次为 125 和 125。我们现在已有观测值和期望值, 可以计算两个检验统计量中的任何一个: X^2_{Pearson} 统计量 (见方程 11.5) 或 G 统计量 (见方程 11.7)。X^2_{Pearson} 统计量 $= (140 - 125)^2/125 + (110 - 125)^2/125 = 3.60$, G 统计量 $= 2 \times [140 \times \ln(140/125) + 110 \times \ln(110/125)] = 3.61$。两者均为服从 χ^2 分布的随机变量, 尾概率值

分别为 0.0577 和 0.0574。两个 P 值小得令人怀疑, 但由于它们 > 0.05, 所以在科学上传统假设检验认为它们是不显著的。因此, 我们可以得出这样的结论, 观测数据服从二项分布, 并且 (几乎) 没有足够的证据来拒绝比利时欧元是均匀的硬币这一零假设[8]。

替代的贝叶斯方法。 通过检验假设 P (数据 |H_0), 经典的渐近检验和精确检验都没能拒绝欧元硬币是均匀的这一零假设。贝叶斯分析取而代之检验的是 $P(\mathrm{H}_1|$数据): 数据真的提供了比利时欧元存在偏差的证据吗? 为了评估这一证据, 我们必须计算后验优势比, 如第 9 章所述 (使用方程 9.49)。MacKay (2002) 和 Hamaker (2002) 用几种不同的先验概率分布进行了这些分析。首先, 如果我们没有理由一开始就偏好一个假设 (H_0: 硬币是均匀的; H_1: 硬币存在偏差), 那么它们的先验优势比都为 1, 后验优势比等于似然比

$$\frac{P(\mathrm{data}|\mathrm{H}_0)}{P(\mathrm{data}|\mathrm{H}_1)}$$

似然比 (分子和分母) 的计算如下:

$$P(D \mid \mathrm{H}_i) = \int_0^1 P(D \mid p, \mathrm{H}_i) P(p \mid \mathrm{H}_i) dp \tag{11.27}$$

其中 D 是数据, H_i 是任一假设 ($i = 0$ 或 1), p 是二项试验中成功的概率。对于零假设 (均匀硬币), 我们的先验概率是不存在偏差; 因此 $p = 0.5$, 并且似然 P (数据 H_0) 为在 250 次试验中准确得到 140 次正面的概率, $= 0.0084$ (见脚注 8)。然而, 对于备择假设 (偏硬), 至少有三种设置先验的方法。

首先, 可以使用一个统一的先验, 这意味着我们不知道有多少的偏差, 因此所有偏差都是等可能的, 且 $P(p|\mathrm{H}_1) = 1$。然后整体可简化为 250 次试验中有 140 次正面朝上的二项展开式的遍历所有 p (从到 1) 的概率之和:

$$P(D \mid \mathrm{H}_1) = \sum_{p=0}^1 \binom{250}{140} p^{140}(1-p)^{110} = 0.003 \tag{11.28}$$

---

[8] 也可以用二项分布精确地计算该概率。由方程 2.3 可得, 投掷一枚均匀硬币 250 次, 恰好得到 140 次正面的概率为

$$\binom{250}{140} 0.5^{140} 0.5^{250-140} = 0.0084$$

但对于双尾显著性检验, 我们需要样本中大于等于 140 次正面朝上的概率加上样本中小于等于 110 次反面朝上的概率。通过类比费希尔精确检验 (见方程 11.13), 我们简单地将 250 个样本中得到 140, 141, $\cdots$, 250 次反面和得到 0, 1, $\cdots$, 110 次反面的概率相加, 期望概率为 0.50。这个和等于 0.0581, 与卡方检验和 G 检验得到的值几乎相同。

似然比因此为 $0.0084/0.00398 = 2.1$, 或者倾向比利时欧元是一枚均匀硬币的概率大约为 $2:1$!

或者, 我们可以使用一种信息更丰富的先验。二项分布的共轭先验 (见第 5 章脚注 11) 服从 beta 分布,

$$P(p \mid H_1, \alpha) = \frac{\Gamma(2\alpha)}{\Gamma(\alpha)^2} p^{\alpha-1}(1-p)^{\alpha-1} \qquad (11.29)$$

其中 p 是成功的概率, $\Gamma(\alpha)$ 是伽马分布, α 是表示我们先验认为硬币存在偏差的可变参数。随着 α 的增加, 我们对硬币存在偏差的先验认知也会越坚定。H_1 的似然现在为

$$P(D \mid H_1) = \frac{\Gamma(2\alpha)}{\Gamma(\alpha)^2} \binom{250}{140} \int_0^1 p^{140+\alpha-1}(1-p)^{110+\alpha-1} dp \qquad (11.30)$$

对于 $\alpha = 1$, 我们之前有统一的先验 (并使用方程 11.28)。通过迭代求解方程 11.30, 可以得到 α 值较大范围的似然比。用方程 11.30(分子固定为 0.0084) 得到的最极端的优势比为 0.52(当 $\alpha = 47.9$ 时)。对于这个信息丰富的先验, 比利时欧元是一枚偏币的概率约为 $2:1(= 1/0.52)$。

最后, 我们可以指定一个与数据完全匹配的先验: $p = 140/250 = 0.56$。现在, H_1 的似然值等于 0.05078 (方程 11.28 中的二项展开式, $p=0.56$), 似然比 $= 0.0084/0.05078 = 0.165$ 或 $6:1$ 的概率 $(= 1/0.165)$ 支持比利时欧元恰好出现这样的偏差。

虽然信息更丰富的先验表明硬币存在偏差, 但为了得出这个结论, 我们必须明确指出那些能够明确表明欧元确实存在偏差的先验。"客观" 贝叶斯分析通过使用信息量较少的先验, 如统一先验和方程 11.28, 让数据 "自己说话"。那样的分析几乎没有提供什么证据来证明比利时欧元存在偏差这一假设。

总之, 渐近分析、精确分析和贝叶斯分析都一致认为: 比利时欧元很可能是一枚均匀的硬币。这种情况下贝叶斯分析是非常强大的, 因为它提供了对我们感兴趣的假设的概率度量。相比之下, 频率学派给出的分析结论建立在仅比 0.05 临界值略大的 P 值之上。

多项离散分布的卡方检验和 G 检验。卡方检验和 G 检验都可用于检验具有两个以上水平且服从离散分布 (如, 泊松分布或多项分布) 的数据的拟合。检验过程是相同的: 用方程 11.5 或 11.7 计算期望值, 再计算相对于自由度为 ν 的 χ^2 分布检验统计量的尾概率。唯一棘手的部分是确定自由度。

我们区分了在拟合优度检验中使用的两种分布: 独立于数据估计参数的分布和根

据数据本身估计参数的分布。Sokal 和 Rohlf (1995) 分别称它们为**外在假设 (extrinsic hypothesis)** 和**内在假设 (intrinsic hypothesis)**。对于外在假设, 期望是由不依赖于数据本身的模型或预测产生的。外在假设的例子包括: 一枚无偏欧元硬币 50:50 的期望; 简单孟德尔杂交中两个杂合子显性与隐性的比例为 3:1。对于外在假设, 自由度总比变量前提假定的类别数少 1。

内在假设指必须根据数据本身估计参数的假设。内在假设的一个例子是将稀有事件的计数数据拟合为泊松分布 (见第 2 章)。在这种情况下, 泊松分布的参数是未知的, 必须根据数据本身进行估计。因此, 抽样个体的总数用一个自由度, 每个估计参数使用一个自由度。因为泊松分布有一个参数 (λ, 速率参数) 需要估计, 所以该检验的自由度将比变量类别数少 2。

也可以使用卡方检验或 G 检验来检验数据集是否服从正态分布, 但要做到这一点, 必须先将数据分组至离散的类别。正态分布有两个参数需要根据数据估计 (均值 μ 和标准差 σ)。因此, 正态分布的拟合优度卡方检验或 G 检验的自由度比变量类别数少 3。但是, 正态分布是连续的, 而不是离散的, 必须将数据分割成任意数量的离散类别才能进行检验。这种检验的结果会因所选的类别数不同而不同。为了评估连续分布的拟合优度, Kolmogorov-Smirnov 检验是一种更合适、更有效的检验。

11.3.2　检验连续分布的拟合优度: Kolmogorov-Smirnov 检验

许多统计检验要求数据或残差服从正态分布。在第 9 章中, 我们举例说明了用于检验线性回归残差的诊断图 (见图 9.5 和图 9.6)。虽然我们声称图 9.5A 说明了误差服从正态分布的线性模型其残差的期望分布, 但我们仍希望对该声明做出定量检验。Kolmogorov-Smirnov 检验就是这类检验中的一员。

Kolmogorov-Smirnov 检验将数据的经验样本分布与假设分布 (如正态分布) 进行比较。具体而言, 该检验比较了经验累积分布函数和期望累积分布函数 (cumulative distribution function, CDF)。CDF 定义为针对随机变量 X 的函数 $F(Y) = P(X < Y)$。换句话说就是, 如果 X 是一个具有概率密度函数 (probability density function, PDF) $f(X)$ 的随机变量, 则累积分布函数 $F(Y)$ 等于在 $X < Y$ 区间内 $f(X)$ 下的面积 (有关 PDF 和 CDF 的进一步讨论, 请参阅第 2 章)。在本书中, 我们广泛使用了累积分布函数——尾概率, 或 P 值, 就是曲线下超出 Y 点的面积, 等于 $1 - F(Y)$。

图 11.4 展示了两个 CDF。第一个是残差的经验 CDF, 残差来自第 9 章中介绍的 $\log_{10}$ (岛屿面积) 上 $\log_{10}$ (物种数量) 的线性回归。第二个是假设的 CDF, 假设残差服从均值为 0、标准差为 0.31 的正态分布 (这些参数值是根据残差本身估算而来的)。经验 CDF 不是一条平滑的曲线, 因为我们只有 17 个点; 而期望 CDF 是一条平滑的曲线, 因为它来自一个有无穷多个点的潜在正态分布。

Kolmogorov-Smirnov 检验是双侧检验。零假设是观测的 CDF $[F_{obs}(Y)]$ = 假设分布 $[F_{dist}(Y)]$ 的 CDF。检验统计量是观测 CDF 和预期 CDF 间最大垂直差的绝对值 (图 11.4 中箭头所示)。基本上要在每个观察点测量该距离, 然后取最大值。

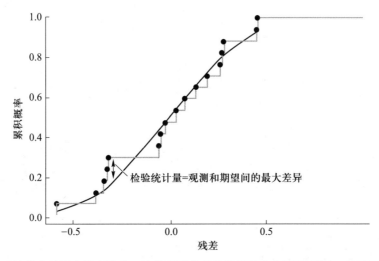

图 11.4 连续分布的拟合优度检验。比较观测的残差的累积分布函数 (黑点, 灰线) 与服从正态分布的期望分布 (黑线)。残差是根据加拉帕戈斯群岛植物物种在 $\log_{10}$(岛屿面积) 上的 $\log_{10}$(物种数量) 的物种–面积回归计算得到的 (数据来自表 8.2; 见图 9.6)。Kolmogorov-Smirnov 拟合优度检验比较了这两种分布。检验统计量是这两个分布的最大差异, 用双头箭头表示。这些数据的最大差异为 0.148, 而 $P = 0.05$ 时检验的临界值为 0.206。由于不能拒绝零假设, 残差似乎服从正态分布, 这是线性回归的假设之一 (见第 9 章)。Kolmogorov-Smirnov 检验可用于将连续数据样本与任何连续分布进行比较, 如正态分布、指数分布或对数正态分布 (见第 2 章)。

对于图 11.4, 最大距离为 0.148。将这个最大差异与特定样本量和 P 值的临界值表 (如 Lilliefors 1967) 进行比较。如果最大差异小于相关的临界值, 我们就不能拒绝数据与期望分布没有差异这一零假设。在我们的例子中, $P = 0.05$ 的临界值为 0.206。由于观测的最大差异仅为 0.148, 我们得出的结论是, 回归的残差分布与真实误差来自正态分布的假设是一致的 (我们不拒绝 H_0)。另一方面, 如果最大差异大于 0.206, 我们将拒绝零假设, 并且应该重新思考我们的数据是否适合用假设残差服从正态分布的线性回归模型来分析。

Kolmogorov-Smirnov 检验并不局限于正态分布; 它可以用于任何连续分布。例如, 想检验数据是否服从对数正态分布或指数分布, 就可以用 Kolmogorov-Smirnov 检验来比较经验 CDF 与对数正态或指数的 CDF (Lilliefors 1969)。

11.4 总结

来自列联表设计的分类数据是生态和环境研究中的常见结果。使用熟悉的卡方检验或 G 检验可以轻松地分析这些数据。分层对数线性模型或分类树可以检验关于分类变量间关联的详细假设。这些方法的子集也可用于检验数据和残差的分布是否与特定理论分布一致, 或是否拟合自理论分布。现已开发出了这些检验的贝叶斯替代方法, 这些方法允许估计对数线性模型的期望频次分布和参数。

第 12 章 　多元数据分析

到目前为止, 我们所描述的分析方法都只适用于单个响应变量或单变量数据。然而, 在许多生态和环境研究中往往会产生两个或多个响应变量, 并且我们还会经常分析多个响应变量, 即 **多元数据 (multivariate data)**, 如何与一个或多个预测变量同时相关。例如, 猪笼草大小的单变量分析可能仅基于某一个单一变量: 猪笼草高度。多元分析则基于多个变量: 高度、笼口开度、笼径、笼盖骨瓣直径、笼翼的长度和展度等 (见表 12.1)。由于这些响应变量都是在同一个体上测量的, 所以不是相互独立的。分析单变量的统计方法包括: 回归分析、方差分析、卡方检验等, 但这些方法可能不太适用于分析多元数据。本章将重点介绍几种在生态和环境研究中用到的分析和描述多元数据的方法。

与第 9 至 11 章中讨论的单变量方法一样, 我们只简要介绍和描述几种多元分析中最常见的形式及其重要元素。Gauch (1982) 和 Manly (1991) 的书中介绍了在生态学和环境学领域使用最为普遍的经典多元分析方法, 在 Legendre 和 Legendre (1998) 的书中则对 20 世纪 90 年代中期多元分析的发展进行了更深入的研究。新的多元分析方法的发展和对现有技术的评估是统计研究的一个活跃领域。本章也会重点介绍这些新方法以及与之相关的讨论。

12.1 　走进多元数据

多元数据看起来与单变量数据非常相似: 由一个或多个自 (预测) 变量和两个或多个因 (响应) 变量组成。单变量数据和多元数据之间的区别主要在于数据是如何组织和分析的, 而不是如何收集的[1]。

大多数生态和环境研究得到的都是多元数据。例如对分配到不同组的每一株植物测量得到的形态指标、异速生长指标和生理指标; 在沿河的多个采样点记录下的物种及其丰度; 在跨越一个地理梯度的多个地点测量得到的一组环境变量 (如温度、湿度、降

---

[1]实际上, 读者在第 6、7、10 章中已经接触到了多元数据。在重复测量设计中, 对同一个体在不同时间进行多次观察。在随机区组或裂区设计中, 某些处理自然地被组合在同一区块中。因为在一个区组内或单个个体上测量的响应变量不是相互独立的, 所以必须考虑修改方差分析以考虑到这种数据结构 (参见第 10 章)。本章中, 我们将介绍一些多元方法, 其中没有相关的单变量分析。

雨量等) 和与之对应的生物丰度或性状。然而, 在某些情况下, 多元分析的明确目标可以改变抽样设计。例如, 在多个地点对多个物种进行标记重捕研究的设计与对单个物种进行标记重捕研究的设计方法是不同的, 因为对于稀有物种和常见物种可能需要使用不同的分析方法 (见第 14 章)。

多元数据可以是定量的或定性的, 可以是连续的、有序的或分类的。本章中重点讨论的是连续定量变量, Gifi (1990) 一书讨论了定性多元变量。

12.1.1   矩阵代数的需求

多元分析的计算离不开**矩阵代数 (matrix algebra)**。矩阵代数允许使用类似于先前用于单变量分析的方程来进行多元分析。二者不仅仅是表面上的相似, 对于方程的解释也很接近, 许多单变量统计方法的方程也可以用矩阵表示。附录中, 我们总结了基本矩阵表示法和矩阵代数。

多元随机变量 $\mathbf{Y}$ 包含 n 个单变量 $\{Y_1, Y_2, Y_3, \cdots, Y_n\}$, 这些变量属于同一观测或实验对象, 如单个岛屿、单株植物或单个采样站。粗体大写字母表示多元随机变量, 斜体大写字母表示单变量随机变量。$\mathbf{Y}$ 的每个观测值写作 $\mathbf{y}_i$, $\mathbf{y}_i$ 为**行向量 (row vector)**。这个行向量的元素 $y_{i,j}$ 对应个体 i (i 的范围为 1 到 m 个个体的观测值或实验单元) 测量的第 j 个变量 Y_j (j 的范围为 1 到 n 个变量) 的测量值:

$$\mathbf{y}_i = [y_{i,1}, y_{i,2}, y_{i,3}, \cdots y_{i,j}, \cdots, y_{i,n}] \tag{12.1}$$

为方便起见, 通常省略方程 12.1 中的下标 i。行向量 $\mathbf{y}$ 是一个 $1 \times n$ 的矩阵。方括号内的每个观测值 $y_{i,j}$ 被称为矩阵 (或行向量) $\mathbf{y}$ 的一个**元素 (element)**。

生态学家通常会将多元数据组织在一个 m 行 n 列的电子表格中, 该表格有, 行表示不同的个体, 列表示测量的不同变量。矩阵的每一行对应行向量 $\mathbf{y}_i$, 整个表格是矩阵 $\mathbf{Y}$。表 12.1 给出了一个多元数据集示例, 其中 $m = 89$ 行的每一行代表不同的植物,

表 12.1   肉食植物眼镜蛇瓶子草的多元数据

地点	植株	高度	笼口开度	笼径	笼盖骨瓣直径	笼翼1	笼翼2	翼尖间距	笼盖质量	笼身质量	笼翼质量
TJH	1	654	38	17	6	85	76	55	1.38	3.54	0.29
TJH	2	413	22	17	6	55	26	60	0.49	1.48	0.06
⋮	⋮	⋮	⋮	⋮	⋮	⋮	⋮	⋮	⋮	⋮	⋮

每一行代表在俄勒冈州南部锡斯基尤山脉的某个特定地点测量的一株眼镜蛇瓶子草 (*Darlingtonia californica*) 的单次观察结果, 每一列为不同的形态学变量。测量了每株植物的 7 个形态学变量 (以毫米为单位): 高度 (height)、笼口开度 (mouth)、笼径 (tube)、笼盖骨瓣直径 (keel)、组成鱼尾状附属物的两条 "笼翼" (笼翼 1, 笼翼 2) 的长度以及两条翼尖之间的距离 (wspread)。植物干燥后对其笼盖 (hoodmass)、笼身 (tubemass)、笼翼 (wingmass) 进行称重 (±0.01 g)。该数据集由 A. Ellison, R. Emerson 以及 H. Steinhoff 收集于 2000 年, 包括在 4 个地点测量的 89 株植物。这是一个典型的多元数据集: 在同一个个体上测量的不同变量并不是相互独立的。

$n = 10$ 列中的每一列代表测量的每株植物的形态学变量。

有几个矩阵将在本章中反复出现。方程 12.1 是描述单次观察结果: $\boldsymbol{y} = [y_1, y_2, y_3, \cdots, y_n]$ 的基本 n 维向量。我们将**均值向量 (vector of means)** 定义为:

$$\overline{\mathbf{Y}} = [\overline{Y}_1, \overline{Y}_2, \overline{Y}_3, \cdots, \overline{Y}_n] \tag{12.2}$$

表示每个 Y_j 的样本均值的 n 维向量 (具体计算见第 3 章)。这个行向量的元素是 n 个变量 Y_j 的均值。换句话说,$\overline{\mathbf{Y}}$ 相当于原始数据矩阵 $\mathbf{Y}$ 的每一列的样本均值的集合。在单变量分析中,对应的测量值是单个响应变量的样本均值,是对真实总体均值 μ 的估计。同样的,向量 $\overline{\mathbf{Y}}$ 是对 n 个变量的每个真实总体均值向量 $\boldsymbol{\mu} = [\mu_1, \mu_2, \mu_3, \cdots, \mu_n]$ 的估计。

我们需要用三个矩阵来描述观测值 $y_{i,j}$ 之间的变化, 第一个是**方差–协方差矩阵 (variance-covariance matrix)**, $\mathbf{C}$ (见第 9 章脚注 5), 方差–协方差矩阵是一个**方阵 (square matrix)**, 其对角线元素是每个变量的样本方差 (用常规方法计算; 见第 3 章方程 3.9)。非对角线元素是所有可能的变量对之间的样本协方差 (与回归和方差分析中的计算相同; 见第 9 章方程 9.10)。

$$\mathbf{C} = \begin{bmatrix} s_1^2 & c_{1,2} & \cdots & c_{1,n} \\ c_{2,1} & s_2^2 & \cdots & c_{2,n} \\ \vdots & \vdots & \ddots & \vdots \\ c_{n,1} & c_{n,2} & \cdots & s_n^2 \end{bmatrix} \tag{12.3}$$

在方程 12.3 中, s_j^2 是变量 Y_j 的样本方差, $c_{j,k}$ 是变量 Y_j 和 Y_k 的协方差。注意, 变量 Y_j 和 Y_k 的样本协方差与变量 Y_k 和 Y_j 的样本协方差相同。因此, 方差–协方差矩阵的元素是**对称的 (symmetric)**, 对角线上的元素互为镜像 ($c_{j,k} = c_{k,j}$)。

用于描述方差的第二个矩阵是样本标准偏差矩阵:

$$\mathbf{D(s)} = \begin{bmatrix} \sqrt{s_1^2} & 0 & \cdots & 0 \\ 0 & \sqrt{s_2^2} & \cdots & 0 \\ \vdots & \vdots & \ddots & \vdots \\ 0 & 0 & \cdots & \sqrt{s_n^2} \end{bmatrix} \tag{12.4}$$

$\mathbf{D(s)}$ 是一个**对角矩阵 (diagonal matrix)**: 除主对角线上的元素外, 其余元素都为 0

的矩阵。非零元素是每个 Y_j 的样本标准偏差。

最后, 还需要一个样本相关矩阵:

$$
\mathbf{P} = \begin{bmatrix} 1 & r_{1,2} & \cdots & r_{1,n} \\ r_{2,1} & 1 & \cdots & r_{2,n} \\ \vdots & \vdots & \ddots & \vdots \\ r_{n,1} & r_{n,2} & \cdots & 1 \end{bmatrix} \tag{12.5}
$$

在这个矩阵中, 每个元素 $r_{j,k}$ 都是变量 Y_j 和 Y_k 的样本相关系数 (见第 9 章方程 9.19),
因为每个变量与自身的相关关系都等于 1, 所以 $\mathbf{P}$ 的对角线元素均为 1。与方差–协方
差矩阵一样, 相关矩阵是对称的 $(r_{j,k} = r_{k,j})$。

12.2　比较多元均值

12.2.1　比较两个样本的多元均值: Hotelling's T^2 检验

单变量 t 检验可直接推广到多元案例中, 我们将以此引入多元分析的概念。经典 t
检验用于检验单个变量的均值在两个组或种群之间是没有差异的零假设。例如, 我们想
检验 Days Gulch (DG) 和 T. J. Howell's fen (TJH) 采样的种群间眼镜蛇瓶子草的高
度 (详见表 12.1) 没有差异这个简单的假设。在每个地点随机选取 25 株植物, 首先计
算平均高度 (DG = 618.8 mm; TJH = 610.4 mm) 和标准差 (DG = 100.6 mm; TJH =
83.7 mm)。根据标准 t 检验, 这两个种群的植物的株高没有显著差异 ($t = 0.34$, 自由度
为 48, $P = 0.74$)。我们可以对表 12.1 中每个变量进行额外的 t 检验, 对多个检验进行
校正或不进行校正 (见第 10 章)。然而我们更感兴趣的是, 作为量化所有形态学变量的
均值向量——整体植物形态学在这两个地点间是否存在差异。换句话说, 我们想要检
验 "两个组的均值向量是相等的" 这个零假设。

Hotelling's T^2 检验 (Hotelling 1931) 将单变量 t 检验扩展至多元数据。首先计算
每组中变量 Y_j 的均值, 然后将它们组合成两个均值**列向量 (column vector)** (见方程
12.2), $\overline{\mathbf{Y}}_1$ (TJH) 和 $\overline{\mathbf{Y}}_2$ (DG)。注意, 列向量相当于**转置 (transposed)** 后的行向量,
即列和行进行了互换。附录中对矩阵代数规则进行了解释, 有时要求向量是单列, 有时
要求是单行。但是无论是用行向量还是列向量来表示, 数据都是相同的。

在这个例子中, 我们有七个形态学变量: 高度、笼口开度、笼径、笼盖骨瓣直径、笼
口鱼尾状笼翼的长度和展度 (见表 12.1), 两个地点均测量了所有变量。

$$\overline{\mathbf{Y}}_1 = \begin{bmatrix} 610.0 \\ 31.2 \\ 19.9 \\ 6.7 \\ 61.5 \\ 59.9 \\ 77.9 \end{bmatrix} \quad \overline{\mathbf{Y}}_2 = \begin{bmatrix} 618.8 \\ 33.1 \\ 17.9 \\ 5.6 \\ 82.4 \\ 79.4 \\ 84.2 \end{bmatrix} \tag{12.6}$$

可以看到 TJH 的平均株高为 610.0 mm ($\overline{\mathbf{Y}}_1$ 的第一个元素), 而 DG 的平均笼口开度为 33.1 mm ($\overline{\mathbf{Y}}_2$ 中的第二个元素)。顺带提及, 多元分析中使用的变量不一定要用相同的单位来测量, 尽管许多多元分析都需要将变量调整为标准单位, 本章后面将进行介绍。

现在需要一些方差的度量。我们用每个组的样本方差 (s^2) 来做 t 检验。用每个组的样本方差–协方差矩阵 $\mathbf{C}$ (见方程 12.3) 来做 Hotelling's T^2 检验。地点 TJH 的样本方差–协方差矩阵为:

$$\mathbf{C}_1 = \begin{bmatrix} 7011.5 & 284.5 & 32.3 & -12.5 & 137.4 & 691.7 & 76.5 \\ 284.5 & 31.8 & -0.7 & -1.9 & 55.8 & 77.7 & 66.3 \\ 32.3 & -0.7 & 5.9 & 0.6 & -19.9 & -6.9 & -13.9 \\ -12.5 & -1.9 & 0.6 & 1.1 & -0.9 & -3.0 & -5.6 \\ 137.4 & 55.8 & -19.9 & -0.9 & 356.7 & 305.6 & 397.4 \\ 691.7 & 77.7 & -6.9 & -3.0 & 305.6 & 482.1 & 511.6 \\ 76.5 & 66.3 & -13.9 & -5.6 & 397.4 & 511.6 & 973.3 \end{bmatrix} \tag{12.7}$$

该矩阵汇总了变量的所有样本方差和协方差。如在 TJH 中, 高度的样本方差为 7011.5 mm^2, 而高度与笼口开度间的样本协方差为 284.5 mm^2。虽然可以为每个组 ($\mathbf{C}_1$ 和 $\mathbf{C}_2$) 构建一个样本方差–协方差矩阵, 但 Hotelling's T^2 检验假设这两个矩阵近似相等, 并使用矩阵 $\mathbf{C_P}$ 作为两个组协方差的合并估计:

$$\mathbf{C_P} = \frac{[(m_1 - 1)\mathbf{C}_1 + (m_2 - 1)\mathbf{C}_2]}{(m_1 + m_2 - 2)} \tag{12.8}$$

m_1 和 m_2 表示每个组的样本大小 (这里 $m_1 = m_2 = 25$)。

Hotelling's T^2 检验的统计量为:

$$T^2 = \frac{m_1 m_2 (\overline{\mathbf{Y}}_1 - \overline{\mathbf{Y}}_2)^{\mathrm{T}} \mathbf{C_P}^{-1} (\overline{\mathbf{Y}}_1 - \overline{\mathbf{Y}}_2)}{(m_1 + m_2)} \tag{12.9}$$

$\overline{\mathbf{Y}}_1$ 和 $\overline{\mathbf{Y}}_2$ 是均值向量 (见方程 12.2), $\mathbf{C_P}$ 是合并后的样本协方差矩阵 (见方程 12.8), 上标 T 表示矩阵转置, 上标 (-1) 表示矩阵求逆 (见附录)。值得注意的是, 这个方程中有两类乘法。第一类是均值差向量和协方差矩阵逆的矩阵乘法:

$$(\overline{\mathbf{Y}}_1 - \overline{\mathbf{Y}}_2)^{\mathrm{T}} \mathbf{C_P}^{-1} (\overline{\mathbf{Y}}_1 - \overline{\mathbf{Y}}_2)$$

第二类是两个样本大小的标量乘法, $m_1 m_2$。

　　按照矩阵乘法的规则, 方程 12.9 给出了 T^2 作为标量或者单个数字。T^2 经线性变换后得到我们熟悉的检验统计量 F:

$$\mathrm{F} = \frac{(m_1 + m_2 - n - 1) T^2}{(m_1 + m_2 - 2) n} \tag{12.10}$$

其中 n 为变量的个数。在零假设下, 每个组的总体均值向量是相等的 (如 $\boldsymbol{\mu}_1 = \boldsymbol{\mu}_2$)。F 服从分子自由度为 n, 分母自由度为 $(m_1 + m_2 - n - 1)$ 的 F 分布。假设检验按常规步骤进行 (见第 5 章)。对于这七个形态学变量, $T^2 = 84.62$, 分子自由度为 7, 分母自由度为 42。根据方程 12.10 得到 F 值为 10.58。分子自由度为 7, 分母自由度为 42 的 F 分布的临界值为 2.23, 远小于观测值 10.58。因此, 我们可以拒绝 "两个总体均值向量 $\boldsymbol{\mu}_1$ 和 $\boldsymbol{\mu}_2$ 相等" 这个零假设 (p 值为 1.3×10^{-7})。

12.2.2　比较两个以上样本的多元均值: 一个简单的多元方差分析

　　如果想要比较处理组两个样本以上的单变量均值, 则可以用方差分析代替标准 t 检验, 同样的, 如果想要比较两组以上的多元均值, 则可以用**多元方差分析 (multivariate ANOVA, 或 MANOVA)** 代替 Hotelling's T^2 检验。与 Hotelling's T^2 检验一样, 我们有 $j = 1, \cdots, n$ 个个体的变量或测量, 得到 $i = 1, \cdots, n$ 个观测值。然而, 在多元方差分析中, 我们有 $k = 1, \cdots, g$ 个组, 每组有 $l = 1, \cdots, q$ 个观测值。多元观测值 (等式 12.1) 可以记为 $\mathbf{y}_{k,l}$, 表示第 k 组的第 l 个观测值。如果我们的设计是平衡的, 那么 g 个组中的每组的观测值个数 q 都相同, 则总样本大小 $m = gq$。

　　通过类比单因素方差分析 (见第 10 章, 10.6 式), 分析如下模型

$$\mathbf{Y} = \boldsymbol{\mu} + \mathbf{A}_k + \mathbf{e}_{kl} \tag{12.11}$$

其中 $\mathbf{Y}$ 是测量值的矩阵 (有 m 行观测和 n 列变量), $\boldsymbol{\mu}$ 是总体均值, $\mathbf{A}_k$ 是第 k 个处理组相对于样本总均值的偏差矩阵, $\mathbf{e}_{kl}$ 是误差项: 第 k 个处理组的第 l 个个体与

第 k 个处理组的均值间的差异。假定 e_{kl} 来自一个多变量正态分布 (见下一节)。这个过程基本与单因素方差分析 (见第 10 章) 相同, 不同之处在于, 比较的不是各组的均值, 而是各组的**中心 (centroid)** —— 多元均值[2]。零假设为: 处理组的均值一致, 即 $\mu_1 = \mu_2 = \mu_2 = \cdots = \mu_g$。与方差分析一样, 检验统计量是组间平方和除以组内平方和得到的比率, 但这些平方和的计算对于多元方差分析来说是不同的, 如下文所述。这一比率服从 F 分布 (见第 10 章)。

SSCP 矩阵。在方差分析中, 平方和是数字; 在多元方差分析中, 平方和是矩阵——**称为平方和与叉积和 (sums of squares and cross-products, SSCP) 矩阵**。这些都是方阵 (行数和列数相等), 其对角线元素是每个变量的平方和, 非对角线元素是每对变量的叉积和。SSCP 矩阵类似于方差–协方差矩阵 (见方程 12.3), 但我们只需要其中的三个。

组间 SSCP 矩阵为矩阵 $\mathbf{H}$:

$$\mathbf{H} = q \sum_{k=1}^{g} (\overline{\mathbf{Y}}_{k.} - \overline{\mathbf{Y}}_{..})(\overline{\mathbf{Y}}_{k.} - \overline{\mathbf{Y}}_{..})^{\mathrm{T}} \tag{12.12}$$

在方程 12.12 中, $\overline{\mathbf{Y}}_{k.}$ 是组 k 中 q 个观测值的样本均值向量:

$$\overline{\mathbf{Y}}_{k.} = \frac{1}{q} \sum_{k=1}^{g} \mathbf{y}_{kl}$$

$\overline{\mathbf{Y}}_{..}$ 是所有处理组的样本均值的向量:

$$\overline{\mathbf{Y}}_{..} = \frac{1}{kq} \sum_{k=1}^{g} \sum_{l=1}^{q} \mathbf{y}_{kl}$$

组内 SSCP 矩阵为矩阵 $\mathbf{E}$:

$$\mathbf{E} = \sum_{k=1}^{g} \sum_{l=1}^{q} \left(\mathbf{y}_{kl} - \overline{\mathbf{Y}}_{k.}\right) \left(\mathbf{y}_{kl} - \overline{\mathbf{Y}}_{k}\right)^{\mathrm{T}} \tag{12.13}$$

$\overline{\mathbf{Y}}_{k.}$ 是处理组 k 的样本均值向量。在单变量分析中, 方程 12.12 中 $\mathbf{H}$ 的类比是组间平方和 (见第 10 章的方程 10.2), 方程 12.13 中 $\mathbf{E}$ 的类比是组内平方和 (见第 10 章的方程 10.3)。最后, 计算总 SSCP 矩阵:

---

[2]在一维空间中, 两种均值的比较相当于比较二者的算术差, 这也是方差分析中对单变量数据所做的。在二维空间中, 各组的均值向量可以用笛卡儿图像中的点表示。这些点代表中心 (通常被认为是点云的重心), 可以计算它们之间的几何距离。在三维 (或更多维) 空间中, 中心可以再次被一系列笛卡儿坐标定位, 一个坐标对应于空间中的一个维度。多元方差分析比较了这些中心之间的距离, 并检验了 "由于随机抽样, 组中心之间的距离与预期的距离没有更大的差异" 这一零假设。

$$\mathbf{T} = \sum_{k=1}^{g} \sum_{l=1}^{q} (\mathbf{y}_{kl} - \overline{\mathbf{Y}}_{..})(\mathbf{y}_{kl} - \overline{\mathbf{Y}}_{..})^{\mathrm{T}} \qquad (12.14)$$

检验统计量。矩阵 $\mathbf{H}$ 和矩阵 $\mathbf{E}$ 产生了四个检验统计量: Wilk's λ (Wilk's lambda), Pillai 迹 (Pillai's trace), Hotelling-Lawley 迹 (Hotelling-Lawley's trace), 以及 Roy 最大根 (Roy's greatest root) (见 Scheiner 2001)。计算公式如下:

$$\text{Wilk's lambda} = \Lambda = \frac{|\mathbf{E}|}{|\mathbf{E} + \mathbf{H}|}$$

| | 表示矩阵的行列式 (见附录)

$$\text{Pillai's trace} = \sum_{i=1}^{s} \left(\frac{\lambda_i}{\lambda_i + 1} \right) = trace[(\mathbf{E} + \mathbf{H})^{-1}\mathbf{H}]$$

其中 s 是自由度 (组数 $g-1$) 和变量数 n 中较小的那个; λ_i 是 $\mathbf{E}^{-1}\mathbf{H}$ 的第 i 个**特征值 (eigenvalue)** (见附录方程 A.17); *trace* 是矩阵的轨迹 (见附录)。

$$\text{Hotelling-Lawley's trace} = \sum_{i=1}^{n} (\lambda_i) = trace(\mathbf{E}^{-1}\mathbf{H})$$

和

$$\text{Roy's greatest root} = \theta = \frac{\lambda_1}{\lambda_1 + 1}$$

λ_1 是 $\mathbf{E}^{-1}\mathbf{H}$ 的最大 (第一个) 特征值。

对于大样本容量, Wilk's λ, Pillai 迹和 Hotelling-Lawley 迹都会收敛到相同的 P 值, 尽管 Pillai 迹对违反假设 (如多元正态性) 最为宽容。大多数软件包都会给出这些检验统计量。

这四个检验统计量均可以转换为 F 比, 并像在方差分析中那样进行检验。但它们的自由度是不同的。Wilk's λ, Pillai 迹和 Hotelling-Lawley 迹是根据所有特征值计算的, 因此其样本大小为 nm (变量数 $n \times$ 样本数 m), 分子自由度为 $n(g-1)$ (g 是分组的数量)。Roy 最大根只使用最大特征值, 所以分子自由度为 n。Wilk's λ 的自由度通常是分数, 相关的 F 统计量只是一个近似值 (Harris J985)。这些多元方差分析中检验统计量的选择并不重要。因为它们通常给出非常相似的结果, 如眼镜蛇瓶子草数据的分析 (表 12.2)。

组间比较。与方差分析一样, 如果多元方差分析产生了显著的结果, 可能想进一步确定具体哪些组间存在差异。对于事后比较, 经 Bonferroni 校正 (见第 10 章) 调整临界值后的 Hotelling's T^2 检验可用于每对之间的比较。判别分析 (在本章后面介绍) 也可用于确定各组的分离程度。

表 12.2 单向 MANOVA 的结果

I. H 矩阵

	高度	笼口开度	笼径	笼盖骨瓣直径	笼翼 1	笼翼 2	翼尖间距
高度	35118.38	5584.16	−1219.21	−2111.58	17739.19	11322.59	18502.78
笼口开度	5584.16	1161.14	−406.04	−395.59	2756.84	1483.22	1172.86
笼径	−1219.21	−406.04	229.25	127.1	−842.68	−432.92	659.62
笼盖骨瓣直径	−2111.58	−395.59	127.1	142.49	−1144.14	−706.07	−748.92
笼翼 1	17739.19	2756.84	−842.68	−1144.14	12426.23	9365.82	10659.12
笼翼 2	11322.59	1483.22	−432.92	−706.07	9365.82	7716.96	8950.57
翼尖间距	18502.78	1172.86	659.62	−748.92	10659.12	8950.57	21440.44

II. E 矩阵

	高度	笼口开度	笼径	笼盖骨瓣直径	笼翼 1	笼翼 2	翼尖间距
高度	834836.33	27526.88	8071.43	1617.17	37125.87	46657.82	18360.69
笼口开度	27526.88	2200.17	324.05	−21.91	4255.27	4102.43	3635.34
笼径	8071.43	324.05	671.82	196.12	305.16	486.06	375.09
笼盖骨瓣直径	1617.17	−21.91	196.12	265.49	−219.06	−417.36	−632.27
笼翼 1	37125.87	4255.27	305.16	−219.06	31605.96	28737.1	33487.39
笼翼 2	46657.82	4102.43	486.06	−417.36	28737.1	39064.26	41713.77
翼尖间距	18360.69	3635.34	375.09	−632.27	33487.39	41713.77	86181.61

III. 检验统计量

统计量	值	F	分子自由度	分母自由度	P值
Pillai 迹	1.11	6.45	21	231	3×10^{-14}
Wilk's λ	0.23	6.95	21	215.91	3×10^{-15}
Hotelling-Lawley 迹	2.09	7.34	21	221	3×10^{-16}
Roy 最大根	1.33	14.65	7	77	5×10^{-12}

原始数据是对采集于 4 个地点的 89 株眼镜蛇瓶子草 (*Darlingtonia californica*)7 个形态变量的测量 (见表 12.1)。**H** 矩阵是组间的平方和与叉积和 (SSCP) 矩阵。对角线元素是各变量的平方和, 非对角线元素是每对变量的叉积和 (见方程 12.12)。**H** 矩阵类似于组间平方和的单变量计算 (见方程 10.2)。**E** 矩阵是组内的 SSCP 矩阵。对角线元素为各变量的组内偏差, 非对角线元素为每对变量残差的叉积 (见方程 12.13)。**E** 矩阵类似于残差平方和的单变量计算 (见方程 10.3)。在这些矩阵中, 为了避免计算中的舍入误差, 我们舍弃了只报告有效数字的良好做法。如果将这些数据发表在科学刊物上, 它们的有效数字不会比我们在测量中得到的更多 (见表 12.1)。四个检验统计量 (Wilk's λ, Pillai 迹, Hotelling-Lawley 迹, Roy 最大根) 代表了用于检验多元方差分析 (MANOVA) 中组间差异的不同方法。这些测量产生的 P 值都非常小, 这表明眼镜蛇瓶子草形态学测量值的 7 个元素的向量在不同地点间存在显著差异。

若响应变量是多元的, 第 10 章中所描述的方差分析设计在多元方差分析中都有直接的相似之处。唯一的区别是 SSCP 矩阵被用于代替组间和组内的平方和。对于复杂的实验设计, 计算 SSCP 矩阵可能很困难 (Harris 1985; Hand and Taylor 1987), 为此, Scheiner (2001) 为生态学家和环境科学家总结了多元方差分析技术。

多元方差分析的假设。除方差分析的一般假设 (观测值是独立的、随机抽样的, 组内误差在组间相等且服从正态分布) 外, 多元方差分析还有另外两个假设: 首先, 与 Hotelling's T^2 检验的要求相似, 组间协方差相等 (**球形 (sphericity)** 假设); 其次, 在分析中使用的多元变量和方程 12.11 中的误差项 e_{kl} 必须服从多元正态分布。在下一节中, 我们将介绍多元正态分布以及如何检验它是否偏离正态分布。

Pillai's 迹对轻微违背这些假设具有一定的鲁棒性, 因此在实践中, 如果数据没有显著偏离球形和多元正态性, 多元方差分析都是有效的。**相似性分析 (analysis of similarity, ANOSIM)** 是多元方差分析的替代方法 (Clarke and Green 1988), 它并不依赖于多元正态性, 但 ANOSIM 只能用于单向和完全交叉或嵌套的双向设计。如果数据中存在较强的梯度, ANOSIM 的功效将变低 (犯 II 型统计错误的概率增大) (Somerfield et al. 2002)。

12.3 多元正态分布

大多数检验假设的多元分析方法要求所分析的数据符合**多元正态分布 (multivariate normal or multinormal distribution)**。多元正态分布是多维变量 $\mathbf{Y} = [Y_1, Y_2, Y_3, \cdots, Y_n]$ 的正态 (或高斯) 分布情形。正如我们在第 2 章中介绍的, 正态分布有两个参数: μ (均值) 和 σ^2 (方差)。相比之下, 多元正态分布[3] 由均值向量 μ 和协方差矩阵 Σ 定义; 多元正态分布中参数的个数取决于 $\mathbf{Y}$ 中随机变量 Y_i 的个数。众所周知, 一维正态分布的密度函数呈钟形曲线 (见图 2.6)。对于二维变量 $\mathbf{Y} = [Y_1, Y_2]$, 其密度函数看起来像一个铃铛或帽子 (图 12.1)。大多数概率质量集中在帽子的中心附近, 接近两个变量的均值。当向帽子边缘的任何方向移动时, 概率密度变得越来越小。虽然很

[3]多元正态分布的概率密度函数假设随机变量 $[Y_1, Y_2, \cdots, Y_n]$ 的 n 维随机向量 $\mathbf{Y}$ 的均值向量为 $\mu = [\mu_1, \mu_2, \cdots, \mu_n]$, 方差 – 协方差矩阵为:

$$\Sigma = \begin{bmatrix} \sigma_1^2 & \gamma_{1,2} & \cdots & \gamma_{1,n} \\ \gamma_{2,1} & \sigma_2^2 & \cdots & \gamma_{2,n} \\ \vdots & \vdots & \ddots & \vdots \\ \gamma_{n,1} & \gamma_{n,2} & \cdots & \sigma_n^2 \end{bmatrix}$$

其中 σ_i^2 是 Y_i 的方差, γ_{ij} 是 Y_i 和 Y_j 的协方差。对于向量 $\mathbf{Y}$, 多元正态分布的概率密度函数为

$$f(\mathbf{Y}) = \frac{1}{\sqrt{(\pi)^n |\Sigma|}} e^{\left[\frac{1}{2}(\mathbf{Y}-\mu)^{\mathsf{T}}\Sigma^{-1}(Y-\mu)\right]}$$

更多详细信息参见附录的矩阵行列式 (| |)、逆运算 (矩阵的 (−1) 次幂) 和转置 (T)。定义多元正态分布所需的参数个数为 $2n + n(n-1)/2$, 其中 n 为 $\mathbf{Y}$ 中的变量数。注意这个方程看起来与单变量正态分布的概率密度函数非常相似 (见第 2 章脚注 10, 表 2.4)。

难绘制二维以上变量的多元分布, 但我们可以用同样的方法来计算和解释它们。

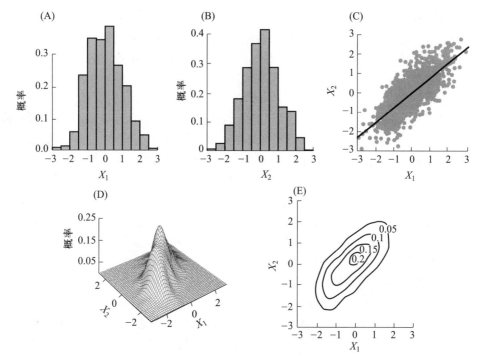

图 12.1 多元正态分布示例。多变量随机变量 $\mathbf{X}$ 是一个有两个单变量 X_1 和 X_2 的向量, 每个 $\mathbf{X}$ 有 5000 个观测值: $\mathbf{X} = [X_1, X_2]$。均值向量 $\boldsymbol{\mu} = [0,0]$, 即 X_1 和 X_2 的均值都为 0, 标准差都为 1, 故样本标准差的矩阵 $\mathbf{D}(s) = \begin{bmatrix} 1 & 0 \\ 0 & 1 \end{bmatrix}$。(A) 表示 X_1 概率分布的直方图; (B) 表示 X_2 概率分布的直方图。X_1 和 X_2 之间的相关系数为 0.75, 如分布图 (C) 所示。因此, 样本相关系数矩阵 $\mathbf{P} = \begin{bmatrix} 1 & 0.75 \\ 0.75 & 1 \end{bmatrix}$。$\mathbf{X}$ 的联合多元概率分布如网格图 (D) 所示。这种分布也可以用等值线图 (E) 表示, 其中每条等值线表示网格图中的一个切面。因此, 对于接近 0 的 X_1 和 X_2, 等值线标号为 0.2 表示得到这两个值的联合概率密度约为 0.2。等值线椭圆 (或切面) 的方向和偏心度反映了变量 X_1 和 X_2 之间的相关关系 (C)。如果 X_1 和 X_2 完全不相关, 等值线将呈圆形。如果 X_1 和 X_2 完全相关, 那么等值线将在二元空间中退化成一条直线。

多数情况下使用的标准多元正态分布, 其均值向量 $\boldsymbol{\mu} = [0]$。如图 12.1 所示的二元正态分布实际上是一个标准化的二元正态分布。我们还可以用同心椭圆的等值线图 (图 12.1E) 来说明这种分布。中心椭圆对应于分布峰值的一个切片, 当我们向下移动帽子时, 椭圆切片会增大。当 $\mathbf{Y}$ 中的所有变量 Y_n 相互独立且不相关时, 相关系数矩阵 $\mathbf{P}$ 中所有非对角线相关系数 $r_{mn} = 0$, 而且椭圆切面为圆形。然而, 大多数多元数据集中的变量都是相关的, 因此切面通常是椭圆形的, 如图 12.1E 所示。一对变量间的相关性越强, 椭圆的等值线就越密。该思想可以推广到 $\mathbf{Y}$ 中有两个以上变量的情况, 这时, 切面在多维空间中表现为椭球或超椭球。

12.3.1　多元正态性检验

许多多变量检验会假设多元数据或其残差服从多元正态分布。单变量正态性的检验 (见第 11 章) 通常与回归、方差分析和其他单变量统计分析一起使用, 但很少进行多元正态性检验。并不是因为缺乏这样的检验。实际上, 学者们已经提出了超过 50 种这样的多变量正态性检验 (见 Koizol 1986, Gnanadesikan 1997, 以及 Mcclin and Mundfrom 2003 的综述文章)。然而, 这些检验并未包含在统计软件包中, 也没有任何单一检验可以解释多变量数据偏离正态性的诸多方式 (Mecklin and Mundfrom 2003)。由于这些检验非常复杂, 而且常常会得到相互矛盾的结果, 因此它们被称为 "学术上的玩物, 很少被实践统计学家使用" (Horswell 1990, 引自 Mecklin and Mund from 2003)。

检验多元正态性的一个常用捷径是简单地检验多元数据集中的各个单个变量是否服从正态分布 (见第 11 章)。如果有任何单个变量不是正态分布的, 那多元数据集就不可能服从正态分布。但反过来就不正确了。每个单变量测量值可以是正态分布的, 但整个数据集仍可能不服从多元正态分布 (Looney 1995)。即使发现每个单变量服从正态分布, 也应该进行多元正态性的其他检验。

多元正态性的一种检验是基于多变量偏度 (skewness) 和峰度 (kurtosis) 的度量 (见第 3 章)。该检验由 Mardia (1970) 提出, 由 Doornik 和 Hansen (2008) 扩展。Doornik 和 Hansen 的检验中涉及的计算相对简单, 二者于 2008 年发表的论文中提供了算法[4]。

我们使用 Doornik 和 Hansen 的检验对眼镜蛇瓶子草数据 (见表 12.1) 的多变量正态性进行了检验。尽管所有个体的测量值都是正态分布的 ($P > 0.5$, 所有变量使用 Kolmogorov-Smirnov 拟合优度检验), 但多元数据在一定程度上偏离了多元正态性 ($P = 0.006$)。这种欠拟合完全是由于笼盖骨瓣直径的测量值造成的。删除该变量后, 其余数据通过了多元正态性检验 ($P = 0.07$)。

12.4　多元距离的度量

许多多元方法可以量化个体观测值、样本、处理组或种群的差异。这些差异一般可以用多元空间中观测值之间的距离来表示。在深入介绍分析方法前, 我们介绍如何计算单个观测值之间或整个组均值之间的距离。使用表 12.1 中的样本数据, 我们可能会问: 在基于形态学变量创建的多元空间中, 两株植物个体的距离有多远 (或有多么不同)?

---

[4]Doornik 和 Hansen (2008) 的扩展更准确 (它在模拟中产生了预期的 I 类错误概率); 对于小样本量 ($50 > N > 7$) 和大样本量 ($N > 50$) 来说, 其统计功效均优于 Mardia 检验 (Doornik and Hansen 2008; Mecklin and Mundfrom 2003)。它也比 Royston (1983) 描述的替代程序更容易理解和编程。

对于有 m 个观测值和 n 个测量值的多变量数据集, Doornik 和 Hansen 的检验统计量 E_n 的计算公式为 $E_n = \mathbf{Z}_1^T \mathbf{Z}_1 + \mathbf{Z}_2^T \mathbf{Z}_2$, 其中 $\mathbf{Z}_1$ 是转换后多元数据偏度的 n 维列向量, $\mathbf{Z}_2$ 是转换后多元数据峰度的 n 维列向量。转换公式在 Doornik 和 Hansen (2008) 中给出。检验统计量的渐近分布为自由度为 $2n$ 的 χ^2 分布。(AME 写了一个 R 函数来执行 Doornik 和 Hansen 的检验。代码参见哈佛森林网站。)

12.4.1 度量两个个体间的距离

先只考虑两个个体 (表 12.1 中的植株 1 和植株 2) 以及两个变量 (高度为变量 1, 鱼尾状笼翼的展度为变量 2) 的情况。对于这两株植物, 可以通过在二维空间绘制点并测量点之间的最短距离来度量二者的形态学距离 (图 12.2)。利用毕达哥拉斯定理 (勾股定理) 得到的这个距离被称为**欧几里得距离 (欧氏距离, Euclidean distance)**[5], 计算公式为:

$$d_{i,j} = \sqrt{(y_{i,1} - y_{j,1})^2 + (y_{i,2} - y_{j,2})^2} \tag{12.15}$$

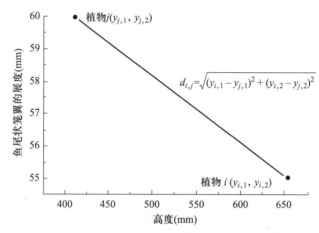

图 12.2 在二维空间中, 欧氏距离 $d_{i,j}$ 是两点之间的直线距离。在这个例子中, 测量的两个形态学变量是食肉眼镜蛇瓶子草 (*Darlingtonica californica*) 的高度和鱼尾状笼翼的展度 (见表 12.1)。此处, 两株植物的测量值被绘制在二维空间中。方程 12.15 用于计算二者之间的欧氏距离。

在公式 12.15 中, 植物用下标 i 或 j 表示, 变量用下标 1 或 2 表示。为了计算测量值之间的距离, 我们将高度差进行平方, 加上展度的差的平方, 最后取这个和的平方根。得到这两株植物的距离 $d_{i,j} = 241.05$ mm。因为原始变量是以毫米为单位测量的, 所以当用一个单位减去另一个单位时, 结果仍然以毫米为单位。应用平方、求和及开方这一系列

Pythagoras

[5]萨摩斯岛的毕达哥拉斯 (Pythagoras, 约公元前 569—前 475) 可能是第一个 "纯" 数学家。他广为人知的原因是他是 "第一个" 提供现在称为勾股定理正式证明的人。勾股定理: 直角三角形中两条直角边的平方和等于其斜边长度的平方: $a^2 + b^2 = c^2$。请注意, 我们所用的欧氏距离相当于直角三角形的斜边长度 (见图 12.2)。毕达哥拉斯也知道地球是球形的, 尽管其将地球错放在宇宙的中心, 偏离实际位置几十亿光年。

毕达哥拉斯在 Croton (克罗顿, 今意大利南部) 建立了一个科学与宗教并存的社会。这个社会的核心圈子 (包括男人和女人) 是数众 (mathematikoi), 放弃个人财产的社群主义者, 和严格的素食主义者。他们的核心信念是, 现实本质上是数学的; 哲学是精神净化的基础; 灵魂可以与神结合; 某些符号具有神秘的意义。组织中的所有成员都宣誓绝对忠诚和保密, 所以关于毕达哥拉斯的传记资料很少。

操作, 使我们仍能回到以毫米为单位的距离测量。然而, 距离测量的单位不会保持不变,
除非所有原始变量使用相同的单位测量。

同样, 如果两株植物由三个变量描述 (高度、展度和口径 (笼口开度)), 也可以计算
二者之间的欧氏距离 (图 12.3)。只需要在方程 12.15 中加入另一个平方差 —— 口径之
间的差异:

$$d_{i,j} = \sqrt{(y_{i,1} - y_{j,1})^2 + (y_{i,2} - y_{j,2})^2 + (y_{i,3} - y_{j,3})^2} \tag{12.16}$$

将两株植物的数据代入方程 12.16, 得到的形态学距离为 241.58 mm, 与仅使用两个变
量高度和展度得到的距离仅相差约 0.2%。

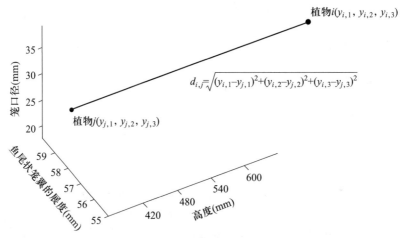

图 12.3　在三维空间中度量欧氏距离。将口径添加到如图 12.2 所示的两个形态变量中, 再将三
个变量绘制在三维空间中。根据方程 12.16 得到的欧氏距离为241.58 mm。值得注意的是, 这个
距离实际上与二维空间中度量的欧氏距离几乎相同 (241.05 mm; 见图 12.2)。这是因为第三个变
量 (口径) 的均值和方差比前两个变量小得多, 所以它不会对距离的度量产生太大影响。因此, 在
计算个体间的距离之前, 应对变量进行标准化 (使用方程 12.17)。

为什么这两个欧氏距离差异不大? 因为高度的大小 (数百毫米) 远大于展度或口径
的大小 (数十毫米), 高度的测量值主导了距离的计算。因此, 在实际应用中, 必须在计
算距离之前对变量进行标准化。一种便利的标准化方法是用每个变量的观测值减去该
变量的样本均值, 然后用该差值除以样本标准差:

$$Z = \frac{(Y_i - \overline{Y})}{s} \tag{12.17}$$

这种转换的结果称为 **Z 分数 (Z-score)**。Z-score 反映了每个测量变量的方差差异, 还
可用于比较单位不同的测量值。表 12.3 给出了标准化后的值 (Z-score)。根据两个标准

化后的变量高度和展度计算得到的两株植物之间的距离是 2.527; 根据三个标准化后的变量: 高度, 展度和笼口径, 计算得到的距离为 2.533。这两个距离的绝对差仅为 1%, 但这个差值比非标准化数据计算的距离的差值大 5 倍。

表 12.3 多元数据的标准化

地点	植株	高度	笼口开度	笼径	笼盖骨瓣直径	笼翼1	笼翼2	翼尖间距	笼盖质量	笼身质量	笼翼质量
TJH	1	0.381	1.202	−1.062	0.001	0.516	0.156	−1.035	1.568	0.602	0.159
TJH	2	−2.014	−1.388	−0.878	−0.228	−0.802	−1.984	−0.893	−0.881	−1.281	−0.276
⋮	⋮	⋮	⋮	⋮	⋮	⋮	⋮	⋮	⋮	⋮	⋮

原始数据是对收集于 4 个地点的 89 株眼镜蛇瓶子草 (*Darlingtonia californica*) 的 7 个形态学变量和 3 个生物量变量的度量 (见表 12.1)。前两行数据是标准化后的。标准值的计算方法为: 每个变量的观测值减去其样本均值, 再用这个差值除以样本标准差 (见方程 12.17)。

当用 Z-score 转换数据时, 距离的单位是什么? 如果使用原始变量, 单位将为毫米。但标准化后的变量是无量纲的; 方程 12.17 给出的单位为 mm × mm^{-1}, 二者相互抵消了。一般来说, Z-score 是以 "标准偏差" 为单位的, 即测量值与均值间有多少个标准差。例如, 标准化后的高度测量值为 0.381 的植物比平均植株高 0.381 个标准差。

虽然无法在平面上绘制四个或更多的轴, 但如果两个个体是由 n 个变量描述的, 仍然可以计算二者之间的欧氏距离。基于 n 个变量的集合的欧氏距离的计算通式为:

$$d_{i,j} = \sqrt{\sum_{k=1}^{n}(y_{i,k} - y_{j,k})^2} \tag{12.18}$$

根据表 12.3 中 7 个标准化后的形态学变量计算得到的两株植物之间的欧氏距离为 4.346。

12.4.2 度量两组间的距离

通常, 我们想要度量的是样本间或实验处理组间的距离, 而不仅仅是个体间的距离。扩展欧氏距离公式, 使其适用于度量任意数量的变量 g 的均值间的欧氏距离:

$$d_{i,j} = \sqrt{\sum_{k=1}^{g}(\bar{Y}_{i,k} - \bar{Y}_{j,k})^2} \tag{12.19}$$

$\bar{Y}_{i,k}$ 为组 i 中变量 k 的均值。方程 12.19 中的 Y_i 可以是单变量的, 也可以是多变量的。同样, 为了不让一个变量主导距离计算, 我们通常在计算均值和组间距离之前对数据进

行标准化 (见方程 12.17)。由方程 12.19 可知, 基于 7 个形态学变量得到的 DG 和 TJH
种群之间的欧氏距离为 1.492 个标准差。

12.4.3 其他距离度量

欧氏距离是最常用的距离度量方法, 但它并不总是度量多变量对象之间距离的最
佳选择。在群落生态学中, 两个地点的差异是由这两个地点的物种数或物种丰度来确定
的。这就有可能导致两个没有共有物种的地点的欧氏距离可能比两个共有某些物种的
地点的欧氏距离更小! Orloci (1978) 用假设的数据对这一悖论进行了说明, 设三个地点
为 x_1, x_2, x_3, 三个物种为 y_1, y_2, y_3, 表 12.4 给出了地点 × 物种的矩阵, 表 12.5 是地点
间所有成对的欧氏距离。在这个简单的例子中, 地点 x_1 和 x_2 没有共有物种, 二者之间
的欧氏距离为 1.732 个物种 (见方程 12.14):

$$d_{x_1, x_2} = \sqrt{(1-0)^2 + (1-0)^2 + (1-0)^2} = 1.732$$

表 12.4 地点 × 物种矩阵

地点	物种		
	y_1	y_2	y_3
x_1	0	1	1
x_2	1	0	0
x_3	0	4	4

这个矩阵说明了利用欧氏距离以及物种丰度来度量地点间相似性的悖论。每一行代表一个地点, 每一列代表一个物种。表中的值是每个物种 y_i 在地点 x_j 的个体数。矛盾的是, 两个没有共有物种的地点 (如地点 x_1 和 x_2) 之间的欧氏距离可能小于至少共有某些物种的地点 (如地点 x_1 和 x_3)。

表 12.5 地点间逐对欧氏距离

地点	物种		
	x_1	x_2	x_3
x_1	0	1.732	4.243
x_2	1.732	0	5.745
x_3	4.243	5.745	0

根据表 12.4 中的物种丰度构建了该矩阵。矩阵中的每个元素都是地点 x_j 和 x_k 之间的欧氏距离。要注意的是, 距离矩阵是对称的 (参见附录); 如地点 x_1 和 x_2 之间的距离与地点 x_2 和 x_1 之间的距离相同。对角线元素都等于 0, 因为一个地点与其自身的距离等于 0。这个距离计算矩阵表明, 如果数据中包含许多零, 欧氏距离可能会给出与直觉相反的结果。地点 x_1 和 x_2 没有共有物种, 但是它们的欧氏距离小于地点 x_1 和 x_3 之间的欧氏距离, 尽管地点 x_1 和 x_3 共有同一组物种。

相比之下, 地点 x_1 和 x_3 的物种是相同的 (y_2 和 y_3 都出现在这两个地点中), 但它
们之间的距离为 4.243 个物种:

$$d_{x_1,x_3} = \sqrt{(0-0)^2 + (1-4)^2 + (1-4)^2} = 4.243$$

生态学家、环境学家和统计学家提出了许多其他的方法来度量两个多变量样本或群体之间的距离。表 12.6 是其中的一个子集; Legendre 和 Legendre (1998) 以及 Podani 和 Miklós (2002) 对此进行了更详细的讨论。这些距离的度量可分为两类: **度量距离 (metric distance)** 和**半度量距离 (semi-metric distance)**。

表 12.6　一些生态学家常用的距离或相异性度量

名称	公式	属性
欧氏距离	$d_{i,j} = \sqrt{\sum_{k=1}^{n}(y_{i,k} - y_{j,k})^2}$	度量距离
曼哈顿 (街区) 距离	$d_{i,j} = \sum_{k=1}^{n}\|y_{i,k} - y_{j,k}\|$	度量距离
弦距离	$d_{i,j} = \sqrt{2 \times \left(1 - \dfrac{\sum_{k=1}^{n} y_{i,k} y_{j,k}}{\sqrt{\sum_{k=1}^{n} y_{i,k}^2 \sum_{k=1}^{n} y_{j,k}^2}}\right)}$	度量距离
马氏距离	$d_{\mathbf{y}_i,\mathbf{y}_j} = \mathbf{d}_{i,j}\, \mathbf{V}^{-1}\mathbf{d}_{i,j}^{\mathrm{T}}$ $\mathbf{V} = \dfrac{1}{m_i + m_j - 2}\left[(m_i - 1)\,\mathbf{C}_i + (m_j - 1)\,\mathbf{C}_j\right]$	度量距离
卡方距离	$d_{i,j} = \sqrt{\sum_{i=1}^{m}\sum_{j=1}^{m} y_{ij}} \times$ $\sqrt{\sum_{k=1}^{n}\left[\dfrac{1}{\sum_{k=1}^{n} y_{jk}} \times \left(\dfrac{y_{ik}}{\sum_{k=1}^{n} y_{ik}} - \dfrac{y_{jk}}{\sum_{k=1}^{n} y_{jk}}\right)\right]^2}$	度量距离
Bray-Curtis 距离	$d_{i,j} = \dfrac{\sum_{k=1}^{n}\|y_{i,k} - y_{j,k}\|}{\sum_{k=1}^{n}(y_{i,k} + y_{j,k})}$	半度量距离
Jaccard 距离	$d_{i,j} = \dfrac{a+b}{a+b+c}$	度量距离
Sørensen 距离	$d_{i,j} = \dfrac{a+b}{a+b+2c}$	半度量距离

　　欧氏距离、曼哈顿 (街区) 距离、弦距离、Bray-Curtis 距离主要用于连续数值数据。Jaccard 距离和 Sørensen 距离是用于度量描述存在与否类型的数据两个样本之间的距离。在 Jaccard 距离和 Sørensen 距离中, a 是仅在 y_i 中出现的对象 (如物种) 的数量, b 是仅在 y_j 中出现的对象的数量, c 是在 y_i 和 y_j 中都出现的对象的数量。马氏距离仅适用于有 y_i 和 y_j 两组样本, 每组样本分别包含 m_i 和 m_j 个样本的情况。在马氏距离的方程中, $\mathbf{d}$ 是各组 m 个样本均值之差的向量, $\mathbf{V}$ 是合并的组内样本方差–协方差矩阵, 计算如表中所示, 其中 $\mathbf{C}_i$ 是 y_i 的样本方差–协方差矩阵 (见方程 12.3)。

度量距离有四个性质:

1. 如果两个对象 (或样本) $\mathbf{x}_1$ 和 $\mathbf{x}_2$ 相同, 那它们之间的距离 d 等于 0: $\mathbf{x}_1 = \mathbf{x}_2 \Rightarrow$ $d(\mathbf{x}_1, \mathbf{x}_2) = 0$ 即为最小距离。

2. 如果两个对象 $\mathbf{x}_1$ 和 $\mathbf{x}_2$ 不完全相同, 那距离 d 总是大于 0, $\mathbf{x}_1 \neq \mathbf{x}_2 \Rightarrow d(\mathbf{x}_1, \mathbf{x}_2) > 0$。

3. 距离度量值 d 是对称的: $d(\mathbf{x}_1, \mathbf{x}_2) = d(\mathbf{x}_2, \mathbf{x}_1)$。

4. 距离度量值 d 满足**三角不等式 (triangle inequality)**: 对于三个对象 $\mathbf{x}_1, \mathbf{x}_2$ 和 $\mathbf{x}_3$, 有 $d(\mathbf{x}_1, \mathbf{x}_2) + d(\mathbf{x}_2, \mathbf{x}_3) \geqslant d(\mathbf{x}_1, \mathbf{x}_3)$。

5. 欧氏距离 (Euclidean distance), **曼哈顿距离 (Manhattan distance)**, 弦距离 (Chord distance), 马氏距离 (Mahalanobis distance), **卡方距离 (chi-square distance)**, 杰卡德距离 (Jaccard distance)[6] 都属于度量距离。

半度量距离只满足前三个性质, 可能违反三角不等式。Bray-Curtis 和 Sørensen 度量的是度量距离。第三类不为生态学家所用的距离度量是非度量 (non-metric) 方法, 它违反了距离度量的第二个性质, 而且可能取负值。

12.5　排序

排序或坐标化 (ordination) 方法被用于对多元数据进行排序 (或坐标化)。排序会

---

[6] 如果你之前使用过杰卡德相似性指数 (Jaccard index of similarity), 你可能想知道为什么在表 12.6 中将其作为距离或相异性的度量。Jaccard (1901) 中提出的杰卡德系数 (Jaccard's coefficient) 是为了描述两个群落在共有物种方面的相似程度。

$$s_{i,j} = \frac{c}{a+b+c}$$

a 是仅在群落 i 中出现的物种数, b 是仅在群落 j 中出现的物种数, c 是两个群落共有的物种数。由于相似性的度量在对象最相似时取最大值, 而相异性 (或距离) 的度量在对象最不同时取最大值, 所以任何相似性的度量都可以转换为相异性或距离的度量。如果相似性 s 的度量范围是 0 到 1 (就像杰卡德系数一样), 则可以通过以下三个方程之一将其转换为距离 d 的度量:

$$d = 1 - s, \quad d = \sqrt{1-s}, \quad \text{或} \quad d = \sqrt{1-s^2}$$

因此, 在表 12.6 中, 杰卡德距离等于 1–杰卡德系数。逆变换 (如 $s = 1 - d$) 可用于将距离的度量转换为相似性的度量。如果距离的度量是不受限制的 (即, 取值范围为 0 到 ∞), 则必须将其标准化至 0 到 1 之间:

$$d_{norm} = \frac{d}{d_{\max}} \quad \text{或} \quad d_{norm} = \frac{d - d_{\min}}{d_{\max} - d_{\min}}$$

尽管这些相似性指数的代数性质很简单, 但它们的统计特性却不简单。生物地理学和群落生态学中使用的相似性指数对样本大小的变化非常敏感 (Wolda 1981; Jackson et al. 1989)。特别是小群落, 即使在没有任何异常生物力的情况下, 小群落的相似性指数可能也相对较高, 因为它们的动物群由少数常见且分布广泛的物种所主导。稀有物种主要存在于较大的动物群落中, 即使随机出现, 它们往往也会降低两个群落的相似性指数。应将相似性指数和其他生物指数与控制样本量或物种数的变化的适当零值模型进行比较 (Gotelli and Graves 1996)。无论是蒙特卡罗模拟还是概率计算都可用于确定样本量较小的情况下的生物多样性或相似性指数的预期值 (Colwell and Coddington 1994; Gotelli and Colwell 2001)。两个群体物种组成的相似性的度量不仅取决于它们的共有物种数, 还取决于物种的扩散潜力 (最简单的模型假设物种的出现是等概率的), 以及资源池的组成和大小 (Connor and Simberloff 1978; Rice and Belland 1982)。Chao 等人于 2005 年提出了一个明确的杰卡德指数抽样模型, 该模型不仅考虑了稀有物种, 也考虑了共有但未在任何样本中发现的物种。

创建新的变量, 称为**主轴 (principal axis)**, 新变量中样本是已打分或排序的。这个排序可能代表着对复杂多元数据集中模式的一种有用的简化。以这种方式使用, 排序相当于一种数据降维方法: 从一个有 n 个变量的数据集开始, 排序将生成更少的变量, 这些变量仍能说明数据中的重要模式。排序也可以用于沿坐标轴区分或分离样本。

生态学家和环境学家常用的排序方法有五类: 主成分分析、因子分析、对应分析、主坐标分析、非度量多维尺度分析, 我们将依次进行讨论。我们将深入讨论主成分分析的细节, 因为其概念和方法与其他排序方法相似, 故仅简要介绍其他四种排序方法。就基本多元分析的细节而言, Legendre 和 Legendre (1998) 是一本很好的生态学指南。

12.5.1 主成分分析

主成分分析 (principal component analysis, PCA) 是排序数据最直接的方法。PCA 的概念一般被认为是由 Karl Pearson 于 1901 年提出的[7], 包括 Pearson 卡方检验和 Pearson 相关系数; 而 Harold Hotelling[8] (Hotelling's T^2 检验的提出者) 在 1933 年提出了计算方法。PCA 的主要用途是降低多元数据的维数。换句话说, 主要是用 PCA 来创建几个关键变量 (每个变量都是许多原始变量的组合), 这些变量尽可能全面地描述多元数据集中的变化。PCA 最重要的属性是新变量间不存在相关性, 这些不相关的变量可以用在多元回归 (见第 9 章) 或方差分析 (见第 10 章) 中, 而不用担心多重共线性。如果原始变量是正态分布的, 或者在分析前被转换 (见第 8 章) 或标准化 (见方程 12.17), 那主成分分析得到的新变量也将是正态分布的, 满足假设检验中参数检验的关键要求之一。

PCA 概念。图 12.4 说明了主成分分析的基本概念。假设你已经统计了 10 个草原样方中两种草原麻雀的个体数。这些数据可以绘制在 x 轴为物种 A 的丰度, y 轴为物种 B 的丰度的坐标系中。图中的每个点表示来自不同样方的数据。现在, 我们将创建一个新变量, 或者叫**第一主轴 (first principal axis)**[9], 即通过数据点云中心的主轴。接下来沿着这个新轴计算 10 个样方的值, 然后在轴上绘制对应的点。对于每个点, 该计算

---

[7] 在 Pearson 1901 年的文章中, 目的是要基于多个生物特征识别的测量为个体指派一个物种分类。关于 Karl Pearson 的一个传记梗概见第 11 章的脚注 3。

[8] 哈罗德·霍特林 (Harold Hotelling, 1895—1973) 对统计学和经济学做出了重大贡献。生态学家从这两个领域借鉴了许多想法。他 1931 年发表的论文将 t 检验扩展至多变量情况, 并且引入了置信区间的概念; 1933 年发表的论文则提出了主成分分析。作为一名经济学家, 他最主要的贡献是倡导使用边际成本和收益的方法——这是以 Vilfredo Pareto 的《政治经济学手册》为基础的新古典经济学传统。这一传统也构成了许多生态和进化相平衡的优化模型的基础。

Harold Hotelling

[9] "主轴" (principal axis) 一词来源于光学, 指通过透镜曲率中心的一条线 (也称为光轴), 沿这条线穿过的光既不反射也不折射。在物理学中被用于指代对称轴, 在不施加额外扭矩的情况下, 物体将以恒定的角速度绕其主轴旋转。

用物种 A 和物种 B 的丰度来生成一个新的值, 即第一主轴上的**主成分得分 (principal component score)**。每个样方的原始多元数据中有两个观测值, 而主成分得分将这两个观测值简化为一个数字, 有效地将数据的维数从二维 (物种 A 的丰度和物种 B 的丰度) 降到一维 (第一主轴)。

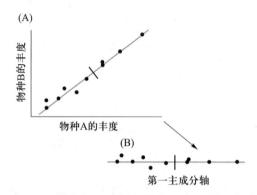

图 12.4 主成分轴的构建。(A) 假设有 10 个草原样方, 并已统计了每个样方中两种草原麻雀的个体数。每个样方可以表示为双变量散点图中的一个点, 每个物种的丰度在两个坐标轴上表示出来。第一主轴 (灰线) 通过数据变化的主轴。第二主轴 (短黑线) 与第一主轴正交 (垂直), 解释了未包含在第一主轴中的少量剩余变异。(B) 然后旋转第一主轴, 得分沿新轴按顺序排列。黑色垂线显示了第二主轴的交叉。垂线右侧的点在第一主轴上的得分为正, 垂线左侧的点的得分为负。虽然每个样方的原始多元数据都有两个测量值, 但数据中的大部分变异都可根据第一主成分上的单个得分捕捉到, 这允许图形沿着这个轴建立坐标 (坐标化或排序)。

一般来说, 如果每个重复都测量了 $j = 1 \sim n$ 个变量 Y_j, 那就能得到 n 个互不相关的新变量 Z_j (**P** 中的所有非对角线元素均等于 0)。这样做有两个原因: 首先, 因为 Z_j 是不相关的, 所以可以被视为测量的多元数据的不同且独立的 "维度"。注意, 这些新变量与前面描述的 Z-score 不同 (见方程 12.17)。

其次, 可以根据新变量在原始数据中解释的变化量对其进行排序。Z_1 能解释的变化量最大, 其次是 Z_2, 以此类推 $(\mathrm{var}(Z_1) \geqslant \mathrm{var}(Z_2) \geqslant \cdots \geqslant \mathrm{var}(Z_n))$。在典型的生态数据集中, 数据的大部分变异都是在前几个 Z_j 中捕捉到的, 可忽略解释剩余的变异的后续的 Z_j。按这样的方式排序, 这些 Z_j 就叫作**主成分 (principal component)**。如果 PCA 能提供有用的信息, 那就是它将大量相关的原始变量简化为少量不相关的新变量。

主成分分析在一定程度上是有效的, 因为原始数据中有很强的相互关系。如果所有的变量一开始就不相关, 那从主成分分析中就得不到任何东西, 因为无法捕捉到少数转换后的新变量的变异; 那不妨将分析建立在未转换变量的基础上。此外, 如果主成分分析用于非标准化变量, 可能也没有效果。需要使用像方程 12.17 这样的转换将变量标准化至同一相对尺度, 这样主成分分析的轴才不会被一两个具有较大度量单位的测量值左右。

主成分分析示例。主成分分析是如何起作用的? 作为示例, 让我们检查眼镜蛇瓶子草数据 (表 12.1) 主成分分析的结果。这个分析中包含了 10 个变量 —— 高度、口径、笼径、笼盖骨瓣直径、鱼尾状笼翼的长度和展度以及笼盖、笼身、笼翼的质量, 分别用 Y_1 到 Y_{10} 表示。第一主成分 Z_1 是一个新变量 (稍后将进行详细介绍), 对于每个观测值来说, Z_1 的值表示为

$$Z_1 = 0.31Y_1 + 0.40Y_2 - 0.002Y_3 - 0.18Y_4 + 0.39Y_5 + 0.37Y_6 +$$
$$0.26Y_7 + 0.40Y_8 + 0.38Y_9 + 0.23Y_{10} \qquad (12.20)$$

每个测得的变量乘以相应的系数——**载荷 (loading)**, 并求和可生成每株植物的第一主成分得分 (Z_1)。为此, 我们取株高的 0.31 倍, 加上植物口径的 0.40 倍, 等等。表 12.1 中的第一个重复的 $Z_1 = 1.43$。因为某些 Y_j 的系数可能是负的, 所以某些重复的主成分得分可能为正, 也可能为负。Z_1 的方差等于 4.51, 可以解释数据中 45.8% 的变异。第二和第三主成分的方差分别为 1.65 和 1.45, 其余成分均小于 0.8。

然而如何得到方程 12.20 呢? 首先注意 Z_1 是 10 个 Y 变量的**线性组合 (linear combination)**。如前所述, 我们将每个变量 Y_j 乘以系数, 也称为载荷, a_{ij}, 并将所有乘积相加得到 Z_1。每个新的主成分都是所有 Y_j 的一种线性组合:

$$Z_j = a_{i1}Y_1 + a_{i2}Y_2 + \cdots + a_{in}Y_n \qquad (12.21)$$

a_{ij} 是因子 i 对应变量 j 的测量值要乘以的系数。在所有 Z_j 不相关的条件下, 每个主成分在数据中拥有尽可能大的方差。因此, 当我们绘制 Z_j 时, 就能看到独立变量之间的关系 (如果有的话)。

计算主成分。系数 a_{ij} 及其关联方差的计算相对简单。首先用方程 12.17 对数据进行标准化, 然后计算标准化数据的样本方差–协方差矩阵 **C** (见方程 12.3)。注意, 使用标准化数据计算的 **C** 与使用原始数据计算的相关系数矩阵 **P** (见方程 12.5) 相同。

接下来计算样本方差–协方差矩阵的**特征值** $\lambda_1 \cdots \lambda_n$ 及其相关**特征向量 (eigenvector) a_j** (见附录的方法部分)。第 j 个特征值是 Z_j 的方差, 系数 a_{ij} 是特征向量的元素。所有特征值的和就是总的被解释的方差:

$$\mathrm{var}_{total} = \sum_{j=1}^{n} \lambda_j$$

每个分量 Z_j 解释的方差比例为:

$$\mathrm{var}_j = \frac{\lambda_j}{\sum\limits_{j=1}^{n} \lambda_j}$$

如果将 var_j 乘以 100, 将得到解释方差的百分比。因为存在与原始变量一样多的主成

分, 所以所有主成分的总方差解释等于 100%。表 12.7 和表 12.8 汇总了表 12.1 中眼镜蛇瓶子草数据的这些计算结果。

表 12.7　主成分分析中的特征值

主成分	特征值λ_i	解释方差的比例	解释方差的累计比例
Z_1	4.51	0.458	0.458
Z_2	1.65	0.167	0.625
Z_3	1.45	0.148	0.773
Z_4	0.73	0.074	0.847
Z_5	0.48	0.049	0.896
Z_6	0.35	0.036	0.932
Z_7	0.25	0.024	0.958
Z_8	0.22	0.023	0.981
Z_9	0.14	0.014	0.995
Z_{10}	0.05	0.005	1

　　这些特征值来自对收集于 4 个地点的 89 株眼镜蛇瓶子草的 7 个形态学变量和 3 个生物量变量的标准化测量值的分析 (见表 12.3)。在主成分分析中, 特征值测量的是由各主成分所解释的原始数据中的方差比例。解释方差的比例和累计比例是根据特征值的总和计算的 ($\sum \lambda_j = 9.83$)。解释方差的比例被用于选择能够捕捉数据中大多数变化的少数主成分。在该数据集中, 前 3 个主成分占 10 个原始变量方差的 77.3%。

表 12.8　一个主成分分析中的特征向量

$$\mathbf{a}_1 = \begin{bmatrix} 0.31 \\ 0.40 \\ -0.002 \\ -0.18 \\ 0.39 \\ 0.37 \\ 0.26 \\ 0.40 \\ 0.38 \\ 0.23 \end{bmatrix} \qquad \mathbf{a}_2 = \begin{bmatrix} -0.42 \\ -0.25 \\ -0.10 \\ -0.07 \\ 0.28 \\ 0.37 \\ 0.43 \\ -0.18 \\ -0.41 \\ 0.35 \end{bmatrix} \qquad \mathbf{a}_3 = \begin{bmatrix} 0.17 \\ -0.11 \\ -0.74 \\ -0.58 \\ -0.004 \\ 0.09 \\ 0.19 \\ -0.08 \\ 0.04 \\ 0.11 \end{bmatrix}$$

　　表 12.1 中测量值的主成分分析的前三个特征向量。特征向量中的每个元素都是系数或载荷 (见表 12.3)。载荷和标准化测量值乘积相加得到主成分得分。因此, 用第一个特征向量 0.31 乘以第一个测量值 (株高), 然后加上 0.40 与第二个测量值 (植物笼口开度) 的乘积, 依此类推。在矩阵记号中, 每个观测值 $\mathbf{y}$ 的主成分得分为 Z_j, 由 10 个测量值 ($y_1, \cdots, y_{10}$) 组成, 通过 $\mathbf{a}_i$ 乘以 $\mathbf{y}$ 得到 (见方程 12.20–12.23)。

　　要用多少个分量?主成分分析只是简化多元数据的一种方法, 而我们只对那些解释数据中大部分变异的分量感兴趣。我们没有一个舍弃主成分的绝对的临界值, 但可以用图形工具**碎石图 (scree plot)** 有效地检验每个主成分对整体 PCA 的贡献 (图 12.5)。这个图以递减的顺序表明了每个分量所解释的方差百分比 (根据特征值得出)。碎石图看起来像有很多碎石落下的山坡 (称为碎石斜坡)。用于构建碎石图的数据如表 12.7 所示。在碎石图中, 我们要寻找的是有序特征值的急剧弯曲或斜率变化。因此保留了那些对斜率有贡献的分量, 而忽略掉底部的碎石。在这个例子中, 分量 $1 \sim 3$ 似乎很重要, 总共解释了 77.3% 的方差, 而分量 $4 \sim 10$ 看起来像一堆碎石, 没有一个能解释超过 8% 的方差。Jackson (1993) 讨论了各种各样用于选择使用多少主成分的启发式方法 (如碎石图) 和统计方法。其结果表明, 碎石图往往高估了一个具有统计意义的分量的数量。

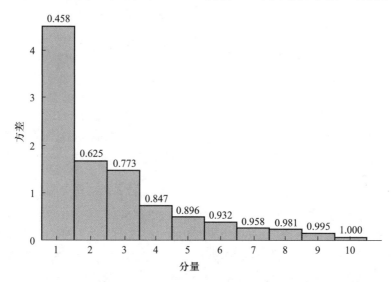

图 12.5 表 12.3 中标准化数据主成分分析的碎石图。在碎石图中, 由每个分量所解释的方差百分比 (特征值)(见表 12.7) 按递减顺序显示。碎石图看起来像是有很多碎石落下的山坡 (称为碎石斜坡)。在该碎石图中, 分量 1 显然支配这个山坡, 分量 2 和 3 也提供了有用的信息。其余都是碎石。

这些成分意味着什么? 现在我们已经选择了少量分量, 并想要对其进行进一步的检验。方程 12.20 已经描述了分量 1:

$$Z_1 = 0.31Y_1 + 0.40Y_2 - 0.002Y_3 - 0.18Y_4 + 0.39Y_5 + 0.37Y_6 +$$
$$0.26Y_7 + 0.40Y_8 + 0.38Y_9 + 0.23Y_{10}$$

该分量是第一特征向量 $\mathbf{a}_1$ (见表 12.8) 与通过方程 12.17 标准化后的多元观测矩阵 $\mathbf{Y}$ 的矩阵乘积。大多数载荷 (或系数) 都为正, 而且除了与捕虫笼相关的变量 (笼径 Y_3 和笼盖骨瓣直径 Y_4) 的两个载荷外, 其他载荷的大小大致相同。因此, 第一分量 Z_1 似乎能很好地度量捕虫笼的 "大小" —— 笼高较高, 笼口开度和笼翼较大的植株的 Z_1 值更大。

类似地, 分量 2 是第二特征向量 $\mathbf{a}_2$ (见表 12.8) 与标准化观测矩阵 $\mathbf{Y}$ 的乘积:

$$Z_2 = -0.42Y_1 - 0.25Y_2 - 0.10Y_3 - 0.07Y_4 + 0.28Y_5 + 0.37Y_6 +$$
$$0.43Y_7 - 0.18Y_8 - 0.41Y_9 + 0.35Y_{10} \tag{12.22}$$

对于该分量, 与笼高和笼径相关的 6 个变量的载荷都为负, 而与鱼尾状笼翼相关的 4 个变量的载荷都为正。因为所有变量都已标准化, 所以细矮的捕虫笼的笼高和笼径将为负值, 而相对高壮的捕虫笼的笼高和笼径则为正值。因此, Z_2 的大小表现在了形状上。笼翼较大的矮小植株的 Z_2 值更大, 而笼翼较小的高大植株的 Z_2 值更小。我们可以将 Z_2 视为描述捕虫笼 "形状" 的变量。通过再次将观察值 y_1 至 y_{10} 代入方程 12.22, 得到第二个主成分得分。

最后, 分量 3 是第三特征向量 $\mathbf{a}_3$ (见表 12.8) 和标准化观测矩阵 $\mathbf{Y}$ 的乘积:

$$Z_3 = 0.17Y_1 - 0.11Y_2 + 0.74Y_3 + 0.58Y_4 - 0.004Y_5 + 0.09Y_6 +$$
$$0.19Y_7 - 0.08Y_8 + 0.04Y_9 + 0.11Y_{10} \tag{12.23}$$

该分量主要由捕虫笼结构的测量值——笼径 (Y_3) 和笼盖骨瓣直径 (Y_4) 较大的正系数支配。"胖" 植株的 Z_3 将会较大, "瘦" 植株的 Z_3 则较小。由于昆虫被困在笼内, 所以与 Z_3 得分较小的植株相比, Z_3 得分较大的植株可能捕获更大的猎物。

所有载荷都有意义吗? 在得到主成分得分的过程中, 我们使用了所有原始变量的载荷。但有些载荷很大, 有些则接近于零。那是应该全都用上, 还是只使用那些大于某个临界值的呢? 在这一点上几乎没有一致的意见 (Peres-Neto et al. 2003), 如果 PCA 仅用于探索性数据分析, 那是否保留小的载荷可能是无关紧要的。但是, 如果要使用主成分得分进行假设检验, 就必须明确说明使用了哪些载荷, 以及是如何决定载荷的去留的。如果你正在检验主轴间的相互作用, 那保留所有主轴就变得很重要。

用分量来检验假设。 最后, 我们检验四个地点在其主要成分得分上的差异。可以通过绘制两个轴上每株植物的主成分得分, 并使用不同的颜色或符号对每个组的点 (即重复) 进行标记来说明这些差异 (图 12.6)。该图给出了前两个主成分的得分, Z_1 和 Z_2。我们也可以为其他有意义的主成分构建类似的图 (如 Z_1 与 Z_3, Z_2 与 Z_3)。图 12.6 是使用方程 12.20 和 12.22 中所有的载荷生成的。

PCA 的一个重要特征是, 每个重复主成分得分的位置 (如图 12.6 中的点) 与多元空间中的原始数据之间的欧氏距离相同。不过仅当使用所有主成分 (Z_j) 计算欧氏距离时, 该性质才成立。如果仅使用前几个主成分计算欧氏距离, 它们将不等于原始数据点之间的欧氏距离。如果最初收集的数据是连同空间信息 (如所收集的数据的 x, y 坐标或经纬度) 一起收集的, 则可以根据其空间坐标绘制主成分得分。这些图可以提供关于多元空间关系的信息。

我们可以将主成分得分视为简单的单变量响应变量, 并使用方差分析 (见第 10 章) 来检验处理组或样本种群之间的差异。例如, 眼镜蛇瓶子草数据的第一主成分得分的方差分析给出了地点间存在显著差异的结果 ($F_{3,79} = 9.26$, $P = 2 \times 10^{-5}$), 以及除 DG-LEH 之外的所有地点之间的两两比较也存在显著差异 (有关计算事后比较的详细信息请参见第 10 章)。我们的结论是, 不同地点的植株大小存在系统的变化 (图 12.7)。

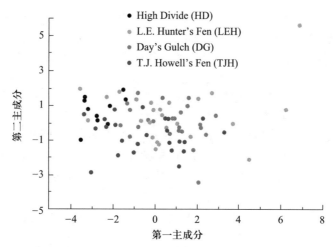

图 12.6 对表 12.3 中的数据进行主成分分析得到了该图中的前两个主成分得分。每个点代表一株植株, 不同颜色代表位于俄勒冈州南部锡斯基尤山脉的不同地点。虽然组间存在大量的重叠, 但也有一些明显的分离: TJH 样本 (浅蓝色) 的第二主成分得分较低, 而 HD 样本 (黑色) 的第一主成分得分较低。单变量或多变量检验可用于比较不同种群的主成分得分 (见图 12.7)。(参见书末彩插)

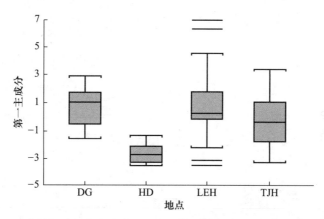

图 12.7 对表 12.3 中数据进行主成分分析得到的第一主成分得分的箱线图。每个箱线图 (见图 3.6) 代表图 12.6 中指定的四个地点之一。水平线表示样本中位数。箱子包含了 50% 的数据, 从第 25 到第 75 百分位数。上下边缘包含了 90% 的数据, 从第 10 到第 90 百分位数。四个极端数据点 (超出第 5 和第 95 百分位数) 为地点 LEH 的水平线。第一主成分的分数在不同地点间存在显著差异 ($F_{3,85} = 9.26$, $P = 2 \times 10^{-5}$), 在地点 HD 最低 (且变化最小) (见图 12.6)。

对于植株性状, 我们也得到了类似的结果 ($F_{3,79} = 5.36$, $P = 0.002$), 但只有三对两两比较: DG 与 TJH、HD 与 TJH、LEH 与 TJH 存在显著差异。该结果表明 TJH 的植株的形状不同于所有其他地点。图 12.6 中浅蓝色点的集中性 (TJH 植株的主成分得分) 表明这些植株的第二主成分得分较低, 也就是说这些植株的鱼尾状笼翼较小但相对较高。

12.5.2　因子分析

因子分析 (factor analysis)[10]和 PCA 有一个相似的目标: 将多个变量减少至几个变量。PCA 创建的新变量是原始变量的线性组合 (见方程 12.21), 而因子分析则将每个原始变量视为某些潜在 "因子" 的线性组合。你可以将其视为逆向的 PCA:

$$Y_j = a_{i1}F_1 + a_{i2}F_2 + \cdots + a_{in}F_n + e_j \tag{12.24}$$

要使用这个方程, 必须使用公式 12.17 对变量 Y_j 进行标准化 (均值为 0, 方差为 1)。每个 a_{ij} 是一个**因子载荷 (factor loading)**, F 被称为**公因子 (common factor)** (每个公因子的均值都为 0, 方差为 1), 而 e_j 则是特定于第 j 个变量的因子, 与任意 F_j 都不相关, 而且每个因子均值都为 0。

作为 "逆向 PCA", 因子分析通常从 PCA 开始, 并使用有意义的分量作为初始因子。方程 12.21 为生成主成分的公式:

$$Z_j = a_{i1}Y_1 + a_{i2}Y_2 + \cdots + a_{in}Y_n$$

因为从 Y 到 Z 的变换是正交的, 所以存在一组系数 a_{ij}^*, 使得:

$$Y_j = a_{i1}^*Z_1 + a_{i2}^*Z_2 + \cdots + a_{in}^*Z_n \tag{12.25}$$

对于因子分析, 我们仅保留前 m 个分量, 如使用碎石图确定在 PCA 中重要的分量:

$$Y_j = a_{i1}^*Z_1 + a_{i2}^*Z_2 + \cdots + a_{im}^*Z_m + e_j \tag{12.26}$$

为了将 Z_j 变换为因子 (标准化至方差为 1), 我们将它们中的每一个除以其标准偏差 $\sqrt{\lambda_i}$, 即其相应特征值的平方根。然后得到一个**因子模型 (factor model)**:

$$Y_j = b_{i1}F_1 + b_{i2}F_2 + \cdots + b_{im}F_m + e_j \tag{12.27}$$

其中, $F_j = Z_j/\sqrt{\lambda_j}$, $b_{ij} = a_{ij}^*/\sqrt{\lambda_j}$。

Charles Spearman

[10]因子分析是由查尔斯·斯皮尔曼 (Charles Spearman,1863 — 1945) 提出的。在他 1904 年的论文中, Spearman 用因子分析从多个检验分数来度量一般智力。因子模型 (见方程 12.24) 用于将一系列 "智力测试" 结果 (Y_j) 划分为若干个从特定于每个测试的因子 (e_j) 中测得的一般智力的因子 (F_j)。这一不确定的发现为 Binet 一般智力测试 (智商, 或 IQ 测试) 提供了理论基础。Spearman 的理论也被用来发展英国 "PlusEleven" 考试, 该考试针对 11 岁的男生, 用于确定他们是否能够上大学或技术/职业学校。所有级别的标准化测试 (如美国的 MCAT、SAT 和 GRE) 是 Spearman 和 Binet 工作的传承。Stephen Jay Gould 于 1981 年出版的《人的误测》(*The Mismeasure of Man*) 一书描述了智商测试的令人厌恶的历史, 以及生物学测量在社会压迫中的使用。

旋转因子。与 PCA 生成的 Z_j 不同, 方程 12.27 中的因子 F_j 不是唯一的; 不止一组系数可以求解方程 12.27。我们可以生成新的因子 F_j^*, F_j^* 为原始因子的线性组合:

$$F_j^* = d_{i1}F_1 + d_{i2}F_2 + \cdots + d_{im}F_m \qquad (12.28)$$

这些新因子所解释的数据差异与原始因子一样多。使用方程 12.25–12.27 生成因子后, 我们确定了方程 12.28 中系数 d_{ij} 的值, 这些值给出了最容易解释的因子。这个识别过程被称为**旋转 (rotating)** 因子。

有两种因子旋转方式: **正交旋转 (orthogonal rotation)** 产生互不相关的新因子, **斜交旋转 (oblique rotation)** 产生彼此相关的新因子。因子系数 d_{ij} 非常小 (在这种情况下相关因子不重要) 或非常大 (在这种情况下相关因子非常重要) 表示旋转效果最佳。最常见的正交因子旋转类型称为**方差最大化旋转 (varimax rotation)**, 它最大化了方程 12.28 中因子系数的方差之和:

$$\mathrm{var}_{\max} = \mathrm{maximum\ of\ var}\left(\sum_{j=1}^{n} d_{ij}^2\right)$$

计算并使用因子得分。每个观察的因子得分被计算为每个 Y_i 的 F_j 值。因为原始因子得分 F_j 是数据的线性组合 (从方程 12.27 反推至方程 12.25), 我们可以用矩阵表示法重写方程 12.28, 得到:

$$\mathbf{F}^* = (\mathbf{DTD})^{-1}\mathbf{DTY} \qquad (12.29)$$

其中 $\mathbf{D}$ 是因子系数 d_{ij} 的 $n \times n$ 矩阵。$\mathbf{Y}$ 是数据矩阵, $\mathbf{F}^*$ 是旋转后因子得分的矩阵。求解该方程将直接得到每个重复的因子得分。

在对因子得分进行假设检验时要小心。尽管它们对于描述多元数据很有用, 但所得结果并不是唯一的 (因为有无限多个 F_j), 而且所使用的旋转类型是任意的。建议仅将因子分析用于探索性数据分析。

一个简要示例。我们对先前用于主成分分析的同一数据进行了因子分析: 在俄勒冈州和加利福尼亚州的 4 个地点测量的 89 株眼镜蛇瓶子草的 10 个标准化变量 (见表 12.3)。分析使用了 4 个因子, 分别占数据方差的 28%、26%、13%、8%, 共占 75%[11]。使用方差最大化旋转并求解方程 12.29 后, 将每株植物的前两个因子得分绘制成散点图 (图 12.8)。与主成分分析一样, 因子分析表明各组间存在一些差异: 地点 HD (黑点) 的植株的因子 1 得分较低, 而地点 TJH (浅蓝色点) 的植株的因子 2 得分较低。

---

[11] 一些因子分析软件使用拟合优度检验 (见第 11 章) 来检验这样一个假设: 分析中使用的因子数量足以捕获大部分方差, 而替代方案则需要更多因子。对于眼镜蛇瓶子草数据, 卡方拟合优度分析未能拒绝 "四个因子是足够的" 这一零假设 ($\chi^2 = 17.91$, 自由度为 11, $P = 0.084$)。

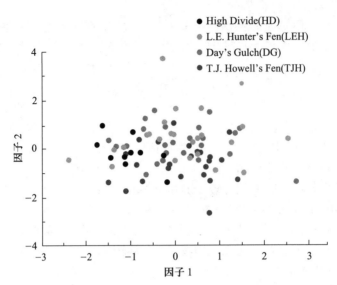

图 12.8 图为对表 12.3 中的数据进行因子分析得到的前两个因子。每个点代表一株植株, 不同的颜色代表不同的地点, 如图 12.6 所示。结果在质量上与图 12.6 所示的主成分分析相似, HD 的因子 1 得分较低, TJH 的因子 2 得分较低。(参见书末彩插)

12.5.3 主坐标分析

主坐标分析 (principal coordinates analysis, PCoA) 是一种使用任意距离度量将数据排序的方法。当分析定量多元数据并希望保留观测值之间的欧氏距离时, 使用主成分分析和因子分析。但在许多情况下, 观测值之间的欧氏距离意义不大。例如, 二元存在 – 缺失矩阵是生态环境研究中一种非常常见的数据结构: 矩阵的每行代表一个地点或样本, 每列代表一个物种或分类单元。矩阵中的每个单元格表示某个地点某个物种的存在 (1) 或缺失 (0)。正如之前所见 (表 12.4 和表 12.5), 测量这类数据的欧氏距离可能会得出与直觉相反的结果。欧氏距离不适用的另一个例子是电泳带相对差异的遗传距离矩阵。在这两个例子中, PCoA 比 PCA 更合适。主成分分析本身是 PCoA 的一个特例: 也可以通过将 PCoA 应用于欧氏距离矩阵来恢复从方差 – 协方差矩阵计算出的 PCA 的特征值和相关特征向量。

主坐标分析的基本计算。主坐标分析遵循五个步骤:

1. 根据数据生成距离或相异度矩阵。这个矩阵 **D** 的元素 d_{ij} 对应于样本 i 和 j 之间的距离。表 12.6 中给出的距离测量均可用于计算 d_{ij}。**D** 是一个方阵, 行数 i = 列数 j = 观测值数 m。

2. 将 **D** 转换为新矩阵 $\mathbf{D}^*$, 其元素表示为

$$d_{i,j}^* = -\frac{1}{2} d_{i,j}^2$$

这种变换将距离矩阵转换为坐标矩阵, 保留了转换后的变量与原始数据之间的距离关系。

3. 通过将以下转换应用于 $\mathbf{D}^*$ 的所有元素, 使矩阵 $\mathbf{D}^*$ 中心化以创建具有元素 δ_{ij} 的矩阵 $\boldsymbol{\Delta}$:

$$\delta_{ij} = d_{ij}^* - \bar{d}_i^* - \bar{d}_j^* + \bar{d}^*$$

其中, $\bar{d}_i^*$ 表示 $\mathbf{D}^*$ 第 i 行的均值, $\bar{d}_j^*$ 是 $\mathbf{D}^*$ 第 j 列的均值, $\bar{d}^*$ 表示 $\mathbf{D}^*$ 中所有元素的均值。

4. 计算矩阵 $\boldsymbol{\Delta}$ 的特征值和特征向量。特征向量 $\mathbf{a}_k$ 必须缩放至对应特征值的平方根:

$$\sqrt{\mathbf{a}_k^{\mathrm{T}} \mathbf{a}_k} = \sqrt{\lambda_k}$$

5. 将特征向量 $\mathbf{a}_k$ 写成列, 每行对应一个观测值。每个单元格是主坐标空间中对象的新坐标, 类似于主成分得分。

一个简要示例。我们使用 PCoA 来分析一个二元存在–缺失矩阵, 该矩阵统计了 4 个地点 (康涅狄格州 (CT)、佛蒙特州 (VT)、马萨诸塞州 (MA) 大陆和马萨诸塞州岛屿) 的小沼泽周边森林高地中 16 个蚂蚁属的发现情况 (表 12.9)。首先用 Sørensen 的相异度度量生成一个 4 个地点的距离矩阵 (表 12.10)。这个 4×4 距离矩阵包含所有两两地点计算出的 Sørensen 的相异度度量的值。然后计算特征向量, 用于计算每个地点的主坐标得分, 仅绘制每个地点的主坐标得分的前两个主坐标轴 (图 12.9)。地点间的差异是建立在物种组成不同基础上的, 也可以在此基础上进行排序。这些地点沿第一主轴从左到右依次为 CT、VT、MA 大陆、MA 岛屿, 占距离矩阵方差的 80.3%。第二主轴主要将大陆 MA 与岛屿 MA 分开, 占距离矩阵方差中额外的 14.5%。

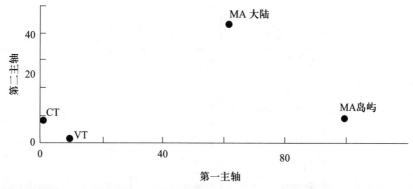

图 12.9 利用主坐标分析 (PCoA) 根据蚂蚁物种组合对 4 个高地进行排序 (见表 12.9)。根据表 12.10 中的数据计算这 4 个地点的两两距离矩阵, 并用于 PCoA。第一主轴从左往右依次为 CT、VT、MA 大陆和 MA 岛屿, 占距离矩阵方差的 80.3%。第二主轴主要将大陆 MA 与岛屿 MA 分开, 占方差的 14.5%。

表 12.9 用于主坐标分析 (PCoA)、对应分析 (CA) 和非度量多维尺度分析 (NMDS) 的存在-缺失矩阵

	Aphaenogaster	Brachymyrmex	Camponotus	Crematogaster	Dolichoderus	Formica	Lasius	Leptothorax
CT	1	0	1	0	0	0	1	1
MA 大陆	1	1	1	0	1	1	1	1
MA 岛屿	0	0	0	1	1	1	1	1
VT	1	0	1	0	0	1	1	1

	Myrmecina	Nylanderia	Ponera	Prenolepis	Stenamma	Stigmatomma	Tapinoma
CT	0	0	0	0	0	0	1
MA 大陆	1	0	1	1	1	1	0
MA 岛屿	1	1	0	1	1	1	1
VT	0	0	1	0	1	0	1

每行代表来自不同地点的样本: 康涅狄格州 (CT)、马萨诸塞州 (MA) 大陆和马萨诸塞州岛屿, 以及佛蒙特州 (VT)。每列代表了在调查小沼泽周围的森林高地时收集到的不同属的蚂蚁 (数据来自 Gotelli and Ellison 2002 a, b, 未发表)。

表 12.10 主坐标分析 (PCoA) 和非度量多维尺度变换 (NMDS) 的相异度度量

	CT	MA 大陆	MA 岛屿	VT
CT	0	0.37	0.47	0.13
MA 大陆	0.37	0	0.25	0.33
MA 岛屿	0.47	0.25	0	0.43
VT	0.13	0.33	0.43	0

原始数据由新英格兰四个地点的森林蚂蚁属的存在-缺失矩阵组成 (见表 12.9)。表格内每项的数字代表的是每对地点间的 Sorensen 相异度度量 (公式见表 12.6)。两个地点所包含的属的差异越大, 相异度就越大。根据定义, 相异度矩阵是对称的, 对角线元素等于 0。

12.5.4　对应分析

对应分析 (correspondence analysis, CA) 也被称为倒数平均 (reciprocal averaging, RA) (Hill 1973b) 或间接梯度分析, 用于研究物种组合与地点特征的关系。选择的地点通常是跨环境梯度的, 而基本的假设或模型是物种丰度分布是单峰的, 而且在整个环境梯度上近似是正态的 (或高斯的) (Whittaker 1956)。由 CA 产生的轴使物种丰度的分离沿着每个轴的峰最大化。对应分析将一个地点 × 物种矩阵作为输入, 并将其作为一个列联表进行操作 (见第 11 章)。对应分析也可以视为 PCoA 的一个特例: 使用卡方距离矩阵的 PCoA 得到 CA。

对应分析的基本计算。对应分析的解释并不比 PCA 或因子分析复杂多少, 但它需要更多的矩阵操作。

1. 从一个有 m 行和 n 列的行 × 列表 (如列联表或地点 [行]× 物种 [列] 矩阵) 开始, 其中 $m \geqslant n$。这通常是 CA 软件的一个限制。注意, 如果原始数据矩阵的 $m \leqslant n$, 则对其进行转置以满足 $m \geqslant n$ 这一条件, 结果的解释仍是相同的。

2. 创建一个矩阵 $\mathbf{Q}$, 其元素 $q_{i,j}$ 与卡方值成比例:

$$q_{i,j} = \frac{\left(\dfrac{\text{observed} - \text{expected}}{\sqrt{\text{expected}}} \right)}{\sqrt{\text{grand total}}}$$

期望值的计算如第 11 章所述 (参见方程 11.4), 被用于卡方检验 (即独立性检验)。

3. 将奇异值分解应用于 $\mathbf{Q}$: $\mathbf{Q} = \mathbf{UWV}^{\mathrm{T}}$, 其中, $\mathbf{U}$ 是 $m \times n$ 的矩阵, $\mathbf{V}$ 是 $m \times n$ 的矩阵, $\mathbf{U}$ 和 $\mathbf{V}$ 是**正交矩阵 (orthonormal matrix)**, $\mathbf{W}$ 是对角矩阵 (详见附录)。

4. 观察乘积 $\mathbf{Q}^{\mathrm{T}}\mathbf{Q} = \mathbf{VW}^{\mathrm{T}}\mathbf{WV}^{\mathrm{T}}$。

5. 新对角矩阵 $\mathbf{W}^{\mathrm{T}}\mathbf{W}$ 写为 $\mathbf{\Lambda}$, 包含元素 λ_i, 即 $\mathbf{Q}^{\mathrm{T}}\mathbf{Q}$ 的特征值。矩阵 $\mathbf{V}$ 的列是特征向量, 其中的元素是原始数据矩阵的列的载荷。矩阵 $\mathbf{U}$ 的列也是特征向量, 其中的元素为原始数据矩阵的行的载荷。

6. 根据矩阵 $\mathbf{U}$ 和 $\mathbf{V}$ 分别确定排序空间中行和列的位置。也可以用这些位置绘制**双标图 (bi-plot)**, 这样就能清晰地看到地点和物种之间的关系。当然, 分析地点 (环境) 和物种 (组成) 数据之间的联合关系的一种更直接的方法是**冗余分析 (redundancy analysis, RDA)**; 见下文)。

与 PCA 和因子分析一样, CA 也会得到主轴和得分, 尽管在本例中同时获得了行 (地点) 和列 (物种) 的得分。与 PCA 和因子分析一样, CA 的第一个轴具有最大的特征值 (解释了数据中最大的方差; 同时最大化了行和列之间的关联。后续的轴说明了残差的变化, 特征值依次变小。我们很少使用来自 CA 的两个或三个以上的轴, 因为每个轴代表了特定的环境梯度, 而一个具有三个以上不相关梯度的系统是很难解释的。

一个简要示例。我们用 CA 来检验康涅狄格州、马萨诸塞州 (大陆和岛屿) 和佛蒙

特州四个地点的蚂蚁属组成的联合关系 (见表 12.9)。这些地点略有不同于纬度 ($\approx 3°$),
和地点在大陆还是在岛屿上。

　　CA 的前两个轴分别解释了数据方差的 58% 和 28%(共计 86%)。地点的坐标图
(图 12.10A) 显示了与 PCoA 观察到的相似位置之间的区别: CT 和 VT 在一起, 并且
沿着第一主轴与 MA 分离。第二主轴将 MA 大陆与 MA 岛屿分隔开。属与地点的分
离也是显而易见的 (图 12.10B)。独特的属 (如 VT 样本中的 *Ponera*, MA 大陆样本中
的 *Brachymyrmex*, 以及 MA 岛屿样本中的 *Crematogaster* 和 *Paratrechina*) 与地点的
分离方式相同。其余的属更多地排列在排序空间的中心 (图 12.10B)。两种排序的叠加
捕捉到了这些属和地点之间的关系 (表 12.9 中地点 × 蚂蚁属矩阵的比较, 如图 12.10C
所示)。使用更多关于这些地点的信息 (Gotelli and Ellbon 2002a), 我们可以尝试推断

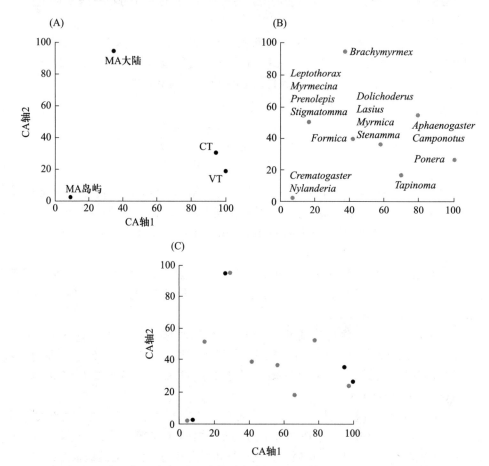

图 12.10　表 12.9 中地点 × 蚂蚁属矩阵的对应分析 (CA) 结果。图 A 是按地点排序, 图 B 是
按属排序, 图 C 是表示两种排序关系的双坐标图。按地点排序的结果与主坐标轴分析相似 (见图
12.9), 而按属排序分离了独特的属, 如 VT 样本中的 *Ponera*、MA 大陆样本中的 *Brachymyrmex*、
MA 岛屿样本中的 *Crematogaster* 和 *Paratrechina*。排序结果已进行缩放, 以便在同一个图中显
示地点和物种的排序。在图 C 中, 地点用黑点表示, 蚂蚁属用灰点表示。

个别属与地点特征之间关系的额外信息。

但是, 你应该谨慎地做出这样的推论。困难在于进行对应分析的同时, CA 会对数据矩阵的行和列进行排序, 并考察这两种排序的关联程度。因此, 我们期望两种排序的结果有一定程度的重叠 (如图 12.10C 所示)。用于 CA 的数据本质上与用于列联表分析的数据相同, 所以最好使用第 11 章中所描述的方法进行假设检验和预测建模。

马蹄形效应及趋势消除。 对应分析已被广泛用于探索沿环境梯度变化的物种之间的关系。然而, 与其他排序方法一样, 它有一个令人遗憾的数学性质: 压缩了环境梯度的末端并突出了中间部分。这可能导致排序图被弯曲成拱形或马蹄形 (Legendre and Legendre 1998; Podani and Miklós 2002), 甚至当样本沿着环境梯度均匀分布时也是如此。图 12.10A 就是一个例子。第一个轴使四个地点按线性排列, 而第二个轴将 MA 大陆向上拉。这四个点形成一个相对平滑的拱形。在许多情况下, 第二个 CA 轴可能只是第一个轴的二次失真 (Hill 1973b; Gauch 1982)。

可靠且可解释的排序技术应该保留点与点之间的距离关系; 当使用相同的距离测量值测量时, 它们的原始值和由排序产生的值应该是等距离的 (在给定所选轴数量的情况下)。对于许多常见的距离度量 (包括 CA 中使用的卡方度量), **马蹄形效应 (horseshoe effect)** 扭曲了由排序产生的新变量之间的距离关系。**趋势消除对应分析 (detrended correspondence analysis, DCA**; Gauch 1982) 可用于消除对应分析的马蹄形效应, 而且可能更准确地说明了感兴趣的关系。然而, Podani 和 Miklós (2002) 已经证明, 大多数的距离度量用于对基本环境梯度有单峰响应的物种时, 都可能出现马蹄形效应这样的数学结果。虽然 DCA 在排序软件中得到了广泛的实现, 但现在不再推荐使用 DCA (Jackson and Somers 1991)。使用替代的距离度量是更好的解决马蹄形问题的方法 (Podani and Miklós 2002)。

12.5.5　非度量多维尺度分析

前面四种排序方法的相似之处是将多元数据简化为更少的复合变量后, 尽可能多地保留了多元空间中观测值之间的距离。相比之下, **非度量多维尺度分析 (non-metric multidimensional scaling, NMDS)** 的目标是最终得到一个图形, 其中不同的对象被放置在距离很远的坐标空间, 而相似的对象则被放置在一起。仅保留原始距离或相异度排序后的秩序关系。

非度量多维尺度分析的基本计算。 执行非度量多维缩放需要九个步骤, 其中一些步骤是重复的。

1. 根据数据生成距离或相异度矩阵 $\mathbf{D}$。可以使用任何距离或相异度度量 (见表 12.6)。$\mathbf{D}$ 的元素 d_{ij} 为观察值之间的距离或相异度。

2. 选择用于绘制排序的维数 (轴数) n。使用两个或三个轴, 因为大多数图是二维 (x-和 y-轴) 或三维 (x-、y-和 z-轴)。

3. 将 m 个观测值放在 n 维空间中后开始排序。后续分析在很大程度上依赖于这种初始化, 因为 NMDS 通过局部最小化来求解 (类似于非线性回归; 见第 9 章)。如果某些地理信息可用 (如经纬度), 则可以将其作为一个良好的起点。此外, 还可以使用另一种排序 (如 PCoA) 的输出来确定 NMDS 中观测值的初始位置。

4. 计算初始配置中观测值之间的新距离 δ_{ij}。通常用欧氏距离来计算 δ_{ij}。

5. 对 d_{ij} 回归 δ_{ij}。回归的结果是一组预测值 $\widehat{\delta}_{ij}$。如果使用线性回归, $\delta_{ij} = \beta_0 + \beta_1 d_{ij} + \varepsilon_{ij}$, 那预测值则为

$$\widehat{\delta}_{ij} = \widehat{\beta}_0 + \widehat{\beta}_1 d_{ij}$$

6. 计算 δ_{ij} 和 $\widehat{\delta}_{ij}$ 之间的拟合优度。大多数 NMDS 程序将这种拟合优度作为一种**应力 (stress)** 来计算:

$$\text{Stress} = \sqrt{\frac{\sum_{i=1}^{m}\sum_{j=1}^{n}(\delta_{ij} - \hat{\delta}_{ij})^2}{\sum_{i=1}^{m}\sum_{j=1}^{n}\hat{\delta}_{ij}^2}}$$

应力根据方阵 **D** 的下三角计算。分子是观察值和期望值之差的平方之和, 分母是期望值的平方和。应力的计算看起来很像卡方检验统计量 (见第 11 章)。

7. 稍微改变 n 维空间中 m 个观测值的位置, 减小应力。

8. 重复步骤 4–7, 直至应力不再减小。

9. 在 n 维空间中绘制应力最小的 m 个观测值的位置。该图说明了观察之间的 "关联性"。

一个简要示例。 用 NMDS 分析表 12.8 中的蚂蚁数据。使用 Sørensen 的相异度度量来进行距离测量。应力得分的碎石图表明, 两个维度足以进行分析 (图 12.11)。与 CA 和 PCoA 一样, 不同的地点之间能很好地区分 (图 12.12A), 并且不同的属也能很好地分离 (图 12.12B)。因为 NMDS 中轴的缩放是任意的, 所以不能将这两个图叠加成一个双标图。

12.5.6 排序的优缺点

生态学家和环境学家通过排序将复杂的多元数据简化为更小、更易于管理的数据集; 根据物种聚集的环境变量对地点进行排序; 识别物种对环境梯度或扰动的反应。由于一些排序方法 (如 PCA 和因子分析) 在大多数商业统计软件包中都是通用的, 因此我们可以通过菜单轻松地访问这些工具。谨慎地使用排序, 它就可以变成一个探索数据、阐明模式、生成可以通过后续采样或实验检验的假设的有力工具。

排序的缺点并不明显, 因为这些技术已经在许多软件包中实现自动化, 所以其背后

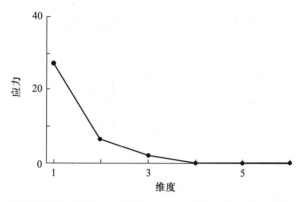

图 12.11 地点 × 蚂蚁属数据 (见表 12.9) 的 NMDS 分析中维度的碎石图。用于 NMDS 的这四个地点的两两距离矩阵是根据这些数据计算得到的 (见表 12.10)。在 NMDS 中, 数据的应力是一种类似于卡方拟合优度统计量的偏差的度量。该碎石图说明了在 NMDS 中蚂蚁数据的应力随着维数的增加而持续减小。在三个维度之后, 压力没有进一步显著减小, 这解释了大部分的拟合优度。

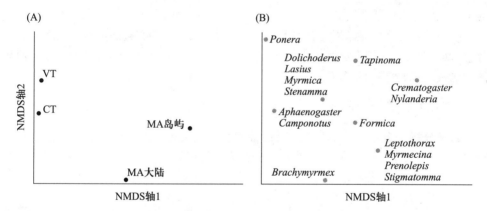

图 12.12 表 12.9 中地点 × 蚂蚁属数据的 NMDS 分析的前两个维度的图。根据表 12.10 中的数据计算四个地点的两两距离矩阵, 并用于 NMDS。(A) 地点的排序。(B) 属的排序。

的机制被隐藏, 前提假设也很少仔细说明。而且排序基于矩阵代数, 许多生态学家和环境学家对此并不熟悉。因为通常在绘制主得分图前会重新缩放主轴, 所以得分只能彼此相对地解释, 很难将它们与原始的测量值联系起来。

建议。在多元空间中, 选择哪种排序方法对观测值、样本或种群进行排序是很难的。如果一组数据适合用欧氏距离且不存在离群值或高度偏斜时, 主成分分析 (PCA) 能最优地实现数据的简化。主坐标分析 (PCoA) 适用于其他距离度量; 若基于欧氏距离, 则 PCA 等价于 PCoA。对于大多数排序应用, 我们推荐 PCoA, 排序的目标是在简化的 (坐标) 空间中保留观测值之间的原始多元距离。非度量多维尺度分析 (NMDS) 仅保留了距离的排列顺序, 但它可用于任何距离度量。对应分析 (CA) 是一种合理的用于研究物种沿环境梯度分布的排序方法, 但不应再使用与其类似的趋势消除对应分析 (DCA)。

同样, 因子分析的结果也难以解释, 而且过于依赖主观旋转方法。不论选择什么方法, 最重要的仍是明确所要探究的生态或环境问题是什么。例如, 如果最初的问题是要了解物种或特征是如何沿环境梯度分布的, 那么简单地根据适当的环境测量值 (或第一/第二主轴) 绘制响应变量所提供的信息可能比任何排序图形都多。

无论采用哪种方法, 使用排序来检验假设都应谨慎; 排序最适合于数据探索和模式生成。但是, 只要满足检验的假设条件, 任何排序结果的得分都可以进行经典假设检验。

12.6 分类

分类 (classification) 是对对象进行分组的过程。排序的目的是沿着环境梯度或生物轴分离观测值或样本, 分类的目的是将类似的对象归至可识别、可解释的类, 使得能够区分邻近的类。(生物) 分类学是一个熟悉的分类的应用 —— 分类学家从收集标本开始, 必须决定如何将它们归至物种、属、科和更高级的分类群。无论分类学是基于形态学、基因序列还是进化史, 其目标是相同的: 一个兼容的基于分层聚类的分类系统。

生态学家和环境学家对分类可能持怀疑态度, 因为这些类被假定为代表离散的实体, 而我们更习惯于处理反映连续环境梯度的群落结构或形态的连续变化。排序识别渐变中的模式, 而分类确定渐变的端点或极值, 同时忽略中间部分。

12.6.1 聚类分析

聚类分析 (cluster analysis) 是最常见的分类分析类型。聚类分析将 m 个观测值分为若干组, 每个观测值与 n 个连续的数值变量相关联。表 12.11 说明了用于聚类分析的数据类型。该表的每一行代表收集样本的国家, 每一列代表海蜗牛 Littoraria

表 12.11   用于聚类分析的蜗牛外壳测量值

国家和地区	大洲	外壳比例	外壳圆度	尖顶高度
安哥拉	非洲	1.36	0.76	1.69
巴哈马	北美洲	1.51	0.76	1.86
伯利兹	北美洲	1.42	0.76	1.85
巴西	南美洲	1.43	0.74	1.71
佛罗里达	北美洲	1.45	0.74	1.86
海地	北美洲	1.49	0.76	1.89
利比里亚	非洲	1.36	0.75	1.69
尼加拉瓜	北美洲	1.48	0.74	1.69
塞拉利昂	非洲	1.35	0.73	1.72

对 9 个国家和地区的蜗牛 Littoraria angulifera 样本的外壳形状进行测量。外壳比例 = 壳高/壳宽; 外壳圆度 = 孔宽/孔高; 尖顶高度 = 壳高/孔长。表中的值基于每个地点 2 到 100 个样本的平均值 (来自 Merkt and Ellison 1998 的数据)。聚类分析根据外壳形态的相似性对不同国家和地区的蜗牛进行分组 (见图 12.13)。

angulifera 的不同形态测量值。该分析的目的是基于外壳形状的相似性形成地点的聚类。聚类分析还可用于基于物种丰度或存在–缺失表示, 或所测特征 (如形态学或 DNA 序列) 的相似性对生物体进行分组。

12.6.2 选择聚类方法

有几种方法可用于聚类数据 (Sneath and Sokal 1973), 但我们将只关注生态学家和环境学家常用的两种方法。

聚合聚类与分裂聚类。聚合聚类 (agglomerative clustering) 通过将多个观测依次连续地组成更大的集群, 直至得到完整的聚类。而**分裂聚类 (divisive clustering)** 则是将所有观测值放在一个组中, 然后将它们依次分解成更小的聚类, 直至每个观测值都在自己组成的集群中。对于这两种方法, 必须根据一些统计规则来决定使用多少个集群来描述数据。

我们用表 12.11 中的数据来说明这两种方法。聚合聚类从一个 $m \times m$ 距离方阵开始, 其中的单元格是测量的每两个地点的形态距离; 欧氏距离是最容易使用的 (表 12.12), 但任何距离度量 (见表 12.6) 都可用于聚类分析。聚合聚类分析从所有对象 (在该分析中为地点) 开始, 单独且连续地对它们进行分组。从欧氏距离矩阵 (见表 12.12) 中可以看出, 巴西离尼加拉瓜最近 (用距离的单位), 安哥拉离利比里亚最近, 伯利兹离佛罗里达最近, 巴哈马离海地最近。

表 12.12　蜗牛外壳形态学测量值的欧氏距离矩阵

	安哥拉	巴哈马	伯利兹	巴西	佛罗里达	海地	利比里亚	尼加拉瓜	塞拉利昂
安哥拉	0								
巴哈马	0.23	0							
伯利兹	0.17	0.09	0						
巴西	0.08	0.17	0.14	0					
佛罗里达	0.19	0.06	0.04	0.15	0				
海地	0.24	0.04	0.08	0.19	0.05	0			
利比里亚	0.01	0.23	0.17	0.07	0.19	0.24	0		
尼加拉瓜	0.12	0.17	0.17	0.05	0.17	0.2	0.12	0	
塞拉利昂	0.04	0.21	0.15	0.08	0.17	0.22	0.04	0.13	0

详细原始数据见表 12.11。因为距离矩阵是对称的, 所以给出了矩阵的下半部分。

这些聚类形成了如图 12.13 所示的**系统树图 (dendrogram)** (树形图, tree-diagram) 底端一行。在这个例子中, 塞拉利昂是一个奇怪的地点 (聚合聚类向上成对地看), 它加入安哥拉–利比里亚集群形成了一个新的非洲集群。由此产生的四个新的集群进一步聚类, 使得较大的聚类依次包含较小的聚类。因此, 巴哈马–海地集群与伯利兹–佛罗里达集群合并, 形成了一个新的加勒比海–北大西洋集群; 另外两个集群形成南大西洋–非洲集群。

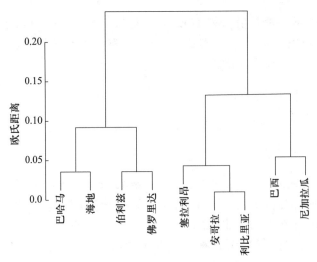

图 12.13 聚合聚类分析结果。原始数据 (Merkt and Ellison 1998) 为来自几个国家 (地区) 的蜗牛 *Littoraria angulifera* 外壳测量值的形态比值组成 (见表 12.11)。系统树图 (分枝图, branching figure) 基于外壳形态的相似性将地点分组成集群。y 轴表示将地点 (或较低级别的集群) 加入更高级别的集群中的欧氏距离。

　　分裂聚类分析从一个组中的所有对象开始, 然后根据相异度将它们分开。在这种情况下, 生成的集群与通过聚合聚类得到的集群相同。更典型地, 分裂聚类会产生更少的集群, 每个集群有更多的对象, 而聚合聚类则产生更多的集群, 每个集群的对象较少。分裂聚类算法还可以在执行分析前进行, 按照研究者指定的预先确定的聚类数目进行处理。一种现在很少使用的群落分类方法, TWINSPAN (即 "双向指示物种分析" (two-way indicator-species analysis); 见 Gauch 1982), 使用的也是分裂聚类算法。

　　分层与非分层方法。直观地说, 观测值较少的集群应该在更高阶集群中嵌入观测值较多的集群中。换言之, 如果观测值 a 和 b 在同一个集群中, 观测值 c 和 d 在另一个集群中, 那包含 a 和 c 的更大的集群也应该包括 b 和 d。这种分类方法在分类学上应该是常见的: 如果两个物种属于同一个属, 另外两个物种属于另一个属, 而这两个属同属于一个科, 那么这四个物种都属于同一个科。遵循这一规则的聚类方法称为**分层聚类 (hierarchical clustering)** 方法。聚合和分裂聚类都可以分层。

　　相反, **非分层聚类 (non-hierarchical clustering)** 方法独立于外部参考系统对观测值进行分组。排序可以被认为类似于非分层聚类——排序的结果通常独立于系统外部强加的顺序。例如, 同一个属的两个物种可能会在一组基于形态或栖息地特征的排序中形成不同的集群。生态学家和环境学家通常使用非层次法来探索数据中的模式, 并生成假设, 然后用额外的观察或实验来检验假设。

　　K-均值聚类 (K-means clustering) 是一种非分层方法, 需要先指定所需的集群数。该算法创建集群的方法为: 与其他集群中的对象相比, 同一个集群中的所有对象 (基于某种距离度量) 彼此更接近。K-均值聚类最小化了从每个对象到其集群中心距离的平方和。

我们首先通过指定两个集群将 K-均值聚类应用于蜗牛数据。一个集群由安哥拉、巴西、利比里亚、尼加拉瓜和塞拉利昂的样本组成, 其外壳相对较小 (中心: 比例 = 1.39, 圆度 = 0.74, 尖顶高度 = 1.70), 另一个集群 (巴哈马、伯利兹、佛罗里达和海地) 的外壳相对较大 (中心: 比例 = 1.47, 圆度 = 0.76, 尖顶高度 = 1.87)。第一个集群 (非洲–南大西洋) 的集群内平方和等于 0.14, 第二个集群 (加勒比海–北大西洋) 的集群内平方和等于 0.06。指定了三个集群的 K-均值聚类将非洲–南大西洋分为两个聚类, 一个为非洲, 另一个为尼加拉瓜和巴西。

如何选择使用多少个集群? 并没有严格的规则, 但使用的聚类越多, 每个聚类中的成员就越少, 聚类间的相似性就越大。Hartigan (1975) 建议对 m 个观测值的样本分别进行有 k 和 $k+1$ 个集群的 K-均值聚类。如果有

$$\left[\frac{\sum SS_{(within\ k\ clusters)}}{\sum SS_{(within\ k+1\ clusters)}} \times (m - k - 1) \right] > 10 \qquad (12.30)$$

那么添加第 $(k+1)$ 个集群是有意义的。如果方程 12.30 中的不等式小于 10, 则最好用 k 个集群。添加一个集群后, 组内平方和显著增加, 此时方程 12.30 将产生一个很大的数字。但在模拟研究中, 方程 12.30 往往高估了真实的集群数 (Sugar and James 2003)。将表 12.1 中的蜗牛数据代入方程 12.30 得到的值为 8.1, 表明两个聚类优于三个聚类。Sugar 和 James (2003) 回顾了一系列用于识别数据集中集群数量的方法, 这是多元分析中一个活跃的研究领域。

12.6.3 判别分析

判别分析 (discriminant analysis) 用于将样本分配给预先定义的组或类; 类似于逆向的聚类分析。继续使用蜗牛的例子, 我们可以使用地理位置预先定义组。蜗牛样本来自三大洲: 非洲 (安哥拉、利比里亚和塞拉利昂), 南美洲 (巴西) 和北美洲 (所有其他的地区)。如果只给出外壳形状数据 (三个变量), 我们能将观测分配给正确的地区吗? 判别分析被用于生成变量的线性组合 (如 PCA; 见方程 12.21), 然后用它尽可能好地将组分离。与多元方差分析 (MANOVA) 一样, 判别分析要求数据符合多元正态分布。

通过方程 12.21 可以得到原始变量的线性组合:

$$Z_i = a_{i1} Y_1 + a_{i2} Y_2 + \cdots + a_{in} Y_n$$

如果组间的多元均值 $\overline{\mathbf{Y}}$ 不同, 则希望找出方程 12.20 中使组间差异最大化的系数 $\mathbf{a}$。具体来说, 系数 a_{in} 是使 ANOVA 中的 F 比最大化的系数, 即对于 Z_i 的给定集合, 我们希望组间平方和尽可能大。

接下来回到平方和与叉积和 (SSCP) 矩阵 $\mathbf{H}$ (组间) 和 $\mathbf{E}$ (组内, 或误差; 见本章前面对 MANOVA 的讨论)。然后确定矩阵 $\mathbf{E}^{-1}\mathbf{H}$ 的特征值和特征向量。如果将特征值从

大到小排序 (如在 PCA 中), 其对应的特征向量 $\mathbf{a}_i$ 是方程 12.21 的系数。

判别分析结果见表 12.13。完整数据集的这个小子集偏离了多元正态性 ($E_n =$ 31.32, $P = 2 \times 10^{-5}$, 6 个自由度), 但完整数据集 (1042 个观测值) 通过了多元正态性检验 ($P = 0.13$)。虽然多元均值 (表 12.13A) 在大陆间不存在显著差异 (Wilk's $\lambda = 0.108$, F = 2.7115, $P = 0.09$, 自由度为 6 和 8), 我们仍能阐明判别分析[12]。前两个特征向量 (表 12.13B) 占数据方差的 97%, 我们用方程 12.21 中的这些特征向量计算每个原始样本的主成分得分。表 12.11 中 9 个观测值的这些得分绘制在图 12.14 中, 不同的颜色对应于来自不同大陆的外壳。可以看到有一个明显的非洲样本集群和另一个明显的北美样本集群。然而, 其中一个北美样本比其他北美样本更接近南美样本。

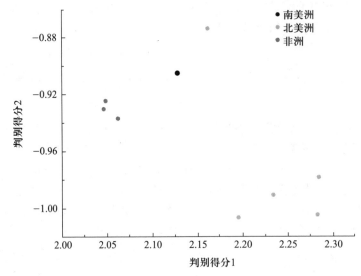

图 12.14　几个国家 (地区) 的蜗牛 *Littoraria fangulifera* 外壳形态学比值判别分析的前两个轴的视图 (见表 12.11)。判别分析用于评估如何区分来自三个大洲的外壳。判别得分是根据表 12.13 中的特征向量和方程 12.21 计算的。(参见书末彩插)

预测的分类基于组内观测值的最小距离 (通常是马氏距离或欧氏距离; 见表 12.6)。将该方法应用于蜗牛外壳数据可以对南美或非洲进行准确的预测, 但只有 80% (4/5) 的北美贝壳被正确分类。表 12.13C 将这些分类汇总为一个**分类矩阵 (classification matrix)**。分类方阵的行表示观察到的组, 列表示预测的组 (分类)。每个单元格表示划分至同一个组中的观测个数。如果分类算法没有出错, 那所有的观测值都将落在对角线上。非对角线值表示分类中的错误, 每个代表一个观测值被错误地分配。

判别分析中预测的分类与观察到的数据非常接近, 这不足为奇; 因为观察到的数据被用于生成特征向量, 然后对数据进行分类! 因此, 我们预期结果将偏向正确地将观测

---

[12] Merkt 和 Ellison (1998) 分析了来自 19 个国家的 1042 个样本的完整数据集。利用判别分析对 (海蜗牛) 外壳来源的海洋水系 (加勒比海、几内亚湾、墨西哥湾流、南北赤道) 进行了预测。判别分析成功地将超过 80% 的样本分配到正确的水系中。

值分配至它们来自的组。克服这种偏差的一种解决方案是对表 12.13C 中的分类矩阵使用**刀切法 (jackknife)**。刀切法在数据集中删除一个独立的观测值后, 重新对数据进行分析, 然后用得到的结果对删除的观测进行分类 (见第 9 章中的影响函数和第 5 章中的

表 12.13　来自 9 个地点的海蜗牛外壳形态学数据的大洲判别分析

A. 变量均值

	非洲	北美洲	南美洲
比例	1.357	1.470	1.430
圆度	0.747	0.752	0.740
尖顶高度	1.700	1.830	1.710

第一步是计算按大洲分组的样本的变量均值。

B. 特征向量

	a_1	a_2
比例	0.921	0.382
圆度	-0.257	-0.529
尖顶高度	0.585	-0.620

判别分析生成这些变量的线性组合 (类似于 PCA), 最大限度地按大洲分离样本。特征向量包含用于对每个样本进行判别评分的系数 (载荷); 仅前两个特征向量就能解释 97% 的方差。

C. 分类矩阵

		预测值 (分类的)			正确率 (%)
		非洲	北美洲	南美洲	
观察值	非洲	3	0	0	100
	北美洲	0	4	1	80
	南美洲	0	0	1	100

根据它们的判别分数, 这些样本被分配进三个大洲中。在这个分类矩阵中, 除了其中一个样本外, 所有样本都被正确地分配到它的原始大陆。这个结果并不令人惊讶, 因为同样的数据被用来创建判别分数和分类样本。

D. 刀切分类矩阵

		预测值 (分类的)			正确率 (%)
		非洲	北美洲	南美洲	
观察值	非洲	2	0	1	67
	北美洲	0	3	2	60
	南美洲	0	1	0	0

一种更无偏的方法是使用刀切的分类矩阵, 在其中, 从 $m-1$ 个样本中创建判别分数, 并对排除的样本进行分类。通过该方法, 判别函数就与被分类的样本无关。刀切分类不如非刀切方法有效, 因为 9 个样本中只有 5 个被归入正确的大洲中。

　　抽取这些比值的完整数据见表 12.11。判别分析和其他多元分析方法应该基于比本例中所用的大得多的样本 (数据来自 Merkt and Ellison 1998)。

脚注 2)。刀切后的分类矩阵如表 12.13D 所示。这个分类要差得多, 因为每个大陆的多元均值差异并不大。另一方面, 我们通常不对这么小的数据集进行判别分析。如果原始数据集很大, 另一种解决方案是将其随机分成两组。用一个组来构建分类, 用另一个组来检验它。也可以用判别函数来收集和分类新数据, 但需要一些方法来独立地验证组的分配是否正确。

12.6.4　分类的优缺点

分类方法相对容易使用和解释, 在统计软件中也得到了广泛的应用。分类允许我们对样本进行分组, 或将样本分配至预先确定的组。系统树图和分类矩阵清楚地总结并表达了聚类分析和判别分析的结果。

但是, 我们仍必须谨慎地使用聚类分析和判别分析。聚类分析的方法有很多, 不同的方法得到的结果也不同。最重要的是事先决定一种方法, 而不是尝试所有不同的方法或选择一个看起来最好或符合先入为主的观念的方法。判别分析要简单得多, 但它需要足够的数据以及 (为样本) 事先分配组。聚类分析和判别分析都是描述性和探索性的方法。本章前面描述的 MANOVA 统计数据可以用于判别分析的结果, 以检验组间差异的假设。反之, 一旦 MANOVA 中的零假设被拒绝, 判别分析也可以用作事后检验来比较组。

聚类分析和判别分析的出发点是假设存在不同的组或集群, 而正确的零假设则是样本从单个组中抽取, 而且样本间仅表现出随机差异。Strauss (1982) 描述了用于检验聚类统计意义的蒙特卡罗方法。系统发育分析中也广泛采用自助法 (bootstrap) 和其他计算密集型方法来检验聚类的统计意义 (Felsenstein 1985; Emerson et al. 2001; Huelsenbeck et al. 2002; Sanderson and Shaffer 2002; Miller 2003; Sanderson and Driskell 2003)。

12.7　多元多重回归

到目前为止, 所描述的多元分析方法主要是描述性的 (排序、分类) 或局限于分类预测变量 (Hotelling's T^2 test 和 MANOVA)。本章的最后一个主题是将回归 (一个连续响应变量和一个或多个连续预测变量) 扩展到多元响应数据。生态学家常用的方法有两种: **冗余分析 (redundancy analysis, RDA)** 和**典型对应分析 (canonical correspondence analysis, CCA)**。RDA 将多元回归直接推广至多变量情形。RDA 假定自变量和因变量之间存在因果关系, 而 CCA 侧重于生成关于响应变量 (如物种的出现或丰度) 的单峰轴和关于预测变量的线性轴 (如栖息地或环境的特性)。第三种方法, 典型相关分析 (canonical correlation analysis, Hotelling 1936; Manly 1991) 基于两个变量之间的对称关系。换句话说, 典型相关分析假设预测和响应变量都存在误差 (见第 9 章中关于回归假设的讨论)。

12.7.1 冗余分析

RDA 最常见的用途之一是探究物种组成 (以 n 个物种的丰度来衡量) 与环境特性 (以 m 个环境变量来衡量) 之间的关系 (Legendre and Legendre 1998)。物种组成数据代表多元响应变量, 环境变量代表多元预测变量。但是 RDA 并不局限于这种分析——它可以用于涉及多个响应和多个预测变量的任何多元回归, 正如在我们的例子中所示范的那样。

冗余分析的基础。如第 9 章所述, 标准的多元线性回归是:

$$Y_j = \beta_0 + \beta_1 X_1 + \beta_2 X_2 + \cdots + \beta_m X_m + \varepsilon_j \tag{12.31}$$

β_i 值是要估计的参数, ε_j 表示随机误差。标准最小二乘法被用于拟合模型, 并给出 β_i 和 ε_j 的无偏估计 $\hat{\beta}$ 和 $\hat{\varepsilon}$。在多变量情况下, 单个响应变量 Y 被替换为有 n 个变量的矩阵 $\mathbf{Y}$。冗余分析在独立自变量的矩阵 $\mathbf{X}$ 上回归 $\mathbf{Y}$, $\mathbf{X}$ 含有每个观测的测量。RDA 的步骤是:

1. 在 $\mathbf{X}$ 中的所有变量上对 $\mathbf{Y}$ 中的每个独立响应变量 Y_j 进行回归 (使用公式 12.31), 将得到一个拟合值矩阵 $\hat{\mathbf{Y}} = [\hat{Y}_j]$。该矩阵计算为 $\hat{\mathbf{Y}} = \mathbf{XB}$, 其中 $\mathbf{B}$ 是矩阵的回归系数:

$$\mathbf{B} = (\mathbf{X}^{\mathrm{T}}\mathbf{X})^{-1}\mathbf{X}^{\mathrm{T}}\mathbf{Y}$$

2. 用 $\hat{\mathbf{Y}}$ 矩阵的标准化样本方差–协方差矩阵做主成分分析, 得到特征向量矩阵 $\mathbf{A}$。特征向量与 PCA 中的解释相同。如果你是一个在环境特征 × 物种的矩阵上执行 RDA, 那 $\mathbf{A}$ 的元素则被称为**物种得分** (species score)。

3. 从 PCA 生成两组得分。

　　(a) 第一组得分 $\mathbf{F}$ 是通过将特征向量矩阵 $\mathbf{A}$ 乘以响应变量矩阵 $\mathbf{Y}$ 得到的。结果 $\mathbf{F} = \mathbf{YA}$ 是一个矩阵, 其中的列被称为**地点得分** (site score)。地点得分 $\mathbf{F}$ 是相对于 $\mathbf{Y}$ 的排序。如果使用的是环境特征 × 物种, 那地点得分则是基于原始的、观察到的物种分布。

　　(b) 第二组的得分 $\mathbf{Z}$ 是通过将特征向量矩阵 $\mathbf{A}$ 乘以拟合值的矩阵 $\hat{\mathbf{Y}}$ 得到的。结果 $\mathbf{Z} = \hat{\mathbf{Y}}\mathbf{A}$ 也是一个矩阵, 其中的列被称为**拟合地点得分** (fitted site score)。因为 $\hat{\mathbf{Y}}$ 也等于矩阵 $\mathbf{XB}$, 所以拟合地点得分的矩阵也可以写作 $\mathbf{Z} = \mathbf{XBA}$。拟合地点得分 $\mathbf{Z}$ 是相对于 $\mathbf{X}$ 的排序。如果使用的是环境特征 × 物种矩阵, 那拟合地点得分则是基于根据环境预测的物种分布。

4. 接下来, 我们想知道 $\mathbf{X}$ 中的预测变量对每个排序 (坐标化) 轴的贡献。度量预测变量贡献的最简单方法是观察由两部分组成的 $\mathbf{Z}$ 矩阵: 预测值 $\mathbf{X}$ 和回归系数与 $\hat{\mathbf{Y}}$ 矩阵的特征向量的矩阵乘积 $\mathbf{BA}$。矩阵 $\mathbf{C} = \mathbf{BA}$ 表明了变量 $\mathbf{X}$ 对拟合地点得分矩阵 $\mathbf{Z}$ 的贡献。这种分解相当于 $\mathbf{C}$ 的每一列都等于矩阵 $\mathbf{X}$ 上的标准化回归系数。另一种方法是确定环境变量 (预测变量) $\mathbf{X}$ 与地点得分 $\mathbf{F}$ 之间的相关性, 后者是响应变量及其特征向量的乘积。

5. 最后, 构建一个双标图, 就像在对应分析中所做的那样, 绘制预测变量的 **F** (观测值) 或 **Z** (拟合值) 得分的主轴。在这个图中, 我们可以设置响应变量的位置。通过这种方式实现响应变量与预测变量之间的多元关系的可视化。

一个简要示例。为了说明 RDA, 我们继续使用蜗牛数据 (见表 12.11)。对于每个地点, 我们还测量了四个环境变量: 年降雨量 (mm)、年干旱月数、月平均温度和蜗牛觅食的红树林冠层的平均高度 (表 12.14)。RDA 的四个步骤的结果如表 12.15 所示。由于响应变量是壳外形的测量, 所以 **A** 矩阵由壳外形得分组成。**F** 和 **Z** 矩阵分别为地点得分和拟合地点得分。

表 12.14　用于冗余分析 (RDA) 的环境变量

国家和地区	年降雨量 (mm)	年干旱月数	月平均温度 (°C)	森林冠层平均高度 (m)
安哥拉	363	9	26.4	30
巴哈马	1181	2	25.1	3
伯利兹	1500	2	29.5	8
巴西	2150	4	26.4	30
佛罗里达	1004	1	25.3	10
海地	1242	6	27.5	10
利比里亚	3874	3	27.0	30
尼加拉瓜	3293	0	26.0	15
塞拉利昂	4349	4	26.6	35

数据来自 Merkt and Ellison (1998)。

表 12.15　蜗牛外壳形态学和环境数据的冗余分析

A. 计算拟合值矩阵 $\widehat{\mathbf{Y}} = \mathbf{X}(\mathbf{X}^T\mathbf{X})^{-1}\mathbf{X}^T\mathbf{Y}$

$$\widehat{\mathbf{Y}} = \begin{bmatrix} -0.05 & 0.01 & -0.04 \\ 0.09 & 0.00 & 0.09 \\ 0.00 & 0.01 & 0.08 \\ -0.05 & -0.01 & -0.08 \\ 0.05 & 0.00 & 0.03 \\ 0.04 & 0.02 & 0.09 \\ -0.05 & -0.01 & -0.07 \\ 0.03 & -0.01 & 0.00 \\ -0.06 & -0.01 & -0.10 \end{bmatrix}$$

这个矩阵是对四个环境变量上的三个形状变量各自进行回归的结果。$\widehat{\mathbf{Y}}$ 的每一行是一个观测 (来自一个地点; 见表 12.11), 每一列是其中一个变量 (分别为比例、圆度以及尖顶高度)。

续表

B. 在 PCA 中用 $\widehat{Y}$ 来计算特征向量 A

$$\mathbf{A} = \begin{bmatrix} 0.55 & -0.81 & -0.19 \\ 0.08 & 0.27 & -0.96 \\ 0.83 & 0.52 & 0.21 \end{bmatrix}$$

矩阵中是外壳形状的得分, 可以用来计算外壳形状的主成分值 (Z_i)。列表示前三个特征向量, 行表示前三个形态变量。成分 1 解释了 94% 的外壳形状变异。外壳圆度在不同地点大致相同 (见表 12.11), 它在主成分 1 中所占的权重不大 ($a_{21} = 0.08$)。

C. 计算地点得分矩阵 $\mathbf{F} = \mathbf{YA}$ 和拟合地点得分矩阵 $\mathbf{Z} = \widehat{\mathbf{Y}}\mathbf{A}$

$$\mathbf{F} = \begin{bmatrix} 2.21 & -0.03 & -0.63 \\ 2.44 & -0.06 & -0.62 \\ 2.38 & 0.00 & -0.61 \\ 2.26 & -0.08 & -0.62 \\ 2.40 & -0.02 & -0.59 \\ 2.45 & -0.03 & -0.61 \\ 2.21 & -0.03 & -0.62 \\ 2.28 & -0.13 & -0.63 \\ 2.23 & -0.01 & -0.59 \end{bmatrix} \qquad \mathbf{Z} = \begin{bmatrix} -0.06 & 0.02 & -0.01 \\ 0.13 & -0.03 & 0.00 \\ 0.07 & 0.04 & 0.01 \\ -0.09 & 0.00 & 0.00 \\ 0.05 & -0.02 & 0.00 \\ 0.01 & 0.02 & 0.00 \\ -0.09 & 0.00 & 0.00 \\ 0.01 & -0.03 & 0.00 \\ -0.12 & 0.00 & 0.00 \end{bmatrix}$$

矩阵 $\mathbf{F}$ 包含了通过将原始值 ($\mathbf{Y}$) 乘以矩阵 $\mathbf{A}$ 中特征向量得到的外壳形状值的主成分得分。矩阵 $\mathbf{Z}$ 包含了通过将拟合值 ($\widehat{\mathbf{Y}}$) 乘以矩阵 $\mathbf{A}$ 中特征向量得到的外壳形状值的主成分得分, 拟合值来自栖息地矩阵 $\mathbf{X}$ (见表 12.14)。

D. 计算矩阵 $\mathbf{C} = \mathbf{BA}$ 得到 $\mathbf{X}$ 上的回归系数

$$\mathbf{C} = \begin{bmatrix} 0.01 & 0.00 & 0.00 \\ 0.03 & 0.01 & 0.00 \\ 0.00 & 0.02 & 0.00 \\ -0.11 & 0.00 & 0.00 \end{bmatrix}$$

行是四个环境变量, 列是前三个成分。系数 0.00 是非常小的数字四舍五入后的值。或者, 我们可以计算环境变量 $\mathbf{X}$ 与地点得分 $\mathbf{F}$ 的相关关系。单元格中为 $\mathbf{X}$ 与列 $\mathbf{F}$ 间的相关系数:

	分量 1	分量 2	分量 3
降雨量	−0.55	−0.19	0.11
干旱月数	−0.28	0.34	−0.18
平均温度	0.02	0.49	0.11
冠层高度	−0.91	0.04	−0.04

在本例中, 我们根据环境数据对蜗牛壳形状特征进行了回归 (见表 12.11)。在分析之前, 我们使用公式 12.17 对环境数据进行标准化 (数据来自 Merkt and Ellison 1998)。

图 12.15 说明了地点如何与环境变量 (灰点和灰色箭头) 共同变化, 以及外壳形状
如何与地点及其环境变量 (黑点和黑色箭头) 共同变化。例如, 巴西、尼加拉瓜和非洲
地区的特点是树冠高度更高、降雨量更大, 而佛罗里达州和加勒比海地区的特点是温度
更高、干旱月份更长。来自加勒比海和佛罗里达的外壳的比例更大、尖顶更高, 而来自
非洲、巴西和尼加拉瓜的外壳则更圆。

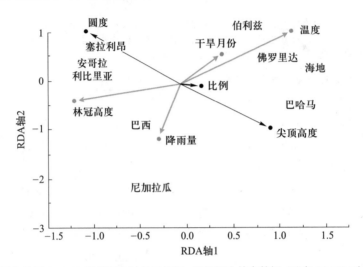

图 12.15   冗余分析 (RDA) 的前两个轴的双标图, 根据蜗牛外壳数据 (见表 12.11) 对环境数据 (见
表 12.14) 进行了回归, 所有数据测量自 9 个地点 (Merkt and Ellison 1998)。地点标签表明了每个
地点在排序空间中的位置 (表 12.15 的 **F** 矩阵)。黑色符号表示形态变量在地点空间中的位置。由
图可知来自伯利兹、佛罗里达、海地和巴哈马的蜗牛外壳比其他地方的外壳比值更大, 尖顶更高; 而
来自非洲、巴西和尼加拉瓜的蜗牛外壳更圆。黑色箭头表示形态变量的增加方向。类似地, 灰点和灰
色箭头表明这些地点是如何排序的。所有的值都进行了标准化, 以便能够在相似的尺度上绘制所有矩
阵。因此, 箭头的长度并不表示影响的大小, 但确实表明了它们在两个轴上的方向性或载荷。

结果显著性检验。可以用蒙特卡罗模拟方法检验 RDA (和 CCA) 结果的统计显著
性 (见第 5 章)。零假设是预测变量和响应变量之间没有关系。原始数据的随机化——交
换 **Y** 矩阵的行, 然后重复 RDA。然后, 将原始数据计算的 F 比与随机数据的 F 比分
布进行比较。该检验的 F 比为

$$F = \frac{\left(\dfrac{\sum\limits_{j=1}^{n}\lambda_j}{m}\right)}{\left(\dfrac{RSS}{p-m-1}\right)} \tag{12.32}$$

在这个等式中, $\sum \lambda_j$ 是特征值的和; RSS 是残差平方和 (同 PCA 特征值之和的计算, 用
$(\mathbf{Y}-\hat{\mathbf{Y}})$ 代替 $\hat{\mathbf{Y}}$ (表 12.15B)); m 是预测变量的个数; p 是观测的个数。尽管样本量太小

而无法进行有意义的分析, 但我们仍然可以用方程 12.32 来检验我们的结果是否具有统计显著意义。原始数据的 F 比为 3.27, 1000 次随机化后的数据的 F 比直方如图 12.16 所示。将这两个 F 比进行比较, 得到精确的 P 值为 0.095, 略大于传统的 $P = 0.05$ 临界值。勉强的结论 (基于有限的样本量) 是, 这 9 个地点的蜗牛形态与环境变化没有显著关系[13]。有关 RDA 和 CCA 中假设检验的更多细节和实例, 参见 Legendre 和 Legendre (1998)。

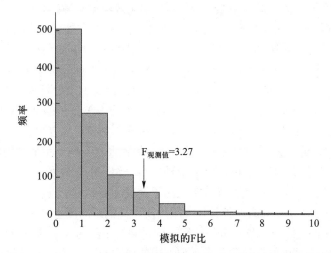

图 12.16 蜗牛数据 (见表 12.11) 的 1000 次随机化后的冗余分析 (RDA) 得到的 F 比的频率分布, 地点标签在样本中被随机重组。观测到的数据的 F 比为 3.27。95 个随机化后的数据有较大的 F 比, 因此图 12.15 中 RDA 的 P 值为 0.095。使用 0.05 的 α 水平, 此结果的临界地不显著, 这反映了在如此小的数据中使用 RDA 的局限性。

  RDA 的一种扩展 —— 基于距离的冗余分析 (distance-based RDA, db-RDA) 是检验复杂多元模型的另一种方法 (Legendre and Anderson 1999; McArdle and Anderson 2001)。与经典的 MANOVA 不同, db-RDA 不要求数据呈多元正态分布, 正态分布时观测之间的距离度量是欧氏的, 也不要求观测多于测量的响应变量。基于距离的 RDA 可以与任何度量或半度量距离一起使用, 并且允许对复杂 MANOVA 模型中的变化分量进行划分。与 RDA 一样, 它使用随机化检验来确定结果的显著性。基于距离的 RDA 在 R 的 vegan 包中实现。

12.8   总结

  多元数据包含为每个重复测量的多个非独立响应变量。多元方差分析 (MANOVA) 和冗余分析 (RDA) 是单变量分析中使用的方差分析和回归方法的多元类似物。基于

---

[13]相比之下, 对来自 19 个地点的 1042 个观测值的完整数据进行分析得到了蜗牛外壳形状与环境条件之间存在显著相关性的结果 (Merkt and Ellison 1998)。

MANOVA 和 RDA 的统计检验假设抽样是随机且独立的, 就像在单变量分析中一样, 只有 MANOVA 要求数据服从多元正态分布。

排序是一系列多元方法, 用于对多元数据的样本或观测值进行排序, 并将多元数据简化至数量较少的变量以进行其他分析。欧氏距离是多元空间中样本间距离最自然的度量, 但这种距离度量对于包含许多 0 的数据集会产生反直觉结果, 如物种丰度或存在 – 缺失型数据。其他距离度量, 包括曼哈顿距离和杰卡德距离, 具有更好的代数性质, 尽管基于这些度量的生物地理相似性指数对样本量效应非常敏感。

主成分分析 (PCA) 是用于排序多元数据的最简单的方法之一, 但除非原始数据中存在潜在的相关性, 否则 PCA 是无用的。PCA 提取新的正交变量来捕获数据中的重要变化, 并保留多元空间中原始样本的距离。PCA 是主坐标分析 (PCoA) 的一个特例。PCA 是基于欧氏距离, 而 PCoA 可用于任何距离度量。因子分析是一种逆向的 PCA, 其中测得的变量被分解为潜在因子的线性组合。因为因子分析的结果对旋转方法很敏感, 而且同一数据集会产生多组因子, 因此因子分析不如 PCA 有用。

对应分析 (CA) 是一种排序工具, 它揭示了物种聚集与地点特征之间的关联。它同时对物种和地点进行排序, 还可以沿两个轴进行分组。而在相关的趋势消除对应分析 (DCA) 中已经发现了许多问题, 该分析是为了处理 CA (和其他排序方法) 中常见的马蹄形效应而发展的。DCA 的一种替代方法是使用其他距离测量来执行 CA。在多元空间中, 非度量多维尺度 (NMDS) 分析保留了变量间的距离的大小顺序 (秩), 但不保留距离本身。排序方法对于数据简化和揭示数据中的模式非常有用。只要满足检验的假设, 排序得分就可以与标准方法一起用于假设检验。

分类方法用于将对象分为可识别和解释的类别。聚类分析使用多元数据来生成样本集群。分层聚类算法要么是聚合的 (独立的观测顺序合并成一个集群), 要么是分裂的 (整个数据集顺序划分为不同的集群)。非分层方法 (如 K-均值聚类) 要求使用者指定将要创建的集群数量, 尽管可以用统计上的停止规则来确定正确的集群数量。判别分析是一种逆向的聚类分析: 先验地定义分组, 然后分析产生的提供最佳分类的样本得分。刀切和独立数据集的检验可用于评估判别函数的可靠性。分类方法先验地假定分组或集群在生物学上是相关的, 而经典假设检验则从随机变异的零假设开始, 没有潜在的分组或集群。

第四部分　估　　计

$$P(\theta|y) = \frac{P(\theta)P(y|\theta)}{\int P(\theta)P(y|\theta)d\theta}$$

第 13 章   生物多样性的度量

应用生态学和基础生态学在量化生物多样性模式和解释多样性维持机制方面已投入大量的研究。至少从 Humboldt(1815) 和 Darwin(1859) 的著作开始，生态学和生物地理学领域就已经开始对生物多样性显现出了浓厚的兴趣，近来新兴的 "组学" 学科又将生物多样性的视野拓展至基因和蛋白质水平 (Gotelli et al. 2012)。

生物多样性本身包含了多种含义 (Magurran and McGill 2011)，但本章我们着重介绍的是 α 多样性 (alpha diversity)：一个局部群落或类群内的物种数，即**物种丰富度 (species richness)**，及其**相对丰度 (relative abundance)** 或**物种均匀度 (species evenness)**[1]。从定义来看 α 多样性的应用貌似有一定局限性，但其实它可以应用于任何 "对象" 类群 (如个体、DNA 序列、氨基酸序列等)，只要这些 "对象" 可以被唯一地归入专有的 "类别" (如物种、基因、蛋白质等) 中[2]。通过对这些对象的简单随机抽样，我们就可以应用第 1 章和第 2 章中介绍的概率方法来推断整个类群的多样性。

虽然统计样本中的物种数并不难[3]，但要估计整个群落的物种数就会很棘手，而且

---

[1] 区域范围内的总多样性为 γ **多样性 (gamma diversity)**，区域内不同位点间多样性的更替或变化为 β **多样性 (beta diversity)**。β 多样性的量化，以及 α 和 β 多样性在 γ 多样性中的贡献都是生态学中争议了十多年的问题。详情请参见 Jost(2007)，Tuomisto(2010)，Anderson 等 (2011)，以及 Chao 等 (2012) 最近的综述。

[2] 这个简单的定义可以根据生物体的其他性状做出修改。例如在其他条件都相同的情况下，10 个不同属的远缘物种组成的群落比 10 个近缘物种组成的群落的多样性更高。有关系统发育、功能和性状多样性分析方法的最新综述参见 Weiher(2011) 和 Welland 等 (2011)。

[3] 事实上，对物种的计数 (或取样) 也不是一件简单的事情。生物多样性的定量调查是非常费时费力的 (Lawton et al.1998)。对于任何特定的生物群体 (如地面觅食的蚂蚁、沙漠里的啮齿动物、海洋中的硅藻) 都有特定的捕捉和收集方法——每种方法都有其独特的偏好和奇怪的习惯 (如诱饵站、Sherman 活陷阱、浮游生物牵引)。一旦样本被收集、地理标识、保存、清理、标记和分类后，就需要根据其特定的形态或遗传特征进行定种。

对于多数热带类群来说，在生物多样性调查中遇到的大多数物种可能都没有被描述过。即使是那些温带中已经被 "充分研究" 的类群，许多用于物种鉴定的重要分类关键信息也被隐藏在晦涩的绝版文献中 (鸟类明显是个例外)。如果没有学过物种鉴定的基础知识，那么这些关键点可能很难或基本不可能被用上。通常要经过多年的实践和研究才能有能力和信心去鉴定一个分类群。你可能觉得任何自称为生态学家的人都有这种技能，但对于许多生态学家来说，"解读" 自然的生物多样性和鉴别花园或校园里常见的物种都是很艰难的事情。分类学家和博物学家是一个正在渐渐消失的群体，但大型博物馆和自然历史收藏品种仍包含珍贵的生物多样性数据和信息，当然前提是你知道如何访问它们。Gotelli (2004) 向我们介绍了生态学家进入分类学世界的过程，Ellison 等 (2012) 以如何编辑和分析博物馆标本为例回答了生态学和生物地理学中的基本问题。

还需要避开一些常见的统计陷阱。对生物多样性的量化已有几十年, 至今它依然是一个非常活跃的领域, 本章介绍的许多重要方法也都是最近十年间才发展起来的。我们首先会介绍估计和比较物种丰富度的方法, 然后考虑包含物种均匀度在内的生物多样性的测量。为了说明估计生物多样性和统计求解时面临的挑战, 让我们先来看一个实际的例子。

13.1　估计物种丰富度

越来越多的物种被有意或无意地带出它们历来生活繁衍的地理范围, 带入到一个全新的栖息地和类群中, 这已经成为一个日益严重的生态问题。在北美东部, 铁杉球蚜 (*Adelges tsugae*)[4] 是一种被引入的害虫, 它会选择性地杀死东部铁杉 (*Tsuga canadensis*), 这种杉树是美国东部森林的基础物种 (Ellison et al. 2005)。为了研究球蚜入侵的长期影响, 哈佛森林的研究人员建立了大型实验样方来模拟球蚜入侵的影响以及随后出现的铁杉林被阔叶林取代的现象 (Ellison et al. 2010)。2003 年, 四个实验处理被设置在面积为 0.81 公顷的森林样方中: (1) 铁杉林对照 (尚未被铁杉球蚜入侵的样方); (2) 砍伐处理 (样方内的铁杉被全部移除); (3) 环剥处理 (样方内每棵铁杉被剥去树皮和形成层, 从而模拟感染球蚜后铁杉慢慢死亡的过程); (4) 阔叶林对照 (球蚜入侵后一种取代铁杉的森林类型)。2008 年, 在每种处理中设置相同数目的陷阱来调查四个样方内的无脊椎动物 (Sackett et al. 2011)。

表 13.1 总结了在四种处理中收集到的蜘蛛数据。虽然总共收集了 58 个蜘蛛物种, 但每种处理中物种的数目从 23 (铁杉林对照) 到 37 (砍伐处理) 不等。四种处理间蜘蛛物种数有显著差异吗? 虽然在砍伐处理样方中收集到的蜘蛛物种似乎更多, 但值得注意的是砍伐处理中蜘蛛的个体数也是最多的 (252 只)。铁杉林对照组中只有 23 种蜘蛛, 但考虑到只收集了 106 只蜘蛛个体, 该结果也许并不奇怪。事实上, 对四种处理间物种丰富度 (richness) 的排序恰好遵循的是蜘蛛丰度 (abundance) 的排序 (比较表 13.1 最后两行)!

现在已知与铁杉林对照样方相比, 在砍伐处理样方中收集到的蜘蛛个体数和物种数更多, 如果你对这一事实感到惊讶, 那么请再好好想一想。伐木产生了大量粗细不一的木屑, 这些木屑为许多蜘蛛提供了理想的微生境。此外, 砍伐铁杉后, 铁杉树带来的阴凉也会随之消失, 从而样方内空气和土壤的温度会随之升高 (Lustenhouwer et al. 2012)。

---

[4]铁杉球蚜原生于东亚。1951 年, 美国弗吉尼亚州里士满在进口苗木 (用于园林绿化和花园商店的亚洲铁杉树苗) 时引入了这种韧皮部取食的小型昆虫。20 世纪 60 年代中期在费城地区第一次采集到了这种昆虫, 但直到 1980 年初该种群在宾夕法尼亚州和康涅狄格州造成严重破坏时才引起人们的注意。随后, 球蚜向北部和南部蔓延, 留下了大量死亡和濒死的铁杉 (Fitzpatrick et al. 2012)。在北美东北部, 球蚜的蔓延受到寒冷气温的限制, 但随着地区气候变暖, 球蚜继续向北蔓延。虽然可以通过对树木喷杀虫剂来杀死球蚜, 但在大规模范围内使用化学药剂是不现实的。虽然科研工作者正在探索生物控制方法 (Onken and Reardon 2011), 但到目前为止收效甚微。

表 13.1 蜘蛛多样性数据

物种	铁杉林对照	环剥处理	阔叶林对照	砍伐处理
Agelenopsis utahana	1	0	0	1
Agroeca ornata	2	15	15	10
Amaurobius borealis	27	46	59	22
Callobius bennetti	4	2	2	3
Castianeira longipalpa	0	0	0	3
Centromerus cornupalpis	0	0	1	0
Centromerus persolutus	1	0	0	0
Ceraticelus minutus	1	1	0	1
Ceratinella brunnea	3	6	0	4
Cicurina arcuata	0	1	5	1
⋮	⋮	⋮	⋮	⋮
Pardosa moesta	0	0	0	13
Zelotes fratris	0	0	0	7
总个体数	106	168	250	252
总物种数	23	26	28	37

上表统计了从 "哈佛森林铁杉移除实验" 的四种实验处理组中收集到的 58 种蜘蛛的个体数。数据来自 Sackett 等 (2011); 相关完整数据表请参阅在线资料。

这一点很重要, 因为蜘蛛 (以及所有的无脊椎动物) 都是变温动物, 也就是说, 它们的体温不能像鸟类和哺乳动物这些所谓的 "恒温动物" 那样在体内进行调节。因此, 在伐木或其他干扰之后, 变温动物的数量通常会增加, 因为阴凉消失所带来的温暖让个体积极觅食的时间增加, 一天可以增加几个小时, 一年就可以增加很多天。最后, 即使蜘蛛的种群没有增加, 但温度升高也可能会增加收集到的蜘蛛数量。因为, 蜘蛛在温暖的环境中更活跃, 它们的活跃也增加了陷阱捕捉到它们的机会。由于以上这些原因, 我们必须对蜘蛛物种丰富度的估计做出某种调整, 从而来说明收集到的蜘蛛个体数量存在差异的原因。

读者应该也意识到了实验样方很大, 无脊椎动物的数量很多, 这个生物多样性样本中的数目仅代表了冰山一角。0.81 公顷的样方对于一只 5mm 长的蜘蛛来说比纽约市对于一个人类个体而言还要大得多! 如果在一个样方中收集到的蜘蛛个体数较多, 那收集到的物种数也会相对较多, 甚至可能还包括其他样方中没有发现的物种。这种**抽样效应 (sampling effect)** 非常强, 且该效应普遍存在于几乎所有的生物多样性调查中 (无论它是否被发现)。即便使用标准抽样流程, 如在本例中, 由于生物学和统计学原因, 不同类群中个体的数量几乎永远也不可能相等 (Gotelli and Colwell 2001)。

校正抽样效应的一个貌似很有效的方法是, 简单地将观测的物种数除以抽样的个体数。对于砍伐处理, 这个多样性估计量为 37/252=0.15(物种/个体)。对于铁杉林对照,这个多样性估计量为 23/106=0.22(物种/个体)。虽然这个计算过程看似很合理,但物种丰富度 (和其他多样性度量) 的抽样曲线在形状上是明显非线性的。因此,简单的代数缩放 (如物种丰富度除以样本量或面积) 会高估大样方内的实际多样性,这也是我们应该极力避免的。

13.1.1   通过随机子抽样进行标准化多样性比较

若从砍伐处理样方中收集到 252 只蜘蛛,而从铁杉林对照样方中只收集到 106 只蜘蛛时,我们如何才能有效地比较这两种样方的物种丰富度呢? 一个直观的方法是从较大的样本中随机抽取一个子样本,其中包括与较小样本相同数量的个体。打个比方 (见 Longino et al. 2002),假设砍伐处理样方中每只蜘蛛都是一个糖豆。糖豆有 37 种颜色,每种颜色对应于砍伐处理样本中一个特定的蜘蛛物种。将 252 颗糖豆全部放入一个罐子里,充分混合后从中取出 106 颗。统计颜色 (即物种) 的数目,然后将其与铁杉林对照处理中观测到的物种数进行比较。

这种 "糖果罐抽样" 被称为**稀疏化 (rarefaction)**,该方法使我们可以通过两个个体数相同 (106) 的样本来直接比较铁杉林对照和砍伐处理样方中的物种数。这种随机抽取子样本的方法可以应用于任何个体数小于或等于原始样本大小的情况。用这种方法来稀疏化样本就是为了降低样本的密度,并且**稀疏曲线 (rarefaction curve)** 可以给出不同大小的随机样本预计的物种数及其方差[5]。

表 13.2 列出了计算机对该例的模拟结果。这个特定子样本由砍伐处理的 106 个个体组成,涵盖了 24 个物种,与铁杉林对照样本中观察到的 23 个物种非常接近。当然,如果替换掉所有糖豆并重复这个过程,我们会得到一个略微不同的答案,这取决于随机抽取的个体的组合以及这些个体所代表的物种[6]。图 13.1 展示了从 1000 次这样的随机抽样中获得的物种丰富度计数直方图。对于这组特定的随机抽样,模拟的物种丰富度范

---

[5]稀疏化 (rarefaction) 在生态学中有着一段有趣的历史。20 世纪 20 年代和 20 世纪 40 年代,一些欧洲生物地理学家独立开发比较分类多样性比值的方法,例如每个属的物种数 (S/G; Järvinen 1982)。C. B. Williams 在他 1964 年出版的颇具影响力的著作《自然平衡中的模式》(*Patterns in the Balance of Nature*) 中指出,大多数观察到的 S/G 比值变化实则反映了抽样变化 (Williams 1964)。早期关于 S/G 比值分析的争论已经预见到在生态学中使用零模型会引发一场更大的冲突,确实这一冲突在 20 世纪 70 年代和 80 年代爆发了 (Gotelli and Graves, 1996)。1968 年,海洋生态学家 Howard Sanders 提出将稀疏化作为标准化样本和比较栖息地物种多样性的方法 (Sanders 1968)。Sanders 的数学公式是错误的,但他的观点是合理的,即必须对样本大小进行调整才能比较多样性。自那时起,原始的基于个体的稀疏方程已被多次推导出来 (Hurlbert 1971),基于样本的稀疏方程也是同样如此 (Chiarucci et al. 2008),而且这篇文章中继续有重要的统计学发展 (Colwell et al. 2012)。

[6]请注意,单次模拟中 106 个糖豆的随机抽样是无放回的。从一副牌中抽牌是无放回抽样的一个例子。抽第一张牌得到特定花色 (梅花、方块、红心或黑桃) 的概率是 13/52=1/4。一旦抽了第一张牌,概率就会发生变化,这取决于第一张牌的花色。如果第一张牌是黑桃,那第二张牌也是黑桃的概率是 12/51。如果第一张牌不是黑桃,那第二张牌是黑桃的概率是 13/51。在稀疏化的例子中,抽到的糖豆将在下一次模拟开始之前被替换,采用有放回的抽样。重复投掷一枚硬币是一种典型的有放回抽样。有或无放回的抽样对应不同的统计分布和不同的期望、方差公式。大多数概率模型 (如第 1 章和第 2 章所介绍的) 假设抽样是有放回的,这稍微简化一点儿计算。在实践中,随着采样空间相对于样本大小的增加,期望值收敛于两个模型: 如果糖豆罐足够大,无论你在抽另一个糖豆之前是否放回之前的糖豆,得到特定颜色的概率几乎不变。

围在 19 到 32 之间, 平均值为 26.3。铁杉林对照中观测的物种丰富度 23 位于图中值相对较低的一侧 (位于分布的低尾处, $P = 0.092$), 但仍在模拟分布的 95% 置信区间内 (22 ~ 31 种)。根据上述分析我们可以得到, 铁杉林对照处理和砍伐处理在物种数上没有显著的差异。

表 13.2 观测的蜘蛛计数和随机子样本的蜘蛛计数

物种	砍伐	砍伐 (随机子样本)	铁杉林对照
Agelenopsis utahana	1	0	1
Agroeca ornata	10	3	2
Amaurobius borealis	22	10	27
Callobius bennetti	3	0	4
Castianeira longipalpa	3	2	0
Centromerus cornupalpis	0	0	0
Centromerus persolutus	0	0	1
Ceraticelus minutus	1	0	1
Ceratinella brunnea	4	2	3
Cicurina arcuata	1	0	0
Cicurina brevis	0	0	0
Cicurina pallida	0	0	0
Cicurina robusta	1	0	0
Collinsia oxypaederotipus	2	1	0
Coras juvenilis	0	0	1
Cryphoeca montana	2	1	2
Dictyna minuta	0	0	0
Emblyna sublata	0	0	0
Eperigone brevidentata	0	0	1
Eperigone maculata	0	0	1
Habronattus viridipes	4	3	0
Helophora insignis	0	0	0
Hogna frondicola	2	1	0
Linyphiid sp. 1	0	0	0
Linyphiid sp. 2	0	0	1
Linyphiid sp. 5	0	0	1
Meioneta simplex	8	3	2
Microneta viaria	1	0	0
Naphrys pulex	1	0	0

物种	砍伐	砍伐 (随机子样本)	铁杉林对照
Neoantistea magna	15	7	11
Neon nelli	1	1	0
Ozyptila distans	0	0	0
Pardosa distincta	1	0	0
Pardosa moseta	13	6	0
Pardosa xerampelina	88	40	0
Pelegrina proterva	1	1	0
Phidippus whitmani	1	1	0
Phrurotimpus alarius	8	3	0
Phrurotimpus borealis	5	2	0
Pirata montanus	16	5	20
Pocadicnemis americana	0	0	0
Robertus riparius	1	1	0
Scylaceus pallidus	1	0	0
Tapinocyba minuta	4	1	2
Tapinocyba simplex	1	0	0
Tenuiphantes sabulosus	0	0	1
Tenuiphantes zebra	3	0	2
Trochosa terricola	2	0	0
Unknown morphospecies 1	0	0	0
Wadotes calcaratus	0	0	4
Wadotes hybridus	7	2	12
Walckenaeria digitata	0	0	0
Walckenaeria directa	3	1	4
Walckenaeria pallida	1	0	2
Xysticus elegans	0	0	0
Xysticus fraternus	0	0	0
Zelotes duplex	7	4	0
Zelotes fratris	7	5	0
总个体数	252	106	106
总物种数	37	24	23

　　第一列和第三列给出了砍伐处理和铁杉林对照的蜘蛛个体数目。用电脑从砍伐处理样本中生成了个体数为 106 的随机子样本, 第二列给出了该子样本中蜘蛛的数目。通过稀疏化砍伐处理数据, 基于标准化个体数 (106), 就可以直接与铁杉林对照处理中观测的物种丰富度进行比较。

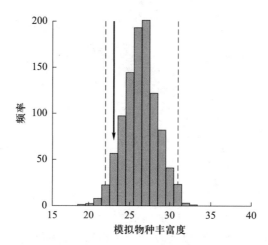

图 13.1 哈佛森林铁杉去除实验中 (数据见表 13.1), 对砍伐处理的 106 个个体进行 1000 次随机子抽样得到的物种丰富度直方图。箭头指向铁杉林对照从 106 个个体中观测到的物种丰富度 (23), 虚线括入的范围为模拟分布的 95% 置信区间。

13.1.2 稀疏曲线: 内插物种丰富度

如图 13.2 所示, 砍伐处理蜘蛛的完整稀疏曲线 (rarefaction curve) 展示了基于个体的 (individual-based) 稀疏曲线的一般特征。我们将这种稀疏曲线称为 "基于个体" 的原因是个体生物是抽样单位。该稀疏曲线的 x 轴是个体数, y 轴是物种数。曲线的最低端从点 (1, 1) 开始, 因为随机抽取 1 个个体恰好代表 1 个物种。抽取两个样本时, 观察到的物种丰富度将为 1 或 2, 因此对于两个个体的期望值是 1.0 到 2.0 之间的一个均值。期望值的平滑曲线随着抽样个体数的增加而升高, 呈现出一种非常典型的形状: 在起始处总是最陡的, 随着抽样的增加, 斜率逐渐平缓。产生这种形状的原因是, 类群 (或群落) 中最常见的物种通常会在前几次抽样中被抽到。随着抽样的继续进行, 剩余未被抽中的物种通常会越来越不常见, 因而曲线的上升速率也变得越来越缓慢。换句话说, 大多数在该阶段抽到的新个体其所属的物种都是已经被统计记录过的物种。

因为样本数较大的随机抽样中包含了类群中的大多数个体, 所以预期的物种数最终会升至它的最高点, 如图 13.2 中的圆点所示。最高点代表与原始类群个体数相同的样本。请注意, 物种丰富度的这个终点并不代表整个群落丰富度的真正渐近值——它仅代表原始样本中存在的物种数。如果一开始的样本更大, 它就会包含更多的物种。当然, 如果经验样本足够大且足够全面, 那我们就能得到一个群落中的所有物种, 抽样曲线也就会收敛至一条平坦的渐近线。但实际上, 我们几乎永远不可能达到渐近线, 因为通常需要大量的额外抽样才能得到所有的稀有物种。稀疏化因此也是一种内插的形式 (见第 9 章): 我们从观测数据开始, 逐步细化到更小的样本量。

图 13.2 中的方差也呈现出一种典型的形状: 它在起始处为零, 因为所有 1 个个体的随机样本始终仅包含 1 个物种; 在终点也为零, 是因为所有个体的所有随机样本最终

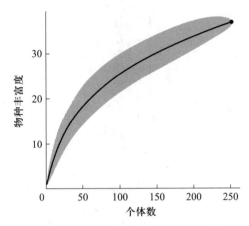

图 13.2   哈佛森林铁杉去除实验 (数据见表 13.1) 中砍伐处理蜘蛛数据的基于个体的稀疏曲线。模拟基于对采样级别从 1 到 252 的每个级别进行 1000 次随机抽样。黑线是模拟值的均值, 灰色阴影区域是参数的 95% 置信区间。圆点代表原始参考样本 (252 个个体, 37 个物种)。

只能得到原始样本观测到的物种丰富度。在这两个极值之间, 方差反映了特定个体数对应物种数的不确定性 (见图 13.1)。当通过随机抽取子样本进行估计时, 方差取决于经验样本, 当子样本的大小等于原始数据的大小时, 方差总是为零。我们将在下一节中介绍方差的计算。

图 13.3 在砍伐处理的稀疏曲线 (95% 置信区间) 的基础上叠加了其他三种处理的稀疏曲线。很容易看出, 铁杉林对照的稀疏曲线在砍伐处理的稀疏曲线的 95% 置信区间内。给定抽样水平后, 阔叶林对照稀疏曲线的物种丰富度最低, 而环剥处理的稀疏曲线非常接近铁杉林对照的曲线。请注意观察在起始处所有曲线是如何汇聚甚至交叉的。当稀疏曲线交叉时, 物种丰富度的排序将取决于所选的抽样水平。

13.1.3   基于个体的稀疏曲线的期望

假设一个种群由 N 个个体组成, 每个个体属于 S 个不同物种中的一个。物种 i 有 N_i 个个体, 则 $p_i = N_i/N$。根据定义, 所有物种的 p_i 值之和为: $\sum_{i=1}^{s} p_i = 1.0$。

我们强调 N、S 和 p_i 代表一个种群的 "真值": 如果我们只知道这些数字, 那就不必担心抽样效应, 甚至不用抽样! 我们只需要直接比较这些数字。然而, 事实上我们只有这个群体数据的一小部分代表性样本。具体来说, 我们只有一个**参考样本 (reference sample)**, 该样本的个体数为 n (n 通常比 N 小得多), 物种数为 S_{obs}, 每个物种 i 有 X_i 个个体。由于抽样是不完整的, 所以群落中的一些物种将不包括在参考样本类群中。因此, 对于某些 i, $X_i = 0$。每个物种 i 对应的估计丰度比为 $\hat{p}_i = X_i/n$。

在基于个体的稀疏化中, 我们想要估计的是个体数为 m 的子样本中的期望物种数, 该子样本抽取自个体数为 n 的参考样本。如果已知 p_i 值, 我们就可以用简单的概率定律推导出预期的物种数 (见第 2 章)。首先, 如果我们随机抽取 m 个个体, 则基于多项

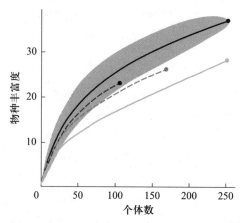

图 13.3 哈佛森林铁杉去除实验中四种实验处理的基于个体的稀疏曲线。这些曲线为基于对每个样方数据 (见表 13.1) 进行 1000 次随机抽样得来的期望物种丰富度。黑色实线: 砍伐处理样方; 灰色实线: 阔叶林对照样方; 灰色虚线: 环剥处理样方; 黑色虚线: 铁杉林对照样方。灰色条带为砍伐处理的 95% 置信区间。

式抽样模型[7] 在 m 次试验中没有抽到物种 i 的概率是:

$$p(\text{not sampling species } i) = (1 - p_i)^m \tag{13.1}$$

因此, m 次试验至少有一次是物种 i 的概率为:

$$p(\text{sampling species } i) = 1 - (1 - p_i)^m \tag{13.2}$$

对所有物种 i 的这些概率进行求和, 可得个体数为 m 的样本预期的物种数:

$$S_{\text{ind}}(m) = \sum_{i=1}^{s} [1 - (1 - p_i)^m] = S - \sum_{i=1}^{s} (1 - p_i)^m \tag{13.3}$$

需要注意的是, m 越大, 求和符号内的项就越小, $S_{\text{ind}}(m)$ 就越接近真实群落的 S。

---

[7] 多项式概率分布是二项分布的推广, 详细解释见第 2 章。回想一下, 二项分布描述的是 n 个独立伯努利试验的成功次数: 试验只可能有两种结果 (存在或不存在、繁殖或不繁殖等)。如果有多个可能的离散结果 (k) (红, 绿, 蓝; 雄性、雌性、雌雄同株; $1, 2, 3, \cdots$, 许多物种), 每次试验只产生其中一种可能的结果, 其概率为 $p_i (i = 1, 2, \cdots, k)$。$n$ 次试验后, 随机变量 X_i 就具有一个涉及参数 n 和 p 的多项分布。**多项随机变量 (multinomial random variable)** 的概率分布函数为:

$$P(X) = \frac{n!}{x_1! \cdot \cdots \cdot x_k!} p_1^{x_1} \cdot \cdots \cdot p_k^{x_k}$$

任意结果的期望都是 $E\{X_i\} = np_i$, 方差为 $V[X_i] = np_i(1 - p_i)$, 两个不同结果 $(i \neq j)$ 间的协方差为 $\text{Cov}(X_i, X_j) = -np_i p_j$。

对于个体数为 n 的经验参考样本, 子样本 (个体数 m) 预期物种数的无偏估计来自超几何分布[8]:

$$S_{\text{ind}}(m) = S_{\text{obs}} - \sum_{x_i > 0} \left[\binom{n - X_i}{m} \bigg/ \binom{n}{m} \right] \qquad (13.4)$$

对于从个体数为 n 的原始集合中无放回地抽取 m 个个体的情况而言, 公式 13.4 给出了其预期物种数的精确解。实际上, 在有放回地抽样且用 X_i/n 作为 p_i 估计值时, 根据公式 13.3 也可以得到一个与公式 13.4 非常相近的答案。通过生成表 13.1、图 13.1 和图 13.2 的简单随机抽样方案, 我们也可以对这两个公式进行估计。

　　Heck 等人在 1975 年发表的文章中给出了公式 13.4 的方差公式, 但我们在这里不需要用到它。然而, 仍需注意的是, 标准稀疏化的方差取决于个体数为 n 的集合: 当子样本 m 的大小接近参考样本 n 时, 该方差及其对应 95% 置信区间的宽度接近于零 (见图 13.2)。

13.1.4　基于样本的稀疏曲线: 以马萨诸塞州的蚂蚁为例

　　"糖豆" 抽样模型的难点在于它假设生物个体是随机抽样的单元。然而, 大多数生态抽样方案通常会使用一些较大的收集单元, 例如样方、陷阱、地块、横断面、诱饵或其他针对多个个体的采样装置。如表 13.1 中蜘蛛数据, 实际每种处理的数据都采自两个样方, 每个样方有四个陷阱。统计上的独立重复指的正是这样的抽样单位, 而不是个体本身 (见第 6 章和第 7 章)。

　　某些研究甚至无法统计出样本中个体生物的数目。比如, 许多像珊瑚和海绵这样的海洋无脊椎动物, 以及大量多年生植物, 都是以克隆 (无性系) 的形式生长, 因此很难定义一个 "个体"。对于这种情况, 我们只能统计一个样本中某一物种的存在或发生情况, 但无法统计其数量。但不管是否统计了个体数, 每个被调查的处理或栖息地都有多个抽样单元。因此, 对于这类数据集, 我们将采用**基于样本的稀疏化 (sample-based rarefaction)**。

---

[8]和二项分布一样, 超几何分布也是一种离散概率分布, 描述的是从样本量为 N 且其中有 m 个成功的群落中抽取 n 样本, 其中有 k 个成功的概率。两者不同之处在于, 超几何分布的抽样是无放回的, 而二项分布是有放回的。**超几何随机变量 (hypergeometric random variable)** 的概率分布函数为

$$P(X) = \frac{\binom{m}{k}\binom{N-m}{n-k}}{\binom{N}{n}}$$

其中 $\binom{a}{b}$ 是二项式系数 (见第 2 章), 超几何随机变量的期望为

$$E(X) = n\frac{m}{N}$$

方差为

$$Var(X) = \left(n\frac{m}{N}\right)\left(\frac{N-m}{N}\right)\left(\frac{N-n}{N-1}\right)$$

例如, 表 13.3 给出了在 12 个标准化草原栖息地样方内观察到的不同蚂蚁物种的蚁巢数量, 这些样方 (其中 Allen's Pond 样方横跨 Peaked 山脉) 位于马萨诸塞州的人工草原 (cultural grasslands)[9]。每行代表一种不同的蚂蚁, 每列是一个草原栖息地样方。在该数据中, 每个单元格记录了在一个指定样方中发现的一种特定蚂蚁的蚁巢数量[10]。数据被整理为一个**关联矩阵 (incidence matrix)**, 其中只简单地呈现了物种在一个样本中是存在 (1) 还是不存在 (0)。关联矩阵最常被用在基于样本的稀疏化中。除人工草原数据外, 我们还有两组可用于比较的数据, 一组采自 11 个橡树–山核桃–白松林样方, 另一组采自 5 个演替灌木样方。

在蜘蛛的例子中, 通过基于个体的稀疏化我们比较了四种处理间的物种丰富度。在本例子中, 我们将使用基于样本的稀疏化来比较三种生境类型间蚂蚁的物种丰富度。原理都是一样的, 但此时我们随机抽取的不再是个体, 而是整块土地。图 13.4 是三种生境类型基于样本的稀疏曲线。与基于个体的稀疏化一样, 基于样本的稀疏曲线同样是在起始处迅速上升, 因为常见物种在前几块样方中就被发现, 随后上升逐渐减缓, 因为稀有物种的发现需要越来越多的样方。终点表示原始参考样本中物种和样方的数量。在本例中, 参考样本包括的样方数分别为 5(演替灌木丛)、11(橡树–山核桃–白松林) 和 12(人工草原)。

方差 (和 95% 置信区间) 也可以从随机样本中求出。如前所述, 因为统计所有样方时物种数与原始数据集中的完全相同, 故方差在 (最大) 参考样本量处为零。然而, 在起始处的方差看起来与基于个体的稀疏曲线略有不同。在基于个体的稀疏曲线中, 有一个个体的子样本总是对应一个物种。但是在基于样本的稀疏曲线中, 一个样方内可能有多个物种, 物种的数量取决于随机抽取的样方。因此, 基于样本的稀疏曲线在最小样本量处往往对应不止一个物种且估计的方差大于零。与之前讨论的基于个体的稀疏化一样, 基于样本的稀疏化其方差估计也取决于手中特定的样本。

基于样本的稀疏曲线有效地控制了不同生境采样样本数的差异。然而, 每个样本内的个体数量可能仍然存在差异, 这也会影响物种丰富度的估计。因为这个数据集也统计了每个样方中的蚁巢数, 所以我们可以采取进一步措施, 即重新绘制基于样本的稀疏曲

---

[9] "Cultural grasslands" 一词起源的简介。新英格兰地区所谓的 "天然" 草原是指一种已经碎片化的沿海栖息地, 在 9000 — 5000 年前相对温暖的全新世气候适宜期, 这种栖息地的分布要更为广泛。然而, 新英格兰当代的草原与之完全不同, 该草原是开垦、农业和火灾的产物, 它依靠美洲原住民和欧洲定居者的活动维持了几个世纪。在这些人工草原形成的独特群落中, 有许多动植物都是典型森林栖息地中所没有的。Motzkin 和 Foster 在 2002 年发表的研究中讨论了新英格兰人工草原独特的历史及其保护价值。

[10] 该蚂蚁巢穴数据为: 在一个 5625 m^2 的样方内, 通过标准人工搜寻, 在每个位点每小时所得到的数据。人工搜寻蚁巢是一种不同寻常的蚂蚁调查方法, 该方法通常会在诱饵式或陷阱式的圈套中进行计数。尽管我们可以统计工蚁、蚁后或雄蚁的个体数, 但蚂蚁生物学中一个奇特的现象使得这种用于生物多样性估计的简单计数方法变得异常复杂, 即工蚁来自一个或多个蚁后控制的巢穴。蚁巢实际上是一个 "超级有机体", 对蚂蚁来说, 合适的取样单位是蚁巢, 而不是单个的工蚁。当同一物种的数十只蚂蚁出现在一个陷阱中时, 它们通常都来自附近的同一个巢穴。这时需要通过统计工蚁个体数来代替蚁巢数, 就像通过统计森林地面上的叶片的数量来代替统计树木的数量一样。因此, 蚂蚁的陷阱数据最好采用基于样本的稀疏化进行分析。Gotelli 等 (2011) 讨论了蚂蚁多样性研究中有关抽样和统计分析的其他挑战。不同动植物特有的生物特征往往决定了我们的抽样方式, 也限制了可用的统计分析。

表 13.3　基于样本的稀疏化的数据

物种	样方											
	Allen's Pond	Boston Nature Center	Brooks Woodland	Daniel Webster	Doyle Center	Drumlin Farm	Elm Hill	Graves Farm	Moose Brook	Nashoba Brook	Old Town Hill	Peaked Mountain
Aphaenogaste rudis complex	0	0	1	0	1	3	0	0	0	2	1	4
Brachymyrmex depilis	0	0	0	0	0	1	0	0	0	0	1	0
Formica incerta	0	0	0	0	0		1	0	1	0	3	2
Formica lasiodes	0	0	0	0	0	0	0	0	0	0	2	0
Formica neogagates	0	0	1	0	0	4	0	0	0	2	0	0
Formica neorufibarbis	0	0	0	0	1	0	0	0	0	0	0	0
Formica pergander	0	0	0	0	0	0	0	0	0	0	0	2
Formica subsericea	0	0	0	0	0	2	0	0	0	0	0	1
Lasius alienus	0	0	0	0	0	0	0	0	0	0	3	0
Lasius flavus	0	0	1	0	1	0	0	0	0	0	0	0
Lasius neoniger	9	0	4	1	3	0	15	1	12	0	3	11
Lasius umbratus	0	0	0	0	0	2	0	0	1	0	0	1
Myrmica americana	0	0	0	0	0	0	0	0	5	0	2	0
Myrmica detritinodis	0	2	1	0	1	2	4	0	12	0	1	0
Myrmica nearctica	0	0	0	0	0	0	2	5	1	0	0	0
Myrmica punctiventris	0	1	2	0	0	0	0	0	0	0	0	0
Myrmica rubra	0	4	0	8	0	0	0	0	0	0	0	0
Ponera pennsylvanica	0	0	0	0	0	0	0	0	0	0	0	0
Prenolepis imparts	0	0	0	4	0	1	0	0	0	0	0	0
Solenopsis molesta	0	0	0	0	0	1	0	0	0	0	1	0
Stenamma brevicone	0	0	0	7	0	1	0	0	3	0	0	0
Stenamna impar	0	0	0	0	0	1	0	0	0	0	0	0
Tapinoma sessile	1	4	2	0	0	0	0	3	0	2	1	4
Temnothorax ambiguus	0	0	0	0	0	2	0	1	0	2	0	1
Temnothorax curvispinosus	0	0	0	0	0	0	0	0	0	0	0	1
Tetramorium caespitum	0	0	0	0	4	0	1	0	0	13	1	0

　　每行代表一个物种, 每列代表一个样方, 每个单元格都是特定地点特定物种的蚁巢数。虽然这个数据集包含了关于丰度的信息, 但也可以用关联矩阵进行同样的分析, 关联矩阵中每个单元格要么是 0(物种不存在), 要么是 1(物种存在)。另外两种生境 (橡树–山核桃–白松林和演替灌木丛) 的数据可以通过本书原著的在线资源查看。

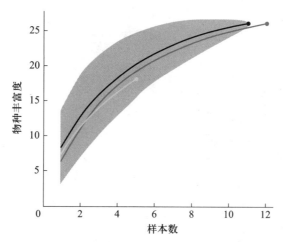

图 13.4 随马萨诸塞州被调查的样方数量的变化, 蚂蚁物种数基于样本的稀疏曲线。黑色曲线: 橡树–山核桃–白松林; 深灰色曲线: 人工草原 (数据见表 13.2); 浅灰色曲线: 演替灌木丛。灰色阴影区域为橡树–山核桃–白松林的 95% 置信区间。

线 (及其方差), 使其针对的是每个样方中的平均个体数 (或发生率)[11]。根据每个样本的丰度 (或发生率), 这可能会改变和延伸稀疏曲线 (Gotelli and Colwell 2001)。

对于马萨诸塞州蚂蚁的数据, 基于样本的稀疏曲线 (见图 13.4) 当横坐标换成丰度后, 其顺序发生了变化, 如图 13.5 所示。具体来说, 人工草原的曲线现在位于另外两条曲线之上 (勉强在橡树–山核桃–白松林曲线的置信区间内)。这个例子说明, 物种丰富度的估计不仅取决于稀疏曲线的形状, 还取决于样本的数量以及样本内个体的数量或发生的次数。

13.1.5 物种丰富度 vs. 物种密度

虽然有大量生态学论文分析了物种丰富度, 但实际上, 把测量到的物种数量称为**物种密度 (species density)** 更好, 即单位样本内的物种数 (James and Wamer 1982)。如基于个体的稀疏化可见, 物种密度取决于两个组成部分:

$$\frac{\text{Species}}{\text{Sample}} = \frac{\text{Individuals}}{\text{Sample}} \times \frac{\text{Species}}{\text{Individual}} \tag{13.5}$$

两个群落在物种数/样本 (species/sample) 上的差异可能来源于物种数/个体 (species/individual) 的差异 (可用稀疏曲线量化), 也可能来源于个体数/样本 (individuals/sample) 的差异。个体数/样本的变化反映出的差异可能存在于: 采样量 (收集到的个体数),

---

[11]对于关联矩阵, 期望的物种丰富度可以根据每个样本的平均发生频次 (物种出现频次) 被重新进行描绘。然而, 发生率有时很难解释, 因为它们与包含生物多样性信息的一个离散 "个体" 或其他抽样单位不同。

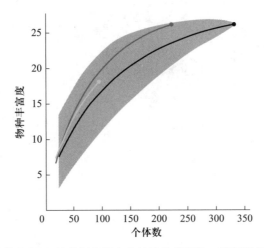

图 13.5   基于样本的稀疏化, x 轴是每个样本中的平均蚁巢数。该图所用数据与图 13.4 中稀疏曲线所用的蚂蚁数据是一样的, 但 x 轴现在代表的是每个样本内平均的个体数, 而不是样本数。还要注意的是, 两个图中稀疏曲线的顺序是不同的。黑色曲线: 橡树–山核桃–白松林, 深灰色曲线: 人工草原 (数据见表 13.2); 浅灰色曲线: 演替灌木丛。

发现概率 (例如, 陷阱在温暖的日子里捕获的样本比在寒冷的日子里捕获的多; 见第 14 章), 或生物因素 (如生产力或可用能源的梯度)。稀疏化是一种直接控制每个样本中个体数差异及其对物种丰富度影响的方法。

　　对于基于样本的数据集, 其中每个样本有多个样方, 每个样方都测量了丰度, 则它们的关系为:

$$\frac{\text{Species}}{\text{Sample}} = \frac{\text{Plots}}{\text{Sample}} \times \frac{\text{Individuals}}{\text{Plot}} \times \frac{\text{Species}}{\text{Individual}} \tag{13.6}$$

正如我们之前提到的, 通过计算这些简单的比值来估计多样性是不合适的, 但公式 13.5 和 13.6 也的确表明数据的抽样特性在观测的物种密度中发挥着一定的作用。

13.2   稀疏曲线的统计比较

　　本章 (连同第 14 章) 会强调正确估计多样性的方法。绘制出稀疏曲线后, 就可以使用传统的统计方法 (包括回归和方差分析, 分别参见第 9 章和第 10 章) 来比较任意抽样水平估计出来的物种丰富度。

　　尽管该领域没有太多研究发表, 但用稀疏曲线进行假设检验是可行的。为了检验某一特定抽样水平的物种丰富度在稀疏曲线间是否存在差异, 一种简单、保守的检验方法是看每条曲线计算出的 95% 置信区间是否存在重叠。Payton 等人在 2003 年发表的研究中推荐了一种不那么保守的方法: 用接近 84% 的置信区间来控制 I 类错误。然而, 这两种方法都假设各组的方差相等。结果取决于选择用于比较的抽样水平 (特别是在稀疏曲线交叉的情况下), 以及计算稀疏曲线方差的方法 (见下一节)[12]。

13.2.1 稀疏化的假设

无论是基于样本还是基于个体的稀疏化, 都应该考虑以下假设。

足够的样本量。如图 13.3 和图 13.4 所示, 当样本量较小时, 稀疏曲线聚集在一起, 曲线间的差异被高度压缩。由于所有的稀疏曲线都必须在最小参考样本的抽样强度下进行比较, 所以重要的是样本量要足够大才能与其他样本进行比较[13]。虽然没有固定的数量, 但在实践中, 稀疏曲线的参考样本通常不能少于 20 个个体或 5 个样本。

可比较的抽样方法。正如本章前面所讨论的 (见脚注 3), 所有的抽样方法都存在一定的偏差, 例如某些物种的代表性会被高估, 而另一些物种的代表性被低估甚至缺失。没有所谓真正无偏的 "随机" 抽样方法。因此重要的是所有的比较都使用相同的抽样方法, 如果在草原上使用样方法, 在湿地上却使用点计数法, 两种生境多样性的比较会因抽样方法的不同而出现混淆[14]。

样本物种分类要相似。稀疏化在许多生态应用中隐含的零假设是: 不同生境或不同处理的样本都来自同一个潜在的群落或类群。这种情况下, 样本通常有许多共有的物种, 如表 13.1 中的蜘蛛数据。因此, 在分类学上有一定的相似性常常被认为是稀疏化的一种假设 (Tipper 1979)。然而, 在生物地理分析中 (例如亚洲和北美洲树种丰富度的比较), 比较组之间可能只有很少甚至没有共有树种。不管是生物地理还是生态比较, 稀疏曲线只反映抽样水平和组成物种的潜在相对丰度分布。稀疏曲线往往不能反映群落间

---

[12]我们所需要的是稀疏曲线间差异的一般检验。在许多生态学研究中, 隐含的零假设是: 这两个样本在物种丰富度上的差异不会超过从同一群落 (类群) 中随机抽取的样本间所预期的差异。但在许多生物地理学研究中, 零假设是: 样本在物种丰富度上的差异不会超过两个群落物种丰富度的分布具有相同形状时所预期的差异。在许多生物地理学比较中, 区域间可能不存在共有的物种, 但我们仍然想要探究它们在物种丰富度上是否存在差异。我们将开始探索一些基于 Bootstrapping 的分析, 在其中我们度量了不同稀疏曲线置信区间间的预期重叠。请继续关注!

[13]最近, Alroy (2010)、Jost (2010) 以及 Chao 和 Jost (尚未正式发表) 这三份研究提出了一种多样性曲线标准化的新方法。不是在恒定数量的样本或个体上进行比较, 而是可以在同一覆盖度 (coverage) 或完整性水平上比较稀疏曲线。覆盖度指参考样本中物种占群落总丰度的百分比。80% 的覆盖度意味着参考样本中代表的物种占群落丰度的 80%。参考样本中未发现的物种丰度占剩下的 20%。艾伦·图灵 (Alan Turing) 的研究对覆盖度做出了很好的估计。图灵是一位英国计算机科学家, 他为统计学做出了重要贡献 (详见本章脚注 21)。图灵简单公式为: 覆盖度 $\approx 1.0 - f_1/n$; 其中 f_1 指 1 个个体代表的物种数, 即单元物种 (singleton) 的数量; n 是参考样本中的个体数 (参见 "渐近估计: 推断物种丰富度" 小节中对单元物种的描述)。基于覆盖度的稀疏化将数据标准化至一个恒定的完整性水平, 这与标准化到同一个体或样本的数量不完全相同。但基于覆盖度的稀疏曲线与基于个体数或样本数的稀疏曲线的顺序相同, 因此我们仍主张使用便于解释的传统稀疏化。基于覆盖度的稀疏化请详细参见 Chao 和 Jost 尚未正式发表的研究。

[14]为最大限度增加发现物种的数量, 研究人员有时会将不同调查方法得到的数据结合起来。该方法是有效的, 只要在所有正在比较的生境中都使用同一套方法 (Longino and Colwell 1997)。当然, 有些物种可能只出现在特定的陷阱中。但这样的物种通常很罕见, 且很难判断它们是否只能被一种陷阱探测到, 还是说如果增加采样强度它们就会出现在其他类型的陷阱中。

的物种组成差异[15], 此外, 对于样本间物种组成的差异, 有更强大、更明确的检验 (Chao et al. 2005)。

由离散个体组成的封闭群落。关于抽样的糖豆类比假设: 该群落或类群满足**封闭假设 (closure assumption)**, 或者该类群至少受到足够的限制以便从该类群中抽取的个体可以被计数和识别。如果个体很难被计数, 那就需要一个基于样本的稀疏设计[16]。

每个个体有恒定的发现概率。稀疏化直接解决了采样不足的问题, 以及一个群落中可能有许多物种未被发现的事实。然而, 该模型前提假定: 在不同物种以及不同比较组间 (生境或处理), 每个个体被发现或捕获的概率是相同的 (发现概率的正式统计模型见第 14 章)。因此, 若不同物种被发现或被捕获的概率不同, 则反映出它们在普遍性和稀有性方面存在的潜在差异[17]。

个体的空间随机性。基于个体的稀疏化前提假定: 不同物种的个体很好地混合在一起, 在空间中随机出现。但事实往往并非如此, 并且更典型的是单个物种的个体成群挤在一起或在空间呈聚集分布 (见第 3 章中有关散度系数的讨论)。这种情况需扩大采样的空间尺度, 避免小范围的斑块化 (见第 6 章), 抑或是使用基于样本的稀疏化[18]。

独立, 随机抽样。本书中介绍的所有统计方法都需要随机和独立地收集个体或样本。两种稀疏化方法都前提假定抽样不会影响物种的相对丰度, 这在统计上相当于有放回的抽样 (见本章脚注 6)。对于大多数群落, 生态参考样本的大小远远小于整个群落的大小, 因此即使在采样期间不放回个体, 这一假定条件也很容易满足。

13.3　渐近估计: 推断物种丰富度

稀疏化是在观测抽样力度范围内内插估计物种丰富度的一种有效方法。然而, 随着对封闭群落的持续抽样, **物种累积曲线 (species accumulation curve)** 最终会趋于一

---

[15]表 13.2 中的蜘蛛数据很好地说明了该原则。虽然砍伐处理和铁杉林对照处理的稀缺性曲线非常相似 (见图 13.3), 但二者在物种组成上仍存在无法用随机抽样解释的差异。表 13.2 第 3 列和第 4 列最能体现它们在物种组成上的差异: 铁杉林对照处理的完整数据 (第 4 列, $n = 106$ 个个体, 23 个物种) 和砍伐处理单个稀疏化样本数据 (第 3 列, $n = 106$ 个个体, 24 个物种)。在砍伐处理的稀疏化样本中包含 40 只 *Pardosa xerampelina*, 而在铁杉林对照处理中没有观察到这种蜘蛛。相反, 铁杉林对照处理包含 20 只 *Pirata montanus*, 但砍伐处理单个稀疏化样本中这种蜘蛛只有 5 只。尽管两种生境的物种总体丰富度相似, 但其组成和物种特征明显不同。

[16]如果类群受到邻近生境迁移的严重影响, 或者由于生境的不断变化, 群落结构存在时间上的变化 (Magurran 2011), 就很难满足封闭群落的假设。在许多真实的群落中, 糖豆罐可能在空间和时间上存在 "裂缝"。

[17]假设一个位点已被占用, 分层抽样模型 (Royle and Dorazio 2008) 可用来明确地模拟占用概率和发现概率的不同组成部分。这些模型用最大似然法或贝叶斯方法估计概率和被测协变量的效应。第 14 章介绍了这些模型, 这些模型可用于解决包括物种丰富度估计在内的许多问题 (Kéry and Royle 2008)。

[18]你可能倾向于将多个样本中的个体混合在一起并使用基于个体的稀疏化。但如果物种存在空间聚集性, 与基于样本的稀疏曲线相比, 从混合样本中得到的基于个体的稀疏曲线物种丰富度的估计将始终偏高。使用基于样本的稀疏化的另一个原因是: 它保留了生物多样性样本中固有的小范围异质性和空间聚集性 (Colwell et al. 2004)。

条渐近线[19]。一旦达到渐近线, 再增加抽样也不会出现新的物种。因此, 有 N 个个体、S 个物种的渐近线代表了该群落的总多样性。相比之下, 参考样本是由 n 个个体、S 个观测物种 (S_{obs}) 所组成的。除非参考样本非常大或群落中的物种非常少, 否则 $S_{obs} \ll S$, 且 $n \ll N$。本节将介绍一些有用的方法, 使我们可以根据参考样本的 n 和 S_{obs} 推断出对群落 N 和 S 的估计。

虽然有不少用来估计 S 的统计策略[20], 但我们更倾向于使用不需要假定任何特定物种丰度分布的非参数估计方法, 尽管它们确实结合了观测, 即一些物种在群落中是相对常见的, 一些是相对罕见的。多样性数据的一个重要抽样原则是: 在参考样本中稀有物种出现的频次越高, 群落中未被抽样发现的物种数量就越多[21]。

对于基于个体的数据, 一个简单却强大的 S 最小估计量是 Chao1 指数[22]:

---

[19] 物种累积曲线和稀疏曲线间有着微妙而重要的差异。物种累积曲线是通过从一个群落中积累个体或样本直到物种丰富度达到渐近线不再增加为止。由于大多数群落 (可能不是真正封闭的) 的多样性非常大, 物种累积曲线基本上是一种假设构念: 通过逐步添加更多的数据, 曲线从代表 1 个个体、1 个物种的点 (1,1) 逐渐向右延伸。相比之下, 稀疏曲线则是一种经验概念: 基于生物多样性的参考样本 (个体或样本的集合) 和随机抽样, 逐步缩小样本大小, 曲线向左回移到最小值点 (1,1)。因此, 稀疏曲线是对其下游物种的累积曲线的一种估计。

[20] 从 R. A. Fisher (Fisher et al. 1943; 见第 5 章脚注 5) 的一篇开创性论文开始, 一种常用的策略是通过拟合物种丰度分布曲线来估计物种丰富度。想象一个直方图, 其 x 轴是个体数, y 轴是物种数, 图中每根柱子是由特定个体数代表的物种数, 而曲线下面积 (等于各柱之和) 为群落中物种的总数。这种形式的生物多样性数据有时可以用对数正态分布或等比数列等数学分布来近似表示 (见第 2 章脚注 12), 这些分布通过将曲线拟合到参考样本上来构建估计物种丰富度的基础 (McGill 2011)。然而, 只有在模型中采用物种丰度的 "真实" 分布时, 这些方法才能良好发挥 (O'hara 2005)。然而真实分布很少为人所知, 对于一些经验数据集, 可能参数曲线的拟合效果都不好, 也可能同时有几个的拟合效果都很好 (Connolly and Dornelas 2011)。

第二种更简单地估计物种总丰富度的方法是将稀疏曲线外推至渐近线 (Soberon and Llorente 1993)。该方法要求为上升至渐近线的曲线指定一个数学函数 (如 Michaelis-Menton 方程; 见图 4.2)。可能因为外推法没有使用任何关于物种丰度或频次的信息, 它在拟合经验稀疏曲线方面效果并不好。我们倾向于使用非参数估计族——如 Chao1(公式 13.7, 13.8), Chao2(公式 13.10, 13.11) 等, 因为这些方法在统计抽样方面有坚实的理论基础, 而且在与模拟和真实数据集的比较中, 通常比其他方法效果更好 (Gotelli and Colwell 2011)。

Alan M. Turing

[21] 这个定理来自数学家艾伦·图灵 (Alan M. Turing, 1912—1954), 他也被称为计算机科学之父 (见本章脚注 13)。图灵是第一台现代计算机的制造者之一, 他还发展了许多计算机科学的基本定理。他挑衅性地提出了一项人工智能测试: 测试者是否能够通过电传打字机与计算机程序进行对话, 并被误认为是来自另一个人的答复。图灵测试在人工智能领域引起了广泛的讨论和争论。第二次世界大战期间, 图灵在位于布莱切利园 (Bletchley Park) 的英国政府代码和密码学校工作。他和 I. J. Good 在密码学分析方面提出的一些理论被成功用于破译德国国防军的密码机 (The Enigma)。这些定理后来被用于发展非参数物种丰富度估计 (Chao 1984)。战后, 图灵致力于形态发生中模式形成的数学生物学研究。1952 年, 图灵因同性恋 (这在当时的英国是非法的) 被起诉。为了免于坐牢, 他接受了激素治疗 (化学阉割)。1954 年, 图灵死于氰化物中毒。尽管调查确定他死于自杀, 但仍引起了广泛的争议。直至 2009 年英国计算机科学家康明发起为图灵平反的在线请愿后, 英国政府官方才为 "他受到的可怕对待" 正式道歉。

[22] 本章介绍的许多公式和方法是由当代生态学家 Anne Chao 和 Robert K. Colwell 提出的。Anne Chao 于 1977 年获威斯康星大学博士学位, 后成为台湾 "清华大学" 统计研究所的特聘讲座教授。她的研究方向包括物种丰富度估计, 捕获-再捕获实验, 以及自杀的流行病学。Robert K. Colwell 于 1969 年在密歇根大学获得博士学位, 后来成为康涅狄格大学生态学和进化生物学的杰出教授。除了生物多样性统计, 他的研究方向还包括生物地理学和生物多样性、热带物种相互作用的生态学和进化以及生物多样性清单数据库工具的开发。Colwell 的程序 EstimateS 已广泛地用于生物多样性的分析。Colwell 和 Coddington 在 1994 年发表的研究中对 Chao1 和 Chao2 指数进行了命名, 并将其介绍给生态学家们。

$$\text{Chao1} = S_{\text{obs}} + \frac{f_1^2}{2f_2} \quad \text{如果 } f_2 > 0 \tag{13.7}$$

$$\text{Chao1} = S_{\text{obs}} + \frac{f_1(f_1-1)}{2(f_2+1)} \quad \text{如果 } f_2 = 0 \tag{13.8}$$

其中 S_{obs} 是参考样本中观测到的物种数, f_1 是单元物种 (singleton) 的数量 (参考样本中恰好只有 1 个个体的物种), f_2 为双元物种 (doubleton) 的数量 (参考样本中恰好有 2 个个体的物种)。公式 13.7 为标准形式; 公式 13.8 是一种校正了偏差的形式, 用于没有双元物种的情况 ($f_2 = 0$)。Chao1 估计量是一个最小渐近估计量, 因此真实的物种丰富度可能至少与公式 13.7 预测的一样大。在铁杉林对照处理中 (见表 13.1) 观测到了 23 种蜘蛛, 其中 9 种蜘蛛各有 1 个个体, 6 种蜘蛛各有 2 个个体。因此, $S_{\text{obs}} = 23$, $f_1 = 9$, $f_2 = 6$, 则 Chao1=29.75。在铁杉林对照处理中补充额外的抽样应该能得到至少 6 或 7 种以前未被发现的物种。

在 $f_1 > 0$ 和 $f_2 > 0$ 时, 参数的 95% 置信区间 (见第 3 章) 可通过 Chao1 的方差来构建[23]:

$$\sigma^2_{\text{Chao1}} = f_2 \left[\frac{1}{2}\left(\frac{f_1}{f_2}\right)^2 + \left(\frac{f_1}{f_2}\right)^3 + \frac{1}{4}\left(\frac{f_1}{f_2}\right)^4 \right] \tag{13.9}$$

对于铁杉林对照处理, 估计出来的方差为 34.6, 其对应的 95% 置信区间为 18.2 ~ 41.3 种。

对于基于样本的稀疏化, 公式是相似的, 但其中我们不再用表示单元物种和双元物种数量的 f_1 和 f_2, 而是用表示特有物种 (unique) 数量的 q_1 和表示双重物种 (duplicate) 数量的 q_2, 其中特有物种指只出现在 1 个样本中的物种, 双重物种指只出现在 2 个样本中的物种。Chao2 估计了基于样本数据的预期物种数, 计算 Chao2 的公式也包含了对数据集中样本数 R 的一个小的偏差校正:

$$\text{Chao2} = S_{\text{obs}} + \left(\frac{R-1}{R}\right)\frac{q_1^2}{2q_2} \quad \text{如果 } q_2 > 0 \tag{13.10}$$

$$\text{Chao2} = S_{\text{obs}} + \left(\frac{R-1}{R}\right)\frac{q_1(q_1-1)}{2(q_2+1)} \quad \text{如果 } q_2 = 0 \tag{13.11}$$

在 $q_1 > 0$ 和 $q_2 > 0$ 时, 基于样本的发生数据对应的方差估计为:

[23]其他案例和非对称置信区间的计算见 Colwell (2011) 的 EstimateS 用户指南附录 B, 图 14.3 中也使用了非对称置信区间。

$$\sigma^2_{\text{Chao2}} = q_2 \left[\frac{A}{2} \left(\frac{q_1}{q_2} \right)^2 + A^2 \left(\frac{q_1}{q_2} \right)^3 + \frac{A^2}{4} \left(\frac{q_1}{q_2} \right)^4 \right] \tag{13.12}$$

其中 $A = (R-1)/R$。例如, 在人工草原数据矩阵中 (见表 13.2) 有 12 个样方, 共观察到 26 种蚂蚁, 其中只出现在一个样方中的物种有 6 种, 只出现在两个样方中的有 8 种。所以 $S_{\text{obs}} = 26$, $q_1 = 6$, $q_2 = 8$, $R = 12$, 则 Chao2=28.45。若继续对人工草原进行抽样, 应该至少能再发现两到三种之前未发现的物种。95% 置信区间 (根据公式 13.12 的方差计算) 为 $23.2 \sim 33.7$ 种。表 13.4 总结了铁杉实验中四种处理各自基于个体的蜘蛛数据的计算结果, 表 13.5 总结了三种生境中基于样本的马萨诸塞州蚂蚁数据的计算结果。

表 13.4　基于个体抽样的蜘蛛数据的渐近估计值汇总统计表

处理	n	S_{obs}	f_1	f_2	Chao1	σ^2_{Chao1}	置信区间	$n^*(g=1.0)$	$n^*(g=0.9)$
铁杉林对照	106	23	9	6	29.8	34.6	$(18, 41)$	345	65
环剥	168	26	12	4	44.0	207	$(6, 72)$	1357	355
阔叶林对照	250	28	18	1	190.0	32238	$(-162, 542)$	17676	4822
砍伐	252	37	14	4	61.5	346.1	$(25, 98)$	2528	609

n = 每种处理收集到的个体数; S_{obs} = 观测到的物种数; f_1 = 单元物种数; f_2 = 双元物种数; Chao1= 估计的渐近物种丰富度; σ^2_{Chao1} = Chao1 的方差; 置信区间 = 参数的 95% 置信区间; $n^*(g=1.0)$ = 达到 Chao1 需补充采集的个体数; $n^*(g=0.9)$ = 达到 Chao1 的 90% 需要补充采集的个体数。

表 13.5　基于样本收集的蚂蚁数据的渐近估计值汇总统计表

生境	R	S_{obs}	q_1	q_2	Chao2	σ^2_{Chao2}	置信区间	$R^*(g=1.0)$	$R^*(g=0.9)$
人工草原	12	26	6	8	28.06	5.43	$(23, 33)$	17	2
橡树–山核桃–白松林	11	26	6	8	28.05	5.36	$(24, 33)$	16	2
演替灌木丛	5	18	9	4	37.12	37.12	$(12, 40)$	26	6

R = 各生境样方数; S_{obs} = 观测到的物种数; q_1 = 特有种数; q_2 = 双重物种数; Chao2= 渐近物种丰富度; σ^2_{Chao2} = Chao2 的方差; 置信区间 = 参数的 95% 置信区间; $R^*(g=1.0)$ = 达到 Chao2 需要额外采集的样本数; $R^*(g=0.9)$ = 达到 Chao2 的 90% 需要额外采集的样本数。

最小物种丰富度估计值及其置信区间在样本间存在较大差异。一般来说, 观测的物种丰富度 (S_{obs}) 与渐近估计值 (Chao1 或 Chao2) 间的差异越大, 不确定性就越大, 从而得到的置信区间范围也就越大。最极端的例子为蜘蛛数据中的阔叶林对照处理。尽管 250 个个体的样本包括了 28 个物种, 但有 18 个是单元物种, 只有 1 个双元物种。由此得到的 Chao1=190.0 种, 但它的 (参数化) 置信区间竟然是从 -162 到 542 种! 该数据中大量的单元物种意味着有大量的物种未被发现, 但现有的样本量不足以外推出有合理确定性的估计。

需要补充收集多少个个体 (或样本) 才能实现这些渐近估计? 公式 13.7 提供了一个自然 "停止规则": 当数据集中不再有单元物种时就可以停止采样, 此时所有物种都至少有两个个体。这样采样会使采样量变得非常大: 当为了给单元物种找到第二个个体而采集了足够多的样本后, 就会有新的单元物种出现在数据集中。

但到底需要多少个个体 (或样本) 才能消除所有的单元物种 (或特有物种) 呢? Chao 等人在 2009 年发表的研究中推导出公式 (还给出相应 Excel 表计算器) 来估计为实现 Chao1 或 Chao2 所需补充收集的个体数 (n^*) 或样本数 (R^*)。这些估计值列在表 13.4 和表 13.5 的最后一列。n^* 列在 $g = 1.0$ 时给出了为实现渐近物种丰富度估计所需的样本量, n^* 列在 $g = 0.9$ 时给出了为实现 90% 渐近物种丰富度所需的样本量。

不同样本需要补充的采样量不同, 这主要取决于 S_{obs} 与渐近估计量间的差距。以橡树–山核桃–白松林为例, 在 11 个样方中采集到了 26 种蚂蚁。其渐近估计量 (Chao2) 为 28.05 种, 所需额外补充的样方数为 16, 比原有样方数增加了 54%。另一个极端的例子为铁杉实验中的阔叶林对照处理, 该处理的 250 个个体中涵盖了 28 种蜘蛛。为了达到渐近线估计的 190.0 种蜘蛛 (Chao1), 还需要额外补充 17 676 只蜘蛛样本, 这是原有工作量的约 70 倍。其他生物多样性样本为达到估计的渐近物种丰富度, 所需样本量通常为原有采样量的 3 到 10 倍 (Chao et al. 2009)。工作量之大可想而知, 因为要捕捉到未被发现的稀有物种, 必须在物种丰度分布的薄右尾处进行大量抽样。如果我们能够满足于达到渐近物种丰富度的一部分, 比如说 90%, 抽样要求就不会那么高。例如, 在铁杉林对照处理中观察到了 23 种蜘蛛, 估计的渐近丰富度为 29.8。为了达到这个渐近值, 还需要额外采集 345 只蜘蛛, 但如果我们只想要达到渐近丰富度的 90%, 那么只需要再额外采集 65 只蜘蛛。

13.3.1   稀疏曲线: 外推法和内插法

生物多样性抽样始于参考样本——具有一定数量物种的个体 (或样本) 标准化集合。在稀疏化过程中, 数据被内插到逐渐缩小的样本中, 以估计期望的物种丰富度。在渐近估计中, 相同的数据被外推至物种丰富度的最小渐近估计值, 并进行相应的抽样工作以达到该丰富度水平。Colwell 等人在 2012 年发表的研究统一了稀疏化和渐近丰富度估计的理论框架。他们推导出的公式将稀疏曲线的内插部分与外推到渐近估计量的区域相结合。在标准稀疏化中, 方差取决于观测数据, 并且在观测样本量水平置信区间收敛为零 (见图 13.2 和图 13.4)。在 Colwell 等人的框架中, 稀疏化后的方差是无条件的。参考样本通常被看作是来自一个更大类群的样本, 而无条件方差可以根据渐近估计量的期望和方差推导出来。我们在这里不介绍公式, 但在图 13.6 中展示了马萨诸塞州蚂蚁数据的扩展稀疏化/外推曲线。这些曲线以图的形式证实了稀疏分析的结果 (见图 13.4), 即三种生境中蚂蚁的物种丰富度非常相似。然而, 将演替灌木丛数据外推至渐近估计值这一过程存在很高的不确定性, 并且会产生一个非常宽的置信区间, 其原因在于该过程基于的是只有 5 个样方的参考样本。

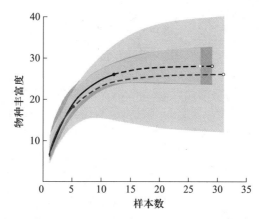

图 13.6 对蚂蚁数据进行内插和外推后的基于样本的稀疏曲线。浅灰色曲线: 橡树–山核桃–白松林; 深灰色曲线: 人工草原; 蓝色曲线: 演替灌木丛。实心点为实际样本, 空心点为外推后的物种丰富度 (Chao2)。实线是每条曲线的插值区域, 虚线是每条曲线的外推区域。阴影区域表示每条曲线近似 95% 的置信区间。(参见书末彩插)

13.4 估计物种多样性和均匀度

到目前为止, 本章已经讨论了物种丰富度的估计, 这是许多应用问题和理论问题的核心关注点。虽然渐近估计和稀疏曲线的形状在很大程度上取决于物种的共有性与稀有性, 但对物种丰富度的关注似乎忽略了物种相对丰度的差异。

生态学家试图扩大物种多样性的测量范围, 包括物种丰富度和物种均匀度 (evenness) 的组成部分。假设有两个森林, 每个森林由 5 个物种和 100 棵树组成。在森林 A 中, 5 种树每种各有 20 棵 (最大均匀度); 而在森林 B 中, 1 种树有 96 棵, 剩下的 4 种树每种只有 1 棵。大多数研究人员会说, 森林 A 比森林 B 更多样化, 尽管两者的物种数和个体数相同。如果穿过森林 A, 你可能会遇到 5 种树, 而穿过森林 B 时, 你很可能只遇到了 1 种树[24]。

Alfred Russel Wallace

[24] Alfred Russel Wallace (1823 — 1913) 是一位伟大的探险家, 同时他也是进化论的共同发现者。他对东半球热带雨林中高度多样化和极端罕见的物种有着特别深刻的印象: "如果旅行者注意到一个特定的物种, 并希望找到更多相同的物种, 他往往会徒劳地把目光转向各个方向。在他的周围有各种各样的树 (形状、大小和颜色各不相同), 但他很少看到两棵相同的树。他不断地朝新的树走去, 每一次看到的树都很像他要找的那棵, 但仔细一看又发现它是与众不同的。他也许最终会在半英里外遇到所找物种的第二个个体, 抑或是彻底失败, 直到他来到另一个地方才偶然碰到一个" (Wallace 1878)。Wallace 的描述很好地总结了 PIE (种间相遇概率) 衡量的多样性 (见公式 13.15; Hurlbert 1971)。

　　很多多样性指数试图同时考虑物种丰富度和物种均匀度的效应。最著名的多样性指数是**香农多样性指数 (Shannon diversity index)**,其计算公式为:

$$H' = -\sum_{i=1}^{s} p_i \log(p_i) \tag{13.13}$$

其中 p_i 是物种 i 占完整群落的比例 $(p_i = N_i/N)$。群落中的物种越多,且物种的相对丰度越均匀, H' 值就会越大。实际上,根据 p_i 的代数转换及求和,可以得到几十个这样的指数。在大多数情况下,这些多样性指数没有易于解释的单位。就像物种丰富度一样,它们对收集到的个体数和样本数很敏感,而且并不总是具有良好的统计性能。

　　1949 年提出的辛普森指数 (Simpson index) 是个例外:

$$D = \sum_{i=1}^{s} p_i^2 \tag{13.14}$$

该指数衡量的是两个随机选择的个体同属于一个物种的概率。该指数越低,多样性就越高。变换位置且加入对小样本量的调整后,我们得到:

$$PIE = \frac{n}{(n-1)} \left(1.0 - \sum_{i=1}^{s} p_i^2 \right) \tag{13.15}$$

　　PIE(***p***robability of an ***i***nterspecific ***e***ncounter) 为种间相遇概率 (Hurlbert 1971),即指从一个群落中随机选取的两个个体属于两个不同物种的概率[25]。使用 PIE 作为简单的多样性指数有 3 个优点: 首先,它有便于解释的概率单位,相当于是一种基于采样中新物种相遇的多样性度量 (见本章脚注 24)。其次,与物种丰富度不同, PIE 对样本量不敏感, PIE 指数的稀疏曲线 (基于估计值 $\hat{p}_i = X_i/n$) 是一条直线。最后, PIE 测量的是基于个体的稀疏曲线在其底部的斜率 (Olsweski 2004)。

　　回到之前假想的森林例子,每片森林有 5 个物种和 100 个个体,非常均匀的森林 A(20, 20, 20, 20, 20, 20) 的 $PIE = 0.81$,而极不均匀的森林 B(96, 1, 1, 1, 1) 的 $PIE = 0.08$。尽管作为一种直观的基于相对丰度的物种多样性衡量指标, PIE 指数具有一定的优

---

[25]在经济学中, PIE 指数 (不含校正因素 $n/(n-1)$) 被称为基尼系数 (Gini coefficient; 见 Morgan 1962 中式 11.26)。想象一个图,图中 y 轴为物种 (或收入) 的累积比例, x 轴为物种的等级 (递增)。如果分布是完全均匀的,则图形会是一条直线。但如果有任何偏离完美均匀度的点,则图就会变成一条凹曲线,该曲线被称为洛伦兹曲线 (Lorenz curve) (Lorenz 1905),它的起点和终点与直线相同。基尼系数将收入不平等量化为: 直线与洛伦兹曲线之间的相对面积。当然,就收入分配而言,最富和最贫穷阶层间的绝对差值可能比不同阶层间的相对均衡更为重要。生态学家已利用基尼系数来量化密集的植物种群中竞争相互作用的等级 (Weiner and Solbrig 1984)。

势, 但这个值介于 0 和 1 之间, 导致该指数在其极值附近时被 "压缩" 且不再遵循基本的**倍增性 (doubling property)**: 两个具有相同相对丰度分布但没有共有物种的群落, 如果以相同的权重被合并, 此时多样性应该加倍。当然物种丰富度服从这种倍增性质。但如果将森林 $A(20, 20, 20, 20, 20)$ 加倍成森林 $AA(20, 20, 20, 20, 20, 20, 20, 20, 20, 20)$, 则多样性会从 $PIE_A = 0.81$ 变为 $PIE_{AA} = 0.90$。如果将森林 $B(96, 1, 1, 1, 1)$ 加倍成森林 $BB(96, 96, 1, 1, 1, 1, 1, 1, 1, 1)$, 则多样性会从 $PIE_B = 0.08$ 变为 $PIE_{BB} = 0.54$。

13.4.1 Hill 数

Hill 数 (Hill numbers) (Hill 1973a) 是一组多样性指数族, 它解决了生态学家使用多样性指数时最常遇到的问题。Hill 数保留了倍增性, 它们以校正后物种数的单位来量化多样性, 且等价于大多数其他指标的代数转换形式。用 Hill 数来衡量多样性最初是由生态学家 Robert MacArthur 早在 1965 年提出的 (见第 4 章脚注 6), 但最初并未引起广泛的关注。直到 40 年后, Jost 在 2006、2007 和 2010 年发表的一系列研究才又将它们带入了生态学家和进化生物学家的视野。

计算 Hill 数的一般公式为:

$$^qD = \left(\sum_{i=1}^{s} p_i^q \right)^{1/(1-q)} \tag{13.16}$$

和前面一样, p_i 是每个物种在整个群落中 "真实" 的相对频次 ($p_i = N_i/N$, i 取 $1 \sim S$)。指数 q 是一个非负整数, 它定义了特定的 Hill 数。指数 q 的变化产生了一系列多样性指数。随着 q 的增加, 指数逐渐增加了群落中最常见物种的权重, 同时稀有物种对总和的贡献越来越低。一旦 $q \geqslant 5$, Hill 数迅速收敛为最常见物种相对丰度的倒数。理论上 q 是可以为负的, 但负值 q 从未被用作多样性指数, 因为它们把重心过多地压在稀有物种频次上, 而稀有物种会受到采样噪声的影响。一般来说随着 q 的增加, 多样性指数会下降, 除非物种的丰度都相同 (最大均匀度)。在这种特殊情况下, 所有 q 值的 Hill 数都是相同的, 且等于简单的物种丰富度。

无论指数 q 取何值, 得到的 Hill 数总是以**有效物种数 (effective numbers of species)** 为单位, 有效物种数指相同丰度时的等价物种数。例如, 一个样本的物种丰富度为 10, 但有效物种数为 5, 则其多样性等同于一个由 5 种丰度相同的物种组成的假想群落[26]。

Hill 数族中的前三个指数尤其重要。当 $q = 0$ 时,

---

[26] 有效物种数在概念上与群体遗传学中的有效种群大小非常相似, 有效种群大小指一个完全随机交配的群体的当量大小, 该大小不会因瓶颈效应或不平等性别比例等因素而减小 (见第 3 章脚注 3)。在物理学和经济学中也有类似于有效物种数的概念 (Jost 2006)。

$$
^0D = \left(\sum_{i=1}^{s} p_i^0\right)^1 = S \tag{13.17}
$$

因为 $p_i^0 = 1$，$^0D = \left(\sum_{i=1}^{s} 1\right)^1$，则 $S^1 = S$。因此，^0D 对应于普通的物种丰富度。因为 ^0D 不受物种频次的影响，所以实际上它给稀有物种的权重超过了其他任何一个 Hill 数。

对于 $q = 1$，方程 13.16 不能直接求解 (因为求和指数 $1/(1-q)$ 无法定义)，但极限情况下它趋近于：

$$
^1D = \mathrm{e}^{H'} = e^{\left(-\sum_{i=1}^{s} p_i \log p_i\right)} \tag{13.18}
$$

因此 ^1D 等价于我们熟悉的香农多样性指数 (H') (见公式 13.13)。^1D 按每个物种的相对频次对物种进行加权。

对于 $q = 2$，根据公式 13.16 可得：

$$
^2D = \left(\sum_{i=1}^{s} p_i^2\right)^{-1} = \frac{1}{\displaystyle\sum_{i=1}^{s} p_i^2} \tag{13.19}
$$

因此 ^2D 等价于辛普森指数的倒数 (见式 13.14)。^2D 和 $q > 2$ 的 ^qD 给更常见的物种赋予了更大的权重。

Hill 数提供了一个有用的多样性指数族，该指数族始终包含相对丰度，同时以有效物种数为单位表示多样性。然而，在使用 Hill 数时，有两点需要注意。

首先，没有多样性指数能够完全将物种丰富度与物种均匀度区分开来 (Jost 2010)。这两个概念是密切相关的：稀疏曲线的形状受物种相对丰度的影响，而任何一个均匀度的指标都会受到群落中物种数量的影响。

其次，Hill 数也无法避免抽样效应。我们在对待 Hill 数时基于的是整个群落的真实参数 $(p_i$ 和 $S)$，虽然计算 Hill 数基于的是根据参考样本对这些参数的估计 $(\widehat{p_i}$ 和 $S_{\mathrm{obs}})^{27}$。物种丰富度就是 $q = 0$ 时的 Hill 数，并且本章已强调过个体数和样本数都会强烈影响 S_{obs}。虽然样本量的影响会随着 q 的增加而减小，但它的影响对其他 Hill 数来说依然很重要。图 13.7 描绘了阔叶林对照中蜘蛛数据的稀疏曲线，并用 Hill 数 ^0D、

---

[27] 使用标准 "插件" 估计值 $\widehat{p_i} = X_i/n$ 的问题在于，通常情况下，它都会高估参考样本中物种的 p_i。Chao 和 Shen 在 2003 年发表的研究中推导出了香农多样性指数的低偏差估计值 (见公式 13.13)，该估计值校正了 $\widehat{p_i}$ 中的偏差以及参考样本中缺失的物种。Anne Chao 和她的同事目前正在研究其他 Hill 数的渐近估计和方差。

^1D、^2D 和 ^3D 说明了抽样效应。

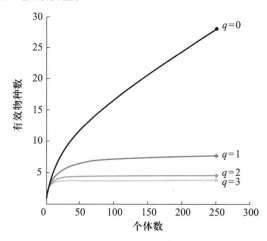

图 13.7　指数 $q = 0 \sim 3$ 时的基于个体的 Hill 数族稀疏曲线 (见式 13.16)。所用数据为哈佛森林铁杉移除实验中阔叶林对照处理的参考样本，样本包括 250 只蜘蛛和 28 个物种 (见表 13.1)。每条曲线都是基于对该参考样本的 1000 次随机抽样结果。注意 $q = 0$ 代表简单的物种丰富度，所以该曲线与图 13.3 所示的灰色实线稀疏曲线一致。

13.5　估计物种多样性的软件

能够计算物种丰富度和其他多样性指数的稀疏曲线和外推曲线的软件包括 Anne Chao 的 SPADE (Species Prediction and Diversity Estimation) 和 Rob Colwell 的 EstimateS。Noah Charney 和 Sydne Record 编写的 R 语言包 vegetarian 中也包含了许多计算 Hill 数的函数。本章中用于分析和绘图的 R 语言代码可从本书网站的数据部分获取，同时作为 EcosimR 的一部分，一系列 R 函数和脚本被用于零模型分析。

13.6　总结

生物多样性的测量是生态学的核心。但生物多样性数据 (个体样本、物种识别或物种发生率记录) 的收集是劳动密集型的，而且通常只代表目前实际生物多样性的一小部分。物种丰富度和大多数其他多样性衡量指标对抽样效应高度敏感，并且未发现的物种是一个常见问题。为了减小抽样效应，必须适当控制处理或生境间多样性的比较。稀疏化是一种非常有效的方法，它可以将多样性数据内插到一个常规抽样量中，从而便于比较。外推到物种丰富度的渐近估计值是可行的，尽管外推相关的统计存在较大的不确定性，且在实际中可能需要巨大的样本量来实现渐近丰富度。包含相对丰度差异的 Hill 数是最有用的多样性度量，但它对抽样效应也很敏感。一旦正确估计了物种多样性，且控制了抽样效应，那得到的估计值就可以作为众多统计分析的响应或预测变量。

第 14 章　种群的检测及其大小的估计

我们在本书开篇介绍了概率和抽样, 以及测量和量化的核心内容。诸如 "两个种群的大小是否存在差异?" "森林中红蚁 (*Myrmica*) 的密度有多大?" 或者 "这两个位点的物种数量有差异吗?" 这类问题是生态学研究的基础, 也关乎自然资源管理和保护。到目前为止, 我们讨论过的所有推断方法 (见第 5 章) 以及统计估计和假设检验方法 (见第 9 章到第 13 章) 其前提假定不仅要求样本是随机的、重复的和独立的 (见第 6 章), 而且需要调查者对样本有充分的了解。换言之, 测量中不存在错误或不确定性, 而且得到的数据也真实地量化了我们感兴趣的参数。但这些假设都是合理的吗?

让我们来思考一个看似简单的问题, 例如比较田野和森林中地面觅食蚂蚁的巢穴密度 (见第 5 章) 或物种丰富度 (见第 13 章)。其中需要测量的内容包括生境信息和每个抽样样方内统计到的蚁巢数目 (见表 5.1) 或在不同位点发现的物种数量 (见表 13.5)。我们利用这些数据来推断我们关心的参数, 例如种群大小或群落 (集合) 的物种丰富度。我们可以确信栖息地的类型, 但我们真的能确信第二个森林样方中只有 6 个蚁巢或橡树–山核桃–白松林中平均只有 26 个物种吗? 如果我们错过了在腐叶间筑巢的窄结蚁 (*Stenamma brevicorne*), 抑或是在夜间觅食的栗色弓背蚁 (*Camponotus castaneus*), 又该怎么办呢? 准确计数所有个体, 抑或是找到所有现存物种, 是一件非常简单的事情吗?

简言之, 我们在研究中检测出一个样本中所有个体, 或发现一个生境中所有物种的概率总是小于 1。本章将介绍一些方法来解决这一问题。因为抽样是不完美、不完整的, 所以观测到的数目 C 总是小于真实的个体数 (或物种数) N。假定数值 p 等于抽样个体数 (或物种数) 占种群总数的比例, 那我们就可以把数目 C 与总数 N 联系起来:

$$C = Np \tag{14.1}$$

如果我们有办法估计出 p, 那在给定观测到的数目 C 的情况下, 就可以估计出总体种群大小 (或物种数) N:

$$\widehat{N} = C/\widehat{p} \tag{14.2}$$

　　如前面章节所述, 公式 14.2 中 N 和 p 的 "帽" (⌃) 表示它们是对应参数的未知真实值的统计估计值。本章我们将根据公式 14.1 和 14.2 建立模型, C、N 和 p 的下标表示特定的样本位点或样本时间。

　　公式 14.2 中的 $\hat{N}$ 被置于等号左侧, 这表明我们感兴趣的是估计对象的总体 (见第 13 章), 估计对象包括种群中的个体、集合中的物种等。但 $\hat{N}$ 不是公式 14.2 中唯一未知的量。我们首先需要估计的是 $\hat{p}$, 即抽样对象所占的比例。在第 13 章中, 我们也面临过同样的问题, 即估计给定物种的比例丰度 $\hat{p}_i = X_i/n$, 其中 X_i 是物种 i 的个体数, n 是参考样本的个体数, n 总是小于集合的总个体数 (N)。公式 14.2 的位置变换更突出了估计 $\hat{p}$ 和 $\hat{N}$ 的必要性。

　　总而言之, 我们无法看到或计数到所有我们想看到或想计数到的 (图 14.1)。这个想法以及表达该想法的公式 (公式 14.2) 浓缩了概率、抽样、估计和检验中的许多思想。公式 14.2 貌似简约, 在其背后实则隐藏着问题和统计方法的复杂性。接下来我们将首先估计一个物种在一个位点存在或不存在的概率 (占有率), 接着在给定物种存在的条件下, 估计该位点中该物种的个体数 (丰度) [1]。

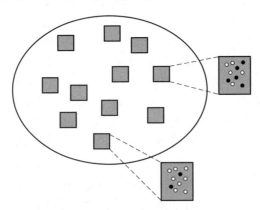

图 14.1　样本重复和发现概率。在一个特定的样本空间 (大圆) 中, 只能抽一部分样方 (正方形)。每个样方中感兴趣的个体 (圆圈) 要么被发现 (黑色圆圈), 要么未被发现 (白色圆圈) (MacKenzie et al. 2006)。

14.1　占有率

　　估计一个局域种群的大小之前, 首先需要确定物种是否存在; 存在该物种的位点被称为被占有的位点, 反之, 不存在该物种的被称为未被占有的位点。我们将**占有率**

---

[1] 虽然先问一个物种是否存在, 再问这个物种有多少个个体, 是合乎逻辑的, 但实际上先发展起来的是估计后者的方法。我们怀疑, 对种群大小的估计是在估计占有率之前得出的, 因为标记重捕法最初应用于具有重要商业价值的常见动物物种, 如鱼或鹿。毫无疑问, 这些动物是存在的, 但需要估计其种群大小。后来, 生物学家开始对占有率模型感兴趣, 并将其作为研究和计数不易被发现的稀有物种的工具。不幸的是, 由于过度狩猎或滥杀, 很多曾经常见的物种目前已经灭绝或濒临灭绝。

(occupancy) 定义为在随机选取一个抽样单元或一块感兴趣的区域 (之后将用位点表示) 中至少包含一个感兴趣物种个体的概率。简而言之, 占有率是一个物种出现在一个位点的概率。如果我们从总共 s 个可能的位点中抽取 x 个位点[2], 则我们可以估计占有率为:

$$\widehat{\psi} = \frac{x}{s} \tag{14.3}$$

如果**发现概率** (detection probability; 公式 14.2 中的 $\widehat{p}$ 值) 不存在不确定性, 接着我们还有一个简单的估计问题。首先我们假定所有抽样位点间的占有率没有差异 ($\psi_1 = \psi_2 = \cdots = \psi_s \equiv \psi$), 并且假定如果一个物种确实存在, 那我们总能发现它 (发现概率 $p = 1$)。在这个简单的例子中, 物种是否存在于抽样位点是一个伯努利随机变量 (存在或不存在; 见第 2 章), 物种存在的位点数 x 为二项随机变量, 期望值可以由公式 14.3 得到, 方差等于 $\psi(1 - \psi)/s$。

如果发现概率 $p < 1$, 但仍是一个已知的、固定的量, 那在 t 次重复调查中至少发现一次该物种的概率为

$$p' = 1 - \underbrace{(1-p) \times (1-p) \times \cdots \times (1-p)}_{t次} = 1 - (1-p)^t \tag{14.4}$$

公式 14.4 简单地说就是 1 减去所有 t 次调查中未发现该物种的概率。根据校正后的针对多次调查的发现概率 p', 我们可以继续估计占有率, 当然还是将其视作二项随机变量。根据公式 14.4 给出的发现概率, 对公式 14.3 进行调整以校正占有率, 可得:

$$\widehat{\psi} = \frac{x}{sp'} \tag{14.5}$$

公式 14.5 中的分子 x 是发现物种的位点数, 其小于等于物种实际占有的位点数。

该占有率估计的方差大于发现概率 $p = 1$ 时占有率估计的方差:

$$\mathrm{Var}(\widehat{\psi}) = \frac{1 - \psi p'}{sp'} = \frac{\psi(1 - \psi)}{s} + \frac{\psi(1 - p')}{sp'} \tag{14.6}$$

公式 14.6 最右侧的第一项是 $p = 1$ 时的方差, 第二项是由于不完全发现导致的方差

---

[2]需要注意本书各个章节的符号使用并不统一。在物种丰富度文献中 (见第 13 章), s 指物种, n 指位点或样本。但在占有率文献中, s 指样本, n 指物种或个体。这两章中, 我们坚持使用的变量符号都是这些分支学科所引参考文献中最常用的, 并非为了在各章节中保持一致而自创的。所以请读者和讲师们注意!

膨胀。

然而, 真正的挑战是发现概率 p 未知的情况, 所以现在还必须估计真实存在该物种的抽样位点的数量:

$$\widehat{\psi} = \frac{\widehat{x}}{s} \tag{14.7}$$

因为公式 14.7 中发现概率和占有率都存在不确定性[3], 所以该公式是估计占有率最常用的公式。目前有两种方法可以用于估计占有率和发现概率。第一种方法是, 先估计发现概率, 然后根据公式 14.5 估计占有率。第二种方法是, 用最大似然法和贝叶斯模型同时估计占有率和发现概率 (见第 5 章)。第一种方法虽然计算简单 (通常用纸笔就能算出来), 但其前提假定占有率和发现概率是不随时间和空间变化的简单常数。第二种方法适用于存在很可能影响占有率和发现概率的协变量 (如生境类型或时间) 的情况。对于一组包含了多个协变量的数据集, 我们还可以根据第二种方法来比较针对该数据集的不同模型的相对拟合优度。MacKenzie 等人在 2006 年发表的研究中详细介绍了这两种方法; 在本章中我们只介绍第二种方法。

14.1.1 基本模型: 一个物种、一个季度、一系列位点中的两个样本

MacKenzie 等人在 2002 年发表的研究中构建了一个联合估计发现概率和占有率的基本模型。在对占有率模型的描述中, 我们将继续使用公式 14.3 ~ 14.7 中引入的符号: 占有率 (ψ) 是一个物种出现在位点 i 的概率; p_{it} 是在第 t 次抽样于位点 i 发现该物种的概率; T 为总抽样次数; s 为总调查位点数; x_t 是在第 t 次抽样发现该物种的位点数; x 是至少在一次抽样中发现该物种的位点总数。

最简单的估计占有率的模型需要至少两个来自一个或多个位点的样本。此外, 我们前提假定在整个抽样期间, 种群是封闭的, 不存在迁入、迁出和死亡: 也就是说, 在两次抽样间个体既不进入也不离开位点 (我们将在后续的小节中放宽这个假设)。此外还假定我们能够准确地识别感兴趣的物种; 不存在假阳性。然而, 假阴性是可能的, 其概率等于 [1− 占有率]。最后, 假定所有位点都是相互独立的, 即在一个位点发现物种的概率不受其他位点发现该物种的影响。

---

[3] 像熊猫、美洲狮和象牙喙啄木鸟这类魅力非凡的大型动物是狩猎、保护和恢复工作的重点, 它们的有效占有率多为 0.0, 但对它们的探测也存在很高的不确定性, 也时常会有未经证实的目击。东部美洲狮 (*Puma concolor couguar*) 于 1973 年被列入美国鱼类和野生动物管理局 (U.S. Fish & Wildlife Service) 的濒危物种名单, 现已被认定为灭绝。同样,1932 年在美国东南部采集到的一只象牙喙啄木鸟 (*Campephilus principalis*) 标本直到 1944 年才被证实是最后一只象牙喙啄木鸟。这两个物种都经常被 "重新发现" (Gotelli et al. 2012)。这些重新发现为真阳性的概率 ($< 6 \times 10^{-5}$) 要比物理学家在经过 50 年的探索后错误发现希格斯玻色子的概率小得多。当然, 希望是永远存在的, 经常有报道称目击或发现了新英格兰东部美洲狮和美国东南部象牙喙啄木鸟的痕迹, 但却没有任何经得起验证的物理或法医学证据 (McKelvey et al. 2003)。甚至搜索者们还带动了一小部分旅游经济。比如, 太平洋西北部的大脚怪和格雷斯兰的 "猫王" 现在就有很多同伴!

在第 9 章中, 我们介绍了新英格兰森林的蚂蚁数量是如何随着纬度和海拔的变化而变化的。除了对森林中的蚂蚁进行抽样, 我们还对邻近沼泽中的蚂蚁进行了抽样, 这些沼泽中栖息着许多专门生活在阳光和水源充足的生境中的蚂蚁。1999 年夏天, 我们对 22 个沼泽区进行了两次抽样, 抽样间隔约为 6 周。表 14.1 列出了物种 *Dolichoderus pustulatus* (一种臭蚁属蚂蚁) 的数据, 这种蚂蚁会在猪笼草的老叶内建巢 (见 Gotelli and Ellison 2002a)。我们在 $s = 22$ 个沼泽中的 $x = 16$ 个位点采集 *D. pustulatus* (第一次采样 $x_1 = 11$, 第二次采样 $x_2 = 13$)。我们感兴趣的是估计 ψ, 即随机选择的沼泽确实被 *D. pustulatus* 占有的概率。

对于每次抽样 (两个抽样日期中的一个) 中的每个位点, 要么发现蚂蚁 *D. pustulatus* (1), 要么没有发现 (0)。如果两次抽样中只有一次发现了 *D. pustulatus*, 我们假定它是存在的, 只是在那次抽样中没发现而已 (因为该模型假定群落是封闭的, 即满足封闭假设)。每个位点的**检测史 (detection history)** 都可以用 1 和 0 组成的字符串表示, 其中 1 表示发现 (采集到) 该物种, 0 表示未发现。本例中, 每个位点都有四种可能的检测史, 每种包含两个元素: $(1,1)$ 表示两个样本均采集到 *D. pustulatus*; $(1,0)$ 表示只有第一个样本采集到 *D. pustulatus*; $(0,1)$ 表示只有第二个样本采集到 *D. pustulatus*; 以及, $(0,0)$ 表示两个样本中均未发现 *D. pustulatus*。图 14.2 展示了 22 个位点的抽样结果。

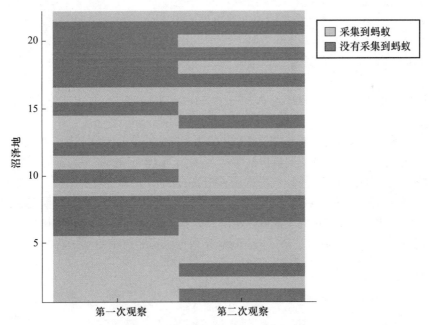

图 14.2 在两个时间点进行的两次抽样 (x 轴) 中, 22 个沼泽 (y 轴) 的 *Dolichoderus pustulatus* 的采集结果 (数据来自表 14.1 的第 2、3 列)。如果假定每个位点的蚂蚁种群都是封闭的, 那结果不是很完美的, 因为有 8 个位点是只在一次抽样中发现了 *D. pustulatus*。有 8 个位点两次抽样均发现了 *D. pustulatus*, 而在其余位点两次抽样均未发现该物种。

如果位点 i 在第一次采样中采集到了 *D. pustulatus*, 但在第二次采样中没有采到 (抽样结果 [1,0]), 则在该位点发现 *D. pustulatus* 的概率为:

$$P(x_i) = \psi_i p_{i1}(1 - p_{i2}) \tag{14.8}$$

也就是说, 这个概率相当于 *D. pustulatus* 占据位点 $i(\psi_i)$ 且在时间点 1 被发现 (p_{i1}) 但在时间点 2 没有被发现 $(1 - p_{i2})$。另一方面, 如果我们在位点 j 始终未采到 *D. pustulatus*, 那采样史就为 (0,0), 并且没有发现该蚂蚁的概率就等于: 该物种没有占据这个位点的概率 $(1 - \psi_j)$, 或该物种存在于该位点 (ψ_j) 但在两个时间点都未被发现 $\left(\prod_{t=1}^{2}(1 - p_{jt})\right)$ 的概率, 这两部分概率之和:

$$P(x_j) = (1 - \psi_j) + \psi_j \prod_{t=1}^{2}(1 - p_{jt}) \tag{14.9}$$

一般来说, 如果前提假定每个位点的占有率和发现概率都相同, 则可以将公式 14.8 和 14.9 的一般形式结合起来得到完整的似然公式:

$$L(\psi, p_1, \cdots, p_x) = \left[\psi^x \prod_{t=1}^{T} p_t^{x_t}(1 - p_t)^{x - x_t}\right] \times \left[(1 - \psi) + \psi \prod_{t=1}^{T}(1 - p_t)\right]^{s - x} \tag{14.10}$$

对于表 14.1 中的数据, $s = 22$, $x_1 = 11$, $x_2 = 13$, $x = 16$, $T = 2$。在这种背景下, 给定检测史数据 $(p_1, \cdots, p_x)$, 似然就等于最可能的 ψ 的值。

此外, 我们可以将占有率和发现概率建模为不同协变量的函数。占有率可以是基于位点的协变量的函数, 这些协变量包括纬度、海拔、沼泽面积或年平均温度等。相对的, 发现概率更有可能是基于时间 (与每次调查相关的时间) 的协变量的函数。这种基于时间的协变量可能包括对位点进行抽样的年份、到达该位点的时间或抽样期间的天气状况等。通常, 占有率和发现概率都可以建模为基于位点或时间的协变量的函数。一旦确定了模型结构, 就可以通过逻辑回归 (logistic regression; 见第 9 章) 将协变量纳入模型中:

$$\psi = \frac{\exp(\boldsymbol{\beta}\mathbf{X}_{\text{site}})}{1 + \exp(\boldsymbol{\beta}\mathbf{X}_{\text{site}})} \tag{14.11a}$$

$$\mathbf{p} = \frac{\exp(\boldsymbol{\beta}\mathbf{X}_{\text{time}})}{1 + \exp(\boldsymbol{\beta}\mathbf{X}_{\text{time}})} \tag{14.11b}$$

表 14.1 马萨诸塞州和佛蒙特州 22 个沼泽中 *Dolichoderus pustulatus* 的出现情况

位点	样本 1	样本 2	纬度	海拔	面积	日期 1	日期 2
ARC	1	0	42.31	95	1190	153	195
BH	1	1	42.56	274	105 369	160	202
CAR	1	0	44.95	133	38 023	153	295
CB	1	1	42.05	210	73 120	181	216
CHI	1	1	44.33	362	38 081	174	216
CKB	0	1	42.03	152	7422	188	223
COL	0	0	44.55	30	623 284	160	202
HAW	0	0	42.58	543	36 813	175	217
HBC	1	1	42.00	8	11 760	191	241
MOL	0	1	44.50	236	8852	153	195
MOO	1	1	44.76	353	864 970	174	216
OB	0	0	42.23	491	89 208	174	209
PEA	1	1	44.29	468	576 732	160	202
PKB	1	0	42.19	47	491 189	188	223
QP	0	1	42.57	335	40 447	160	202
RP	1	1	42.17	78	10 511	174	209
SKP	0	0	42.05	1	55 152	191	241
SNA	0	1	44.06	313	248	167	209
SPR	0	0	43.33	158	435	167	209
SWR	0	1	42.27	121	19 699	153	195
TPB	0	0	41.98	389	2877	181	216
WIN	1	1	42.69	323	84 235	167	202
总出现数	11	13					

表中包括每个沼泽 (位点) 的名称; *D. pustulatus* 在第一次抽样 (样本 1) 或第二次抽样 (样本 2) 中是存在 (1) 还是不存在 (0); 沼泽地的纬度 (十进制度数)、海拔 (m)、面积 (m^2); 以及当年 (1999 年 1 月 1 日 = 1) 在每个沼泽的采样日期 (日期 1, 日期 2)。

在这两个公式中, 参数和协变量因为都是向量所以用粗体表示, 回归模型可通过矩阵运算来确定 (见附件的公式 A.13 和 A.14)。如果我们在估计占有率时纳入了协变量, 那平均占有率为:

$$\overline{\overline{\widehat{\psi}}} = \frac{\sum_{i=1}^{s} \widehat{\psi}_i}{s} \tag{14.12}$$

我们用公式 14.10 ∼ 14.12 来估计马萨诸塞州和佛蒙特州沼泽中臭蚁属蚂蚁的占有率[4]。我们首先在不考虑任何协变量影响的情况下估计了占有率, 然后又加入一系列协变量并拟合了三个备选模型: (1) 发现概率随抽样时间 (抽样日期) 变化的模型; (2) 占有率随三个位点相关的地理协变量 (纬度、海拔和面积) 变化的模型; (3) 占有率随三个地理协变量变化且发现概率随抽样时间变化的模型。我们使用 Akaike 信息准则 (AIC; 参见第 9 章中的 "模型选择标准") 比较了四种不同模型与数据的拟合情况。

结果如表 14.2 所示, 最好的模型是最简单的那个模型, 即其中在两个抽样时间的发生概率是恒定的, 且占有率不随地理因素变化。但同时, 发现概率随时间变化的模型似乎也适合 (这两个模型间的 AIC 差异小于 2)。四个模型估计出的占有率在 80% 到 90% 之间, 说明我们至少在两个被抽样的沼泽中没能发现 *D. pustulatus*。

表 14.2　新英格兰 22 个沼泽地中 *Dolichoderus pustulatus* 的占有率和发现概率估计值

	模型 1	模型 2	模型 3	模型 4
描述	无协变量	发现概率随样本时间变化	占有率随沼泽地理特征变化	发现概率随时间变化且占有率随地理特征变化
参数估计数	2	3	5	6
占有率估计值 ($\hat{\psi}$)	0.82 (0.13)	0.83 (0.13)	0.80 (0.10)	0.88 (0.11)
发现概率估计值 ($\hat{p}$)	0.67 (0.11)	0.66 (0.12)	0.76 (0.09)	0.67 (0.10)
AIC	63.05	64.53	66.45	68.03

灰色阴影表示 AIC 确定的最佳拟合模型; 括号中的数字是给定参数的标准误。

注意, 即使是没有协变量的最简单模型也需要估计两个参数 —— 占有率和发现概率 (见公式 14.7)。占有率是最重要的, 而发现概率则被认为是一个**冗余参数 (nuisance parameter)** —— 这个参数并不是我们最关注的, 但是必须估计它才能得到我们真正想知道的。对发现概率的估计从 67% (简单模型) 到 76% (占有率是三个地理协变量函数的模型) 不等。尽管我们研究猪笼草及其猎物并在沼泽中收集蚂蚁已将近 15 年, 但仍会忽略一些在独特而明显的植物中筑巢的常见蚂蚁。

由于用来拟合模型的只有两个样本 (绝对最低要求), 所以表 14.2 中蚂蚁 *D. pustulatusi* 的所有占有率估计值的标准误相对较大。随着抽样次数的增加, 占有率估计值的不确定性将随之降低。在模拟数据集中, 对于 $s = 40$ 个检测概率 (p) 为 0.5 的位点, 至少需要 5 个样本才能得到准确的占有率估计 (MacKenzie et al. 2002)。在我们的例子中, 如果我们访问每个沼泽 5 次而不是 2 次, 那么占有率的标准误可以减小 50%。在本

---

[4]所有这些模型均使用 R 语言包中的 occu 函数进行拟合 (Fiske and Chandler 2011)。首先将协变量空间和时间调整为 Z 分数 (Z-score; 见第 12 章)。

章的最后, 我们将回到对抽样一般问题的讨论。

14.1.2 多个物种的占有率

在第 13 章中, 我们介绍了渐近物种丰富度估计值 (Chao1 和 Chao2), 用于估计参考样本中未发现的物种数。这些估计值基于的是单元物种 (singleton)、特有物种 (unique)、双元物种 (doubleton) 或双重物种 (duplicate) 的数量 (参考样本中仅由一个或两个个体代表的物种; 见公式 13.7 和 13.8)。同时我们还估计了为了发现所有未被发现的物种所需额外补充的样本数量 (见表 13.4 和 13.5; Chao et al. 2009)。与稀疏化 (rarefaction) 一样, 这些估计值假设每个个体被发现的概率是恒定的, 不同物种的个体间没有差异。因此, 不同物种的发现概率与其在集合中的相对频次成正比 (见公式 13.1 ~ 13.4)。然而, 更实际的假设应该是占用率和发现概率在不同物种间随时间变化, 同时作为基于地点的变量的函数, 并且将这些因素纳入物种丰富度估计 (或其他多样性度量) 之中。单一物种的简单占有率模型 (见公式 14.7 ~ 14.12) 可以扩展至多个物种并用于估计未被发现的物种的数量。接下来我们用新英格兰沼泽的蚂蚁数据 (如表 14.1 和 14.2 所示的 *D. pustulatus* 数据只是其中一个子集) 作为示例进行介绍 (Dorazio et al. 2011)。

表 14.1 包括 22 个位点和两个抽样日期 (两次抽样), 在每个位点的每次采样中, 我们从一个由 25 个陷阱组成的网格中收集蚂蚁出现数据。对于 $s = 22$ 个位点, 收集到的出现数据可以被总结成一个 n (物种)$\times s$ (位点) 的矩阵, 观测值为 y_{ik}, $i = \{1, \cdots, n\}$, $k = \{1, \cdots, s\}$。y_{ik} 表示两次抽样中第 k 个位点捕获到蚂蚁物种 i 的陷阱数的和 (表 14.3)。因此, y_{ik} 是一个在 0 (在位点 k 从未发现目标物种) 到 50 (位点 k 的所有 25 个陷阱在两次抽样中均发现了目标物种) 之间的整数。我们在 s 个位点观测了 n 个物种, 但我们感兴趣的是所有位点可能捕获到的物种总数 N。N 是未知的, 但可能包括一些在所有位点都存在但未被发现的物种 $(n \leqslant N)$。

表 14.3 新英格兰沼泽蚂蚁的观测采集数据

物种 i	位点 k 的丰度			
1	y_{11}	y_{12}	$\cdots$	y_{1s}
2	y_{21}	y_{22}	$\cdots$	y_{2s}
$\vdots$	$\vdots$	$\vdots$	$\vdots$	$\vdots$
n	y_{n1}	y_{n2}	$\cdots$	y_{ns}

在位点 k (22 个沼泽之一) 设置的 25 个陷阱中观测到物种 i (n 个物种中的每个物种) 的陷阱数 y_{ik} (两次抽样的总和)。由于在两次抽样内每个沼泽都设置了 25 个陷阱, 故 $0 \leqslant y_{ik} \leqslant 50$。

这个数据集中, 在 22 个沼泽里共发现了 $n = 19$ 个物种。将陷阱中的捕获数据作为关联数据进行处理 (Gotelli et al. 2011), 用 Chao2 估计其区域多样性 (见公式

13.10 ~ 13.12) 结果为 32 种, 置信区间为 8.5 ~ 54.9。Chao2 对每个沼泽物种丰富度的
估计如图 14.3 所示。第 13 章中讨论过如果数据集中没有特有物种 (只在一个位点被记
录到的物种), Chao2 估计值等于观测到的物种丰富度: 该数据集估计不存在未检测到
的物种, 方差和置信区间等于零 (见第 13 章脚注 23)。然而, 这个指数 (以及其他指数;
见第 13 章) 不包含物种、位点或时间在占有率或发现概率上的差异。

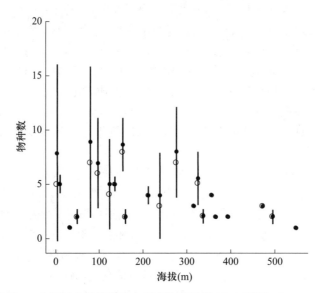

图 14.3   新英格兰 22 个沼泽中蚂蚁物种丰富度的观测值 (空心圆圈) 和 Chao2 估计值 (实心圆
点) 随海拔的变化情况。垂线是 95% 置信区间 (根据公式 13.12 得到)。当集合中存在双元物种
而不存在单元物种时, 置信区间的宽度为零。

将占有率、发现概率、时间特异性协变量和位点特异性协变量纳入物种丰富度估
计当中是一个非常困难的问题, 对这个问题的研究也才刚刚开始 (Dorazio and Royle
2005; MacKenzie et al. 2006; Royle and Dorazio 2008; Dorazio et al. 2011; Dorazio
and Rodríguez 2012; Royle and Dorazio 2012)。但请不要忘记我们在第 13 和 14 章介
绍这些方法的目的是估计所有能找到的位点中可能存在的物种的总数 N。

N 的估计分几个步骤。第一步, 假定有 $N - n$ 个物种存在于沼泽中但我们没有收
集到。此时, 可以将 $n \times s$ 的样本矩阵 (见表 14.3) 扩展为 $N \times s$ 的矩阵, 其中未观测到
的物种用额外的行表示, 赋值为零, 如表 14.4 所示。第二步, 假定每个沼泽中的 N 个物
种 (我们的 alpha 多样性; 见第 13 章) 是大小为 M 的区域种库的一部分 (gamma 多样
性, $M \gg N$), 并相应地将矩阵扩展为 $M \times s$ 的矩阵; 如表 14.5 所示。M 是区域物种
丰富度的有限上限, 可约束后续分析[5]。

第三步, 从 M 个物种的区域种库内识别出能够或不能够出现在某个位点的物种

---

[5]物种丰富度上限的确定必须独立于样本数据, 这些数据可能来自区域物种清单或博物馆整理的记录 (Ellison
et al. 2012)。

表 14.4 扩展矩阵,同时包括新英格兰沼泽的蚂蚁观测数据和存在但未观测到的 $(N-n)$ 个物种

物种 i	位点 k 的丰度			
1	y_{11}	y_{12}	$\cdots$	y_{1s}
2	y_{21}	y_{22}	$\cdots$	y_{2s}
$\vdots$	$\vdots$	$\vdots$		$\vdots$
n	y_{n1}	y_{n2}	$\cdots$	y_{ns}
$n+1$	0	0	$\cdots$	0
$n+2$	0	0	$\cdots$	0
$\vdots$	$\vdots$	$\vdots$		$\vdots$
N	0	0	$\cdots$	0

矩阵的深灰色部分是观测到的数据 (见表 14.3),淡灰色部分表示可能存在但没有采集到的物种。

表 14.5 估计物种丰富度的完整矩阵

物种 i	丰度				发生率				w
1	y_{11}	y_{12}	$\cdots$	y_{1s}	z_{11}	z_{12}	$\cdots$	z_{1s}	w_1
2	y_{21}	y_{22}	$\cdots$	y_{2s}	z_{21}	z_{22}	$\cdots$	z_{2s}	w_2
$\vdots$	$\vdots$	$\vdots$		$\vdots$	$\vdots$	$\vdots$		$\vdots$	$\vdots$
n	y_{n1}	y_{n2}	$\cdots$	y_{ns}	z_{n1}	z_{n2}	$\cdots$	z_{ns}	w_s
$n+1$	0	0	$\cdots$	0	$z_{n+1,1}$	$z_{n+1,2}$	$\cdots$	$z_{n+1,s}$	w_{n+1}
$n+2$	0	0	$\cdots$	0	$z_{n+2,1}$	$z_{n+2,2}$	$\cdots$	$z_{n+2,s}$	w_{n+2}
$\vdots$	$\vdots$	$\vdots$		$\vdots$	$\vdots$	$\vdots$		$\vdots$	$\vdots$
N	0	0	$\cdots$	0	z_{N1}	z_{N2}	$\cdots$	z_{Ns}	w_N
$N+1$	0	0	0	0	$z_{N+1,1}$	$z_{N+1,2}$	$\cdots$	$z_{N+1,s}$	w_{N+1}
$N+2$	0	0	0	0	$z_{N+2,1}$	$z_{N+2,2}$	$\cdots$	$z_{N+2,s}$	w_{N+2}
$\vdots$	$\vdots$	$\vdots$	$\vdots$	$\vdots$	$\vdots$	$\vdots$		$\vdots$	$\vdots$
M	0	0	$\vdots$	0	z_M	z_M	$\cdots$	z_M	w_M

该 "增广" 矩阵的构建基于两部分: 每个位点观测到的 (从陷阱中收集到的) 物种丰富度 (中灰色区域, 数据来自表 14.3), 以及用额外的零行表示的存在却未收集到的物种丰富度 (深灰色区域, 数据来自表 14.4)。在此基础上该矩阵还增加了额外的行和列 (浅灰色): 可能存在于区域种库的物种 ($N+1 \sim M$ 行); z_{ik} 的关联矩阵; 以及表示能否收集到区域种库中物种的参数 w 的列向量。更多细节详见 Dorazio 等 (2011)。

(可能的原因包括生理耐受、特殊的栖息地要求等), 并为每个物种提供一个虚拟变量 (如果出现, $w_i = 1$, 如果不出现, $w_i = 0$)。最后一步, 得到一个如表 14.5 所示的完整矩阵, 其中包括由特定位点、特定物种发生事件 z_{ik} 构成的 $N \times s$ 的矩阵, 相当于行是物种、列是位点、单元格内是 1 (存在) 或 0 (不存在) 的物种 × 位点的关联矩阵 (类似于表 13.3)。在第 13 章中, 关联 (或丰度) 矩阵是固定观测, 但在占有率模型框架中, 关联

矩阵本身是一个随机变量。

14.1.3   用于参数估计和建模的分层模型

将所有这些想法糅合在一起, 就衍生出了嵌套或**分层模型** (**hierarchical model**; 参见第 11 章), 公式 14.13 ~ 14.18 完整地描述了这个模型, 公式 14.19 总结了该模型。首先, 物种的存在与否 (表 14.5 中的 w_i) 可以看作是一个独立的随机变量, 不受其他物种存在与否的影响[6] 。因为可能的取值为 1 或 0, 所以 w_i 可以看作是伯努利随机变量:

$$w_i \sim \text{Bernoulli}(\Omega) \tag{14.13}$$

其中 Ω 是一个物种在完整的 $N \times s$ 矩阵中存在且可以被捕获的概率。则我们感兴趣的参数 N (群落中物种总数) 为:

$$N = \sum_{i=1}^{M} w_i \tag{14.14}$$

如果我们能估计出 Ω 和 w_i, 就可以求出 N。

实现这一目标需要几个步骤。首先, 检验 $z_{ik}s$ 的 $N \times s$ 关联矩阵。每个 z_{ik} 的值要么是 1 (物种存在), 要么是 0 (物种不存在), 但需要注意的是不可能属于群落 ($w_i = 0$) 的物种 i 也必须是 $z_{ik} = 0$。换言之, z_{ik} 取决于 w_i (参见第 1 章关于条件概率的内容):

$$z_{ik}|w_i \sim \text{Bernoulli}(w_i \psi_{ik}) \tag{14.15}$$

如前所述, ψ 表示占有率, 这里表示物种 i 在位点 k 的占有率。占有率 ψ_{ik} 被乘以群落成员 w_i, 因为当占有率为 ψ_{ik} 时, 如果物种 i 出现在群落中, 则 z_{ik} 为 1; 如果未出现在群落中, 那么 z_{ik} 总是 0。因此, 如果 $w_i = 1$, 则 $P(z_{ik} = 1|w_i = 1) = \psi_{ik}$ (占有率), 否则如果 $w_i = 0$, 则 $P(z_{ik} = 0|w_i = 0) = 1$。

其次是估计 ψ, 这是一个关于一些特定位点或特定时间的协变量的函数, 通过公式 14.11a 进行计算。从公式 14.5 可以看出, ψ_{ik} 的估计也依赖于发现概率 p_{ik}。如果前提假定在两次抽样中, 出现在位点 k 的每只蚂蚁物种 i 被任何 J_k 陷阱捕获的概率都相同 ($J = 1, \cdots, 50$), 那它们在一个陷阱被捕获 (= 发现) 的概率可以表示为:

$$y_{ik}|z_{ik} \sim \text{Binomial}(J_k, z_{ik}p_{ik}) \tag{14.16}$$

---

[6]零模型和无重复关联矩阵的随机检验传统上用于物种共现关系分析 (Gotelli and Graves 1996)。然而, 根据重复的分层抽样, 开始用占有率模型来研究这些问题 (见 MacKenzie et al. 2006 的第 8 章)。

再次注意, 在给定物种存在的前提下, p_{ik} 是捕获的条件概率。如果物种不存在于该位点, 就永远不会被捕获。

最后, 我们假定捕获概率不取决于基于位点或时间的协变量。因此, 我们没有使用公式 14.11b, 而是将每个物种被捕获概率建模为一个常数 (在 logit 尺度):

$$\text{logit}(p_{ik}) = a_{0i} \tag{14.17}$$

公式 14.17 强调每个物种的发现概率不同 (但恒定), 但有多大的不同? 如前所述, 我们假定在这个分析中蚂蚁物种的出现是相互独立的, 不受物种相互作用的强烈影响。还假定所有蚂蚁物种都有 "相似" 的行为, 这样就可以利用 "平均的" 蚂蚁信息来假定捕捉到稀有蚂蚁的概率[7]。

由于发现概率 (detection probability; a_{0i}) 和出现概率 (occurrence probability; b_{0i}) 存在变化, 为了构建分层模型, 我们将每一个变化视作是一个正态随机变量[8]:

$$\begin{bmatrix} b_{0i} \\ a_{0i} \end{bmatrix} \sim \text{Normal}\left(\begin{bmatrix} \beta_0 \\ \alpha_0 \end{bmatrix}, \begin{bmatrix} \sigma_{b0}^2 & \rho\sigma_{b0}\sigma_{a0} \\ \rho\sigma_{b0}\sigma_{a0} & \sigma_{a0}^2 \end{bmatrix} \right) \tag{14.18a}$$

$$b_{li} \sim \text{Normal}(\beta_1 \sigma_{b_i}^2) \tag{14.18b}$$

在公式 14.18a 中, σ 是平均协变量水平下每个物种的发现概率变化 (σ_{a0}^2) 和占有率变化 (σ_{b0}^2) 的真实大小, ρ 是物种占有率和发现概率的协方差。从公式 14.18b, 我们假定 $l = 1, \cdots, p$ 个协变量间不存在协方差。

总的来说, 对于这个分层模型, 在给定所有未知量的情况下, 我们感兴趣的是估计实际观测值 y_{ik} 的**边际概率 (marginal probability)**:

$$p(y_k | w_i, \mu_\psi, \mu_p, \sigma_a^2, \sigma_b^2, \rho) \tag{14.19}$$

μ 是每个位点的平均占有率和平均发现概率。为了估计 y_k, 我们需要整合每个 i 物种的似然值, $L(y_{ik}|\psi_i, p_i)$ 不仅仅是 a 和 b 的联合分布 (关于似然函数 $L(\cdot)$ 的进一步讨论, 请参阅第 5 章脚注 7)。最后估计物种总数, $\hat{N}$:

---

[7]这种信息借用是一种在估计每个物种的单独参数和估计所有物种的单个参数之间的折中。我们没有足够的数据来估计最稀有物种的所有参数, 但有足够的数据来估计其中的一部分参数。因此, 我们将每个物种参数的估计 "缩小" 至其平均值, 作为实际拥有的信息量的函数 (Gelman et al. 2004)。

[8]参数 b_{0i} 是从哪里来的? 我们将 ψ 估计为关于特定位点和时间的协变量的函数 (见公式 14.11a)。如果扩展公式, 将得到 $\text{logit}(\psi_{ik}) = b_{0i} + b_{1ix1k} + \cdots + b_{pixpk}$, 其中 b_{0i} 是物种 i 的截距, b_{pk} 是针对协变量 x_i 对物种 i 出现概率的影响的参数。如果我们根据 Z 分数 (见第 12 章) 对数据进行处理, 就可以将 b_{0i} 理解为物种 i 在平均协变量水平的占有率。

$$\widehat{N} = \frac{x}{1 - p(0|\widehat{\mu}_\psi, \widehat{\mu}_p, \widehat{\sigma}_a^2, \widehat{\sigma}_b^2, \widehat{\rho})} \qquad (14.20)$$

公式 14.20 的分母是在群落中发现任何平均物种的概率[9]。

　　所有这些都是用贝叶斯框架下的数值积分实现的 (见第 5 章)[10]。我们的分析确定了两个模型，这两个模型的拟合效果很好: 一个是没有协变量影响发现概率或占有率的简单模型, 一个是只有沼泽地海拔作为占有率协变量的模型 (表 14.6)。该模型估计了新英格兰沼泽蚂蚁的物种丰富度 ($\widehat{N} = 25$), 以及每个沼泽中蚂蚁物种丰富度 (图 14.4)与关键协变量 (海拔) 的函数关系。将这些估计值与用相同数据得到的更简单的 Chao2渐近估计值进行比较, 发现这两种估计给出了相似的结果, 但是分层模型的估计通常比 Chao2 估计的值大 (图 14.5)。这种差异可能反映了这样一个事实, 即分层模型考虑了特定位点和物种在占有率和发现概率上的差异。

表 14.6　对沼泽蚂蚁数据进行拟合得到的不同模型的后验概率

模型中包含的协变量	模型的后验概率
海拔	0.424
无	0.342
纬度	0.082
区域 + 海拔	0.060
纬度 + 海拔	0.045
区域	0.038
纬度 + 区域	0.006
纬度 + 区域 + 海拔	0.004

　　后验概率来自 5 条独立的马尔可夫链, 每条链迭代 250 000 次。前 50 000 次迭代结果被去除, 剩下的 200 000个观测每隔 50 个被稀疏一次。这些后验样本用于估计模型参数和 95% 可信区间。所有的参数都使用无信息先验。计数和协方差具有统一的先验: $\Omega \sim \text{Uniform}(0,1)$, $N \sim \text{Uniform}$ 针对每个整数 $\{0, 1, \cdots, M\}$,$\rho \sim \text{Uniform}(-1, 1)$。根据半柯西分布 (half-Cauchy distribution) 指定方差的先验概率, $f(\sigma) = 2/[\pi(1 + \sigma^2)]$(Gelman 2006)。根据 t 分布 ($\sigma = 1.566, \upsilon = 7.763$) 指定 logit 尺度协变量 ($\alpha_0, \beta_0, \beta_1$) 的先验概率, 该 t 分布近似于 p 值在 $(-5, 5)$ 区间内的一个 Uniform $(0, 1)$ 分布 (Gelman et al. 2008)。通过其他无信息先验 (如 Jeffrey先验) 也可得到类似的结果 (Dorazio et al. 2011)。

　　该分层模型还可以估计每个物种的占有率和发现概率。对于 *Dolichoderus pustula-tus*, 捕获概率的估计值为 0.09, 占有率的估计值为 0.70。这些估计都略低于只有一个物

---

[9]对公式 14.20 的求解利用了表 14.5 矩阵的两个部分: 实际观测值 (y_{iks} 的 $n \times s$ 矩阵) 和未知群落大小 M的估计参数。我们根据公式 14.14 估计 N。

[10]解决这个问题的模型代码参见本书原著网站的 "数据与代码" 部分, 或者 Dorazio 等人在 2011 年发表的研究。

种且没有分层结构的基本模型的估计 (见表 14.2)。完整的结果见 Dorazio 等人 2011 年发表的文章。

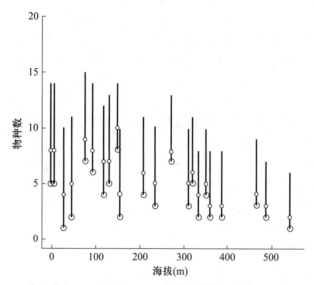

图 14.4 新英格兰 22 个沼泽中蚂蚁物种丰富度随海拔高度变化的观测值 (大圆圈) 和估计值 (小圆圈)。垂线是由完整分层模型 (见 14.20 式) 得到的 95% 置信区间 (见第 5 章) (Dorazio et al. 2011)

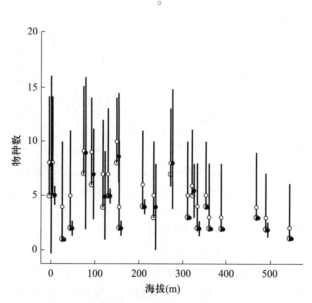

图 14.5 比较各沼泽观测物种数 (黑圈)、Chao2 物种丰富度估计值 (黑点) 以及考虑了占有率和发现概率变化的分层模型的估计值 (蓝圈)。黑色和蓝色竖线分别表示 Chao2 和分层模型对物种丰富度估计的 95% 置信区间。(参见书末彩插)

14.1.4　开放种群的占有率模型

对于上述讨论的占有率模型以及第 13 章讨论的对物种丰富度的稀疏和外推估计, 一个最重要的假设是: 种群是封闭的, 没有迁入、迁出和灭绝。相比之下, 一些重要的群落和种群模型, 如 MacArthur 和 Wilson (1967) 的岛屿生物地理学理论和 Levins (1969) 的**集合种群 (metapopulation)** 模型, 描述的则是存在迁移的开放系统。然而, 在群落和种群生态学经典数学模型中, 占有率要么未指定, 要么含糊不清, 即便是现在, 对这些模型的经验检验也未考虑发现或检测误差。

如前所述, 考虑发现概率的变化可以改变对单个物种占有率的估计或对一个群落物种丰富度的估计。放宽基本的单物种模型的封闭假设, 并同时加入对局域定殖和灭绝的考虑 (图 14.6), 可以扩展位点占有率模型的范围。开放种群的占有率模型被称为**动态占有率模型 (dynamic occupancy model)**, 因为它们允许占有率随时间变化。由于在每个位点, 一个种群的实测是由占有率、局域定殖和局域灭绝决定的, 所以动态占有率模型类似于集合种群模型 (Hanski 1991)。尽管模型很复杂, 而且需要大量的数据来估计参数, 但加入发现概率仍会开拓新的见解 (如 Harrison et al. 2011)。

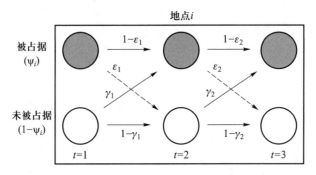

图 14.6　给定位点的定殖 (γ) 和灭绝 (ε) 对占有率的影响。如果一个物种没有在当地灭绝, 或在一定时间内定殖或重新定殖, 那被占据的位点仍是被占据的。如果一个物种灭绝或迁出, 并在时间间隔内无重新定殖, 那么一个被占据的位点就会变成未被占据的位点。

动态占有率模型需要重复位点的样本。对于每个位点, 必须在两个或两个以上可能发生局部定殖和灭绝的时间 (季度) 进行抽样。在简单的占有率模型中, 我们只考虑存在/不存在 (出现) 的数据, 例如对虫害的年度调查。在此, 为说明动态占有率模型, 我们用到对森林中铁杉球蚜 (一种促使研究者开展了第 13 章中铁杉林冠层人为操作实验的非本地昆虫物种) 的长期调查结果 (表 14.7)。

从 2003 年开始, 对新英格兰南部 7500 km^2 横断面上的 140 个铁杉人工林进行了两年一次的球蚜发生情况调查, 范围从康涅狄格州南部的长岛海峡延伸到马萨诸塞州中北部与佛蒙特州边界 (Preisser et al. 2008, 2011)。在每个人工林中, 对 50 株铁杉进行取样, 每株取多个分枝, 记录球蚜的存在状况和密度 (对数形式)。由于在整个采样期间康涅狄格人工林中球蚜的密度相当之高, 几乎没有人工林免受其害, 所以我们只用马萨

表 14.7 自 2003 年以来, 马萨诸塞州中部和西部每两年对 62 个位点中的 10 个进行一次铁杉球蚜出现情况的抽样调查

抽样地点	2003	2005	2007	2009	2011
Athol #1	0	0	0	1	1
Belchertown #1	1	1	1	1	1
Bernardston #4	0	0	1	1	1
Easthampton #4	0	1	1	0	1
Greenfield #4	1	0	1	1	1
Hampden #4	1	1	1	1	1
Orange #5	0	0	0	1	0
Shutesbury #3	1	0	1	1	1
Warren #1	0	0	1	1	1
Winchendon #3	0	0	0	1	0

单元格中的数字表示球蚜的存在 (1) 或不存在 (0)。这里只列出了十行数据; 完整的数据集参见本书原著网站的 "数据与代码" 部分。球蚜数据的初步分析, 以及从 1997 年开始在康涅狄格州收集的数据来自 Preisser 等人于 2008 年和 2011 年发表的文章。

诸塞州的部分数据集举例说明动态占有率模型。同样, 我们只探索了模型参数的时间变异性; 人工林水平 (位点水平) 的协变量对球蚜密度的影响请详见 Orwig 等 (2002) 和 Preisser 等 (2008, 2011) 的研究。

根据这些数据可以估计出时间 t 的占有率 (ψ_t)、定殖概率 (γ_t) 和灭绝概率 (ε_t), 以及这些比率随时间的变化 (如 $\gamma_t = (\psi_{t+1}/\psi_t)$)。基于这些参数可将基本的占有率模型 (见公式 14.10) 扩展为动态占有率模型 (MacKenzie et al. 2003)。我们观察到, 如果已知时间 (季度)$t = 1$ 时的占有率为 ψ_1, 则我们可以递归估计 $t = 2$ 时的占有率:

$$\underbrace{\psi_2}_{\substack{\text{在第 2 季度占有}}} = \underbrace{\psi_1(1 - \varepsilon_1)}_{\substack{\text{在第 1 季度占有且在第 1 季度} \\ \text{和第 2 季度之间没有灭绝}}} + \underbrace{(1 - \psi_1)}_{\substack{\text{在第 1 季度未占有}}} \times \underbrace{\gamma_1}_{\substack{\text{在第 1 季度和第 2 季度} \\ \text{之间定殖}}}$$

$$(14.21)$$

ψ_1 的似然为:

$$L(\psi_1, \boldsymbol{\varepsilon}, \boldsymbol{\gamma}, \mathbf{p} | \mathbf{X}_1, \cdots, \mathbf{X}_5) = \prod_{i=1}^{s} \Pr(\mathbf{X}_i) \qquad (14.22)$$

其中

$$\Pr\left(X_i = \phi_0 \prod_{t-1}^{T-1} D(\mathbf{p}_{X,t})\phi_t \mathbf{p}_{X,T}\right) \tag{14.23a}$$

$$\phi_0 = [\psi_1 \quad 1 - \psi_1] \tag{14.23b}$$

$$\phi_t = \begin{bmatrix} 1 - \varepsilon_1 & \varepsilon_1 \\ \gamma_1 & 1 - \gamma_1 \end{bmatrix} \tag{14.23c}$$

并且

$$\mathbf{p}_{x=1,t} = \begin{bmatrix} p_t \\ 0 \end{bmatrix} \text{(如果位点被占有)} \tag{14.23d}$$

$$\mathbf{p}_{x=0,t} = \begin{bmatrix} (1 - p_t) \\ 1 \end{bmatrix} \text{(如果位点未被占有)} \tag{14.23e}$$

在这一系列公式中, $\mathbf{X}_i$ 是每个季度 (共 t 个季度) 中位点 i 的检测史 (见公式 14.8 和 14.9); γ、ε 和 $\mathbf{p}$ 是每个季度局域定殖概率、灭绝概率和发现概率的向量 (图 14.7); $\mathbf{p}_{X,t}$ 是基于占有状态的发现概率的列向量[11]。

公式 14.22 和 14.23 假设在任意给定时间内所有位点的参数都是相同的, 但参数的变化可以像在封闭种群模型中一样通过一个包含协变量的矩阵来解释 (见公式 14.11):

$$\theta = \frac{\exp(\mathbf{Y}\boldsymbol{\beta})}{1 + \exp(\mathbf{Y}\boldsymbol{\beta})} \tag{14.24}$$

在公式 14.24 中, θ 是模型的参数之一 (ψ, γ, ε 或 $\mathbf{p}$), $\mathbf{Y}$ 是位点特异的协变量的矩阵, $\boldsymbol{\beta}$ 是需要估计的回归系数的列向量 (见附录中的公式 A.14)。

14.1.5 马萨诸塞州球蚜的动态占有率

我们用公式 14.22 和 14.23 以及马萨诸塞州的球蚜调查数据 (见表 14.7) 拟合了两个动态占有率模型[12]。第一个模型假设所有参数在不同位点和季度都是恒定的, 第二个模型假设所有参数随时间变化。

---

[11] 在本章未讨论的更一般的模型中, 将在不同季度内对每个位点进行多次采样 (见图 14.9 和我们对开放种群标记重捕模型的讨论), 公式 14.23d 中列向量的第一项是一个季度内检测史的概率 (如公式 14.8 和 14.9)。进一步讨论参见 MacKenzie 等人在 2003 年和 2006 年发表的文章。

[12] 我们使用 R 语言包 unmarked 中的 colext 函数 (Fiske and Chandler 2011) 来拟合这些模型。相关 R 代码请参阅本书原著网站的 "数据与代码" 部分。

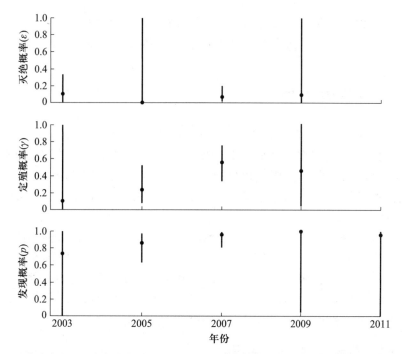

图 14.7 马萨诸塞州 62 个位点中铁杉球蚜每年的灭绝概率、定殖概率和发现概率的估计值 (圆点)。垂线是不对称的 95% 置信区间。需要注意的是, 对灭绝和定殖的估计截止到 2009 年, 因为 2011 年的估计要在 2013 年调查结束后才能得到 (见图 14.6)。但每次调查的发现概率可以估计出来。

对参数恒定的模型的点估计 (表 14.8) 表明, 2003 年大约一半的位点都出现了球蚜 ($\widehat{\psi}_1 = 0.47$; 观测到的占有率为 0.45), 每年约有 40% 的位点被球蚜定殖 ($\widehat{\gamma} = 0.38$); 某个位点一旦被定殖球蚜基本不会消失 ($\widehat{\varepsilon} = 0.06$); 并且在一个位点被球蚜占据的情况下, 发现概率会相当高 ($\widehat{p} = 0.95$)[13]。当拟合一个参数会随年份变化的模型时, 若参数的年

表 14.8 铁杉球蚜数据的初始动态占有率模型的结果

参数	估计	95% 置信区间
占有率 ($\widehat{\psi}$)	0.47	$0.34 \sim 0.60$
定殖概率 ($\widehat{\gamma}$)	0.38	$0.28 \sim 0.49$
灭绝概率 ($\widehat{\varepsilon}$)	0.06	$0.02 \sim 0.18$
发现概率 ($\widehat{p}$)	0.95	$0.80 \sim 0.99$

这些模型中使用的数据可以在表 14.7 中找到。表中只列出了对第一季度占有率的估计 (至 2003 年); 后续的 ψ 估计值可根据递推公式 (公式 14.21) 得到。

---

[13]在一项研究中, 我们对一年中单个位点的多次调查的发现概率进行了建模, 通过公式 14.10, 对有经验的观察员 (即收集了表 14.7 中数据的观察员) 的发现概率进行估计, 发现其范围在 $0.78 \sim 0.94$ (Fitzpatrick et al. 2009)。

波动和方差都较大, 通常表明该模型不太合适。与具有时变参数的较为复杂的模型相比, 具有恒定参数的简单模型能更好地拟合数据 (分别为 AIC=332.8 和 AIC=326.3)。

14.2　估计种群大小

现在我们已经有了一个估计占有率和发现概率的模型框架, 已为估计种群大小做足了准备。首先, 我们可以在一次种群调查中统计每个个体, 假定我们能够准确地检测他们[14]。或者, 在不同的时间对一个种群进行重复采样, 用于估计发现概率和种群大小。多重样本有两种基本形式。在**标记重捕 (mark-recapture)** 的数据 (及其相关数据, 如标记再观察和绑带放回; 见 Pollock 1991) 中, 个体被标记以便随后的种群调查能够区分出被标记的个体 (已统计过) 和未被标记的个体 (未统计过)。在不做标记的调查中, 由于无法将新个体与那些可能已经被捕获的个体区分开来, 种群会被重复调查。标记重捕数据应用范围很广, 被广泛用于鸟类、哺乳动物和鱼类的研究。基于未标记种群来估计丰度需要更严格的假设, 且所估计的种群大小可靠性较低, 但对于昆虫、浮游生物、微生物和其他不易被标记的生物而言却是进行调查的唯一选择。

14.2.1　标记重捕: 基本模型

概率论在重要生态问题上最早的应用之一是估计被端上餐桌的动物的种群大小 (Petersen 1896)[15]。Petersen 对鲽鱼 (*Pleuronectes platesa*) 的数量非常感兴趣, 这种比目鱼生活在全长约 200 千米, 横跨丹麦北部的日德兰半岛的林湾水道 (Limfjørd water-

---

[14]不幸的是, 这是许多国家统计局在常规人口普查中采取的方法。在美国, 国会要求每 10 年进行一次人口普查。结果是存在争议的, 因为它们被用于分配众议院席位, 以及为许多联邦资助的项目拨款。第一次这样的人口普查是在 1790 年进行的, 估计的人口规模为 $\hat{N} = 3\,929\,326$。由于现在美国人口已超过 3 亿, 所以试图把每个人都计算在内是不现实的。直接计算将系统性地低估许多较大群体的规模, 如无家可归者、农民工和其他没有 "常住地" 的人。分层抽样是获得无偏估计更好的策略, 但由于人口密度在空间上的巨大变化, 即使是分层抽样也难以准确实施。准确估计曼哈顿 1 平方英里内的人口规模, 可能比估计北达科他州整个县的人口规模所付出的努力要多得多。正如我们在本章所描述的, 标记重捕法非常强大, 但在估计人类人口规模时存在重大的伦理缺陷。尽管如此, 目前也取得了一些进展, 首先是对静脉注射吸毒者、酗酒者和无家可归者的高危人群进行标记重捕研究 (Bloor 2005)。

[15]Carl Georg Johannes Petersen (1860 — 1928) 是一位研究鱼类和渔业的丹麦生物学家。他发明了以他名字命名的 Petersen 圆盘标签用于标记鱼; 最早是由骨头或黄铜制成的, 通过在鱼的背鳍上打一到两个洞来标记它们。Petersen 标签实际上是两个圆盘, 通过一根穿过鱼背鳍或身体的金属丝或别针连接到鱼的身体两侧。现代版是由塑料制成的。

Carl Georg Johannes Petersen

way)[16]。

Petersen 对种群大小的估计为:

$$\widehat{N} = \frac{n_1 n_2}{m_2} \tag{14.25}$$

式中的 n_1 是时间 $t = 1$ 时捕获的个体数, 个体在被捕时均被标记; n_2 是 $t = 2$ 时捕获的个体数; m_2 是在 $t = 2$ 时被捕获且在 $t = 1$ 时被标记的个体数[17]。Frederick C. Lincoln 于 1930 年也独立地提出了同样的公式来估计水鸟的种群大小[18]。公式 14.25 现被称为 **Lincoln-Petersen 估计量 (Lincoln-Petersen estimator)**[19]。Chapman 在 1951 年发表的研究 (在 Schnabel 1938 年发表的文章之后) 中对 14.25 公式进行了微调, 最小化了公式中的偏差:

---

[16]这也是一个有趣的有关物种意外被引入的早期研究案例。在那篇同时介绍了 Petersen 圆盘和 Petersen 标记重捕估计量的文章中, Petersen 写道: "必须记住这条鱼是新到峡湾的, 因为在 19 世纪初才在德国海域发现它" (Petersen 1896: 5)。1825 年, 一场洪水使利姆峡湾冲破了一系列沙洲和蜿蜒的水道流入北海。这也使利姆峡湾的西部水域从淡水变为咸水, 其中的生物群也发生了改变。1895 年, 利姆峡湾仅鲽鱼渔业的价值就达到了 300 000 丹麦克朗 (2012 年约为 350 000 美元), 但到了 1900 年, 该地已经被过度捕捞 (Petersen 1903)。

[17]该公式可以用几种不同的方法推导出来。如果第一个样本包含从大小为 N 的未知种群中得到的 n_1 个个体, 那么样本占总体的比例为 n_1/N。如果第二个样本包含 n_2 个个体, 其中 m_2 个体是第一次捕获后标记的, 假设所有个体在两次种群调查中被抽到的概率相同, 那在第二次调查中捕获已标记个体的比例应该相当于在第一次调查中捕获样本与总体的比例: $\frac{n_1}{N} = \frac{m_2}{n_2}$。$n_1$、$n_2$ 和 m_2 都是已知的, 可以用公式 14.25 解出 N (确切地说是 $\widehat{N}$)。

或者, 简单地将公式 14.1 中捕获个体的概率估计为 m_2/n_2, 再根据公式 14.2 估计 $\widehat{N} = \frac{n_1}{\widehat{p}} = \frac{n_1 n_2}{m_2}$。

最后, 可以基于概率论 (见第 1 章和第 2 章) 提出一个正式的概率分布用于有两次采样的标记重捕研究:

$$P(n_1, n_2, m_2 | N, p_1, p_2) = \frac{N!}{m_2!(n_1 - m_1)!(n_2 - m_2)!(N - r)!} \times$$
$$(p_1 p_2)^{m_2} [p_1(1 - p_2)]^{n_1 - m_2} [(1 - p_1) p_2]^{n_2 - m_2} [(1 - p_1)(1 - p_2)]^{N-r}$$

公式中 n_1 和 n_2 表示在时间 1 和时间 2 捕获的个体数, m_2 表示在时间 2 捕获的在时间 1 已标记的个体数。这些数值都是已知的, 但它们取决于总体种群大小 (N) 和在时间 1 和时间 2 被捕获的概率 (分别为 p_1 和 p_2); r 是捕获的总个体数 ($r = n_1 + n_2 - m_2 \leqslant N$)。这个公式假定一次捕获是一个二项随机变量 (见第 2 章公式 2.3)。每个样本中 (下标 1 或 2) 个体被捕获 (p) 或未被捕获的概率 ($1 - p$) 是唯一的。当 $p_1 = p_2$ 时, Lincoln-Petersen 估计的 $\widehat{N}$ (见公式 14.25) 相当于上面给出的概率分布的最大似然估计 (见第 5 章脚注 13 讨论的最大似然估计)。

[18]除了改进 Petersen 估计群体大小的方法外, Frederick Charles Lincoln (1882—1960) 还提出了 "飞行路线 (flyway)" 的概念, 这一概念从根本上完善了保护和管理 (包括狩猎) 候鸟的规定。作为美国生物调查局的一名长期雇员, Lincoln 组织了一项横跨大陆的鸟类带 (bird-banding) 计划, 并一直持续跟踪研究到 1946 年 (Gabrielson 1962; Tautin 2005)。

Frederick Charles Lincoln

[19]公式 14.25 已知的最早形式是 Pollock (1991) 根据 Laplace (1786) 的公式归纳得出的。Laplace 用该公式估计出 1793 年法国的人口在 2500 万 ~ 2600 万 (有关 Pierre Laplace 的更多信息, 请参阅第 2 章脚注 14)。该公式也是 Jackson (1933) 在坦噶尼喀 (现在的坦桑尼亚) 研究采采蝇时独立推导出来的。

$$\widehat{N} = \frac{(n_1 + 1)(n_2 + 1)}{(m_2 + 1)} \tag{14.26}$$

Chapman (1951) 同时也给出了对方差的估计:

$$\mathrm{var}(\widehat{N}) = \frac{(n_1 + 1)(n_2 + 1)(n_1 - m_2)(n_2 - m_2)}{(m_2 + 1)^2 (m_2 + 2)} \tag{14.27}$$

　　让我们通过一个简单的例子来简要说明 Lincoln-Petersen 模型的基本原理。我们想估计马萨诸塞州一小片林地 (约 0.5 公顷) 中一种兰花 (粉红杓兰, *Cypripedium acaule*) 的数量[20]。该数据是 2012 年 5 月两名植物生态学家在一条几百米的环形小径上来回走了三天收集到的。他们沿着这条小径对每株兰花 (无论是否开花) 进行标记[21]。该数据 (记录兰花的空间图) 如图 14.8 所示。很明显, 每天会发现不同数量的植物, 且并非每株植物都能在第二次或第三次搜找时被 "重新捕获"。根据这些数据, 想要估计这条小径上兰花的数量, 最好的方法是什么?

　　Lincoln-Petersen 模型只需要两个抽样事件, 因此我们仅使用了该示例前两天的兰花标记重捕数据。在分析数据前, 必须像组织占有率数据一样, 对这些数据进行整理。在标记重捕数据中, 每一行描述了一个个体的检测史: 1 表示该个体已被捕获过, 0 表示该个体未被捕获过。时间按从左到右的顺序进行排列, 因此每行中的第一个数字对应于第一个采样时间, 第二个数字对应于第二个采样时间。表 14.9 是在前两个采样时间观察到的植物捕获/重捕历史的子集 (在这三天共定位并标记了 214 株植物)。

　　第一天共发现并标记了 161 株植物, 第二天又发现了 133 株。其中的 97 株是第一天标记的,36 株是第二天新发现的。根据公式 14.25 求解, 其中 $n_1 = 161$, $n_2 = 133$, $m_2 = 97$,

$$\widehat{N} = \frac{161 \times 133}{97} = 220.8$$

结果估计约有 221 株植物 (偏差较小的版本, 公式 14.26 给出的估计值为 221.5, 根据公

---

[20]通过标记重捕数据来估计种群大小的方法几乎总是用于动物, 但这些模型其实也可以用于植物。尽管我们的直觉告诉我们, 动物比植物更难找到或看到, 并且植物一旦被发现就不太可能从样方中消失, 但事实证明许多植物有不同的生命阶段, 包括休眠球根和地下块茎。这些隐藏的生命阶段不仅难以追踪, 而且即使是非常敏锐的植物学家和博物学家也会经常忽略那些他们前一天才看到的显眼的开花植物! 因此, 我们用植物的标记重捕数据估计种群以鼓励植物生态学家和植物学家使用标记重捕模型, 从而赶超他们从事动物学的同事 (Alexander et al. 1997)。

[21]通过在手持 GPS 上记录植物的位置来 "标记" 它们。对于间隔超过 1 m 的植物个体, GPS 坐标能准确地确定一株兰花是否在第二天是被 "重新捕获" 的。对于小丛的植物, GPS 坐标就不够准确了, 因为无法准确识别是否是 "重新捕获", 所以这些植物被永久标记用于日后的研究。这项兰花研究的实际目的是建立一项长期监测研究, 用稳健的设计来解释检测误差 (E. Crone, 私人通信)。或许在本书第三版时刚好能得到结果!

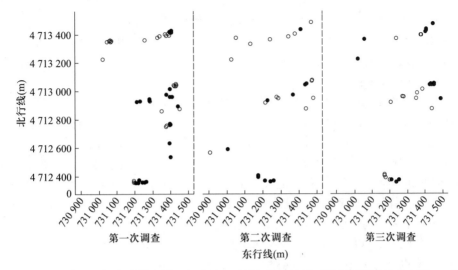

图 14.8 2012 年 5 月, 在哈佛森林一条小径上对粉红构兰连续三天标记重捕的分布图。x 轴和 y 轴的单位是米。空心圆圈是不开花的植物, 实心圆圈是开花的植物。

表 14.9　11 株 (共 214 株) 粉红构兰的最初捕获史

植株 ID 号	捕获史	是否开花
1	01	是
2	01	否
3	11	是
4	11	是
5	11	是
6	10	是
7	10	是
8	11	是
9	11	是
10	10	是
…	…	…
214	10	是

　　每株被发现的兰花都有一个独特的识别号码。捕获结果是由 0 和 1 组成的字符串, 第一个数字表示在第一个采样时间是否被发现 (1 被发现, 0 未被发现), 第二个数字表示在第二个采样时间是否被发现。有四种可能的情况: (1,1) —— 两个采样时间都发现该植物; (1,0) —— 第一个采样时间发现该植物, 第二个采样时间未发现; (0,1) —— 第二个采样时间发现该植物, 第一个采样时间未发现; (0,0) —— 两个采样时间均未发现该植物。

式 14.27 得到的方差为 52.6)。

　　与所有统计模型的应用一样, 要想 Lincoln-Petersen 估计量有效且无偏, 必须满足几个关键的假设。第一个假设, 即区别两大类用于估计种群大小的标记重捕模型的假设是: 种群没有新个体的得失, 是几乎封闭的。尽管大多数种群的大小会随着时间的推移而变化, 但像 Lincoln-Petersen 估计量这样的模型假定: 相对于生物体的寿命而言, 连续种群调查之间的时间间隔很短。在此期间, 假定没有个体的出生或迁入, 也没有个体的死亡或迁出。本章后续的内容将讨论用于开放种群的模型, 如 **Jolly-Seber 模型 (Jolly-Seber model)**。

第二个假设是在两次调查期间标记或标签不会丢失, 也就是说如果被标记的动物被重新捕获, 它的标签将会再次出现。任何试图 "永久" 标记甚至固定生物体的生态学家 (例如通过在树上钉上数字金属标签) 都认为这种假设可能仅在短期内有效。

第三个假设是: 对于群体中的每个个体, 每个样本的捕获概率都相同。换言之, 在 $t = 1$ 时找到并捕获一个个体的可能性与在 $t = 2$ 时找到并捕获或重捕获一个个体的可能性是完全一样的。这个假设很难被满足。捕获的概率取决于个体的特征, 如大小、年龄或性别。有些动物一旦被捕获并标记, 它们的行为就会改变。它们可能会日复一日地落入同样的陷阱中, 以获得高能量的食物, 也可能会变得很胆小, 避开最初被困的区域。捕获的概率也可能取决于取样时的外部因素, 例如是否下雨, 甚至月亮的相位。捕获的概率甚至可能是与研究人员状态相关的函数。你是否有充足的休息? 你对自己捕捉动物、观察植物、辨别它们的种类和性别以及找到其标签的能力有信心吗? 你会对自己数据的可靠性和可重复性产生怀疑吗?

纳入这些异质性来源可能会扩增出无穷无尽的不同的标记重捕模型[22]。针对连续三天采样得到的完整兰花数据集, 我们拟合了五种不同的封闭种群模型 (表 14.10 和表 14.11)[23] 。第一个模型假定在所有采样时间中所有植物个体被发现的概率相同 ($p_1 = p_2 = p_3 = p$)。第二个模型假定找到植物的概率取决于它是否开花, 而不是取决于采样时间 ($p_{\text{flowering plant}} \neq p_{\text{non-flowering plant}}$)。第三个模型假定找到植物的概率取决于之前是否已见过该植物 (即初次发现 $[p]$ 和重新定位 $[c]$ 的概率是不同的)。第四个模型假定不同时间发现植物的概率是不同的 ($p_1 \neq p_2 \neq p_3$), 但初次发现和重新定位的概率是相同的 ($p_i = c_i$)。第五个模型假定不同时间发现植物的概率不同, 且初次发现和重新定位的概率每天也不相同 ($p_1 \neq p_2 \neq p_3$, $p_i \neq c_i$, 且 $c_2 \neq c_3$)。这些模型的结果和兰花种群

---

[22] 广泛使用的程序 MARK (White and Burnham 1999) 的 6.2 版 (2012) 包含 12 个不同的标记重捕数据模型, 这些数据都前提假定种群是封闭的。范围从简单的不考虑异质性的基于似然的估计到允许个体或他们的标签被错误识别且纳入不同类型捕获概率异质性的模型。类似地, 自带的 R 包 Rcapture (Baillargeon and Rivest 2007) 可拟合八种封闭种群的标记重捕模型, 这些模型取决于捕获概率随时间和个体的变化, 也取决于个体行为变化, 如陷阱幸福感。

[23] 这些模型对种群大小的估计都是在总体种群大小 N 不作为模型参数输入情况下通过最大似然得到的。如不说, 该似然仅取决于实际遇到的个体 (脚注 17 中的 r 值)。在这些最初由 Huggins (1989) 提出的模型中, 我们首先最大似然 $P(\{x_{ij} \cdots \} | r, p_1, p_2, \cdots)$, 其中每个 x_{ij} 是一个捕获史 (如表 13.10 所示), r 是捕获的总个体数, p_i 是每个采样时间 t 的捕获概率。我们先得到每个样本捕获概率的估计量 $\hat{p}_i$, 然后估计总个体数 N 为

$$\hat{N} = \sum_{i=1}^{r} \frac{1}{1 - [1 - \hat{p}_1(x_i)][1 - \hat{p}_2(x_i)] \cdots [1 - \hat{p}_t(x_i)]}$$

采用该方法的优点在于描述个体的协变量 (例如它们的行为、大小、繁殖状态) 可被纳入模型当中。对于未曾捕获到的个体我们无法加入协变量!

大小的估计值见表 14.12。

表 14.10　11 株 (共 214 株) 粉红杓兰的完整捕获史

植株 ID 号	捕获史	是否开花
1	010	是
2	010	否
3	111	是
4	111	是
5	111	是
6	100	是
7	100	是
8	111	是
9	111	是
10	100	是
...	...	...
214	100	是

　　每株被发现的兰花都有一个独特的识别号码。捕获结果是由 0 和 1 组成的字符串, 第一个数字表示在第一个采样日是否找到兰花 (1 找到, 0 未找到), 第二个数字表示在第二个采样日是否找到兰花, 第三个数字表示在第三个采样日是否找到兰花。有三个采样日期, 就有八种可能的情况: 111、110、101、100、011、010、001、000。

表 14.11　粉红杓兰捕获史概要

捕获史	开花数	未开花数	概率估计
111	56	34	$p_1 c_2 c_3$
110	3	4	$p_1 c_2 (1 - c_3)$
101	19	13	$p_1 (1 - c_2) c_3$
011	9	12	$(1 - p_1) p_2 c_3$
100	22	10	$p_1 (1 - c_2)(1 - c_3)$
010	8	7	$(1 - p_1) p_2 (1 - c_3)$
001	11	6	$(1 - p_1)(1 - p_2) p_3$
000	—	—	$(1 - p_1)(1 - p_2)(1 - p_3)$

　　该表总结了七个不同的观测到兰花的捕获史 (111-001) 和一个未观测到兰花的捕获史 (000)。对每个采样日概率的估计基于 p_i 和 c_i, p_i 表示在采样日 $i(i = \{1, 2, 3\})$ 中首次发现一株兰花的概率, c_i 表示一株兰花在先前的采样日 i 被发现后又在随后的采样日 ($i = \{2, 3\}$) 被再次发现的概率。

　　简而言之, 最合适的模型是模型 4, 其中找到植物的概率每天都不相同 ($0.60 < \hat{p}_i < 0.75$), 估计的种群大小为 $\hat{N} = 221$ 个个体。但让我们从头到尾仔细研究一下这些模型的结果。

表 14.12   基于不同假设的有三个样本的标记重捕模型对兰花种群大小的估计

	模型 1	模型 2	模型 3	模型 4	模型 5
描述	发现一株植物的单一概率	发现开花植物的概率和发现不开花植物的概率	初次发现植物的概率和重新定位到植物的概率	每天发现植物的概率	每天发现植物的概率,以及初次发现植物和重新定位到它们的概率
模型参数估计数	1	2	2	3	5
最大似然参数估计 (95% 置信区间)	$\hat{p} = 0.69$ (0.64, 0.72)	$\hat{p}_{\text{flower}} = 0.68$ (0.63, 0.73) $\hat{p}_{\text{non-flower}} = 0.69$ (0.62, 0.75)	$\hat{p} = 0.72$ (0.65, 0.78) $\hat{c} = 0.68$ (0.62, 0.72)	$\hat{p}_{\text{day1}} = 0.73$ (0.66, 0.79) $\hat{p}_{\text{day2}} = 0.60$ (0.54, 0.67) $\hat{p}_{\text{day3}} = 0.73$ (0.66, 0.78)	$\hat{p}_{\text{day1}} = 0.67$ (0.67, 0.67) $\hat{p}_{\text{day2}} = 0.45$ (0.45, 0.45) $\hat{p}_{\text{day3}} = 0.39$ (0.39, 0.39) $\hat{c}_{\text{day1}} = 0.60$ (0.53, 0.68) $\hat{c}_{\text{day2}} = 0.73$ (0.66, 0.78)
AIC	766.29	768.29	767.19	759.9	771.93
开花植物估计值	132	132	131	132	144
不开花植物估计值	89	89	89	89	97
种群总大小估计值	221	221	220	221	241

灰色标记的是由 AIC 确定的最佳拟合模型。

模型 1 是最简单的模型。它是 Lincoln-Peterson 模型的扩展, 可应用于两个以上的样本, 在实际找到植物的条件下基于最大似然估计进行求解, 然后如脚注 17 所述对种群大小进行估计。这个相对简单的模型只需要估计一个参数 (找到植物的概率), 并且它假定每株植物被找到的概率是相等的。当然不足为奇的是该模型得到的总体种群大小估计值 (221) 与仅基于前两次种群调查的 Lincoln-Petersen 估计值是一致的 (在舍入误差范围内): Lincoln-Petersen 估计 $m_2/n_2 = 0.6917$, 模型 1 估计 $= 0.6851$。这两个模型也暗示了在随后的调查中, 研究人员并没有发现所有已被标记的植物。他们错过了什么?

我们首先想到的是, 开花的兰花有着大而艳丽的粉红色花瓣, 比不开花的兰花更容易被发现; 后者只有两片耷拉在地表的绿叶。从表 14.11 中的数据可见找到开花的兰花更容易——研究人员发现了 128 朵开花兰花, 86 朵无花兰花。但模型 2 中的参数估计却篡改了这一假设: 发现开花和无花植物的概率几乎相同。使用 AIC 评估模型拟合效果也表明模型 1 比模型 2 拟合得更好。因此, 在其余三个模型中, 我们给开花和无花植物假定了一个单一的捕获概率。

剩下的三个模型包含: 初次和后续的捕获概率不同 (模型 3), 每日找到植物的概率不同 (模型 4), 或这两者的结合 (模型 5)。拟合模型 3 的结果表明一株兰花被初次找到和被再次找到的概率没有差异, 两者均接近于 0.70。

相反, 模型 4 的结果则暗示第 2 天发生了不同寻常的事情, 那日发现植物的概率竟降到了 0.60。研究人员表示第 1 天后, 他们对自己找到兰花的能力充满自信, 所以在第 2 天他们移动的速度比第 1 天更快。幸运的是, 第 2 天返回后他们及时查看了数据 (回想一下我们在第 8 章讨论的 "检查数据")。结果找到的兰花只有第 1 天的 74%, 并且其中还有 36 株新植物。因此, 他们第 3 天的搜索变得更加仔细。努力得到的回报是: 第 3 天发现的兰花 (160 株) 和第 1 天 (161 株) 的几乎一样多, 但第 3 天发现的新植物 (17 株) 则比第 2 天 (36 株) 少得多。模型 4 对该数据的拟合效果比其他任何模型都要好 (AIC 最低), 因此被认为是最合适的模型。

最后一个模型是最复杂的。和模型 4 一样, 模型 5 也用单独的参数来表示每天找到植物的概率。和模型 3 一样, 模型 5 同样也设置了单独的参数来表示初次发现一株植物后又被重新定位的概率。尽管模型 5 的参数是所有模型中最多的, 但它对数据的拟合是最差的 (表 14.12 中 AIC 最高)。仔细检查参数估计后又发现了该模型的其他一些奇怪的特征。我们估计的前三个参数 p_{day1}, p_{day2} 和 p_{day3} 都没有方差, 因此它们的标准差和置信区间为 0。该结果, 加上高 AIC 和明显不同的总体种群大小估计值, 说明模型 5 对数据的拟合严重过度, 并不可靠[24]。

14.2.2 开放种群的标记重捕模型

如果标记重捕研究超出了所涉及生物体的寿命, 或者个体有机会进入或离开样本区域, 那么封闭种群标记重捕模型中关键的封闭假设就不再成立了。在开放种群模型中, 我们还需要估计出生、死亡、迁入和迁出带来的种群大小的变化。这些可用于估计种群大小净增长: [出生 + 迁入]–[死亡 + 迁出]。

标记重捕数据的基本开放种群模型是 Jolly-Seber 模型, 该模型来自两篇紧挨着发表在 *Biometrika* 上的文章 (Jolly 1965; Seber 1965)。Jolly-Seber 模型有许多与封闭种群模型相似的假设: 抽样期间标签不会丢失, 已被标记的动物在被重捕后标签不会遗漏且能够被准确识别; 无论是否被标记, 每个个体在每个采样时间被捕获的概率相同; 并且在两次抽样间所有个体的存活概率都相同。最后, 虽然样本间的间隔没必要是固定的或恒定的, 但与两次抽样间的间隔相比, 每次抽样的时间短到可被假定为是一张 "快照"。与 Lincoln-Peterson 估计量或仅需要两个样本的其他封闭种群标记重捕模型不同, Jolly-Seber 模型需要至少三个样本来估计种群大小。

如前所述 (见式 14.2), 时间 t 的种群大小被估计为: 在时间 t 可捕获的被标记个体的数量与被抽样的个体占种群总个体数的比例的商:

---

[24] 作为一般的规则, 当拟合参数的方差很大或很小时, 或者当参数估计本身看起来不合理时, 你就应该意识到这个模型的拟合度比较差, 要么是因为它在生物学上是不现实的, 要么是因为没有足够合适的数据。在这种情况下, R 语言和其他软件包中的优化和拟合算法通常效果不佳并且生成的参数估计值也很不稳定。这也是一个可以促使我们花时间拟合多个模型来确保结果表现良好的不错的理由。

$$\widehat{N}_t = \frac{\widehat{M}_t}{\widehat{p}_t} \tag{14.28}$$

正如我们在封闭种群模型中的步骤一样, 先估计公式 14.28 的分母 p_t, 即已被标记的动物与样本中捕获的所有动物的比例 (使用公式 14.26 中的无偏形式)

$$\widehat{p}_t = \frac{\widehat{m}_t + 1}{n_t + 1} \tag{14.29}$$

注意, 估计 p_t 至少需要两个样本, 因为分母是在时间 t 捕获的已被标记和未被标记个体的总和, 而且在时间 t 已被标记的个体意味着该个体是在时间 $t-1$ 被捕获和被标记的。

估计公式 14.28 的分子相对比较复杂。我们必须对幸存个体进行估计, 因为一些已被标记的动物可能在抽样期间死亡或迁出:

$$\widehat{M}_t = \frac{(s_t + 1)Z_t}{R_t + 1} + m_t \tag{14.30}$$

其中 m_t 是第 t 次抽样中捕获的已被标记个体的总数; R_t 是第 t 次抽样中被捕获 (无论是已被标记还是在本次抽样中初次被标记) 然后释放且在随后的抽样 (第 $t+1$ 次或更晚) 中被重新捕获的个体的数量; s_t 是在第 t 次抽样中被捕获和释放的个体的总数 (其中一些可能不会再被捕获); Z_t 是在第 t 次抽样前被标记的个体的数量, 这些个体在第 t 次抽样中未被捕获, 而是在较晚的抽样 ($t+1$ 或更晚) 中被捕获。注意, 确定 Z_t 至少需要三个样本。

自然, Jolly-Seber 模型的这些基本假设很难全部满足。捕获或发现个体的概率可能受到内在 (年龄、性别等) 或行为 (陷阱幸福感, 陷阱羞耻感) 上的影响, 而准确估计存活率尤其成问题 (Lebreton et al. 1992)[25], 现在仅估计存活率的模型就有几十种。但如果目标是估计种群大小, 可以考虑 Pollock (1982) 提出的一种特别优雅的解决方案, 该方案结合了开放种群模型和封闭种群模型二者的最佳属性。

简而言之, 如图 14.9 所示, Pollock 的方法是在一个时间间隔内重复采样, 在这段时间间隔内可以确切地假定种群是封闭的。然后, 这些重复样本被汇集起来, 以确定在包含封闭种群样本的较大时间间隔内一个个体是否至少被捕获了一次。正如我们在兰花示例中所看到的, 在封闭种群模型中引入捕获概率的异质性是很简单的, 但为了得到可

---

[25]根据公式 $14.28 \sim 14.30$ 所使用的变量, 可以估计出第 t 次到第 $t+1$ 次抽样之间的存活率: $\widehat{\phi} = \widehat{M}_{t+1}/(\widehat{M}_t - m_t + s_t)$。根据存活率的估计, 第 t 次到第 $t+1$ 次间自然种群的增长 (出生 + 迁入) 可以估计为: $\widehat{B}_t = \widehat{N}_{t+1} - \widehat{\phi}_t(\widehat{N}_t - n_t + s_t)$。

靠的结果需要多个子样本 (Pollock 1982 建议至少五个)。如果这是在几个 (至少三个) 较大的采样间隔上完成的, 那我们可以将 Jolly-Seber 模型用于合并后的子样本以估计总体种群的大小和变化率。

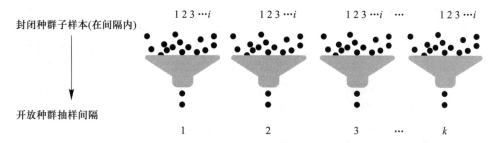

图 14.9　Pollock (1982) 提出的结合了开放和封闭种群模型最佳属性的标记重捕研究设计示意图。建模的数据来自封闭种群子样本, 建模的方法考虑到了捕获概率中的个体异质性, 从而可以得到每个抽样间隔内已被标记动物的数量的估计值。汇聚每组抽样间隔内的子样本, 然后将其用于开放种群 Jolly-Seber 模型中来估计总体种群大小和种群增长率。这种抽样还可用于估计占有率分层模型中各季度内的发现概率 (见公式 14.22 和 14.23d)。

14.3　占有率建模和标记重捕: 更多模型

为估计种群大小的变化和种群增长率, 生态学家和统计学家仍在继续开发占有率和标记重捕模型, 这些模型放宽了经典模型的假设, 以新的方式纳入了个体异质性, 并且针对特定的情况 (例如, Schofield and Barker 2008; McGarvey 2009; Thomas et al. 2009; King 2012)。其中一些模型使用了遗传标记 (Watts and Paetkau 2005; Ebert et al. 2010), 这种方法适用于不可能或几乎不可能重新捕获先前被标记个体 (例如, Pollock 1991) 的情况。有些模型用于比较不同种群的参数估计。还有些模型会专注于占有率或标记重捕过程的某一特定方面, 如个体的移动 (例如, Schick et al. 2008)。相关软件也在不断发展 (White and Burnham 1999; Baillargeon and Rivest 2007; Thomas et al. 2010), 针对特定数据结构的新方法会定期出现。然而, 本章所介绍的用于估计占有率和种群大小的基本模型应与生态学家经常收集的生态数据集结构相匹配。

14.4　用于估计占有率和丰度的抽样

在本章和第 13 章中, 我们都专注于物种丰富度、占有率和丰度的估计。自始至终都假定抽样符合我们感兴趣的问题, 并且能够收集到分析所需的合适数据。第 6 章提出的实验设计准则也适用于此: 应提出一个明确的问题; 样本应是独立的随机的; 有足够的重复。随着生态学家越来越重视占有率和发现概率的估计, 他们对于如何设计研究才能提高参数估计的可靠性同时最小化不确定性的思考也在逐渐深入。这一领域的兴起始于三篇文献: Robson 和 Regier 在 1964 年发表的研究, MacKenzie 和 Royle 在 2005
年发表的研究, 以及 Bailey 等人在 2007 年发表的研究; 随后 Lindberg 在 2012 年发表
的文章中对该话题进行了全面综述。

对于封闭群落 (在研究期间没有出生、死亡、迁入或迁出) 的研究, MacKenzie 和
Royle 在 2005 年发表的研究通过分析确定了, 在一定约束条件下, 为估计占有率并最
小化其方差, 每个位点所需的最佳调查数量; 其中约束条件包括所有位点都进行了相同
次数的调查, 且第一次调查的成本大于后续所有调查的成本[26]。果然, 随着发现概率的
增加, 每个位点所需的最佳调查的数量会下降。如果发现概率 $p > 0.5$, 则在大多数情况
下每个位点进行三到四次调查就足够了, 只要第一次调查的成本低于后续调查的十倍 (图
14.10)。但随着发现概率降至 0.4 以下, 无论占有率如何, 所需的调查数量都会迅速增加。
在极端情况下, 如果发现概率为 0.1, 即使占有率大于 0.8, 每个位点也需要进行 30 次以
上的调查。在调查稀有物种时, 这一点尤其重要。MacKenzie 和 Royle 两人 2005 年的研
究以及 Pacifici 等人 2012 年的研究提供了一套通用指南: 对于稀有物种, 最好增加位点,
同时减少采样次数; 对于常见物种, 最好减少采样位点, 同时增加采样次数。其他专门的抽
样设计可以利用其他来源可能提供的信息 (MacKenzie et al. 2005; Thompson 2012)。

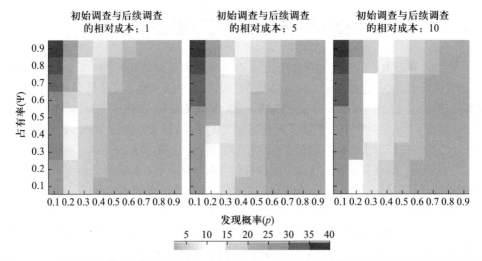

图 14.10   根据占有率、发现概率以及初次调查与后续调查的相对成本得到的每个位点的最佳调
查次数。阴影表示估计占有率中要想最小化方差所需的调查次数。一般来说, 随着发现概率的降
低和占有率的增加, 每个位点所需调查次数更多 (数据来自 MacKenzie and Royle 2005)。(参见
书末彩插)

通过封闭的标记重捕研究估计种群大小至少需要两个样本 (一个用于捕获和标记,

---

[26] MacKenzie 和 Royle (2005) 也评估了双重抽样设计, 在这种设计中只对一小部分位点进行重复调查, 其余
位点只调查一次。模拟结果表明, 当第一次调查的成本低于所有后续调查的成本时, 双重抽样设计只比在每
个位点都进行重复抽样的标准抽样设计更有效。这在现实中似乎不太可能发生, 因此他们得出的结论是双重
抽样设计适用的情况很少。

另一个用于重捕获和二次抽样)。但是要准确估计总体种群大小, 必须抽样的个体数可能非常大。Robson 和 Regier (1964) 的研究指出, 通常来说, 已被标记个体的数量 (公式 14.25 中的 n_1) 和第二次抽样捕获的个体数 (公式 14.25 中的 n_2) 的乘积应该超过真实种群大小初始估计值的 4 倍。他们为样本量的估计提供了查询图表以达到估计 $\hat{N}$ 所需的精确度。即使对于中等大小的群体 (数百到数千个个体), 若发现 (或重捕获) 概率 $\ll 1.0$, 也可能需要标记数百个个体才能以合理的准确度 ($\pm10\%$) 估计出种群大小。

可用于开放种群标记重捕研究的抽样设计有几十种 (Lindberg 2012)。通常, 至少需要三个样本来估计所有必要的参数 (见公式 14.30 的讨论)。当动物可以被活捉或只有死去的个体被找回 (例如重获被猎人射杀的带条纹的鸟类) 时, 所使用的设计是不同的。

最后, Pollocks 在 1982 年发表的研究中提出了一种结合了季度内 (封闭) 种群抽样和季度间 (开放) 种群抽样的抽样设计 (见图 14.9), 该设计既可用于无标记个体的占有率研究, 也可用于有标记个体的种群研究。目前已开发出更为详尽的版本用来研究种群中更精确的变化 (Lindberg 2012 综述)。

14.5 估计占有率和丰度的软件

对于占有率建模, 使用最广泛的软件包是 PRESENCE, 该包由美国地质勘探局 Patuxent 野生动物研究中心的 Jim Hines 维护。Hines 还开发了 GENPRES, 可通过模拟 "存在-缺失" 数据来估计实验研究中所需的样本量和潜在的偏差。分析标记重捕数据的标准软件是 MARK。最初是在 1999 年由 White 和 Burnham 开发的, 我们用于分析兰花案例的版本是 6.2, 该版本发布于 2012 年春季。可通过访问 Patuxent 野生动物研究中心软件档案馆 (Patuxent Wildlife Research Center Software Archive) 来获取这三个软件包以及其他用于更具体的占有率、检测和种群估计问题的软件包。在法国蒙彼利埃功能与进化生态中心 (Centre d'Ecologie Fonctionnelle & Evolutive), Remi Choquet 和他的同事开发了三个软件包: ESURGE、M-SURGE 和 UCARE, 这些软件包可用于分析复杂的、多状态捕获–再捕获模型。R 语言包 unmarked 可通过分层模型来估计封闭和开放种群中的占有率、发现概率和丰度。RMark 包为 MARK 提供了一个 R 语言接口。两者都可通过用于统计计算的 R project 网站获取。最后, 在 www.phidot.org/ 的网页论坛是一个专注于占有率模型、发现概率和群落大小估计相关研究的在线社区, 汇聚了众多从事该领域设计、分析及软件开发的人员。

14.6 总结

对于研究生物多样性、物种分布、种群动态及种间相互作用的生态学家而言, 检测物种并估计其种群大小是一个至关重要的问题。建模师们利用这些估计来预测不同气候变化情景下物种分布的变化。自然资源管理者们需要利用这些估计为捕鱼和狩猎的产量设定实际的限额。保护生物学家们使用这些估计来判断一个物种是否濒危, 是否需要建立有效的保护区来保护它们。三个最主要的问题是: 一个物种是否真的存在于某个地方 (即该地是否被占据); 如果存在, 发现或检测到它的概率是多少; 如果存在且可以被检测到, 那数量到底有多少。现已有大量的方法可用来估计这些概率和数值。这些方法的区别主要在于它们假定种群对物种出现或种群大小的变化是封闭的还是开放的, 即种群是否受出生、死亡、迁入或灭绝的影响。

封闭种群模型可用于许多实际情景中, 其结果也可作为开放种群模型的常规输入。封闭种群模型包括由 MacKenzie 及其同事开发的占有率模型和 Lincoln-Petersen 标记重捕模型, 该模型要求每个季度至少在一个位点进行两次连续采样, 但对于可靠的估计而言, 一个季度内任一位点所需抽样次数从 3 或 4 次到 30 次不等, 当然这取决于真实的 (潜在的) 占有率和发现概率。对于开放种群模型, 还需要估计存活率, 即 [出生 + 迁入] − [死亡 + 迁出]。为了估计标记重捕模型中的存活率, 除了在一个季度内重复采样外, 仍需至少三个季度的抽样。使用似然法或贝叶斯方法估计参数的分层模型可包含特定位点和特定时间的协变量, 这些协变量可能会影响发现概率和占有率, 但这些模型通常需要大量的数据支持。现已有很多软件可用于拟合占有率和标记重捕模型并估计这些模型的参数。

附录 阅读本书所需的矩阵代数基础

许多统计方法可以用矩阵代数简明扼要地加以说明。尤其是第 12 章中介绍的多变量方法要依赖矩阵代数, 回归 (见第 9 章)、方差分析 (见第 10 章) 以及基本的和分层的占有率模型 (见第 14 章) 通常也都是用矩阵表示的。如果你了解矩阵代数的基础知识, 就可以通过编写简单的程序来实现期刊中介绍的新的统计方法。本附录简要地解释了矩阵代数的基本原理。如果读者想学习更多关于矩阵代数在统计中的应用, Harville (1997) 是本优秀的值得一读的参考书。

A.1 什么是矩阵?

矩阵的基本定义是一个行为重复、列为观测变量的数表。更正式地讲, **矩阵 (matrix)** 是由 m 行 n 列的数字组成的矩形数组。矩阵的展开形式会显示出每项的系数, 紧凑形式通常用大写粗体字母表示:

$$\mathbf{A} = \begin{bmatrix} a_{11} & a_{12} & \cdots & a_{1n} \\ a_{21} & a_{22} & \cdots & a_{2n} \\ \vdots & \vdots & \ddots & \vdots \\ a_{m1} & a_{m2} & \cdots & a_{mn} \end{bmatrix}$$

矩阵的每个**元素 (element)** 都用两个下标进行编号: 第一个下标表示行, 第二个下标表示列。因此, a_{34} 表示矩阵 $\mathbf{A}$ 第三行第四列的元素。

矩阵的**维数 (dimension)** 是一对数字, 表示矩阵的行数和列数:

$$\mathrm{Dim}(\mathbf{A}) = (m, n)$$

矩阵可以有任意数量的行或列, 但其中有三种形式的矩阵尤为重要。**方阵 (square matrix)** 是行数等于列数 $(m = n)$ 的矩阵:

$$\mathbf{A} = \begin{bmatrix} a_{11} & a_{12} & \cdots & a_{1n} \\ a_{21} & a_{22} & \cdots & a_{2n} \\ \vdots & \vdots & \ddots & \vdots \\ a_{n1} & a_{n2} & \cdots & a_{nn} \end{bmatrix}$$

方阵主对角线上元素的总和, 即 $a_{11} + a_{22} + \cdots + a_{nn}$, 称为矩阵的**迹** (trace)。

列向量 (column vector) 是一个 m 行 1 列的矩阵:

$$\mathbf{A} = \begin{bmatrix} a_{11} \\ a_{21} \\ \vdots \\ a_{m1} \end{bmatrix}$$

行向量 (row vector) 是一个 1 行 n 列的矩阵:

$$\mathbf{A} = \begin{bmatrix} a_{11} & a_{12} & \cdots & a_{1n} \end{bmatrix}$$

在矩阵代数中, 单个数字 k 被称为一个**标量** (scalar), 以便将其与仅有 1 行 1 列的矩阵区分开来:

$$\mathbf{A} = [a_{11}]$$

A.2 矩阵的基本数学运算

加减运算

矩阵的加减运算是逐元素进行的。对于两个元素分别为 $\{a_{ij}\}$ 和 $\{b_{ij}\}$ 的矩阵 $\mathbf{A}$ 和 $\mathbf{B}$, 二者的和 $\mathbf{A} + \mathbf{B}$ 是一个新矩阵 $\mathbf{C}$, 其第 i 行、第 j 列的元素等于 $a_{ij} + b_{ij}$:

$$\begin{bmatrix} 3 & 4 \\ -1 & 5 \\ 0 & 2 \end{bmatrix} + \begin{bmatrix} 4 & 8 \\ 1 & -3 \\ -2 & 6 \end{bmatrix} = \begin{bmatrix} 3+4 & 4+8 \\ -1+1 & 5+(-3) \\ 0+(-2) & 2+6 \end{bmatrix} = \begin{bmatrix} 7 & 12 \\ 0 & 2 \\ -2 & 8 \end{bmatrix} \tag{A.1}$$

同样, 两个矩阵的差 $\mathbf{A} - \mathbf{B}$ 也是一个新的矩阵 $\mathbf{C}$, 其第 i 行、第 j 列的元素等于 $a_{ij} - b_{ij}$。因为矩阵的加减法是在逐元素的基础上进行的, 所以只有维数相同的矩阵 (即行列数相同的矩阵) 才能彼此相加或相减。

矩阵加法是**可交换的** (commutative), 即两个等维矩阵 $\mathbf{A}$ 和 $\mathbf{B}$, 有 $\mathbf{A} + \mathbf{B} = \mathbf{B} + \mathbf{A}$。矩阵加法也是**可结合的** (associative), 即三个等维矩阵 $\mathbf{A}$、$\mathbf{B}$ 和 $\mathbf{C}$, 有

$\mathbf{A} + (\mathbf{B} + \mathbf{C}) = (\mathbf{A} + \mathbf{B}) + \mathbf{C}$。这些就是读者在普通算术运算中所熟知的交换律和结合律。

乘法

矩阵乘法有两种情况。当我们将任意维数的矩阵 $\mathbf{A}$ 乘以单个数字或标量 k, 乘积 $k\mathbf{A}$ 是一个与 $\mathbf{A}$ 维数相同的新矩阵, 其第 i 行、第 j 列的元素等于 $k\mathbf{A}_{ij}$:

$$3\begin{bmatrix}1 & 3 & 2 & -5\\ 2 & 0 & 0 & 3\end{bmatrix} = \begin{bmatrix}3\times1 & 3\times3 & 3\times2 & 3\times(-5)\\ 3\times2 & 3\times0 & 3\times0 & 3\times3\end{bmatrix} = \begin{bmatrix}3 & 9 & 6 & -15\\ 6 & 0 & 0 & 9\end{bmatrix} \quad (A.2)$$

与矩阵的加减法一样, 标量乘法是可交换的 $(k\mathbf{A} = \mathbf{A}k)$ 和可结合的 $[c(k\mathbf{A}) = (ck)\mathbf{A}]$。标量乘法也是**可分配的 (distributive)**: $k(\mathbf{A} + \mathbf{B}) = k\mathbf{A} + k\mathbf{B}$。与普通算术运算一样, $1 \times \mathbf{A} = \mathbf{A}$。

此外, 也可将两个矩阵 $\mathbf{A}$ 和 $\mathbf{B}$ 相乘, 二者维数分别为 (m,n) 和 (p,q), 但前提是第一个矩阵 $\mathbf{A}$ 的列数等于第二个矩阵 $\mathbf{B}$ 的行数 (即 $n = p$)。两个这样的矩阵的乘积 $\mathbf{AB}$ 是一个新矩阵, 其第 i 行、第 j 列的元素等于

$$\sum_{k=1}^{n} a_{ik}b_{kj} = a_{i1}b_{1j} + a_{i2}b_{2j} + \cdots + a_{in}b_{nj}$$

例如:

$$\begin{bmatrix}1 & 3 & 3\\ 2 & 0 & -2\end{bmatrix}\begin{bmatrix}1 & -2 & 2\\ 3 & 2 & 2\\ -1 & 3 & 3\end{bmatrix}$$
$$= \begin{bmatrix}1(1)+3(3)+3(-1) & 1(-2)+3(2)+3(3) & 1(2)+3(2)+3(3)\\ 2(1)+0(3)+(-2)(-1) & 2(-2)+0(2)+(-2)(3) & 2(2)+0(2)+(-2)(3)\end{bmatrix}$$
$$= \begin{bmatrix}7 & 13 & 17\\ 4 & -10 & -2\end{bmatrix} \quad (A.3)$$

$\mathbf{AB}$ 的维数为 (m,q), m 是 $\mathbf{A}$ 的行数, q 是 $\mathbf{B}$ 的列数。

对于三个矩阵 $\mathbf{A}$、$\mathbf{B}$ 和 $\mathbf{C}$, 矩阵乘法服从结合律 $[\mathbf{A}(\mathbf{BC}) = (\mathbf{AB})\mathbf{C}]$ 和分配律 $[\mathbf{A}(\mathbf{B} + \mathbf{C}) = \mathbf{AB} + \mathbf{AC}$ 与 $(\mathbf{A} + \mathbf{B})\mathbf{C} = \mathbf{AC} + \mathbf{BC}]$。但矩阵乘法一般是不可交换的: $\mathbf{AB}$ 通常不等于 $\mathbf{BA}$。事实上, 除非 $n = p$ 且 $m = q$, 否则两个矩阵只能在一个固定方向上进行运算。如果 $\mathbf{A}$ 和 $\mathbf{B}$ 是维数相同的矩阵 $(m = n = p = q)$, 那 $\mathbf{AB}$ 与 $\mathbf{BA}$ 都能被定义 (矩阵 $(\mathbf{AB})$ 的维数为 (n,n)), 但基本上不会出现 $\mathbf{AB} = \mathbf{BA}$ 这样的情况。例如:

$$\begin{bmatrix} 1 & 0 \\ 0 & 4 \end{bmatrix} \begin{bmatrix} 0 & 2 \\ 2 & 1 \end{bmatrix} = \begin{bmatrix} 0 & 2 \\ 8 & 4 \end{bmatrix} \neq \begin{bmatrix} 0 & 8 \\ 2 & 4 \end{bmatrix} = \begin{bmatrix} 0 & 2 \\ 2 & 1 \end{bmatrix} \begin{bmatrix} 1 & 0 \\ 0 & 4 \end{bmatrix} \tag{A.4}$$

我们称 $\mathbf{AB}$ 为 $\mathbf{A}$ 左乘 $\mathbf{B}$。同样, 称 $\mathbf{AB}$ 为 $\mathbf{B}$ 右乘 $\mathbf{A}$。

请注意, 将一个矩阵乘以标量 $(k\mathbf{A})$ 与将矩阵乘以一个 1 行 1 列的矩阵 $([k]\mathbf{A})$ 是有区别的。前者适用于任意行列数的矩阵 (请参见方程 A.2), 但后者仅适用于行数为 1 的矩阵。

如果用一个行向量 [维数 $= (1,n)$] 乘以一个列向量 [维数 $= (p,1)$], 则结果是一个 1×1 的矩阵。因为这两个向量的乘积中只有一个元素, 这个积通常被称为**标量积 (scalar product, 又称点积, dot product)**, 许多作者将其视为标量 (如 Legendre and Legendre 1998), 但大多数软件包将该结果视为矩阵。

乘积为 0 的两个向量是**正交的 (orthogonal)**。例如, 一对正交的先验 ANOVA 对照 (见第 10 章) 是两个数值的向量, 其乘积之和等于 0。在矩阵代数术语中, 这对对照表示一对矩阵乘积为 0 的行向量和列向量, 因此它们是正交的。

转置

转置 (transposition) 即交换一个矩阵的行和列。一个维数为 (m,n) 的矩阵 $\mathbf{A}$ 的转置写作 $\mathbf{A}'$ 或 $\mathbf{A}^{\mathrm{T}}$, $\mathbf{A}^{\mathrm{T}}$ 是一个维数为 (n,m) 的矩阵, 其第 i 行、第 j 列的元素等于 $\mathbf{A}$ 的第 j 行、第 i 列元素:

$$\begin{bmatrix} 3 & 0 \\ -1 & -2 \\ 2 & -1 \end{bmatrix}^{\mathrm{T}} = \begin{bmatrix} 3 & -1 & 2 \\ 0 & -2 & -1 \end{bmatrix} \tag{A.5}$$

对转置后的矩阵进行转置可恢复为原矩阵: $(\mathbf{A}^{\mathrm{T}})^{\mathrm{T}} = \mathbf{A}$。

如果矩阵转置后未发生变化 (即 $\mathbf{A}^{\mathrm{T}} = \mathbf{A}$), 则称矩阵是**对称的 (symmetric)**。只有方阵是对称的。对称方阵中对角线两侧的元素是相同的:

$$\begin{bmatrix} 1 & 2 & 2 & -1 \\ 2 & 4 & 3 & 2 \\ 2 & 3 & -4 & 0 \\ -1 & 2 & 0 & 8 \end{bmatrix}$$

另一个对称方阵的例子是方差–协方差矩阵 (见第 9 章脚注 5)。对于 n 个变量的集合, $n \times n$ 的方差–协方差矩阵中包含变量 i 和变量 j 之间的协方差 σ_{ij}, 其中变量 i 的方差 σ_{ii} 为对角元素。由于协方差 $\sigma_{ij} = \sigma_{ji}$, 故对角线两侧的元素相同, 矩阵对称。

有两个非常有用的对称矩阵。**对角矩阵 (diagonal matrix) D** 是一个方阵, 除主对角线上的元素外, 其余所有元素均为 0:

$$\mathbf{D} = \begin{bmatrix} a_{11} & 0 & 0 & 0 & 0 \\ 0 & a_{22} & 0 & 0 & 0 \\ 0 & 0 & a_{33} & 0 & 0 \\ \vdots & \vdots & \vdots & \ddots & \vdots \\ 0 & 0 & 0 & 0 & a_{nn} \end{bmatrix} \tag{A.6}$$

对角线上所有元素均为 1 的对角矩阵被称为**单位矩阵 (identity matrix)**, 通常写作 **I**:

$$\mathbf{I} = \begin{bmatrix} 1 & 0 & 0 & 0 & 0 \\ 0 & 1 & 0 & 0 & 0 \\ 0 & 0 & 1 & 0 & 0 \\ \vdots & \vdots & \vdots & \ddots & \vdots \\ 0 & 0 & 0 & 0 & 1 \end{bmatrix} \tag{A.7}$$

对角线其中一侧所有元素均为 0 的矩阵称为**三角矩阵 (triangular matrix)**。对角线上方所有元素均为 0 的矩阵称为**下三角矩阵 (lower triangular matrix)**:

$$\mathbf{A} = \begin{bmatrix} 1 & 0 & 0 & 0 \\ 13 & 2 & 0 & 0 \\ 2 & -1 & 2 & 0 \\ 4 & 2 & -2 & -1 \end{bmatrix} \tag{A.8}$$

相反, 对角线下方所有元素均为 0 的矩阵称为**上三角矩阵 (upper triangular matrix)**:

$$\mathbf{A} = \begin{bmatrix} 1 & 10 & 3 & -2 \\ 0 & 2 & 3 & 5 \\ 0 & 0 & 2 & -3 \\ 0 & 0 & 0 & -1 \end{bmatrix} \tag{A.9}$$

请注意, 转置下三角矩阵会得到上三角矩阵, 反之亦然。

求逆 (inversion)。对于简单变量或标量 k, 其逆 k^{-1} 被定义为 $k \times k^{-1} = 1$。以此类推, 对于矩阵 **A**, 我们将其逆 $\mathbf{A}^{-1}$ 定义为满足等式 $\mathbf{A} \times \mathbf{A}^{-1} = \mathbf{I}$ 的矩阵, **I** 为单

位矩阵。逆矩阵仅适用于方阵, 但并非所有的方阵都有逆矩阵。如果确实存在 $\mathbf{A}^{-1}$, 则 $\mathbf{A}\mathbf{A}^{-1} = \mathbf{A}^{-1}\mathbf{A} = \mathbf{I}$。**逆矩阵 (inverse matrix)** 的一个示例为:

$$\begin{bmatrix} 1 & 3 \\ 2 & 4 \end{bmatrix}^{-1} = \begin{bmatrix} -2 & 1.5 \\ 1 & -0.5 \end{bmatrix} \tag{A.10}$$

可以通过将两个矩阵相乘来验证它们是否相逆。如果两矩阵相逆, 二者的乘积应为单位矩阵 $\mathbf{I}$。一个矩阵的逆等于其转置 (即 $\mathbf{A}^{-1} = \mathbf{A}^{\mathrm{T}}$) 这一特殊情况, 称矩阵 $\mathbf{A}$ 是**正交的**。计算矩阵的逆矩阵最好使用数学或统计软件。

二次型。如果将转置和矩阵乘法以一种特殊的方式结合起来, 就能得到一个**二次型 (quadratic form)**。给定一个维数为 (n,n) 的方阵 $\mathbf{A}$ 和维数为 $(n,1)$ 的列向量 $\mathbf{x}$, 表达式

$$\mathbf{Q} = \mathbf{x}^{\mathrm{T}}\mathbf{A}\mathbf{x} \tag{A.11}$$

称为二次型。$\mathbf{Q}$ 是一个 1×1 的矩阵, 其元素等于

$$\mathbf{Q} = \sum_{i=1}^{n} \sum_{j=1}^{n} x_i a_{ij} x_j \tag{A.12}$$

$\mathbf{Q}$ 通常被认为是一个标量, 但一些数学或统计软件包可能将其视为一个 1×1 矩阵。

解线性方程组。矩阵代数最重要的应用之一是求解线性方程组。特别地, 估计基本线性回归模型的参数 β_0 和 β_1 (见第 9 章) 等价于求解一个线性方程组:

$$\begin{aligned} Y_1 &= \beta_0 + \beta_1 X_1 \\ Y_2 &= \beta_0 + \beta_1 X_2 \\ Y_3 &= \beta_0 + \beta_1 X_3 \\ &\vdots \\ Y_n &= \beta_0 + \beta_1 X_n \end{aligned} \tag{A.13}$$

如果 $\mathbf{Y}$ 表示 n 个响应变量中每个变量的列向量

$$\begin{bmatrix} Y_1 \\ Y_2 \\ \vdots \\ Y_n \end{bmatrix}$$

则 **X** 就是一个表示每个预测变量 $n \times 2$ 的矩阵

$$\begin{bmatrix} 1 & X_1 \\ 1 & X_2 \\ 1 & \vdots \\ 1 & X_n \end{bmatrix}$$

b 是线性回归模型参数的列向量

$$\begin{bmatrix} \beta_0 \\ \beta_1 \end{bmatrix}$$

由此线性方程组 (方程 A.13) 可表示为 $\mathbf{Y} = \mathbf{Xb}$。在对回归模型的最佳拟合中, β_0 和 β_1 值 (第 9 章中介绍的最小二乘模型) 的计算如下:

$$\mathbf{b} = [\mathbf{X}^{\mathrm{T}}\mathbf{X}]^{-1}[\mathbf{X}^{\mathrm{T}}\mathbf{Y}] \tag{A.14}$$

这个方程同样适用于简单线性回归和多元线性回归。

特征值和特征向量。 一组特殊的线性方程组

$$\begin{aligned} a_{11}x_1 + a_{12}x_2 + \cdots + a_{1n}x_n &= \lambda x_1 \\ a_{21}x_1 + a_{22}x_2 + \cdots + a_{2n}x_n &= \lambda x_2 \\ &\vdots \\ a_{n1}x_1 + a_{n2}x_2 + \cdots + a_{nn}x_n &= \lambda x_n \end{aligned} \tag{A.15}$$

可以写成矩阵形式

$$\mathbf{Ax} = \lambda \mathbf{x} \tag{A.16}$$

其中 **A** 是一个元素为 a_{ij} 的方阵, **x** 是一个 $n \times 1$ 的列向量, 而 λ 是一个标量。利用所学的矩阵代数规则, 可将方程 A.16 改写为

$$(\mathbf{A} - \lambda \mathbf{I})\mathbf{x} = \mathbf{0} \tag{A.17}$$

其中 **0** 是一个 $n \times 1$ 的列向量, 其元素均为 0。如果方程 A.17 (或 A.16, A.15) 可以被解出 (但并非总是如此), 则可以求出特定 λ 的值。这些值被称为矩阵 **A** 的**特征值 (eigenvalue)**。由于方程 A.15 中有 n 个方程, 因此最多可以有 n 个特征值, 这些特征值一般是复数, 有时也可以是实数。每一个特征值 λ_i 都有一个对应的**特征向量**

(eigenvector), 即满足方程 A.16 或 A.17 的列向量 **x**。最后, 矩阵 **A** 的特征值之和等于它的迹。

行列式。计算特征值的方程 (方程 A.17) 在 **x** = **0** (一个所有元素均为 0 的列向量) 时有一个解。此外, 方程 A.17 还有另一个解:

$$|\mathbf{A} - \lambda\mathbf{I}| = \mathbf{0} \tag{A.18}$$

方程 A.18 中的两个竖线 (||) 表示矩阵 **A** 和 λ**I** 的差的**行列式** (determinant)。方阵 **A** 的行列式是一个标量, 它可通过 **A** 中一个行元素和一个列元素所有可能的有符号 (正或负) 的乘积之和求得。每个乘积的符号都是由一个规则决定的, 这个规则乍一看似乎是任意的, 但实则不然。

方阵 **A** 中的元素为 a_{ij}。对于任意两个元素 a_{ij} 和 a_{km} 的乘积, 其中 $i \neq k, j \neq m$, 如果其中一个元素位于另一个元素的右上方, 则将乘积 $a_{ij}a_{km}$ 定义为 "负的组合"。即 $k > i$ 且 $m < j$, 或者 $k < i$ 且 $m > j$ 的情况。否则, 定义乘积为 "正的组合"。符号的分配如下表所示:

	$k > i$	$k < i$
$m > j$	+	−
$m < j$	−	+

例如, 在 $n > 4$ 的 $n \times n$ 矩阵中, a_{34} 和 a_{22} 是一对正的组合, 而 a_{34} 和 a_{41} 为一对负的组合。正负组合的分配取决于两个元素在矩阵内的相对位置, 与元素或其乘积的实际符号 (正或负) 无关。

方阵 **A** 中有 n 个元素, 没有两个元素落在同一行或同一列中。例如, 矩阵 **A** 的第 $i_1j_1, \cdots, i_nj_n$ 个元素, 其中 $i_1, \cdots, i_n$ 和 $j_1, \cdots, j_n$ 是前 n 个整数 $(1, \cdots, n)$ 的排列。n 个元素总共有 $\binom{n}{2}$ 对两两组合。我们用符号 $\sigma_n(i_1, j_1; \cdots; i_n, j_n)$ 来表示其中负的组合的数量。

方阵 **A** 的行列式, 写作 |**A**|, 定义为

$$|\mathbf{A}| = \sum_{i=1}^{n} (-1)^{\sigma_n(i_1,j_1;\cdots;i_n,j_n)} a_{1j_1} \cdots a_{nj_n} \tag{A.19}$$

其中 $j_1, \cdots, j_n$ 是前 n 个整数的排列, 是所有此类排列之和。

计算行列式的方法是:

1. 从方阵 **A** 的每一行和每一列中选择一个且仅选择一个元素计算 n 个因子中每

个因子的所有可能的乘积。

2. 对于每个乘积, 统计 n 个元素所有可能的 $\binom{n}{2}$ 对两两组合中负的组合的数量。如果负的组合的数量为偶数, 乘积的符号为 $+$。如果负的组合的数量为奇数, 乘积的符号则为 $-$。

3. 将已标记的乘积相加。

对于一个 2×2 的矩阵, 其行列式为

$$\begin{vmatrix} a_{11} & a_{12} \\ a_{21} & a_{22} \end{vmatrix} = a_{11}a_{22} - a_{12}a_{21} \tag{A.20}$$

对于一个 3×3 的矩阵, 其行列式为

$$\begin{vmatrix} a_{11} & a_{12} & a_{13} \\ a_{21} & a_{22} & a_{23} \\ a_{31} & a_{32} & a_{33} \end{vmatrix} = a_{11}a_{22}a_{33} + a_{12}a_{23}a_{31} + a_{13}a_{21}a_{32} - \\ a_{11}a_{23}a_{32} - a_{12}a_{21}a_{33} - a_{13}a_{22}a_{31} \tag{A.21}$$

因为矩阵的行和列都可以用来计算行列式, 所以矩阵 $\mathbf{A}$ 的行列式等于其转置的行列式: $|\mathbf{A}| = |\mathbf{A}^{\mathrm{T}}|$。三角矩阵的一个有用的属性是: 它的行列式等于主对角线上元素的乘积 (因为方程 A.19 中其他所有乘积 $= 0$)。

除了提供识别特征值的机制外 (见方程 A.18), 行列式其他有用的属性包括:

1. 行列式将矩阵乘法的结果转换成一个标量: $|\mathbf{AB}| = |\mathbf{A}||\mathbf{B}|$。

2. 行列式等于 0 的方阵不可逆, 称为**奇异矩阵 (singular matrix)**。

3. 矩阵的行列式等于其特征值的乘积:

$$|\mathbf{A}| = \prod_{i=1}^{n} \lambda_i$$

4. 任意标量 k 和任意 $n \times n$ 的矩阵 $\mathbf{A}$, 都有 $|k\mathbf{A}| = k^n|\mathbf{A}|$。

如第 2 项所述, 并非所有矩阵都有逆矩阵。特别是只有当 $\mathbf{A}$ 的行列式 $|\mathbf{A}|$ 不等于零时, $\mathbf{A}$ 的逆矩阵 $\mathbf{A}^{-1}$ 才存在。

奇异值分解。任何 $m \times n$ 的矩阵 $\mathbf{A}$ 都有一个有用的性质, 即该矩阵可被重写或**分解 (decomposed)** 为:

$$\mathbf{A} = \mathbf{VWU}^{\mathrm{T}} \tag{A.22}$$

其中 $\mathbf{V}$ 是与 $\mathbf{A}$ 维数相同 $(m \times n)$ 的矩阵, $\mathbf{U}$ 为 $n \times n$ 的矩阵; $\mathbf{V}$ 和 $\mathbf{U}$ 是**列正交矩阵** (**column-orthonormal matrix**): 正交矩阵的列被标准化, 使得每一列的欧氏距离为

$$\sqrt{\sum_{k=1}^{n}(y_{ik} - y_{jk})^2} = 1$$

$\mathbf{W}$ 是一个 $n \times n$ 的对角矩阵, 其对角线值 W_{ii} 称为 $\mathbf{A}$ 的**奇异值** (singular value)。

   方程 A.22 称为奇异值分解, 可用于确定一个方阵 $\mathbf{A}$ 是否是一个奇异矩阵。例如, 求解线性方程组 (见方程 A.14) 需要计算表达式 $\mathbf{Y} = \mathbf{Xb}$, 其中 $\mathbf{X}$ 是方阵。如方程 A.14 所示, 求解 $\mathbf{b}$ 需要取 $\mathbf{X}^{\mathrm{T}}\mathbf{X}$ 的逆。为了简化余下的讨论, 我们用 $\mathbf{X}^*$ 来表示 $\mathbf{X}^{\mathrm{T}}\mathbf{X}$。

   利用方程 A.22, 我们可以将 $\mathbf{X}^*$ 表示为 $\mathbf{VWU}^{\mathrm{T}}$。因为两个矩阵左乘的逆 $[\mathbf{AB}]^{-1}$ 等于其右乘的逆 $\mathbf{B}^{-1}\mathbf{A}^{-1}$, 故 $\mathbf{X}^*$ 的逆计算为

$$\mathbf{X}^{*-1} = [\mathbf{VWU}^{\mathrm{T}}]^{-1} = [\mathbf{U}^{\mathrm{T}}]^{-1}\mathbf{W}^{-1}\mathbf{V}^{-1} \tag{A.23}$$

因为 $\mathbf{U}$ 和 $\mathbf{V}$ 是正交的, 所以它们的逆等于它们的转置 (转置更容易计算),

$$\mathbf{X}^{*-1} = \mathbf{VW}^{-1}\mathbf{V}^{\mathrm{T}} \tag{A.24}$$

此外, 一个对角矩阵的逆是一个新的对角矩阵, 它的元素是原矩阵元素的倒数。如果 $\mathbf{W}$ 的任何一个对角元素为 0, 则其倒数是无穷的 $(1/0 = \infty)$, 并且 $\mathbf{X}^*$ 的倒数无法定义。这样就可以更容易地确定 $\mathbf{X}^*$ 是否是奇异的。如果 $\mathbf{X}^{\mathrm{T}}\mathbf{X}$ 是奇异的, 则可以用基于大量计算的方法求解方程 $\mathbf{Y} = \mathbf{Xb}$ (Press et al. 1986)。

术语表

方括号中的数字表示对该术语进行最完整讨论的章节，字母 A 表示附录中的术语。

10 数规则 (Rule of 10)　指每个观测类别或处理组至少要有 10 个重复。它的制定基于的是经验，而非任何数学公理或定理。[6]

α (alpha)　在统计中，被用来表示犯 I 类错误的概率。[4]

α 多样性 (alpha diversity)　在一个单一参考样本内测量的物种多样性。对照 **β 多样性 (beta diversity)** 和 **γ 多样性 (gamma diversity)**。[13]

β (beta)　在统计中，被用来表示犯 II 类错误的概率。它还会出现在回归系数和参数的下标中。[4]

β 多样性 (beta diversity)　在一组参考样本间测量到的物种多样性的差异。α 多样性与 β 多样性的乘积等于总的 γ 多样性。对照 **α 多样性 (alpha diversity)** 和 **γ 多样性 (gamma diversity)**。[13]

γ 多样性 (gamma diversity)　在一个区域或一组参考样本间测量到的总多样性，等于 α 多样性 (区域内) 和 β 多样性 (区域间) 的乘积。对照 **α 多样性 (alpha diversity)** 和 **β 多样性 (beta diversity)**。[13]

ANCOVA　见协方差分析 (analysis of covariance)。[10]

ANOVA　见方差分析 (analysis of variance)。[5, 9, 10]

ARIMA　见自回归移动平均 (autoregressive integrated moving average)。[7]

BACI 设计 (BACI design)　相对于未经处理的总体，一种评估处理效果 (通常是不利的环境影响) 的实验方法。在 BACI (Before-After, Control-Impact) 设计中，通常很少有空间上的重复，多是时间上的重复。在处理前后，都会对控制 (对照) 组和实验组进行影响效果的测量。[6, 7]

BIC　见贝叶斯信息准则 (Bayesian information criterion)。[9]

Bonferroni 法 (Bonferroni method)　一种用于调整临界值 α (在该临界值处无效假设将被拒绝) 的方法。通常用于多重比较，计算方法为：实际的 α 值 (通常等于 0.05) 除以比较的次数。对照 **Dunn-Sidak 法 (Dunn-Sidak method)**。[10]

Box-Cox 变换 (Box-Cox transformation)　一系列幂变换，用函数表示为 $Y^* =$

$(Y^\lambda - 1)/\lambda$ (当 $\lambda \neq 0$) 和 $Y^* = \ln(Y)$ (当 $\lambda = 0$)。最接近正态分布的 λ 值将用作最终的数据变换。这个值必须采用大量的计算才能获得。[8]

白噪声 (white noise) 一种误差分布, 其中的误差相互独立且互不相关 (参见 **IID**)。白噪音与白光类似, 后者是所有波长光的混合体, 前者是所有误差分布的混合体。[6]

百分比 (percentage) 一组观测结果的相对频次乘以 100。基于列联表可得百分比, 但针对列联表的统计检验必须基于原始频次。[11]

百分位数 (percentile) 某物的百分之一。例如, 第五百分位 (即二十分位数)、第十百分位 (即十分位数) 等。[3]

半度量 (semi-metric) 一种距离或相异程度, 它有三个性质: (1) 0 表示距离最小, 相同物体间的距离等于 0; (2) 非同一物体间的距离为正; (3) 距离是对称的, 即物体 a 到物体 b 的距离等于物体 b 到物体 a 的距离。对照**度量 (metric)** 和**非度量 (non-metric)**。[12]

贝叶斯定理 (Bayes' Theorem) 在已知观测数据和任何有关假设的先验知识的情况下, 计算我们感兴趣的假设的概率公式:

$$P(\mathrm{H}|Y) = \frac{f(Y|\mathrm{H})P(\mathrm{H})}{P(Y)} \qquad [1]$$

贝叶斯推断 (Bayesian inference) 统计分析的三个主要框架之一。它常被称为逆概率。贝叶斯推断用来估计在给定数据的条件下统计假设的概率。贝叶斯推断的结果是一个新的 (或后验的) 概率分布。对照**频率学派推断 (frequentist inference)**、**参数分析 (parametric analysis)** 和**蒙特卡罗分析 (Monte Carlo analysis)**。[5]

贝叶斯信息准则 (Bayesian information criterion, BIC) 当先验概率分布信息不足时, 用于比较两个可选模型后验概率分布的方法。在 BIC 的定义中, 模型参数数量越少, 其对应的贝叶斯因子就越小。与赤池信息量准则 (AIC) 一样, BIC 最低的模型被认为是最佳的模型。[9]

贝叶斯因子 (Bayes' factor) 零假设对于备择假设的相对后验概率。如果两个假设的先验概率相等, 则它等同于两个假设的可能性之比。[9]

备择假设 (alternative hypothesis) 它是与用数据进行检验的科学问题相对应的统计假设, 是我们感兴趣的假设。与零假设不同, 备择假设假定 "有事情发生"。对照**零假设 (null hypothesis)** 和**科学假设 (scientific hypothesis)**。[4]

倍增性 (doubling property) 如果两个群落具有相同的相对丰度分布但没有共同的物种, 当两个群落结合起来时, 多样性指数将增加一倍。物种丰度和其他基于 Hill 数的多样性指数服从倍增特性, 而大多数常见的多样性指数不服从倍增特性。[13]

比例 (proportion) 相对频次。某一特定类别的观测数除以总观测数。基于列联表可得比例, 但针对列联表的统计检验必须基于原始频次。[11]

闭区间 (closed interval) 包含端点的区间。因此闭区间 $[0,1]$ 是 0 到 1 之间所有数的集合，包括 0 和 1。对照**开区间 (open interval)**。[2]

边际概率 (marginal probability) 一个模型包含多个随机变量，在给定其他随机变量均值时，其中一个随机变量的概率。另见**分层模型 (hierarchical model)**。[14]

边缘总和 (marginal total) 列联表中行或列频数的总和。[7, 11]

变异 (variation) 指不确定度或差异。[1]

变异系数 (coefficient of variation, CV) 样本标准差除以样本均值得到的量。变异系数对群体 (种群) 的均值进行了调整，可用于比较不同群体 (种群) 间的变异。[3]

标量 (scalar) 一个数字，而不是一个矩阵。[A]

标量积 (scalar product) 矩阵代数中，一个 $1 \times n$ 的行向量与一个 $n \times 1$ 的列向量的乘积。[A]

标准差 (standard deviation, SD) 一种对散度的度量，等于方差的平方根。[3]

标准化残差 (standardized residual) 将残差转化为 Z 分数。[9]

标准正态分布 (standard normal distribution) 均值 $= 0$ 且方差 $= 1$ 的正态概率分布。[2]

标准正态随机变量 (standard normal random variable) 一种概率分布函数，可产生一个均值为 0，方差为 1 的正态随机变量。如果变量 X 为标准正态的，则写作 $X \sim N(0,1)$。标准正态随机变量通常表示为 Z。[2]

并集 (union) 在集合理论中，表示两个或多个集合中所有唯一元素。在概率论中，表示两个独立事件发生的概率。在这两种情况下，并集的表示符号都是 $\cup$。对照**交集 (intersection)**。[1]

伯努利试验 (Bernoulli trial) 只有两种可能结果的实验，如在场/缺席、死/活、正面/反面。伯努利试验的结果即为伯努利随机变量。[2]

伯努利随机变量 (Bernoulli random variable) 只有两种可能性的实验的结果，如在场/缺席、死/活、正面/反面。另见**随机变量 (random variable)**。[2]

补集 (complement) 在集合论中，集合 A 的补集 A^c 是不包含在集合 A 中的所有元素。[1]

不纯度 (impurity) 对分类树末端的不确定性的度量。[11]

CCA 见**典型对应分析 (canonical correspondence analysis)**。[12]

CDF 见**累积分布函数 (cumulative distribution function)**。[2]

CV 见**变异系数 (coefficient of variation)**。[3]

参考样本 (reference sample) 一个用于生物多样性估计的集合，该集合由随机的或有代表性的个体或重复抽样单位所组成。[13]

参数 (parameter) 统计分布和方程中，基于数据估计而来的常数。[3, 4]

参数的 (parametric) 统计量可以由带有明确且固定常数的概率分布来估计的假设。许多统计检验要求数据来自已知明确的概率分布。[3]

参数分析 (parametric analysis) 统计分析的三大主要框架之一。它假设数据来自明确的且概率分布已知的随机变量。也被称为频率分析或频率统计。对照**贝叶斯推断 (Bayesian inference)** 和**蒙特卡罗分析 (Monte Carlo analysis)**。[5]

残差 (residual)　观测值与统计模型预测值间的差值。[8, 9]

残差变异 (residual variation)　回归模型或方差分析模型没有解释的变异。又被称为**误差变异 (error variation)** 或**残差平方和 (residual sum of squares)**。[9, 10]

残差平方和 (residual sum of squares)　回归模型或方差分析模型没有解释的变异。该值的计算方法为: 先求得每个观测值与其所在的处理组中所有观测值均值的平方偏差之和, 再将所有处理组的这些平方偏差之和进行求和。该值又称**误差变异 (error variation)** 或**残差变异 (residual variation)**。[9, 10]

残差图 (residual plot)　用于判断是否满足回归模型或方差分析模型假设的图。通常图中展示的是残差与预测值的关系。[9]

叉积和 (sum of cross products, SCP)　观测值与其期望值间差值的乘积的和。叉积和除以样本量就等于**协方差 (covariance)**。[9]

长轴 (major axis)　指主成分分析中的第一个主轴。也指椭圆的最长轴。[12]

超几何随机变量 (hypergeometric random variable)　由多次伯努利试验 (无放回的抽样) 组成的实验结果。对照**二项随机变量 (binomial random variable)**。[13]

赤池信息量准则 (Akaike information criterion, AIC)　一种对统计模型解释能力的度量, 考虑的是模型中参数的数量。当比较针对同一现象构建的多个模型时, AIC 最小的模型被认为是最好的模型。通常在回归分析和路径分析中被用来选择模型。[9, 14]

重复 (replicate)　一个单独的观测或试验。对于多数实验而言, 每个处理组都有多个重复。[1, 7]

重复 (replication)　在同一实验或观测处理中, 设置的多个样方、观测或组。理想情况下, 重复的设置应该是随机的。[6]

重复测量设计 (repeated measures design)　一类方差分析设计, 该设计会在不同时间点对同一个体进行多次重复观测。[7, 10]

抽样效应 (sampling effect)　该效应指几乎所有生物多样性指数都会受到所收集到的个体和样本数量的影响。因此, 在比较不同处理或生境的生物多样性前, 都要进行标准化, 以便减少抽样效应的影响。[13]

处理 (treatment)　处理指一系列由研究者施加并维系的可重复的环境条件。在统计分析的背景下, 处理指用于方差分析设计的预测变量的类别。处理等同于因素, 包含不同的水平。[7]

Dunn-Sidak 法 (Dunn-Sidak method)　一种对临界值 α 的调整, 在该临界值处零假设将被拒绝。该方法用于进行多次比较, 计算公式为 $\alpha_{\text{adjust}} = 1 - (1 - \alpha_{\text{nominal}})^{1/k}$, 其中 α_{nominal} 是临界值 α (通常为 0.05), k 是比较的次数。对照**Bonferroni 法 (Bonferroni method)**。[10]

大数定律 (Law of Large) 概率论的一个基本定理, 大数定律表示, 样本越大, 算术平均就越接近给定变量的概率期望。[3]

单变量数据 (univariate data) 每个观测只有一个变量的数据。通常用箱线图、柱状图或茎叶图来展示。[8, 12]

单尾检验 (one-tailed test) 对统计备择假设的检验, 即在给定统计零假设的情况下, 观察到的检验统计量或大于、或小于预期值的检验。统计表通常给出的是双尾检验的结果, 因而单尾概率值可以通过双尾概率值除以 2 得到。对照**双尾试验 (two-tailed test)**。[2]

单位矩阵 (identity matrix) 一种对角线矩阵, 其中对角线上所有项均为 1, 除此之外矩阵其他所有项均为 0。[A]

单因素设计 (single-factor design) 一种只操纵一个变量的方差分析设计。对照**多因素设计 (multi-factor design)**。[7]

单元格 (cell) 电子表格中的一格, 由其行号和列号标识, 并包含一个条目或一条数据。[8]

单元物种 (singleton) 在以个体为单位的参考样本中, 由一个个体所代表的物种的数量。另见**双元物种 (doubleton)**、**双重物种 (duplicate)** 和**特有物种 (unique)**。[13]

刀切法 (jackknife) 一种多用途工具。在统计学中, 刀切法是一种随机化 (或蒙特卡罗) 过程: 逐个删除数据中的观测, 每删除一个观测就重新计算一次检验统计量。最后, 将基于原始数据得到的检验统计量与重复刀切过程得到的检验统计量的分布进行比较, 以获得一个准确的 p 值。另见**自助法 (bootstrap)** 和**影响函数 (influence function)**。[5, 12]

倒数变换 (reciprocal transformation) 函数 $Y^* = 1/Y$, 常用于双曲型数据。[8]

地点得分 (site score) 冗余分析的一个结果。地点得分即为由原始数据相对于环境特征进行排序所得到的矩阵 $\mathbf{F}$: $\mathbf{F} = \mathbf{YA}$, 其中 $\mathbf{Y}$ 是矩阵的多元响应变量, $\mathbf{A}$ 是对响应变量的期望 (拟合) 值进行主成分分析得到的特征向量矩阵。对照**拟合地点得分 (fitted site score)** 和**物种得分 (species score)**。[12]

低峰态 (platykurtic) 如果一个概率分布处于中心的值比较多, 处于尾部的值比较少, 则这种概率分布被称为低峰态分布。低峰态分布的峰度大于 0。对照**尖峰态 (leptokurtic)**。[3]

底 (base) 对数函数 $\log_b a = x$ 有两个参数 a 和 b, 使得 $bx = a$ 等价于 $\log_b a = x$, 其中参数 b 是对数的底。[8]

第 II 类错误 (type II error) 错误地接受一个错误的统计零假设。通常用希腊字母 β 表示。统计功效等于 $1 - \beta$。[4]

第 I 类错误 (type I error) 错误地拒绝一个正确的统计零假设。通常用希腊字母 α 表示。[4]

第一主轴 (first principal axis) 由主成分分析产生的新变量或轴, 它比其他轴更能解释数据中的变异。也称为第一主成分。[12]

典型对应分析 (canonical correspondence analysis, CCA)　一种排序 (坐标化) 方法, 通常用于探究物种丰度或特征与环境或生境变量间的关系。这种方法将预测变量 (环境或生境变量) 线性坐标化, 并将坐标化响应因子 (物种变量) 以生成一个关于预测变量的单峰或驼峰轴。该方法也属于一种多元回归分析。对照**冗余分析** (redundancy analysis)。[12]

电子数据表 (spreadsheet)　一种计算机文件, 其中每一行代表一个观测, 每一列代表一种度量或观测的变量。是电子化储存生态和环境数据的标准格式。另见**平面文件** (flat file)。[8]

动态占有率模型 (dynamic occupancy model)　不符合**封闭假设** (closure assumption) 并允许样本间占有率变化的占有率估计模型。另见**季度** (season)。[14]

独立的 (independent)　如果一个事件发生的概率与另一个事件发生的概率没有任何关系, 那么这两个事件就被称为是相互独立的。[1, 6]

度量 (metric)　一种距离或相异程度, 它有四个性质: (1) 0 表示距离最小, 相同物体间的距离等于 0; (2) 非同一物体间的距离为正; (3) 距离是对称的, 即物体 a 到物体 b 的距离等于物体 b 到物体 a 的距离; (4) 距离测量满足三角不等式。对照**半度量** (semi-metric) 和**非度量** (non-metric)。[12]

对称的 (symmetric)　一个两侧互为镜像的物体。对角线两侧的元素互为镜像, 或对角线上方的 (行, 列) 元素等于对角线下方的 (列, 行) 元素, 则该矩阵是对称的。[2, 12]

对角矩阵 (diagonal matrix)　一种除对角线以外所有元素都为零的方阵。[12]

对数变换 (logarithmic transformation)　函数 $Y^* = \log(Y)$, 其中 log 代表是任何有效底的对数。它通常用于均值和方差呈正相关的情况。[8, 9]

对数似然函数 (log-likelihood function)　似然函数的对数。使其最大化是一种确定公式或假设中哪个参数最能说明观测数据的方法。另见**似然** (likelihood)。[8]

对数线性模型 (log-linear model)　对参数的对数呈线性的统计模型。例如, 模型 $Y = aX^b$ 是一个对数线性模型, 因为其对数变换的结果是线性模型: $\log(Y) = \log(a) + b \times \log(X)$。[11]

对数正态随机变量 (log-normal random variable)　其自然对数是正态随机变量的随机变量。[2]

对应分析 (correspondence analysis)　一种将物种分布与环境变量关联起来的排序方法。又被称为间接梯度分析。[12]

对照 (contrast)　在方差分析设计中处理组间的比较。对照是指在实验进行之前所决定的那些比较。[10]

多项随机变量 (multinomial random variable)　一个由多个分类试验组成的实验的结果, 每个试验都有两种以上可能的离散结果。对照**二项随机变量** (binomial random variable)。[11, 13]

多因素设计 (multi-factor design)　涉及两个或两个以上处理或因素的方差分析设计。[7]

多元方差分析 (multivariate analysis of variance, MANOVA)　一种用于多元数据的方差分析, 它所检验的零假设为: 各组拥有相等的均值向量。[12]

多元回归 (multiple regression)　基于多个预测变量来预测一个响应变量的统计模型。它可以是线性的, 也可以是非线性的。[9]

多元数据 (multivariate data)　该类数据中的每个观测包含两个以上的变量。通常可用散点图矩阵或其他高维可视化工具加以展示说明。[8, 12]

多元正态 (multinormal)　Multivariate normal 的缩写。[12]

多元正态随机变量 (multivariate normal random variable)　对多元数据正态 (高斯) 随机变量的模拟。该随机变量的概率分布围绕其均值向量对称, 其特征是一个 n 维均值向量和一个 $n \times n$ 的方差–协方差矩阵。[12]

多重共线性 (multicollinearity)　在两个以上的预测变量间存在我们不想要的相关性。另见**共线性 (collinearity)**。[7, 9]

EDA　见**图形探索性数据分析 (graphical exploratory data analysis)**。[8]

二次型 (quadratic form)　一个 1×1 矩阵等于 $\mathbf{x}^{\mathrm{T}}\mathbf{A}\mathbf{x}$ 的乘积, 其中 $\mathbf{x}$ 是一个 $n \times 1$ 的列向量, $\mathbf{A}$ 是一个 $n \times n$ 的矩阵。[A]

二项式系数 (binomial coefficient)　二项式系数是我们乘以伯努利随机变量的概率所得到二项随机变量的常数。通过二项式系数调整概率来解释多重、等价的两种可能结果的组合。它可写作

$$\binom{n}{X}$$

并读作 "n 中选 X", 计算公式为

$$\frac{n!}{X!(n-X)!}$$

其中 "!" 表示阶乘。[2]

二项随机变量 (binomial random variable)　组成多个伯努利试验的实验的结果。[2]

二元数据 (bivariate data)　每个观测包含两个变量的数据。通常用散点图来展示。[8]

Fisher 的 F 比 (Fisher's F-ratio)　方差分析中使用的 F 统计量。[5]

Fisher 的组合概率 (Fisher's combined probability)　一种确定多重比较结果是否显著的方法, 该方法无须调整实验范围内的错误率。它等于所有 p 值对数的和乘以 -2。该检验统计量遵循卡方分布, 自由度等于比较次数的 2 倍。[10]

F 分布 (F-distribution) 一个 F 随机变量的期望分布: 一个方差 (通常是组间平方和, SS_{among}) 除以另一个方差 (通常是组内平方和 SS_{within})。[5]

F 统计量 (F-statistic) 在方差分析 (ANOVA) 或回归分析中, 组间平方和 (SS_{among}) 除以组内平方和 (SS_{within}) 的结果。它有两个不同的自由度: 分子的自由度与 SS_{among} 有关, 分母的自由度与 SS_{within} 有关。这两个自由度也定义了 F 分布的形状。在给定样本量、I 类错误的概率及分子和分母自由度的前提下, 通过比较 F 统计量与 F 分布的临界值可以确定其统计显著性或 p 值。[5]

发现概率 (detection probability) 给定某一特定地点被某个个体占据, 在该地点找到该个体的概率。作为第一个近似值, 它可以估计为被采样的种群 (或物种群落) 中个体 (或物种) 的比例, 当然现实通常比这要复杂得多。另见**占有率 (occupancy)**。[14]

反正弦变换 (arcsine transformation) 见**角变换 (angular transformation)**。[8]

反正弦平方根变换 (arcsine square-root transformation) 见**角变换 (angular transformation)**。[8]

范式 (paradigm) 人们普遍认同的研究框架。Thomas Kuhn 在描述 "普通科学" 时使用了 "范式" 这个术语, "普通科学" 是指科学家将观察结果纳入范式的活动。当异常的、不符合范式的观察结果越来越多时, 新的范式就会出现取代现有的范式。Kuhn 把范式的革新称为科学革命。[4]

方差 (variance) 一种对观测值与期望值间差异大小的度量。[2]

方差分量 (component of variation) 方差分析模型中每个因素在多大程度上解释了观测数据的变异。最初, 可以将数据的总变异分为组间变异和组内变异。在一些方差分析设计中, 变异可以被分割进其他额外的分量中。[10]

方差分析 (analysis of variance, ANOVA) 一种由 Fisher 提出用来分割平方和的方法, 主要用于检验不同处理对测量的响应变量没有影响的统计零假设。[5, 9, 10]

方差分析设计 (analysis of variance design) 用于探究分类预测变量和连续响应变量之间关系的一类实验布局。[7]

方差解释率 (proportion of explained variance, PEV) 在方差分析中, 每个因素所能解释的变异量, 等价于回归模型中的决定系数。[10]

方差-协方差矩阵 (variance-covariance matrix) 一个 $n \times n$ 的方阵 C, 其中 n 是每个多元变量观测的变量数, 方阵的对角线元素 $c_{i,i}$ 是每个变量的方差, 非对角线元素 $c_{i,j}$ 是每对变量 (变量 i 与变量 j) 间的协方差。[9, 12]

方差最大化旋转 (varimax rotation) 在因子分析中, 为最大化公因子的总方差, 对原始公因子进行的线性组合。对照**斜交旋转 (oblique rotation)** 和**正交旋转 (orthogonal rotation)**。[12]

方阵 (square matrix) 行数与列数相同的矩阵。[12]

非参数统计 (non-parametric statistics) 统计分析的一个分支, 它无须假设数据来自一个明确的且概率分布已知的随机变量。该分支很大程度上已被蒙特卡罗分析所取代。[5]

非度量 (non-metric) 一种距离或相异程度，它有两个性质：(1) 0 表示最小距离，相同物体之间的距离等于 0; (2) 距离是对称的，即物体 a 到物体 b 的距离等于物体 b 到物体 a 的距离。对照**度量 (metric)** 和**半度量 (semi-metric)**。[12]

非度量多维尺度变换 (non-metric multidimensional scaling, NMDS) 一种排序方法，该方法保留了观测间原始距离或差异的排列顺序。该方法通用而稳健，可以用于任何距离或差异度量。[12]

非分层聚类 (non-hierarchical clustering) 不基于外部强加的参考系对对象进行分组的方法。对照**分层聚类 (hierarchical clustering)**。[12]

非线性回归模型 (non-linear regression model) 一种统计模型，其中预测变量和响应变量间的关系不是一条直线，预测变量以非相加或非相乘的方式影响着响应变量。对照**线性回归模型 (linear regression model)**。[9]

分层聚类 (hierarchical clustering) 一种基于外部参考系对对象进行分组的方法。在分层聚类中，如果 a 和 b 在同一个集群中，而观测 c 和 d 在另一个集群中，包含 a 和 c 的更大的集群也应该包括 b 和 d。林奈分类法就是分层聚类的一个例子。[12]

分层模型 (hierarchical model) 一种统计模型，其较简单模型的参数是较复杂模型的参数的子集。[11, 14]

分对数变换 (logit transformation) 一种代数变换，该变换可将逻辑回归生成的 S 形曲线变换为一条直线。[9]

分解 (decomposition) 矩阵代数中，任意 $m \times n$ 的矩阵 $\mathbf{A}$ 都可以被重写为三个矩阵的乘积：$\mathbf{VWU}^{\mathrm{T}}$，其中 $\mathbf{V}$ 是一个与 $\mathbf{A}$ 维数相同的 $m \times n$ 的矩阵；$\mathbf{U}$ 和 $\mathbf{W}$ 为 $n \times n$ 的方阵；$\mathbf{V}$ 和 $\mathbf{U}$ 是列正交矩阵；$\mathbf{W}$ 是一个对角线上有奇异值的对角矩阵。[A]

分块 (block) 一个区域或一个时间段，在这个区域或时间段内，未经实验处理的因素被认为是均匀的。[7]

分类 (classification) 将物体分组的过程。多元分析方法 (如聚类分析或判别分析) 的一种，该方法与观测分组有关。对照**排序 (ordination)**。[12]

分类变量 (categorical variable) 特征可以分为两个或两个以上不同组的变量。对照**连续变量 (continuous variable)**。[7, 11]

分类矩阵 (classification matrix) 判别分析的一个结果。一张表，其中行是每个观测所属的观察组，列是每个观测所属的预测组，每个单元格中的条目是每对观察组和预测组中对应的观测数。在一个理想的分类 (没有错误的判别分析) 中，只有矩阵的对角线会有非零项。[12]

分类树 (classification tree) 一种分类数据的模型或可视化形式，在其中数据集会被持续分割成大小递减的组，直到模型最优，分割才会停止。分类树类似于分类检索表, 只不过分类树中的分支反映的是概率, 而不是身份。另见**不纯度 (impurity)** 及**回归树 (regression tree)**。[11]

分裂聚类 (divisive clustering) 对对象进行分组 (或聚类) 的过程, 方法是将一个大的聚类根据不同程度依次分成较小的聚类。另见**聚类分析 (cluster analysis)**, 对照**聚合聚类 (agglomerative clustering)**。[12]

分位数 (quantile) 某物的 n 分之一。具体类型包括十分位数、百分位数和四分位数。[3]

分位数回归 (quantile regression) 基于一个数据子集 (一个自定义的分位数) 所构建的回归模型。[9]

封闭假设 (closure assumption) 在占用模型和标记再捕获模型中, 假设在两次抽样期间, 个体 (或物种) 既不进入 (通过出生或迁入) 也不离开 (通过死亡或迁出) 一个地点。[13, 14]

封闭性 (closure) 集合的一种数学属性。如果对一个或多个集合中元素应用运算的结果也是该集合的成员, 则认为该集合对特定的数学运算 (例如加法或乘法) 是封闭的。例如, 偶数集合 $\{2, 4, \cdots\}$ 对乘法封闭, 因为任意两个 (或更多) 偶数的乘积也是一个偶数。相反, 整数集合 $\{0, 1, 2, \cdots\}$ 对减法而言是不封闭的, 因为可以用一个整数减去另一个整数得到一个负数 (例如, $3 - 5 = -2$), 而负数不属于该整数集合。[1]

峰度 (kurtosis) 相对于分布的中心而言, 分布聚集或分散的程度。峰度的计算基于四阶中心矩, 符号表示为 g_2。另见**低峰态 (platykurtic)** 和**尖峰态 (leptokurtic)**。[3]

复杂事件 (complex event) 在集合论中, 复杂事件是简单事件的集合。如果 A 和 B 是两个独立事件, 那么 $C = A$ 或 B (写成 $C = A \cup B$, 读作 "A 并 B") 就是一个复杂事件。如果 A 和 B 都是独立事件, 且相应的概率为 P_A 和 P_B, 则 C 的概率 $P_C = P_A + P_B$。对照**共享事件 (shared event)**。[1]

副区因素 (subplot factor) 裂区设计中, 应用于单个分块或裂区内部的处理。对照**主区因素 (whole-plot factor)**。[7]

覆盖度 (coverage) 生物多样性样本的完整性或彻底性。覆盖度是参考样本中物种占群落总丰度的百分比 [13]

概率 (probability) 从限定次数的试验中得到特定结果的试验所占的比例, 或从无限次试验中期望得到的比例。[1]

概率分布 (probability distribution) 随机变量 X 的结果 X_i 的分布。对于连续随机变量, 概率分布是一条平滑的曲线, 而直方图只是近似于概率分布。[2]

概率计算 (probability calculus) 用来操纵概率的数学。[1]

概率密度函数 (probability density function, PDF) 该函数将观测结果 X_i 的概率赋给随机变量 X 中的每个值。[2]

概率值 (probability value, P-value) 拒绝一个真实统计零假设的概率, 也被称为犯 I 类错误的概率。[4]

高斯随机变量 (Gaussian random variable) 参见**正态随机变量 (normal random variable)**。[2]

公理 (axiom) 公认的、不言自明的、无须形式上证明的 (数学) 原理。[1]

公因子 (common factor) 因子分析生成的参数。每个原始变量都可以写成如下形式: 公因子的线性组合加一个该变量特定的因子。另见**因子分析 (factor analysis)** 和**主成分分析 (principal component analysis)**。[12]

功效 (power) 正确拒绝一个错误的统计零假设的概率。它等于 $1 - \beta$, 其中 β 是犯 II 类错误的概率。[4]

共线性 (collinearity) 两个预测变量间的相关性。参见**多重共线性 (multicollinearity)**。[7, 9]

共享事件 (shared event) 在集合理论中, 共享事件是简单事件的集合。若 A 和 B 是两个相互独立的事件, 而 C 等于 A 且 B, 则 C 就是一个共享事件, 写作 $C = A \cap B$, 读作 "A 交 B"。若 A 和 B 是两个相互独立的事件, 每个事件的概率为 P_A 和 P_B, 那么事件 C 的概率 $P_C = P_A \times P_B$。对照**复杂事件 (complex event)**。[1]

固定效应 (fixed effect) 在一个方差设计分析中, 一组代表所有可能处理水平的处理水平。也被称为固定因素。对照**随机效应 (random effect)**。[7, 10]

关联矩阵 (incidence matrix) 一个记录位点 × 物种的矩阵, 其中每行代表一个物种, 每列代表一个单独的位点, 单元格内的条目为 1 (表示物种存在于对应位点) 或 0 (表示物种不存在于对应位点)。[13, 14]

广度 (extent) 在实验研究中, 所有采样单元所覆盖的空间面积或时间范围。对照**粒度 (grain)**。[6]

归纳 (induction) 从特殊 (这头猪是黄色的) 到一般 (所有的猪都是黄色的) 的科学推理过程。对照**演绎 (deduction)**。[4]

"轨迹式" 实验 (trajectory experiment) 一种自然观察实验, 其中重复是在多个时间点被取样的。即复制基于的是时间变异性。"轨迹式" 实验通常采用的分析方法为时间序列或自回归模型。对照**"快照式" 实验 (snapshot experiment)**。[6]

Hill 数 (Hill numbers) 一组多样性指数, 该指数可通过指数 (exponent) q 决定稀有物种权重。Hill 数服从倍增性, 并以有效物种数为单位来量化多样性。[13]

函数 (function) 把一个数值赋值给另一个数值的数学法则。函数对初始 (输入) 值进行数学运算 (如加法或乘法) 来获得结果或函数的输出。函数通常用斜体表示: 如下函数

$$f(x) = \beta_0 + \beta_1 x$$

表示用 x 乘以 β_1, 然后再加 β_0。通过函数 $f(x)$ 的运算将得到一个与初始值 x 相关的新值。[2]

行和 (row total) 列联表中单行条目的边际总和。另见**列和 (column total)** 和**总和**

(grand total)。[11]

行列式 (determinant)   在矩阵代数中, 通过给定矩阵中行元素和列元素所有可能的有符号 (正或负) 的乘积之和求得的标量。[A]

行向量 (row vector)   有许多列但只有一行的矩阵。对照**列向量 (column vector)**。[12]

横坐标 (abscissa)   图中的水平轴或 x 轴, 对照**纵坐标 (ordinate)**。[7]

后验概率 (posterior probability)   给定一个实验的结果和任意先验信息的前提下, 一个假设的概率, 即贝叶斯定理的结果。对照**先验概率 (prior probability)**。[1]

后验概率分布 (posterior probability distribution)   给定数据集的前提下, 通过贝叶斯定理得到的分布。在给定观测数据的前提下, 该分布给出了任意我们感兴趣的假设值的概率。[5, 9]

后验优势比 (posterior odds ratio)   在贝叶斯分析中, 两个备择假设的后验概率分布之比。[9]

互斥的 (exclusive)   如果一组结果的值没有重叠, 则它们就是互斥的。对照**穷尽的 (exhaustive)**。[1]

回归 (regression)   用来探讨两个变量之间因果关系的分析方法, 其中预测变量是连续变量。对照**相关 (correlation)**。[7, 9]

回归标准误差 (standard error of regression)   回归标准误差等于一个回归模型的残差平方和的平方根除以模型的自由度。[9]

回归设计 (regression design)   用于探索连续预测变量和连续或分类响应变量间关系的实验布局。[7]

回归树 (regression tree)   一种将连续数据集依次分裂成更小的组的模型。分裂会持续进行到模型拟合最优时才停止。回归树类似于分类检索表, 只不过回归树中的分支反映的是概率, 而不是身份。另见**分类树 (classification tree)**。[11]

汇总统计量 (summary statistics)   描述数据位置和散度的数字。[3]

混合模型 (mixed model)   既有随机效应又包含固定效应的方差分析模型。[10]

混淆 (confounded)   一个被测量的变量与另一个可能没有被测量或控制的变量相关联的结果。[4, 6]

IID   代表 "独立和同分布" (independent and identically distributed)。好的实验设计其重复和误差分布是符合 IID 的。另见**白噪声 (white noise)**、**独立的 (independent)** 和**随机化 (randomization)**。[6]

积矩相关系数 (product-moment correlation coefficient, r)   对两个变量间相关程度的度量。该系数等于决定系数的平方根, 或者叉积和除以变量 X 和 Y 平方和的平方根。[9]

基于个体的稀疏化 (individual-based rarefaction)   该稀疏化的过程为: 首先从参考样本中以个体生物为单位进行随机抽样, 然后计算子样本的多样性指数。参考样本由不同物种的丰度向量组成。只有当参考样本中的个体生物能够被计数且能够

被确认其物种 (或类似分组) 身份时, 才能够使用基于个体的稀疏化。另见**基于样本的稀疏化 (sample-based rarefaction)**。[13]

基于样本的稀疏化 (sample-based rarefaction) 该稀疏化过程为: 首先从参考样本中以样方、陷阱或其他重复为单位进行随机抽样, 然后计算所得较小样本集的多样性指数。参考样本由一个行代表物种、列代表重复样本的矩阵组成, 矩阵中每个单元格为物种的丰度或发生 (出现) 频次。当独立的重复观测是样本而不是样本中的个体时, 就应使用基于样本的稀疏化。另见**基于个体的稀疏化 (individual-based rarefaction)**。[13]

集合 (set) 由离散对象或结果组成的集合。针对集合的运算有**并 (union)**、**交 (intersection)** 和**补 (complement)**。[1]

集合种群 (metapopulation) 由单一物种在不同空间组成的种群, 种群内部个体通过扩散和迁移联系在一起。[14]

几何平均 (geometric mean) n 个观测值乘积的 n 次方根。用于度量对数正态变量的期望。几何平均总是小于或等于算术平均。[3]

季度 (season) 在占有率模型或标记重捕模型中, 一个本地可能出现定殖和灭绝的时间间隔。另见**封闭假设 (closure assumption)**。[14]

迹 (trace) 方阵主对角元素之和。[A]

假设 (hypothesis) 对可被检验的因果关系的断言。另见**备择假设 (alternative hypothesis)** 和**零假设 (null hypothesis)**。[4]

假设-演绎法 (hypothetico-deductive method) 科学哲学家卡尔·波普 (Karl Popper) 所倡导的科学方法。与归纳法一样, 假设–演绎法也从单个观测开始, 但会对观测结果提出多个可行的假设, 每个假设都能提供额外的预测。然后逐个检验这些预测, 备择假设会被排除, 最后只留下一个假设。假设–演绎法从不确认假设, 只会拒绝假设或不拒绝假设。当教科书提到 "科学方法" 时, 他们通常指的是假设–演绎方法。对照**归纳 (induction)**、**演绎 (deduction)** 和**贝叶斯推断 (Bayesian inference)**。[4]

尖峰态 (leptokurtic) 如果一个概率分布处于中心的值相对较少, 处于尾部的值相对较多, 则该概率分布被称为尖峰态分布。尖峰态分布的峰度大于 0。对照**低峰态 (platykurtic)**。[3]

检测史 (detection history) 由 1 和 0 组成的一串数字, 表示在一系列重复的普查中某一物种在某一特定地点的存在或消失。[14]

检验统计量 (test statistic) 检验一个统计假设所生成的数值结果。如果统计量零假设实际上是正确的, 则检验统计量将与从相同的计算中得到的值进行比较。[4]

渐近统计量 (asymptotic statistics) 一种统计估计量, 它基于这样一种假设: 如果实验重复无穷次, 估计量就会收敛于真实值。另见**频率学派推论 (frequentist inference)**。[3]

交互作用 (interaction) 两个或两个以上实验因素的联合效应。具体地说, 这种交互作用代表了一种响应, 这种响应无法简单地被每个因素的主效应单独预测。交互作用是一种非加性效应。它们是多因素实验的重要组成部分。[7, 10]

交集 (intersection)   在集合理论中, 表示两个或多个集合共有的元素。在概率论中, 表示两个事件同时发生的概率。在这两种情况下, 交集的符号都是 ∩。对照**并集 (union)**。[1]

角变换 (angular transformation)   函数 $Y^* = \arcsin\sqrt{Y}$, 其中当角 θ 的正弦值 $\sin(\theta) = X$ 时, $\arcsin(X)$ 返回 θ 角度值, 也可叫作**反正弦变换 (arcsine transformation)** 或**反正弦平方根变换 (arcsine square-root transformation)**。[8]

校正后的 r^2 (adjusted r^2)   回归模型与数据拟合的程度, 会随模型中参数数量的增加而减小, 因此可用它来避免由多余预测变量导致模型过拟合的情况。另见**决定系数 (coefficient of determination)**。[9]

校正后的均值 (adjusted mean)   当所有处理组具有相同平均协变量值时, 处理组的期望值。[10]

阶乘 (factorial)   用感叹号 (!) 表示的数学运算。对于给定的 n, $n!$ 或 "n 的阶乘" 等于 $n \times (n-1) \times (n-2) \times \cdots \times (3) \times (2) \times (1)$。例如, $5! = 5 \times 4 \times 3 \times 2 \times 1 = 120$。根据定义, $0! = 1$, 负数或非整数不能计算阶乘。[2]

结果 (outcome)   通常指观测或试验的结果。[1]

截距 (intercept)   回归线与 y 轴相交的点, 它是 $X = 0$ 时 Y 的期望值。[9]

茎叶图 (stem-and-leaf plot)   一种由数字组成的直方图, 展示了每个数据的实际值。[8]

精度 (precision)   对同一个体进行一系列测量, 这些测量结果间的一致性水平。同时, 当用于贝叶斯推断时, 精度 = 1/ 方差。分布的精度越高, 其方差就越小。对照**准确度 (accuracy)**。[2, 5]

矩阵 (matrix)   一种由多个观测 (行) 和多个变量 (列) 组成的数学对象 (多作为变量)。[12]

距离 (distance)   两个物体之间的距离。测量距离的方法有很多种, 最常见的是**欧氏距离 (Euclidean distance)**。[12]

聚合聚类 (agglomerative clustering)   对观测进行分组 (或聚类) 的过程: 根据相似性将观测依次连续地组成更大的集群直至得到完整聚类。另见**聚类分析 (cluster analysis)**; 对照**分裂聚类 (divisive clustering)**。[12]

聚类分析 (cluster analysis)   一种基于对象间多元距离对它们进行分组的方法。[12]

决定系数 (coefficient of determination, r^2)   通过简单线性回归模型所能解释的响应变量的变异。它等于回归平方和除以总平方和。[9]

均方 (mean square)   每个观测值与其算术平均值差值平方的均值。也被称为方差或第二中心矩。[3]

均匀随机变量 (uniform random variable)   一个随机变量, 其任何结果都是等可能的。[2]

均值 (mean) 一个随机变量或一组观测最有可能的值。"均值"前通常会加限定: 算术平均、几何平均或调和平均。如果不加限定, 则默认其为算术平均。对照**中位数 (median)** 和**众数 (mode)**。[3]

均值标准误 (standard error of the mean) 对总体标准差的渐近估计。在一些出版物中, 均值的标准误常被用来代替样本的标准差, 因为前者小于后者, 会给人一种数据变异较小的错觉。[3]

均值向量 (mean vector) 由多元随机变量或多元数据最可能值所组成的向量。[12]

K 均值聚类 (K-means clustering) 一种非分层的分组方法, 该方法最小化了每个对象到其集群或聚类中心距离的平方和。[12]

开区间 (open interval) 一个不包括其端点的区间。开区间 $(0, 1)$ 指 0 到 1 之间不包括 0 和 1 的所有数的集合。对照**闭区间 (closed interval)**。[2]

科学假设 (scientific hypothesis) 对因果关系的陈述。科学假设的准确性是从统计零假设和备择假设的检验结果中推断而来的。[4]

可分配的 (distributive) 形如 $c(a + b) = ca + cb$ 的数学属性。[A]

可加设计 (additive design) 一种用于研究目标物种与其竞争者间竞争关系的实验设计。在一个可加设计中, 目标物种的密度保持不变, 不同处理代表不同数量的竞争者。对照**替代设计 (substitutive design)** 和**响应面设计 (response surface design)**。[7]

可交换的 (commutative) 在数学中, 形如 $a + b = b + a$ 的属性。[A]

可结合的 (associative) 在数学中, 形式为 $(a + b) + c = a + (b + c)$ 的属性。[A]

可信区间 (credibility interval) 表示总体均值位于其中的概率为 $n\%$ 的区间。与置信区间一样, 可信区间前也必须有限定: 95% 可信区间、50% 可信区间等。可信区间用于贝叶斯统计。对照**置信区间 (confidence interval)**。[3, 5]

空集 (empty set) 没有元素的集合。[1]

"快照式"实验 (snapshot experiment) 一种自然观察实验, 其中所有的重复都是在同一时间点被取样的, 但不同重复所取样的空间不同。即重复基于的是空间变异性。对照**"轨迹式"实验 (trajectory experiment)**。[6]

logit 尺度 (logit scale) 一种概率从 $(0,1)$ 至 $(-\infty, +\infty)$ 的缩放:

$$\text{logit}(p_i) = \log \frac{p_i}{(1 - p_i)}$$

其中 log 取以 e 为底的对数 (即自然对数)。注意, 分数

$$\frac{p_i}{(1 - p_i)}$$

被称为优势比, 表示"赢"与"输"的比率。如果 $p_i = 0.5$, 那么比率持平, logit=0。如果输的概率大, 则 logit < 0; 如果赢的概率大, 则 logit>0。logit 尺度通常用于概率取决于协变量的模型中, 因为这种情况下概率被限制在 $(0,1)$ 的范围内, 而协变

量的值可能在这个范围之外。另见**逻辑回归** (logistic regression) 和**分对数变换** (logit transformation)。[14]

拉丁方 (Latin square)　一种随机分块设计, n 个处理被放置在一个 $n \times n$ 的方形区域中, 每种处理在每行和每列中只出现一次。[7]

累积分布函数 (cumulative distribution function, CDF)　在描述随机变量的曲线下到 X 点的面积。形式上, 如果 X 是一个随机变量, 其概率分布函数为 $f(X)$, 则累积分布函数 $F(X)$ 等于

$$P(x < X) = \int_{-\infty}^{X} f(x)dx$$

累积分布函数用于计算假设的尾部概率。[2]

离群值 (outlier)　大小出乎意料的数据点。[3, 8]

离散集 (discrete set)　一组离散结果。[1]

离散结果 (discrete outcome)　一种可以取单独或整数值的结果或观测。[1]

离散随机变量 (discrete random variable)　只取整数值的实验的结果。对照**连续随机变量** (continuous random variable)。[2]

离散系数 (coefficient of dispersion, CD)　样本方差除以样本均值得到的量。离散系数用于确定个体在空间的排布模式是簇状的、规则的、随机的还是超离散的。[3]

理论 (theory)　一个理论就是一个知识集合, 这些知识是基于反复观察以及对假设进行统计检验而得来的, 是被大众所接受的。理论是**范式** (paradigm) 的基础。[4]

粒度 (grain)　实验研究中最小抽样单元的空间大小或时间范围。对照**广度** (extent)。[6]

连续变量 (continuous variable)　特征可以用整数或实数测量的变量。对照**分类变量** (categorical variable)。[7]

连续单调函数 (continuous monotonic function)　定义一个区间内所有值且保持这些值次序的函数。[8]

连续随机变量 (continuous random variable)　可以取任何数值的一种实验结果。对照**离散随机变量** (discrete random vaviable)。[2]

列和 (column total)　列联表中单列条目的边际总和。又见**行和** (row total)、**总和** (grand total)。[11]

列联表 (contingency table)　一种组织、显示和分析数据以说明两个或多个分类变量之间关系的方法。列联表中的条目是每一类观测的频次 (数量)。[11]

列联表分析 (contingency table analysis)　用于分析响应变量和预测变量都是分类数据集的统计方法。[7, 11]

列向量 (column vector)　有很多行但只有一列的矩阵。对照**行向量** (row vector)。[12]

列正交矩阵 (column-orthonormal matrix)　一个 $m \times n$ 的矩阵, 列已被归一化使

得每一列的欧氏距离 = 1。[A]

裂区设计 (split-plot design) 一种多因素方差分析设计。在该设计中, 每个实验裂区被分为多个分块, 每个分块接受不同的处理。[7, 10]

临界值 (critical value) 为使概率在统计上显著, 每个检验统计量必备的值。每个检测统计量都与一个概率分布相关, 该概率分布对于给定的样本量和自由度有一个相关的临界值。[5]

零假设, 原假设 (null hypothesis) 最简单的假设。在生态学和环境科学中, 零假设通常将数据中观测到的所有变异都归因于随机因素或测量误差。对照**备择假设 (alternative hypothesis)**; 另见**统计零假设 (statistical null hypothesis)**。[1, 4]

路径分析 (path analysis) 在特定类型的多元回归模型中, 对多个重叠的因果关系进行归因的一种方法。[9]

路径系数 (path coefficient) 路径分析中得到的一类偏回归参数, 该参数表示一个变量对另一个变量影响的大小及正负。[9]

逻辑回归 (logistic regression) 从连续预测变量中估计分类响应变量的统计模型。[9]

逻辑树 (logic tree) 假设-演绎法的一个例子。逻辑树是一种二分决策树, 研究者从每个决策点上的两个选择中选出一个来研究, 以此思路从而遍历整个逻辑树。树的走向是从一般 (如, 动物或蔬菜?) 到特殊 (如, 4 趾或 3 趾?), 当没有更多的选择时, 就达成了解决方案。二叉式检索表是逻辑树的一个例子。[4]

率参数 (rate parameter) 泊松随机变量公式中的常数, 同样也是一个泊松随机变量的平均值 (或期望) 和方差。[2]

MANOVA 见**多元方差分析 (multivariate analysis of variance)**。[12]

M 估计 (M-estimator) 一种最小化异常值影响的回归。它通过残差值对数据点进行加权, 使得残差较大的数据点对斜率估计的贡献越小。[9]

马尔可夫过程 (Markov process) 一连串事件, 其中一个给定事件发生的概率仅取决于前一个事件的发生。[3]

马赛克图 (mosaic plot) 一种为可视化列联表而设计的图。在图中, 每个矩形大小与数据集中每个观测相对频次成正比。[11]

马蹄形效应 (horseshoe effect) 由于许多排序方法会放大环境梯度的平均值并同时压缩环境梯度的极端值, 从而导致的一种不良数学性质。该效应的出现会导致排序图被弯曲成拱形、马蹄形或圆形。[12]

脉冲实验 (pulse experiment) 一种人为操作实验: 在实验中, 处理被实施一次后, 会等被处理对象恢复原状后, 才实施下一次。对照**压力实验 (press experiment)**。[6]

蒙特卡罗法 (Monte Carlo method) 一种依赖于数据随机化或重组的统计方法, 随机化或重组过程通常使用的是自助法或刀切法。在给定统计零假设的前提下, 蒙特卡罗分析所得结果是数据的确切概率。[5]

蒙特卡罗分析 (Monte Carlo analysis)　三大统计分析框架之一。该分析用蒙特卡罗法来估计 p 值。另见蒙特卡罗法。对照**贝叶斯推断 (Bayesian inference)** 和**参数分析 (parametric analysis)**。[5]

模型 (model)　通过一组参数将一组变量与另一组变量联系起来的数学函数。根据 George E. P. Box 的说法, 所有模型都是不正确的, 但其中一些却是有用的。[11]

NMDS　见**非度量多维尺度变换 (non-metric multidimensional scaling)**。[12]

内插法 (interpolation)　在观测值范围内对未观测到的值进行的估计。通常比**外推法 (extrapolation)** 更可靠。[9, 13]

内在假设 (intrinsic hypothesis)　一种参数由数据本身估计而来的统计模型。对照**外在假设 (extrinsic hypothesis)**。[11]

拟合 (fit)　预测结果与观测的一致性。用于描述给定模型预测数据的效果, 或可用数据预测模型的效果。[9, 10, 11, 12]

拟合地点得分 (fitted site score)　冗余分析的一个结果。原始数据相对于环境特征的排序可得矩阵 $\mathbf{Z}$

$$\mathbf{Z} = \hat{\mathbf{Y}}\mathbf{A}$$

该矩阵即为拟合的地点得分, 其中 $\hat{\mathbf{Y}}$ 是多元响应变量的预测值, $\mathbf{A}$ 是对响应变量的期望 (拟合) 值进行主成分分析得到的特征向量矩阵。对照**地点得分 (site score)** 和**物种得分 (species score)**。[12]

拟合优度 (goodness-of-fit)　给定分布或模型对数据集预测的准确程度。[11]

逆变换 (back-transformed)　将一个变量或统计估计量转换回测量值原始单位的过程。逆变换只用于统计分析之前就对变量进行了变换的情况。另见**变换 (transformation)**。[3, 8]

逆矩阵 (inverse matrix)　矩阵 $\mathbf{A}$ 的逆矩阵 $\mathbf{A}^{-1}$ 为满足 $\mathbf{A}\mathbf{A}^{-1}=\mathbf{I}$ 的矩阵, $\mathbf{I}$ 为单位矩阵。[A]

逆预测区间 (inverse prediction interval)　回归模型中, 在给定响应变量 Y 值的前提下, 预测变量 X 的可能取值范围。

欧几里得 (欧氏) 距离 (Euclidean distance)　两个对象间的距离或相似度。如果每个物体都可以被描述为 n 维空间中的一组坐标, 则欧氏距离的计算公式为

$$d_{i,j} = \sqrt{\sum_{k=1}^{n}(y_{i,k}-y_{j,k})^2} \qquad [12]$$

PCA　见**主成分分析 (principal component analysis)**。[12]

PDF　见**概率密度函数 (probability density function)**。[2]

PEV　见**方差解释率 (proportion of explained variance)**。[10]

PIE 见**种间相遇的概率** (probability of an interspecific encounter)。[11, 13]

P 值 (*P-value*) 见**概率值** (probability value)。[4]

排列 (**permutation**) 对离散对象的排布。与组合不同, 排列是指对物体的重新排布。对于集合 {1,2,3}, 有六种可能的排列: {1,2,3}, {1,3,2}, {2,1,3}, {2,3,1}, {3,2,1}, {3,1,2}, 但这些排列对于组合而言都是相同的。对于 n 个对象有 $n!$ 种排列, 但一次从 n 中取 X 个对象的组合只有

$$\frac{n!}{X!(n-X)!}$$

种。符号 "!" 是表示阶乘。另见**二项式系数** (binomial coefficient) 和**组合** (combination)。[2]

排序 (坐标化) (**ordination**) 通过将观测放进少于原变量数目的坐标轴上, 从而将多元数据进行降维的方法。[12]

判别分析 (**discriminant analysis**) 一种将多元观测结果分配给预先定义的组的方法。当多元方差分析 (MANOVA) 的结果显著时, 判别分析也可被用作检测组间差异的事后检验。[12]

配对设计 (**matched-pairs layout**) 一种随机区块设计, 该设计会选择特征相似的重复, 并将它们随机分配给不同的处理。[7]

偏差 (**deviation**) 模型预测值与观测值间的差异。[6]

偏度 (**skewness**) 描述一个分布的不对称程度, 记为 g_1, 等于三阶中心矩除以标准差的立方。另见**右偏态** (right-skewed) 和**左偏态** (left-skewed)。[3]

偏回归参数 (**partial regression parameter**) 多元回归模型中的参数, 其值反映的是模型中所有其他参数的贡献。[9]

频次 (频数) (**frequency**) 某一特定类别的观测次数。在直方图中, y 轴 (纵坐标) 上的值是 x 轴 (横坐标) 上每组观测的频数。[1]

频率学派推断 (**frequentist inference**) 一种统计推断方法, 该方法假设如果试验可以重复无数次, 则通过函数估计的观测概率将收敛于真实值。对照**贝叶斯推断** (Bayesian inference)。[1, 3]

平方根变换 (**square-root transformation**) 函数 $Y^* = Y$。该变换最常用于遵循 Poisson 分布的计数数据。[8]

平方和 (**sums of squares, SS**) 观测值与其算术均值间差值的平方和。该值被广泛应用于方差分析中。[3]

平方和与叉积和 (**sums of squares and cross products, SSCP**) 一个行列数都等于多元数据变量数的方阵。这个方阵的对角线元素是每个变量的平方和, 非对角元素是每对变量的叉积和。SSCP 矩阵用于计算 MANOVA 中的检验统计量。[12]

平均数 (**average**) 变量的算术平均数。常被错误地用来表示一个变量最常见的值。对照**均值** (mean)、**中位数** (median) 和**众数** (mode)。[3]

平面文件 (flat file)　以二维表格的形式存储数据的计算机文件。[8]

平移操作 (shift operation)　给正态随机变量每个观测值加一个常数得到变换。另见**缩放变换 (change of scale)**。[2]

泊松随机变量 (Poisson random variable)　在有限区域或有限时间内进行一个给定实验所得到的离散结果。与二项随机变量不同, 泊松随机变量可以取任意整数值。[2]

期望 (expectation)　概率分布的平均值、均值或期望值。[1, 2]

期望值 (expected value)　一个随机变量最有可能的值。也被称为随机变量的期望。[2]

奇异值 (singular value)　任何 $m \times n$ 的矩阵 $\mathbf{A}$ 都可以被重写或分解为 $\mathbf{VWU}^{\mathrm{T}}$ 的乘积, 其中 $\mathbf{V}$ 是与 $\mathbf{A}$ 维数相同的一个 $m \times n$ 的矩阵, $\mathbf{U}$ 为 $n \times n$ 的方阵, $\mathbf{V}$ 和 $\mathbf{U}$ 是列正交矩阵, $\mathbf{W}$ 是一个 $n \times n$ 的对角矩阵, 其对角线上的值被称为 $\mathbf{A}$ 的奇异值。[A]

嵌套设计 (nested design)　在重复中抽取子样本的方差设计分析。[7, 10]

穷尽的 (exhaustive)　如果一组结果包含事件的所有可能值, 则该结果集被称为是穷尽的。对照**互斥的 (exclusive)**。[1]

球形 (circularity)　方差分析中假设子区或分块内样本间的变异在所有子区或分块内都是相同的。[7]

球形 (sphericity)　多元假设检验的一个前提假设, 即各组的协方差相等。[12]

区间 (interval)　一组定义了最小值和最大值的数字。[2]

趋势消除对应分析 (detrended correspondence analysis)　对应分析的一种变体, 用于改善马蹄形效应。[12]

确切概率 (exact probability)　只得到实际观测结果的概率。对照**尾概率 (tail probability)**。[2, 5]

群 (group)　一个具有四种属性的集合。第一, 该集合在一种数学运算 $\oplus$ (例如加法或乘法) 下是封闭的。第二, 运算是可结合的, 即对于集合中的任意三个元素 a、b、c, $a \oplus (b \oplus c) = (a \oplus b) \oplus c$ (其中 $\oplus$ 表示任意数学运算)。第三, 集合有一个单位元素 I, 对于任意元素 a, I 满足 $a \oplus \mathrm{I} = a$。第四, 该集合的逆满足对于任何元素 a 都存在另一个元素 b 使得 $ab = ba = \mathrm{I}$。另见**封闭性 (closure)**。[1]

群落 (assemblage)　由真实相对丰度代表的所有物种组成的完整群落。大多数生物多样性数据仅代表一个群落中一小部分个体样本。[9, 10, 12, 13]

RDA　见**冗余分析 (redundancy analysis)**。[12]

人为操作实验 (manipulative experiment)　研究者将一种或多种处理应用于一个或多个样本群体观测处理结果的实验。对照**自然观察实验 (natural experiment)**。[6]

容忍度 (tolerance)　在逐步回归过程中用于决定是否留下某些变量或参数的标准。容忍度可以降低候选变量间的多重共线性。[9]

冗余参数 (nuisance parameter)　在统计模型中, 一类不是最重要但在得到我们感兴趣的参数前仍会对其进行估计的参数。另见**参数 (parameter)**。[14]

冗余分析 (redundancy analysis, RDA) 一类多元回归, 用于当预测变量和响应变量都是多元变量的情况。与相关的典型对应分析不同, 冗余分析对预测轴或响应轴的形状没有任何假设。[12]

SD 见**标准差 (standard deviation)**。[3]

SSCP 见**平方和与叉积和 (sums of squares and cross products)**。[12]

三段论 (syllogism) 由两个前提推导出的一种逻辑推论或结论: 例如根据前提 (1) 所有猪都是黄色的; (2) 这个目标对象是黄色的; 结论为这是一只猪。三段论最早是由亚里士多德提出的。三段论虽然是合乎逻辑的, 但有可能会推导出错误的结论: 例如, 那个黄色物体实际上是一根香蕉。[4]

三角不等式 (triangle inequality) 对于 a、b、c 三个多元对象, a 与 b 的距离加上 b 与 c 的距离总是大于或等于 a 与 c 的距离。[12]

三角矩阵 (triangular matrix) 对角线其中一侧所有元素均为 0 的矩阵。[A]

散点图 (scatterplot) 一种用来展示二元数据的二维图。图中, x 轴通常为预测变量或自变量, y 轴通常为响应变量或因变量, 每个点为一个观测。[8]

散点图矩阵 (scatterplot matrix) 一种用于说明多元数据且由许多散点图组成的图阵。散点图按其 Y 变量和 X 变量被排布在相应的行列中, 组成一个图片矩阵, 展示了所有变量间可能存在的二元关系。[8]

散度 (spread) 一种对组内变异的度量。[3]

上三角矩阵 (upper triangular matrix) 一种矩阵, 其对角线以下的所有元素都等于 0。[A]

审计踪迹 (audit trail) 用于描述对原始数据集所做更改的文件和相关文档的集合。它记录了对原始数据所做的所有更改, 用于分析的数据集就是经过这些更改处理的数据集。[8]

十分位数 (decile) 十分之一。通常指一个分布的上十分位数和下十分位数——上 10% 和下 10%。[3]

时间序列模型 (time series model) 明确将时间作为预测变量的一种统计模型。许多时间序列模型也是自回归模型。[6]

实验 (experiment) 通常在控制条件下进行的一组重复的观测或试验。[1]

实验整体的错误率 (experiment-wide error rate) 在经过多重比较校正后, 原假设被拒绝的临界值 α 的实际值。它可以通过 Bonferroni 或 Dunn-Sidak 等校正方法获得。[10]

事件 (event) 一个有明确开端和结果的观测或过程。[1]

试验 (trial) 一个单独的重复或观测。多个试验构成一个统计实验。[1]

受试间因素 (between-subjects factor) 在 ANOVA 中, 用于表示处理组间的变量的术语。在一个重复测量设计中, 受试间因素等同于裂区设计中的主区因素。[7]

受试内因素 (within-subjects factor) 在方差分析中, 受试内因素指处理组内的方

差。在重复测量设计中, 受试内因素相当于裂区设计中的副区因素。[7, 10]

双标图 (bi-plot)   描绘两个相关排序结果的图。通常用于说明对应分析、典型对应分析和冗余分析的结果。[12]

双重物种 (duplicate)   在一个基于样本的参考样本中, 恰好由两个样本代表的物种的数量。另见**双元物种 (doubleton)**, **单元物种 (singleton)** 和**特有物种 (unique)**。[13]

双尾检验 (two-tailed test)   对统计备择假设的检验, 即在给定统计零假设的情况下, 观察到的检验统计量不等于期望值的检验。统计表和软件包通常会给出双尾检验的临界值和相关 P 值。对照**单尾检验 (one-tailed test)**。[5]

双因素设计 (two-way design)   一种包含两个主效应的方差分析设计, 其中每个主效应有两个或两个以上的处理水平。[7, 10]

双元物种 (doubleton)   在一个以个体为基础的参考样本中, 恰好有两个个体的物种的数量。另见**双重物种 (duplicate)**, **单元物种 (singleton)** 和**特有物种 (unique)**。[13]

水平 (level)   在方差分析设计或列联表设计中, 一个给定实验处理或因素的值。[7, 11]

四分位数 (quartile)   某物的四分之一。数据集的上下四分位数分别是数据的前 25% 和后 25%。[3]

似然 (likelihood)   一种可以量化假设偏好的经验分布。它与给定特定统计假设或一组参数的特定数据集的概率成正比: L (假设 | 观测数据) $= cP$ (观测数据 | 假设), 但与概率分布不同, 似然并不局限在 0.0 和 1.0 之间。贝叶斯定理的分子中有两项, 似然是其中一项。另见**最大似然 (maximum likelihood)**。[5]

似然比检验 (likelihood ratio test)   一种基于假设间相对概率之比进行检验的方法。[11]

算术平均 (arithmetic mean)   一个给定变量的一组观测值的平均值: 所有观测值的总和除以观测值的数量。通常表示为变量名上方加一条水平线, 即 $\overline{Y}$。[3]

随机变量 (random variable)   给每个实验结果赋予一个数值的数学函数。[2]

随机分块设计 (randomized block design)   一种方差分析设计, 在该设计中, 每组包含了所有处理水平的重复 (每个处理一个重复) 会被放置在一个固定的空间或时间 (即一个分块) 内, 从而减少由非人为操作导致的变化。[7, 10]

随机干预分析 (randomized intervention analysis)   一种用于分析 BACI 设计的蒙特卡罗技术。[7]

随机化 (randomization)   将实验处理随机分配给总体的过程。对照**随意的 (haphazard)**。[6]

随机化检验 (randomization test)   一类统计检验, 该检验需要通过自助法、刀切法等重抽样方法对数据进行打乱重组, 目的是模拟若在零假设成立时可能会收集到的数据。另见**蒙特卡罗法 (Monte Carlo method)**、**自助法 (bootstrap)** 和**刀切法 (jackknife)**。[5]

随机效应 (random effect) 在方差分析设计中, 一组代表所有处理水平随机子集的处理水平。也被称为随机因素。对照**固定效应 (fixed effect)**。[7, 10]

随意的 (haphazard) 并非真正随机地将个体或群体分配到处理组中。对照**随机化 (randomization)**。[6]

碎石图 (scree plot) 一种诊断图, 用来判断每个分量对整体排序的贡献。有意义的分量是斜坡, 没有意义的分量是底部的碎石。它的形状像碎石滚落的塌落山坡, 其中构成斜坡的是有意义的分量, 而底部的碎石是没有意义的分量。[12]

缩放变换 (change of scale) 一个正态随机变量乘以一个常数得到的变换。另见**平移操作 (shift operation)**。[2]

t 分布 (t-distribution) 一种修正后的标准正态概率分布。小样本量的 t 分布是尖峰态的, 随着样本量的增加, t 分布逐渐近似于标准正态分布。置信区间的估计常用到 t 分布的尾概率。[3]

特有物种 (unique) 在一个以样本为单位的参考样本中, 只有一个样本的物种的数量。另见**双重物种 (duplicate)**, **单元物种 (singleton)** 和**双元物种 (doubleton)**。[13]

特征向量 (eigenvector) 满足线性方程组 $\mathbf{Ax} = \lambda\mathbf{x}$ 的列向量 $\mathbf{x}$。对照**特征值 (eigenvalue)**。[12]

特征值 (eigenvalue) 线性方程组 $\mathbf{Ax} = \lambda\mathbf{x}$ 的解。在这个方程中, $\mathbf{A}$ 是方阵, $\mathbf{x}$ 是列向量。特征值 λ 是标量或一个数值。对照**特征向量 (eigenvector)**。[12]

替代设计 (substitutive design) 一种实验设计, 用于研究我们感兴趣的目标物种与其竞争者之间的竞争强度。在替代设计中, 目标物种和竞争者的总密度保持不变, 但二者的相对照例按照一定的规律变化。对照**可加设计 (additive design)** 和**响应面设计 (response surface design)**。[7]

条件概率 (conditional probability) 当简单事件相互关联并不独立时, 共享事件的概率。如果事件 B 已经发生, 事件 A 发生的概率取决于事件 B 的结果, 那么我们说 A 的概率是以 B 为条件的, 写作 $P(A|B)$, 计算式为

$$P(A|B) = \frac{P(A \cap B)}{P(B)} \qquad [1]$$

调和平均 (harmonic mean) 观测值倒数的算术平均的倒数。调和平均可用于计算有效种群 (完全随机交配的种群) 的大小。调和平均总是小于或等于几何平均。[3]

同方差的 (homoscedastic) 数据集的属性, 即所有处理组的残差相等。对照**异方差的 (heteroscedastic)**。[8]

同时预测区间 (simultaneous prediction interval) 在回归分析中, 如果要同时估计多个值, 而对置信区间进行的必要调整。[9]

统计零假设 (statistical null hypothesis) 变量间不存在数学关系的假设, 或科学假设的统计形式, 即数据中观测到的所有变异都归因于随机因素或测量误差。另见**零假设 (null hypothesis)**。[4]

图 (plot)　一个变量或数据集的图示。[8]

图形探索性数据分析 (graphical exploratory data analysis, EDA)　使用图形和绘图等可视化工具来检测数据中的模式、异常值和误差。[8]

推断 (inference)　逻辑上从观测或前提中得出的结论。[4]

外推法 (extrapolation)　在观测值范围之外对未观测值的估计。通常不像**内插法 (interpolation)** 那样可靠。[9, 13]

外在假设 (extrinsic hypothesis)　一种统计模型,其参数是从数据以外的来源估计得到的。对照**内在假设 (intrinsic hypothesis)**。[11]

完全交叉 (fully crossed)　一种多因素方差分析设计:在一个实验中,两个或两个以上处理的所有水平在同一时间被检验。[7, 10]

维恩图 (Venn diagram)　一种用来可视化集合交、并、补运算的图形工具。[1]

维数 (dimension)　指定矩阵行列数的二维向量。[A]

尾概率 (tail probability)　得到观测值以及没观测到的但可能存在的更极端值的概率。也被称为**概率值 (probability value)** 或 P 值,估计该值会用到累积分布函数。[2, 5]

位置 (location)　在概率分布中可以找到大多数观测值的地方。对照**散度 (spread)**。[3]

稳健回归 (robust regression)　对异常值或极端值相对不敏感的回归模型。例如包括最小截断二乘回归和 M 估计。[9]

无偏的 (unbiased)　测量值或观测值既不高于也不低于真实值的统计属性。另见**准确度 (accuracy)** 和**精度 (precision)**。[2]

无偏估计量 (unbiased estimator)　一个既不大于也不小于真实值的统计参数。[3, 9]

物化 (具体化, reification)　把抽象的概念转化为有形实物的过程。[8]

物种得分 (species score)　冗余分析的一个结果。物种得分即为:用响应变量 ($\hat{\mathbf{Y}}$) 期望值的标准化样本方差–协方差矩阵进行主成分分析所得到的特征向量矩阵 $\mathbf{A}$。地点得分和拟合地点得分的计算都需要基于物种得分。[12]

物种丰富度 (species richness)　一个局部群落或参考样本内的物种数量。为了能够比较,物种丰富度可以通过稀疏化或外推法被理想地标准化到同一个体数、样本数或覆盖度。[13]

物种均匀度 (species evenness)　在一个局部群落或参考样本内,物种的相对丰度接近均匀分布的程度。[13]

物种累积曲线 (species accumulation curve)　描述抽样个体的数量 (x 轴) 与观测到的物种数量 (y 轴) 间关系的曲线。随着抽样个体数量的增加,曲线先是在起点 (1,1) 处陡峭地上升,随后逐渐变得平缓,最后渐渐收敛到一条渐近线,一旦达到渐近线,再多的抽样也不会增加新物种的发现。[13]

物种密度 (species density)　单位样本内的物种数量。[13]

误差 (error)　不代表原始测量值或观测值的记录值。造成误差的原因包括:现场输入错误, 仪器故障, 或在将值从原始笔记本或数据表转换到电子表格时发生的打字错误。[8]

误差变异 (error variation) 未被回归或 ANOVA 模型解释的剩余的变异, 也被称为残差或残差平方和。它反映了没有被统计模型指定的测量误差和变异。[9, 10]

x 轴 (x-axis) 图中的水平线, 也被称为横坐标。x 轴通常表示统计模型中的原因变量、自变量或预测变量。[1]

稀疏化 (rarefaction) 在样本量较小的情况下, 对个体、样方或其他抽样单位进行随机抽样以估计多样性指数的统计过程。稀疏化提供了一种标准化生物多样性样本数据的方法。[13]

系统树图 (dendrogram) 树形图。一种将聚类分析结果绘制成图形的方法。本质上类似于分类树。也被广泛用于说明物种间的亲缘 (系统发育) 关系。[12]

下三角矩阵 (lower triangular matrix) 对角线上方的所有元素都为 0 的矩阵。[A]

先验概率 (prior probability) 在实验进行前, 基于以往经验、直觉、专家意见或文献综述所确定的假设的概率。对照**后验概率 (posterior probability)**。[1]

先验概率分布 (prior probability distribution) 用于计算后验概率分布的贝叶斯定理, 其分子由两个分布组成, 其中之一便是先验概率分布。它表示实验进行前任何我们感兴趣的假设的概率。另见**先验概率 (prior probability)** 和**似然 (likelihood)**。[5, 9]

先验优势比 (prior odds ratio) 两个备择假设先验概率分布之比。[9]

线性回归模型 (linear regression model) 一种用直线来表示预测变量和响应变量间关系的统计模型。该模型被称为线性模型, 是因为它的参数是常数, 并且只对预测变量产生加或乘的影响。对照**非线性回归模型 (non-linear regression model)**。[9]

线性组合 (linear combination) 将一个变量重新表示为其他变量的组合, 其中新表达式的参数是线性的。例如, 方程 $Y = b_0 X_0 + b_1 X_1 + b_2 X_2$, 其中参数 b_0, b_1 和 b_2 是线性的, 故该方程将变量 Y 表示为 X_0 到 X_2 的线性组合。相比之下, 方程 $Y = a_0 X_0 + X_1^{a_1}$ 不是一个线性组合, 因为参数 a_1 是一个指数参数而非线性参数。当然第二个方程可以通过对等式两边取对数转化为一个线性组合。但非线性组合并不总是可以转化为线性组合。[12]

相对频次 (relative frequency) 另见**比例 (proportion)**。[11]

相关 (correlation) 用来探究两个变量之间关系的分析方法。在相关分析中, 没有因果关系的假设。对照**回归 (regression)**。[7, 9]

相关的 (correlative) 一种被观察到的关系, 但还没有在一种可控的方式下进行实验研究, 即 "相关并不意味着存在因果"。[4]

相异度 (dissimilarity) 两个对象不相同的程度。通常被量化为**距离 (distance)**。[12]

箱线图 (box plot) 一种用来展示一个单变量数据集分布的可视化工具。在图中展示了中位数、上下四分位数、上下十分位数以及所有的异常值。[8]

响应变量 (response variable) 假设的起因所带来的影响。另见**因变量** (dependent variable), 对照**预测变量** (predictor variable)。[7]

响应面设计 (response surface design) 一种实验设计, 用于研究我们感兴趣的目标物种与其竞争者之间的竞争强度。在响应面设计中, 目标物种和竞争者的密度都按照一定规律变化。当因素是连续变量时, 响应面设计也可用来代替方差分析。对照**可加设计** (additive design) 和**替代设计** (substitutive design)。[7]

向后消除 (backward elimination) 一种逐步回归的方法: 从包含所有可能参数的完全饱和的模型开始, 一次排除一个变量。另见**逐步回归** (stepwise regression), 对照**向前选择** (forward selection)。[9]

向前选择 (forward selection) 一种逐步回归的方法。开始时, 模型中只有其中一个可能的参数; 其余参数依次逐个被测试和添加进模型。参见**逐步回归** (stepwise regression), 对照**向后消除** (backward elimination)。[9]

效应量 (effect size) 不同处理组间的预期差异。[6]

协变量 (covariate) 在协方差分析设计中, 每次重复测量的连续变量。协变量用于解释数据中的残留变异, 并增强检测处理间差异的能力。[10]

协方差 (covariance) 每个观测与其期望间差值的乘积的和除以样本量。如果不除以样本量, 则为**叉积和** (sum of cross products)。[9]

协方差分析 (analysis of covariance, ANCOVA) 一种介于回归和方差分析之间的混合统计模型, 它除了包含方差分析模型中的分类预测变量, 还包括一个连续预测变量 (协变量)。[10]

斜交旋转 (oblique rotation) 在一个因子分析中, 为产生新的相互关联的公因子, 对原始公因子进行的线性组合。对照**正交旋转** (orthogonal rotation) 和**方差最大化旋转** (varimax rotation)。[12]

斜率 (slope) 当预测变量变化时, 响应变量的期望值所对应的该变量。回归模型中的参数 β_1。[9]

信息准则 (information criterion) 考虑参数数量对备选统计模型进行选择的所有方法。这些方法通常是有效的 (如赤池信息量准则或贝叶斯信息准则)。[9]

旋转 (rotation) 在因子分析中, 旋转是指易于解释的公因子的线性组合。另见**斜交旋转** (oblique rotation)、**正交旋转** (orthogonal rotation) 和**方差最大化旋转** (varimax rotation)。[12]

学生化残差 (studentized residual) 另见**标准化残差** (standardized residual)。[9]

y 轴 (y-axis) 图中的垂直线, 也被称为纵坐标。y 轴通常表示统计模型中的结果变量、因变量或响应变量。[1]

压力实验 (press experiment) 一种人为操作实验: 在处理被实施后, 还会在实验过程中反复被实施, 以保持处理的强度恒定。对照**脉冲实验** (pulse experiment)。[6]

演绎 (deduction) 从一般情况 (所有的天鹅都是白色的) 到具体情况 (这只天鹅是白色的) 的科学推理过程。对照**归纳 (induction)**。[4]

样本 (sample) 我们感兴趣的总体的子集。观测或操纵总体中的所有个体几乎是不可能的, 所以我们只能分析总体的一个样本。概率和统计就是基于总体的小样本对总体情况做出推断的学科。[1]

样本标准差 (sample standard deviation) 一个样本的标准差的无偏估计, 等于样本方差的平方根。[3]

样本方差 (sample variance) 一个样本的方差的无偏估计, 等于平方和除以样本量减 1。[3]

样本空间 (sample space) 一个事件或实验所有可能结局或结果的集合。[1]

样方 (quadrat) 在固定且已知的区域 (陆地和水生生境) 内, 用于标准化生态取样的地块, 通常为方形或圆形。[2]

异方差的 (heteroscedastic) 数据集的属性, 即所有处理组的残差不相等。对照**同方差的 (homoscedastic)**。[8, 9]

因变量 (dependent variable) 在因果陈述中, 试图为其所受影响确定原因的对象或响应变量。对照**自变量 (independent variable)** 和**预测变量 (predictor variable)**。[7]

因素 (factor) 在方差分析设计中, 单次实验处理的一组水平。[7]

因子分析 (factor analysis) 一种排序方法, 它将每个原始观测按比例转换为少数几个参数 (公因子) 的线性组合。它发展于 20 世纪早期, 那时是作为一种从一连串 "智力测试" 分数中计算 "智力" 的方法。[12]

因子模型 (factor model) 在标准化公因子及其相应的因子载荷后, 因子分析的结果, 其中仅保留了有用 (或重要) 的公因子。[12]

因子设计 (factorial design) 一种方差设计分析, 其中包括我们感兴趣的所有实验 (或因素) 的水平。[7]

因子载荷 (factor loading) 在因子分析中, 为估计原始变量, 与公因子相乘的线性系数。[12]

应力 (stress) 一种衡量非度量多维尺度变换拟合优度的度量。另外, 也指在统计分析上花费了太多时间, 而在实地中没有投入足够时间而导致的结果。[12]

影响函数 (influence function) 用于评估每个观测值对回归模型斜率和截距影响的诊断图。在该图中, 经刀切处理的截距 (y 轴上) 根据经刀切处理的斜率 (x 轴上) 进行绘制。该图的斜率应始终为负, 但异常值会指在对回归模型有影响的观测值处。[9]

有效物种数 (effective numbers of species) 一个所有物种都有相同丰度的假想群落的多样性。[13]

右乘 (postmultiplication) 在矩阵代数中, $\mathbf{A}$ 和 $\mathbf{B}$ 两个方阵的乘积 $\mathbf{BA}$。也被称为**右积 (postproduct)**。[A]

右积 (postproduct) 另见**右乘 (postmultiplication)**。[A]

右偏态 (right-skewed) 一种分布形态, 其大部分观测值小于算术均值, 处于长尾部的观测值大于算术均值。右偏态分布的偏度大于 0。对照**左偏态 (left-skewed)**。[3]

预测变量 (predictor variable) 假设被提出的起因。另见**自变量 (independent variable)**, 对照**响应变量 (response variable)**。[7]

元数据 (metadata) 描述数据集变量和特性的数据。[8]

元素 (element) 矩阵中的一个元素, 通常表示为 a_{ij}, 其中 i 和 j 分别为矩阵的行号和列号。[12]

Z 分数 (Z-score) 变量转换的结果, 等于变量的观测值与其样本均值的差值除以样本标准差。[12]

载荷 (loading) 主成分分析中的参数, 该参数与一个多元观测的每个变量相乘从而得到新的变量, 或每个观测的主成分得分。每个得分都是原始变量的一种线性组合。[12]

占有率 (occupancy) 一个物种出现在一个地点的概率。估计该值需要先估计**发现概率 (detection probability)**。[14]

折叶点 (hinge) 茎叶图中茎叶上四分位或下四分位数的位置。[8]

正交 (orthonormal) 一种用于矩阵使其行、列或行列的欧氏距离等于 1 的变换。[12]

正交的 (orthogonal) 在多因素方差分析中, 所有处理组合所表现出来的性质。在多元回归设计中, 表示一个预测变量的所有值与另一个预测变量的所有值相组合的性质。在矩阵代数中, 表示乘积为 0 的两个向量。[7, 9, A]

正交旋转 (orthogonal rotation) 在一个因子分析中, 为产生新的互不相关的公因子, 对原始公因子进行的线性组合。对照**斜交旋转 (oblique rotation)** 和**方差最大化旋转 (varimax rotation)**。[12]

正态随机变量 (normal random variable) 一种随机变量, 其概率分布函数围绕均值对称, 可用均值 (μ) 和方差 (σ^2) 两个参数描述。也被称为高斯随机变量。[2]

直方图 (histogram) 表示频率分布的柱状图。每条柱的高度等于 x 轴上观测出现的频次。[1, 2]

质量保证和质量控制 (quality assurance and quality control, QA/QC) 对数据或其他任何情况进行检测以确保其具有预期的准确度和精确度的过程。[8]

置信区间 (confidence interval) 一个包含 $n\%$ 真实总体均值的区间。该术语必须用 $n\%$ 来限定, 如 95% 置信区间、50% 置信区间等。通过频率学派的统计方法计算置信区间。它们通常被误认为表示有 $n\%$ 的情况平均值会落在置信区间内。对照**可信区间 (credibility interval)**。[3]

中位数 (median) 恰好在一组观测值中间的数值: 观测值中有一半小于该值, 另一半大于该值。第五十分位数的中心, 或第五十百分位数的中心。对照**均值 (mean)** 和**众数 (mode)**。[3]

中心 (centroid) 多元变量的平均向量。可以把它想象成多维空间中一团点的质心, 或是把这团点放在一个针尖上可以使其保持平衡的点。[12]

中心极限定理 (central limit theorem) 使参数统计可用于非正态数据的数学结果。中心极限定理表明任意随机变量都可转化成一个正态随机变量。[2]

中心矩 (central moment) 一个变量的每个观测值与该变量算术平均值间差值的 r 次方的平均值 (或算术平均值)。中心矩一词必须有一个限定: 例如, 一阶中心矩、二阶中心矩等。一阶中心矩等于 0, 二阶中心矩即为方差。[3]

种间相遇的概率 (probability of an interspecific encounter, PIE) 一种多样性指数, 该指数衡量了从一个群落中随机选择的两个个体代表两个不同物种的概率。此外, PIE 还等于基于个体的稀疏曲线在基部的斜率。在经济学中, PIE 指数与基尼系数密切相关。[11, 13]

众数 (mode) 一组观察值中最常见的值。均值 (或总体均值) 常被误认为是众数。对照**均值 (mean)** 和**中位数 (median)**。[3]

逐步回归 (stepwise regression) 用共有参数对多个模型进行评估的回归过程。目的是确定哪些参数可用于最终的回归模型。逐步回归中使用到的方法包括**向后消除 (backward elimination)** 和**向前选择 (forward selection)**。[9]

主成分 (principal component) 主坐标可根据主成分在原始数据中所解释的变异量进行排序。[12]

主成分得分 (principal component score) 主成分分析中, 每个观测的原始变量经线性组合所得的值。[12]

主成分分析 (principal component analysis, PCA) 一种通过建立原始变量的线性组合来减少多元数据变量的排序方法。最初开发这种方法是为了根据多种生物测量指标来确定一个个体的种族身份。[12]

主区因素 (whole-plot factor) 裂区设计中, 应用于整个分块或裂区的处理。对照**副区因素 (subplot factor)**。[7]

主效应 (main effect) 单个实验因素的个体效应。在没有交互作用的情况下, 主效应具有可加性: 在已知每个单独因素的主效应后就可准确预测实验的效应。对照**交互作用 (interaction)**。[7, 10]

主轴 (principal axis) 原始观测被排序后生成的新变量。[12]

主坐标分析 (principal coordinate analysis) 一种不限距离度量的排序方法。主成分分析和因子分析是主坐标分析的特殊情况。[12]

转置 (transpose) 通过转置后, 原矩阵的行等于新矩阵的列, 原矩阵的列等于新矩阵的行。若 a_{ij} 代表矩阵 $\mathbf{A}$ 中的元素, a'_{ij} 表示转置后的矩阵 $\mathbf{A}^T$ 中的元素, 则 $a'_{ij} = a_{ji}$, 上标 T 或 ′ 表示矩阵转置。[12]

准确度 (accuracy) 一个观测的测量值与该观测真实值的接近程度。对照**精度 (precision)**。[2]

子集 (subset) 一组对象的集合, 这些对象同时也是更大的组或集合的一部分。另见

集合 (set)。[1]

自变量 (independent variable)　在因果陈述中的预测变量, 或是被假定为引起观测效应的对象。对照因变量 (dependent variable) 和响应变量 (response variable)。[7]

自回归 (autoregressive)　一种响应变量 (Y) 取决于前一个或多个数值的统计模型。例如, 许多种群增长模型就是自回归的, 在模型中, $t+1$ 时刻的种群大小取决于 t 时刻的种群大小。[6]

自回归移动平均 (autoregressive integrated moving average, ARIMA)　一种用于分析时间序列数据的统计模型, 它同时考虑了数据中的时间依赖性 (参见 autoregressive, 自回归) 和用于估计由实验处理导致的变化的参数。[7]

自然观察实验 (natural experiment)　比较两个或两个以上没有被任何方式人为操作的群体或组。这种实验设计的基础是群体或组间的自然变异。自然观察实验除了我们感兴趣的单一因素外, 对待其他因素都理想地将它们视为相同。虽然自然观察实验与人为操作实验可以生成相同的数据类型, 采用相同的统计分析, 但是由于前者没有控制变量, 所以它所得到的推论相对较弱。[1, 6]

自由度 (degree of freedom, df)　对于一个给定的变量, 可以用来估计一个统计参数的独立观测值的数量。[3]

自助法 (bootstrap)　在统计学中, bootstrap 是一种随机化 (或蒙特卡罗) 过程, 通过该过程对数据集中的观测数据进行重新抽样, 并替换原始数据集重新计算我们感兴趣的检验统计量。这个过程会重复很多次 (通常是 $1000 \sim 10000$ 次或更多)。将从原始数据集中得到的检验统计量与通过 bootstrap 得到的检验统计量的分布进行比较, 从而得到一个准确的 p 值。另见刀切法 (jackknife)。[5]

总和 (grand total)　列联表中所有条目的总和。它也等于总的观测数量。另见行和 (row total) 与列和 (column total)。[11]

纵坐标 (ordinate)　图中的垂直轴或 y 轴。对照横坐标 (abscissa)。[7]

组合 (combination)　n 个离散对象一次取 X 的排布。用二项式系数计算 n 个对象的组合数量。对照排列 (permutation)。[2]

组间变异 (variation among groups)　在方差分析中, 处理组均值与总均值平方偏差之和。也被称为组间平方和。[10]

组内变异 (variation within groups)　另见残差平方和 (residual sum of squares)。[10]

最大似然 (maximum likelihood)　似然分布最可能的值。等于似然分布导数为零时的解。对于许多参数或频率学派的统计方法, 渐近检验统计量就是这些统计量的最大似然值。[5]

最小截断二乘 (least-trimmed squares)　一种最小化离群值影响的回归方法。去除一部分 (由分析者自己决定) 极端观测值, 使残差平方和最小化, 然后再计算回归的斜率。[9]

左乘 (premultiplication) 在矩阵代数中, **A** 和 **B** 两个方阵的乘积 **AB**。也被称为**左积 (preproduct)**。[A]

左积 (preproduct) 另见**左乘 (premultiplication)**。[A]

左偏态 (left-skewed) 一种分布形态, 其大部分观测值大于算术平均, 处于长尾部的观测值小于算术平均。左偏态分布的偏度小于 0。对照**右偏态 (right-skewed)**。[3]

参考文献

方括号中的数字代表章号。

Abramsky, Z., M. L. Rosenzweig and A. Subach. 1997. Gerbils under threat of owl predation: Isoclines and isodars. *Oikos* 78: 81–90. [7]

Albert, J. 1996. Bayesian selection of log-linear models. *Canadian Journal of Statistics* 24: 327–347. [11]

Albert, J. H. 1997. Bayesian testing and estimation of association in a two-way contingency table. *Journal of the American Statistical Association* 92: 685–693. [11]

Albert, J. 2007. *Bayesian computation with R*. Springer Science+Business Media, LLC, New York. [5]

Alexander, H. M., N. A. Slade and W. D. Kettle. 1997. Application of mark-recapture models to estimation of the population size of plants. *Ecology* 78: 1230–1237. [14]

Allison, T. and D. V. Cicchetti. 1976. Sleep in mammals: Ecological and constitutional correlates. *Science* 194: 732–734. [8]

Allran, J. W. and W. H. Karasov. 2001. Effects of atrazine on embryos, larvae, and adults of anuran amphibians. *Environnmental Toxicology and Chemistry* 20: 769–775. [7]

Alroy, J. 2010. The shifting balance of diversity among major marine animal groups. *Science* 329: 1191–1194. [13]

Anderson, M. J. et al. 2011. Navigating the multiple meanings of β diversity: A roadmap for the practicing ecologist. *Ecology Letters* 14: 19–28. [13]

Anscombe, F. J. 1948. The transformation of Poisson, binomial, and negative binomial data. *Biometrika* 35: 246–254. [8]

Arnould, A. 1895. *Les croyances fondamentales du bouddhisme; avec préf. et commentaries explicatifs*. Société théosophique, Paris. [1]

Arnqvist, G. and D. Wooster. 1995. Meta-analysis: Synthesizing research findings in ecology and evolution. *Trends in Ecology and Evolution* 10: 236–240. [10]

Bailey, L. L., J. E. Hines, J. D. Nichols and D. I. MacKenzie. 2007. Sampling design tradeoffs in occupancy studies with imperfect detection: Examples and software. *Ecological Applications* 17: 281–290. [14]

Baillargeon, S. and L.-P. Rivest. 2007. Rcapture: Loglinear models for capture-recapture in R.

Journal of Statistical Software 19: 5. [14]

Barker, S. F. 1989. *The elements of logic*, 5th ed. McGraw Hill, New York. [4]

Beltrami, E. 1999. *What is random? Chance and order in mathematics and life.* Springer-Verlag, New York. [1]

Bender, E. A., T. J. Case and M. E. Gilpin. 1984. Perturbation experiments in community ecology: Theory and practice. *Ecology* 65: 1–13. [6]

Berger, J. O. and D. A. Berry. 1988. Statistical analysis and the illusion of objectivity. *American Scientist* 76: 159–165. [5]

Berger, J. O. and R. Wolpert. 1984. *The likelihood principle.* Institute of Mathematical Statistics, Hayward, California. [5]

Bernardo, J., W. J. Resetarits and A. E. Dunham. 1995. Criteria for testing character displacement. *Science* 268: 1065–1066. [7]

Björkman, O. 1981. Responses to different quantum flux densities. Pp. 57–105 in O. L. Lange, P. S. Nobel, C. B. Osmond and H. Ziegler (eds.). *Encyclopedia of plant physiology*, new series, vol. 12A. Springer-Verlag, Berlin. [4]

Bloor, M. 2005. Population estimation without censuses or surveys: A discussion of mark-recapture methods illustrated by results from three studies. *Sociology* 39: 121–138. [14]

Blume, J. D. and R. M. Royall. 2003. Illustrating the Law of Large Numbers (and confidence intervals). *American Statistician* 57: 51–57. [3]

Boecklen, W. J. and N. J. Gotelli. 1984. Island biogeographic theory and conservation practice: Species–area or specious–area relationships? *Biological Conservation* 29: 63–80. [8]

Bolker, B. M. 2008. *Ecological models and data in R.* Princeton University Press, Princeton, NJ. [5]

Boone, R. D., D. F. Grigal, P. Sollins, R. J. Ahrens and D. E. Armstrong. 1999. Soil sampling, preparation, archiving, and quality control. Pp. 3–28 in G. P. Robertson, D. C. Coleman, C. S. Bledsoe and P. Sollins (eds.). *Standard soil methods for long-term ecological research.* Oxford University Press, New York. [8]

Box, G. E. P. and D. R. Cox. 1964. An analysis of transformations. *Journal of the Royal Statistical Society, Series B* 26: 211–243. [8]

Boyer, C. B. 1968. *A history of mathematics.* John Wiley & Sons, New York. [2]

Breiman, L., J. H. Friedman, R. A. Olshen and C. G. Stone. 1984. *Classification and regression trees.* Wadsworth, Belmont, CA. [11]

Brett, M. T. and C. R. Goldman. 1997. Consumer versus resource control in freshwater pelagic food webs. *Science* 275: 384–386. [7]

Brezonik, P. L. et al. 1986. Experimental acidification of Little Rock Lake, Wisconsin. *Water Air Soil Pollution* 31: 115–121. [7]

Brown, J. H. and G. A. Leiberman. 1973. Resource utilization and coexistence of seed-eating desert rodents in sand dune habitats. *Ecology* 54: 788–797. [7]

Burnham, K. P. and D. R. Anderson. 2010. *Model selection and multi-modal inference: A practical information-theoretic approach*, 2nd ed. Springer-Verlag, New York. [5, 6, 7, 9]

Butler, M. A. and J. B. Losos. 2002. Multivariate sexual dimorphism, sexual selection, and adaptation in Greater Antillean *Anolis* lizards. *Ecological Monographs* 72: 541–559. [7]

Cade, B. S. and B. R. Noon. 2003. A gentle introduction to quantile regression for ecologists. *Frontiers in Ecology and the Environment* 1: 412–420. [9]

Cade, B. S., J. W. Terrell and R. L. Schroeder. 1999. Estimating effects of limiting factors with regression quantiles. *Ecology* 80: 311–323. [9]

Caffey, H. M. 1982. No effect of naturally occurring rock types on settlement or survival in the intertidal barnacle, *Tesseropora rosea* (Krauss). *Journal of Experimental Marine Biology and Ecology* 63: 119–132. [7]

Caffey, H. M. 1985. Spatial and temporal variation in settlement and recruitment of intertidal barnacles. *Ecological Monographs* 55: 313–332. [7]

Cahill, J. F., Jr., J. P. Castelli and B. B. Casper. 2000. Separate effects of human visitation and touch on plant growth and herbivory in an old-field community. *American Journal of Botany* 89: 1401–1409. [6]

Carlin, B. P. and T. A. Louis. 2000. *Bayes and empirical Bayes methods for data analysis*, 2nd ed. Chapman & Hall/CRC, Boca Raton, FL. [5]

Carpenter, S. R. 1989. Replication and treatment strength in whole-lake experiments. *Ecology* 70: 453–463. [6]

Carpenter, S. R., T. M. Frost, D. Heisey and T. K. Kratz. 1989. Randomized intervention analysis and the interpretation of whole-ecosystem experiments. *Ecology* 70: 1142–1152. [6, 7]

Carpenter, S. R., J. F. Kitchell, K. L. Cottingham, D. E. Schindler, D. L. Christensen, D. M. Post and N. Voichick. 1996. Chlorophyll variability, nutrient input, and grazing: Evidence from whole lake experiments. *Ecology* 77: 725–735. [7]

Caswell, H. 1988. Theory and models in ecology: A different perspective. *Ecological Modelling* 43: 33–44. [4, 6]

Chao, A. 1984. Non-parametric estimation of the number of classes in a population. *Scandinavian Journal of Statistics* 11: 265–270. [13]

Chao, A. and L. Jost. 2012. Coverage-based rarefaction and extrapolation: Standardizing samples by completeness rather than size. *Ecology* (in press). dx.doi.org/10.1890/11-1952.1 [13]

Chao, A. and T.-J. Shen. 2003. Nonparametric estimation of Shannon's index of diversity when there are unseen species in the sample. *Environmental and Ecological Statistics* 10: 429–443. [13]

Chao, A., R. L. Chazdon, R. K. Colwell and T.-J. Shen. 2005. A new statistical approach for assessing compositional similarity based on incidence and abundance data. *Ecology Letters* 8: 148–159. [13]

Chao, A., C.-H. Chiu and T. C. Hsieh. 2012. Proposing a resolution to debates on diversity partitioning. *Ecology* 93: 2037–2051. [13]

Chao, A., R. K. Colwell, C. W. Lin and N. J. Gotelli. 2009. Sufficient sampling for asymptotic minimum species richness estimators. *Ecology* 90: 1125–1133. [13]

Chapman, D. G. 1951. Some properties of the hypergeometric distribution with applications to zoological sample censuses. *University of California Publications in Statistics* 1: 131–160. [14]

Chiarucci, A., G. Bacaro, D. Rocchini and L. Fattorini. 2008. Discovering and rediscovering the sample-based rarefaction formula in the ecological literature. *Community Ecology* 9: 121–123. [13]

Chipman, H. A., E. I. George and R. E. McCulloch. 2010. Bart: Bayesian additive regression trees. *Annals of Applied Statistics* 4: 266–298. [11]

Clark, J. S. 2007. *Models for ecological data: An introduction.* Princeton University Press, Princeton, New Jersey. [5]

Clark, J. S., J. Mohan, J. Dietze and I. Ibanez. 2003. Coexistence: How to identify trophic trade-offs. *Ecology* 84: 17–31. [4]

Clarke, K. R. 1993. Non-parametric multivariate analysis of changes in community structure. *Australian Journal of Ecology* 18: 117–143. [12]

Clarke, K. R. and R. H. Green. 1988. Statistical design and analysis for a "biological effects" study. *Marine Ecology Progress Series* 46: 213–226. [12]

Cleveland, W. S. 1985. *The elements of graphing data.* Hobart Press, Summit, NJ. [8]

Cleveland, W. S. 1993. *Visualizing data.* Hobart Press, Summit, NJ. [8]

Cochran, W. G. and G. M. Cox. 1957. *Experimental designs,* 2nd ed. John Wiley & Sons, New York. [7]

Coddington, J. A., I. Agnarsson, J. A. Miller, M. Kuntner and G. Hormiga. 2009. Undersampling bias: The null hypothesis for singleton species in tropical arthropod surveys. *Journal of Animal Ecology* 78: 573–584. [13]

Cody, M. L. 1974. *Competition and the structure of bird communities.* Princeton University Press, Princeton, NJ. [6]

Colwell, R. K. 2011. *Estimates, Version 8. 2: Statistical Estimation of Species Richness and Shared Species from Samples (Software and User's Guide).* Freeware for Windows and Mac OS. [13]

Colwell, R. K. and J. A. Coddington. 1994. Estimating terrestrial biodiversity through extrapolation. *Philosophical Transactions of the Royal Society of London B* 345: 101–118. [12, 13]

Colwell, R. K., A. Chao, N. J. Gotelli, S -Y. Lin, C. X. Mao, R. L. Chazdon and J. T. Longino. 2012. Models and estimators linking individual-based and sample-based rarefaction, extrapolation, and comparison of assemblages. *Journal of Plant Ecology* 5: 3–21. [13]

Colwell, R. K., C. X. Mao and J. Chang. 2004. Interpolating, extrapolating, and comparing incidence-based species accumulation curves. *Ecology* 85: 2717–2727. [13]

Congdon, P. 2002. *Bayesian statistical modeling.* John Wiley & Sons, Chichester, UK. [9]

Connolly, S. R. and M. Dornelas. 2011. Fitting and empirical evaluation of models for species abundance distributions. Pp. 123–140 in A. E. Magurran and B. J. McGill (eds.). *Biological diversity: Frontiers in measurement and assessment.* Oxford University Press, Oxford. [13]

Connor, E. F. and E. D. McCoy. 1979. The statistics and biology of the species–area relationship. *American Naturalist* 113: 791–833. [8]

Connor, E. F. and D. Simberloff. 1978. Species number and compositional similarity of the Galápagos flora and avifauna. *Ecological Monographs* 48: 219–248. [12]

Craine, S. J. 2002. *Rhexia mariana* L. (Maryland Meadow Beauty) New England Plant Conservation Program Conservation and Research Plan for New England. New England Wild Flower Society, Framingham, MA. [2]

Creel, S., J. E. Fox, A. Hardy, J. Sands, B. Garrott and R. O. Peterson. 2002. Snowmobile activity and glucocorticoid stress responses in wolves and elk. *Conservation Biology* 16: 809–814. [4]

Crisp, D. J. 1979. Dispersal and re-aggregation in sessile marine invertebrates, particularly barnacles. *Systematics Association* 11: 319–327. [3]

Cutler, D. R., T. C. Edwards, Jr., K. H. Beard, A. Cutler, K. T. Hess, J. Gibson and J. J. Lawler. 2007. Random forests for classification in ecology. *Ecology* 88: 2783–2792. [11]

Darwin, C. 1859. *On the origin of species by means of natural selection, or the preservation of favoured races in the struggle for life.* John Murray, London. [13]

Darwin, C. 1875. *Insectivorous plants.* Appleton, New York. [1]

Davies, R. L. 1993. Aspects of robust linear regression. *Annals of Statistics* 21: 1843–1899. [9]

Day, R. W. and G. P. Quinn. 1989. Comparisons of treatments after an analysis of variance in ecology. *Ecological Monographs* 59: 433–463. [10]

De'ath, G. 2007. Boosted trees for ecological modeling and prediction. *Ecology* 88: 243–251. [11]

De'ath, G. and K. E. Fabricius. 2000. Classification and regression trees: A powerful yet simple technique for ecological data analysis. *Ecology* 81: 3178–3192. [11]

Denison, D. G. T., C. C. Holmes, B. K. Mallick and A. F. M. Smith. 2002. *Bayesian methods for non-linear classification and regression.* John Wiley & Sons, Ltd, Chichester, UK. [11]

Dennis, B. 1996. Discussion: Should ecologists become Bayesians? *Ecological Applications* 6: 1095–1103. [4]

Diamond, J. 1986. Overview: Laboratory experiments, field experiments, and natural experiments. Pp. 3–22 in J. Diamond and T. J. Case (eds.). *Community ecology.* Harper & Row, Inc., New York. [6]

Doherty, P. F., G. C. White and K. P. Burnham. 2012. Comparison of model building and selection strategies. *Journal of Ornithology* 152 (Supplement 2): S317–S323. [9]

Doornik, J. A. and H. Hansen. 2008. An omnibus test for univariate and multivariate normality. *Oxford Bulletin of Economics and Statistics* 70 (Supplement 1): 927–939. [12]

Dorazio, R. M. and D. T. Rodríguez. 2012. A Gibbs sampler for Bayesian analysis of site-occupancy data. *Methods in Ecology and Evolution* dx.doi. org/10.1111/j.2041-210x.2012. 00237.x [14]

Dorazio, R. M. and J. A. Royle. 2005. Estimating size and composition of biological communities by modeling the occurrence of species. *Journal of the American Statistical Association* 100:

389–398. [14]

Dorazio, R. M., N. J. Gotelli and A. M. Ellison. 2011. Modern methods of estimating biodiversity from presence-absence surveys. Pp. 277–302 in O. Grillo and G. Venora (eds.). Biodiversity loss in a changing planet. InTech Europe, Rijeka, Croatia. [14]

Dunne, J. A., J. Harte and Kevin J. Taylor. 2003. Subalpine meadow flowering phenology responses to climate change: Integrating experimental and gradient methods. *Ecological Monographs* 73: 69–86. [10]

Ebert, C., F. Knauer, I. Storch and U. Hohmann. 2010. Individual heterogeneity as a pitfall in population estimates based on non-invasive genetic sampling: A review and recommendations. *Wildlife Biology* 16: 225–240. [14]

Edwards, A. W. F. 1992. *Likelihood: Expanded edition.* The Johns Hopkins University Press, Baltimore. [5]

Edwards, D. 2000. Data quality assurance. Pp. 70–91 in W. K. Michener and J. W. Brunt (eds.). *Ecological data: Design, management and processing.* Blackwell Science Ltd., Oxford. [8]

Efron, B. 1982. The jackknife, the bootstrap, and other resampling plans. *Monographs of the Society of Industrial and Applied Mathematics* 38: 1–92. [5]

Efron, B. 1986. Why isn't everyone a Bayesian (with discussion). *American Statistician* 40: 1–11. [5]

Ellison, A. M. 1996. An introduction to Bayesian inference for ecological research and environmental decision-making. *Ecological Applications* 6: 1036–1046. [3, 4]

Ellison, A. M. 2001. Exploratory data analysis and graphic display. Pp. 37–62 in S. M. Scheiner and J. Gurevitch (eds.). *Design and analysis of ecological experiments*, 2nd ed. Oxford University Press, New York. [8]

Ellison, A. M. 2004. Bayesian inference for ecologists. *Ecology Letters* 7: 509–520. [3, 4]

Ellison, A. M. and B. Dennis. 2010. Paths to statistical fluency for ecologist. *Frontiers in Ecology and the Environment* 8: 362–370. [1, 2]

Ellison, A. M. and E. J. Farnsworth. 2005. The cost of carnivory for *Darlingtonia californica* (Sarraceniaceae): Evidence from relationships among leaf traits. *American Journal of Botany* 92: 1085–1093. [8]

Ellison, A. M. and N. J. Gotelli. 2001. Evolutionary ecology of carnivorous plants. *Trends in Ecology and Evolution* 16: 623–629. [1]

Ellison, A. M. et al. 2005. Loss of foundation species: Consequences for the structure and dynamics of forested ecosystems. *Frontiers in Ecology and the Environment* 9: 479–486. [13]

Ellison, A. M., A. A. Barker-Plotkin, D. R. Foster and D. A. Orwig. 2010. Experimentally testing the role of foundation species in forests: The Harvard Forest Hemlock Removal Experiment. *Methods in Ecology and Evolution* 1: 168–179. [13]

Ellison, A. M., E. J. Farnsworth and R. R. Twilley. 1996. Facultative mutualism between red mangroves and root-fouling sponges in Belizean mangal. *Ecology* 77: 2431–2444. [10]

Ellison, A. M., N. J. Gotelli, J. S. Brewer, D. L. Cochran-Stafira, J. Kneitel, T. E. Miller, A. C.

Worley and R. Zamora. 2003. The evolutionary ecology of carnivorous plants. *Advances in Ecological Research* 33: 1–74. [1]

Ellison, A. M., N. J. Gotelli, E. J. Farnsworth and G. D. Alpert. 2012. *A field guide to the ants of New England.* Yale University Press, New Haven. [13, 14]

Emerson, B. C., K. M. Ibrahim and G. M. Hewitt. 2001. Selection of evolutionary models for phylogenetic hypothesis testing using parametric methods. *Journal of Evolutionary Biology* 14: 620–631. [12]

Englund, G. and S. D. Cooper. 2003. Scale effects and extrapolation in ecological experiments. *Advances in Ecological Research* 33: 161–213. [6]

Farnsworth, E. J. 2004. Patterns of plant invasion at sites with rare plant species throughout New England. *Rhodora* 106: 97–117. [11]

Farnsworth, E. J. and A. M. Ellison. 1996a. Scaledependent spatial and temporal variability in biogeography of mangrove-root epibiont communities. *Ecological Monographs* 66: 45–66. [6]

Farnsworth, E. J. and A. M. Ellison. 1996b. Sun-shade adaptability of the red mangrove, *Rhizophora mangle* (Rhizophoraceae): Changes through ontogeny at several levels of biological organization. *American Journal of Botany* 83: 1131–1143. [4]

Felsenstein, J. 1985. Confidence limits on phylogenies: An approach using the bootstrap. *Evolution* 39: 783–791. [12]

FGDC (Federal Geographic Data Committee). 1997. FGDC-STD-005: Vegetation Classification Standard. U.S. Geological Survey, Reston, VA. [8]

FGDC (Federal Geographic Data Committee). 1998. FGDC-STD-001–1998: Content Standard for Digital Geospatial Metadata (revised June 1998). U.S. Geological Survey, Reston, VA. [8]

Fienberg, S. E. 1970. The analysis of multidimensional contingency tables. *Ecology* 51: 419–433. [11]

Fienberg, S. E. 1980. *The analysis of cross-classified categorical data*, 2nd ed. MIT Press, Cambridge, MA. [11]

Fisher, N. I. 1993. *Statistical analysis of circular data.* Cambridge University Press, Cambridge. [10]

Fisher, R. A. 1925. *Statistical methods for research workers.* Oliver & Boyd, Edinburgh. [5]

Fisher, R. A., A. S. Corbet and C. B. Williams. 1943. The relation between the number of species and the number of individuals in a random sample of an animal population. *Journal of Animal Ecology* 12: 42–58. [13]

Fiske, I. J. and R. B. Chandler. 2011. Unmarked: An R package for fitting hierarchical models of wildlife occurrence and abundance. *Journal of Statistical Software* 43: 10. [14]

Fitzpatrick, M. C., E. L. Preisser, A. M. Ellison and J. S. Elkinton. 2009. Observer bias and the detection of low-density populations. *Ecological Applications* 19: 1673–1679. [14]

Fitzpatrick, M. C., E. L. Preisser, A. Porter, J. S. Elkinton and A. M. Ellison. 2012. Modeling range dynamics in heterogeneous landscapes: Invasion of the hemlock woolly adelgid in eastern North America. *Ecological Applications* 22: 472–486. [13]

Flecker, A. S. 1996. Ecosystem engineering by a dominant detritivore in a diverse tropical stream. *Ecology* 77: 1845–1854. [7]

Foster, D. R., D. Knight and J. Franklin. 1998. Landscape patterns and legacies resulting from large infrequent forest disturbance. *Ecosystems* 1: 497–510. [8]

Fox, D. R. 2001. Environmental power analysis: A new perspective. *Environmetrics* 12: 437–448. [7]

Franck, D. H. 1976. Comparative morphology and early leaf histogenesis of adult and juvenile leaves of *Darlingtonia californica* and their bearing on the concept of heterophylly. *Botanical Gazette* 137: 20–34. [8]

Fretwell, S. D. and H. L. Lucas, Jr. 1970. On territorial behavior and other factors influencing habitat distribution in birds. *Acta Biotheoretica* 19: 16–36. [4]

Friendly, M. 1994. Mosaic displays for multi-way contingency tables. *Journal of the American Statistical Association* 89: 190–200. [11]

Frost, T. M., D. L. DeAngelis, T. F. H. Allen, S. M. Bartell, D. J. Hall and S. H. Hurlbert. 1988. Scale in the design and interpretation of aquatic community research. Pp. 229–258 in S. R. Carpenter (ed.). *Complex interactions in lake communities.* Springer-Verlag, New York. [7]

Gabrielson, I. N. 1962. Obituary. *The Auk* 79: 495–499. [14]

Gaines, S. D. and M. W. Denny. 1993. The largest, smallest, highest, lowest, longest, and shortest: Extremes in ecology. *Ecology* 74: 1677–1692. [8]

Garvey, J. E., E. A. Marschall and R. A. Wright. 1998. From star charts to stoneflies: Detecting relationships in continuous bivariate data. *Ecology* 79: 442–447. [9]

Gauch, H. G., Jr. 1982. *Multivariate analysis in community ecology.* Cambridge University Press, Cambridge. [12]

Gelman, A. 2006. Prior distributions for variance parameters in hierarchical models. *Bayesian Analysis* 1: 515–534. [14]

Gelman, A., J. B. Carlin, H. S. Stern, and D. S. Rubin. 2004. *Bayesian data analysis, second edition.* Chapman & Hall, Boca Raton, FL. [5, 11, 14]

Gelman, A., A. Jakulin, M. G. Pittau and Y.-S. Su. (2008). A weakly informative default prior distribution for logistic and other regression models. *Annals of Applied Statistics* 2: 1360–1383. [14]

Gifi, A. 1990. *Nonlinear multivariate analysis.* John Wiley & Sons, Chichester, UK. [12]

Gilbreth, F. B., Jr. and E. G. Carey. 1949. *Cheaper by the dozen.* Thomas Crowell, New York. [6]

Gill, J. A., K. Norris, P. M. Potts, T. G. Gunnarsson, P. W. Atkinson and W. J. Sutherland. 2001. The buffer effect and large-scale population regulation in migratory birds. *Nature* 412: 436–438. [4]

Gnanadesikan, R. 1997. *Methods for statistical data analysis of multivariate observations,* 2nd ed. John Wiley and Sons, London. [12]

Goldberg, D. E. and S. M. Scheiner. 2001. ANOVA and ANCOVA: Field competition experiments. Pp. 77–98 in S. Scheiner and J. Gurevitch (eds.). *Design and analysis of ecological experiments*, 2nd ed. Oxford University Press, New York. [7]

Gotelli, N. J. 2008. *A Primer of Ecology*, 4th ed. Sinauer Associates, Sunderland, MA. [3]

Gotelli, N. J. 2004. A taxonomic wish-list for community ecology. *Transactions of the Royal Society of London B* 359: 585–597. [13]

Gotelli, N. J. and A. E. Arnett. 2000. Biogeographic effects of red fire ant invasion. *Ecology Letters* 3: 257–261. [6]

Gotelli, N. J. and R. K. Colwell. 2001. Quantifying biodiversity: Procedures and pitfalls in the measurement and comparison of species richness. *Ecology Letters* 4: 379–391. [12, 13]

Gotelli, N. J. and R. K. Colwell. 2011. Estimating species richness. Pp. 39–54 in A. E. Magurran and B. J. McGill (eds.). *Biological diversity: Frontiers in measurement and assessment.* Oxford University Press, Oxford. [13]

Gotelli, N. J. and A. M. Ellison. 2002a. Biogeography at a regional scale: Determinants of ant species density in New England bogs and forest. *Ecology* 83: 1604–1609. [6, 9, 12]

Gotelli, N. J. and A. M. Ellison. 2002b. Assembly rules for New England ant assemblages. *Oikos* 99: 591–599. [6, 9, 12]

Gotelli, N. J. and A. M. Ellison. 2006. Food-web models predict abundance in response to habitat change. *PLoS Biology* 44: e324. [7, 9]

Gotelli, N. J. and G. L. Entsminger. 2003. *EcoSim: Null models software for ecology.* Version 7. Acquired Intelligence Inc. & Kesey-Bear. Burlington, VT. [5]

Gotelli, N. J. and G. R. Graves. 1996. *Null models in ecology.* Smithsonian Institution Press, Washington, DC. [5, 11, 12, 13, 14]

Gotelli, N. J., A. Chao, R. K. Colwell, W.-H. Hwang and G. R. Graves. 2012. Specimen-based modeling, stopping rules, and the extinction of the ivory-billed woodpecker. *Conservation Biology* 26: 47–56. [14]

Gotelli, N. J., A. M. Ellison and B. A. Ballif. 2012. Environmental proteomics, biodiversity statistics, and food-web structure. *Trends in Ecology and Evolution* 27: 436–442. [13]

Gotelli, N. J., A. M. Ellison, R. R. Dunn and N. J. Sanders. 2011. Counting ants (Hymenoptera: Formicidae): Biodiversity sampling and statistical analysis for myrmecologists. *Myrmecological News* 15: 13–19. [13, 14]

Gould, S. J. 1977. *Ontogeny and phylogeny.* Harvard University Press, Cambridge, MA. [8]

Gould, S. J. 1981. *The mismeasure of man.* W. W. Norton & Company, New York. [12]

Graham, M. H. 2003. Confronting multicollinearity in ecological multiple regression. *Ecology* 84: 2809–2815. [7, 9]

Green, M. D., M. G. P. van Veller and D. R. Brooks. 2002. Assessing modes of speciation: Range asymmetry and biogeographical congruence. *Cladistics* 18: 112–124. [8]

Gurevitch, J. and S. T. Chester, Jr. 1986. Analysis of repeated measures experiments. *Ecology* 67: 251–255. [10]

Gurevitch, J., P. S. Curtis and M. H. Jones. 2001. Meta-analysis in ecology. *Advances in*

Ecological Research 3232: 199–247. [10]

Gurland, J. and R. C. Tripathi. 1971. A simple approximation for unbiased estimation of the standard deviation. *American Statistician* 25: 30–32. [3]

Halley, J. M. 1996. Ecology, evolution, and $1/f$-noise. *Trends in Ecology and Evolution* 11: 33–37. [6]

Hamaker, J. E. 2002. A probabilistic analysis of the "unfair" Euro coin. www.isip.pineconepress. com/publications/presentations_misc/2002/euro_coi n/presentation_v0.pdf [11]

Hand, D. J. and C. C. Taylor. 1987. *Multivariate analysis of variance and repeated measures.* Chapman & Hall, London. [12]

Hanski, I. 1991. Single-species metapopulation dynamics: Concepts, models and observations. *Biological Journal of the Linnean Society* 42: 17–38. [14]

Harris, R. J. 1985. *A primer of multivariate statistics.* Academic Press, New York. [12]

Harrison, P. J., I. Hanski and O. Ovaskainen. 2011. Bayesian state-space modeling of metapopulation dynamics in the Glanville fritillary butterfly. *Ecological Monographs* 81: 581–598. [14]

Harte, J., A. Kinzig and J. Green. 1999. Self-similarity in the distribution and abundance of species. *Science* 284: 334–336. [8]

Hartigan, J. A. 1975. *Clustering algorithms.* John Wiley & Sons, New York, New York. [12]

Harville, D. A. 1997. *Matrix algebra from a statistician's perspective.* Springer-Verlag, New York. [Appendix]

Heck, K. L., Jr., G. Van Holle and D. Simberloff. 1975. Explicit calculation of the rarefaction diversity measurement and the determination of sufficient sample size. *Ecology* 56: 1459–1461. [13]

Hilborn, R. and M. Mangel. 1997. *The ecological detective: Confronting models with data.* Princeton University Press, Princeton, NJ. [4, 5, 6, 11]

Hill, M. O. 1973a. Diversity and evenness: A unifying notation and its consequences. *Ecology* 54: 427–432. [13]

Hill, M. O. 1973b. Reciprocal averaging: An eigenvector method of ordination. *Journal of Ecology* 61: 237–249. [12]

Hoffmann-Jørgensen, J. 1994. *Probability with a view toward statistics.* Chapman & Hall, London. [2]

Holling, C. S. 1959. The components of predation as revealed by a study of small mammal predation of the European pine sawfly. *Canadian Entomologist* 91: 293–320. [4]

Horn, H. S. 1986. Notes on empirical ecology. *American Scientist* 74: 572–573. [4]

Horswell, R. 1990. *A Monte Carlo comparison of tests of multivariate normality based on multivariate skewness and kurtosis.* Ph.D. Dissertation, Louisiana State University, Baton Rouge, LA. [12]

Hotelling, H. 1931. The generalization of Student's ratio. *Annals of Mathematical Statistics* 2: 360–378. [12]

Hotelling, H. 1933. Analysis of a complex of statistical variables into principal components.

Journal of Educational Psychology 24: 417–441, 498–520. [12]

Hotelling, H. 1936. Relations between two sets of variables. *Biometrika* 28: 321–377. [12]

Hubbard, R. and M. J. Bayarri. 2003. Confusion over measures of evidence (*p*'s) versus errors (*α*'s) in classical statistical testing. *American Statistician* 57: 171–182. [4]

Huber, P. J. 1981. *Robust statistics.* John Wiley & Sons, New York. [9]

Huelsenbeck, J. P., B. Larget, R. E. Miller and F. Ronquist. 2002. Potential applications and pitfalls of Bayesian inference of phylogeny. *Systematic Biology* 51: 673–688. [12]

Huggins, R. M. 1989. On the statistical analysis of capture experiments. *Biometrika* 76: 133–140. [14]

Humboldt, A. 1815. *Nova genera et species plantarum* (7 vols. folio, 1815–1825). [13]

Hurlbert, S. H. 1971. The nonconcept of species diversity: A critique and alternative parameters. *Ecology* 52: 577–585. [11, 13]

Hurlbert, S. H. 1984. Pseudoreplication and the design of ecological field experiments. *Ecological Monographs* 54: 187–211. [6, 7]

Hurlbert, S. H. 1990. Spatial distribution of the montane unicorn. *Oikos* 58: 257–271. [3]

Inouye, B. D. 2001. Response surface experimental designs for investigating interspecific competition. *Ecology* 82: 2696–2706. [7]

Ives, A. R., B. Dennis, K. L. Cottingham and S. R. Carpenter. 2003 Estimating community stability and ecological interactions from time-series data. *Ecological Monographs* 73: 301–330. [6]

Jaccard, P. 1901. Éude comparative de la distribution florale dans une portion des Alpes et du Jura. *Bulletin de la Société Vaudoise des Sciences naturalles* 37: 547–549. [12]

Jackson, C. H. N. 1933. On the true density of tsetse flies. *Journal of Animal Ecology* 2: 204–209. [14]

Jackson, D. A. 1993. Stopping rules in principal component analysis: A comparison of heuristical and statistical approaches. *Ecology* 74: 2204–2214. [12]

Jackson, D. A. and K. M. Somers. 1991. Putting things in order: The ups and downs of detrended correspondence analysis. *American Naturalist* 137: 704–712. [12]

Jackson, D. A., K. M. Somers and H. H. Harvey. 1989. Similarity coefficients: Measures of co-occurrence and association or simply measures of occurrence? *American Naturalist* 133: 436–453. [12]

Jaffe, M. J. 1980. Morphogenetic responses of plants to mechanical stimuli or stress. *BioScience* 30: 239–243. [6]

James, F. C. and N. O. Warner. 1982. Relationships between temperate forest bird communities and vegetation structure. *Ecology* 63: 159–171. [13]

Järvinen, O. 1982. Species-to-genus ratios in biogeography: A historical note. *Journal of Biogeography* 9: 363–370. [13]

Jennions, M. D. and A. P. Møller. 2002. Publication bias in ecology and evolution: An empirical assessment using the "trim and fill" method. *Biological Reviews* 77: 211–222. [10]

Jolly, G. M. 1965. Explicit estimates from capture-recapture data with both dead and immigrationstochastic model. *Biometrika* 52: 225–247. [14]

Jost, L. 2006. Entropy and diversity. *Oikos* 113: 363–375. [13]

Jost, L. 2007. Partitioning diversity into independent alpha and beta components. *Ecology* 88: 2427–2439. [13]

Jost, L. 2010. The relation between evenness and diversity. *Diversity* 2: 207–232. [13]

Juliano, S. 2001. Non-linear curve fitting: Predation and functional response curves. Pp. 178–196 in S. M. Scheiner and J. Gurevitch (eds.). *Design and analysis of ecological experiments*, 2nd ed. Oxford University Press, New York. [9]

Kareiva, P. and M. Anderson. 1988. Spatial aspects of species interactions: The wedding of models and experiments. Pp. 38–54 in A. Hastings (ed.). *Community ecology*. Springer-Verlag, Berlin. [6]

Kass, R. E. and A. E. Raftery. 1995. Bayes factors. *Journal of the American Statistical Association* 90: 773–795. [9]

Kéry, M. 2010. *Introduction to WinBUGS for ecologists: A Bayesian approach to regression, ANOVA, mixed models, and related analyses*. Academic Press, Amsterdam. [5]

Kéry, M. and J. A. Royle. 2008. Hierarchical Bayes estimation of species richness and occupancy in spatially replicated surveys. *Journal of Applied Ecology* 45: 589–598. [13]

King, R. 2012. A review of Bayesian state-space modelling of capture-recapture-recovery data. *Interface Focus* 2: 190–204. [14]

Kingsolver, J. G. and D. W. Schemske. 1991. Path analyses of selection. *Trends in Ecology and Evolution* 6: 276–280. [9]

Knapp, R. A., K. R. Matthews and O. Sarnelle. 2001. Resistance and resilience of alpine lake fauna to fish introductions. *Ecological Monographs* 71: 401–421. [6]

Knüel, L. 1998. On the accuracy of statistical distributions in Microsoft Excel 97. *Computational Statistics and Data Analysis* 26: 375–377. [8]

Koizol, J. A. 1986. Assessing multivariate normality: A compendium. *Communications in Statistics: Theory and Methods* 15: 2763–2783. [12]

Kramer, M. and J. Schmidhammer. 1992. The chi-squared statistic in ethology: Use and misuse. *Animal Behaviour* 44: 833–841. [7]

Kuhn, T. 1962. *The structure of scientific revolutions*. University of Chicago Press, Chicago. [4]

Lakatos, I. 1978. *The methodology of scientific research programmes*. 1978. Cambridge University Press, New York. [4]

Lakatos, I. and A. Musgrave (eds.). 1970. *Criticism and the growth of knowledge*. Cambridge University Press, London. [4]

Lambers, H., F. S. Chapin III and T. L. Pons. 1998. *Plant physiological ecology*. Springer-Verlag, New York. [4]

Laplace, P. S. 1786. Sur les naissances, les mariages et les morts. A Paris, depuis 1771 jusq'en 1784, et dans toute l'étendue de la France, pendant les années 1781 et 1782. *Histoire de L'Académie Royale des Sciences, année 1783*: 35–46. [14]

Larson, S., R. Jameson, M. Etnier, M. Fleming and B. Bentzen. 2002. Low genetic diversity in sea otters (*Enhydra lutris*) associated with the fur trade of the 18th and 19th centuries. *Molecular Ecology* 11: 1899–1903. [3]

Laska, M. S. and J. T. Wootton. 1998. Theoretical concepts and empirical approaches to measuring interaction strength. *Ecology* 79: 461–476. [9]

Lavine, M. 2010. Living dangerously with big fancy models. *Ecology* 91: 3487. [1]

Law, B. E., O. J. Sun, J. Campbell, S. Van Tuyl and P. E. Thornton. 2003. Changes in carbon storage and fluxes in a chronosequence of ponderosa pine. *Global Change Biology* 9: 510–524. [6]

Lawton, J. H. et al. (1998) Biodiversity inventories, indicator taxa and effects of habitat modification in tropical forest. *Nature* 391: 72–76. [13]

Lebreton, J.-D., K. P. Burnham, J. Clobert and D. R. Anderson. 1992. Modeling survival and testing biological hypotheses using marked animals: A unified approach with case studies. *Ecological Monographs* 62: 67–118. [14]

Legendre, P. and M. J. Anderson. 1999. Distance-based redundancy analysis: Testing multispecies responses in multifactorial ecological experiments. *Ecological Monographs* 69: 1–24. [12]

Legendre, P. and L. Legendre. 1998. *Numerical ecology.* Second English edition. Elsevier Science BV, Amsterdam. [6, 11, 12, Appendix]

Leonard, T. 1975. Bayesian estimation methods for two-way contingency tables. *Journal of the Royal Statistical Society, Series B* (Methodological). 37: 23–37. [11]

Levings, S. C. and J. F. A. Traniello. 1981. Territoriality, nest dispersion, and community structure in ants. *Psyche* 88: 265–319. [3]

Levins, R. 1968. *Evolution in changing environments: Some theoretical explorations.* Princeton University Press, Princeton, NJ. [9]

Levins, R. 1969. Some demographic and genetic consequences of environmental heterogeneity for biological control. *Bulletin of the Entomological Society of America* 15: 237–240. [14]

Lichstein, J. W, T. R. Simons, S. A. Shriner and K. E. Franzreb. 2003. Spatial autocorrelation and autoregressive models in ecology. *Ecological Monographs* 72: 445–463. [6]

Lilliefors, H. W. 1967. On the Kolmogorov-Smirnov test for normality with mean and variance unknown. *Journal of the American Statistical Association* 62: 399–402. [11]

Lilliefors, H. W. 1969. On the Kolmogorov-Smirnov test for the exponential distribution with mean unknown. *Journal of the American Statistical Association* 64: 387–389. [11]

Lincoln, F. C. 1930. Calculating waterfowl abundance on the basis of banding returns. *USDA Circular* 118. [14]

Lindberg, M. S. 2012. A review of designs for capture-mark-recapture studies in discrete time. *Journal of Ornithology* 152: 355–370.

Lindley, D. V. 1964. The Bayesian analysis of contingency tables. *Annals of Mathematical Statistics* 35: 1622–1643. [11]

Link, W. A. and R. J. Barker. 2006. Model weights and the foundations of multimodal inference. *Ecology* 87: 2626–2635. [9]

Loehle, C. 1987. Hypothesis testing in ecology: Psychological aspects and the importance of theory maturation. *Quarterly Review of Biology* 62: 397–409. [4]

Lomolino, M. V. and M. D. Weiser. 2001. Towards a more general species–area relationship: Diversity on all islands, great and small. *Journal of Biogeography* 28: 431–445. [8]

Longino, J. T. and R. K. Colwell. 1997. Biodiversity assessment using structured inventory: Capturing the ant fauna of a lowland tropical rainforest. *Ecological Applications* 7: 1263–1277. [13]

Longino, J. T., J. Coddington and R. K. Colwell. 2002. The ant fauna of a tropical rain forest: Estimating species richness three different ways. *Ecology* 83: 689–702. [13]

Looney, S. W. 1995. How to use tests for univariate normality to assess multivariate normality. *American Statistician* 49: 64–70. [12]

Lorenz, M. O. 1905. Methods of measuring concentration of wealth. *American Statistical Association* 70: 209–219. [13]

Lustenhouwer, M. N., L. Nicoll and A. M. Ellison. 2012. Microclimatic effects of the loss of a foundation species from New England forests. *Ecosphere* 3: 26. [13]

MacArthur, R. H. 1962. Growth and regulation of animal populations. *Ecology* 43: 579. [4]

MacArthur, R. H. 1965. Patterns of species diversity. *Biological Reviews* 40: 510–533. [13]

MacArthur, R. H. and E. O. Wilson. 1967. *The theory of island biogeography.* Princeton University Press, Princeton, NJ. [8, 14]

MacKay, D. J. C. 2002. 140 heads in 250 tosses—suspicious? www.inference.phy.cam.ac.uk/mackay/abstracts/euro.html [11]

MacKenzie, D. I. and J. A. Royle. 2005. Designing occupancy studies: General advice and allocating survey effort. *Journal of Applied Ecology* 42: 1105–1114. [14]

MacKenzie, D. I., J. D. Nichols, J. E. Hines, M. G. Knutson and A. B. Franklin. 2003. Estimating site occupancy, colonization, and local extinction when a species is detected imperfectly. *Ecology* 84: 2200–2207. [14]

MacKenzie, D. I., J. D. Nichols, G. B. Lachman, S. Droege, J. A. Royle and C. A. Langtimm. 2002. Estimating site occupancy rates when detection probabilities are less than one. *Ecology* 83: 2248–2255. [14]

MacKenzie, D. I., J. D. Nichols, N. Sutton, K. Kawanishi and L. L. Bailey. 2005. Improving inferences in population studies of rare species that are detected imperfectly. *Ecology* 86: 1101–1113. [14]

MacKenzie, D. I., J. D. Nichols, J. A. Royle, K. H. Pollock, L. L. Bailey and J. E. Hines. 2006. *Occupancy estimation and modeling.* Academic Press, Burlington, MA. [14]

MacNally, R. 2000a. Modelling confinement experiments in community ecology: Differential mobility among competitors. *Ecological Modelling* 129: 65–85. [6]

MacNally, R. 2000b. Regression and model-building in conservation biology, biogeography, and ecology: The distinction between—and reconciliation of— "predictive" and "explanatory" models. *Biodiversity and Conservation* 9: 655–671. [7]

Madigan, D. and A. E. Raftery. 1994. Model selection and accounting for model uncertainty in graphical models using Occam's window. *Journal of the American Statistical Association* 89: 1535–1546. [11]

Magurran, A. E. 2011. Measuring biological diversity in time (and space). Pp. 85–94 in A. E. Magurran and B. J. McGill (eds.). *Biological diversity: Frontiers in measurement and assessment.* Oxford University Press, Oxford. [13]

Magurran, A. E. and P. A. Henderson. 2003. Explaining the excess of rare species in natural species abundance distributions. *Nature* 422: 714–716. [2]

Magurran, A. E. and B. J. McGill (eds.). 2011. *Biological diversity: Frontiers in measurement and assessment.* Oxford University Press, Oxford. [13]

Manly, B. F. J. 1991. *Multivariate statistical methods: A primer.* Chapman & Hall, London. [12]

Mardia, K. 1970. Measures of multivariate skewness and kurtosis with applications *Biometrika* 78: 355–363. [12]

Martin, H. G. and N. Goldenfeld. 2006. On the origin and robustness of power-law species-area relationships in ecology. *Proceedings of the National Academy of Sciences, USA* 103: 10310–10315. [8]

May, R. M. 1975. Patterns of species abundance and diversity. Pp. 81–120 in M. L. Cody and J. M. Diamond (eds.). *Ecology and evolution of communities.* Belknap, Cambridge, MA. [2]

Mayr, E. 1963. *Animal species and evolution.* Harvard University Press, Cambridge, MA. [8]

McArdle, B. H. and M. J. Anderson. 2001. Fitting multivariate models to community data: A comment on distance-based redundancy analysis. *Ecology* 82: 290–297. [12]

McArdle, B. H., K. J. Gaston and J. H. Lawton. 1990. Variation in the size of animal populations: Patterns, problems, and artifacts. *Journal of Animal Ecology* 59: 439–354. [8]

McCollough, M. 2011. Eastern puma (=cougar) (*Puma concolor couguar*) 5-year review: Summary and evaluation. U. S. Fish and Wildlife Service, Maine Field Office, Orono, ME. [14]

McCullagh, P. and J. A. Nelder. 1989. *Generalized linear models*, 2nd ed. Chapman & Hall, London. [9, 10]

McCullough, B. D. and B. Wilson. 1999. On the accuracy of statistical procedures in Microsoft Excel 97. *Computational Statistics and Data Analysis* 31: 27–37. [8]

McGarvey, R. 2009. Methods of estimating mortality and movement rates from single-tag recovery data that are unbiased by tag non-reporting. *Reviews in Fisheries Science* 17: 291–304. [14]

McGill, B. J. 2011. Species abundance distributions. Pp. 105–122 in A. E. Magurran and B. J. McGill (eds.). *Biological diversity: Frontiers in measurement and assessment.* Oxford University Press, Oxford. [13]

McKelvey, K. S., K. B. Aubry and M. K. Schwartz. 2008. Using anecdotal occurrence data for rare or elusive species: The illusion of reality and a call for evidentiary standards. *BioScience* 58: 549–555. [14]

Mead, R. 1988. *The design of experiments: Statistical principles for practical applications.*

Cambridge University Press, Cambridge. [7]

Mecklin, C. J and D. J. Mundfrom. 2003. On using asymptotic critical values in testing for multivariate normality. www.interstat.statjournals.net/YEAR/2003/articles/0301001.pdf [12]

Merkt, R. E. and A. M. Ellison. 1998. Geographic and habitat-specific morphological variation of *Littoraria* (*Littorinopsis*) *angulifera* (Lamarck, 1822). *Malacologia* 40: 279–295. [12]

Michener, W. K and K. Haddad. 1992. Database administration. Pp. 4–14 in G. Lauff and J. Gorentz (eds.). *Data management at biological field stations and coastal marine laboratories.* Michigan State University Press, East Lansing, MI. [8]

Michener, W. K. 2000. Metadata. Pp. 92–116 in W. K. Michener and J. W. Brunt (eds.). *Ecological data: Design, management and processing.* Blackwell Science Ltd., Oxford. [8]

Michener, W. K., J. W. Brunt, J. Helly, T. B. Kirchner and S. G. Stafford. 1997. Non-geospatial metadata for the ecological sciences. *Ecological Applications* 7: 330–342. [8]

Miller, J. A. 2003. Assessing progress in systematics with continuous jackknifing function analysis. *Systematic Biology* 52: 55–65. [12]

Mitchell, R. J. 1992. Testing evolutionary and ecological hypotheses using path-analysis and structural equation modeling. *Functional Ecology* 6: 123–129. [9]

Mooers, A. Ø., H. D. Rundle and M. C. Whitlock. 1999. The effects of selection and bottlenecks on male mating success in peripheral isolates. *American Naturalist* 153: 437–444. [8]

Moore, J. 1984. Parasites that change the behavior of their host. *Scientific American* 250: 108–115. [7]

Moore, J. 2001. *Parasites and the behavior of animals.* Oxford Series in Ecology and Evolution. Oxford University Press, New York. [7]

Morgan, J. 1962. The anatomy of income distribution. *The Review of Economics and Statistics* 44: 270–283. [13]

Motzkin, G. and D. R. Foster. 2002. Grasslands, heathlands and shrublands in coastal New England: historical interpretations and approaches to conservation. *Journal of Biogeography* 29: 1569–1590. [13]

Murray, K. and M. M. Conner. 2009. Methods to quantify variable importance: Implications for the analysis of noisy ecological data. *Ecology* 90: 348–355. [9]

Murtaugh, P. A. 2002a. Journal quality, effect size, and publication bias in meta-analysis. *Ecology* 83: 1162–1166. [4]

Murtaugh, P. A. 2002b. On rejection rates of paired intervention analysis. *Ecology* 83: 1752–1761. [6, 7]

Newell, S. J. and A. J. Nastase. 1998. Efficiency of insect capture by *Sarracenia purpurea* (Sarraceniaceae), the northern pitcher plant. *American Journal of Botany* 85: 88–91. [1]

Niklas, K. J. 1994. *Plant allometry: The scaling of form and process.* University of Chicago Press, Chicago. [8]

O'Hara, R. B. 2005. Species richness estimators: How many species can dance on the head of a pin. *Journal of Animal Ecology* 74: 375–386. [13]

Olszweski, T. D. 2004. A unified mathematical framework for the measurement of richness and evenness within and among multiple communities. *Oikos* 104: 377–387. [13]

Onken, B. and R. Reardon. 2011. *Implementation and status of biological control of the hemlock woolly adelgid.* U.S. Forest Service Publication FHTET-2011–04, Morgantown, WV. [13]

Orlóci, L. 1978. *Multivariate analysis in vegetation research,* 2nd ed. Dr. W. Junk B. V., The Hague, The Netherlands. [12]

Orwig, D., D. Foster and D. Mausel. 2002. Landscape patterns of hemlock decline in southern New England due to the introduced hemlock woolly adelgid. *Journal of Biogeography* 29: 1475–1487. [14]

Osenberg, C. W., O. Sarnelle, S. D. Cooper and R. D. Holt. 1999. Resolving ecological questions through meta-analysis: Goals, metrics, and models. *Ecology* 80: 1105–1117. [10]

Pacifici, K., R. M. Dorazio and M. J. Conroy. 2012. A two-phase sampling design for increasing detections of rare species in occupancy surveys. *Methods in Ecology and Evolution* 3: 721–730. [14]

Payton, M. E., M. H. Greenstone and N. Schenker. 2003. Overlapping confidence intervals or standard error intervals: What do they mean in terms of statistical significance? *Journal of Insect Science* 3: 34. [13]

Pearson, K. 1900. On the criterion that a given system of deviations from the probable in the case of a correlated system of variables is such that it can be reasonably supposed to have arisen from random sampling. *The London, Edinburgh and Dublin Philosophical Magazine and Journal of Science, Fifth Series* 50: 157–172. [11]

Pearson, K. 1901. On lines and planes of closest fit to a system of points in space. *The London, Edinburgh and Dublin Philosophical Magazine and Journal of Science, Sixth Series* 2: 557–572. [12]

Peres-Neto, P. R., D. A. Jackson and K. M. Somers. 2003. Giving meaningful interpretation to ordination axes: Assessing loading significance in principal component analysis. *Ecology* 84: 2347–2363. [12]

Petersen, C. G. J. 1896. The yearly immigration of young plaice into the Limfjord from the German Sea. *Report of the Danish Biological Station to the Home Department,* 6 (1895): 5–84. [14]

Petersen, C. G. J. 1903. What is overfishing? *Journal of the Marine Biological Association* 6: 577–594. [14]

Petraitis, P. 1998. How can we compare the importance of ecological processes if we never ask, "compared to what?" Pp. 183–201 in W. J. Resetarits Jr. and J. Bernardo (eds.). *Experimental ecology: Issues and perspectives.* Oxford University Press, New York. [7, 10]

Petraitis, P. S., A. E. Dunham and P. H. Niewiarowski. 1996. Inferring multiple causality: The limitations of path analysis. *Functional Ecology* 10: 421–431. [9]

Pielou, E. C. 1981. The usefulness of ecological models: A stock-taking. *Quarterly Review of Biology* 56: 17–31. [4]

Pimm, S. L. and A. Redfearn. 1988. The variability of population densities. *Nature* 334:

613–614. [6]

Platt, J. R. 1964. Strong inference. *Science* 146: 347–353. [4]

Podani, J. and I. Miklós. 2002. Resemblance coefficients and the horseshoe effect in principal coordinates analysis. *Ecology.* 83: 3331–3343. [12]

Pollock, K. H. 1982. A capture-recapture design robust to unequal probability of capture. *Journal of Wildlife Management* 46: 752–757. [14]

Pollock, K. H. 1991. Modeling capture, recapture, and removal statistics for estimation of demographic parameters for fish and wildlife populations: Past, present, and future. *Journal of the American Statistical Association* 86: 225–238. [14]

Popper, K. R. 1935. *Logik der Forschung: Zur Erkenntnistheorie der modernen Naturwissenschaft.* J. Springer, Vienna. [4]

Popper, K. R. 1945. *The open society and its enemies.* G. Routledge & Sons, London. [4]

Potvin, C. 2001. ANOVA: Experimental layout and analysis. Pp. 63–76 in S. M. Scheiner and J. Gurevitch (eds.). *Design and analysis of ecological experiments,* 2nd ed. Oxford University Press, New York. [6]

Potvin, C., M. J. Lechowicz and S. Tardif. 1990. The statistical analysis of ecophysiological response curves obtained from experiments involving repeated measures. *Ecology* 711: 1389–1400. [10]

Potvin, C., J. P. Simon and B. R. Strain. 1986. Effect of low temperature on the photosynthetic metabolism of the C_4 grass *Echinocloa crusgalli. Oecologia* 69: 499–506. [10]

Poulin, R. 2000. Manipulation of host behaviour by parasites: A weakening paradigm? *Proceedings of the Royal Society Series B* 267: 787–792. [7]

Preisser, E. L., A. G. Lodge, D. A. Orwig and J. S. Elkinton. 2008. Range expansion and population dynamics of co-occurring invasive herbivores. *Biological Invasions* 10: 201–213. [14]

Preisser, E. L., M. R. Miller-Pierce, J. L. Vansant and D. A. Orwig. 2011. Eastern hemlock (*Tsuga canadensis*) regeneration in the presence of hemlock woolly adelgid (*Adelges tsugae*) and elongate hemlock scale (*Fiorinia externa*). *Canadian Journal of Forest Research* 41: 2433–2439. [14]

Press, W. H., B. P. Flannery, S. A. Teukolsky and W. T. Vetterling. 1986. *Numerical recipes.* Cambridge University Press, Cambridge. [9, Appen-dix]

Preston, F. W. 1948. The commonness and rarity of species. *Ecology* 29: 254–283. [2]

Preston, F. W. 1962. The canonical distribution of commonness and rarity: Part I. *Ecology.* 43: 185–215. [8, 9]

Preston, F. W. 1981. Pseudo-lognormal distributions. *Ecology* 62: 355–364. [2]

Price, M. V. and N. M. Waser. 1998. Effects of experimental warming on plant reproductive phenology in a subalpine meadow. *Ecology* 79: 1261–1271. [10]

Pynchon, T. 1973. *Gravity's rainbow.* Random House, New York. [2]

Quinn, G. and M. Keough. 2002. *Experimental design and data analysis for biologists.* Cambridge University Press, Cambridge. [7, 10]

Rao, A. R. and W. Tirtotjondro. 1996. Investigation of changes in characteristics of hydrological time series by Bayesian methods. *Stochastic Hydrology and Hydraulics* 10: 295–317. [7]

Rasmussen, P. W., D. M. Heisey, E. V. Nordheim and T. M. Frost. 1993. Time-series intervention analysis: Unreplicated large-scale experiments. Pp. 158–177 in S. Scheiner and J. Gurevitch (eds.). *Design and analysis of ecological experiments.* Chapman & Hall, New York. [7]

Real, L. 1977. The kinetics of functional response. *American Naturalist* 111: 289–300. [4]

Reckhow, K. H. 1996. Improved estimation of ecological effects using an empirical Bayes method. *Water Resources Bulletin* 32: 929–935. [7]

Reese, W. L. 1980. *Dictionary of philosophy and religion: Eastern and western thought.* Humanities Press, New Jersey. page 572. [4]

Rice, J. and R. J. Belland. 1982. A simulation study of moss floras using Jaccard's coefficient of similarity. *Journal of Biogeography* 9: 411–419. [12]

Ripley, B. D. 1996. *Pattern recognition and neural networks.* Cambridge University Press, Cambridge. [11]

Robson, D. S. and H. A. Regier. 1964. Sample size in Petersen mark-recapture experiments. *Transactions of the American Fisheries Society* 93: 215–226. [14]

Rogers, D. J. 1972. Random search and insect population models. *Journal of Animal Ecology* 41: 369–383. [9]

Rohlf, F. J. and R. R. Sokal. 1995. *Statistical tables*, 3rd ed. W. H. Freeman & Company, New York. [3, 11]

Rosenzweig, M. L. and Z. Abramsky. 1997. Two gerbils of the Negev: A long-term investigation of optimal habitat selection and its consequences. *Evolutionary Ecology* 11: 733–756. [10]

Royle, J. A. and R. M. Dorazio. 2008. *Hierarchical modeling and inference in ecology: The analysis of data from populations, metapopulations, and communities.* Academic Press, London. [13, 14]

Royle, J. A. and R. M. Dorazio. 2012. Parameter-expanded data augmentation for Bayesian analysis of capture-recapture models. *Journal of Ornithology* 152 (Supplement 2): S521–S537. [14]

Royston, J. P. Some techniques for assessing multivariate normality based on the Shapiro-Wilk *W*. *Applied Statistics* 32: 121–133. [12]

Sackett, T. E., S. Record, S. Bewick, B. Baiser, N. J. Sanders and A. M. Ellison. 2011. Response of macroarthropod assemblages to the loss of hemlock (*Tsuga canadensis*), a foundation species. *Ecosphere* 2: art74. [13]

Sale, P. F. 1984. The structure of communities of fish on coral reefs and the merit of a hypothesis-testing, manipulative approach to ecology. Pp. 478–490 in D. R. Strong, Jr., D. Simberloff, L. G. Abele and A. B. Thistle (eds.). *Ecological communities: Conceptual issues and the evidence.* Princeton University Press, Princeton, NJ. [4]

Salisbury, F. B. 1963. *The flowering process.* Pergamon Press, Oxford. [6]

Sanders, H. 1968. Marine benthic diversity: A comparative study. *The American Naturalist* 102: 243–282. [13]

Sanderson, M. J. and A. C. Driskell. 2003. The challenge of constructing large phylogenetic trees. *Trends in Plant Science* 8: 374–379. [12]

Sanderson, M. J. and H. B. Shaffer. 2002. Troubleshooting molecular phylogenetic analyses. *Annual Review of Ecology and Systematics* 33: 49–72. [12]

Scharf, F. S., F. Juanes and M. Sutherland. 1998. Inferring ecological relationships from the edges of scatter diagrams. *Ecology* 79: 448–460. [9]

Scheiner, S. M. 2001. MANOVA: Multiple response variables and multispecies interactions. Pp. 99–115 in S. M. Scheiner and J. Gurevitch (eds.). *Design and analysis of ecological experiments*, 2nd ed. Oxford University Press, Oxford. [12]

Schick, R. S. et al. 2008. Understanding movement data and movement processes: Current and emerging directions. *Ecology Letters* 11: 1338–1350. [14]

Schindler, D. W., K. H. Mills, D. F. Malley, D. L. Findlay, J. A. Shearer, I. J. Davies, M. A. Turner, G. A. Lindsey and D. R. Cruikshank. 1985. Long-term ecosystem stress: The effects of years of experimental acidification on a small lake. *Science* 228: 1395–1401. [7]

Schluter, D. 1990. Species-for-species matching. *American Naturalist* 136: 560–568. [5]

Schluter, D. 1995. Criteria for testing character displacement response. *Science* 268: 1066–1067. [7]

Schluter, D. 1996. Ecological causes of adaptive radiation. *American Naturalist* 148: S40–S64. [8]

Schnabel, Z. E. 1938. The estimation of the total fish population of a lake. *American Mathematical Monthly* 45: 348–352. [14]

Schoener, T. W. 1991. Extinction and the nature of the metapopulation: A case system. *Acta Oecologia* 12: 53–75. [6]

Schofield, M. R. and R. J. Barker. 2008. A unified capture-recapture framework. *Journal of Agricultural, Biological and Environmental Statistics* 13: 458–477. [14]

Schroeder, R. L. and L. D. Vangilder. 1997. Tests of wildlife habitat models to evaluate oak mast production. *Wildlife Society Bulletin* 25: 639–646. [9]

Schroeter, S. C., J. D. Dixon, J. Kastendiek, J. R. Bence and R. O. Smith. 1993. Detecting the ecological effects of environmental impacts: A case study of kelp forest invertebrates. *Ecological Applications* 3: 331–350. [7]

Seber, G. A. F. 1965. A note on the multiple-recapture census. *Biometrika* 52: 249–259. [14]

Shipley, B. 1997. Exploratory path analysis with applications in ecology and evolution. *American Naturalist* 149: 1113–1138. [9]

Shrader-Frechette, K. S. and E. D. McCoy. 1992. Statistics, costs and rationality in ecological inference. *Trends in Ecology and Evolution* 7: 96–99. [4]

Shurin, J. B., E. T. Borer, E. W. Seabloom, K. Anderson, C. A. Blanchette, B. Broitman, S. D. Cooper and B. S. Halpern. 2002. A cross-ecosystem comparison of the strength of trophic cascades. *Ecology Letters* 5: 785–791. [10]

Silvertown, J. 1987. *Introduction to plant ecology*, 2nd ed. Longman, Harlow, U.K. [7]

Simberloff, D. 1978. Entropy, information, and life: Biophysics in the novels of Thomas Pynchon.

Perspectives in Biology and Medicine 21: 617–625. [2]

Simberloff, D. and L. G. Abele. 1984. Conservation and obfuscation: Subdivision of reserves. *Oikos* 42: 399–401. [8]

Simpson, E. H. 1949. Measurement of diversity. *Nature* 163: 688. [13]

Sjögren-Gulve, P. and T. Ebenhard. 2000. *The use of population viability analyses in conservation planning.* Munksgaard, Copenhagen. [6]

Smith, G. D. and S. Ebrahim. 2002. Data dredging, bias, or confounding. *British Medical Journal* 325: 1437–1438. [8]

Sneath, P. H. A. and R. R. Sokal. 1973. *Numerical taxonomy: The principles and practice of numerical classification.* W. H. Freeman & Company, San Francisco. [12]

Soberón, J. and J. Llorente. 1993. The use of species accumulation functions for the prediction of species richness. *Conservation Biology* 7: 480–488. [13]

Sokal, R. R. and F. J. Rohlf. 1995. *Biometry,* 3rd ed. W. H. Freeman & Company, New York. [3, 4, 5, 8, 9, 10, 11]

Somerfield, P. J., K. R. Clarke and F. Olsgard. 2002. A comparison of the power of categorical and correlational tests applied to community ecology data from gradient studies. *Journal of Animal Ecology* 71: 581–593. [12]

Sousa, W. P. 1979. Disturbance in marine intertidal boulder fields: The nonequilibrium maintenance of species diversity. *Ecology* 60: 1225–1239. [4]

Spearman, C. 1904. "General intelligence," objectively determined and measured. *American Journal of Psychology* 15: 201–293. [12]

Spiller, D. A. and T. W. Schoener. 1995. Long-term variation in the effect of lizards on spider density is linked to rainfall. *Oecologia* 103: 133–139. [6]

Spiller, D. A. and T. W. Schoener. 1998. Lizards reduce spider species richness by excluding rare species. *Ecology* 79: 503–516. [6]

Stewart-Oaten, A. and J. R. Bence. 2001. Temporal and spatial variation in environmental impact assessment. *Ecological Monographs* 71: 305–339. [6, 7]

Stewart-Oaten, A., J. R. Bence and C. W. Osenberg. 1992. Assessing effects of unreplicated perturbations: No simple solutions. *Ecology* 73: 1396–1404. [7]

Strauss, R. E. 1982. Statistical significance of species clusters in association analysis. *Ecology* 63: 634–639. [12]

Strong, D. R. 2010. Evidence and inference: Shapes of species richness-productivity curves. *Ecology* 91: 2534–2535. [10]

Sugar, C. A. and G. M. James. 2003. Finding the number of clusters in a dataset: An information-theoretic approach. *Journal of the American Statistical Association* 98: 750–763. [12]

Sugihara, G. 1980. Minimal community structure: An explanation of species abundance patterns. *American Naturalist* 116: 770–787. [2]

Taper, M. L. and S. R. Lele (eds.). 2004. *The nature of scientific evidence: Statistical, philosophical, and empirical considerations.* University of Chicago Press, Chicago, IL. [4]

Thomas, D. L., E. G. Cooch and M. J. Conroy (eds.). 2009. *Modeling demographic processes in marked populations.* Springer Science+Business Media, LLC, New York. [14]

Thomas, L., S. T. Buckland, E. A. Rexstad, J. L. Laake, S. Strindberg, S. L. Hedley, J. R. B. Bishop, T. A. Marques and K. P. Burnham. 2010. Distance software: Design and analysis of distance sampling surveys for estimating population size. *Journal of Applied Ecology* 47: 5–14. [14]

Thompson, J. D., G. Weiblen, B. A. Thomson, S. Alfaro and P. Legendre. 1996. Untangling multiple factors in spatial distributions: Lilies, gophers, and rocks. *Ecology* 77: 1698–1715. [9]

Thompson, S. K. 2012. *Sampling*, 3rd ed. Wiley-Blackwell, New York. [14]

Tipper, J. C. 1979. Rarefaction and rarefiction-the use and abuse of a method in paleoecology. *Paleobiology* 5: 423–434. [13]

Tjørve, E. 2003. Shapes and functions of species-area curves: A review of possible models. *Journal of Biogeography* 30: 827–835. [8]

Tjørve, E. 2009. Shapes and functions of species-area curves (II): A review of new models and parameterizations. *Journal of Biogeography* 36: 1435–1445. [8]

Trexler, J. C. and J. Travis. 1993. Nontraditional regression analysis. *Ecology* 74: 1629–1637. [9]

Tuatin, J. 2005. Frederick C. Lincoln and the formation of the North American bird banding program. *USDA Forest Service General Technical Report* PSW-GTR-191: 813–814. [14]

Tufte, E. R 1986. *The visual display of quantitative information.* Graphics Press, Cheshire, CT. [8]

Tufte, E. R. 1990. *Envisioning information.* Graphics Press, Cheshire, CT. [8]

Tukey, J. W. 1977. *Exploratory data analysis.* Addison-Wesley, Reading, MA. [8]

Tuomisto, H. 2010. A diversity of beta diversities: Straightening up a concept gone awry. Part 1. Defining beta diversity as a function of alpha and gamma diversity. *Ecography* 33: 2–22. [13]

Turchin, P. 2003. *Complex population dynamics: A theoretical/empirical synthesis.* Princeton University Press, Princeton, NJ. [6]

Ugland, K. I. and J. S. Gray. 1982. Lognormal distributions and the concept of community equilibrium. *Oikos* 39: 171–178. [2]

Underwood, A. J. 1986. The analysis of competition by field experiments. Pp. 240–268 in J. Kikkawa and D. J. Anderson (eds.). *Community ecology: Pattern and process.* Blackwell, Melbourne. [7]

Underwood, A. J. 1994. On beyond BACI: Sampling designs that might reliably detect environmental disturbances. *Ecological Applications* 4: 3–15. [6, 7]

Underwood, A. J. 1997. *Experiments in ecology: Their logical design and interpretation using analysis of variance.* Cambridge University Press, Cambridge. [7, 10]

Underwood, A. J. and P. S. Petraitis. 1993. Structure of intertidal assemblages in different locations: How can local processes be compared? Pp. 39–51 in R. E. Ricklefs and D. Schluter (eds.). *Species diversity in ecological communities: Historical and geographical perspectives.* University of Chicago Press, Chicago. [10]

Varis, O. and S. Kuikka. 1997. BeNe-EIA: A Bayesian approach to expert judgement elicitation with case studies on climate change impacts on surface waters. *Climatic Change* 37: 539–563. [7]

Velland, M., W. K. Cornwell, K. Magnuson-Ford and A. Ø. Mooers. 2011. Measuring phylogenetic diversity. Pp. 194–207 in A. E. Magurran and B. J. McGill (eds.). *Biological diversity: Frontiers in measurement and assessment.* Oxford University Press, Oxford. [13]

Venables, W. N. and B. D. Ripley. 2002. *Modern applied statistics with S*, 4th ed. Springer-Verlag, New York. [9, 11]

Wachsmuth, A., L. Wilkinson and G. E. Dallal. 2003. Galton's bend: A previously undiscovered nonlinearity in Galton's family stature regression data. *The American Statistician* 57: 190–192. [9]

Wallace, A. R. 1878. *Tropical nature, and other essays.* Macmillan. [13]

Watson, J. D. and F. H. Crick. 1953. Molecular structure of nucleic acids. *Nature* 171: 737–738. [4]

Watts, L. P. and D. Paetkau. 2005. Noninvasive genetic sampling tools for wildlife biologists: A review of applications and recommendations for accurate data collection. *Journal of Wildlife Management* 69: 1419–1433. [14]

Weiher, E. 2011. A primer of trait and functional diversity. Pp. 175–193 in A. E. Magurran and B. J. McGill (eds.). *Biological diversity: Frontiers in measurement and assessment.* Oxford University Press, Oxford. [13]

Weiner, J. and O. T. Solbrig. 1984. The meaning and measurement of size hierarchies in plant populations. *Oecologia* 61: 334–336. [3, 13]

Weisberg, S. 1980. *Applied linear regression.* John Wiley & Sons, New York. [9]

Werner, E. E. 1998. *Ecological experiments and a research program in community ecology.* Pp. 3–26 in W. J. Resetarits Jr. and J. Bernardo (eds.). *Experimental ecology: Issues and perspectives.* Oxford University Press, New York. [7]

White, G. C. and K. P. Burnham. 1999. Program MARK: Survival estimation from populations of marked animals. *Bird Study* 46 (Supplement): 120–138. [14]

Whittaker, R. J. 2010. Meta-analyses and mega-mistakes: Calling time on meta-analysis of the species richness-productivity relationship. *Ecology* 91: 2522–2533. [10]

Whittaker, R. H. 1967. Vegetation of the Great Smoky Mountains. *Ecological Monographs* 26: 1–80. [12]

索引

译后记

在昆明恍若晚春的 12 月初, 我们收到了《生态统计学导论》(第二版) (下文简称《导论》) 的首轮校对稿。虽然新冠大流行尚未结束, 我们仍然为《导论》即将在兔年的正式出版发行而倍感欢欣! 同时, 我们也由衷地期待并且预感, 这困扰了人类整整三年的病毒翌年应该远离了, 因为十二生肖中, 兔子算得上奔跑最快!

翻译《导论》的想法始于 2016 年前后, 当时 Aaron Ellison 教授来访我们实验室后不久, 赠送了他们最新出版的《导论》原著。其后不久, 高等教育出版社将该书列入了优秀外国教材推介系列, 并与我们达成了翻译出版中文版的初步合作意向。随后几年中, 还有数位热心读者来函询问项目进展, 其中还有学者表达了提供翻译帮助的意向, 他们的热情对我们也是一种鞭策和鼓舞, 在此对他们的耐心期待致以衷心感谢!

我们特别感谢中国科学院副院长张亚平院士为《导论》专门撰写了序。对于此项翻译工作, 张院长始终如一地给予了大力支持和真诚鼓励。

我们也非常感谢 Nicholas Gotelli 教授 (佛蒙特大学) 和 Aaron Ellison 教授 (哈佛大学) 对我们的耐心和信任, 他们是《导论》原著的作者, 也是我们多年来的科研合作伙伴和好友。前面提到的询问翻译进展的部分读者和学者实际上是直接致函他们, 但两位教授仍然坚持翻译项目由我们完成。两位作者作为生态学领域的知名人物, 美国生态学会会士, 或许有不少读者已经从一些生态学领域的顶级学术期刊 (例如 *Ecological Monographs*、*Ecology*、*Ecological Applications*、*Methods in Ecology and Evolution*、*Ecology Letters*) 的编委会中熟知他们的名字。

另外, 我们非常感谢几位同事和同学为该项目做出的贡献。陕西宝鸡文理学院的王亚强教授完成了三个章节的翻译初稿。本实验室的李连伟博士、肖琬蒙博士, 以及博士生乔玉亭和陈红菊同学在翻译初稿、校对等方面给予了支持。同时, 我们非常感谢高等教育出版社的编辑柳丽丽女士对我们工作的高度专业支持和帮助!

最后, 请读者容许我们冒昧地强调一下生态学, 特别是理论生态学的重要性。理论生态学大致可分为数学生态学、统计生态学和计算生态学三个分支。统计生态学对生命科学和其相关学科 (如环境科学、农林科学、生物医学) 的重要性更是特别值得关注。生态学, 尤其是理论生态学, 为这些姊妹学科提供跨学科新颖的研究思路、灵感、理论和方法的实例比比皆是。这是因为, 所有生物都生活在他们的环境中, 而不是孤立存在,生态科学的核心使命即是研究生物与其时空环境之间的相互作用关系。同时, 生命活动的单元并不限于生命个体, 还包括其基因、分子、细胞、器官、种群、群落、生态系统和生态景观。人类微生物群系 (Human microbiomes) 作为我们身体的一部分, 自然也遵守生态科学的基本原理和法则。因此, 理论生态学, 或许类似于理论物理学, 应该具有穿透跨越宏观–微观界限、为整个生命科学提供理论灵感的使命! 译者所在的计算生物与医学生态学实验室正是致力于以计算机科学和生物信息学为技术手段, 以理论生态学原理研究人类微生物群系 (及其所携带的宏基因组) 与人类健康和疾病的关系。正因如此, 我们对《导论》充满了兴趣和热爱; 而且, 毫无疑问 Gotelli 教授和 Ellison 教授的著作对本实验室过去数年间在统计学知识应用方面起到了重要的导引作用!

马占山　李文迪
中国科学院昆明动物研究所
计算生物与医学生态学实验室
2022 年 12 月 12 日

郑重声明

高等教育出版社依法对本书享有专有出版权。任何未经许可的复制、销售行为均违反《中华人民共和国著作权法》，其行为人将承担相应的民事责任和行政责任；构成犯罪的，将被依法追究刑事责任。为了维护市场秩序，保护读者的合法权益，避免读者误用盗版书造成不良后果，我社将配合行政执法部门和司法机关对违法犯罪的单位和个人进行严厉打击。社会各界人士如发现上述侵权行为，希望及时举报，我社将奖励举报有功人员。

反盗版举报电话　　　　　（010）58581999 58582371
反盗版举报邮箱　　　　　dd@hep.com.cn
通信地址　　　　　　　　北京市西城区德外大街4号
　　　　　　　　　　　　高等教育出版社知识产权与法律事务部
邮政编码　　　　　　　　100120

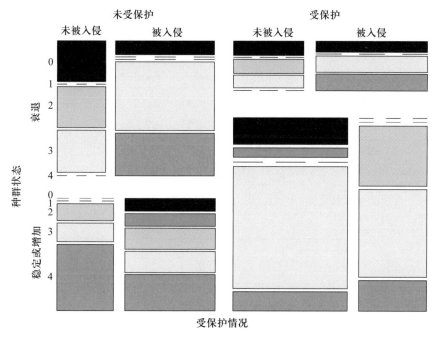

图 11.2 表 11.5 中四维频次数据的马赛克图。

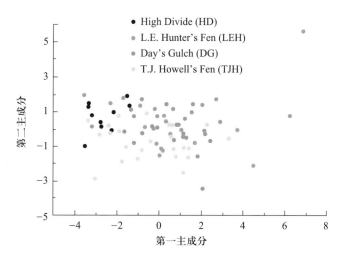

图 12.6 对表 12.3 中的数据进行主成分分析得到了该图中的前两个主成分得分。每个点代表一株植株, 不同颜色代表位于俄勒冈州南部锡斯基尤山脉的不同地点。

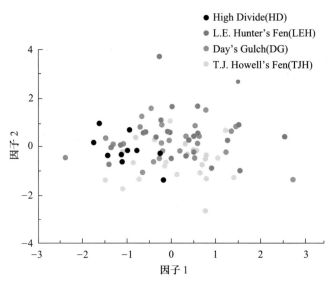

图 12.8　图为对表 12.3 中的数据进行因子分析得到的前两个因子。每个点代表一株植株, 不同的颜色代表不同的地点, 如图 12.6 所示。

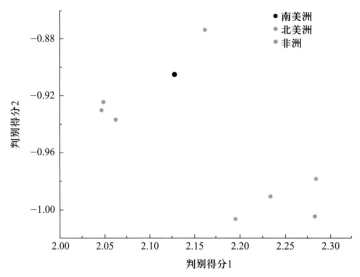

图 12.14　几个国家 (地区) 的蜗牛 *Littoraria fangulifera* 外壳形态学比值判别分析的前两个轴的视图 (见表 12.11)。

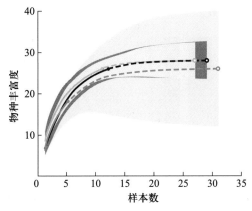

图 13.6 对蚂蚁数据进行内插和外推后的基于样本的稀疏曲线。

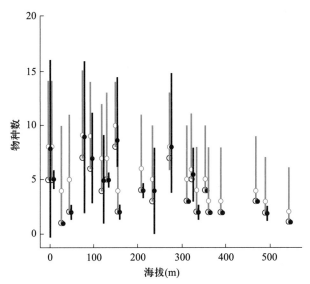

图 14.5 比较各沼泽观测物种数 (黑圈)、Chao2 物种丰富度估计值 (黑点) 以及考虑了占有率和发现概率变化的分层模型的估计值 (蓝圈)。黑色和蓝色竖线分别表示 Chao2 和分层模型对物种丰富度估计的 95% 置信区间。

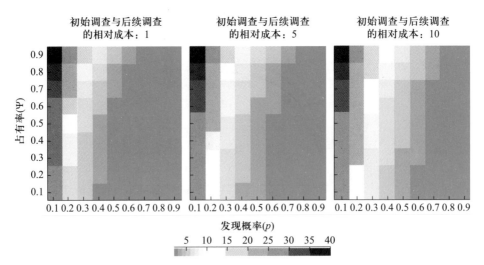

图 14.10　根据占有率、发现概率以及初次调查与后续调查的相对成本得到的每个位点的最佳调查次数。